OPERE MATEMATICHE

DI

LUIGI CREMONA

Pisa, Stab. Tipografico Succ. FF. Nistri Piazza del Castelletto, 1

OPERE MATEMATICHE

DI

LUIGI CREMONA

PUBBLICATE
SOTTO GLI AUSPICI DELLA R. ACCADEMIA DEI LINCEI

TOMO TERZO

Con Notizie della vita e delle opere dell'Autore
e con Indice alfabetico per materie

ULRICO HOEPLI
EDITORE-LIBRAJO DELLA REAL CASA
MILANO
—
1917

DELLA VITA E DELLE OPERE DI L. CREMONA. *)

Un grande matematico, un uomo superiore per mente e per animo, LUIGI CREMONA è morto in Roma il 10 giugno 1903, di malattia cardiaca, che da più di un anno ne insidiava la salute e la vita.

A lui e ad altri eminenti matematici, BATTAGLINI, BELTRAMI, BETTI, BRIOSCHI, CASORATI, ora pur troppo tutti scomparsi, deve l'Italia il risveglio e i notevoli progressi degli studî matematici, che si verificarono nella seconda metà del secolo scorso fra le agitazioni e le lotte del risorgimento nazionale: ma spetta in ispecial modo al CREMONA il merito della nuova vita a cui furono richiamati in Italia gli studî di Geometria pura, e del rapido sviluppo che questi vi ebbero nella via aperta da PONCELET, MÖBIUS, STEINER, CHASLES, PLÜCKER, STAUDT,... I geometri italiani che seguirono questa via, anche se non assisterono alle lezioni di CREMONA, anche quando la sua produzione scientifica si arrestò, lui chiamarono Maestro, perchè sentivano di appartenere alla sua Scuola, di derivare dai suoi alti insegnamenti e dalle sue opere immortali. E gli scienziati stranieri pure lo riconobbero ed ammirarono come Maestro, ed insieme come uno dei principali fattori del mirabile incremento dei metodi geometrici negli ultimi cinquant'anni **).

LUIGI CREMONA nacque il 7 decembre 1830 a Pavia, primo di quattro figli (l'ultimo dei quali, TRANQUILLO, fu rinomato pittore) che GAUDENZIO, impiegato comunale, discendente da una distinta famiglia di Novara venuta in strettezze finanziarie, ebbe, in

*) Questo articolo, già pubblicato in inglese nei *Proceedings of the London mathematical Society* (Series 2, vol. I (1904)) e poi in italiano nel *Giornale di Matematiche* (Vol. XLII (1904)), è riprodotto qui con variazioni ed aggiunte.

**) R. STURM, nell'introduzione al *Nachruf*, portante il titolo LUIGI CREMONA (*Archiv der Mathematik und Physik*, III Reihe, VIII Band (1904)), scrive: « Ich habe das Erscheinen der Mehrzahl der CREMONAschen Schriften mit erlebt und erinnere mich der Wirkung, die sie hatten, und wie viel ich selbst aus ihnen gelernt habe; jetzt, wo ich sie von neuem und im Zusammenhange studiert habe, kam es mir deutlicher als bisher zum Bevusstsein, in wie umangreicher Weise mein Denken CREMONAsches Denken gewesen ist und ich mich seinen Schüler nennen kann ».

secondo matrimonio, da TERESA ANDREOLI. Perduto il padre a 12 anni, egli potè tuttavia seguire gli studî nella città natale, grazie alle cure della madre, all'assistenza di un fratello di altra madre, l'avv. GIUSEPPE e agli ottimi risultati da lui conseguiti. Nacque a quest'epoca, specialmente per il soggiorno che egli faceva nelle vacanze a Groppello presso la sorella (pure d'altra madre) GIOVANNA MAGENTA, quell'affettuosa intimità colla famiglia CAIROLI, in particolare con BENEDETTO, la quale ebbe forse in qualche circostanza influenza non lieve.

Nel 1848 interruppe gli studî per partecipare come volontario alla guerra dell'indipendenza. Nell'abbandonare le scuole e la madre egli scriveva di farlo « senza rimorso, perchè avrebbe creduto di mancare ai dettami della più santa delle religioni, e di commettere un atto di viltà e inettitudine ricusando di dare il sangue per la patria » *). Militò per 18 mesi e fu ai principali combattimenti dell'eroica difesa di Venezia, distinguendosi

---

M. NOETHER comincia il *Nachruf*, pure col titolo LUIGI CREMONA (*Mathematische Annalen*, LIX Band (1904)), così: « Auf LUIGI CREMONA, dessen Hinscheiden wir im Sommer des vorigen Jahres zu beklagen hatten, geht nicht nur die in kräftiger Blüte stehende geometrische Schule Italiens zurück, vielmehr erkennen die Geometer aller Länder, nicht zum wenigsten die deutschen, ihn als einen ihrer geistigen Lehrer an. Es gibt kein zusammenfassendes rein-geometrisches Werk, das einen weiteren und tieferen Einfluss auf die Ausbildung und Handhabung der geometrischen Methoden ausgeübt hätte, als CREMONAS Schriften über die ebenen Kurven und die Flächen — nur vergleichbar dem Einfluss der SALMONschen Kompendien auf die algebraisch-geometrische Entwickelung ».

Ed F. LINDEMANN nelle *Parole pronunciate a nome della Accademia delle Scienze di Monaco* (*Baviera*) (Onoranze al Prof. LUIGI CREMONA, Roma, 1909, Tipografia Nazionale) afferma « .... als Forscher, als Mathematiker gehört CREMONA allen Nationen an, die im vergangenen Jahrhundert mitgearbeitet haben an den Fortschritten der Civilisation, mitgewirkt haben zu der glänzenden Entwicklung der mathematischen Wissenschaften..... die Werke CREMONA's über algebraische Curven und über graphische Statik dürften nirgends besser bekannt und mehr studiert sein als in Deutschland ».

Debbono essere altresì ricordate le recensioni fatte da G. DARBOUX dei due volumi già pubblicati (*Bulletin des Sciences Mathématiques*, 2.me série, tome XXXIX (1915), pag. 113 e 137) nelle quali l'opera scientifica di CREMONA è messa in piena luce. In particolare nella recensione relativa al 2.º volume si legge : « En relisant les Mémoires qui le composent, nous nous sommes reportés aux temps de notre jeunesse où CHASLES, CAYLEY, CLEBSCH, CREMONA et bien d'autres poursuivaient d'un commun accord ces études géométriques que l'on néglige si complètement aujourd'hui et que l'on a bien tort de négliger. La part de CREMONA a été grande, et l'on retrouvera ici grand nombre d'écrits où il a énoncé et démontré, par les méthodes les plus simples, les propositions les plus dignes d'intérêt ».

*) VERONESE, *Commemorazione del socio* LUIGI CREMONA (Rendiconti della R. Accad. dei Lincei, serie 5.a, vol. XII (1903))

per disciplina e coraggio, sì da essere proposto a « modello di virtù militari e civili » *).

Al ritorno in patria, nel 1849, ebbe il grande dolore di non trovarvi più la diletta madre morta da qualche mese, e fu tratto quasi in fin di vita da un gravissimo tifo, di cui aveva portato il germe dalla guerra. Forte nell'avversità e tenace nel lavoro, egli terminò nello stesso anno 1849 le scuole classiche e poscia entrò nella Università di Pavia, ove ebbe a maestri Bordoni e Brioschi ed ove conseguì, con lode, nel 1853, la laurea di ingegnere civile ed architetto **).

A Pavia fece conoscenza di Beltrami e Casorati, venuti all'Università alcuni anni dopo di lui, e rimase fino al 1856, prima come privato ripetitore di Matematica, poi, fatto il necessario anno di prova nel Ginnasio, come professore supplente nel Ginnasio stesso: ed a Pavia fece le due prime pubblicazioni [1, 2] ***) ispirate rispettivamente a lavori dei suoi due Maestri. Fu poscia nominato professore ordinario nel Ginnasio di Cremona e vi rimase per più di due anni. Qui, continuando con instancabile alacrità negli studî geometrici già avviati, pubblicò intorno ad essi le prime ricerche e pose le basi del suo avvenire †)

Nel 1859 passò ad insegnare nel liceo S. Alessandro (oggi Beccaria) di Milano e nel 1860 fu chiamato alla cattedra di Geometria superiore nella Università di Bologna, ove ebbe inoltre l'insegnamento della Geometria descrittiva, ed anche per alcuni mesi quello di Geometria analitica, e per un anno (1864-65) quello di Meccanica razionale. Trasferitosi a Milano nel 1866, vi insegnò la Statica grafica nel Politecnico e la Geometria superiore nella Scuola Normale, che Brioschi aveva annesso al Politecnico stesso coll'intendimento di formare professori per gli istituti tecnici.

---

*) Veronese, l. c.

**) Loria, *Luigi Cremona et son oeuvre mathématique* (Bibliotheca Mathematica, III Folge, Band V (1904)).

Berzolari, *Della vita e delle opere di Luigi Cremona* (Rendiconti del R. Istituto lombardo, serie II, vol. XXXIX (1906)).

***) I numeri fra parentesi quadre sono i numeri d'ordine dei lavori pubblicati in queste Opere. Il tomo I finisce col n. 31 e il tomo II col n. 78.

†) Cremona prese in moglie nel 1854 la signora Elisa Ferrari uscita da una famiglia di patriotti (Cfr. nella *Nuova Antologia, Rivista di Scienze, Lettere ed Arti*, seconda serie, vol. XLII (1883), pag. 767, una bella lettera indirizzatale da Mazzini nel 1855 per la morte di un suo amato fratello, che era stato a Venezia compagno d'armi di Cremona). Ne ebbe tre figli, la signora Elena C.ª Perozzi, l'Ing. Vittorio e la signora Itala Cozzolino. La morte della moglie, ottima signora e ottima madre, avvenuta nel 1882, fu cagione di grande afflizione al Cremona, il quale ebbe a scrivere agli amici, che a lei doveva i migliori consigli ed incoraggiamenti, a lei, che gli aveva procurato quiete e serenità d'animo prendendo sopra di sè tutte quante le cure della casa e della educazione dei figli, egli doveva i suoi studi e la sua carriera. Nel 1887 sposò in secondo nozze la colta e distinta signora Anna Maner-Müller, la quale gli fu gentile e affettuosa compagna fino agli ultimi istanti.

Nel 1873 accolse l'invito di recarsi a Roma come Direttore della Scuola degli Ingegneri, che egli ricostituì ed ordinò con singolare perfezione; continuando nell'insegnamento di Statica grafica e nelle lezioni di Geometria superiore. Queste fece, per alcuni anni, nel Corso normale che, a somiglianza di quello di Milano, aveva aggiunto a detta Scuola; indi, cessato questo Corso, come insegnante di Matematiche superiori nella Facoltà di Scienze dell'Università, cattedra che egli, nel pensiero di rimettersi alle sue amate ricerche, assunse nel 1877, abbandonando la cattedra di Statica, e che tenne, insieme alla Direzione della Scuola, fino al termine di sua vita *).

Difficile è raccogliere in brevi linee la grande opera scientifica del CREMONA. I primi passi che egli mosse nella Geometria moderna non provennero già da qualche impulso ricevuto in lezioni universitarie, chè quell'insegnamento, accolto con onore e successo in Francia e in Germania, non aveva allora alcuna vitalità nelle Università italiane, ove pur rifulgevano per altri rami alcuni nomi insigni: ma provennero dall'azione generosa di un illustre analista, il BRIOSCHI, il quale, seguendo il rapido moto delle Matematiche nelle loro varie manifestazioni, vi indirizzò alcuni dei suoi eletti discepoli, porgendo loro consigli, libri, aiuti. Ciò è confermato dallo stesso CREMONA, che, nella sua elevata *Prolusione* al Corso di Geometria superiore nella Università di Bologna [**25**], rende al BRIOSCHI pubblica testimonianza di gratitudine **).

I principali lavori che rivelarono la potenza geometrica di CREMONA e lo indicarono per una delle cattedre di Geometria superiore istituite in Italia nel 1860 (un'altra, a Napoli, essendo stata pure degnamente affidata al BATTAGLINI) sono quelli sulla cubica gobba [**9**, **10**], della quale varie proprietà metriche e proiettive, ed il sistema nullo relativo ad essa sono dedotti mediante la rappresentazione parametrica, che soltanto più tardi CREMONA seppe essere dovuta a MÖBIUS; ed i lavori sulle quadriche inscritte in

*) Per maggiori particolari, anche rispetto ai lavori Cremoniani di cui si parla in appresso, vedansi le commemorazioni precedentemente citate. Vedasi altresì il «Discorso commemorativo» di ENRIQUES (Rendiconto delle Sessioni della R. Accademia delle Scienze di Bologna, 1903-1904).

**) Ciò è pure confermato dalle affettuose dichiarazioni fatte dal CREMONA in una sua lettera scritta in occasione delle feste commemorative del 25.° anniversario (1878) della fondazione del Politecnico di Milano. Ivi, fra altre cose, si legge: «.... Non esagero affermando che il BRIOSCHI mi comunicò il sacro fuoco ond'egli stesso ardeva e mi dischiuse per primo gli infiniti orizzonti dell'alta matematica.....Gli anni che passai con BRIOSCHI, come scolaro e poi come collega nell'insegnamento, sono gran parte della mia vita; nei primi imparai ad amare la scienza, negli altri poi a trasfonderla in un grande cerchio di uditori. La memoria degli uni e degli altri è un vincolo di affetto, di ammirazione e di gratitudine che mi unisce a BRIOSCHI.» Cfr. anche l'epigrafe dedicatoria dell'«Introduzione» e la lettera scritta da CASORATI e CREMONA alla figlia del BRIOSCHI per le sue nozze (Queste Opere, t. I, pag. 315 e t. III, pag. 495.)

una sviluppabile di 4.ª classe e sulle coniche inscritte in una sviluppabile di 3.ª classe [**11**, **12**], contenenti molti teoremi metrici, particolarmente sulla specie di dette quadriche e coniche.

Così in questi come nei lavori successivi sulle quadriche omofocali, sulle coniche e quadriche congiunte [**19**, **20**], il metodo di dimostrazione è fondato sulla Geometria analitica, che CREMONA applica con sagace ingegnosità, giovandosi abilmente dei perfezionamenti che allora vi erano stati introdotti, in particolare facendo proficuo uso delle coordinate tangenziali. E sono pure ottenute d'ordinario coll'applicazione dell'Analisi algebrica alla Geometria le varie soluzioni di esercizî, uscite durante lo stesso periodo (1857-60) nei *Nouvelles Annales de Mathématiques:* nelle quali soluzioni c'è inoltre da rilevare che talvolta le questioni proposte sono generalizzate e collegate alle nascenti teorie geometriche. Ciò può dirsi specialmente del lavoro [**17**], notevole non solo perchè vi sono esposte le prime cose del metodo di GRASSMANN e su esse sono innestate le soluzioni dei due problemi ivi considerati, ma anche perchè vi è affermata la grande importanza di quel metodo, riconosciuta nella stessa Germania soltanto alcuni anni dopo.

CREMONA aveva già mostrato in quei suoi primi lavori la forza, l'eleganza e l'accuratezza della sua mente, ma non aveva ancora trovata la sua via, nè abbracciato per intero il campo dell'indagine geometrica del suo tempo. Nei lavori stessi le sue ricerche sono in gran parte ispirate alle opere di CHASLES, delle quali dimostrano o completano o accrescono varî risultati. Nel 1860, salendo alla cattedra di Bologna, chiedeva consiglio a CHASLES e gli scriveva: « La mia debolezza proviene sopratutto dalla mia educazione esclusivamente algebrica, e se i miei occhi si sono aperti al sole della geometria pura, io devo tutta la mia riconoscenza a Voi: è il vostro Aperçu, è il vostro trattato di Geometria superiore che io benedirò sempre! » *). La prevalente influenza della Scuola francese e specie di quell'insigne geometra sulla prima produzione scientifica del CREMONA, se già non risultasse dalle sue stesse dichiarazioni, sarebbe evidente per molteplici segni. Caratteristica, ad es., è la recensione dei *Beiträge zur Geometrie der Lage di* STAUDT [8], nella quale, pur lodando l'opera egregia, si lamenta con frasi incisive il divorzio delle proprietà descrittive dalle metriche e si ricorda che CHASLES aveva rimproverata la medesima esclusività, sebbene non tanto esagerata, alla celebre Scuola di Monge! **).

Però, grazie ad insuperabili energia e costanza di lavoro***), ben presto CREMONA s'im-

---

*) VERONESE, l. c.

**) Anche da altri fu fatta allora quell'osservazione sull'Opera di STAUDT, della quale soltanto più tardi si riconobbe il grande valore.

***) Nella Commemorazione, più volte citata, di VERONESE si legge:

padronì completamente anche dei metodi e delle ricerche della Scuola tedesca e dominò tutto il movimento che portava alla formazione di una nuova dottrina geometrica. Al contatto dei lavori dei grandi geometri stranieri si determinò rapidamente quella evoluzione del suo spirito verso i metodi geometrici puri, ai quali era disposto per natura *). Il che si scorge già nelle *Considerazioni di storia della Geometria* [22], pubblicate nell'occasione della traduzione del trattato di Amiot fatta dal Novi e contenenti un notevole quadro storico di ricerche geometriche antiche e moderne (nel quale sono pure ricordati i geometri napoletani e il metodo delle equipollenze di Bellavitis colle sue interessanti applicazioni), e più ancora si scorge nella *Prolusione* su ricordata, in cui le principali conquiste fatte dalla Geometria nella proiettività delle forme di 1.ª, 2.ª, 3.ª specie e nelle forme che ne sono generate, vengono esposte in bell'ordine e animate da un vivissimo amore per la scienza, che fa dire al Cremona: «.... me beato se esso mi darà potenza d'infondere in voi, o giovani, quella sete di studî senza la quale nulla si fa di bello e di grande! » **).

Dal 1861 si delineò chiaramente un nuovo indirizzo nel metodo di dimostrazione e nella composizione dei lavori di Cremona. Il quale accolse e seguì i procedimenti geometrici spogli di qualunque algoritmo e già diffusi per opera d'insigni maestri, Poncelet, Chasles, Steiner, Staudt; ma vi diede una impronta propria, che si esplicò e si perfezionò sempre di più negli anni successivi, caratterizzata da una singolare agilità e semplicità di dimostrazioni, da una forma limpida ed eletta e da un sentimento artistico squisito.

Della quartica di 2.ª specie [28] espose in una bella e organica trattazione le proprietà scoperte da Cayley, Salmon, Steiner, ed altre sue, come una costruzione lineare della curva, generalizzata poi ad una classe di curve in altro lavoro [30]; della superficie gobba di 3.º grado fece conoscere le proprietà fondamentali [27] e più tardi (nel 1862) illustrò il caso osservato prima da Chasles ***) e segnalatogli da Cayley [39]; delle sviluppabili

---

« Per molti anni a Bologna si alzò alla mezzanotte, dopo un brevissimo sonno, per attendere assiduamente a ricerche di scienza fino al sorgere del mattino, dopo di che ristoravasi dormendo ancora qualche poco; ed avendogli il lavoro soverchio date forti emicranie, egli, a correggere i danni dei trascurati esercizî in gioventù, volle già maturo essere nuotatore, alpinista, giuocatore di bigliardo, ciclista, e raggiunse il suo fine. Volle, fortemente volle ».

*) Nel 1872 Cremona, nella bella e vigorosa Prefazione agli *Elementi di Geometria proiettiva*, scriveva: « ... diedi maggior rilievo alle proprietà grafiche che non alle metriche; mi attenni ai procedimenti della *Geometrie der Lage di* Staudt più spesso che a quelli della *Géométrie supérieure di* Chasles ... ».

**) Il programma ivi svolto riguarda le proprietà descrittive, ma Cremona avverte che ciò ha fatto perchè quelle si lasciano enunciare assai facilmente, senza bisogno di ricorrere a simboli algebrici, e aggiunge che, nelle lezioni a cui prelude, avrà riguardo ancor maggiore alle relazioni metriche .... e cita in appoggio alcune parole di Chasles.

***) Cfr. nota [[109]] del tomo II di queste Opere (pag. 447).

di 5.º ordine [**36**] (pure nel 1862) enunciò varie eleganti proprietà, dando in fine un notevole esempio di sistema nullo d'ordine superiore, che è il primo conosciuto *); e sulla cubica gobba, intorno a cui ricercò a più riprese dal 1859 al 1864 [**12**, **13**, **17**, **24**, **37**, **38**, **41**, **45**, **50**, **54**], raccolse un'ampia messe di proprietà metriche e descrittive, di alcuna delle quali aveva già trattato analiticamente, rispetto ai punti e piani congiunti, alle specie delle coniche inscritte nella sviluppabile osculatrice e delle quadriche passanti per la cubica, alla determinazione della cubica stessa mediante punti e corde, a suoi casi particolari, specialmente a quello della cubica osculatrice al piano all'infinito, ecc.

Ma la pubblicazione nella quale CREMONA spiegò luminosamente le eminenti qualità del suo temperamento artistico ed un'ampia e profonda coltura geometrica è l'*Introduzione ad una teoria geometrica delle curve piane* [**29**], pubblicata nel 1862, tradotta poi in tedesco dal CURTZE e in boemo dal WEYR. Nel 1852 era uscito per la prima volta il celebre trattato di SALMON, che esponeva la teoria delle curve piane con metodo multiforme, ma prevalentemente analitico e in relazione alla teoria invariantiva delle forme algebriche. CREMONA si propose invece nel suo trattato di dimostrare tutti i risultati noti, in ispecie quelli importantissimi enunciati da STEINER e di aggiungerne altri nuovi coi soli mezzi della geometria pura. La qual denominazione ora si può forse osservare non essere del tutto appropriata, chè il metodo ivi seguito, sebbene proceda quasi sempre col puro ragionamento, tuttavia richiede necessariamente alcuni teoremi fondamentali algebrici, mentre il nome di geometria pura suole attribuirsi ad un organismo geometrico affatto indipendente dall'algebra (STAUDT, KÖTTER, DE PAOLIS, ...).

CREMONA pervenne infatti in detta Opera, le cui imperfezioni furono in parte corrette in un lavoro successivo [**53**], a dare, mediante la teoria delle curve polari che egli arricchì di nuove proprietà, una trattazione uniforme ed elegante di tutte le cognizioni allora acquisite nella Geometria proiettiva delle curve piane, in particolare del 3.º ordine, aggiungendone molte altre, frutto delle sue ricerche, specialmente in relazione alle curve invariantive da lui chiamate HESSIANA, STEINERIANA, CAYLEYANA. Ben può dirsi che egli riuscì, con quell'Opera, allo scopo propostosi di diffondere in Italia l'amore per le speculazioni di geometria razionale!

Le teorie e i metodi dell'*Introduzione* trovarono felici applicazioni in numerosi e svariati lavori pubblicati in pochi anni (1862-65). Fra questi, oltre a quelli già ricordati e ad altri di minore importanza, sono da menzionare le due belle Memorie [**55**, **63**] sopra la superficie di STEINER e l'ipocicloide a tre regressi, nelle quali i teoremi scoperti da STEINER, KUMMER, WEIERSTRASS, SCHRÖTER sono magistralmente collegati in semplici e ar-

*) Cfr. R. STURM, *Liniengeometrie*, I, (Leipzig, 1892) pag. 78.

moniche trattazioni e accresciuti di nuove proprietà, come quelle relative al tetraedro singolare della superficie di STEINER, e a certi poligoni circoscritti all'ipocicloide.

Fra i lavori del periodo ora accennato primeggiano però, per l'importanza che ebbero nel progresso della Geometria moderna, le due Note sulle trasformazioni geometriche delle figure piane. La prima Nota [**40**], del 1863, oltre il concetto generale di tali trasformazioni, dà le due equazioni fondamentali a cui debbono soddisfare i numeri dei punti di eguale moltiplicità comuni alle curve di un piano che corrispondono alle rette dell'altro e la effettiva costruzione, mediante curve gobbe, di quella classe particolare di dette trasformazioni che si dicono di JONQUIÈRES o *isologiche*. È giusto ricordare che JONQUIÈRES aveva già fatto di queste, nel 1859, un accenno senza dimostrazione nella lettera d'invio (*Comptes rendus*, t. 49 (1859, 2.e semestre), p. 542), con cui accompagnava una sua memoria sulle curve gobbe rimasta inedita fino al 1864 (e poi pubblicata in riassunto nei *Nouv. Ann. de Math.*, t. III (2.e série) e integralmente nel *Giornale di Matem.*, vol. XXIII (1.a serie)), dichiarando però che quelle trasformazioni offrivano qualche interesse per sè, ma ne acquistavano sopratutto per l'applicazione alle curve gobbe. Tale accenno presumibilmente sfuggì al CREMONA, tanto più che non piccola parte della sua Nota era appunto destinata alla determinazione di quelle particolari trasformazioni. Così pure deve essere sfuggita al CREMONA l'osservazione di MAGNUS nella prefazione alla *Sammlung von Aufg. und Lehrs. aus der analyt. Geom.* (Berlin 1833) sulla esistenza di una trasformazione nella quale alle rette corrispondono quartiche con tre punti doppi e tre semplici, addotta, pare, ad esempio di trasformazioni ottenute colla composizione o ripetizione di trasformazioni quadratiche *): mentre nel t. 8 del giornale di CRELLE (1832), come CREMONA avverte, MAGNUS (al pari di SCHIAPARELLI) concludeva invece alle sole trasformazioni quadratiche ed omografiche come trasformazioni biunivoche fra due piani: il che fu per alcun tempo ammesso anche dal CREMONA [**35**]. Questi precedenti ad ogni modo non tolgono a CREMONA il grande merito di avere per primo compresa tutta l'importanza del problema di queste trasformazioni e sopratutto di averne data la soluzione completamente generale.

La seconda Nota [**62**], del 1864, ove sono citati JONQUIÈRES e MAGNUS, è un'aggiunta di gran valore alla prima, per lo studio della Jacobiana di una rete omaloidica e per il

---

*) Anche CREMONA, nella introduzione alla Nota in discorso, osserva che dalla composizione di più trasformazioni quadratiche nascono trasformazioni di ordine superiore al secondo. Il teorema inverso che ogni tale trasformazione è una composizione di trasformazioni quadratiche fu trovato più tardi quasi simultaneamente da CLIFFORD, NOETHER, ROSANES (Cfr. il lavoro di CLEBSCH citato dopo) e, in seguito ad una obiezione di SEGRE, dimostrato rigorosamente da CASTELNUOVO.

teorema dell'eguaglianza dei numeri di due soluzioni coniugate, trovato per via induttiva non del tutto completa, e dimostrato poi da CLEBSCH (*Math. Ann.*, Bd. 4) e da altri *). Ben a ragione quelle trasformazioni si chiamarono *Cremoniane* e si disse *Cremoniana* la geometria delle proprietà che rimangono per esse invariate! Il loro studio fornì nuovi mezzi e nuovi argomenti alle ricerche geometriche, come nelle involuzioni piane, nelle singolarità delle curve piane **), ecc.

Negli anni 1866-67 CREMONA, estendendo il concetto dell'*Introduzione*, pubblicò i *Preliminari di una teoria geometrica delle superficie* [70]. Quasi contemporanea fu la presentazione all'Accademia di Berlino della Memoria [79] sulle superficie del 3.° ordine pubblicata più tardi nel Giornale di CRELLE, la quale ottenne dall'Accademia stessa metà del premio fondato da STEINER ***). Quelli e questa, riuniti ed accresciuti nella traduzione tedesca di CURTZE (1869), offrono una esposizione sistematica e sintetica della teoria proiettiva delle superficie con particolare applicazione a quelle di 3.° ordine, fondata sulle proprietà delle superficie polari. Forse per alcuni concetti e teoremi, così nei *Preliminari* come nell'*Introduzione*, si può desiderare una più esatta determinazione †); ma il saggio ordinamento della materia, la semplicità e l'ingegnosità delle dimostrazioni e la limpidezza della forma renderanno sempre quei due trattati attraenti ed utili per i cultori della geometria.

Nella Memoria sulle superficie di 3.° ordine è ottenuta la rappresentazione piana di una tale superficie coll'aiuto di una trasformazione birazionale (cubica) dello spazio analoga, in un certo senso, alla quadratica del piano, trasformazione già considerata da MA-

*) Nel 1873 le due Note, fuse insieme ed accresciute, furono tradotte in francese dal DEWULF (*Bullettin d. sc. mathém.*, t. 5).

**) NOETHER riferisce nel citato *Nachruf* che: « ... als im Juni 1871 von dem Verfasser dieses Aufsatzes auf die Zerlegung beliebiger Kurvensingularitäten mittels der Transformationen, etwa quadratischer, hingewiesen worden war, griff CREMONA sogleich den Gedanken voll auf. *Sollte ich*, bemerkte er brieflich schon unter dem 18. Juni, in deutscher Sprache, die er geläufig schrieb, *in Zukunft eine neue Ausgabe meiner geometrischen Werkchen über Kurven und Flächen bearbeiten, so werde ich mich bestreben, auf die Lehre der Transformationen und auf Ihr .... Verfahren die Theorie der mehrfachen Punkte zu begründen; was so gewiss weit besser als anders gelingen wird* ».

***) CREMONA ebbe nuovamente il premio STEINER, per intero e senza concorso, nel 1874, « als Anerkennung für seine ausgezeichneten geometrischen Arbeiten ».

†) Sui *Preliminari* c'è anche da osservare che, nella teoria dei *complessi simmetrici*, s'incontrano alcune deficienze rilevate nelle note [128] e seg. delle note dei revisori contenute nel tomo II di queste Opere (pag. 448).

GNUS e da HESSE; e ne è fatta applicazione allo studio delle curve sulla superficie *). Al che giunsero simultaneamente (come il confronto delle date facilmente dimostra) CREMONA e CLEBSCH, questi avendo invece ricavata la detta rappresentazione dalle formole che esprimono la generazione (di GRASSMANN) della superficie per tre stelle proiettive.

La rappresentazione piana della superficie di STEINER e delle superficie gobbe di 3.° grado [71] fornì pure a CREMONA semplici mezzi per dimostrare, sulla prima superficie, il teorema trovato analiticamente da CLEBSCH, essere le asintotiche di essa quartiche gobbe generali di genere zero, e, sulla seconda, un teorema analogo nel quale però le asintotiche sono una specie particolare di dette quartiche, cioè quelle con due rette osculatrici: la qual specie particolare, osservata dapprima da CAYLEY, fu poi oggetto di una graziosa Nota di CREMONA [75]. Così dalla rappresentazione piana delle superficie gobbe razionali con due direttrici rettilinee [77] CREMONA trasse il nuovo e notevole teorema dell'algebricità delle linee asintotiche su tali superficie, teorema dimostrato poi dal Lie (Cfr. *Mathem. Annalen*, Bd. V, p. 179) per tutte le dette superficie gobbe algebriche, cioè eliminata la restrizione della razionalità.

I precedenti lavori iniziano un altro fecondo ed importante periodo di ricerche, consacrato da CREMONA alle superficie rappresentabili sul piano e alle trasformazioni birazionali dello spazio. Sul primo argomento una Memoria classica di CLEBSCH (*Math. Ann.* Bd. 1) dava già, oltre a varî esempî, alcune proprietà generali, ed una di NOETHER (ivi, Bd. 3) presentava il teorema generale, così ricco di conseguenze, della rappresentabilità delle superficie che posseggono un fascio razionale di curve razionali; alle quali Memorie CREMONA faceva seguire le due belle Note [88, 89] sulla superficie di 4.° ordine con conica doppia e sopra un caso particolare di essa, studiati con trasformazione quadratica dello spazio. Sull'altro argomento delle trasformazioni birazionali dello spazio, oltre la trasformazione del 2.° ordine la cui inversa è pure del 2.° ordine, e la trasformazione (cubica), cui si è accennato sopra, adoperata da CREMONA per la rappresentazione delle superficie di 3.° ordine, erano già state date da CAYLEY le formole per la trasformazione di 2.° ordine la cui inversa è del 3.° (*Proc. of the London math. Soc.*, *t.* 3). Dopo ciò apparvero quasi nello stesso tempo (1871), e certo indipendentemente l'uno dall'altro, i lavori di NOETHER e CREMONA sulle trasformazioni birazionali dello spazio, particolarmente su quelle di 3.° grado, e sulla loro applicazione alle superficie rappresentabili sul piano. Lo stesso CREMONA (Cfr. nota *) a pag. 258 del presente tomo) si compiace di tale coinci-

*) R. STURM (l. c.) nota nel procedimento di CREMONA una lacuna consistente in ciò che non risulta rigorosamente dimostrato potersi una superficie di 3.° ordine generare con tre stelle collineari. Cfr., nelle note dei revisori del presente tomo (pag. 485), la nota [23].

denza anche in minuti particolari e tiene a dichiarare che fu invogliato a riprendere lo studio delle trasformazioni birazionali dalle belle ricerche di NOETHER pubblicate avanti.

Nei lavori di CREMONA intorno al detto argomento è fondamentale il metodo semplice ed ingegnoso, a lui dovuto, per costruire tutti i sistemi omaloidici ai quali può appartenere una data superficie omaloide; metodo consistente in un opportuno spezzamento del sistema lineare imagine delle sezioni della superficie con tutte le altre superficie omaloidi dello stesso ordine e aventi le stesse singolarità. Coll'aiuto di questo metodo CREMONA riuscì, nei lavori [**91**], [**92**], [**93**], a presentare molteplici e svariati esempi di trasformazioni birazionali e a dare una sorgente inesauribile di nuove e interessanti applicazioni *).

La trasformazione del 2.° ordine, la cui inversa è del 4.°, fu osservata per la prima volta da CREMONA, e fu da lui applicata a stabilire l'esistenza di una superficie del 4.° ordine rappresentabile sul piano dotata di un tacnodo e tre punti doppi, primo esempio (dopo la superficie di 3.° ordine), di superficie rappresentabili che non sono monoidi, nè dotate di linea multipla; le quali cose, accennate nei lavori citati dianzi, furono poi esposte con maggiore sviluppo in altra memoria [**94**]. Di quella superficie poco dopo (*Nachrichten di Gottinga*, 7 giugno 1871. Cfr. anche *Math. Ann.* Bd. 33) NOETHER fece conoscere un tipo più generale cioè con solo tacnodo, pure rappresentabile sul piano, che fu più tardi (1881) oggetto di uno studio diretto di CREMONA in una memoria [**108**] nei *Collectanea mathematica in memoriam* DOMINICI CHELINI.

È da ricordare ancora la memoria [**96**], lasciata incompiuta, nella quale CREMONA riassunse, in quella elegante veste geometrica a lui tanto famigliare, i risultati generali suoi e quelli di NOETHER (non raggiungendo forse in qualche punto della dimostrazione completo rigore); ed inoltre diede tutti i casi delle trasformazioni di 2.° ordine e parte di quelli del 3.°, corredandoli delle formole dirette ed inverse. A questa memoria fece poi seguire un'altra applicazione delle trasformazioni birazionali dello spazio alla determinazione e rappresentazione di due superficie dotate di curve cuspidali [**97**].

Come a Bologna, così a Milano, CREMONA diè prova di grande attività scientifica. In vero, nel periodo ora descritto (o meglio in una parte di esso che corre circa dal 1868 al 1870), egli rivolse le sue ricerche anche ad argomenti varî e diversi dai precedenti. Tali sono la bella memoria [**78**] sulla classificazione delle superficie gobbe di 4.° grado,

---

*) NOETHER (l. c.) scrive: « Freilich führt nicht jede abbildbare Fläche zu einer Raumtransformation; aber CREMONA hat hier eine endlose Kette von neuen eindeutigen Transformationen und von Abbildungen hergestellt, bis zu kompliziertesten und singulärsten hin, die auf keine andere Weise vorauszusehen möglich gewesen wäre: in der Tat eine *unerschöpfliche Quelle (Math. Ann.* Bd. 4). »

i lavori sulle trasformazioni birazionali delle curve [**80**] [**81**] e sugli integrali abeliani [**83**], e quelli sugli enneaedri di una superficie di 3.º ordine [**84**], sulle linee di curvatura delle superficie razionali e particolarmente delle quadriche [**86**], sulle tangenti doppie di una curva di 4.º ordine con punto doppio [**90**].

Le pubblicazioni del periodo suddetto sono rimarchevoli anche per ciò, che le considerazioni analitiche vi sono poste esplicitamente a base della trattazione geometrica e talvolta usate metodicamente. Cremona, che aveva avuto una educazione esclusivamente analitica e che poi aveva sentita fortissima attrazione per la geometria pura, non tardò ad accorgersi che le due forze dovevano essere associate, ed egli le associò difatti nel lavoro di ricerca, pur prediligendo d'ordinario nella redazione la forma sintetica. Fino dal 1864, al Clebsch, col quale ebbe amichevoli relazioni, scriveva: « Io sono pienamente convinto circa la mutua assistenza che l'analisi e la sintesi si prestano nella geometria » *).

Oltre al lavoro [**108**] dei *Collectanea* già menzionato (1881), a due brevi Note [**112**], [**113**] sopra trasformazioni di 6.º ordine le cui inverse sono del 4.º e del 5.º (1884) e ad una semplice deduzione [**111**] della superficie reciproca di una superficie cubica generale dalla sua rappresentazione piana (1885), Cremona nulla aggiunse più sulle trasformazioni birazionali e sulla rappresentazione delle superficie sopra un piano; cosicchè si può dire che le sue ricerche in questo campo terminarono nel 1873, all'epoca del suo trasferimento a Roma. Ove le occupazioni per ricostituire la Scuola degli Ingegneri, la vita politica e più tardi l'incerta salute rallentarono la sua produzione scientifica: la quale tuttavia si aggirò intorno a svariati argomenti e continuò a spiccare per quei pregi di lucidità, eleganza e felice coordinamento, che dominano in tutti i suoi lavori. Dalla rappresentazione di Noether e Lie di un complesso lineare nello spazio ordinario, egli concluse la teoria dei sistemi di rette di 2.º grado mediante note proprietà delle superficie di 3.º ordine o di quelle di 4.º ordine con conica doppia [**101**], nel qual lavoro accennò espressamente a considerazioni di geometria iperspaziale; da un intimo studio della configurazione di 15 rette di una superficie di 3.º ordine con punto doppio, dedusse, in modo semplice e intuitivo, i teoremi antichi e nuovi dimostrati da Veronese sull'esagramma di Pascal con considerazioni di triangoli omologici [**103**]; dalla determinazione di particolari esaedri polari rispetto ad una superficie cubica generale trasse la trasformazione della sua equazione a somma di sei cubi e la costruzione del pentaedro di Sylvester [**104**], giungendo così a risolvere una questione posta da Clebsch (Cfr. *Math. Ann.*, Bd. VII, p. 17), cioè a trovare una semplice connessione fra quel pentaedro e le 27 rette della superficie; e infine estese, non solo allo spazio ordinario, ma all'iperspazio, alcuni risultati di Weyr

*) Veronese, l. c.

e DARBOUX relativi a curve piane di ordine n passanti per tutti i punti d'intersezione di $n+1$ tangenti di una conica **[106]**.

Col lavoro, ricordato innanzi, sulla superficie reciproca di una superficie cubica (1885), CREMONA cessò le pubblicazioni scientifiche *): ma la Scuola geometrica italiana, a cui egli aveva dato origine e vital nutrimento, continuò sicura nell'avviato cammino, e, pur allargando l'oggetto e l'indirizzo delle ricerche e accogliendo varietà di metodi, serbò inalterato il gusto di quel metodo geometrico puro al quale l'aveva educata il grande Maestro.

Nè cessarono mai in CREMONA l'interesse e l'amore vivissimi per la scienza. Già, fino dai primi anni del suo soggiorno in Roma, aveva riconosciuto che l'ambiente politico e le nuove occupazioni male si conciliavano coi suoi prediletti studi. Nel 1877 aveva quasi acconsentito alle istanze dei Prof. BETTI e DINI di trasferirsi a Pisa (e pare ne sia stato trattenuto dalle vive premure del SELLA e anche dall'aver potuto sostituire, come si è detto addietro (pag. VIII), l'insegnamento di Matematiche superiori a quello di Statica); e allora ad un suo allievo, che in qualche modo contribuiva a detto trasferimento, scriveva di essergli grato « che si fosse prestato ad aiutare il suo ritorno alla scienza pura ».

Anche nel non breve periodo delle sue sofferenze fisiche CREMONA non tralasciò mai di seguire il movimento scientifico. Al Prof. SEGRE, che fu a visitarlo nel suo studio cinque giorni prima che si spegnesse, quando ancora non si era manifestata l'ultima crisi, parlò del *Tagebuch* di GAUSS pubblicato dal KLEIN e disse parergli strano che GAUSS non avesse pubblicate tante belle scoperte. Avendogli il SEGRE accennato che nell'8.º volume delle Opere di GAUSS erano molte cose attribuite ad altri scienziati e in particolare la pseudosfera **), CREMONA, preso il volume e verificata la cosa, ne mostrò meraviglia e soggiunse che gli era sfuggita, quantunque avesse sfogliato con tutta cura il volume stesso!

CREMONA ebbe per l'insegnamento e per la diffusione delle idee geometriche amore non meno vivo di quello della scienza. I suoi numerosi corsi di Geometria superiore toccarono sempre gli ultimi e più notevoli progressi. Ad es., nel 1865-66, trattò delle curve piane di 3.º ordine e delle superficie cubiche; nel 1868-69, degli integrali abeliani secondo il libro di CLEBSCH e GORDAN (onde ebbe occasione ai lavori di argomento analogo accennati avanti); nel 1870-71, delle superficie rappresentabili sul piano e specialmente del

*) Nel 1900 compose la bella Commemorazione **[114]** di BELTRAMI, col quale aveva avuto lunga e fraterna amicizia.

**) A pag. 265 del vol. 8.º delle *Werke* di GAUSS si accenna prima a superficie di rotazione applicabili, poi in particolare a quella che ha per meridiano la trattrice e che GAUSS chiama *Gegenstück der Kugel.*

teorema di Noether già ricordato (*Math. Ann.* Bd. 3); nel 1873-74, delle trasformazioni Cremoniane nel piano e nello spazio: nel 1874-75, della geometria della retta: negli ultimi anni, dei gruppi continui di Lie.

Sono pure da menzionare i corsi di Geometria descrittiva a Bologna e di Statica grafica a Milano. Nel primo Cremona introdusse varî perfezionamenti, precorrendo a quelli introdotti in seguito, specialmente dal Fiedler; di che diede anche un saggio nella Nota di prospettiva [69] pubblicata col pseudonimo di Marco Uglieni. Nel secondo seguì le idee di Culmann e vi portò notevole contributo. Ne derivarono il bell'opuscoletto *Elementi di Calcolo grafico* (Torino, 1874), tradotto in tedesco ed inglese e la pregevole Memoria [98], tradotta in francese, tedesco ed inglese, fondata sul concetto utile ed ingegnoso di considerare i diagrammi reciproci della Statica grafica come proiezioni di due poliedri reciproci in un sistema nullo.

Le doti di Cremona come insegnante erano la chiarezza, la precisione, l'ordine, l'arte di presentare cose difficili in forma semplice e piana, e la dizione eletta. La sua lezione, preparata con grande cura, era sempre calma, la sua parola meditata e misurata, ma facile ed incisiva, ed il suo insegnamento non solo penetrava con vigore nella mente dello scolaro e ne accendeva l'amore alle verità geometriche, ma ispirava nobili ed alte idealità.

Larga e benefica influenza ebbe anche Cremona nell'ordinamento e nei programmi delle scuole secondarie italiane. Per esse, specie per gli studî tecnici, pubblicò (dal 1866 al 1868) la traduzione degli Elementi di Matematica del Baltzer *); e con Betti e Brioschi propugnò e difese **) l'adozione per le scuole classiche del metodo euclideo. A lui si deve l'introduzione dell'insegnamento della Geometria proiettiva, dapprima negli Istituti tecnici (1871), poscia nel 1.° anno delle Università (1876). Appunto per uso degli

*) Questa traduzione evoca il ricordo di Domenico Piani, segretario perpetuo dell'Accademia delle Scienze di Bologna, uomo dottissimo, che ricevette Cremona al suo primo giungere a Bologna, « a braccia aperte », e gli fu sempre amico devoto ed affezionatissimo. Nella lettera (del 26 novembre 1870) che Cremona scrisse al Presidente della suddetta Accademia (Mem. dell'Acc. stessa, serie 3.ª, tomo I (1871), pp. 40-41), dopo la morte del Piani e in occasione della sua commemorazione, lettera tutta dedicata a lodare le virtù, la modestia e la coltura dell'estinto, si legge: « Vorrei dire, se avessi l'arte della parola, quanto l'amicizia di Piani mi sia stata profittevole e benefica. L'inesauribile bontà di quell'uomo lo traeva naturalmente a porre tutto il suo ingegno e la vasta sua erudizione a servizio degli amici: io non ebbi mai ricorso a lui invano. Per soddisfare chi gli moveva alcuna domanda scientifica egli non rifuggiva dal consumare intere giornate compulsando i proprî scritti o rovistando gli scaffali delle biblioteche. Principalmente mi avvantaggiai della paziente e dottissima sua assistenza nell'edizione italiana che io feci degli *Elemente der Mathematik* del Baltzer.

) Cfr. Queste Opere, n. **82.

Istituti tecnici pubblicò gli ottimi *Elementi di Geometria proiettiva*, tradotti in francese, tedesco ed inglese, nei quali seguì un metodo misto per dare, come egli stesso si esprime, un libro assolutamente elementare e tecnico.

Il forte ingegno, l'integrità del carattere e l'estesa coltura, anche in argomenti estranei alla Matematica, fecero apprezzare assai l'opera di CREMONA nella cosa pubblica, nella quale ebbe molti e svariati uffici, come quello di Commissario governativo per riordinare la Biblioteca Vittorio Emanuele di Roma (1880-81) e l'altro di presiedere le Commissioni d'inchiesta sulle costruzioni governative di Roma e sui muraglioni del Tevere (1900).

Nel 1879 fu nominato Senatore e nella Camera vitalizia, di cui fu anche Vice-presidente, acquistò presto grande autorità e vi spiegò in più occasioni azione efficace ed importante. Il Presidente SARACCO, nella commemorazione di CREMONA che pronunciò in Senato il 12 giugno 1903, disse di lui, riferendosi ai due anni (1897, 1898) nei quali sostituì il Presidente FARINI malato, che aveva diretto i lavori del Senato «con grande abilità congiunta ad eguale temperanza» *).

Memorabile è il controprogetto di legge sulla Istruzione superiore, che ottenne (1887) l'approvazione del Senato e a cui CREMONA aveva atteso con grande impegno e con fiducia di attuazione pur troppo delusa dalle vicende parlamentari. È pure da notare, fra le numerose relazioni che egli ebbe a redigere nell'ufficio di Senatore, quella che compilò poche settimane prima di morire, oppugnando, con vigorosa argomentazione e colla consueta lucidità e sicurezza, il progetto di una distribuzione delle sezioni degli Istituti tecnici e di alcune Scuole superiori fra i due Ministeri di Agricoltura e d'Istruzione.

Nel 1873 G. FINALI, Ministro di Agricoltura, che aveva fatto parte col CREMONA della Commissione d'inchiesta sulla Istruzione classica e che, durante tale inchiesta, aveva acquistato di lui altissima stima, gli offerse il posto di Segretario generale nel proprio Ministero. Il CREMONA dapprima accettò, ma poi si decise a rinunciare, anche per le sollecitazioni del Ministro dell'Istruzione pubblica, SCIALOIA, che desiderava conservarlo all'insegnamento e che lo nominò direttore della Scuola degli Ingegneri di Roma. Altro invito ebbe nel 1881 dal SELLA, incaricato di succedere a BENEDETTO CAIROLI, per assumere il portafoglio della Istruzione pubblica, invito che il CREMONA, amico personale e politico del CAIROLI, rifiutò con una nobilissima lettera **). Accettò questo invito dal DI RUDINÌ: ma fu ministro per pochi giorni (dall'1 al 29 giugno 1898), onde furono frustrate le speranze, universalmente concepite, che egli avesse a dare un indirizzo serio ed elevato alle cose dell'Istruzione.

---

*) BERZOLARI, l. c.

**) Merita di essere qui riportata (VERONESE, l. c.):

Cremona appartenne pure per moltissimi anni al Consiglio superiore della pubblica istruzione e ne fu anzi per alcun tempo Vice-presidente. Socio delle più illustri Accademie italiane ed estere, dottore *honoris causa* di Dublino, di Edimburgo e di Christiania, Cavaliere dell'ordine civile di Savoia, egli fu nel maggio del 1903, insignito, dall'Imperatore di Germania, per mezzo di un inviato speciale, dell'ordine *Pour le mérite*, conferito a pochissimi in Italia.

Il carattere di Cremona è scolpito in queste poche parole *): « Uomo integro, rigido, ebbe forte il sentimento del dovere e per sè e per gli altri. Si potè dissentirne in qualche giudizio su persone o cose, ma non mai misconoscerne la buona fede. Entrandogli in familiarità si osservavano in lui impeti di espansiva ammirazione o di sdegnoso disprezzo, che rivelavano una natura ricca di sensibilità, avida del bello, insofferente di ogni meschinità. » Nè mai mutarono queste sue qualità colle circostanze o cogli anni: Cremona fu sempre lo stesso in ogni momento della sua vita privata e pubblica **). Ai discepoli

---

Roma, 19 - 5 - 81.

Carissimo amico,

Tu mi facesti un'offerta, che mi resterà come uno dei più preziosi ricordi della mia vita. L'essere da te stimato capace di venirti in aiuto nella difficile impresa a cui ti sei sobbarcato è per me altamente onorevole e lusinghiero.

Ma potrei io darti un aiuto efficace? aggiungerei io forza al tuo Ministero? Non lo credo. Ad ogni modo le mie opinioni e i miei precedenti politici mi vietano di pormi contro i caduti, associandomi ai successori.

Perdona, illustre amico, se ti mando per iscritto una risposta diversa da quella che tu, per tua benevolenza, mostrasti desiderare che io ti portassi a voce. Se ricuso l'alto onore non è per cagion tua, ma della situazione, la quale m'impone dei doveri che tu certamente vorrai apprezzare, pur non approvandoli.

Confido che mi resterà intera la tua amicizia, come io sarò sempre

Tutto tuo L. Cremona.

*) D'Ovidio, *Cenno necrologico* (*Atti della R. acc. delle Sc. di Torino*, vol. XXXVIII (1903)).

**) Valgano, a conferma delle precedenti affermazioni, anche le due lettere seguenti, poco conosciute, che il Cremona pubblicò e diffuse soltanto fra scolari e colleghi: la prima indirizzata al Reggente della Università di Bologna, la seconda al Preside della Facoltà matematica della Università stessa.

Illustrissimo Signore;

In risposta all'invito che V. S. mi ha indirizzato, in data 10 aprile corrente, di presentare non più tardi del 20 dello stesso mese i temi per gli esami speciali, ho l'onore di trasmetterle i programmi d'esame per la geometria descrittiva e per la meccanica razionale: le due scienze che in quest'anno ho l'incarico d'insegnare. Mi è sembrato opportuno stampare (a mie spese) questi programmi e per comodo degli studenti e perchè, in quanto dipenda da me, non resti lettera morta il prescritto dal regolamento universitario.

suoi non risparmiava aperti e severi rimproveri per qualche impazienza nella carriera, o per qualche sosta o lentezza nel lavorare, o per qualche trascuratezza nella redazione delle loro pubblicazioni, ma insieme li eccitava e li incoraggiava fortemente e degnamente, dando loro affettuosi consigli e validi aiuti.

Riteneva giustamente che una redazione ben fatta non poco contribuisse al successo

---

Nello stesso tempo non posso tacere che mi sale il rossore al viso pensando al giudizio che gli intelligenti faranno di questi programmi sì meschini e incompleti, ne' quali invano si cercherebbero molti degli argomenti strettamente necessari per gli scopi dell'istruzione superiore. Ma di chi la colpa?.... Non mia, di certo. Le persone ragionevoli si persuaderanno forse che con tre lezioni per settimana, con frequentissime e lunghissime vacanze imposte ai professori, e con giovani che pur troppo mancano in gran parte delle cognizioni precedenti, non si fanno miracoli. Ciò sia detto in quanto alle lezioni già fatte, al tempo già trascorso. Nell'adattare poi i programmi alle materie non ancora esposte nella scuola, ho dovuto procedere a lume di naso; imperocchè, non avendo la nostra università alcuna sorta di calendario scolastico, nè essendo io bene esperto di tutte le vecchie abitudini locali, non saprei fare una giusta stima delle lezioni che ci saranno permesse prima che incomincino gli esami. Sul quale proposito io m'ero imaginato che convenisse interrogare per iscritto l'Autorità; ma V. S. non si è compiaciuta rispondermi altrimenti che col farmi dire da un bidello, *consultassi il regolamento.* Risposta per me incomprensibile, dacchè, a quanto io so, il regolamento non autorizzi venti giorni di vacanza a natale, nè due settimane a carnevale ed altrettante a pasqua, nè in seguito le ferie della madonna di S. Luca o delle rogazioni, e non so che altro.

V. S. non mi reputerà, spero, troppo indiscreto se, vedendomi da più anni preclusa la via a fare intero il mio dovere e a dare ai miei scolari quell'istruzione che le condizioni del nostro tempo esigono, muovo lamento per un tale stato di cose, e oso dirle, senza reticenze e col cuore in mano, che la gioventù generosa ma inesperta e incauta ha bisogno di ricevere saggi e non paurosi consigli, e d'essere ammonita dall'Autorità, il rispetto alle leggi e la diligenza negli studi essere mezzi assolutamente necessari per divenire buoni cittadini in un paese libero.

Ho l'onore di riverirla distintamente.

Bologna, 19 aprile 1865.

LUIGI CREMONA
Prof. di geometria superiore nella r. Università.

Ill.mo Signor Preside della Facoltà Matematica;

Bologna, 17 aprile 1866.

Ho ricevuto una copia stampata della *Relazione letta ed approvata dalla Facoltà Matematica nell'adunanza del 7 febbraio* 1866, *sulla convenienza ed opportunità di conservare e completare presso la R. Università di Bologna la Scuola d'applicazione degli ingegneri.* Ignoro se questa pubblicazione, avente carattere ufficiale, sia stata autorizzata dalla Facoltà; certo è che io non fui invitato a dare il mio voto in proposito. Ma comunque stia la cosa, siccome la *Relazione* è stata divulgata per le stampe, mi veggo costretto a denunziare con pari pubblicità che, allorquando fu discussa questa faccenda fra noi, io dissentii apertamente, come dissento tuttora, dal maggior numero de' miei colleghi, sì rispetto all'opportunità della petizione che si voleva

di una memoria scientifica. Ad un discepolo scrisse (nel 1871): «.... Scusate se vi parlo senza cerimonie, ma lo faccio perchè vi voglio bene e perchè desidero che non vi avvezziate a trascurare la forma. La forma, se italiana, accurata, chiara, può raddoppiare il pregio di un lavoro scientifico e certamente moltiplica il numero dei lettori. Il che non vuol mica dire che si debba essere prolissi: no; un lavoro può essere chiaro e ben redatto, anche se contenga i soli enunciati; mentre un altro lavoro può riuscire pesante, oscuro, intralciato, inelegante, anche se non vi sia omessa alcuna dimostrazione.»

Egli infatti pubblicò lavori che si leggono sempre con vero godimento intellettuale, e che fanno amare gli studi geometrici; e il suo nome, onore e vanto della nuova Italia, rimarrà imperituro nella storia della Geometria, fra i sommi del suo tempo, non solo per la profondità e l'importanza delle sue ricerche, ma per la genialità dei concetti e della forma, e per la elegante struttura delle sue pubblicazioni.

E. Bertini.

---

fare al Governo, come anche in riguardo alla giustezza dei concetti ed alla verità dei fatti messi in campo per avvalorare la petizione medesima. Debbo insomma protestare che io non sono di coloro che hanno approvata questa *Relazione*.

Nella quale trovo anche asserito che il Sig. prof. F.... L.... insegna, con molte altre cose, la geometria descrittiva e le applicazioni di essa. Non dissimulo il mio stupore a siffatta novella; chè, se l'avessi saputa prima, già avrei cercato di sciogliermi dal grave carico, che da più anni mi è stato addossato, di dare lezioni della medesima scienza. Tuttavia, ci si potrà riparare in avvenire; per la qual cosa mi rivolgo a V. S. affinchè la Facoltà e la Reggenza impetrino che il Ministro della p. i. mi esima dall'insegnamento della geometria descrittiva; dietro il riflesso, le mie fatiche essere in ciò divenute inutili, dacchè la Facoltà ha riconosciuto che vi provvede abbastanza l'opera del Sig. L....

Ho l'onore di riverirla distintamente.

Luigi Cremona

prof. ord. di geometria superiore ed incaricato della geometria descrittiva.

Ricordiamo pure che, in occasione di disordini avvenuti alla Università di Roma e di provvedimenti severi presi dal Rettore, essendo corsa la voce che questi avrebbe poi presentate le dimissioni, Cremona scrisse al Rettore stesso, che si augurava che quella voce non fosse vera, perchè quelle dimissioni, di fronte ai clamori ed alle imposizioni della piazza, parevano a lui niente altro che la definitiva abdicazione di ogni potestà accademica (dalle *Parole del Prof.* G. Semeraro in *Onoranze* citate (Cfr. nota **) a pag. V).

MÉMOIRE

DE GÉOMÉTRIE PURE

SUR

LES SURFACES DU TROISIÈME ORDRE,

MÉMOIRE QUI A OBTENU LA MOITIÉ DU PRIX STEINER
DÉCERNÉ PAR L'ACADÉMIE DES SCIENCES DE BERLIN DANS SA SÉANCE DU 5 JUILLET 1866.

PAR

L. CREMONA.

MOTTO:

. . . . Es ist daraus zu sehen, dass diese Flächen fortan fast eben so leicht und einlässlich zu behandeln sind, als bisher die Flächen zweiten Grades.

(Extrait du Journal des mathématiques pures et appliquées, Tome 68.)

BERLIN,
IMPRIMÉ CHEZ GEORGE REIMER.
1868.

79.

MÉMOIRE DE GÉOMÉTRIE PURE SUR LES SURFACES DU TROISIÈME ORDRE. [1]

Journal für die reine und angewandte Mathematik, Band 68 (1868), pp. 1-133.

.... Es ist daraus zu sehen, dass diese Flächen fortan fast eben so leicht und einlässlich zu behandeln sind, als bisher die Flächen zweiten Grades.

STEINER,
(*dieses Journal*, B. LIII, p. 133).

Cet écrit, étant destiné au concours publié en 1864 par l'Académie royale des sciences de Berlin, pour le prix fondé par STEINER, contient la démonstration de *tous* les théorèmes énoncés par ce grand géomètre dans son Mémoire *Ueber die Flächen dritten Grades* (1856). On y trouvera, en outre de cela, tous ou presque tous les résultats obtenus par d'autres mathématiciens qui ont traité ce sujet; et l'auteur se flatte qu'on y remarquera aussi plusieurs propriétés qui sont dues à ses propres recherches.

Puis, attendu que la théorie des surfaces du troisième ordre a son principal fondement dans la théorie générale des surfaces d'ordre quelconque, au sujet de laquelle on ne connaît aucun traité géométrique; et que l'exposition d'un grand nombre de propriétés n'offre pas plus de facilité pour les surfaces cubiques, que pour les surfaces d'ordre quelconque; l'auteur a jugé convenable de commencer par quelques chapitres relatifs à ces dernières. Dans ces premiers chapitres, il a disposé les théorèmes fondamentaux touchant les surfaces polaires, les systèmes de surfaces, les surfaces nodales conjuguées *), etc. tout en se bornant à ce qui est susceptible d'être appliqué aux surfaces du troisième ordre.

---

*) L'auteur s'est permis d'employer les mots *Hessienne* et *Steinerienne* pour distinguer entre elles les deux surfaces qu'on devrait, d'après STEINER, appeler *conjugirte Kernflächen*. De même, il a appelé simplement *surface polaire* d'un plan ou d'une droite, ce que STEINER avait nommé *zweite Polare*. Cette dernière diction est, sans doute, préférable en cas qu'on ait à considérer (pour les surfaces d'ordre plus élevé) toute la série des enveloppes polaires relatives aux points d'un lieu quelconque.

Les chapitres suivants contiennent, outre l'application des principes généraux aux surfaces cubiques *), les propriétés si nombreuses qui résultent de la coïncidence des deux surfaces nodales en une surface unique (*Hessienne*) de quatrième ordre, qui possède dix points doubles et dix droites (sommets et arêtes d'un pentaèdre très-remarquable), et dont les points sont conjugués deux à deux: d'où il suit par exemple une transformation de figures formées par les droites et les plans qui passent par un point double de la Hessienne.

En suite, on trouvera d'autres chapitres touchant les manières différentes d'engendrer une surface cubique; le système des vingt-sept droites, les arrangements de celles-ci; la géométrie des courbes tracées sur une surface cubique (à l'aide de la représentation sur un plan); les systèmes de surfaces de second ordre qui coupent la surface cubique le long de trois coniques; les hyperboloïdes qui la rencontrent suivant six droites; les trièdres conjugués, etc. On donne enfin la classification des surfaces du troisième ordre (et de la douzième classe) en cinq espèces, eu égard à la réalité des vingt-sept droites. Dans ce dernier chapitre on trouvera aussi le moyen de construire toutes les cinq espèces, auquel effet on se sert de la discussion (que nous croyons nouvelle) des cas différents offerts par l'intersection de deux surfaces de second ordre.

Par respect aux souhaits de l'Académie, on aurait dû consacrer des recherches expresses à la courbe gauche du neuvième ordre, qu'on obtient par l'intersection de deux surfaces cubiques. Mais, en premier lieu, il a paru à l'auteur que la géométrie pure ne soit pas encore préparée convenablement à des spéculations d'une si grande difficulté; et secondement, le temps lui a manqué, non seulement pour se vouer à ces recherches, mais aussi pour développer davantage certains autres arguments **), et pour remédier aux graves imperfections dont se ressent ce travail, à cause de sa rédaction précipitée. En défaut d'une véritable théorie de ces courbes du neuvième ordre, l'auteur présente (chapitre 8e) l'énumération des courbes gauches qui résultent de l'intersection d'une surface cubique avec une surface du second ou du troisième ordre, et l'indication du procédé très-simple pour étudier ces courbes dans leurs représentations sur un plan. A la considération de cela et des contributions apportées à d'autres points de la théorie, l'auteur ose se promettre l'indulgence de l'Académie.

Il nous reste à parler de l'instrument de recherche, avec lequel ce travail a été conduit. Obéissant aux prescriptions de l'Académie et heureux d'ailleurs de pouvoir suivre son propre penchant, l'auteur s'est servi exclusivement de la géométrie pure,

---

*) On doit entendre la surface cubique *générale, sans points multiples*. A cause de l'extension et de l'importance des matières traitées, le temps nous a fait défaut pour nous occuper aussi des surfaces cubiques d'une classe inférieure à la douzième: ce que, du reste, l'Académie semble n'avoir pas voulu demander.

**) Par ex. la théorie des surfaces qu'on pourrait appeler *covariantes* (art. 65 et suiv.).

dite (peut-être improprement) synthétique; et il se flatte qu'on jugera que le procédé uniforme et facile, qu'il a suivi dans tout le cours de cet écrit, rentre dans l'esprit de ces méthodes puissantes et lumineuses qui ont valu à STEINER la découverte d'un si grand nombre de propriétés très-importantes, propriétés que ce célèbre sphinx géométrique a léguées à ses successeurs, comme autant d'énigmes à déchiffrer.

A ce propos, l'auteur déclare qu'il aurait cru manquer à la probité scientifique, s'il se fût borné à démontrer géométriquement les théorèmes de STEINER, en supposant connues et démontrées les propriétés sur lesquelles ces théorèmes sont naturellement fondés. L'auteur a censé de son strict devoir de s'appuyer seulement sur ce qui avait été démontré *par la géométrie pure*; et dès lors, il a admis, par exemple, comme étant connues, la théorie des courbes planes, la génération des courbes polaires qui demeure la même pour les surfaces polaires, les formules de M. PLÜCKER qui expriment les relations entre les caractéristiques des courbes planes (car ces formules ont été démontrées géométriquement autre part), les formules que M. CAYLEY a déduites sans calcul de celles de M. PLÜCKER et qui établissent des relations entre les caractéristiques d'une courbe gauche, etc. Au contraire, d'autres propriétés (par exemple celles, si importantes et fécondes, des chapitres 2ᵉ et 3ᵉ), qu'on connaissait seulement sous la forme d'identités algébriques, se trouvent ici démontrées par la synthèse, afin qu'elles servent ensuite de base au développement des théorèmes qui sont le véritable sujet de ce travail. De sorte que, quoiqu'en grande partie ces propriétés ne soient pas énoncées ici pour la première fois, néanmoins elles paraîtront nouvelles par leur traitement géométrique.

Du reste, c'est à l'Académie de juger jusqu'à quel point l'auteur a mis du nouveau et du sien propre dans ce Mémoire. Ainsi, par respect à ce jugement, s'est-il abstenu des citations fréquentes; et il se borne à déclarer ici qu'outre le Mémoire de STEINER (objet du concours) et les ouvrages d'argument général des MM. CHASLES, HESSE, JONQUIÈRES etc., il a consulté les écrits suivants qui traitent particulièrement des surfaces du troisième ordre:

CAYLEY, *On the triple tangent planes of surfaces of the third order* (Cambridge and Dublin Math. Journal, IV. 1849).

SALMON, *On the triple tangent planes to a surface of the third order* (ibidem).

SYLVESTER, *On elimination, transformation and canonical forms* (Camb. and Dub. Math. Journal, VI. 1851).

{HESSE, *Ueber die Doppeltangenten der Curven vierter Ordnung* (dieses Journal, XLIX. 1854).} [2]

GRASSMANN, *Die stereometrischen Gleichungen dritten Grades und die dadurch erzeugten Oberflächen* (dieses Journal, XLIX. 1854).

BRIOSCHI, *Intorno ad alcune proprietà delle superficie del terzo ordine* (Annali di scienze mat. e fis. Roma 1855).

SCHLÄFLI, *An attempt to determine the twenty-seven lines upon a surface of the third order etc.* (Quarterly Journ. of Math. II. 1858).

CLEBSCH, *Zur Theorie der algebraischen Flächen* (dieses Journal, LVIII. 1860).

— *Ueber eine Transformation der homogenen Functionen dritter Ordnung mit vier Veränderlichen* (ibidem).

SALMON, *On quaternary cubics* (Philosoph. Transactions, 1860).

CLEBSCH, *Ueber die Knotenpunkte der Hesseschen Fläche, insbesondere bei Oberflächen dritter Ordnung* (dieses Journal, LIX. 1861).

SCHIAPARELLI, *Sulla trasformazione geometrica delle figure ed in particolare sulla trasformazione iperbolica* (Memorie dell'Accad. di Torino, 1862).

AUGUST, *Disquisitiones de superficiebus tertii ordinis* (Dissert. inaug. Berolini 1862).

SCHRÖTER, *Nachweis der 27 Geraden auf der allgemeinen Oberfläche dritter Ordnung* (dieses Journal, LXII. 1863).

CLEBSCH, *Zur Theorie der algebraischen Flächen* (dieses Jour., LXIII. 1863).

SCHLÄFLI, *On the distribution of surfaces of the third order into species etc.* (Philosoph. Transact. 1863).

SALMON, *Analytic geometry of three dimensions*, 2d ed. (Dublin 1865).

Avertissement. Les notes renfermées dans les crochets carrés [ ] ont été ajoutées en janvier 1867. [3]

CHAPITRE PREMIER.

Les surfaces polaires par rapport à une surface fondamentale d'ordre quelconque.

1. Considérons une surface *fondamentale* quelconque, d'ordre n. Un point, pris arbitrairement dans l'espace, sera le pole de $n-1$ surfaces polaires, dont la première est de l'ordre $n-1$, la deuxième de l'ordre $n-2, \ldots$ et la dernière est un plan.

Nous omettons la définition de ces polaires, de même que la démonstration de plusieurs propriétés qui suivent, car nous n'aurions qu'à reproduire ce qui a été déjà exposé géométriquement pour les courbes planes *).

*) Voir par ex. la *Teoria geom. delle curve piane* de CREMONA (Bologna 1862). [Queste Opere n. **29** (t. 1.°)].

De plus, notre but n'étant autre chose que l'application de ces propriétés générales aux surfaces du troisième ordre, nous traiterons presque exclusivement de la première et de la dernière polaire.

2. Si la $r^{ème}$ polaire d'un point o passe par un point o', la $(n-r)^{ème}$ polaire de o' passe par o. Donc, par trois points donnés arbitrairement dans l'espace il passe une seule première polaire, dont le pole est l'intersection des plans polaires des points donnés. C'est-à-dire que les premières polaires de tous les points de l'espace forment un *système linéaire* *).

Les premières polaires qui passent par un même point donné ont $(n-1)^3$ points communs et forment un réseau; leurs poles sont dans un plan (le plan polaire du point donné).

Les premières polaires qui passent par deux mêmes points donnés forment un faisceau, dont la base est une courbe gauche de l'ordre $(n-1)^2$; leurs poles sont dans une droite (l'intersection des plans polaires des points donnés).

3. Les plans qui passent par un point donné ont leurs poles dans la première polaire de ce point. Les plans qui passent par une droite ont leurs poles dans la courbe gauche d'ordre $(n-1)^2$, commune aux premières polaires de deux points quelconques de la droite **). Un plan a $(n-1)^3$ poles: ce sont les intersections des premières polaires de trois points quelconques du plan.

4. Le plan polaire d'un point quelconque par rapport à la surface fondamentale est le plan polaire de ce point par rapport aux autres surfaces polaires du même pole.

5. Si le pole se trouve sur la surface fondamentale, toutes les polaires passent par le pole et sont tangentes, en ce point, à cette surface. Le plan polaire coupe la polaire du second ordre (*quadrique polaire*) suivant deux droites qui sont osculatrices au pole, à la surface fondamentale et aux autres surfaces polaires; c'est-à-dire qu'au pole, les coniques indicatrices de la surface fondamentale et des surfaces polaires ont les mêmes asymptotes. Si ces asymptotes coïncident ensemble, la quadrique polaire devient nécessairement un cone; le pole est, dans ce cas, un *point parabolique* pour la surface fondamentale (et pour les autres surfaces polaires).

---

*) On nomme *réseau* de surfaces un assemblage de surfaces du même ordre, tel qu'il n'en passe qu'une seule par deux points quelconques donnés. Parmi les surfaces d'un réseau, toutes celles qui passent par un même point donné forment un faisceau.

Des surfaces du même ordre forment un *système linéaire* quand il n'en passe qu'une par trois points quelconques donnés. Toutes les surfaces d'un système linéaire qui passent par un même point forment un réseau; toutes celles qui passent par deux mêmes points forment un faisceau. [Voir CREMONA, *Preliminari di una teoria geometrica delle superficie*, 42. Bologna 1866.] [Queste Opere, n. **70** (t. 2.°)].

**) Nous donnons à cette courbe gauche le nom de *courbe polaire de la droite donnée*.

6. Les points de contact de la surface fondamentale avec les droites tangentes issues d'un point quelconque o, sont les points de la courbe d'ordre $n(n-1)$, intersection de la surface avec la première polaire de o. Donc la classe de la surface fondamentale, c'est-à-dire le nombre des plans tangents qui passent par deux points o, o', est $n(n-1)^2$: ce nombre étant celui des points communs à la surface fondamentale et aux premières polaires de o, o'. On voit encore que la classe d'une section plane de la surface fondamentale, ou, ce qui est la même chose, l'ordre du cone circonscrit (le sommet étant un point quelconque o) est $n(n-1)$.

7. Si o est un point de la surface fondamentale, cette surface et la première polaire de o se touchent en ce point; d'où il suit que o sera un point double pour la courbe d'ordre $n(n-1)$, intersection de ces deux surfaces (6). Le cone circonscrit, de sommet o, se décompose, dans ce cas, dans un cone d'ordre $n(n-1)-2$ et dans le plan polaire de o; et ce plan, étant tangent à ce cone le long des deux droites osculatrices à la surface en o, coupera le même cone suivant $n(n-1)-2-4=(n+2)(n-3)$ autres droites. *Parmi les droites qui sont tangentes à la surface fondamentale en un point donné, il y en a donc* $(n+2)(n-3)$ *qui la touchent de nouveau ailleurs.*

8. Si une droite menée par un point quelconque o de l'espace est osculatrice à la surface fondamentale en un de ses points, le point de contact appartient évidemment à la première et à la deuxième polaire de o. Donc *le nombre des droites osculatrices qui passent par un point quelconque de l'espace est* $n(n-1)(n-2)$.

Le cone circonscrit, de sommet o, qui est de l'ordre $n(n-1)$ et de la classe $n(n-1)^2$, a donc $n(n-1)(n-2)$ génératrices stationnaires. D'après les formules connues de M. Plücker, ce cone aura en outre:

$\frac{1}{2}n(n-1)(n-2)(n-3)$ génératrices doubles; il y a donc *ce nombre de tangentes doubles qu'on peut mener par o à la surface donnée;* $4n(n-1)(n-2)$ plans tangents stationnaires; c'est-à-dire que *ce nombre est la classe de la développable formée par les plans stationnaires* (qui touchent la surface donnée aux points paraboliques (5)); et $\frac{1}{2}n(n-1)(n-2)(n^3-n^2+n-12)$ plans tangents doubles; c'est-à-dire que *ce nombre est la classe de l'enveloppe des plans bitangents* (qui touchent la surface donnée en deux points distincts).

En supposant la surface fondamentale sans lignes multiples, une quelconque de ses sections planes sera de l'ordre n, de la classe $n(n-1)$, sans points multiples, et par suite elle aura $3n(n-2)$ points d'inflexion et $\frac{1}{2}n(n-2)(n^2-9)$ tangentes doubles; il y a donc, dans un plan quelconque, ces nombres de droites osculatrices et de droites bitangentes à la surface donnée.

9. Si la surface fondamentale a un point multiple o, dont r soit le degré de multiplicité, ce même point sera multiple suivant $r-1$ pour la première polaire d'un point quelconque: et par conséquent la classe de la surface donnée en sera diminuée de $r(r-1)^2$ unités.

Le même point o sera multiple suivant r pour toutes les surfaces polaires de o; d'où il suit que la polaire $(n-r)^{ème}$ sera un cone d'ordre r, et les polaires d'ordre moins élevé seront indéterminées.

Si la surface fondamentale possède une ligne multiple suivant r, la première polaire d'un point quelconque passe $r-1$ fois par cette ligne. Dans notre but, nous n'avons pas besoin de nous arrêter à chercher l'influence d'une ligne multiple sur la classe de la surface donnée.

Nous nous bornons à observer que, si la surface donnée est le système d'un plan et d'une autre surface, et que le pole soit pris dans ce plan, la première polaire sera composée du même plan et de la première polaire relative à la deuxième surface.

10. Les polaires du même ordre par rapport aux surfaces d'un faisceau, le pole étant un point fixe, forment un autre faisceau qui est projectif au premier. De même, si au lieu d'un faisceau, on a un réseau ou un système linéaire, les premières polaires d'un point fixe forment un réseau ou un système linéaire, respectivement.

Si par la courbe d'intersection de deux surfaces d'ordre n, on peut faire passer un cone du même ordre, le sommet de ce cone aura les mêmes polaires par rapport aux deux surfaces.

11. Soit F_n la surface fondamentale donnée; o, o' deux points quelconques; $P_o, P_{o'}$ les premières polaires de o, o' par rapport à F_n; $P_{oo'}$ la première polaire de o par rapport à $P_{o'}$; et $P_{o'o}$ la première polaire de o' par rapport à P_o. Nous allons démontrer que $P_{oo'}$ et $P_{o'o}$ ne sont qu'une seule et même surface d'ordre $n-2$.

Soit E un plan mené arbitrairement par o'; et K_n le cone dont o est le sommet, et la courbe (EF_n) est la directrice. D'après un théorème connu *), les surfaces F_n, K_n se couperont suivant une autre courbe située sur une surface F_{n-1} d'ordre $n-1$ La surface donnée appartient au faisceau déterminé par le cone K_n et par le lieu composé EF_{n-1}; donc (10) la polaire $P_{o'}$ appartiendra au faisceau déterminé par le cone K_{n-1}, polaire de o' par rapport à K_n, et par le lieu composé EF_{n-2}, où F_{n-2} soit la première polaire de o' par rapport à F_{n-1}; car (9) ce lieu composé est la première

*) On sait que par la courbe commune à deux surfaces d'ordre n il passe un nombre infini de surfaces du même ordre. Par conséquent, si deux surfaces d'ordre n passent par une courbe d'ordre nr $(r<n)$ située dans une surface d'ordre r, elles se couperont en outre suivant une autre courbe d'ordre $n(n-r)$, située dans une surface d'ordre $n-r$.

polaire de o' par rapport au lieu EF_{n-1}. Or la polaire $P_{oo'}$ coïncide (10) avec la première polaire de o par rapport à EF_{n-2}, donc elle passera par la courbe d'intersection de la surface F_{n-2} avec le plan E (9).

Puisque la surface F_n passe par la courbe (K_n, EF_{n-1}), la polaire P_o coïncidera avec la polaire de o par rapport au lieu EF_{n-1} (10), et passera conséquemment (9) par la courbe (EF_{n-1}). Donc la surface $P_{o'o}$ passe par la courbe polaire de o' par rapport au lieu EF_{n-1}, c. à. d. par la courbe (EF_{n-2}).

On conclut d'ici que tout plan E mené par o' coupe les polaires $P_{oo'}$ et $P_{o'o}$ suivant une seule et même courbe d'ordre $(n-2)$. Donc *ces surfaces coïncident* en une seule et même surface, que nous appellerons *deuxième polaire mixte des points* oo'.

Il est très-facile maintenant de passer à un théorème plus général, relatif aux polaires d'un ordre quelconque.

12. Des théorèmes (11), (2) on tire sans peine cet autre énoncé: *Si la première polaire d'un point x par rapport à la première polaire d'un autre point o passe par un troisième point o', la première polaire de x par rapport à la $(n-2)^{ème}$ polaire de o' passera par o.*

Et de même un théorème analogue pour les polaires d'ordre quelconque.

13. Si la première polaire de o a un point double o', la première polaire d'un point quelconque x par rapport à la première polaire de o passera (9) par o', et par conséquent (12) la première polaire de x par rapport à la quadrique polaire de o' passera par o. De plus, puisque la deuxième polaire de o passe par o', il en suit que o est situé dans la quadrique polaire de o' (2). Donc, o est un point double pour la quadrique polaire de o'; c'est-à-dire que la quadrique polaire de o' est un cone de sommet o.

Analoguement, *si la surface $r^{ème}$ polaire de o a un point double o', la surface $(n-r-1)^{ème}$ polaire de o' a un point double en o.*

14. Si le pole parcourt une droite R, de quelle classe est la développable enveloppée par le plan polaire? Les plans passant par un point arbitraire i ont leurs poles dans la première polaire de ce point; cette surface rencontre R en $n-1$ points; l'enveloppe cherchée est donc de la classe $n-1$ *). Nous donnerons à cette surface la dénomination de *développable polaire* de la droite R **).

Les plans tangents de la développable qui passent par un point i sont les plans polaires des $n-1$ points où R est coupée par la première polaire de i; donc, si cette

---

*) Si la surface fondamentale a un point o multiple suivant r, ce point est multiple suivant $r-1$ pour la première polaire d'un pole quelconque (9); d'où il suit que, si R passe par o, l'enveloppe des plans polaires sera de la classe $n-r$.

**) On démontre pareillement que la développable polaire d'une courbe d'ordre m est de la classe $m(n-1)$.

polaire est tangente à R, le point i appartient à la développable. C'est-à-dire que

La développable enveloppée par les plans polaires des points d'une droite est le lieu des poles des premières polaires tangentes à cette droite.

Chacune des droites génératrices de la développable est le lieu des poles dont les premières polaires touchent R au même point. Parmi ces premières polaires il y en aura une, laquelle sera osculée par R; le pole de cette polaire appartient donc aussi à la génératrice infiniment voisine. Ce qui revient à dire que *la courbe cuspidale de la développable est le lieu d'un point dont la première polaire est osculée par* R. De même, *la courbe nodale de la développable sera le lieu d'un point dont la première polaire a un double contact avec* R.

On peut très-facilement déterminer l'ordre de la développable polaire et de ses courbes singulières. Les points d'une droite arbitraire sont les poles d'un faisceau de premières polaires; dans ce faisceau il y en a $2(n-2)$ tangentes à R; donc *ce nombre est l'ordre de la développable.* Un plan quelconque mené par R coupe les premières polaires de ses points suivant un réseau de courbes d'ordre $n-1$; dans ce réseau il y a $3(n-3)$ courbes osculées par R, et $2(n-3)(n-4)$ courbes touchées par R en deux points distincts; par conséquent, *la courbe cuspidale est de l'ordre* $3(n-3)$, et *la courbe nodale est de l'ordre* $2(n-3)(n-4)$.

D'après les relations connues entre les caractéristiques d'une développable *), on trouve que la courbe cuspidale a $4(n-4)$ points stationnaires, c'est-à-dire qu'il y a autant de points dont les premières polaires ont un contact du troisième ordre avec R; etc.

15. Considérons la surface enveloppée par les plans polaires des points d'une surface donnée S_m d'ordre m. Les plans polaires qui passent par une droite arbitraire ont leurs poles (3) dans une courbe de l'ordre $(n-1)^2$; donc l'enveloppe cherchée est de la classe $m(n-1)^2$. Les plans tangents qu'on peut mener par une droite quelconque à cette surface, que nous désignerons par K, sont les plans polaires des intersections de la surface donnée S_m avec la courbe d'ordre $(n-1)^2$ correspondante à cette droite; donc cette droite sera tangente à K, si la courbe correspondante touche S_m. Par conséquent, si deux droites, se coupant en un point i, correspondent à deux courbes d'ordre $(n-1)^2$ tangentes à S_m {en un même point} [4], le point i appartiendra à K. Or, ces deux courbes, d'après leur définition (3), sont situées sur la première polaire de i; donc *la surface* K *est le lieu d'un point dont la première polaire est tangente à* S_m.

Si $m=1$, K est l'enveloppe des plans polaires des points d'un plan donné E et en même temps le lieu des poles des premières polaires tangentes à ce plan. *Cette surface, de la classe* $(n-1)^2$, *est de l'ordre* $3(n-2)^2$; en effet, les premières polaires des points

*) [Voir la *Teoria geometrica delle superficie* déjà citée, 10-12.]

d'une droite arbitraire sont coupées par E suivant un faisceau de courbes de l'ordre $n-1$, et dans ce faisceau il y a $3(n-2)^2$ courbes avec point double.

Les premières polaires des points d'un plan quelconque coupent E suivant un réseau de courbes d'ordre $n-1$; or, on sait que dans un tel réseau il y a $\frac{3}{2}(n-2)(n-3)(3n^2-9n-5)$ courbes avec deux points doubles, et $12(n-2)(n-3)$ courbes avec un point stationnaire; *la surface* K *possède donc une courbe nodale et une courbe cuspidale*, dont ces nombres expriment les ordres.

D'après ce qui précède, si la première polaire d'un point i touche le plan E au point i', réciproquement le plan polaire de i' est tangent à K en i. Soit i' un point commun au plan E et à la surface fondamentale; le plan polaire de i' sera tangent en i' à cette surface et en i à K; donc *la surface* K *est inscrite dans la développable qui est circonscrite à la surface fondamentale le long de sa section par le plan* E.

16. On a vu (3) que le lieu des poles des plans passant par une droite est une courbe gauche d'ordre $(n-1)^2$. On peut de même demander le lieu des poles des plans tangents d'une surface quelconque de la classe m.

Si la surface donnée est développable, elle aura $m(n-1)^2$ plans tangents communs avec la surface de classe $(n-1)^2$, enveloppe des plans polaires des points d'un plan quelconque E (15); et dès lors, ce plan E contiendra autant de points du lieu demandé. Donc, *le lieu des poles des plans tangents d'une développable de la classe m est une courbe gauche d'ordre $m(n-1)^2$*.

Si la surface donnée n'est pas développable, elle aura $m(n-1)$ plans tangents communs avec la développable de classe $n-1$ formée par les plans polaires des points d'une droite quelconque R (14); d'où il résulte qu'une droite quelconque contient $m(n-1)$ points du lieu demandé. Ainsi *le lieu des poles des plans tangents d'une surface quelconque de la classe m est une autre surface d'ordre $m(n-1)$*.

Chapitre Deuxième.

Systèmes de surfaces d'ordre quelconque.

17. Si l'on se donne deux faisceaux projectifs de surfaces d'ordre n_1 et n_2 respectivement, *le lieu de la courbe d'intersection de deux surfaces correspondantes est une surface d'ordre n_1+n_2, qui passe par les courbes d'ordre* n_1^2 et n_2^2, *bases des faisceaux donnés.*

En un point quelconque de la première base, la surface d'ordre n_1+n_2 est touchée par la surface d'ordre n_1, qui correspond à la surface d'ordre n_2 passant par ce point.

18. Soient donnés trois faisceaux projectifs de surfaces d'ordre n_1, n_2, n_3 resp. Les deux premiers faisceaux engendrent (17) une surface d'ordre n_1+n_2; de même, le

premier et le troisième faisceau donnent une surface d'ordre n_1+n_3. Ces deux surfaces passent par la courbe d'ordre n_1^2, base du premier faisceau, et par suite elles se couperont suivant une autre courbe d'ordre $(n_1+n_2)(n_1+n_3)-n_1^2$, qui passe évidemment par les $n_1^2(n_2+n_3)$ points où la base du premier faisceau rencontre la surface engendrée par les deux autres faisceaux, etc. Donc

Le lieu des points où se coupent trois surfaces correspondantes de trois faisceaux projectifs d'ordre n_1, n_2, n_3, est une courbe gauche d'ordre $n_2n_3+n_3n_1+n_1n_2$, qui a $n_1^2(n_2+n_3)$ points communs avec la base du premier faisceau, etc.

19. Soient donnés quatre faisceaux projectifs de surfaces d'ordre n_1, n_2, n_3, n_4 resp. Le troisième et le quatrième faisceau engendrent (17) une surface d'ordre n_3+n_4 qui passe par la base du troisième faisceau et a par suite $n_3^2(n_1+n_2)$ points communs avec la courbe d'ordre $n_2n_3+n_3n_1+n_1n_2$ engendrée (18) par les premiers trois faisceaux. Donc, cette courbe et cette surface se couperont en $(n_3+n_4)(n_2n_3+n_3n_1+n_1n_2)-n_3^2(n_1+n_2)$ autres points, c'est-à-dire que

Il y a $n_2n_3n_4+n_1n_3n_4+n_1n_2n_4+n_1n_2n_3$ points, dont chacun est commun à quatre surfaces correspondantes de quatre faisceaux projectifs d'ordre n_1, n_2, n_3, n_4.

20. Dans un faisceau de surfaces d'ordre n, combien il y en a qui soient douées d'un point double? Prenons quatre points arbitrairement dans l'espace; leurs premières polaires formeront (10) quatre faisceaux projectifs d'ordre $n-1$. Si une des surfaces données a un point double, la première polaire d'un pole quelconque passe par ce point; et par conséquent les points doubles sont les points de l'espace par lesquels passent quatre surfaces correspondantes des quatre faisceaux de polaires. *Le nombre des surfaces du faisceau donné, qui ont un point double, est donc* (19) $4(n-1)^3$.

21. On demande *le lieu des poles d'un plan par rapport aux surfaces d'ordre n d'un faisceau.* Soient a, b, c trois points pris arbitrairement dans le plan donné; si x est le pole du plan abc, réciproquement (2) les premières polaires de a, b, c passent par m. Or, les premières polaires de a, b, c forment trois faisceaux projectifs d'ordre $n-1$; le lieu cherché est donc (18) *une courbe gauche d'ordre* $3(n-1)^2$, *qui passe par les* $4(n-1)^3$ *points doubles* (20) *du faisceau donné.*

22. Soient donnés deux réseaux projectifs de surfaces d'ordre n_1, n_2; un faisceau quelconque, compris dans le premier réseau, et le faisceau, qui lui correspond dans l'autre réseau, engendrent une surface Φ d'ordre n_1+n_2. Les surfaces Φ forment elles-mêmes un réseau. Soient, en effet, a et b deux points arbitraires dans l'espace. Par a passent deux surfaces correspondantes R, R' des deux réseaux; et de même, deux autres surfaces correspondantes Q, Q' passent par b. Les surfaces (R, Q), (R', Q') déterminent deux faisceaux projectifs, à l'aide desquels on peut engendrer la surface Φ_1: la seule qui passe par a et b.

Soit P, P′ une autre couple de surfaces correspondantes des deux réseaux, qui n'appartiennent pas resp. aux faisceaux (RQ), (R′Q′). Les faisceaux (PR), (P′R′) engendreront une autre surface Φ_2; et de même les faisceaux (QP), (Q′P′) une troisième surface Φ_3. Les surfaces Φ_1, Φ_2 passent par la courbe RR′ d'ordre $n_1 n_2$; elles ont donc une autre courbe commune, de l'ordre $(n_1+n_2)^2-n_1 n_2$. Un point quelconque de cette courbe, considéré comme situé sur Φ_1, est commun à deux surfaces correspondantes S, S′ des faisceaux (RQ), (R′Q′); et le même point, considéré comme situé sur Φ_2, appartient aussi à deux surfaces correspondantes T, T′ des faisceaux (PR), (P′R′). Les deux faisceaux (PQ), (TS), appartenant à un même réseau, ont une surface commune U, à laquelle correspondra, dans l'autre réseau, une surface U′ commune aux faisceaux (P′Q′), (T′S′); d'où il suit que tout point de la courbe d'ordre $n_1^2+n_2^2+n_1 n_2$, savoir tout point commun aux surfaces S, S′, T, T′, est un point commun aux bases des faisceaux (TS), (T′S′), et par conséquent il est commun aux surfaces U, U′. Donc cette courbe d'ordre $n_1^2+n_2^2+n_1 n_2$, commune aux surfaces Φ_1, Φ_2, est située aussi sur Φ_3, et peut être regardée comme base du réseau des surfaces Φ. (Ce réseau est déterminé par les trois surfaces Φ_1, Φ_2, Φ_3, lesquelles n'appartiennent pas au même faisceau, car Φ_3 ne contient pas la courbe RR′).

Concluons donc que *les surfaces d'ordre n_1+n_2, sur lesquelles sont situées les courbes d'intersection des surfaces correspondantes de deux réseaux projectifs d'ordre n_1, n_2, forment un réseau et passent toutes par une même courbe gauche de l'ordre $n_1^2+n_2^2+n_1 n_2$.*

Deux surfaces P, Q du premier réseau donné se rencontrent suivant une courbe d'ordre n_1^2, à laquelle correspond une courbe P′Q′ d'ordre n_2^2 dans l'autre réseau. Ces deux courbes, en général, ne se coupent pas; mais pour celles qui se coupent, les points d'intersection appartiennent évidemment à la courbe d'ordre $n_1^2+n_2^2+n_1 n_2$. Autrement: *chaque point de cette courbe est commun aux bases de deux faisceaux correspondants*, au lieu que par un point arbitraire de l'espace ne passe plus qu'une couple de surfaces correspondantes.

23. *Trois réseaux projectifs de surfaces d'ordre n_1, n_2, n_3 resp. étant donnés, quel est le lieu d'un point par lequel passent trois surfaces correspondantes?* Soit G une droite arbitraire, x un point quelconque de G. Par x passent deux surfaces correspondantes des premiers deux réseaux; la surface correspondante du troisième rencontrera G en n_3 points x'. Si l'on fixe arbitrairement un point x' sur G, les surfaces du troisième réseau qui passent par x' forment un faisceau, auquel correspondent, dans les autres réseaux, deux faisceaux qui, étant projectifs, engendrent (17) une surface d'ordre n_1+n_2. Cette surface coupera G en n_1+n_2 points x. Il y aura donc, d'après un lemme connu, $(n_1+n_2)+n_3$ coïncidences de x avec x', c'est-à-dire que le lieu cherché *est une surface de l'ordre $n_1+n_2+n_3$*. Il est évident que *cette surface passe* 1.° *par un nombre infini*

de courbes gauches d'ordre $n_2n_3+n_3n_1+n_1n_2$, *chacune desquelles est engendrée* (18) *par trois faisceaux correspondants dans les trois réseaux donnés;* 2.° *par les* n_1^3 *points communs aux surfaces du premier réseau, et de même pour les autres réseaux;* 3.° *par la courbe d'ordre* $n_1^2+n_2^2+n_1n_2$ *engendrée* (22) *par les deux premiers réseaux; et de même pour les autres combinaisons binaires des trois réseaux.*

24. On donne quatre réseaux projectifs de surfaces d'ordre n_1, n_2, n_3, n_4 resp.; cherchons le lieu d'un point où se coupent quatre surfaces correspondantes. Les surfaces correspondantes des premiers trois réseaux se coupent sur une surface (23) d'ordre $n_1+n_2+n_3$; et de même le premier, le deuxième et le quatrième réseau donnent une surface d'ordre $n_1+n_2+n_4$. Ces deux surfaces ont en commun la courbe d'ordre $n_1^2+n_2^2+n_1n_2$ engendrée (22) par les premiers deux réseaux, elles se couperont donc suivant une autre courbe d'ordre $(n_1+n_2+n_3)(n_1+n_2+n_4)-(n_1^2+n_2^2+n_1n_2)$; d'où il suit que

Le lieu d'un point par lequel passent quatre surfaces correspondantes de quatre réseaux projectifs d'ordre n_1, n_2, n_3, n_4 *est une courbe gauche de l'ordre*

$$n_2n_3+n_3n_1+n_1n_2+n_1n_4+n_2n_4+n_3n_4.$$

Cette courbe contient évidemment un nombre infini de systèmes de $n_2n_3n_4+n_1n_3n_4+n_1n_2n_4+n_1n_2n_3$ points, chaque système étant engendré (19) par quatre faisceaux correspondants dans les réseaux donnés.

25. *Dans quel lieu sont distribués les points doubles des surfaces d'un réseau d'ordre n?* Les premières polaires de quatre points arbitraires de l'espace (20) forment quatre réseaux projectifs d'ordre $n-1$, dans lesquels les surfaces correspondantes se coupent, quatre à quatre, sur *une courbe gauche* (24) *de l'ordre* $6(n-1)^2$. *Cette courbe est donc le lieu demandé.* Elle contiendra évidemment les $4(n-1)^3$ points doubles de chaque faisceau compris dans le réseau donné.

26. De quel ordre est le lieu d'un point x, dont les plans polaires par rapport à deux surfaces d'ordre μ, ν se coupent sur une droite fixe G? Si les plans polaires de x passent par un point y de G, réciproquement les premières polaires de y se couperont en x. Si y parcourt la droite G, les premières polaires de y forment deux faisceaux projectifs d'ordre $\mu-1, \nu-1$, qui engendreront (17) une surface d'ordre $\mu+\nu-2$. Cette surface est donc le lieu demandé.

Tout point commun à cette surface et à la courbe d'ordre $\mu\nu$, intersection des surfaces données, a pour plans polaires les plans tangents, au même point, aux deux surfaces; la droite commune à ces plans est donc tangente en ce point à la courbe. Or, cette droite est rencontrée par G; il y a donc autant d'intersections de la surface d'ordre $\mu+\nu-2$ avec la courbe d'ordre $\mu\nu$, que de tangentes de cette courbe rencontrées par G; c'est-à-dire que *les droites tangentes à la courbe d'intersection de deux surfaces d'ordre* μ, ν *forment une développable de l'ordre* $\mu\nu(\mu+\nu-2)$.

27. Revenons maintenant aux surfaces Φ_1, Φ_2 (22), que nous avons vues se couper suivant deux courbes, dont l'une est de l'ordre $n_1^2+n_2^2+n_1n_2$ et l'autre est l'intersection de deux surfaces d'ordre n_1, n_2. La surface, lieu d'un point dont les plans polaires par rapport à Φ_1, Φ_2 se coupent sur une droite donnée, est (26) de l'ordre $2(n_1+n_2-1)$ et rencontre la première courbe, non-seulement aux points où celle-ci est touchée par des droites croisées par la droite donnée (soit r le nombre de ces points, savoir l'ordre de la développable osculatrice de cette courbe), mais encore aux *points* (soit s leur nombre) *où la première courbe est rencontrée par l'autre.* En effet chacun de ces points est un point de contact entre Φ_1 et Φ_2, et par suite il a même plan polaire par rapport à ces surfaces. Nous aurons donc

$$2(n_1+n_2-1)(n_1^2+n_2^2+n_1n_2)=r+s.$$

En faisant le même raisonnement pour la deuxième courbe, et en observant que pour celle-ci l'ordre de la développable osculatrice (26) est $n_1n_2(n_1+n_2-2)$, on aura

$$2(n_1+n_2-1)n_1n_2=n_1n_2(n_1+n_2-2)+s,$$

d'où l'on tire

$$s=n_1n_2(n_1+n_2),$$
$$r=2(n_1^2+n_2^2)(n_1+n_2-1)+n_1n_2(n_1+n_2-2) \text{ *)}.$$

28. Considérons de la même manière les deux surfaces d'ordre $n_1+n_2+n_3$ et $n_1+n_2+n_4$ (24) qui se coupent suivant deux courbes, dont l'une est de l'ordre $n_1^2+n_2^2+n_1n_2$ et l'autre de l'ordre $n_2n_3+n_3n_1+n_1n_2+n_1n_4+n_2n_4+n_3n_4$. Soit r' l'ordre de la développable osculatrice de la dernière courbe, et s' *le nombre des intersections des deux courbes;* nous aurons, comme ci-devant,

$$(2n_1+2n_2+n_3+n_4-2)(n_2n_3+n_3n_1+\ldots)=r'+s',$$
$$(2n_1+2n_2+n_3+n_4-2)(n_1^2+n_2^2+n_1n_2) \quad =r+s',$$

et par conséquent

$$s'=(n_3+n_4)(n_1^2+n_2^2+n_1n_2)+n_1n_2(n_1+n_2),$$
$$r'=(n_2n_3+n_3n_1+\ldots)(n_1+n_2+n_3+n_4-2)+(n_2n_3n_4+n_1n_3n_4+\ldots).$$

*) Salmon, *Analyt. Geom. of three dimensions,* 2 ed., p. 274.

29. Soient donnés cinq réseaux projectifs de surfaces d'ordre $n_1, n_2, \dots n_5$ resp.; on demande en combien de points se coupent cinq surfaces correspondantes. Les deux premiers réseaux, combinés successivement avec les autres, donnent (23) trois surfaces d'ordre $n_1+n_2+n_3$, $n_1+n_2+n_4$, $n_1+n_2+n_5$ resp. qui passent toutes par la courbe d'ordre $n_1^2+n_2^2+n_1n_2$, engendrée (22) par les deux premiers réseaux. De ces trois surfaces, les deux premières se rencontrent suivant une autre courbe qui (28) a s' points communs avec celle mentionnée tout-à-l'heure; donc cette autre courbe, qui est de l'ordre $n_2n_3+n_3n_1+\dots$ rencontrera la troisième surface en $(n_2n_3+n_3n_1+\dots)(n_1+n_2+n_5)-s'$ autres points. Donc:

Il y a $n_1n_2n_3+n_1n_2n_4+\dots+n_3n_4n_5$ points, chacun desquels est situé à la fois sur cinq surfaces correspondantes de cinq réseaux projectifs d'ordre $n_1, n_2, \dots n_5$.

30. *Quel est le lieu des poles d'un plan donné par rapport aux surfaces d'ordre n d'un réseau?* Soient a, b, c trois points arbitraires du plan donné (21); les premières polaires de ces points forment trois réseaux projectifs d'ordre $n-1$; le lieu demandé *est donc* (23) *une surface de l'ordre* $3(n-1)$, *qui contient un nombre infini de courbes gauches d'ordre* $3(n-1)^2$, chacune de celles-ci étant le lieu des poles du plan donné par rapport aux surfaces d'un faisceau (21) contenu dans le réseau proposé.

La courbe d'intersection de la surface d'ordre $3(n-1)$ avec le plan donné est évidemment le lieu des points où ce plan est tangent aux surfaces du réseau.

31. Quel est le lieu d'un point qui ait même plan polaire par rapport à une surface fixe d'ordre n et à une des surfaces d'un réseau d'ordre m? Soit x un point pris arbitrairement sur une droite quelconque G; X le plan polaire de x par rapport à la surface fixe. Le lieu des poles de X par rapport aux surfaces du réseau est (30) une surface qui rencontrera G en $3(m-1)$ points x'. Inversement, si x' est un point quelconque de G, les plans polaires de x' par rapport aux surfaces du réseau forment un autre réseau, c'est-à-dire qu'ils passent par un même point; et par suite il y en aura $n-1$ tangents à la développable (14) polaire de G par rapport à la surface fixe. Ces $n-1$ plans sont les polaires (par rapport à la surface fixe) d'autant de point x de G. Le lieu demandé sera donc une surface de l'ordre

$$3(m-1)+n-1=3m+n-4.$$

Tout point commun à cette surface et à la surface fixe est situé dans son plan polaire; donc *le lieu des points de contact entre une surface d'ordre n et les surfaces d'un réseau d'ordre m est une courbe gauche d'ordre* $n(3m+n-4)$.

32. On se donne un faisceau de surfaces d'ordre n et un réseau de surfaces d'ordre m; et on demande *le lieu des points de contact entre les surfaces du faisceau et celles du réseau.* Ce lieu passe par la courbe d'ordre n^2, base du faisceau, car les surfaces du réseau qui passent par un point de la base forment un autre faisceau, dans lequel

il y a une surface qui touche une des surfaces d'ordre n *). De plus, chacune de ces dernières surfaces contient une courbe d'ordre $n(3m+n-4)$, lieu des points de contact entre cette surface et celles du réseau (31). D'où il suit qu'une surface quelconque du faisceau donné rencontre le lieu demandé suivant une courbe (composée) d'ordre $n^2+n(3m+n-4)$; ce lieu *est donc de l'ordre* $3m+2n-4$.

Si $n=m$, et que le faisceau et le réseau aient une surface commune (ce qui arrive lorsque l'un et l'autre font partie d'un même système linéaire), cette surface appartient tout entière au lieu. D'ailleurs, toute surface passant par la courbe commune à deux surfaces d'un système linéaire appartient à ce même système; et si deux surfaces d'un faisceau ont un point de contact, ce point est double pour une autre surface du faisceau; donc

Le lieu des points de contact des surfaces d'un système linéaire d'ordre n, *ou bien le lieu de leurs points doubles, est une surface de l'ordre* $4(n-1)$.

33. Cherchons le lieu d'un point dont le plan polaire par rapport à une surface fixe d'ordre n coïncide avec le plan polaire par rapport à une des surfaces d'un faisceau d'ordre m. Soit E un plan arbitraire; x un point quelconque de ce plan; X le plan polaire de x par rapport à la surface fixe; le lieu des poles de X par rapport aux surfaces du faisceau est une courbe (21) qui rencontre E en $3(m-1)^2$ points x'. Réciproquement, si x' est pris arbitrairement dans E, les plans polaires de x' par rapport aux surfaces du faisceau forment un autre faisceau, dans lequel il y a $(n-1)^2$ plans tangents à la surface enveloppe (15) des plans polaires des points de E par rapport à la surface fixe; et ces $(n-1)^2$ plans sont les polaires d'autant de points x de E. Si le point x décrit une droite quelconque en E, le plan X enveloppe (14) une développable de la classe $n-1$, au lieu que les plans polaires des points de la même droite, par rapport aux surfaces du faisceau, enveloppent une surface de la classe $2(m-1)$: en effet, cette droite est tangente à $2(m-1)$ surfaces du faisceau. Il y a donc $2(m-1)(n-1)$ plans, chacun desquels a sur la droite considérée un pole par rapport à la surface fixe et un pole par rapport à une des surfaces du faisceau; c'est-à-dire que, si x décrit une droite, le lieu de x' est une courbe de l'ordre $2(m-1)(n-1)$. Par conséquent, d'après un théorème connu **) [5], le plan E contient $3(m-1)^2+(n-1)^2+2(m-1)(n-1)$

---

*) Lorsque les bases de deux faisceaux de surfaces ont un point commun o, il y a toujours une surface du premier faisceau et une surface du second, qui se touchent en o. En effet, les plans tangents en o aux surfaces du premier faisceau passent par une même droite, qui est la tangente en o à la courbe-base de ce faisceau; de même pour l'autre faisceau. Par conséquent, le plan qui contient les droites tangentes en o aux deux courbes-bases touchera, en ce point, une surface de chacun des deux faisceaux.

**) Supposons que, dans un plan donné, à un point quelconque x correspondent deux courbes d'ordres μ et ν resp., qui se coupent en $\mu\nu$ points x'; de manière qu'au point x correspondront points x, chacun desquels coïncide avec un des points correspondants x'; autrement, le lieu cherché est une courbe gauche dont l'ordre est exprimé par ce nombre. Cette courbe passe par les $4(m-1)^3$ points doubles (20) du faisceau donné, car le plan polaire d'un point double, par rapport à la surface à laquelle celui-ci appartient, est indéterminé (9).

Des intersections du lieu trouvé avec la surface fixe, on déduit que *dans un faisceau d'ordre m il y a $n\big(3(m-1)^2+(n-1)^2+2(m-1)(n-1)\big)$ surfaces qui ont un point de contact avec une surface donnée d'ordre n.*

34. *Deux systèmes (linéaires) projectifs de surfaces d'ordres n_1 et n_2 resp. donnent lieu à un nombre infini de surfaces d'ordre n_1+n_2*, chacune desquelles est engendrée (17) par deux faisceaux correspondants. Soient P, Q, R, S, ... des surfaces du premier système, et P′, Q′, R′, S′, ... les surfaces correspondantes de l'autre système. Les trois couples de faisceaux correspondants (PQ), (P′Q′); (PR), (P′R′); (PS), (P′S′) engendrent trois surfaces d'ordre n_1+n_2 qui passent toutes par la courbe PP′ d'ordre $n_1 n_2$, et par suite *) ont $(n_1+n_2)(n_1^2+n_2^2)$ autres points communs. Chacun de ces points est

$\mu\nu$ points x'. Réciproquement, supposons qu'aux courbes (μ) passant par un point x' correspondent les points x d'une courbe d'ordre μ', et qu'aux courbes (ν) passant par le même point x' correspondent les points x d'une courbe d'ordre ν'; d'où il s'ensuit qu'à un point x' correspondent $\mu'\nu'$ points x. Considérons les points x d'une droite; les courbes (μ) correspondantes à ces points forment une série d'indice μ' (suivant la dénomination de M. Jonquières), et les courbes (ν) correspondantes aux mêmes points forment, de même, une série d'indice ν'; et le lieu des intersections x' des courbes correspondantes est (par un théorème dû au même géomètre) une courbe d'ordre $\mu\nu'+\mu'\nu$. Analoguement, si x' décrit une droite, le lieu de x est une courbe d'ordre $\mu\nu'+\mu'\nu$.

Si le point x est situé dans sa courbe correspondante (μ), quel est le lieu de x? A un point quelconque x d'une droite arbitraire G correspond une courbe (μ) qui coupe G en μ points x'; au lieu qu'à un point x' de la même droite correspond une courbe (μ') qui coupe G en μ' points x. Le lieu demandé est donc de l'ordre $\mu+\mu'$. De même, si x doit être situé dans sa courbe correspondante (ν), le lieu de x est une courbe de l'ordre $\nu+\nu'$. Les $(\mu+\mu')(\nu+\nu')$ intersections de ces courbes sont évidemment les points x dont chacun coïncide avec un des points correspondants x'. Or on a identiquement $\mu\nu+\mu'\nu'+(\mu\nu'+\mu'\nu)=(\mu+\mu')(\nu+\nu')$, donc: si, dans un plan, on a deux systèmes de points correspondants, tels qu'à chaque point du premier système correspondent α points de l'autre; qu'à chaque point du second système correspondent β points du premier; et qu'une droite quelconque contienne γ couples de points correspondants, il y aura $\alpha+\beta+\gamma$ points doubles (Salmon, *Anal. Geom. of three dim.* p. 511).

*) Deux surfaces d'ordre n_1+n_2 passant par une courbe d'ordre $n_1 n_2$, se coupent suivant une autre courbe d'ordre $n_1^2+n_2^2+n_1 n_2$ qui rencontre la première (27) en $n_1 n_2(n_1+n_2)$ points. D'où il suit qu'une autre surface d'ordre n_1+n_2 passant par la même courbe d'ordre $n_1 n_2$ rencontrera la deuxième courbe en $(n_1+n_2)(n_1^2+n_2^2+n_1 n_2)-n_1 n_2(n_1+n_2)=(n_1+n_2)(n_1^2+n_2^2)$ points non situés sur la première.

situé sur des surfaces Q_1, R_1, S_1, appartenant resp. aux faisceaux (P Q), (PR), (PS), et aussi sur les surfaces correspondantes Q'_1, R'_1, S'_1, qui appartiendront aux faisceaux (P′ Q′), (P′ R′), (P′ S′) resp. Donc, le point considéré est commun aux bases des faisceaux ($Q_1 R_1$), ($Q'_1 R'_1$); dont le premier a une surface commune avec le faisceau (Q R), et le second a une surface commune avec le faisceau (Q′R′). Ces deux surfaces étant correspondantes, il en suit que le point, dont il s'agit, est situé sur la surface d'ordre n_1+n_2 engendrée par les faisceaux (Q R), (Q′ R′). *Toutes ces surfaces d'ordre n_1+n_2 ont donc en commun les* $(n_1+n_2)(n_1^2+n_2^2)$ *points* ci-dessus mentionnés. *Par chacun de ces points passe un nombre infini de faisceaux correspondants;* en d'autres termes, *chacun de ces points est commun à toutes les surfaces de deux réseaux correspondants.*

35. Soient donnés trois systèmes (linéaires) projectifs de surfaces d'ordres n_1, n_2, n_3, resp. Un réseau quelconque du premier système, combiné avec les réseaux correspondants dans les autres systèmes, donne (23) une surface Ψ d'ordre $n_1+n_2+n_3$. Toutes ces surfaces Ψ forment un nouveau système linéaire. Soient, en effet, a, b, c trois points arbitraires dans l'espace. Les surfaces (n_1) passant par a forment un réseau; dans le réseau correspondant du deuxième système il y a un faisceau de surfaces qui passent par a; et dans le faisceau correspondant du troisième système il y a une surface qui passe par a. C'est-à-dire qu'il y a trois surfaces correspondantes P, P′, P″ qui passent par a. De même, il y aura trois surfaces correspondantes Q, Q′, Q″ passant par b, et trois surfaces correspondantes R, R′, R″ passant par c. Ces surfaces déterminent trois réseaux projectifs (P Q R), (P′ Q′ R′), (P″ Q″ R″), qui engendreront une surface Ψ_4, la seule qui passe par a, b, c.

Soit S, S′, S″ une autre terne de surfaces correspondantes, qui n'appartiennent pas aux trois réseaux mentionnés. Les ternes de réseaux correspondants (Q R S), (Q′ R′ S′), (Q″ R″ S″); (R P S), (R′ P′ S′), (R″ P″ S″); (P Q S), (P′ Q′ S′), (P″ Q″ S″) engendreront trois autres surfaces Ψ_1, Ψ_2, Ψ_3. Les surfaces Ψ_1, Ψ_2 contiennent la courbe d'ordre $n_2n_3+n_3n_1+n_1n_2$ engendrée (18) par les trois faisceaux correspondants (R S), (R′ S′), (R″ S″); elles se couperont donc suivant une autre courbe de l'ordre $(n_1+n_2+n_3)^2-(n_2n_3+n_3n_1+n_1n_2)$. Un point quelconque x de cette courbe, considéré comme appartenant à Ψ_1, est commun à trois surfaces correspondantes A, A′, A″ des trois réseaux qui engendrent Ψ_1; et analoguement, le même point x, considéré comme situé sur Ψ_2, sera commun à trois surfaces correspondantes B, B′, B″ des trois réseaux générateurs de Ψ_2. Or, le réseau (P Q S) et le faisceau (A B), faisant partie d'un même système linéaire, ont une surface commune C, à laquelle correspondront, dans le deuxième système une surface C′ commune au réseau (P′ Q′ S′) et au faisceau (A′ B′), et dans le troisième système une surface C″ commune au réseau (P″ Q″ S″) et au faisceau (A″ B″). Par conséquent, le point x, étant situé sur les surfaces A, A′, A″, B, B′, B″, c'est-à-dire sur les bases des faisceaux (A B),

(A'B'), (A''B''), sera un point commun aux surfaces C, C', C'', et par suite commun à trois surfaces correspondantes des réseaux (PQS), (P'Q'S'), (P''Q''S''); ce qui revient à dire que x est un point de Ψ_3. On démontre de la même manière que x est situé sur Ψ_4; donc *toutes les surfaces* Ψ *forment un système linéaire et passent par la courbe d'ordre* $n_1^2+n_2^2+n_3^2+n_2n_3+n_3n_1+n_1n_2$.

Cette courbe est, d'après ce qui précède, *le lieu d'un point où se croise une infinité de ternes de surfaces correspondantes*; en d'autres termes, *le lieu d'un point commun aux courbes-bases de trois faisceaux correspondants;* ou bien encore, *le lieu d'un point commun à trois courbes d'ordres* n_1^2, n_2^2, n_3^2, *correspondantes dans les systèmes donnés.*

Cette même courbe contient évidemment les $(n_1+n_2)(n_1^2+n_2^2)$ points engendrés (34) par les deux premiers systèmes; et de même pour les autres combinaisons binaires des systèmes donnés.

36. On se donne quatre systèmes (linéaires) projectifs de surfaces d'ordres n_1, n_2, n_3, n_4 resp. et on demande l'ordre du lieu d'un point commun à quatre surfaces correspondantes. Soit G une droite arbitraire et x un point quelconque de G. On peut faire passer par x une (seule) terne de surfaces correspondantes des trois premiers systèmes (35); la surface correspondante du quatrième système coupera G en n_4 points x'. Réciproquement, si l'on prend arbitrairement un point x' sur G, les surfaces (n_4) passant par x' forment un réseau, et les réseaux correspondants dans les trois premiers systèmes engendrent (23) une surface qui rencontrera G en $n_1+n_2+n_3$ points x. Donc

Le lieu d'un point où se coupent quatre surfaces correspondantes de quatre systèmes linéaires projectifs d'ordres n_1, n_2, n_3, n_4 *est une surface de l'ordre* $n_1+n_2+n_3+n_4$.

Cette surface contient évidemment une infinité de courbes gauches d'ordre $n_2n_3+n_3n_1+n_1n_2+n_1n_4+n_2n_4+n_3n_4$, chacune desquelles est engendrée (24) par quatre réseaux correspondants. La même surface passe par la courbe d'ordre $n_1^2+n_2^2+n_3^2+n_2n_3+n_3n_1+n_1n_2$ engendrée (35) par les trois premiers systèmes; et de même pour es autres combinaisons ternaires des quatre systèmes donnés.

37. Quel est *le lieu d'un point x dont les plans polaires, par rapport à quatre surfaces données d'ordres* n_1, n_2, n_3, n_4 *resp., passent par un même point x'?* Les premières polaires de x' doivent passer par x; et d'ailleurs les premières polaires des points de l'espace, par rapport aux quatre surfaces données, forment quatre systèmes linéaires projectifs d'ordres $n_1-1, n_2-1, n_3-1, n_4-1$; donc (36) le lieu du point x où se coupent quatre surfaces correspondantes, c'est-à-dire le lieu demandé, *est une surface de l'ordre* $n_1+n_2+n_3+n_4-4$. On donne à cette surface le nom de *Jacobienne des quatre surfaces données.* Il est évident que la Jacobienne passe par les points multiples des surfaces données, car chacun de ces points a un plan polaire indéterminé.

Soit $n_4=n_3$; dans ce cas on a deux surfaces d'ordres n_1, n_2, et un faisceau de surfaces d'ordre n_3; et la Jacobienne devient une surface de l'ordre $n_1+n_2+2(n_3-2)$, lieu d'un point dont les plans polaires, par rapport aux surfaces d'ordres n_1, n_2, et à toutes celles du faisceau, ont un point commun: ou, ce qui est la même chose, *lieu d'un point dont les plans polaires, par rapport aux surfaces d'ordres n_1, n_2 et à une des surfaces du faisceau, passent par une même droite.* Cette Jacobienne passe par les $4(n_3-1)^2$ points doubles des surfaces du faisceau (20). Si une des surfaces du faisceau touche la courbe d'intersection des deux surfaces fixes, le point de contact appartient à la Jacobienne, car trois plans polaires de ce point passent par une même droite (la tangente à la courbe); *il y a* donc, *dans un faisceau d'ordre n_3, le nombre $n_1n_2(n_1+n_2+2n_3-4)$ de surfaces qui sont tangentes à la courbe d'intersection de deux surfaces donneés d'ordres n_1, n_2.*

Si $n_4=n_3=n_2$, nous aurons une surface fixe d'ordre n_1 et un réseau de surfaces d'ordre n_2; et la Jacobienne, surface d'ordre n_1+3n_2-4, deviendra le lieu d'un point dont le plan polaire par rapport à la surface fixe coïncide avec le plan polaire par rapport à une des surfaces du réseau (31). Cette Jacobienne contiendra la courbe gauche d'ordre $6(n_2-1)^2$, lieu des points doubles des surfaces du réseau (25).

Si $n_1=n_2=n_3=n_4=n$, *la Jacobienne,* surface d'ordre $4(n-1)$, *devient le lieu d'un point x dont les plans polaires par rapport à toutes les surfaces d'un système linéaire d'ordre n passent par un même point x'.* Il résulte de ce qui précède que *cette surface est aussi le lieu des points doubles des surfaces du système,* et contient par suite un nombre infini de courbes gauches d'ordre $6(n-1)^2$, chacune de celles-ci étant le lieu des points doubles d'un réseau appartenant au système. On peut dire encore (32) que *la Jacobienne d'un système linéaire est le lieu des points de contact entre les surfaces du système.*

Si $n=2$, le système est formé par des surfaces quadriques. Dans ce cas, les plans polaires de x passant par x', réciproquement les plans polaires de x' passeront par x; c'est-à-dire que x' est lui-même un point de la Jacobienne. *La Jacobienne (surface du quatrième ordre) d'un système linéaire de quadriques est* donc, *non-seulement le lieu des sommets des cones du système, mais encore le lieu des couples des poles conjugués par rapport à toutes les surfaces du système.*

38. Cherchons maintenant *le lieu d'un point dont les plans polaires, par rapport à trois surfaces données d'ordres n_1, n_2, n_3, passent par une même droite.* Les premières polaires des points de l'espace, par rapport aux trois surfaces données, forment trois systèmes (linéaires) projectifs d'ordres n_1-1, n_2-1, n_3-1 resp. Un point du lieu doit être commun aux premières polaires de tous les points d'une droite, c'est-à-dire que par ce point passe un nombre infini de ternes de surfaces correspondantes des trois systèmes projectifs; le lieu cherché *est* donc (35) *une courbe gauche de l'ordre*

$(n_1-1)^2+(n_2-1)^2+(n_3-1)^2+(n_2-1)(n_3-1)+(n_3-1)(n_1-1)+(n_1-1)(n_2-1)=$ $=n_1^2+n_2^2+n_3^2+n_2n_3+n_3n_1+n_1n_2-4(n_1+n_2+n_3)+6$, qui passe évidemment *par les points multiples des surfaces données* *).

Si $n_3=n_2$, la courbe obtenue devient le lieu d'un point dont le plan polaire par rapport à une surface fixe d'ordre n_1 coïncide avec le plan polaire relatif à une des surfaces d'un faisceau d'ordre n_2; on retombe ainsi sur un résultat déjà obtenu autrement (33).

Si $n_1=n_2=n_3=n$, on retrouve *la courbe gauche d'ordre* $6(n-1)^2$, *lieu des points doubles des surfaces d'un réseau d'ordre n* (25); cette courbe *est* donc *aussi le lieu d'un point dont les plans polaires, par rapport à toutes les surfaces du réseau, passent par une même droite.*

39. On se donne deux surfaces d'ordres n_1, n_2; les premières polaires de tous les points de l'espace, par rapport à ces surfaces, formeront deux systèmes linéaires projectifs d'ordres n_1-1, n_2-1. Si un point x a même plan polaire par rapport aux surfaces données, les premières polaires de tous les points de ce plan passeront par x, c'est-à-dire que x est commun à toutes les surfaces de deux réseaux correspondants. Concluons donc (34) que *le nombre des points dont chacun a même plan polaire par rapport aux deux surfaces données est* $\big((n_1-1)+(n_2-1)\big)\big((n_1-1)^2+(n_2-1)^2\big)\ldots$ **).

Si $n_1=n_2$, on a le nombre des points doubles d'un faisceau; chacun de ces points a, en effet, même plan polaire par rapport à toutes les surfaces du faisceau.

40. *Quel est le lieu d'un point par lequel passent cinq surfaces correspondantes de cinq systèmes (linéaires) projectifs, d'ordres $n_1, n_2, \ldots n_5$ resp.?* Les trois premiers systèmes combinés successivement avec le quatrième et le cinquième, donnent (36) deux surfaces d'ordres $n_1+n_2+n_3+n_4$, $n_1+n_2+n_3+n_5$ resp., qui passent ensemble par la courbe gauche d'ordre $n_1^2+n_2^2+n_3^2+n_2n_3+n_3n_1+n_1n_2$ engendrée (35) par les trois premiers systèmes; elles se couperont donc suivant *une* autre *courbe gauche de l'ordre* $n_1n_2+n_1n_3+\ldots+n_4n_5$, *qui est le lieu demandé.* Naturellement cette courbe contient une infinité de groupes de $n_1n_2n_3+\ldots+n_3n_4n_5$ points, chacun desquels est engendré (29) par cinq réseaux correspondants, appartenant aux systèmes donnés.

41. On se donne six systèmes (linéaires) projectifs de surfaces d'ordres $n_1, n_2, \ldots n_6$ resp.; cherchons le nombre des points où se rencontrent six surfaces correspondantes. Les trois premiers systèmes, combinés successivement avec le quatrième, le cinquième et le sixième, donnent (36) trois surfaces d'ordres $n_1+n_2+n_3+n_4$, $n_1+n_2+n_3+n_5$, $n_1+n_2+n_3+n_6$ resp. qui ont en commun la courbe d'ordre $n_1^2+n_2^2+n_3^2+n_2n_3+n_3n_1+n_1n_2$,

*) [On peut appeler cette courbe *Jacobienne des trois surfaces* données.]

**) [Nous pouvons dire que ces points forment *la Jacobienne des deux surfaces* données.]

due (35) aux trois premiers systèmes. Outre cette courbe, les deux surfaces d'ordres $n_1+\ldots+n_4$, $n_1+\ldots+n_5$ passent ensemble par une autre courbe de l'ordre $n_1n_2+\ldots+n_4n_5$, qui rencontre la première en $n_1^2n_2+\ldots+n_2n_3^2+(n_4+n_5)(n_1^2+n_2^2+n_3^2+n_2n_3+n_3n_1+n_1n_2)+2n_1n_2n_3$ *) points. En calculant l'excès du nombre total des intersections de la courbe d'ordre $n_1n_2+\ldots+n_4n_5$ avec la surface d'ordre $n_1+\ldots+n_6$, sur le nombre précédent, on trouve le nombre cherché. Donc il y a $n_1n_2n_3+\ldots+n_4n_5n_6$ *points dont chacun est commun à six surfaces correspondantes de six systèmes (linéaires) projectifs d'ordres* $n_1, n_2, \ldots n_6$.

Chapitre Troisième.

Assemblages symétriques. [6]

42. Si deux faisceaux projectifs de surfaces du même ordre n ont une surface commune P_{12}, mais qui ne correspond pas à soi-même, on voit sans peine que la surface Φ d'ordre $2n$, engendrée par les deux faisceaux, sera touchée le long de la courbe-base du premier faisceau par la surface P_{11} de ce même faisceau, qui correspond à la surface P_{12} de l'autre **), et sera touchée le long de la courbe-base du second faisceau par la surface P_{22} de celui-ci, correspondante à la surface P_{12} du premier. Aux points communs aux surfaces P_{11}, P_{12}, P_{22}, c'est-à-dire aux points communs aux bases des deux faisceaux, la surface Φ sera touchée par P_{11} et par P_{22}; or ces deux surfaces, étant quelconques, n'ont en général aucun point de contact; donc les points communs à P_{11}, P_{12}, P_{22} sont doubles pour la surface Φ. C'est-à-dire que *la surface engendrée par deux faisceaux projectifs d'ordre n formant un assemblage symétrique a n^3 points doubles.*

43. Les surfaces correspondantes de trois réseaux projectifs du même ordre n soient représentées resp. par

$$\begin{array}{lllll} P_{11}, & P_{12}, & P_{13}, & P_{14}, & \ldots \\ P_{21}, & P_{22}, & P_{23}, & P_{24}, & \ldots \\ P_{31}, & P_{32}, & P_{33}, & P_{34}, & \ldots \end{array}$$

et supposons que P_{rs} et P_{sr} soient toujours une seule et même surface. Dans cette hypothèse, les trois réseaux forment un assemblage symétrique. Soit Ψ la surface d'ordre $3n$, lieu d'un point où se coupent trois surfaces correspondantes; on peut obtenir cette surface de la manière suivante.

*) On calcule ce nombre par la méthode employée ailleurs (27 et 28).

**) En effet, la surface du deuxième faisceau qui passe par un point quelconque de la base du premier est P_{12} (17).

Les deux faisceaux correspondants (P_{22}, P_{23}), (P_{32}, P_{33}) engendrent une surface Φ_{11} d'ordre $2n$, qui (42) est touchée par P_{33} le long de la courbe-base du second faisceau. De même, les faisceaux correspondants (P_{11}, P_{13}), (P_{31}, P_{33}) engendrent une surface Φ_{22} d'ordre $2n$, touchée par P_{33} le long de la courbe $P_{31}P_{33}$. Et les deux faisceaux correspondants (P_{21}, P_{23}), (P_{31}, P_{33}), ou (ce qui revient au même *)) les faisceaux correspondants (P_{12}, P_{13}), (P_{32}, P_{33}), [7] engendreront une surface Φ_{12} ou Φ_{21} d'ordre $2n$, rencontrée par P_{33} suivant les courbes $P_{13}P_{33}$, $P_{23}P_{33}$, et, à cause de cela, touchée par la même surface P_{33} aux points communs aux surfaces P_{13}, P_{23}, P_{33}.

Les surfaces analogues à Φ_{11}, Φ_{12}, engendrées à l'aide de faisceaux correspondants du deuxième et du troisième réseau, forment un nouveau réseau (22), et chacune d'elles peut être regardée comme étant déterminée par le faisceau du troisième réseau qu'on emploie pour l'engendrer. De même pour les surfaces analogues à Φ_{21}, Φ_{22}, engendrées à l'aide de faisceaux correspondants du premier et du troisième réseau.

La surface Φ_{11} (du réseau $\Phi_{11}, \Phi_{12}, \ldots$) et la surface Φ_{21} (du réseau $\Phi_{21}, \Phi_{22}, \ldots$) correspondent au même faisceau (P_{32}, P_{33}) du troisième réseau donné, et resp. aux faisceaux (P_{22}, P_{23}), (P_{12}, P_{13}) du second et du premier réseau; ces surfaces contiennent donc, outre la courbe $P_{32}P_{33}$, la courbe lieu des points où se coupent trois surfaces correspondantes de ces trois faisceaux, qui sont projectifs. Et cette seconde courbe appartient aussi à Ψ, car ces trois faisceaux sont correspondants dans les trois réseaux donnés.

Analoguement, la surface Φ_{12} (du réseau $\Phi_{11}, \Phi_{12}, \ldots$) et la surface Φ_{22} (du réseau $\Phi_{21}, \Phi_{22}, \ldots$) correspondent au même faisceau (P_{31}, P_{33}) du troisième réseau donné et resp. aux faisceaux (P_{21}, P_{23}), (P_{11}, P_{13}) du second et du premier réseau; par conséquent, ces surfaces contiendront, outre la courbe $P_{31}P_{33}$, la courbe engendrée par ces trois faisceaux, qui sont projectifs: courbe, qui est aussi située sur Ψ, parce que ces faisceaux sont correspondants dans les réseaux donnés.

De même, une surface quelconque Φ_{1r} du faisceau (Φ_{11}, Φ_{12}) et la surface *correspondante* Φ_{2r} du faisceau (Φ_{21}, Φ_{22}) (les deux surfaces étant relatives à un même faisceau du troisième réseau donné) auront en commun, non-seulement une courbe d'ordre n^2 située sur P_{33} et sur une surface du faisceau (P_{31}, P_{32}), mais aussi une courbe d'ordre $3n^2$ si-

*) Une surface d'ordre $2n$, engendrée par deux faisceaux projectifs (U, V), (U', V') d'ordre n, peut aussi être engendrée par deux autres faisceaux projectifs (U, U'), (V, V'), où à une surface U'' du premier faisceau correspond une surface V'' de l'autre, de la manière suivante: U'' rencontre la surface $(2n)$ suivant la base UU' et une autre courbe K d'ordre n^2, par laquelle et par la base VV' on peut faire passer une surface V'' d'ordre n. En effet, K a n^3 points communs avec la base VV' (les points communs aux surfaces U'', V, V'); donc une surface d'ordre n, passant par la base VV' et par un point de K non situé sur cette base, aura n^3+1 points communs avec K, et par conséquent contiendra cette courbe, tout entière.

tuée sur Ψ. Les surfaces Ψ et P_{33} forment donc ensemble le lieu complet engendré par les faisceaux projectifs (Φ_{11}, Φ_{12}), (Φ_{21}, Φ_{22}). D'où il suit que, Φ_{12} et Φ_{21} étant une seule et même surface, *la surface Ψ est touchée par Φ_{11} et Φ_{22} le long de deux courbes d'ordre $3n^2$ situées sur Φ_{12}* (42); et que *les points doubles de Ψ sont les points communs aux trois surfaces Φ_{11}, Φ_{12}, Φ_{22}*. Or nous avons vu que ces surfaces sont touchées à la fois par P_{33}, aux points communs aux surfaces P_{13}, P_{23}, P_{33}; et chacun de ces points de contact absorbe quatre points d'intersection des trois surfaces Φ *); *la surface Ψ a donc $(2n)^3-4n^3=4n^3$ points doubles*. Et par ces points passe toute surface Φ, engendrée par deux faisceaux correspondants dans deux des réseaux donnés.

44. On peut, d'une manière analogue, construire la surface Ψ lieu d'un point où se coupent trois surfaces correspondantes des trois réseaux projectifs (P, Q, R), (P', Q', R'), (P'', Q'', R''), d'ordres n_1, n_2, n_3, lesquels ne forment pas un assemblage symétrique (23).

Les deux faisceaux (Q', R'), (Q'', R'') engendrent une surface Φ_1 d'ordre n_2+n_3, qui est coupée par R'' suivant deux courbes, R''Q'' et R''R'.

Les deux faisceaux (Q, R), (Q'', R'') engendrent une surface Φ'_1 d'ordre n_1+n_3, qui est coupée par R'' suivant deux courbes, R''Q'' et R''R.

Les deux faisceaux (P', R') (P'', R'') engendrent une surface Φ_2 d'ordre n_2+n_3, qui est coupée par R'' suivant deux courbes, R''P'' et R''R'.

Et les deux faisceaux (P, R), (P'', R'') engendrent une surface Φ'_2 d'ordre n_1+n_3, qui est coupée par R'' suivant deux courbes, R''P'' et R''R.

Les surfaces Φ_1, Φ_2 déterminent un faisceau d'ordre n_2+n_3 projectif au faisceau (Q'', P''). Si S'' est une surface quelconque de ce dernier faisceau, les faisceaux correspondants (S', R'), (S'', R'') engendreront la surface Φ (du faisceau (Φ_1, Φ_2)) qui correspond à S''.

De même, les surfaces Φ'_1, Φ'_2 déterminent un faisceau d'ordre n_1+n_3 qui est, lui aussi, projectif au faisceau (Q'', P''). La surface Φ' correspondante à S'' est engendrée par les faisceaux correspondants (S, R), (S'', R'').

Les surfaces Φ, Φ', outre la courbe R''S'', contiennent évidemment la courbe lieu d'un point où se croisent trois surfaces correspondantes des faisceaux projectifs (S, R), (S', R'), (S'', R''): courbe qui est située sur Ψ, car ces trois faisceaux sont correspondants dans les réseaux donnés. Les faisceaux projectifs (Φ_1, Φ_2), (Φ'_1, Φ'_2) engendrent donc un lieu qui est composé des surfaces R'' et Ψ.

45. Dans la recherche précédente soit $n_1=n_2=n_3=n$. Dans ce cas ((43), *note*) une surface quelconque R_0 du faisceau (R', R'') coupe Φ_1 et Φ_2 suivant deux courbes situées

*) Cela est évident pour deux surfaces quelconques et un plan qui se touchent en un même point.

resp. sur deux surfaces Q_0, P_0 appartenant aux faisceaux (Q', Q''), (P', P''). D'où il suit que les réseaux projectifs (P, Q, R), (P_0, Q_0, R_0), (P'', Q'', R'') donneront naissance aux mêmes surfaces Φ_1, Φ_2, Φ'_1, Φ'_2, et engendreront une surface d'ordre $3n$ qui, ayant quatre courbes d'ordre $3n^2$ en commun avec Ψ, coïncidera avec cette dernière surface. C'est-à-dire que, *si une surface d'ordre $3n$ est engendrée par trois réseaux projectifs* (P, Q, R, ...), (P', Q', R', ...), (P'', Q'', R'', ...) *d'ordre n*, on peut substituer à l'un de ceux-ci, par ex. au deuxième, un nouveau réseau (P_0, Q_0, R_0, ...) projectif aux donnés, et formé par des surfaces qui appartiennent resp. aux faisceaux (P', P''), (Q', Q'') (R', R''),....

Analoguement, nous pourrons remplacer un autre des réseaux donnés, (P, Q, R, ...) par un nouveau réseau (P''', Q''', R''',...) projectif au précédent, où les surfaces P''', Q''', R''',... appartiennent resp. aux faisceaux (P, P_0), (Q, Q_0), (R, R_0), ou, ce qui est la même chose, aux réseaux (P, P', P''), (Q, Q', Q'') et (R, R', R''). Donc enfin, *on pourra engendrer la même surface Ψ par trois nouveaux réseaux* (P''', Q''', R''', ...), (P^{IV}, Q^{IV}, R^{IV}, ...), (P^{V}, Q^{V}, R^{V}, ...) *projectifs aux donnés et formés par des surfaces appartenant resp. aux réseaux* (P, P', P'', ...), (Q, Q', Q'', ...), (R, R', R'', ...).

De plus: *les réseaux projectifs* (P, P', P'', P''', ...) (Q, Q', Q'', Q''', ...) *et* (R, R', R'', R''', ...) *engendrent une surface d'ordre $3n^2$ qui* contient les quatre courbes $\Phi_1\Phi_2$, $\Phi_1\Phi'_1$, $\Phi'_1\Phi'_2$, $\Phi_2\Phi'_2$ d'ordre $3n^2$, et par suite *coïncide avec Ψ*.

46. Représentons par

$$\begin{matrix} P_{11}, & P_{12}, & P_{13}, & P_{14}, & P_{15}, & \dots \\ P_{21}, & P_{22}, & P_{23}, & P_{24}, & P_{25}, & \dots \\ P_{31}, & P_{32}, & P_{33}, & P_{34}, & P_{35}, & \dots \\ P_{41}, & P_{42}, & P_{43}, & P_{44}, & P_{45}, & \dots \end{matrix}$$

les surfaces correspondantes de quatre systèmes linéaires projectifs du même ordre n et supposons que P_{rs} et P_{sr} soit toujours une seule et même surface. Dans cette hypothèse, les quatre systèmes forment un assemblage symétrique. La surface Δ d'ordre $4n$, lieu d'un point où se coupent quatre surfaces correspondantes (36), peut être construite de la manière suivante.

Les trois réseaux correspondants (P_{22}, P_{23}, P_{24}), (P_{32}, P_{33}, P_{34}), (P_{42}, P_{43}, P_{44}) donnent (43) une surface Ψ_{11} d'ordre $3n$, qui est touchée par la surface Φ engendrée par les faisceaux (P_{33}, P_{34}), (P_{43}, P_{44}) suivant une courbe d'ordre $3n^2$ (située sur la surface engendrée par les faisceaux (P_{32}, P_{34}), (P_{42}, P_{44}), ou par les faisceaux (P_{23}, P_{24}), (P_{43}, P_{44})), laquelle est le lieu d'un point où se coupent trois surfaces correspondantes des faisceaux projectifs (P_{23}, P_{24}), (P_{33}, P_{34}), (P_{43}, P_{44}).

D'une manière semblable, les trois réseaux correspondants (P_{11}, P_{13}, P_{14}), (P_{31}, P_{33}, P_{34}), (P_{41}, P_{43}, P_{44}) engendrent (43) une surface Ψ_{22} d'ordre $3n$, qui est touchée par la surface

Φ suivant une courbe d'ordre $3n^2$ (située sur la surface engendrée par les faisceaux (P_{13}, P_{14}), (P_{43}, P_{44}) ou par les faisceaux (P_{31}, P_{34}), (P_{41}, P_{44})), laquelle est le lieu des intersections de trois surfaces correspondantes des faisceaux projectifs (P_{13}, P_{14}), (P_{33}, P_{34}), (P_{43}, P_{44}).

Enfin, les trois réseaux correspondants (P_{21}, P_{23}, P_{24}), (P_{31}, P_{33}, P_{34}), (P_{41}, P_{43}, P_{44}), ou ce qui revient au même (45), les trois réseaux correspondants (P_{12}, P_{13}, P_{14}), (P_{32}, P_{33}, P_{34}), (P_{42}, P_{43}, P_{44}), [8] engendrent (44) une surface Ψ_{12} ou Ψ_{21} d'ordre $3n$, qui est coupée par Φ suivant les deux courbes d'ordre $3n^2$ déjà mentionnées. D'où il suit que les points communs à ces deux courbes, c'est-à-dire les $4n^3$ points (19) par lesquels passent quatre surfaces correspondantes des faisceaux projectifs (P_{13}, P_{14}), (P_{23}, P_{24}), (P_{33}, P_{34}), (P_{43}, P_{44}), sont tels que la surface Φ y est tangente à chacune des surfaces Ψ_{11}, Ψ_{22}, Ψ_{12}.

Les surfaces Ψ_{11}, Ψ_{12} déterminent un faisceau projectif au faisceau (P_{42}, P_{41}). Si P_{4r} est une surface quelconque de ce dernier faisceau, et si P_{3r}, P_{2r}, P_{1r} sont les surfaces correspondantes des faisceaux (P_{32}, P_{31}), (P_{22}, P_{21}), (P_{12}, P_{11}), la surface correspondante Ψ_{1r} du faisceau (Ψ_{11}, Ψ_{12}) sera engendrée (44) par les réseaux (P_{2r}, P_{23}, P_{24}), (P_{3r}, P_{33}, P_{34}), (P_{4r}, P_{43}, P_{44}).

Les surfaces Ψ_{21}, Ψ_{22} déterminent un autre faisceau projectif au même faisceau (P_{42}, P_{41}). La surface Ψ_{2r} du faisceau (Ψ_{21}, Ψ_{22}), qui correspond à P_{4r}, est engendrée par les réseaux (P_{1r}, P_{13}, P_{14}), (P_{3r}, P_{33}, P_{34}), (P_{4r}, P_{43}, P_{44}).

Les deux surfaces Ψ_{1r}, Ψ_{2r} d'ordre $3n$ passent ensemble par la courbe d'ordre $3n^2$ engendrée par les faisceaux (P_{r3}, P_{r4}), (P_{33}, P_{34}), (P_{43}, P_{44}) et située sur la surface Φ; elles se couperont donc suivant une autre courbe de l'ordre $6n^2$, lieu d'un point (24) par lequel passent à la fois quatre surfaces correspondantes des quatre réseaux projectifs (P_{1r}, P_{13}, P_{14}), (P_{2r}, P_{23}, P_{24}), (P_{3r}, P_{33}, P_{34}), (P_{4r}, P_{43}, P_{44}). Cette courbe appartient à Δ, car ces quatre réseaux sont correspondants dans les systèmes donnés; les faisceaux projectifs (Ψ_{11}, Ψ_{12}), (Ψ_{21}, Ψ_{22}) engendrent donc un lieu composé de la surface Φ d'ordre $2n$ et de la surface Δ d'ordre $4n$.

On en conclut (42) que les points doubles du lieu composé $\Delta\Phi$ sont les intersections des trois surfaces Ψ_{11}, Ψ_{22}, Ψ_{12}. Nous avons vu que ces trois surfaces ont $4n^3$ points de contact, qui sont équivalents à $4.4n$ intersections; le nombre des points doubles est donc $(3n)^3 - 16n^3 = 11n^3$. Mais les points doubles de Φ sont (42) les n^3 intersections des surfaces P_{33}, P_{44}, P_{34}; ainsi *Δ a $10n^3$ points doubles, situés sur toutes les surfaces* analogues à Ψ_{11}, Ψ_{22}, Ψ_{12}, ...

De ce que Δ est engendrée au moyen de faisceaux projectifs formant un assemblage symétrique (42), il suit encore que *cette surface est touchée par Ψ_{11} et Ψ_{22} suivant deux courbes d'ordre $6n^2$, situées sur Ψ_{12}.*

Chapitre Quatrième.

Propriétés relatives aux surfaces nodales conjuguées.

47. Revenons à la considération d'une surface fondamentale F_n d'ordre n (générale, sans points multiples) et des surfaces polaires. On a vu (2) que les premières polaires de tous les points de l'espace forment un système linéaire d'ordre $n-1$. La Jacobienne de ce système, c'est-à-dire le lieu des points doubles des premières polaires, ou bien encore (13) le lieu d'un point dont la quadrique polaire est un cone, sera (37) une surface de l'ordre $4(n-2)$. On appelle cette surface la *Hessienne* ou la *surface nodale* de la surface fondamentale.

Soient P_1, P_2, P_3, P_4 les premières polaires de quatre points quelconques **1**, **2**, **3**, **4** (non situés dans un même plan); on peut regarder (37) la Hessienne comme Jacobienne de ces quatre surfaces d'ordre $n-1$. Les premières polaires de tous les points de l'espace, par rapport à ces quatre surfaces, forment, d'après le théorème (11), un assemblage symétrique de quatre systèmes linéaires projectifs d'ordre $n-2$; donc (46), *la Hessienne a* $10(n-2)^3$ *points doubles, situés sur un nombre infini de surfaces* (Ψ_{11}, Ψ_{12}, ...) *d'ordre* $3(n-2)$.

En designant par P_{rs} la deuxième polaire mixte de deux points rs, et en conservant du reste les symboles adoptés ci-dessus (46), on voit tout de suite que Ψ_{12} *est le lieu des poles du plan* **134** *par rapport aux premières polaires des points du plan* **234** (30), *et aussi le lieu des poles du plan* **234** *par rapport aux premières polaires des points du plan* **134**. Or, d'après le théorème (11), si le plan **134** est la polaire $(n-2)^{ème}$ d'un point x, par rapport à la première polaire d'un point r du plan **234**, le même plan **134** est aussi la première polaire de r, par rapport à la polaire $(n-2)^{ème}$ de x, c'est-à-dire que **134** est le plan polaire de r par rapport à la quadrique polaire de x. Donc, Ψ_{12} *est le lieu d'un point x tel que les plans* **134**, **234** *sont conjugués par rapport à la quadrique polaire de x* *).

Comme cas particulier, Ψ_{11} *est le lieu des poles du plan* **234** *par rapport aux premières polaires des points de ce même plan, et aussi le lieu d'un point dont la quadrique polaire est tangente au plan* **234**; et Ψ_{22} aura la même signification par rapport au plan **134**. Appelons ces surfaces Ψ_{11}, Ψ_{22} *surfaces polaires pures* des plans **234**, **134** resp., et Ψ_{12} *surface polaire mixte* de ces mêmes plans. Donc (46):

La Hessienne est touchée par la surface polaire pure d'un plan quelconque suivant une courbe gauche d'ordre $6(n-2)^2$, *qui est le lieu des points doubles des premières polaires dont*

*) La section de Ψ_{12} par l'un des plans **234**, **134** est évidemment le lieu des points de contact de ce plan avec les premières polaires des points de l'autre.

les poles sont dans le plan donné. Les deux courbes de contact entre la Hessienne et les surfaces polaires pures de deux plans quelconques sont situées ensemble sur la surface polaire mixte de ces deux plans. Toutes ces surfaces polaires pures et mixtes, et dès lors toutes ces courbes gauches d'ordre $6(n-2)^2$ *passent par les* $10(n-2)^3$ *points doubles de la Hessienne.*

48. La surface Ψ, polaire pure d'un plan quelconque **123**, a $4(n-2)^3$ points doubles (43) situés sur un nombre infini de surfaces (Φ_{11}, Φ_{12}, ...) d'ordre $2(n-2)$. Si r, s sont deux points fixes d'une droite donnée, et que x soit un point mobile sur une autre droite donnée G, les surfaces P_{rx}, P_{sx} formeront deux faisceaux projectifs, générateurs d'*une surface* Φ *d'ordre* $2(n-2)$, *qui sera le lieu des courbes polaires* (*d'ordre* $(n-2)^2$) *de la droite rs par rapport aux premières polaires des points de* G (3). Or, d'après le théorème (12), si les premières polaires de r, s par rapport à la première polaire de x passent par un point y, réciproquement la première polaire de x par rapport à la $(n-2)^{ème}$ polaire de y passera par r, s; c'est-à-dire que le plan polaire de x par rapport à la quadrique polaire de y passera par la droite rs. Donc, Φ *est le lieu d'un point y tel que la droite réciproque de la droite* G, *par rapport à la quadrique polaire de y, est rencontrée par la droite rs.* Dans cette définition, on peut évidemment permuter entre elles les droites rs, G; donc Φ *est aussi le lieu des courbes polaires de* G *par rapport aux premières polaires des points de rs* *). D'après ce qui précède, la surface P_{rx} coupe Φ suivant deux courbes d'ordre $(n-2)^2$, dont l'une est la courbe polaire de la droite rs par rapport à la première polaire du point x de G, et l'autre est la courbe polaire de G par rapport à la première polaire du point r de rs; or, les $(n-2)^3$ points communs à ces deux courbes sont autant de points de contact entre P_{rx} et Φ; donc Φ *est aussi l'enveloppe de la deuxième polaire mixte de deux poles mobiles, l'un sur* G, *l'autre sur rs.* Nous appelons cette surface Φ *surface polaire mixte* des droites G et rs.

En revenant à la surface Ψ, on voit que Φ_{12} est la surface polaire mixte des droites **13**, **23**. Aussi, Φ_{11} a la même signification par rapport à deux droites coïncidentes: c'est-à-dire que Φ_{11} *est le lieu des poles dont les quadriques polaires sont tangentes à la droite* **23**, etc. Appelons ce lieu *surface polaire pure* de la droite **23**. Ainsi, en résumé (43):

---

*) Si l'on convient d'appeler *Jacobienne* de quatre surfaces, dont quelques-unes soient des plans, le lieu d'un point oú se coupent les premières polaires d'un point situé dans les plans donnés par rapport aux autres surfaces données; Φ sera la Jacobienne de deux plans passant par G et des surfaces P_r, P_s. De même, Ψ_{12} est la Jacobienne du plan **134** et des surfaces P_2, P_3, P_4; etc.

La surface polaire (pure) d'un plan donné est touchée par la surface polaire pure d'une droite quelconque située dans ce plan, suivant une courbe gauche d'ordre $3(n-2)^2$, *qui est le lieu des poles du plan par rapport aux premières polaires des points de la droite. Les deux courbes de contact entre la surface polaire du plan et les surfaces polaires pures de deux droites tracées dans ce plan, sont placées sur la surface polaire mixte des deux droites. Toutes ces surfaces polaires pures et mixtes (des droites du plan), et par suite toutes ces courbes gauches d'ordre* $3(n-2)^2$, *passent par les* $4(n-2)^3$ *points doubles de la surface polaire du plan donné.*

49. La surface P_{rs} (deuxième polaire mixte des points r, s) admet, elle aussi, une définition analogue à celles des surfaces Ψ_{12} et Φ_{12}. En effet, si la première polaire de r par rapport à la première polaire de s passe par un point x, réciproquement, d'après le théorème (12), la première polaire de s par rapport à la $(n-2)^{ème}$ polaire de x passera par r, c'est-à-dire que le plan polaire de s par rapport à la quadrique polaire de x passe par r. Donc, P_{rs} *est le lieu d'un point* x *tel que les points* r, s *sont conjugués par rapport à la quadrique polaire de* x. Si les points r, s coïncident, on retombe sur la définition de P_{rr} *(deuxième polaire pure* du point r*)*.

50. La surface Φ, polaire pure d'une droite quelconque **12**, a $(n-2)^3$ points doubles (42) situés dans un nombre infini de surfaces (P_{11}, P_{12}, ...) d'ordre $n-2$. On est ainsi conduit à dire que:

La surface polaire (pure) d'une droite donnée est touchée par la deuxième polaire pure d'un point quelconque de cette droite suivant une courbe gauche d'ordre $(n-2)^2$, *qui est la courbe polaire de la droite par rapport à la première polaire du point. Les deux courbes de contact entre la surface polaire de la droite et les deuxièmes polaires pures de deux points quelconques de la même droite, sont placées sur la deuxième polaire mixte de ces points. Toutes ces deuxièmes polaires pures et mixtes (des points de la droite), et dès lors toutes ces courbes d'ordre* $(n-2)^2$, *passent par les* $(n-2)^3$ *points doubles de la surface polaire de la droite donnée.*

51. Il résulte de ce qui précède (48, 50) que *la surface polaire pure d'un plan est l'enveloppe des surfaces polaires pures des droites situées dans ce plan,* et que *la surface polaire pure d'une droite est l'enveloppe des deuxièmes polaires pures des points de cette droite.* On peut ajouter, d'après (43, 46), que *les surfaces polaires pures et mixte de deux droites, situées dans un même plan, sont touchées aux mêmes* $(n-2)^3$ *points par la deuxième polaire pure du point de concours de ces droites* (d'où il résulte que *la surface polaire pure d'un plan est aussi l'enveloppe des deuxièmes polaires pures des points du plan);* et que les surfaces polaires pures et mixte de deux plans sont touchées aux mêmes $4(n-2)^3$ points par la surface polaire pure de la droite commune à ces plans. Et en outre (44): la courbe gauche d'ordre $3(n-2)^2$, lieu des poles d'un

plan donné par rapport aux premières polaires des points d'une droite donnée, est placée sur la surface polaire mixte de ce plan et d'un autre plan quelconque passant par la droite donnée, et aussi sur la surface polaire mixte de cette droite et d'une autre droite quelconque située dans le plan donné. Etc. etc.

52. Les premières polaires des points d'une droite quelconque forment un faisceau, qui contient $4(n-2)^3$ surfaces douées d'un point double (20). Donc, *le lieu des poles dont les premières polaires ont un point double, est une surface d'ordre* $4(n-2)^3$. On l'appelle *surface nodale conjuguée* ou *surface Steinerienne.*

Nous pouvons dire (13) que *la Hessienne est le lieu des points dont les quadriques polaires sont des cones*, et que *la Steinerienne est le lieu des sommets de ces cones.*

La Hessienne et la Steinerienne se correspondent, point à point. Si o est un point double de la première polaire d'un point o', c'est-à-dire, si o est le pole d'un cone quadrique de sommet o', les points o, o' seront deux points correspondants de la Hessienne et de la Steinerienne.

53. *La Hessienne est aussi le lieu des points de contact entre les premières polaires* (32). Soient o, o' deux points correspondants des deux surfaces nodales conjuguées; la première polaire de o' et une autre première polaire } dont p soit le pole { passant par o détermineront un faisceau de surfaces touchées en o par un même plan E. } Le plan E est le plan polaire de o par rapport à la première polaire de p, c'est-à-dire le plan polaire de p par rapport au cone quadrique polaire de o, dont le sommet est o'. Donc E passe par o' { [9], c'est-à-dire que *le plan* E *passe toujours par la droite* oo'.

54. Soient o, o_1 deux points, infiniment voisins, de la Hessienne; o', o'_1 leurs points correspondants sur la Steinerienne. Dès que les premières polaires de o', o'_1 sont consécutives et douées des points doubles o, o_1, leur courbe d'intersection passera par o, et conséquemment le plan polaire de o passera par $o'o'_1$, qui est une droite tangente en o' à la Steinerienne [10]. Cela subsiste quelle que soit la direction de cette tangente; donc *le plan polaire d'un point de la Hessienne est tangent à la Steinerienne au point correspondant.*

On déduit de là que *la Steinerienne est une surface de la classe* $4(n-1)^2(n-2)$, car ce nombre est celui des intersections de la Hessienne avec la courbe polaire d'une droite quelconque.

55. Les poles d'un plan (par rapport à la surface fondamentale) sont (3) les $(n-1)^3$ intersections des premières polaires de trois points a, b, c de ce plan. Soit a un point de la Steinerienne, et soit abc le plan tangent à cette surface en ce point; dans ce cas, la première polaire de a est douée d'un point double a', et les premières polaires de b et c passent par a'. D'où il suit que *le plan tangent à la Steinerienne, en un de ses points, a deux poles coïncidents au point correspondant de la Hessienne.*

56. Un point double ω de la Hessienne est situé sur la surface polaire mixte de deux plans quelconques (47); c'est-à-dire qu'il y a dans un plan quelconque un point tel que le plan polaire de ω, par rapport à la première polaire de ce point, est indéterminé [11]: autrement, il y a dans un plan quelconque un point dont la première polaire a un point double en ω. Donc, ω est le point double d'un nombre infini de premières polaires, les poles desquelles, appartenant naturellement à la Steinerienne (52), sont en ligne droite (car il y a un tel pole dans un plan quelconque). Ainsi, *au point ω correspond sur la Steinerienne*, au lieu d'un point unique, *une droite*, dont chaque point sera, par conséquent, double pour la quadrique polaire de ω; c'est-à-dire que *la quadrique polaire de ω est une couple de plans passant par cette droite*. Et *le plan polaire de ω sera tangent à la Steinerienne tout le long de cette même droite*. Donc:

La Steinerienne contient $10(n-2)^3$ *droites, dont chacune correspond à un des points doubles de la Hessienne.*

57. Deux courbes situées resp. sur la Hessienne et sur la Steinerienne peuvent être nommées *correspondantes*, lorsque l'une est le lieu des points correspondants aux points de l'autre. Ainsi par ex. la courbe plane d'ordre $4(n-2)^3$, où la Steinerienne est coupée par un plan quelconque E, et la courbe gauche d'ordre $6(n-2)^2$, au long de laquelle la Hessienne est touchée par la surface polaire (pure) de E (47), sont deux courbes correspondantes; parce que la deuxième courbe est le lieu des points doubles des premières polaires des points de E.

On peut très-facilement déterminer la courbe qui correspond à l'intersection de la Hessienne avec une surface quelconque S_m d'ordre m. Soit K la surface enveloppe des plans polaires des points de S_m: surface qui est aussi le lieu d'un point dont la première polaire est tangente à S_m (15). Si o est un point commun à S_m et à la Hessienne, le plan polaire de o touchera à la fois K et la Steinerienne au point correspondant o' (54). Or, la première polaire de o', ayant un point double en o, touche S_m en ce point; donc o' appartient aussi à K, et par suite la Steinerienne et la surface K ont un point de contact en o'. Donc K *est tangente à la Steinerienne tout le long de la courbe qui correspond à l'intersection de la Hessienne avec* S_m *).

Les points où cette courbe de contact est rencontrée par un plan quelconque correspondent aux points communs à S_m et à une courbe d'ordre $6(n-2)^2$; *l'ordre de la courbe de contact est* donc $6m(n-2)^2$.

On peut demander aussi l'ordre de K. Les points où cette surface est rencontrée

*) Ce même raisonnement prouve aussi que la développable polaire d'une droite touche la Steinerienne aux points correspondants aux intersections de la Hessienne avec cette droite. (Et de même pour une ligne quelconque).

par une droite arbitraire sont les poles d'autant de surfaces d'un faisceau, qui touchent S_m; donc (33) K *est de l'ordre* $m(3(n-2)^2+(m-1)^2+2(n-2)(m-1))$. Si $m=1$, l'ordre de K (lieu d'un point dont la première polaire est tangente à un plan donné) est $3(n-2)^2$: ainsi qu'on l'a déjà trouvé (15).

58. Nous avons vu (5) que la quadrique polaire d'un point parabolique de la surface fondamentale est un cone. Réciproquement, il est évident que tout point de la surface fondamentale, dont la quadrique polaire soit un cone (n'ayant pas son sommet au pole, auquel cas on aurait un point double), est un point parabolique. Par conséquent, *le lieu des points paraboliques est la courbe gauche d'ordre* $4n(n-2)$, *intersection de la surface fondamentale avec la Hessienne.* Naturellement, cette courbe partage la surface F_n en deux régions, dont l'une contient les points hyperboliques (à indicatrice hyperbolique) et l'autre les points elliptiques (à indicatrice elliptique). C'est-à-dire que le plan tangent, en un point de la surface F_n, coupe celle-ci dans une courbe pour laquelle le point de contact est un nœud ou un point isolé, suivant que ce point appartient à la première ou à la deuxième région.

59. Un plan tangent de F_n est stationnaire si le point de contact est parabolique. Or, la première polaire d'un point quelconque de l'espace rencontre la courbe parabolique en $4n(n-1)(n-2)$ points; ce nombre exprime donc, combien de plans stationnaires passent par ce point arbitraire: ainsi qu'on l'a déjà trouvé ailleurs (8).

60. Supposons que la surface fondamentale F_n contienne une droite A. Un plan mené arbitrairement par A coupe F_n dans une courbe d'ordre $n-1$; et une surface d'ordre $n-1$, menée aussi arbitrairement par cette courbe, rencontrera de nouveau F_n dans une courbe gauche C d'ordre $(n-1)^2$, qu'on peut prendre comme base d'un faisceau d'ordre $n-1$. Une surface quelconque S de ce faisceau coupe F dans une courbe plane d'ordre $n-1$, dont le plan E passe par la droite A (car cette dernière courbe doit contenir les $n-1$ intersections de S avec A). Ainsi, la surface F_n peut être engendrée à l'aide de deux faisceaux projectifs, l'un de plans E par A, l'autre de surfaces S par C.

Tout plan E est tangent à F_n en $n-1$ points: c'est-à-dire aux points où A rencontre la surface S correspondante à E; car ces points sont doubles pour la section de F_n par E. On peut demander le nombre des plans E qui touchent F_n hors de la droite A. Un plan E mené arbitrairement par A touche $3(n-2)^2$ surfaces S′ (car celles-ci forment un faisceau), auxquelles correspondent autant de plans E′. Réciproquement, la surface S′ correspondante à un plan arbitraire E′ est de la classe $(n-1)(n-2)^2$, et par suite elle est touchée par autant de plans E. Il y aura donc $3(n-2)^2+(n-1)(n-2)^2$ coïncidences de E avec E′, c'est-à-dire qu'*il y aura* $(n+2)(n-2)^2$ *plans* E *dont chacun coupera* F_n *suivant une courbe* (*d'ordre* $n-1$) *douée de point double.*

Dans le faisceau des surfaces S il y en a $2(n-2)$ qui touchent A; les points de contact sont les points doubles de l'involution d'ordre $n-1$ formée sur A par les surfaces S, ou, ce qui est la même chose, par les courbes d'ordre $n-1$ communes à F_n et aux plans E. Ces $2(n-2)$ points sont les seuls points paraboliques qui se trouvent sur A; car si un point de A est parabolique, le plan E tangent à F_n en ce point doit couper cette surface suivant une courbe (d'ordre $(n-1)$) touchée en ce point par A. Mais d'un autre côté, la Hessienne étant de l'ordre $4(n-2)$, ces $2(n-2)$ points doivent représenter les $4(n-2)$ intersections de cette surface avec la droite A; donc

Toute droite située sur la surface fondamentale est tangente en $2(n-2)$ points à la surface Hessienne, et par suite à la courbe parabolique.

61. Cherchons l'ordre du *lieu des paires de droites osculatrices à la surface fondamentale, aux points de l'intersection de celle-ci avec une autre surface S_m d'ordre m.* Souvenons-nous que les droites osculatrices en un point de F_n forment l'intersection du plan polaire et de la quadrique polaire de ce point (5). Soit donc G une droite arbitraire; x un point quelconque de cette droite. Si une quadrique polaire passe par x, le lieu du pole est la deuxième polaire de x qui coupera la courbe (mn) en $mn(n-2)$ points; et les plans polaires de ces points rencontreront G en $mn(n-2)$ points x'. Réciproquement, les plans polaires qui passent par un point quelconque x' de G ont leurs poles dans la première polaire de x', qui traversera la courbe (mn) en $mn(n-1)$ points, dont les quadriques polaires donnent $2mn(n-1)$ points x sur G. Il y aura donc, sur G, $mn(n-2)+2mn(n-1)$ coïncidences de x avec x', c'est-à-dire que *le lieu demandé est une surface de l'ordre $mn(3n-4)$.*

Pour cette surface (gauche, en général) la courbe (mn) est double, car chacun de ses points est l'intersection de deux génératrices rectilignes. Si $m=1$, le lieu en question coupe le plan S suivant la section de F_n par S et les $3n(n-2)$ tangentes stationnaires de cette courbe plane.

Si $m=4(n-2)$, l'ordre du lieu devient $4n(n-2)(3n-4)$; mais, si S_m est la Hessienne, il faut prendre la moitié seulement de ce nombre, parce que la courbe (mn) est, dans ce cas, la courbe parabolique (58), et par conséquent, en chacun de ses points les deux droites osculatrices sont coïncidentes.

Dans ce même cas, le lieu est une surface développable, car le plan tangent à F_n en un point parabolique est stationnaire (c'est-à-dire qu'il doit être regardé comme un plan bitangent, dont les deux points de contact sont infiniment voisins), et deux plans stationnaires consécutifs passent par la droite osculatrice *); d'où il suit que *le lieu des droites osculatrices, le long de la courbe parabolique, coïncide avec la surface*

*) [*Teoria geometrica delle superficie*, 31].

enveloppée par les plans stationnaires *), dont nous avons déjà déterminé la classe (8). **)

62. On demande à connaître *la développable circonscrite à la surface fondamentale suivant la courbe d'ordre n, intersection de celle-ci avec un plan donné* E.

La première polaire d'un point arbitraire x de l'espace rencontre la courbe (n) en $n(n-1)$ points; *la classe de la développable* est donc $n(n-1)$.

Si deux de ces $n(n-1)$ points coïncident, le point x appartiendra à la développable; combien de points de cette espèce y a-t-il dans une droite arbitraire G? Les premières polaires des points de G forment un faisceau et par suite coupent le plan E suivant un faisceau d'ordre $n-1$, dans lequel il y a $n(3n-5)$ courbes ***) qui touchent la courbe (n), celle-ci étant supposée sans points multiples. Si cette courbe a δ points doubles et k rebroussements (c'est-à-dire, si le plan E a δ contacts ordinaires et k contacts stationnaires avec F_n), le nombre précédent deviendra $n(3n-5)-(2\delta+3k)$. *Ce nombre exprime* donc *l'ordre de notre développable.*

Si, parmi les $n(n-1)$ intersections de la première polaire de x avec la courbe (n), il y a trois points coïncidents, le point x appartiendra à la courbe cuspidale de la développable; et si, au contraire, la première polaire de x a deux contacts avec la courbe (n), x sera un point de la courbe double de la développable. On peut donc demander combien de points x de cette espèce sont contenus dans un plan quelconque. Les premières polaires des points de ce plan coupent E suivant un réseau d'ordre $n-1$, dans lequel il y a $6n(n-2)-(6\delta+8k)$ courbes osculatrices à la courbe (n), et $\frac{1}{2}\left(n(3n-5)-(2\delta+3k)\right)^2-n(11n-21)+10\delta+\frac{27}{2}k$ courbes qui touchent la même courbe en deux points distincts. *Ces nombres expriment* donc *l'ordre de la courbe cuspidale et l'ordre de la courbe nodale de la développable* dont il s'agit.

63. Quel est *le lieu d'un point tel que sa quadrique polaire* (par rapport à F_n) *passe par les sommets d'un tétraèdre conjugué à une surface donnée* S *de second ordre?* Soient a, b deux points quelconques { conjugués par rapport à S }; C la courbe d'ordre $(n-2)^2$, intersection des deuxièmes polaires de a et b, et dès lors lieu des poles des quadriques polaires qui passent par ces points; a', b' les points où S coupe la droite réciproque de ab par rapport à S. Les quadriques polaires passant par a et b, forment une

*) *Cette développable est circonscrite à la Steinerienne suivant la courbe d'ordre* $6n(n-2)^2$ *qui correspond* (57) *à la courbe parabolique.* En effet, si o est un point parabolique, le plan (stationnaire) polaire de o touche en ce point la surface fondamentale, et au point correspondant, la Steinerienne (54).

**) { Ces droites osculatrices ne sont pas les tangentes de la courbe parabolique. }

***) Ce nombre et les autres qui suivent sont empruntés aux traités géométriques des courbes planes. [*Teoria geometrica delle curve piane,* 87 et 103.]

série telle qu'il y en a $(n-2)^3$ passant par un troisième point quelconque donné; donc, il y aura $(n-2)^3$ quadriques de cette même série qui diviseront harmoniquement le segment $a'b'$; c'est-à-dire que la courbe C rencontre le lieu cherché en $(n-2)^3$ points. Conséquemment ce lieu *est une surface d'ordre* $(n-2)^3 : (n-2)^2 = n-2$.

Tout point commun à ce lieu et à la Hessienne est dès lors le pole d'un cone (quadrique) polaire circonscrit à un trièdre conjugué à S. Donc (57) *le lieu des sommets des cones* (quadriques) *polaires circonscrits à des trièdres conjugués à la quadrique donnée est une courbe gauche d'ordre* $6(n-2)^3$.

64. Quel est *le lieu d'un point tel que sa quadrique polaire soit inscrite dans un tétraèdre conjugué à une surface donnée* S *de second ordre?* Soient A, B deux plans quelconques {conjugués par rapport à S}; C la courbe d'ordre $9(n-2)^2$, intersection des surfaces polaires (pures) des plans A, B, et dès lors lieu des poles des quadriques polaires qui touchent chacun de ces plans; A′, B′ les plans tangents de S menés par la droite qui est réciproque de la droite AB par rapport à S. Les quadriques polaires tangentes à A et à B forment une série telle qu'il y en a $27(n-2)^3$ tangentes à un troisième plan quelconque; donc il y en a aussi $27(n-2)^3$ telles qui seront conjuguées aux plans A′, B′. Ainsi la courbe C contient $27(n-2)^3$ points du lieu demandé; donc ce lieu *est une surface de l'ordre* $27(n-2)^3 : 9(n-2)^2 = 3(n-2)$.

Si le tétraèdre conjugué à S a un sommet x sur S, la face opposée sera le plan tangent à cette surface en x, et, des trois autres faces, une coïncidera avec ce même plan tangent, et les deux restantes seront deux plans quelconques menés par deux tangentes conjuguées de S en x. Un tel tétraèdre peut donc être regardé comme étant circonscrit à un cone quadrique quelconque de sommet x. Par conséquent, si x est un point commun à S et à la Steinerienne, le pole du cone polaire de sommet x appartiendra au lieu dont il s'agit; c'est-à-dire que *ce lieu coupe la Hessienne suivant la courbe correspondante à l'intersection de la Steinerienne avec S.*

Si S est le système de deux plans, le lieu considéré devient évidemment la surface polaire mixte de ces plans (45).

65. Cherchons *le lieu d'un point tel que sa quadrique polaire, par rapport à la surface fondamentale* F_n, *passe par les sommets d'un tétraèdre conjugué à la quadrique polaire du même point, par rapport à la Hessienne.* Soit G une droite arbitraire; x un point de G. Le lieu des poles des quadriques polaires relatives à F_n, circonscrites à des tétraèdres conjugués à la quadrique polaire du point x par rapport à la Hessienne, coupe la droite G en $n-2$ points x' (63). Réciproquement, si une quadrique polaire relative à la Hessienne doit être conjuguée à un tétraèdre inscrit à la quadrique polaire d'un point x', par rapport à F_n (c'est-à-dire, si la première quadrique doit être inscrite à un tétraèdre conjugué à l'autre), le lieu sera (64) une surface d'ordre

$3\big(4(n-2)-2\big)$, qui coupera G en autant de points x. Cette droite contient donc $n-2+12(n-2)-6$ coïncidences de x avec x'; en d'autres termes, le lieu demandé *est une surface d'ordre* $13n-32$.

Considérant les points communs à cette surface et à la Hessienne, nous pouvons ajouter que le lieu d'un point (sur la Hessienne) dont le cone polaire est circonscrit à un trièdre conjugué à la quadrique polaire du même point, par rapport à la Hessienne, est une courbe gauche de l'ordre $4(n-2)(13n-32)$.

66. Pareillement, on trouve que *le lieu d'un point tel que sa quadrique polaire par rapport à* F_n *soit inscrite à un tétraèdre conjugué à la quadrique polaire du même point par rapport à la Hessienne, est une surface* T *de l'ordre* $4(n-2)-2+3(n-2)=7n-16$.

Cette surface coupera la Hessienne suivant une courbe, chaque point de laquelle sera le pole (relativement a F_n) d'un cone quadrique ayant son sommet sur la quadrique polaire du même point par rapport à la Hessienne. Donc, *le lieu d'un point (sur la Hessienne) dont la quadrique polaire par rapport à la Hessienne, passe par le point correspondant de la Steinerienne, est une courbe gauche d'ordre* $4(n-2)(7n-16)$, *située dans la surface* T. Cette courbe passe deux fois par les $10(n-2)^3$ points doubles de la Hessienne, car chacun de ces points a un nombre infini de points correspondants sur une droite (56) qui coupera deux fois la quadrique polaire de ce point, relative à la Hessienne.

67. Quel est *le lieu d'un point, le plan polaire duquel par rapport à la Hessienne est tangent à la quadrique polaire du même point relativement à* F_n? Soit G une droite arbitraire; x un point de G; X le plan polaire de x par rapport à la Hessienne. Les quadriques polaires relatives à F_n, qui touchent le plan X, ont leurs poles dans la surface polaire (pure) de ce plan (47), qui coupera G en $3(n-2)$ points x'. Réciproquement, si une surface polaire doit passer par x', le plan correspondant sera tangent à la quadrique polaire de x'; or, les poles (relatifs à la Hessienne) des plans tangents d'une surface quadrique, se trouvent sur une surface (16) d'ordre $2\big(4(n-2)-1\big)$, qui coupera G en autant de points x; donc G contiendra $3(n-2)+8(n-2)-2$ coïncidences de x avec x', et par suite le lieu demandé *est une surface* Θ *d'ordre* $11n-24$.

Un point x de la surface T (66) est le sommet d'un tétraèdre circonscrit à la quadrique polaire (de x) par rapport à F_n et conjugué à la quadrique polaire (du même point) relative à la Hessienne, pourvu que ce point x soit situé sur la polaire réciproque de la première quadrique par rapport à l'autre; auquel cas le plan polaire de x par rapport à la Hessienne est tangent à la quadrique polaire du même point par rapport à F_n; c'est-à-dire que, dans cette hypothèse, x est aussi un point de Θ. Donc *le lieu d'un point qui soit un sommet d'un tétraèdre circonscrit et conjugué resp. aux quadriques polaires du même point par rapport à* F_n *et à la Hessienne, est une courbe gauche d'ordre* $(11n-24)(7n-16)$, *intersection des surfaces* Θ *et* T.

68. Quel est *le lieu d'un point tel que son plan polaire par rapport à la Hessienne soit conjugué à un plan donné* E, *par rapport à la quadrique polaire du même point relative à* F_n? Si x est un point d'une droite G, et X le plan polaire de x par rapport à la Hessienne; le lieu des poles des quadriques polaires (relatives à F_n), pour lesquelles E et X sont deux plans conjugués (47), coupera G en $3(n-2)$ points x'. Réciproquement, si y est le pole du plan E par rapport à la quadrique polaire d'un point x', relative à la surface fondamentale, la première polaire de y par rapport à la Hessienne coupera G en $4(n-2)-1$ points x. La droite G contiendra donc $3(n-2)+4(n-2)-1$ coïncidences de x avec x', c'est-à-dire que le lieu cherché *est une surface* Σ_E *d'ordre* $7n-15$.

Si x est un point de la Hessienne, dont le cone polaire ait son sommet sur le plan donné, ou sur le plan polaire de x par rapport à la Hessienne, ce point x appartiendra au lieu Σ_E; car, comme le plan passant par le sommet a un nombre infini de poles (sur la droite polaire du plan, relative au cone), il est conjugué à tout autre plan quelconque. Le premier cas a lieu pour les poles des cones polaires, dont les sommets appartiennent à la courbe d'intersection de la Steinerienne avec le plan E; donc, *le lieu* Σ_E *passe par la courbe gauche d'ordre* $6(n-2)^2$ *qui correspond à la section plane* E *de la Steinerienne* *).

On vérifie la seconde hypothèse, si le plan tangent en x à la Hessienne passe par le sommet x' du cone polaire; auquel cas le point x appartient aussi évidemment à la surface Θ (67). Donc le lieu Σ_E, quel que soit le plan E, passe par la courbe commune à Θ et à la Hessienne **). Cette courbe est de l'ordre $4(n-2)(7n-15)-6(n-2)^2=2(n-2)(11n-24)$, nombre qui est la moitié du produit des ordres de Θ et de la Hessienne; donc, *ces deux surfaces se touchent (partout où elles se rencontrent) suivant une courbe gauche d'ordre* $2(n-2)(11n-24)$, *lieu d'un point dont le plan polaire par rapport à la Hessienne passe par le point correspondant de la Steinerienne.*

Toutes ces surfaces Σ d'ordre $7n-15$, passant par une même courbe gauche d'ordre $2(n-2)(11n-24)$, forment un système linéaire. En effet, si a, b, c sont trois points donnés arbitrairement dans l'espace; A, B, C les plans polaires de a, b, c par rapport

---

*) Le lieu Σ_E et la surface polaire (pure) du plan E se coupent suivant une autre courbe gauche d'ordre $3(n-2)(5n-11)$, qui est évidemment le lieu d'un point tel que sa quadrique polaire par rapport à F_n touche le plan E, et que le plan polaire du même point par rapport à la Hessienne passe par le point de contact.

**) Tout point commun à Θ et à la Hessienne appartient aussi à Σ, car si le plan polaire relatif à la Hessienne doit toucher le cone polaire, il passera par le sommet de celui-ci. Dans le cas de $n=3$, la courbe commune à Θ et à la Hessienne est la courbe correspondante à la courbe parabolique.

à la Hessienne; et a', b', c' les poles des plans A, B, C, par rapport aux quadriques polaires de a, b, c relatives à F_n, le plan $E \equiv a'b'c'$ déterminera la surface (unique) Σ qui passe par a, b, c.

69. On demande *le lieu d'un point tel que la droite commune à un plan donné* E *et au plan polaire de ce point par rapport à la Hessienne soit tangente à la quadrique polaire du même point par rapport à la surface fondamentale.* Pour résoudre cette question, prenons un point x sur une droite quelconque G; le plan polaire de x relatif à la Hessienne coupera E suivant une certaine droite; et le lieu des poles des quadriques polaires, relatives à F_n, qui sont tangentes à cette droite, coupera G en $2(n-2)$ points x' (48). Réciproquement, la quadrique polaire (par rapport à F_n) d'un point x' est coupée par le plan E suivant une conique, qui a $2(4n-9)$ tangentes communes avec la section faite par ce même plan dans l'enveloppe (de classe $4(n-2)-1$ . . . (14)) des plans polaires des points de G, par rapport à la Hessienne. Le lieu demandé *est* donc *une surface* Ξ_E *d'ordre* $2(n-2)+2(4n-9)=2(5n-11)$.

La surface Θ et la surface Σ_E, relative au plan donné E (68), ayant en commun une courbe d'ordre $2(n-2)(11n-24)$, se couperont suivant une autre courbe gauche d'ordre

$$(7n-15)(11n-24)-2(n-2)(11n-24)=(5n-11)(11n-24).$$

Chaque point x de cette courbe sera tel que son plan polaire par rapport à la Hessienne touchera la quadrique polaire du même point par rapport à F_n (67), et que le plan susdit sera conjugué à E par rapport à la même quadrique (68); donc, E passe par le point où le plan polaire touche la quadrique, et dès lors l'intersection de E par le plan polaire est une droite tangente à la quadrique. Il en suit que x sera un point du lieu Ξ_E. Le même raisonnement prouve que tout point de la courbe d'ordre $3(n-2)(5n-11)$ [v. note au n. 68], commune à la surface polaire (pure) du plan E et au lieu Σ_E, appartient aussi à Ξ_E. Donc, cette surface Ξ_E coupe Σ_E suivant une courbe d'ordre $(5n-11)(11n-24)$ située sur Θ, et suivant une autre courbe d'ordre $3(n-2)(5n-11)$ située sur la surface polaire (pure) du plan E.

Or, on voit sans peine que, d'après les définitions de ces lieux, tout point commun à Ξ_E et à Θ, et tout point commun à Ξ_E et à la surface polaire de E, appartiennent nécessairement à Σ_E; donc *la surface* Ξ_E *est touchée par la surface* Θ *suivant la courbe gauche d'ordre* $(5n-11)(11n-24)$, *et par la surface polaire pure du plan* E *suivant la courbe gauche d'ordre* $3(n-2)(5n-11)$; *et ces courbes de contact sont placées ensemble sur la surface* Σ_E *).

---

*) Il résulte de là que l'ensemble de la Hessienne, de Ξ_E et d'une surface arbitraire Φ d'ordre $4n-9$ peut être engendré au moyen de deux faisceaux projectifs (Θ, $\Sigma_E\Phi$, ...) d'ordre $11n-24$ et (Σ_E, $S_E\Phi$, ...) d'ordre $7n-15$; où S_E désigne la surface polaire pure du plan E.

70. On demande *le lieu d'un point tel que son plan polaire par rapport à la Hessienne coupe la quadrique polaire du même point, relative à* F_n, *et deux plans donnés* E, E', *suivant une conique et deux droites conjuguées à celle-ci.* Soit x un point d'une droite arbitraire G; X le plan polaire de x par rapport à la Hessienne; le lieu des poles des quadriques polaires (relatives à F_n) qui coupent ce plan X suivant des coniques conjuguées aux droites XE, XE', est la surface polaire mixte de ces droites (48), qui coupera G en $2(n-2)$ points x'. Réciproquement, soit Q la quadrique polaire d'un point x' par rapport à F_n; on sait que les plans qui coupent la quadrique Q et les plans donnés E, E' suivant une conique et deux droites conjuguées, enveloppent une autre surface quadrique. Cette surface et l'enveloppe des plans polaires des points de G, par rapport à la Hessienne, ont $2(4(n-2)-1)$ plans tangents communs, auxquels correspondront autant de poles x sur G. Le lieu demandé *est* donc *une surface* $\Xi_{EE'}$ *d'ordre* $2(n-2)+2(4n-9)=2(5n-11)$.

Tout point x commun à Θ et au lieu Ξ_E (69) est tel que son plan polaire par rapport à la Hessienne coupe la quadrique polaire de x relative à F_n et le plan E suivant trois droites passant par un seul et même point. La dernière de ces droites a un nombre infini de poles (en ligne droite) par rapport à la conique formée par les deux premières droites, d'où il suit que, relativement à cette conique, la dernière droite est conjuguée à toute droite tracée dans le dit plan polaire de x; donc x est aussi un point du lieu $\Xi_{EE'}$. C'est-à-dire que *ce lieu passe par les deux courbes gauches d'ordre* $(5n-11)(11n-24)$, *suivant lesquelles la surface* Θ *est touchée par les lieux* Ξ_E *et* $\Xi_{E'}$.

71. On demande *le lieu d'un point tel que ses plans polaires par rapport à* F_n *et à la Hessienne, et sa quadrique polaire par rapport à* F_n *aient un point commun sur un plan donné* E. Soit x un point d'une droite arbitraire G; la droite commune aux plans polaires de x rencontre E en un point y, et les quadriques polaires relatives à F_n qui passent par y ont leurs poles sur la deuxième polaire de ce point, laquelle coupera G en $n-2$ points x'. Réciproquement, la quadrique polaire d'un point x' (par rapport à F_n) coupera le plan E suivant une certaine conique $\mathcal{K}$. Or, il y a sur G $10(n-2)$ points x, dont chacun a la propriété que ses plans polaires, relatifs à F_n et à la Hessienne, se rencontrent sur $\mathcal{K}$ *); donc, le lieu demandé *est une surface d'ordre* $11(n-2)$.

Quel que soit le plan E, cette surface passe par les $2(n-2)$ points α où la Hessienne

*) Par un point quelconque i d'une droite R on peut mener deux premières polaires relatives à F_n, les poles desquelles sont les intersections de $\mathcal{K}$ avec le plan polaire de i; et les premières polaires de ces poles, par rapport à la Hessienne, couperont R en $2(4n-9)$ points i'. Réciproquement, par un point i' on peut faire passer deux premières polaires relatives à la Hessienne, dont les poles sont les intersections de $\mathcal{K}$ avec le plan polaire de i' (relatif à la Hessienne). Les premières polaires de ces poles, par rapport à F_n, couperont R en $2(n-1)$ points i. Donc il y aura, sur R, $2(4n-9)+2(n-1)=10(n-2)$ coïncidences de i avec i', q. d. e.

est touchée par une droite *a* située dans la surface fondamentale (60); car les plans polaires et la quadrique polaire de α passent ensemble par la droite *a* et dès lors ont un point commun avec tout plan donné . . . .

. . . .

CHAPITRE CINQUIÈME.

Application des propriétés générales à une surface fondamentale du troisième ordre.

72. La surface fondamentale sera désormais une surface F_3 du troisième ordre, tout à fait générale, c'est-à-dire sans points et lignes multiples. Les théorèmes démontrés précédemment contiennent déjà un grand nombre de propriétés des surfaces cubiques; mais nous ne nous arrêterons pas à donner les énoncés particuliers. Nous nous proposons seulement de développer ce qu'il y a de spécial et de caractéristique à la surface du troisième ordre.

La première polaire étant, dans le cas actuel, la quadrique polaire, *la surface Hessienne et la Steinerienne coïncident en une seule et même surface du quatrième ordre et de la seizième classe* (52, 54). *Les points de cette surface se correspondent deux à deux; o et o' étant deux points correspondants, chacun d'eux est le sommet d'un cone quadrique polaire dont l'autre est le pole; et en chacun de ces points la Hessienne a pour plan tangent le plan polaire de l'autre.* Ces mêmes points sont conjugués par rapport à toutes les quadriques polaires (37).

73. La deuxième polaire mixte de deux points *a*, *b* devient un plan, lieu d'un tel point, que par rapport à sa quadrique polaire les points *a*, *b* sont conjugués (49). Si l'on se donne un des points *a*, *b*, et leur plan polaire mixte, on trouve l'autre point de la manière suivante: les quadriques polaires des points du plan donné forment un réseau, et les plans polaires de *a* par rapport à ces surfaces passent par un même point *b*, qui sera le point cherché *).

Si *a* est fixe, et que le plan polaire mixte tourne autour d'une droite donnée G le point *b* décrira una droite G', intersection des plans polaires de *a* par rapport aux

*) { Si le plan polaire mixte est un plan donné ε, et si le point *a* décrit un plan ε', le lieu de *b* sera une surface du 3° ordre, la polaire mixte des deux plans ε ε'. }

quadriques polaires des points de G. Or, G coupe la Hessienne en quatre points, donc *les plans polaires d'un point donné a par rapport aux cones polaires enveloppent une surface de la quatrième classe* [12]. Si a est un point de la Hessienne, le plan polaire mixte passe toujours par a' (sommet du cone polaire de a) [13].

Si a est donné arbitrairement dans l'espace, et b est variable dans un plan fixe E, le plan polaire mixte passe toujours par un point fixe e: le pole de E par rapport à la quadrique polaire de a. Donc, si b décrit la courbe d'intersection de la Hessienne avec le plan E, le plan polaire mixte enveloppe un cone de sommet e, de la quatrième classe (circonscrit à la surface qu'on obtient lorsque b parcourt la Hessienne); c'est-à-dire que *les plans polaires d'un point fixe, par rapport à tous les cones polaires dont les sommets sont dans un même plan, enveloppent un cone de la quatrième classe.*

74. Ce que nous avons nommé en général *surface polaire mixte* de deux droites G, G' devient une quadrique (un hyperboloïde); et puisque, dans le cas actuel, la courbe polaire d'une droite par rapport à une première polaire (3) devient la droite réciproque de la droite donnée par rapport à une surface quadrique; il s'ensuit que *l'hyperboloïde polaire des deux droites* G, G' *est le lieu des droites réciproques de chacune de ces droites par rapport aux quadriques polaires des points de l'autre*, ou bien le lieu d'un point tel que la réciproque de l'une des droites données par rapport à la quadrique polaire de ce point, rencontre l'autre droite donnée.

Si i est un point variable en G, et a, b deux points fixes sur G', l'hyperboloïde polaire est engendré (48) par deux faisceaux projectifs, dans lesquels le plan polaire mixte de a, i correspond au plan polaire mixte de b, i. Or les points a, b peuvent être remplacés par deux autres points quelconques de G'; *l'hyperboloïde polaire de deux droites est* donc *aussi l'enveloppe du plan polaire mixte de deux points variables sur les droites données, respectivement.*

75. Si G, G' coïncident, nous aurons la surface polaire pure d'une droite G, qui sera *un cone du second ordre* (14, 48), dont le sommet est le pole de la quadrique polaire qui passe par G, et dont les génératrices sont les droites réciproques de G par rapport aux quadriques polaires des points de G. *Ce cone est l'enveloppe des plans polaires des points de* G, et par conséquent il est aussi le lieu des poles des quadriques polaires tangentes à G. Nous donnerons à cette surface le nom de *cone polaire* de la droite G, qu'il ne faut pas confondre avec le cone polaire d'un point de la Hessienne.

76. *La surface polaire mixte de deux plans* E, E' est du troisième ordre (47); elle *est le lieu des poles d'un plan par rapport aux quadriques polaires des points de l'autre plan, ou bien* (ce qui revient au même) *le lieu du pole d'une quadrique polaire, par rapport à laquelle les plans* E, E' *sont conjugués.*

Le lieu des poles d'un plan E *par rapport aux quadriques polaires des points d'une droite* G (30) *est une cubique* (courbe du troisième ordre) *gauche*, qui se trouve sur l'hyperboloïde polaire de G et d'une autre droite située dans E, et aussi sur la surface polaire mixte de E et d'un autre plan passant par G (51). D'où il suit que l'hyperboloïde polaire de deux droites G, G', si G est fixe et G' variable dans un plan E, engendre un réseau de surfaces passant par une cubique gauche fixe.

77. Si les plans E, E' coïncident, on a *la surface polaire pure d'un plan* E, qui sera l'enveloppe des cones polaires des droites situées dans le plan donné (48), et aussi le lieu des poles du plan par rapport aux quadriques polaires des points de ce même plan (47). Cette deuxième définition revient à dire que cette surface est le lieu d'un point dont la quadrique polaire est tangente au plan donné; donc (15, 51) la même surface se confond avec *l'enveloppe des plans polaires des points du plan donné.* Elle est du troisième ordre, de la quatrième classe, et a quatre points doubles, situés dans les cones polaires et dans les hyperboloïdes polaires de toutes les droites du plan donné*).

Soit a un point de cette surface; la quadrique polaire de a étant tangente au plan E, coupera ce plan suivant deux droites croisées au point de contact a'. Les plans polaires des points de ces droites doivent passer par a, et toucher ailleurs la surface; *un point quelconque de cette surface est* donc *le sommet de deux cones quadriques circonscrits à la surface* (ils sont les cones polaires des deux droites croisées en a'). Le plan polaire de a' est tangent à la surface en a.

Si a est l'un des points doubles de la surface, les deux cones tangents doivent coïncider; et par suite la quadrique polaire de a coupera E suivant deux droites coïncidentes. *Parmi les quadriques polaires tangentes à un plan* E *il y a* donc *quatre cones; leurs poles* (qui appartiendront aussi à la Hessienne) *sont les points doubles de la surface polaire pure du plan.*

Cette surface est la réciproque de la *surface Romaine* de STEINER **).

78. Si un plan E est fixe et qu'un autre plan E' soit mobile autour d'une droite G, la surface polaire mixte des plans E, E' engendre un faisceau; en effet, si cette surface doit passer par un point donné x, le plan E' passera par le pole de E relatif à la première polaire de x. La base du faisceau est composée d'une courbe gauche du sixième ordre (lieu des points doubles des quadriques polaires des points du plan

*) Si un point est à distance infinie, son plan polaire est un plan diamétral de la surface fondamentale. *L'enveloppe des plans diamétraux est* donc *la surface polaire pure du plan à l'infini.* Cette surface est inscrite dans la développable circonscrite à F_n suivant la section à l'infini (15).

) [Voir les Monatsberichte de la r. Acad. de Berlin (juillet et novembre 1863), et le tome LXIII de ce journal, p. 315]. [Queste Opere, n. **55 (t.° 2.°)].

fixe) et d'une cubique gauche (lieu des poles du plan fixe par rapport aux quadriques polaires des points de la droite donnée) (47, 76).

La surface polaire mixte des deux plans E, E' et leurs surfaces polaires pures sont touchées ensemble (51) par le cone polaire de la droite EE' en quatre points de la Hessienne (correspondants aux intersections de cette surface avec la droite EE'), et passent par les dix points doubles de la Hessienne (47). Ces points étant équivalents à $4.4+10$ intersections, les trois surfaces nommées, qui sont du troisième ordre, auront un autre et seul point commun: c'est le pole de la quadrique polaire qui passe par la droite EE'.

Chapitre Sixième.

Propriétés de la surface Hessienne d'une surface fondamentale du troisième ordre.

79. Les plans polaires qui passent par un point donné p ont leurs poles sur la quadrique polaire de p. Si ces plans doivent toucher la Hessienne, les poles seront distribués sur la courbe du huitième ordre, intersection de la Hessienne avec la polaire quadrique de p (72). Les points de contact forment une courbe du douzième ordre, intersection de la Hessienne avec la première polaire de p par rapport à la Hessienne. Ces deux courbes du huitième et du douzième ordre sont donc correspondantes (57).

80. Considérons les droites qui passent par p et qui touchent la Hessienne. Aux droites qui passent par p correspond un réseau *) de courbes gauches du quatrième ordre (3) situées sur une surface S du second ordre (la quadrique polaire de p). Chacune de ces courbes gauches résulte de l'intersection de S par une autre quadrique polaire, et par suite (79) les points doubles de ces courbes (points de contact entre S et les autres quadriques polaires) seront situés dans la courbe C du huitième ordre, intersection de la Hessienne avec S. Aux courbes du réseau, qui forment un faisceau, correspondent des droites par p, situées dans un plan; or, dans ce faisceau il y a douze courbes avec point double **); c'est-à-dire que *les droites par p, auxquelles correspondent des courbes gauches du quatrième ordre avec point double, forment un cone Σ du douzième ordre.* A un point quelconque o de la courbe C correspond une génératrice de Σ, qui joint p au point o' qui, dans la Hessienne, correspond à o. Le lieu des points o' est donc une courbe C' du douzième ordre (79). Le plan polaire de o passe par p et touche

*) Un tel réseau résulte des intersections de S avec un réseau d'autres surfaces quadriques polaires.

**) Car, dans un faisceau de quadriques, il y a douze surfaces tangentes à S (33).

la Hessienne (72) en o', et, par suite, il contient la droite tangente à C' en o'; donc, ce plan est tangent au cone Σ suivant la droite po'. C'est-à-dire que le cone Σ est circonscrit à la Hessienne suivant la courbe C'.

La quadrique polaire d'un point quelconque coupe C en seize points: de là résulte que Σ (et par suite la Hessienne) est de la seizième classe (54).

Si l'on considère une droite G passant par p, comme intersection de deux plans tangents du cone Σ, chacun de ces plans aura un pole sur C, et la courbe gauche (du réseau sur S) qui passe par ces deux poles sera la correspondante de G. Si les deux poles coïncident, la courbe gauche devient tangente à C; d'où il suit qu'aux droites tracées sur le cone Σ et dans ses plans stationnaires, correspondent des courbes gauches (du réseau sur S) tangentes à C.

81. Les points où la Hessienne est osculée par des droites issues de p, sont les intersections de cette surface avec la première et la deuxième polaire de p, par rapport à la même surface. Ainsi, parmi les courbes gauches du réseau en S il y a en a $4.3.2=24$ qui ont un point de rebroussement.

Ainsi le cone Σ est du 12e ordre et de la 16e classe, et a 24 génératrices stationnaires; il aura donc (à cause des formules de Plücker) 22 génératrices doubles. Parmi ces génératrices doubles, dix sont dues aux points doubles de la Hessienne et correspondent à des courbes du réseau composées de deux coniques (chaque point double a, en effet, pour quadrique polaire une couple de plans (56)); les autres douze génératrices doubles correspondront à autant de courbes du réseau composées d'une cubique gauche et d'une droite.

Pour démontrer cette assertion, considérons le réseau de courbes gauches du quatrième ordre sur la surface quadrique S, et, à cause de brièveté, nommons *génératrices* et *directrices* les droites des deux systèmes qui existent sur cette surface. Soient L, M, N trois génératrices de S; une courbe quelconque du quatrième ordre qui soit tracée sur S coupe en deux points chacune de ces droites; et si trois de ces points (un sur chaque droite) tombent en ligne droite, la courbe se décompose en deux parties, une cubique gauche et une droite (directrice). Si l est un point quelconque de L, la directrice qui passe par l coupera M, N en deux points m, n, et la courbe du réseau qui passe par m, n rencontrera L en deux points l'. Réciproquement, si l' est un point quelconque de L, les courbes du réseau qui passent par l' forment un faisceau et, par suite, déterminent sur M et N deux involutions (quadratiques) projectives. Si une courbe du faisceau coupe M en $m\, m'$ et N en $n\, n'$, le lieu des droites analogues à mn, mn', $m'n$, $m'n'$ est une surface du quatrième ordre (pour laquelle M et N sont des droites doubles), qui coupera L en quatre points l. Il y aura donc, en L, six coïncidences de l avec l', c'est-à-dire qu'il y a six courbes du réseau, dont chacune est composée d'une cubique gauche et d'une droite directrice. Analoguement, il y aura six autres courbes composées d'une cubique gauche et d'une génératrice.

Ainsi, *dans un réseau de courbes gauches de quatrième ordre, tracées sur une surface quadrique,* [14] *il y a:* 1.° *douze courbes composées d'une cubique gauche et d'une droite;* 2.° *dix courbes composées de deux coniques;* 3.° *vingt-quatre courbes avec rebroussement.*

82. Si p est un point de la Hessienne, le cone Σ est du 10e ordre et de la 16e classe, avec 10 génératrices doubles (dirigées aux points doubles de la Hessienne) et 18 génératrices stationnaires. C'est-à-dire que *dans un réseau de courbes gauches du quatrième ordre tracées sur un cone (quadrique* polaire de p) *il y en a:* 1.° *dix composées de deux coniques;* 2.° *dix-huit avec rebroussement;* 3.° *six composées d'une droite et d'une cubique gauche* (correspondantes aux six droites qui touchent la Hessienne en p et ailleurs (7)); 4.° *deux avec rebroussement au sommet du cone:* celles-ci correspondent aux deux droites qui osculent la Hessienne en p.

83. Si p est un point double de la Hessienne, cette surface est touchée en p par un nombre infini de plans, dont l'enveloppe est un cone quadrique; la première polaire de p aura donc un nombre infini de points doubles en ligne droite, c'est-à-dire qu'elle sera le système de deux plans se coupant suivant une droite π, située dans la Hessienne: ainsi qu'il résulte même de la théorie générale (56). Les points de cette droite seront les poles d'autant de cones avec le sommet p; ces cones forment donc un faisceau et passent par quatre droites, dont le système représente la courbe polaire de π. Dans ce faisceau il y a trois systèmes de deux plans: ces trois systèmes seront les quadriques polaires de trois points spéciaux de la droite π, doubles pour la Hessienne. *Les dix points doubles p sont* donc *distribués, trois à trois, sur les dix droites* π; *et celles-ci passent, trois à trois, par les dix points p.*

84. La Hessienne étant *en général* de la 16e classe, n'a pas d'autres points doubles, outre les dix points p. Et de même, elle ne contient pas d'autres droites, outre les dix droites π. En effet, les quatre intersections d'une droite G avec la Hessienne correspondent aux quatre cones qui passent par la courbe (du quatrième ordre) polaire de G. Si G appartient entièrement à la Hessienne, aux points, en nombre infini, de G correspondra un nombre infini de cones formant un faisceau et, par suite, [15] ayant le même sommet. Ce sommet sera un point double pour la Hessienne, car cette surface y serait touchée par les plans polaires de tous les points de G.

Un point double p n'est pas, en général, situé sur sa droite correspondante π; si cela était, la première polaire de p serait un cone avec le sommet p, et par suite ce point serait double pour la surface fondamentale.

85. Soient o, o' deux points correspondants de la Hessienne; les cones polaires de o, o' auront leurs sommets en o', o resp. et se perceront entre eux suivant une courbe

gauche du quatrième ordre; et les deux autres cones quadriques passant par cette courbe seront les premières polaires des points u, v où la Hessienne est rencontrée de nouveau par la droite oo'. Ces autres cones auront leurs sommets aux points u', v qui correspondent à u, v. Les points $o\,o'u'v'$ sont donc les sommets du tétraèdre conjugué aux quadriques passant par la courbe du quatrième ordre, et par suite les plans $o'u'v'$, $ou'v'$ sont les plans polaires de o, o' respectivement. C'est pourquoi *les plans tangents à la Hessienne en o, o' passeront par la droite $u'v'$.*

Puisque les plans polaires de o, o' passent par u', v', réciproquement les cones polaires de u', v' (dont les sommets sont u, v) passeront par o, o'; donc, ils contiennent tout entière la droite $oo'uv$ et se rencontreront de nouveau suivant une cubique gauche.

De ce que les cones polaires de u', v' passent par la droite oo', il s'ensuit que le cone polaire de cette droite aura son sommet (75) en u' et en v', c'est-à-dire qu'il se réduira à la droite $u'v'$. Donc, *les plans polaires des points de oo' passent tous par la droite $u'v'$.*

Les points où la droite $u'v'$ rencontre la Hessienne sont les poles des quatre cones quadriques passant par la courbe du quatrième ordre qui est la polaire de la droite considérée; or, cette courbe se décomposant en deux parties (une droite et une cubique gauche) il n'y a que deux cones quadriques passant par ce système; la droite $u'v'$ est donc tangente à la Hessienne en u' et v'.

Ainsi, *toute droite joignant deux points correspondants de la Hessienne jouit de la propriété que les plans polaires de ses points passent par une droite fixe, qui est une tangente double de la même surface.*

86. Si u et v coïncident, c'est-à-dire, si la droite oo' est tangente à la Hessienne (en un point u différent de o, o'), les plans polaires des points de oo' passeront par une même droite qui aura un contact du troisième ordre (en u') avec la Hessienne.

Si u et v coïncident en un point double p, les points u', v' deviennent indéterminés sur la droite correspondante π (83); or, les cones polaires de tous les points de cette droite devant passer (85) par oo', il en suit que *oo' est l'une des quatre droites qui forment la courbe polaire de π* (83).

87. Si o est un point parabolique de la surface fondamentale, son cone polaire a le sommet au point correspondant o', passe par o et est touché suivant oo' par le plan polaire de o (5), savoir par le plan qui touche la Hessienne en o'. Le cone polaire de o' ayant son sommet en o, il s'ensuit que les cones polaires de ces deux points se couperont suivant une courbe gauche dont o sera un point double. L'un des points u, v coïncide avec o'; l'autre soit v. La droite ov' ($\equiv u'v'$) est donc (85) tangente à la Hessienne en o et v'. Les plans qui touchent la surface fondamentale et la Hessienne en o se coupent suivant ov', c'est-à-dire que *cette droite est tangente en o à la courbe parabolique* (de la surface fondamentale).

Soit ω le point où la droite ov' rencontre de nouveau la surface fondamentale; la première polaire de ω passe par ω et par oo', et par suite elle rencontre le plan $oo'v'$ suivant deux droites, dont l'une est oo' et l'autre passe par ω. *Ce point* ω *est* donc *le point (unique) d'inflexion de la courbe du troisième ordre (avec rebroussement en* o*), suivant laquelle la surface fondamentale est coupée par le plan stationnaire* $oo'v'$ *).

88. *Dans un plan arbitraire* E, *combien de droites y a-t-il, analogues à* oo' *(joignant deux points correspondants de la Hessienne)?* Le plan E coupe la Hessienne suivant une courbe du quatrième ordre à laquelle correspond (57) la courbe (gauche du sixième ordre) de contact entre la Hessienne et la surface polaire pure du plan E. Soit o l'un des points où E rencontre cette dernière courbe; ce point, comme appartenant à E, aura son correspondant o' sur la courbe du sixième ordre; et comme appartenant à cette courbe, il aura son correspondant en E. D'où il suit que les six points communs au plan E et à la courbe gauche du sixième ordre sont correspondants, deux à deux. Mais d'un autre côté, deux points correspondants de la Hessienne sont conjugués par rapport à une quadrique polaire quelconque; donc, d'après un théorème connu (dû à M. HESSE), les six points dont il s'agit sont les sommets d'un quadrilatère complet; et *les diagonales de celui-ci sont les seules droites analogues à* oo', *contenues dans le plan donné* E. Les droites analogues à $u'v'$ (85), qui correspondent aux droites oo' du plan E, sont situées sur la surface polaire de E (et dans un même plan tritangent de celle-ci), parce que les plans polaires des points de E sont tangents à la surface polaire de ce plan (77).

89. Le quadrilatère considéré est déterminé par les intersections de quatre quadriques polaires quelconques (n'appartenant pas à un même réseau) avec le plan E; on sait en effet que, quatre coniques étant données dans un plan, il y a un quadrilatère complet (unique) dont les diagonales sont rencontrées harmoniquement par chacune des coniques données **).

Deux sommets opposés du quadrilatère étant conjugués par rapport aux coniques suivant lesquelles le plan E coupe les quadriques polaires de ses points, il s'ensuit que ce quadrilatère est inscrit à la courbe du troisième ordre, Jacobienne du réseau des coniques mentionnées et section de la surface polaire du plan E par ce même plan. Or, les mêmes six points (sommets du quadrilatère) sont situés dans la courbe plane du quatrième ordre commune à E et à la Hessienne, qui est touchée par la surface polaire de ce plan dans tous les points de la courbe gauche du sixième ordre; donc ces six points sont autant de points de contact entre les courbes suivant lesquelles E coupe sa surface polaire et la Hessienne.

---

*) Et ωv est la tangente stationnaire.

**) [*Mathem. Questions from the Educational Times IV,* London 1866, p. 110].

Il suit de là que les côtés du quadrilatère rencontreront de nouveau la courbe plane du quatrième ordre en quatre points alignés sur une droite G; et cette courbe plane appartiendra au faisceau déterminé par le système des quatre droites formant le quadrilatère et par le système de la courbe du troisième ordre et de la droite G. Donc, si cette dernière courbe a un point double a, ce qui arrive lorsque le plan E est tangent en a à la surface fondamentale *), la droite polaire de a par rapport à la courbe plane du quatrième ordre viendra se confondre avec la droite polaire du même point par rapport au système des quatre côtés du quadrilatère (la polaire harmonique de a par rapport au quadrilatère).

Mais d'ailleurs on sait que, si une cubique plane avec point double passe par les sommets d'un quadrilatère complet, la droite qui joint les trois points d'inflexion est la polaire harmonique du point double par rapport au quadrilatère; donc la droite polaire de a par rapport à la courbe plane du quatrième ordre passera par les points d'inflexion de la courbe du troisième ordre, qui sont aussi les points d'inflexion de la section de la surface fondamentale par E.

Ainsi: *la droite, intersection d'un plan tangent à la surface fondamentale avec le plan polaire du point de contact par rapport à la Hessienne, passe par les trois points d'inflexion de la section faite par le plan tangent dans la surface fondamentale.*

Si le plan tangent est stationnaire, on retombe sur un théorème déjà démontré (87).

90. Dans un plan quelconque E, combien y a-t-il de droites analogues à $u'v'$ (droites dont la courbe polaire soit le système d'une droite oo' et d'une cubique gauche)? Les droites tracées dans le plan E correspondent aux courbes gauches du quatrième ordre passant par les huit poles du plan. On sait que ces huit poles sont tels que la cubique gauche décrite par six d'entre eux rencontre deux fois la droite qui joint les deux autres. Or, huit points combinés par couples donnent $\frac{7.8}{2} = 28$ courbes du quatrième ordre composées d'une droite et d'une cubique gauche. *Le plan donné contient* donc 28 *droites analogues à* $u'v'$; elles sont d'ailleurs les 28 tangentes doubles de la section de la Hessienne par le plan E.

Cette section est de la 12e classe et a 24 points d'inflexion; on retrouve ainsi (80) la propriété que dans un faisceau de courbes gauches du quatrième ordre il y en a 12 avec point double; et de plus, on voit que *parmi les courbes gauches de cet ordre, qui passent par les huit intersections de trois surfaces quadriques, il y en a* 24 *qui ont un rebroussement.*

*) Si une cubique plane a un point double, toutes les coniques polaires passent par ce point, qui est, par suite, double aussi pour la Jacobienne du réseau des polaires.

91. Une droite quelconque G rencontre la Hessienne en quatre points $abcd$; soient $a'b'c'd'$ les points correspondants. Puisque $a'b'c'd'$ sont les sommets des quatre cones d'un même faisceau de quadriques, le point a' sera le pole du plan $b'c'd'$ par rapport aux cones polaires de b, c, d, c'est-à-dire que $b'c'd'$ est le plan polaire mixte des couples de points $a'b, a'c, a'd$: ou bien encore, $b'c'd'$ est le plan polaire de chacun des points b, c, d par rapport au cone polaire de a'. Or ce cone a pour sommet le point a; le plan $b'c'd'$ passe donc par a.

Ainsi *si $abcd$ sont quatre points de la Hessienne en ligne droite, les points correspondants $a'b'c'd'$ sont les sommets d'un tétraèdre dont les faces $b'c'd'$, $c'd'a'$, $d'a'b'$, $a'b'c'$ passent par a, b, c, d resp.* [16]

92. Toutes les quadriques polaires passant par un point o forment un réseau; et il y en a une qui est tangente en o à un plan donné arbitrairement. Cependant, si o est un point de la Hessienne (et o' le point correspondant), toutes les premières polaires passant par o y sont touchées (53) par des plans passant par la droite oo', et celles qui touchent en o un même plan forment un faisceau et ont leurs poles sur une droite tangente à la Hessienne en o'. D'où il s'ensuit que la droite oo' est la polaire du plan tangent à la Hessienne en o par rapport au cone polaire de o', et aussi la polaire du plan tangent à la même surface en o' par rapport au cone polaire de o. En d'autres termes: *le plan tangent en o à la Hessienne et le plan tangent en ce même point à une quadrique polaire quelconque qui y passe, sont conjugués par rapport au cone polaire de o'.*

Réciproquement, *toute droite tangente en o' à la Hessienne contient les poles d'un nombre infini de quadriques polaires touchées en o par un seul et même plan.*

93. Soit p un point double de la Hessienne et π la droite correspondante (83). Dès que chaque point de π correspond à p, les plans polaires de tous les points de π seront tangents à la Hessienne en p (72), c'est-à-dire que *le cone quadrique (osculateur), formé par les droites osculatrices à la Hessienne en p, est le cone polaire de la droite π.* Ce cone contient les trois droites $\pi_1\pi_2\pi_3$ (analogues à π (83)) qui passent par p, car tout point de ces droites est le pole d'un cone polaire dont le sommet est l'un des trois points doubles $p_1p_2p_3$ de la Hessienne, situés sur π.

94. Le plan polaire de p est tangent à la Hessienne tout le long de la droite π (56) et, par suite, il coupera cette surface suivant une conique C. De même, le plan polaire de p_1 touchera la Hessienne suivant π_1; or p_1 est un point de π; donc *la Hessienne et le cone polaire de π sont touchés le long des droites communes π_1, π_2, π_3 par les mêmes plans (les plans polaires de p_1, p_2, p_3).*

95. Le point p et un point quelconque de π sont deux points correspondants de la Hessienne; donc la droite qui joint ces points est le lieu des poles dont les plans

polaires passent par une même droite, tangente double de la Hessienne et située dans le plan polaire de p (85). L'un des points de contact est sur π; l'autre appartiendra à la conique C. C'est-à-dire qu'à toute droite tracée par p dans le plan $p\pi$, et considérée comme droite oo', correspond comme droite $u'v'$ une tangente de C. Soient o le point où la première droite rencontre π, et u le point où la même droite coupe de nouveau la Hessienne (les points o' et v sont coïncidents en p); u' et v' les points où la deuxième droite touche C et coupe π, respectivement. On voit que la conique C a pour courbe correspondante la cubique plane (lieu du point u) suivant laquelle le plan $p\pi$ coupe la Hessienne.

La droite $u'v'$ est dans le plan polaire de o; or ce plan est tangent au cone polaire de π; donc ce cone est touché par les droites analogues à $u'v'$; c'est-à-dire que la conique C est la trace du cone sur le plan polaire de p.

Ainsi *le cone osculateur à la Hessienne en un point double touche cette surface suivant trois droites, et la coupe en outre suivant une conique située dans le plan polaire du point double.*

96. Il y a d'autres propriétés du plan $p\pi$ qui méritent d'être remarquées.

Le cone polaire de u' passe par p; de plus, le plan polaire de p par rapport à ce cone (savoir le plan tangent à ce cone suivant pu) est le plan polaire de u' par rapport au cone polaire de p (11), c'est-à-dire, le plan $p\pi$. Ce dernier plan est donc tangent aux cones polaires de tous les points de la conique C, et les génératrices de contact passent par p.

Dès que le plan $p\pi$ touche en o les premières polaires des points p et u', il touchera en ce même point les premières polaires de tous les points de la droite pu', et les coupera suivant des couples de droites en involution, dont les rayons doubles sont op et π. Deux droites R, R' conjuguées dans cette involution appartiendront à une première polaire dont le pole soit q (point de pu'); concevons un plan passant par q et par une tangente quelconque $u'_1v'_1$ de C. Les premières polaires de u'_1, v'_1 passent ensemble (85) par la droite pu_1 qui correspond à $u'_1v'_1$ (de même que pu à $u'v'$); donc les points où cette droite rencontre R, R' seront deux poles du plan $qu'_1v'_1$. C'est-à-dire que les plans polaires des points des droites R, R' enveloppent un seul et même cone qC. Tous les cones analogues passent par la conique C; celle-ci représente donc, elle seule, l'enveloppe des plans polaires des points du plan $p\pi$. Ce qu'on peut démontrer aussi de la manière suivante.

Le point double p a la propriété que toutes les quadriques polaires qui y passent, y sont touchées par un même plan $p\pi$ (92); d'où il résulte que, si par p on tire les deux droites qui rencontrent, chacune deux fois, la courbe (gauche du quatrième ordre) polaire d'une droite quelconque T de l'espace, ces deux transversales seront toujours comprises dans le plan $p\pi$, c'est-à-dire que la courbe polaire d'une droite quelconque a toujours deux cordes issues de p et situées dans le plan $p\pi$. Soit pu l'une de ces cordes; chacun des points où elle s'appuie sur la courbe gauche aura son plan polaire passant par T et par $u'v'$ (d'où il résulte que T coupe $u'v'$): mais ces deux droites donnent un seul plan, donc les deux points où pu traverse la courbe gauche sont les poles d'un même plan passant par T. Deux de ces plans polaires (relatifs aux deux droites pu) sont déterminés par les deux droites $u'v'$ qu'on peut mener dans le plan de C, par la trace de T, à toucher cette conique; donc, par une droite arbitraire T passent deux seuls plans ayant des poles dans le plan $p\pi$, et ces plans sont tangents à C; en d'autres termes, *cette conique est l'enveloppe complet des plans polaires des points du plan* $p\pi$.

Un point quelconque du plan polaire de p appartient à deux droites $u'v'$ (tangentes de C), et par suite la quadrique polaire de ce point passera par les deux droites pu correspondantes (85), c'est-à-dire qu'elle sera tangente en p au plan $p\pi$. *Le lieu des points dont les premières polaires touchent le plan* $p\pi$ *est donc composé:* 1.° *du cone* pC, *dont les points ont leurs quadriques polaires tangentes au plan* $p\pi$, *avec le point de contact sur la droite* π; 2.° *du plan polaire de* p, *dans lequel les points de la conique* C *sont les poles de cones polaires tangents au plan* $p\pi$ *suivant des droites issues de* p, *tandis que les quadriques polaires des autres points du même plan touchent le plan* $p\pi$ *en* p.

Il est évident, d'après ce qui précède, que la courbe gauche du sixième ordre qui en général (47) est la courbe de contact entre la Hessienne et la surface polaire d'un plan, lorsque ce plan est $p\pi$, se réduit au système des quatre droites $\pi\pi_1\pi_2\pi_3$ et de la conique C.

97. Une droite menée arbitrairement par le point double p rencontrera la Hessienne en deux autres points c, d; soient c', d' les points correspondants. Les premières polaires des points de la droite pcd passent par deux coniques situées dans deux plans qui forment la quadrique polaire de p et qui passent par π (83); et dans le faisceau de ces premières polaires, les points dont le plan polaire est constant par rapport à ces surfaces, sont 1.° les points c', d' (sommets des cones du faisceau), dont les plans polaires relatifs aux quadriques du faisceau sont $\pi d'$, $\pi c'$ respectivement, et 2.° les points de π, dont les plans polaires relatifs aux mêmes quadriques passent par la droite $c'd'$. Le plan $\pi d'$ est donc le plan polaire mixte des points $d\,c'$, c'est-à-dire qu'il est le plan polaire de d par rapport au cone polaire de c', dont le sommet est c. Il résulte d'ici que le plan $\pi d'$ passe par c; et analoguement le plan $\pi c'$ passera par d.

En outre, si x est un point quelconque de π, le plan polaire de x par rapport au cone polaire de c passe par $c'd'$; en d'autres termes, $c'd'$ est dans le plan polaire de c par rapport au cone polaire de x, dont le sommet est p. Donc les points $pc'd'$ sont en ligne droite. Ainsi:

Si une droite menée par le point double p rencontre la Hessienne en c, d, les points correspondants c', d' sont aussi en ligne droite avec p; et les droites cd', $c'd$ se rencontrent sur la droite π.

98. Ces conclusions subsistent même si le point c tombe sur une droite π_4: une des droites de la Hessienne, différente de π (correspondante à p) et de $\pi_1 \pi_2 \pi_3$ (qui passent par p), savoir correspondante à un point double p_4 situé, par ex., sur π_1. Alors, c' devient le point double p_4, et d' est un point de la droite π_1. Ce même point d' est le pole d'une première polaire avec le point double d; or, les points non-doubles de π_1 ont pour quadriques polaires des cones de sommet p_1; donc d' est le troisième point double p_5 situé sur π_1, et par suite d tombe sur la droite π_5.

Si le point c est variable sur π_4, les points c' $(\equiv p_4)$ et d' $(\equiv p_5)$, situés tous les deux sur la droite fixe π_1, restent invariables; ainsi d ne sortira pas de π_5. D'où il résulte que les droites π_4 et π_5 sont dans un même plan passant par p. Ce plan doit en outre couper la Hessienne suivant une ligne de second ordre avec un point double en p; cette ligne sera donc le système de deux droites, qui nécessairement se confondent avec π_2 et π_3.

Le point commun aux droites π_4 et π_5 est le pole d'une quadrique polaire avec point double en p_4 et p_5, savoir d'une quadrique composée de deux plans passant par π_1; ainsi ce point commun à π_4 et π_5 sera p_1 (situé sur π).

Les droites $\pi_2 \pi_3 \pi_4 \pi_5$ forment donc un quadrilatère plan complet, dont les sommets sont six points doubles de la Hessienne. Deux sommets opposés sont des points correspondants, c'est-à-dire que *chacun d'eux appartient à la droite correspondante à l'autre.*

Quel est le nombre des plans analogues à celui qui contient les quatre droites $\pi_2 \pi_3 \pi_4 \pi_5$? Par chacun des points p passent trois de ces plans, et chaque plan contient six points p: le nombre des plans est donc $\frac{3 \, . \, 10}{6} = 5$.

Ou bien encore: deux tels plans passent par chaque droite π, et chaque plan contient quatre droites π; le nombre des plans est donc $\frac{2 \, . \, 10}{4} = 5$.

Ces cinq plans forment un **pentaèdre** (découvert la première fois par M. Sylvester) *dont les sommets et les arêtes sont les dix points p et les dix droites π respectivement.*

De ces cinq plans, trois passent par p et les deux autres par π; donc le sommet commun à trois faces du pentaèdre a pour droite correspondante l'intersection des deux autres faces.

99. Lorsqu'on veut considérer le système de ces cinq plans, il est convenable de les représenter par les nombres **1, 2, 3, 4, 5,** de sorte que les dix sommets p (points doubles de la Hessienne) et les dix arêtes opposées respectivement (droites π correspondantes) seront désignées par

123	**124**	**125**	**134**	**135**	**145**	**234**	**235**	**245**	**345**
45	**35**	**34**	**25**	**24**	**23**	**15**	**14**	**13**	**12.**

Un point quelconque de la droite **12** a pour quadrique polaire un cone conjugué au trièdre (83) formé par les plans **345**; et de même les cones polaires dont les poles soient pris arbitrairement sur les droites **13, 14, 15** sont conjugués aux trièdres **245, 235, 234**, respectivement. D'où il s'ensuit que toutes les quadriques polaires du réseau déterminé par ces quatre cones, savoir les quadriques polaires de tous les points du plan **1** sont conjuguées à un seul et même tétraèdre, qui est formé par les plans **2345.**

Les plans **1, 2, 3, 4, 5** *sont les seuls doués de cette propriété que les quadriques polaires de tous les points de chacun d'eux soient conjuguées à un même tétraèdre (formé par les autres quatre plans);* parce qu'on démontre que, si les quadriques polaires d'un réseau sont conjuguées à un seul et même tétraèdre, les arêtes de celui-ci sont situées dans la Hessienne. Cette surface est, en effet, la Jacobienne (37) du système linéaire déterminé par le dit réseau et par une autre quadrique polaire quelconque S (étrangère au réseau). Or, si l'on prend sur l'une des arêtes du tétraèdre un point o, et sur l'arête opposée le point o' où celle-ci est coupée par le plan polaire de o par rapport à S, les points o, o' seront conjugués par rapport à toutes les surfaces du système, et par suite ils appartiendront à la Hessienne.

100. Nous avons constaté (85, 90) que toute droite bitangente à la Hessienne a la propriété d'être l'enveloppe des plans polaires des points d'une autre droite (qui joint deux points correspondants de la surface). Parmi les droites douées de cette propriété il y a les dix arêtes du pentaèdre et les quinze diagonales de ses faces. Chaque arête, comme **12**, correspond à un faisceau de cones polaires (83) dont la base est le système de quatre droites concourant au point correspondant **345**; et réciproquement (3) *les plans polaires des points de chacune de ces quatre droites passeront par la droite* **12.** Chaque diagonale, comme {**123**}{**145**}, correspond à un faisceau de quadriques polaires (qui ne sont pas cones) dont la base est le système des quatre droites, intersections des deux couples de plans qui forment les quadriques polaires des points **123, 145**; et réciproquement, *les plans polaires des points de ces quatre droites passeront tous par la diagonale considérée.*

101. Nous avons vu qu'à une droite quelconque pcd passant par le point double p correspond une droite $pc'd'$ (97), et il résulte de ce qui précède (98) que, si la droite pcd tombe dans l'une des faces du trièdre $\pi_1\pi_2\pi_3$, la droite $pc'd'$ coïncide avec l'arête opposée du même trièdre. Réciproquement, si pcd est l'une des droites $\pi_1\pi_2\pi_3$, la droite $pc'd'$ est indéterminée parmi celles qui passent par p et qui sont situées dans le plan des deux autres droites π.

Si pcd coïncide avec $pc'd'$, c'est-à-dire si c, d sont deux points correspondants, pcd sera (86) l'une des quatre droites par lesquelles passent les cones polaires de sommet p.

Si *pcd* est menée dans le plan $p\pi$, le point c' coïncide avec p, et par suite $pc'd'$ est osculatrice à la Hessienne en p; donc, si *pcd* est variable (autour de p) dans le plan $p\pi$, la droite $pc'd'$ engendre le cone polaire de π. Et, pendant que c parcourt π, et que d décrit une cubique plane avec un point double en p, le point d' engendrera la conique C intersection du cone susdit avec la Hessienne (95). Lorsque *pcd* est osculatrice à la Hessienne, c'est-à-dire qu'elle touche en p une des branches de la cubique plane, le point d tombe en p et par suite d' en π; d'où il résulte que les deux intersections de la conique C avec la droite π correspondent aux deux points de la cubique plane, infiniment voisins de p.

102. Si la droite *pcd* est variable dans un plan E (par p) la droite $pc'd'$ engendrera un cone passant par π_1, π_2, π_3, à cause des trois droites suivant lesquelles E coupe les faces du trièdre $\pi_1\pi_2\pi_3$ (101). Ce cone est déterminé par deux autres génératrices, parce que deux droites passant par p déterminent le plan E. Les cones, qui de cette manière correspondent à deux plans E, E_1, ont une seule génératrice commune (outre π_1, π_2, π_3), qui est la droite $pc'd'$ correspondante à l'intersection *pcd* des deux plans Donc, ces cones correspondants aux plans E sont du second ordre.

Ainsi nous avons *une transformation de figures formées par des droites (et des plans et des cones) issues du point p. A une droite correspond une droite, à un plan correspond un cone quadrique circonscrit au trièdre* $\pi_1\pi_2\pi_3$, *et réciproquement.*

Dès que les points cc', et de même dd', sont conjugués par rapport à toute quadrique polaire, *les droites pcd, $pc'd'$ seront conjuguées par rapport à tous les cones polaires de sommet p.* Ces cones forment un faisceau et passent par les quatre droites qui correspondent à elles-mêmes; et ces quatre droites forment un angle solide dont les droites diagonales sont π_1, π_2, π_3 (intersections des couples de plans qui font partie du faisceau et qui sont les quadriques polaires de p_1, p_2, p_3). Ainsi, *le cone quadrique, circonscrit au trièdre* $\pi_1\pi_2\pi_3$, *qui correspond à un plan* E *est le lieu des droites polaires de ce plan par rapport aux cones du faisceau.* Par conséquent, ce cone coupe les plans $\pi_2\pi_3$, $\pi_3\pi_1$, $\pi_1\pi_2$ suivant les droites conjuguées aux intersections de ceux-ci avec E, par rapport aux couples de droites $\pi_2\pi_3$, $\pi_3\pi_1$, $\pi_1\pi_2$ respectivement [17]; le même cone rencontre le plan E suivant deux droites correspondantes, dont chacune est une génératrice de contact entre E et un cone du faisceau; les plans passant par π_1 et resp. par deux droites correspondantes forment un système harmonique avec les plans $\pi_1\pi_2$, $\pi_1\pi_3$; etc.

103. Considérons un cone cubique (du troisième ordre) passant par les six droites $pp_1, pp_2, pp_3, \pi_1, \pi_2, \pi_3$, et touché suivant les trois dernières par les plans polaires de p_1, p_2, p_3 *); soit *pcd* une génératrice de ce cone. Le plan πc coupe la Hessienne et

*) Les cones cubiques analogues forment un faisceau, car les conditions communes sont équivalentes à neuf droites par lesquelles passent le système de trois plans $\pi_2\pi_3$, $\pi_3\pi_1$, $\pi_1\pi_2$, et le système du plan $p\pi$ et du cone polaire de la droite π.

ce cone suivant deux cubiques ayant sept points communs, dont trois ont les mêmes tangentes; donc ces cubiques coïncident ensemble. C'est-à-dire que *le cone cubique rencontre la Hessienne suivant une courbe plane* (du troisième ordre) dont le plan est πc, *et, par suite, suivant une autre courbe plane* (du même ordre), dont le plan sera πd. Chacun de ces deux plans suffit évidemment pour déterminer (d'une manière unique) le cone cubique et l'autre plan; donc, *ces couples de plans, contenant les courbes d'intersection de la Hessienne avec les cones cubiques du faisceau* dont il s'agit, *forment une involution*, dont les plans doubles contiendront les courbes de contact entre la Hessienne et deux cones du faisceau. C'est-à-dire que *les tangentes qu'on peut mener à la Hessienne, du point p, forment deux cones cubiques, et les courbes de contact sont dans deux plans passant par* π; le système de ces deux plans est donc [18] la quadrique polaire du point p. Ainsi, *la quadrique polaire de p est constituée par deux plans formant un système harmonique avec les deux plans qui contiennent les deux cubiques planes appartenant à un même cone cubique du faisceau.*

Parmi les cones de ce faisceau il y a celui qui est formé par le plan $p\pi$ avec le cone polaire de π; les plans des sections qui y correspondent sont le plan $p\pi$ et le plan polaire de p. Un autre cone du même faisceau est le trièdre $\pi_1\pi_2\pi_3$, formé par les trois faces du pentaèdre (98) qui concourent en p; les sections correspondantes sont dans les deux autres faces du pentaèdre (qui passent par π), et chacune d'elles est le système de trois droites. D'où l'on tire que *les deux plans formant la quadrique polaire de p, et les deux faces du pentaèdre qui passent par* π *forment un système harmonique.*

104. Les plans πc, πd passent respectivement par d', c' (97); donc, le cone cubique (du faisceau mentionné) qui passe par pcd passe aussi par $pc'd'$; c'est-à-dire que (102) *ce cone correspond à lui-même.* On conclut d'ici et des propriétés connues des cubiques planes *) que les plans tangents à notre cone suivant deux droites correspondantes pcd, $pc'd'$, se coupent suivant une génératrice du même cone; que tout cone quadrique circonscrit au trièdre $\pi_1\pi_2\pi_3$ coupe le cone cubique suivant les trois génératrices de contact de ce cone avec un seul et même cone de second ordre; et que ces trois génératrices forment un trièdre dont les faces rencontrent le cone cubique suivant trois nouvelles droites situées dans le plan qui correspond au premier cone quadrique. Etc.

105. Nous ferons maintenant quelques remarques sur la surface polaire d'un plan quelconque E passant par le point double p. Ce point étant le sommet d'un nombre infini de cones polaires, dont les poles sont les points de π, *la surface polaire passera par cette droite* et sera touchée suivant celle-ci par le plan polaire de p. La même surface passe en

*) On peut, en effet, considérer le cone cubique comme Jacobienne d'un réseau de cones quadriques (de sommet p) auquel appartienne le faisceau des cones polaires des points de π.

outre par p et y est touchée par le plan polaire du point i, où E est rencontré par π. Parmi les cones polaires de sommet p, il y en a deux tangents au plan E; donc (77) *la surface polaire a deux points doubles sur* π.

Les quadriques polaires passant par p rencontrent E suivant des coniques touchées en p par une seule et même droite pi (intersection des plans E et $p\pi$). Un point quelconque de cette droite est double pour l'une de ces coniques, c'est-à-dire qu'il est un point de contact entre E et une première polaire passant par p; toutes les premières polaires analogues passent donc par la droite pi, et leurs poles seront situés dans la droite, intersection des plans polaires de p et i. D'où il dérive que *cette dernière droite appartient à la surface polaire de* E.

Cette surface polaire est tangente à la Hessienne suivant une courbe gauche du sixième ordre (47) qui, dans le cas actuel, se décompose en deux parties, la droite π et une courbe gauche du cinquième ordre passant par p. Cette courbe, étant correspondante sur la Hessienne à la section du plan E, forme conjointement avec les droites $\pi_1 \pi_2 \pi_3$ l'intersection complète de cette surface avec le cone quadrique qui correspond au plan E (102). Ce dernier cone coupera donc de nouveau la surface polaire de E suivant une droite. En effet, dès que le plan E passe par les points correspondants p, i de la Hessienne, il touchera en i un faisceau de quadriques polaires (92), dont les poles sont sur une droite passant par p et située dans la surface polaire; et cette surface sera touchée suivant cette droite par le plan polaire de i. La même droite contiendra les deux autres points doubles de la surface, qui sont les poles de deux cones appartenant au même faisceau. Ces deux cones auront donc leurs sommets (dans le plan E) sur une droite passant par p et correspondant à la première droite.

106. En appliquant ces considérations aux plans du pentaèdre **12345** (99), on voit que les arêtes du tétraèdre **2345** forment la courbe du sixième ordre (correspondante au quadrilatère des quatre droites **12**, **13**, **14**, **15**) suivant laquelle la Hessienne est touchée par la surface polaire du plan **1**; cette surface a donc les points **234**, **235**, **245**, **345** (sommets du tétraèdre) pour points doubles *). Cette même surface (étant la réciproque de la surface *Romaine* {77}) contient trois autres droites situées dans un même plan; ces droites seront (105) les intersections des plans polaires des couples de points (**123**, **145**), (**124**, **135**), (**134**, **125**), sommets opposés du quadrilatère. Les mêmes droites forment un triangle $a_1 b_1 c_1$ dont chaque sommet sera le pole d'une première polaire tangente au plan **1** et passant par deux couples de sommets opposés du quadrilatère; ainsi, les diagonales de ce quadrilatère, combinées par couples, sont les intersections du plan **1** avec les premières polaires des points

*) {La surface polaire mixte des plans **1**, **2** est formée par les plans **3**, **4**, **5**; etc.}

$a_1b_1c_1$; c'est-à-dire que les sommets $\alpha_1\beta_1\gamma_1$ du triangle diagonal sont les poles du plan $a_1b_1c_1$.

Il correspond de même au plan **2** un plan $a_2b_2c_2$, qui sera le plan polaire de chaque sommet du triangle $\alpha_2\beta_2\gamma_2$ formé par les diagonales du quadrilatère (**21**, **23**, **24**, **25**); etc. pour les autres plans du pentaèdre. Or, les plans menés du point **345** aux diagonales $\{$**123**$\}$ $\{$**145**$\}\equiv\beta_1\gamma_1$, $\{$**124**$\}$ $\{$**135**$\}\equiv\gamma_1\alpha_1$, $\{$**125**$\}$ $\{$**134**$\}\equiv\alpha_1\beta_1$ passent aussi par les diagonales $\{$**123**$\}$ $\{$**245**$\}\equiv\beta_2\gamma_2$, $\{$**124**$\}$ $\{$**235**$\}\equiv\gamma_2\alpha_2$, $\{$**125**$\}$ $\{$**234**$\}\equiv\alpha_2\beta_2$, parce que les couples de points (**145**, **245**), (**135**, **235**), (**134**, **234**) sont en ligne droite avec **345**; donc les droites $\alpha_1\alpha_2$, $\beta_1\beta_2$, $\gamma_1\gamma_2$ concourent au même point **345**.

Le plan $a_1b_1c_1$ étant le plan polaire des points $\alpha_1\beta_1\gamma_1$, il en résulte que la quadrique polaire du point commun à ce plan et à la droite **12** est un cone passant par les points $\alpha_1\beta_1\gamma_1$ et par les quatre droites (issues de **345**) qui forment la base du faisceau des cones polaires des points de **12**. De même, la quadrique polaire du point où le plan $a_2b_2c_2$ coupe la droite **12** sera un cone passant par les points $\alpha_2\beta_2\gamma_2$ et par les même quatre droites. Or les points $\alpha_1\alpha_2$, $\beta_1\beta_2$, $\gamma_1\gamma_2$ sont en ligne droite avec le point **345**, sommet commun des deux cones; ces deux cones sont donc coïncidents, c'est-à-dire que les plans $a_1b_1c_1$, $a_2b_2c_2$ rencontrent la droite **12** au même point. Ainsi, *ces plans* $a_1b_1c_1$, $a_2b_2c_2$, ... [19] *qui correspondent aux faces* **1**, **2**, ... *du pentaèdre forment un nouveau pentaèdre dont les arêtes rencontrent les arêtes correspondantes du premier; et par suite les cinq droites suivant lesquelles se rencontrent les faces correspondantes des deux pentaèdres sont dans un seul et même plan.*

107. Nous avons démontré qu'à une section plane E de la Hessienne correspond une courbe gauche K du sixième ordre (57). Soit o un point de K; o' le point correspondant de E. La droite polaire du plan E par rapport au cone polaire de o rencontre la Hessienne, non-seulement en o', mais aussi en trois autres points l, m, n. Le plan E est donc le plan polaire mixte des paires de points ol, om, on, c'est-à-dire qu'il est le plan polaire de o par rapport aux cones polaires de l, m, n. Donc E contient les sommets de ces trois cones, et par conséquent les points l, m, n appartiennent à K. Ainsi, *les droites polaires du plan* E, *par rapport aux cones polaires dont les sommets sont dans ce plan, rencontrent la courbe gauche* K, *chacune en trois points.*

Combien de ces droites polaires du plan E passent par un point quelconque o de K? Il faut chercher un point qui, avec o, ait le plan polaire mixte E; tel est tout point de la droite polaire de E par rapport au cone polaire de o. Cette droite rencontre, ainsi qu'on a vu ci-dessus, la courbe K en trois points l, m, n; et les droites polaires de E par rapport aux cones polaires de l, m, n passeront par o. Il y a donc *trois droites polaires qui passent par un point quelconque de* K.

Combien de ces droites polaires sont rencontrées par une droite arbitraire G? Autrement, combien de points y a-t-il sur G lesquels aient E pour plan polaire, par rapport à un cone polaire dont le pole soit sur K? Les poles des quadriques polaires, par rapport auxquelles les points de G sont les poles de E (76), sont dans une cubique gauche qui a huit points communs avec K (28). Donc, *les droites polaires du plan* E *par rapport aux cones polaires qui ont les sommets dans ce plan, forment une surface du huitième ordre. Pour cette surface,* K *est une courbe triple,* car en chacun de ses points se croisent trois génératrices. *La même surface passe par les dix droites* π, parce que chacune des celles-ci peut être regardée comme polaire d'un plan quelconque par rapport à la quadrique polaire du point correspondant p.

Les génératrices de la surface rencontrent le plan E aux sommets des cones polaires, ainsi *cette surface contient la section plane* E *de la Hessienne.* Elle contient, de plus, quatre droites situées dans E; ce sont les génératrices de contact de E avec les quatre cones polaires dont les poles sont les points doubles de la surface polaire de E (77).

Si E est le plan à l'infini, les cones polaires des points de K sont des cylindres, parmi lesquels ceux (en nombre de quatre) qui touchent E sont paraboliques; et les droites polaires de E deviennent les axes de ces cylindres.

108. De quelle classe est *l'enveloppe des plans qui coupent la surface fondamentale* F_3 *suivant des cubiques harmoniques* *)? Soit G une droite arbitraire, x un point commun à G et à la surface fondamentale; il faut chercher un tel plan passant par G que les quatre tangentes menées du point x à F_3, dans ce plan, forment un système harmonique. Or, toutes les tangentes qu'on peut mener par x à F_3 forment (6) un cone du quatrième ordre qui, n'ayant pas en général de génératrices doubles ou stationnaires, est de la douzième classe. En coupant ce cone et la droite G par un plan, nous aurons une courbe générale C du quatrième ordre et un point g; et il s'agira de mener par g une droite qui rencontre C en quatre points harmoniques. On sait que cette question a six solutions **); l'enveloppe demandée *est* donc *une surface de la sixième classe.*

On trouve de la même manière que *les plans qui coupent la surface fondamentale suivant des cubiques équi-anharmoniques enveloppent une surface de la quatrième classe.*

Une cubique qui ait un rebroussement est simultanément un cas particulier de la cubique harmonique et de la cubique équi-anharmonique; donc *les deux surfaces de sixième et de quatrième classe,* que nous avons considérées tout-à-l'heure, *sont inscrites dans la développable* (61) *formée par les plans tangents stationnaires* (c'est-à-dire circonscrite à la surface fondamentale suivant la courbe parabolique).

---

*) Une courbe plane du troisième ordre est dite *harmonique* ou *équi-anharmonique* d'après les valeurs singulières du rapport anharmonique constant des quatre tangentes issues d'un point quelconque de la courbe.

**) Steiner, *Ueber solche algebraische Curven etc.* (t. XLVII, p. 102 de ce Journal).

Parmi les plans qui coupent la surface fondamentale suivant des cubiques équi-anharmoniques, il y a les dix plans analogues à $p\pi$ (96), c'est-à-dire passant par un point double de la Hessienne et par la droite correspondante. En effet, la première polaire de p est une paire de plans passant par π, et les premières polaires des points de π sont des cones qui coupent le plan $p\pi$ suivant des couples de droites (par p) en involution: les rayons doubles de cette involution et la droite π forment donc la Jacobienne du réseau des coniques suivant lesquelles le plan $p\pi$ coupe les quadriques polaires de ses points. (Cette Jacobienne est la section du plan $p\pi$ par la surface polaire du même plan). Or, si la Jacobienne du réseau des coniques polaires est un système de trois droites, la courbe fondamentale est équi-anharmonique; donc le plan $p\pi$ rencontre la surface fondamentale suivant une cubique équi-anharmonique.

Chapitre Septième.

Les vingt-sept droites d'une surface du troisième ordre.

109. Si un plan est bitangent à la surface fondamentale F_3, il coupera cette surface suivant une cubique avec deux points doubles (les deux points de contact), savoir suivant une droite et une conique. Le nombre des droites situées sur F_3 est donc égal à celui des plans bitangents qui passent par un point arbitraire de l'espace, ou bien à la classe de la surface développable enveloppée par les plans bitangents. Or, cette classe (8) est 27; *une surface du troisième ordre contient* donc, *en général,* 27 *droites.*

Si a est une de ces droites, tout plan mené par a coupe de nouveau la surface suivant une conique et la touche aux deux points d'intersection de cette conique avec a (60). Si l'on fait varier le plan autour de a, *les deux points de contact engendrent une involution,* dont les points doubles sont les points de contact de a avec la Hessienne, ou ce qui revient au même, avec la courbe parabolique. Parmi les plans menés par a, il y en a cinq (60) qui coupent F_3 suivant une conique avec point double (deux droites, outre a), c'est-à-dire que *par toute droite située sur la surface passent cinq plans tritangents* (deux points de contact sur la droite, et le troisième au dehors). Réciproquement, tout plan tritangent doit couper la surface suivant trois droites (une cubique avec trois points doubles); donc, *une droite quelconque de la surface rencontre* $2.5=10$ *autres droites* de la même surface, *et le nombre des plans tritangents est* $\frac{5.27}{3}=45$.

Si a, b, c sont les trois droites contenues dans un même plan tritangent, par chacune de ces droites passent quatre plans tritangents, outre abc; chacun de ces plans contenant deux nouvelles droites, on a ainsi les $3.4.2=24$ droites qui avec a, b, c complètent le nombre 27.

110. Les neuf droites suivant lesquelles s'entrecoupent les faces de deux trièdres donnés forment la base d'un faisceau de surfaces cubiques, auquel appartiennent les deux trièdres. On obtient la surface du faisceau qui passe par un point donné p, de la manière suivante: un plan mené arbitrairement par p coupe les neuf droites en neuf points lesquels, étant les intersections des côtés de deux triangles (sections des deux trièdres), forment la base d'un faisceau de courbes du troisième ordre. Une de ces courbes passe par p, et *le lieu de toutes les courbes analogues, qu'on obtient en faisant tourner le plan autour de* p, *sera* évidemment *la surface cubique demandée.* Soient $a_1b_2c_{12}$, $b_3c_{23}a_2$, $c_{31}a_3b_1$ les droites suivant lesquelles la première, la deuxième et la troisième face du premier trièdre coupent respectivement les faces du second; autrement, soient $a_1b_3c_{31}$, $b_2c_{23}a_3$, $c_{12}a_2b_1$ les droites suivant lesquelles la première, la deuxième et la troisième face du second trièdre coupent respectivement les faces du premier. Alors, nous pouvons former les ternes

$$\begin{matrix} a_1b_1c_{23} & a_2b\ c_{31} & a_3b_3c_{12} \\ b_1b_2b_3 & c_{23}c_{31}c_{12} & a_1a_2a_3 \end{matrix}$$

dans chacune desquelles on a trois droites qui ne se coupent pas. Les trois droites $a_1b_1c_{23}$ déterminent un hyperboloïde qui coupera de nouveau la surface cubique suivant une courbe L (non-plane) du troisième ordre. Un plan mené arbitrairement par a_1 touche l'hyperboloïde en un point x et la surface cubique en deux points y_1y_2; en faisant tourner le plan autour de a_1, les points y_1y_2 donnent une involution projective à la série simple des points x: il y aura donc trois coïncidences d'un point x avec un des points correspondants y. C'est-à-dire que l'hyperboloïde et la surface cubique se touchent en trois points de a_1, et de même en trois points de b_1 et en trois points de c_{23}. Or, les points de contact de deux surfaces sont les points doubles de leur intersection, donc L coupe en trois points chacune des droites $a_1b_1c_{23}$. D'où il suit que L est le système de trois droites appuyées sur a_1, b_1, c_{23} *). Analoguement, chacun des hyperboloïdes correspondants aux cinq autres ternes coupera la surface cubique suivant trois nouvelles droites: nous aurons ainsi $3.6=18$ droites qui, avec les neuf intersections des faces des trièdres donnés, forment *le système de 27 droites.*

111. Un faisceau de surfaces S de second ordre, dont la base sera une courbe C du quatrième ordre, soit projectif à un faisceau de plans E passant par une droite a. *Le lieu des coniques suivant lesquelles les surfaces* S *sont coupées par les plans correspondants* E *est* (17) *une surface* F_3 *du troisième ordre*, dont on obtient les intersections

*) [Voir un théorème plus général de M. MOUTARD dans la *Teoria geom. delle superficie*, note de la page 48.] [20]

avec une droite arbitraire G, de la manière suivante. La droite G rencontre S en deux points $y_1 y_2$ et E en un point x: les couples $y_1 y_2$ donnent une involution projective à la série simple des points x; il y aura donc trois coïncidences d'un point x avec un des points correspondants y.

La surface F_3 passe par les bases des deux faisceaux générateurs (17), savoir par la courbe gauche C et par la droite a. Chaque plan E touche F_3 en deux points: ce sont les deux points où la droite a coupe la surface S correspondante à E. Parmi les surfaces S il y en a deux qui touchent a, c'est-à-dire qu'*il y a deux plans* E *qui sont (tangents) stationnaires.* Chaque surface S touche F_3 en quatre points: ce sont les points où la courbe gauche C est rencontrée par le plan E correspondant à S.

Parmi les plans E *il y en a cinq* (60) *qui touchent les surfaces* S *correspondantes:* chacun de ces plans est donc tangent à F_3 en trois points et coupe cette surface suivant deux droites, outre a. En partant d'un quelconque de ces plans tritangents, on retrouve le système complet des 27 droites, comme ci-devant (109).

112. Supposons maintenant que les plans E soient les plans polaires d'un point fixe p par rapport aux surfaces quadriques S; *le lieu des courbes de contact entre les surfaces quadriques d'un faisceau et les cones circonscrits de sommet p, est donc une surface cubique* F_3 qui passe par la base C du faisceau, et aussi par le point p, à cause de la quadrique S qui passe par p. Les plans E des courbes de contact passent par une même droite a, qui, par suite, est située dans F_3. *)

Dans le faisceau quadrique il y a quatre cones, et pour chacun d'eux la courbe de contact se décompose en deux droites, situées dans un plan par a. La surface S qui passe par p est coupée par le plan polaire de p suivant deux droites croisées en p, dont le plan passe par la droite a. Ainsi nous avons obtenu 10 droites situées, par couples, dans des plans passant par a.

En considérant les deux droites croisées en p, chacune d'elles est appuyée en deux points à la courbe gauche C, et l'on peut mener par cette droite quatre plans tangents à C. Chacun de ces plans touche au même point (outre C) la surface F_3, parce que la droite qui joint p au point de contact touche, en ce dernier, F_3, et détermine avec la tangente de C le plan tangent de F_3. Chacun de ces plans est donc un plan tritangent, et par conséquent il coupera F_3 suivant deux nouvelles droites. Ainsi, nous aurons 2.4.2 droites qui, avec les 10 déjà obtenues et avec a, complètent le système des 27 droites.

*) {Una retta arbitraria per p tocca due superficie S; i due punti di contatto sono quelli in cui la retta incontra ulteriormente F_3. I due punti coincidono quando la retta incontra C; dunque C è la curva di contatto di F_3 colle tangenti che escono da p; ossia la prima polare di p rispetto ad F_3 è una quadrica del fascio (S), e precisamente quella che passa per p.}

113. Nous dirons qu'un système (linéaire) de plans est *projectif* au système des points de l'espace, lorsqu'à un point quelconque x correspond un (seul) plan X, et que réciproquement à chaque plan X corresponde un (seul) point x; de plus, qu'aux points x d'un plan X' correspondent les plans X (d'un réseau) passant par un même point x', et par suite qu'aux points x d'une droite correspondent les plans X d'un faisceau. Inversement à un faisceau de plans X correspondront les points x d'une droite, et aux plans X qui passent par un point x' correspondront les points x d'un plan X'. Les points x' et les plans X' forment de nouveau deux systèmes projectifs.

On a trois systèmes (linéaires) de plans, projectifs entre eux et aussi au système des points de l'espace; de sorte que chacun des quatre éléments homologues X_1, X_2, X_3, x détermine, avec une solution unique, les trois autres. Soit x' le point commun aux trois plans X_1, X_2, X_3; les points x, x' se détermineront l'un par l'autre d'une manière unique; car, si x' est donné, par ce point passe en général une seule terne de plans correspondants X_1, X_2, X_3, auxquels correspondra un point unique x (résultant de l'intersections des trois plans X'_1, X'_2, X'_3 qui correspondent au point x'). *On peut regarder x et x' comme points homologues de deux espaces projectifs* [21]; cherchons donc à déterminer les courbes et les surfaces qui correspondent, dans l'un de ces espaces, aux droites et aux plans de l'autre.

Si x parcourt un plan E, chacun des plans X produit un réseau; on aura ainsi trois réseaux projectifs dont trois plans correspondants se coupent en x'. Le lieu de x' est donc (23) une surface F_3 du troisième ordre; d'où il suit que *les points de cette surface correspondent, chacun à chacun, aux points du plan* E.

Toutes les surfaces cubiques F_3 *correspondantes aux plans* E *du premier espace forment un système linéaire et passent par une même courbe gauche* K *du sixième ordre* (35), *lieu d'un point par lequel passent trois faisceaux correspondants de plans* X. Ainsi, *à un point quelconque x' de* K *correspondra, au lieu d'un simple point x, une droite ξ.*

Si x décrit une droite, les plans X forment trois faisceaux projectifs; par suite (18), *le lieu de x' sera une (courbe) cubique gauche.* Cette courbe formera avec K la complète intersection des deux surfaces F_3 qui correspondent à deux plans E passant par la droite donnée.

Une droite et un plan, dans le premier espace, ont un point commun x; le point x' qui lui correspond devra résulter aussi d'une manière unique de l'intersection de la courbe et de la surface qui correspondent à la droite et au plan, respectivement. Or cette courbe et cette surface, étant toutes les deux du troisième ordre, ont neuf points communs; de ces points huit appartiendront (28) à la courbe K, et le neuvième sera x'.

De ce que la cubique gauche correspondante à une droite quelconque rencontre K huit fois, il résulte que cette droite sera croisée par les droites ξ correspondantes à huit points x de K; c'est-à-dire que *les droites* ξ *du premier espace, qui correspondent aux points de la courbe gauche* K *forment une surface du huitième degré.*

Trois plans E se coupent en un point x; donc trois surfaces F_3 ont un seul point commun x', au dehors de la courbe K.

Réciproquement, si le point x' décrit (dans le second espace) une droite, le point x engendrera une (courbe) cubique gauche; car le lieu de x sera rencontré par un plan arbitraire E en autant de points que la droite donnée a d'intersections communes avec la surface F_3 correspondante à ce plan. Si x' est variable sur un plan E', x engendrera une surface cubique F'_3; en effet, le lieu de x sera rencontré par une droite quelconque aux points qui correspondent aux intersections du plan E' avec la courbe correspondante à cette droite. Et dès que le point x est l'intersection de trois plans homologues X'_1, X'_2, X'_3 de trois systèmes projectifs au système des points x' (du second espace), il s'ensuit que F'_3 peut être construite comme lieu du point x commun à trois plans correspondants de trois réseaux projectifs. Par conséquent, les surfaces F'_3 (correspondantes aux plans du second espace) formeront elles aussi un système linéaire et passeront par une seule et même courbe gauche K' du sixième ordre, à chaque point x de laquelle correspondront les points x' d'une droite ξ' *).

113bis. Soit x' un point de K, qui sera commun à tous les plans X_1, X_2, X_3 de trois faisceaux correspondants, dont A_1, A_2, A_3 soient les axes; et soit ξ la droite qui contient les points x correspondants à ces plans, c'est-à-dire la droite commune aux plans X'_1, X'_2, X'_3, qui correspondent à x'. Chaque terne de plans homologues menés par A_1, A_2, A_3 respectivement correspond à un point x de ξ, de façon que ce point x variable sur ξ a toujours son homologue au point fixe x'; mais parmi ces ternes il y en a trois dont chacune est composée de trois plans passant par une même droite. En effet, le cone engendré (42) par les faisceaux projectifs A_1, A_2, et le cone engendré analoguement par les faisceaux A_1, A_3, auront, outre l'axe commun A_1, trois droites communes, chacune desquelles sera par suite l'intersection de trois plans correspondants X_1, X_2, X_3. Ainsi la droite ξ a trois points dont l'un quelconque correspond à une droite passant par x'; autrement, ξ est appuyée à K' en trois points auxquels correspondent trois droites (ξ') passant par x. Analoguement, à *chaque point* x *de* K' *correspondra une*

*) Au cas particulier que X_1, X_2, X_3 soient les plans polaires du point x par rapport à trois surfaces quadriques fixes, les points x, x' ont une relation parfaitement réciproque (*involutorische*), et à un plan E, quel que soit l'espace auquel il est censé appartenir, correspond une seule et même surface F_3, lieu des poles du plan E par rapport aux surfaces du réseau déterminé par les trois quadriques données (30). Dans ce cas les courbes K, K' coïncident, et il devient inutile de distinguer les deux espaces.

droite ξ' *appuyée à* K *en trois points, et les droites* ξ *correspondantes à ces points se croiseront en* x. C'est-à-dire que, *si une droite rencontre* K *en trois points, les trois droites qui correspondent à ces points passent par un même point* x *(de* K′*) et forment elles seules la cubique correspondante à la droite donnée, de manière qu'à tout autre point de celle-ci correspondra le point fixe* x.

Si le point x' décrit une droite G, les plans X'_1, X'_2, X'_3 donnent naissance à trois faisceaux projectifs, et par suite le lieu de x sera, ainsi que nous l'avons déjà montré (113) une cubique gauche, commune aux trois hyperboloïdes que les trois faisceaux engendrent, étant pris deux à deux. Cette courbe se décomposera 1.° en une conique et une droite ξ, lorsque G rencontre K une fois; 2.° en trois droites (dont deux, ξ_1, ξ_2, qui ne se coupent pas, sont croisées par la troisième), lorsque G rencontre K deux fois; 3.° en trois droites ξ_1, ξ_2, ξ_3 (issues d'un même point de K′), lorsque G rencontre K trois fois. En faisant abstraction des droites ξ correspondantes aux points de K, nous pouvons dire qu'*à* G *correspondra une cubique gauche, une conique, une droite ou un point, suivant que* G *a* 0, 1, 2, 3 *points communs avec* K.

D'où il s'ensuit que, si G est située sur une surface F_3, elle rencontrera K au moins une fois, car la ligne correspondante à G doit être placée sur le plan E qui correspond à F_3. Donc, *si nous considérons trois droites situées dans un même plan tritangent de* Γ_3, *il ne peut arriver que les deux cas suivants: ou les trois droites rencontrent* K *chacune en* 2 *points, ou elles coupent cette courbe en* 1, 2, 3 *points respectivement.*

114. Soit F_3 la surface cubique qui correspond à un plan donné E; ce plan coupera la courbe gauche K′ en six points **1, 2, 3, 4, 5, 6**, que nous nommerons *points fondamentaux;* donc, en regardant ces points comme des positions de x, *les six droites correspondantes* $\xi' = a_1, a_2, a_3, a_4, a_5, a_6$ (lieux des points homologues x') *seront situées sur* F_3 *et appuyées à* K, *chacune en trois points.* Et l'on voit aisément qu'aux différents points de la droite a_r correspondent les points du plan E infiniment voisins du point fondamental r, c'est-à-dire que la série des points x' de a_r est projective au faisceau des droites menées par r dans E.

Les autres droites de F_3 seront appuyées à K en deux points ou en un seul point, et par conséquent elles correspondront à des droites ou à des coniques tracées dans le plan E (113bis). Dans le premier cas la droite en E doit aussi rencontrer deux fois K′; or, dans le plan E il y a quinze droites qui ont deux points communs avec cette courbe gauche,

23 31 12 56 64 45 14 15 16 24 25 26 34 35 36;

donc F_3 *contiendra quinze droites*

$$c_{23}\ c_{31}\ c_{12}\ c_{56}\ c_{64}\ c_{45}\ c_{14}\ c_{15}\ c_{16}\ c_{24}\ c_{25}\ c_{26}\ c_{34}\ c_{35}\ c_{36},$$

chacune appuyée à K *en deux points.*

Les droites a_r et c_{rs} (où r, s sont deux points fondamentaux) se rencontrent en un point qui correspond à la direction rs issue de r; donc le plan de ces droites coupera F_3 suivant une troisième droite qui n'aura qu'un seul point commun avec K, et que nous désignerons par b_s. Ce même plan rencontre les cinq autres droites a, dont une, a_s, est croisée par c_{rs} (car la droite correspondante passe par le point s) [22]; donc b_s coupera, outre a_r, quatre autres droites a, hormis a_s. D'où il s'ensuit que la conique correspondante à b_s passera par cinq points fondamentaux, hormis s. Ainsi F_3 *contient six nouvelles droites*

$$b_1 \quad b_2 \quad b_3 \quad b_4 \quad b_5 \quad b_6$$

appuyées à K, *chacune en un seul point*, et correspondantes aux coniques

23456 13456 12456 12356 12346 12345

qu'on peut décrire par les points fondamentaux, pris cinq à cinq.

115. Voilà donc les 27 droites de la surface F_3. D'après ce qui précède (113bis) un plan tritangent quelconque contiendra une droite a, une droite b et une droite c, ou bien trois droites c; et par suite deux droites a ou deux droites b ne seront jamais dans un même plan.

Si une droite b ou c rencontre la droite a_r, la conique correspondante à b ou la droite correspondante à c doit passer par le point fondamental r. Donc deux droites a_r, b_s se rencontrent toujours si les indices r, s sont différents, et ne se rencontrent pas si elles ont le même index. Et une droite a_r coupera, outre les cinq droites b d'index différent, les cinq droites c_{rs} qui ont un index égal à r.

Si deux lignes en E ont un point commun x, les lignes correspondantes sur F_3 s'entrecouperont au point homologue x'; mais si les premières lignes passent ensemble par un point fondamental r, ceci indiquera seulement que les lignes sur F_3 sont rencontrées l'une et l'autre par la droite a_r aux points qui correspondent aux directions des premières lignes en r.

Il résulte d'ici que deux droites c, ou bien une droite b et une droite c se rencontreront, si les lignes correspondantes ont un point d'intersection qui ne soit pas l'un des six points fondamentaux. Donc b_r *rencontre toutes les droites* c *qui ont un index* r; *et deux droites* c *se coupent si tous leurs indices sont différents.*

Il est maintenant très-facile de trouver les 45 combinaisons de trois droites qui sont dans un même plan. *Le plan qui passe par* a_r *et* b_s *contiendra aussi* c_{rs}; *et cette dernière droite sera aussi dans le plan* $a_s\, b_r$, car les symboles c_{rs} et c_{sr} expriment une seule et même droite (celle qui correspond à la droite menée par les points rs). Enfin, trois droites c sont dans un même plan, si leurs indices contiennent tous les six nombres **1 2 3 4 5 6**.

Voici donc les quarante-cinq ternes de droites situées dans les plans tritangents:

$a_1 b_2 c_{12}$	$a_2 b_1 c_{21}$	$a_3 b_1 c_{31}$	$a_4 b_1 c_{41}$	$a_5 b_1 c_{51}$	$a_6 b_1 c_{61}$
$a_1 b_3 c_{13}$	$a_2 b_3 c_{23}$	$a_3 b_2 c_{32}$	$a_4 b_2 c_{42}$	$a_5 b_2 c_{52}$	$a_6 b_2 c_{62}$
$a_1 b_4 c_{14}$	$a_2 b_4 c_{24}$	$a_3 b_4 c_{34}$	$a_4 b_3 c_{43}$	$a_5 b_3 c_{53}$	$a_6 b_3 c_{63}$
$a_1 b_5 c_{15}$	$a_2 b_5 c_{25}$	$a_3 b_5 c_{35}$	$a_4 b_5 c_{45}$	$a_5 b_4 c_{54}$	$a_6 b_4 c_{64}$
$a_1 b_6 c_{16}$	$a_2 b_6 c_{26}$	$a_3 b_6 c_{36}$	$a_4 b_6 c_{46}$	$a_5 b_6 c_{56}$	$a_6 b_5 c_{65}$

$c_{12} c_{34} c_{56}$	$c_{13} c_{24} c_{56}$	$c_{14} c_{23} c_{56}$	$c_{15} c_{23} c_{46}$	$c_{16} c_{23} c_{45}$
$c_{12} c_{35} c_{46}$	$c_{13} c_{25} c_{46}$	$c_{14} c_{25} c_{36}$	$c_{15} c_{24} c_{36}$	$c_{16} c_{24} c_{35}$
$c_{12} c_{36} c_{45}$	$c_{13} c_{26} c_{45}$	$c_{14} c_{26} c_{35}$	$c_{15} c_{26} c_{34}$	$c_{16} c_{25} c_{34}$

116. On peut faire ici plusieurs remarques intéressantes. Par ex. *deux droites non situées dans un même plan*, comme a_1, b_1, *sont rencontrées par les mêmes cinq droites* (c_{12}, c_{13}, c_{14}, c_{15}, c_{16}). Parmi les autres vingt droites, il y en a cinq qui rencontrent seulement a_1, cinq qui rencontrent seulement b_1, et dix qui ne coupent aucune des deux droites a_1, b_1.

Trois droites qui ne se coupent pas, comme a_1, a_2, a_3, *sont rencontrées par les mêmes trois droites* (b_4, b_5, b_6); et il y a six droites (a_4, a_5, a_6, c_{56}, c_{64}, c_{45}) qui ne rencontrent ni a_1 ni a_2 ni a_3.

Quatre droites qui ne se coupent pas, comme a_1, a_2, a_3, a_4, *sont rencontrées par deux droites* (b_5, b_6), *et ne sont pas rencontrées par trois droites* (a_5, a_6, c_{56}).

Deux systèmes de six droites, comme

$$\begin{matrix} a_1 & a_2 & a_3 & a_4 & a_5 & a_6 \\ b_1 & b_2 & b_3 & b_4 & b_5 & b_6 \end{matrix}$$

où deux droites homologues ne se coupent pas, et deux droites non-homologues se coupent toujours, forment ce qu'on nomme, d'apres M. Schläfli, un " *double-six* ". *Cinq droites*, comme a_1, a_2, a_3, a_4, a_5, *qui appartiennent à un même " six ", sont coupées par une seule droite* (b_6) et ne sont pas rencontrées par une autre droite (a_6). Mais *cinq droites qui, sans se couper, n'appartiennent pas à un même six*, comme a_1, a_2, a_3, a_4, c_{56}, *sont rencontrées par deux droites* (b_5, b_6); et il n'y a aucune droite qui ne rencontre pas l'une ou l'autre de ces cinq droites.

117. La méthode de génération que nous avons adoptée pour la surface F_3 nous a conduit naturellement au double-six formé par les droites a, b. Mais on peut arranger autrement les 27 droites de manière à former un double-six. *Un double-six est déterminé par deux droites homologues*, comme a_1, b_1; car les cinq droites qui coupent b_1 sans couper a_1, et les cinq droites qui coupent a_1 sans couper b_1, complètent les deux six du double-six. On déduit d'ici le nombre des double-six qu'on peut former avec les 27 droites. Chacune de ces droites n'est pas rencontrée par seize autres droites: il y a donc $\frac{27\,.\,16}{2}$ paires de droites qui ne se rencontrent pas. Chaque paire détermine un double-six, mais chaque double-six contient six couples de droites homologues: *le nombre des doubles-six est* donc $\frac{27\,.\,16}{2\,.\,6}=36$. Voici le tableau des trente-six double-six.

$a_1\ b_1\ c_{23}\,c_{24}\,c_{25}\,c_{26}$ $a_2\ b_2\ c_{13}\,c_{14}\,c_{15}\,c_{16}$	$a_1\ b_1\ c_{32}\,c_{34}\,c_{35}\,c_{36}$ $a_3\ b_3\ c_{12}\,c_{14}\,c_{15}\,c_{16}$	$a_1\ b_1\ c_{42}\,c_{43}\,c_{45}\,c_{46}$ $a_4\ b_4\ c_{12}\,c_{13}\,c_{15}\,c_{16}$	$a_1\ b_1\ c_{52}\,c_{53}\,c_{54}\,c_{56}$ $a_5\ b_5\ c_{12}\,c_{13}\,c_{14}\,c_{16}$	$a_1\ b_1\ c_{62}\,c_{63}\,c_{64}\,c_{65}$ $a_6\ b_6\ c_{12}\,c_{13}\,c_{14}\,c_{15}$	$a_2\ b_2\ c_{31}\,c_{34}\,c_{35}\,c_{36}$ $a_3\ b_3\ c_{21}\,c_{24}\,c_{25}\,c_{26}$
$a_2\ b_2\ c_{41}\,c_{43}\,c_{45}\,c_{46}$ $a_4\ b_4\ c_{21}\,c_{23}\,c_{25}\,c_{26}$	$a_2\ b_2\ c_{51}\,c_{53}\,c_{54}\,c_{56}$ $a_5\ b_5\ c_{21}\,c_{23}\,c_{24}\,c_{26}$	$a_2\ b_2\ c_{61}\,c_{63}\,c_{64}\,c_{65}$ $a_6\ b_6\ c_{21}\,c_{23}\,c_{24}\,c_{25}$	$a_3\ b_3\ c_{41}\,c_{42}\,c_{45}\,c_{46}$ $a_4\ b_4\ c_{31}\,c_{32}\,c_{35}\,c_{36}$	$a_3\ b_3\ c_{51}\,c_{52}\,c_{54}\,c_{56}$ $a_5\ b_5\ c_{31}\,c_{32}\,c_{34}\,c_{36}$	$a_3\ b_3\ c_{61}\,c_{62}\,c_{64}\,c_{65}$ $a_6\ b_6\ c_{31}\,c_{32}\,c_{34}\,c_{35}$
$a_4\ b_4\ c_{51}\,c_{52}\,c_{53}\,c_{56}$ $a_5\ b_5\ c_{41}\,c_{42}\,c_{43}\,c_{46}$	$a_4\ b_4\ c_{61}\,c_{62}\,c_{63}\,c_{65}$ $a_6\ b_6\ c_{41}\,c_{42}\,c_{43}\,c_{45}$	$a_5\ b_5\ c_{61}\,c_{62}\,c_{63}\,c_{64}$ $a_6\ b_6\ c_{51}\,c_{52}\,c_{53}\,c_{54}$	$a_1\ a_2\ a_3\ c_{56}\,c_{04}\,c_{45}$ $c_{23}\,c_{31}\,c_{12}\,b_4\ b_5\ b_6$	$a_1\ a_2\ a_4\ c_{56}\,c_{63}\,c_{35}$ $c_{24}\,c_{41}\,c_{12}\,b_3\ b_5\ b_6$	$a_1\ a_2\ a_5\ c_{46}\,c_{63}\,c_{34}$ $c_{25}\,c_{51}\,c_{12}\,b_3\ b_4\ b_6$
$a_1\ a_2\ a_6\ c_{45}\,c_{53}\,c_{34}$ $c_{26}\,c_{61}\,c_{12}\,b_3\ b_4\ b_5$	$a_1\ a_3\ a_4\ c_{56}\,c_{62}\,c_{25}$ $c_{34}\,c_{41}\,c_{13}\,b_2\ b_5\ b_6$	$a_1\ a_3\ a_5\ c_{46}\,c_{62}\,c_{24}$ $c_{35}\,c_{51}\,c_{13}\,b_2\ b_4\ b_6$	$a_1\ a_3\ a_6\ c_{45}\,c_{52}\,c_{24}$ $c_{36}\,c_{61}\,c_{13}\,b_2\ b_4\ b_5$	$a_1\ a_4\ a_5\ c_{36}\,c_{62}\,c_{23}$ $c_{45}\,c_{51}\,c_{14}\,b_2\ b_3\ b_6$	$a_1\ a_4\ a_6\ c_{35}\,c_{52}\,c_{23}$ $c_{46}\,c_{61}\,c_{14}\,b_2\ b_3\ b_5$
$a_1\ a_5\ a_6\ c_{34}\,c_{42}\,c_{23}$ $c_{56}\,c_{61}\,c_{15}\,b_2\ b_3\ b_4$	$a_2\ a_3\ a_4\ c_{56}\,c_{61}\,c_{15}$ $c_{34}\,c_{42}\,c_{23}\,b_1\ b_5\ b_6$	$a_2\ a_3\ a_5\ c_{46}\,c_{61}\,c_{14}$ $c_{35}\,c_{52}\,c_{23}\,b_1\ b_4\ b_6$	$a_2\ a_3\ a_6\ c_{45}\,c_{51}\,c_{14}$ $c_{36}\,c_{62}\,c_{23}\,b_1\ b_4\ b_5$	$a_2\ a_4\ a_5\ c_{36}\,c_{61}\,c_{13}$ $c_{45}\,c_{52}\,c_{24}\,b_1\ b_3\ b_6$	$a_2\ a_4\ a_6\ c_{35}\,c_{51}\,c_{13}$ $c_{46}\,c_{62}\,c_{24}\,b_1\ b_3\ b_5$
$a_2\ a_5\ a_6\ c_{34}\,c_{41}\,c_{13}$ $c_{56}\,c_{62}\,c_{25}\,b_1\ b_3\ b_4$	$a_3\ a_4\ a_5\ c_{16}\,c_{62}\,c_{21}$ $c_{45}\,c_{53}\,c_{34}\,b_2\ b_1\ b_6$	$a_3\ a_4\ a_6\ c_{25}\,c_{51}\,c_{12}$ $c_{46}\,c_{63}\,c_{34}\,b_1\ b_2\ b_5$	$a_3\ a_5\ a_6\ c_{24}\,c_{41}\,c_{12}$ $c_{56}\,c_{63}\,c_{35}\,b_1\ b_2\ b_4$	$a_4\ a_5\ a_6\ c_{23}\,c_{31}\,c_{12}$ $c_{56}\,c_{64}\,c_{45}\,b_1\ b_2\ b_3$	$a_1\ a_2\ a_3\ a_4\ a_5\ a_6$ $b_1\ b_2\ b_3\ b_4\ b_5\ b_6$

118. On a vu que, trois réseaux projectifs de plans étant donnés, le lieu du point commun à trois plans correspondants est une surface du troisième ordre, dont les points correspondent, un à un, aux points d'un plan fixe. Réciproquement, on peut démontrer qu'*une surface quelconque* (générale) F_3 *du troisième ordre peut être engendrée* (d'une infinité de manières) *par trois réseaux projectifs de plans* *).

Soient a_1, a_2, a_3 trois droites de la surface donnée F_3, qui ne se coupent pas (110).

---

*) Abstraction faite de la réalité des éléments.

Un plan A_1 mené arbitrairement par a_1, et un plan A_2 mené par a_2 rencontrent F_3 suivant deux coniques qui ont un point commun (car les points où la droite A_1A_2 rencontre les deux coniques doivent représenter les trois intersections de la même droite avec F_3); par ce point et par a_3 menons un plan A_3. On obtient ainsi trois faisceaux de plans, qui ont entre eux cette relation que M. August dit *duplo-projective:* c'est-à-dire que, deux plans étant choisis arbitrairement dans deux faisceaux, le plan correspondant du troisième faisceau en résulte déterminé d'une manière unique. Et la surface F_3 est le lieu du point commun à trois plans correspondants.

Un plan tritangent mené par a_1 rencontre a_2 et a_3 en deux points appartenant aux deux droites de la surface que le plan contient, outre a_1. Il y a donc deux cas possibles: ou le plan tritangent contient une droite qui coupe a_2 et a_3 et une autre droite qui ne coupe ni a_2 ni a_3; ou bien il contient deux droites dont l'une coupe a_2 et l'autre coupe a_3. Il y a (110) trois droites qui rencontrent a_1, a_2 et a_3, donc le nombre des plans de la seconde espèce est *deux*. Soient b_3c_{13}, $c_{12}b_2$ les droites comprises dans ces plans, dont b_3, c_{12} soient coupées par a_2, et les autres par a_3. Les droites b_2a_3 ne rencontrent pas b_3a_2; donc la droite c_{23} commune aux plans b_2a_3, b_3a_2 est située sur la surface. De même les plans $c_{12}a_2$, $c_{13}a_3$ se couperont suivant une droite b_1 de la surface. Désignons les six plans $a_1b_2c_{12}$, $a_1b_3c_{13}$; $a_2b_3c_{23}$, $a_2b_1c_{12}$; $a_3b_1c_{13}$, $a_3b_2c_{23}$ par les lettres $\mathcal{A}_1$, $\mathcal{A}'_1$; $\mathcal{A}_2$, $\mathcal{A}'_2$; $\mathcal{A}_3$, $\mathcal{A}'_3$. Aux plans $\mathcal{A}_1$, $\mathcal{A}'_2$ correspond (dans la relation duplo-projective) un plan indéterminé par a_3, car ces deux plans se coupent suivant une droite de la surface. De même aux plans $\mathcal{A}_1$, $\mathcal{A}'_3$ correspond un plan quelconque par a_2; etc.

Soit E un plan fixe, et mn, nl, lm trois droites tracées dans ce plan. Supposons la droite mn divisée projectivement (homographiquement) au faisceau a_1 (savoir au faisceau dont l'axe est la droite a_1), tellement qu'aux points m, n, λ_0 correspondent les trois plans $\mathcal{A}_1$, $\mathcal{A}'_1$, A_1^0. De même la droite nl soit divisée projectivement au faisceau a_2, à condition qu'aux points n, l, μ_0 correspondent les plans $\mathcal{A}_2$, $\mathcal{A}'_2$, A_2^0; et la droite lm soit projective au faisceau a_3, de manière que les points l, m, ν_0 correspondent aux plans $\mathcal{A}_3$, $\mathcal{A}'_3$, A_3^0; et supposons de plus que les plans A_1^0, A_2^0, A_3^0 soient correspondants dans la relation duplo-projective (c'est-à-dire qu'ils se coupent en un point x'_0 de F_3), et que les droites $l\lambda_0$, $m\mu_0$, $n\nu_0$ concourent en un même point x_0 de E.

Alors un point quelconque x du plan E, joint aux points l, m, n, donnera trois droites qui rencontreront mn, nl, lm en trois nouveaux points λ, μ, ν; et à ces points correspondront dans les faisceaux a_1, a_2, a_3 trois plans A_1, A_2, A_3, dont le point commun soit x'. Quel est le lieu du point x'?

Si i est un point quelconque d'une droite arbitraire dans l'espace, on peut mener par ce point un plan du faisceau a_1 et un plan du faisceau a_2; le plan correspondant du troisième faisceau coupera la droite arbitraire en un point i'. Si au contraire on prend arbitrairement sur cette droite le point i' pour y faire passer un plan du troisième faisceau, les couples de plans des autres faisceaux, qu'on peut prendre comme correspondants, marqueront sur la droite deux divisions homographiques. Chacun des deux points doubles de ces divisions est un point i où passent deux plans des faisceaux a_1 et a_2 respectivement, correspondants au plan du troisième faisceau mené par i'. Il y aura donc, sur la droite arbitraire, trois coïncidences d'un point i avec son correspondant i', savoir trois points du lieu; en d'autres termes le lieu du point x' est une surface du troisième ordre.

Cette surface passe par les droites a_1, a_2, a_3, axes des trois faisceaux duplo-projectifs: car tout point de ces droites est évidemment situé dans trois plans correspondants. Mais ce n'en est pas encore assez. Si les points λ, μ prennent les positions m, l respectivement, le point ν devient indéterminé; or, aux points m de mn et l de nl correspondent les plans $\mathcal{A}_1, \mathcal{A}'_2$ des faisceaux a_1, a_2; donc le plan du troisième faisceau, correspondant à ces plans, reste indéterminé. On conclut d'ici que la droite c_{12} commune aux plans $\mathcal{A}_1, \mathcal{A}'_2$ est située entièrement sur le lieu de x'. Le même raisonnement subsiste pour les autres droites suivant lesquelles les plans $\mathcal{A}_1 \mathcal{A}_2 \mathcal{A}_3$ rencontrent les plans $\mathcal{A}'_1 \mathcal{A}'_2 \mathcal{A}'_3$; donc le lieu de x' et la surface donnée ont en commun neuf droites et un point x'_0, c'est-à-dire que le lieu de x' coïncide avec la surface F_3.

Ainsi, à un point quelconque x du plan E correspond un point de F_3. Réciproquement, un point quelconque x' de cette surface détermine trois plans $x'a_1 \equiv A_1$, $x'a_2 \equiv A_2$, $x'a_3 \equiv A_3$ auxquels correspondront trois points sur mn, nl, lm; et ces points joints à l, m, n respectivement donneront trois droites concourantes au point x.

Considérons les trois ternes de plans correspondants

$$\begin{array}{ll} a_1) & A_1\ A'_1\ A''_1 \\ a_2) & A_2\ A'_2\ A''_2 \\ a_3) & A_3\ A'_3\ A''_3 \end{array}$$

dont une quelconque est déterminée par les deux autres, qui restent arbitraires. Mais, ces ternes une fois choisies et fixées, on peut les regarder comme déterminant trois réseaux projectifs de plans, où a lieu la circonstance particulière que les plans d'un même réseau ont en commun une droite, au lieu d'un simple point [23]. Autrement: si A'''_1 est un nouveau plan arbitraire par a_1, et si l'on détermine les plans A'''_2, A'''_3 de manière que les groupes $A_1A'_1A''_1A'''_1$, $A_2A'_2A''_2A'''_2$, $A_3A'_3A''_3A'''_3$ soient projectifs, je dis que A'''_3 est précisément le plan du troisième faisceau qui correspond aux plans A'''_1, A'''_2 dans la relation duplo-projective [24]. Dans le plan E, en effet, les droites de chacune des ternes $(l\lambda, m\mu, n\nu)$, $(l\lambda', m\mu', n\nu')$, $(l\lambda'', m\mu'', n\nu'')$ concourent en un point; et les trois groupes de quatre droites $l(\lambda, \lambda', \lambda'', \lambda''')$, $m(\mu, \mu', \mu'', \mu''')$, $n(\nu, \nu', \nu'', \nu''')$ ont le même rapport anharmonique, parce qu'ils sont projectifs aux trois groupes de plans A; donc les trois droites $l\lambda'''$, $m\mu'''$, $n\nu'''$ se couperont en un même point, et par suite les plans A'''_1, A'''_2, A'''_3 passeront par un même point de la surface F_3, c'est-à-dire qu'ils sont trois plans correspondants dans les faisceaux duplo-projectifs.

Après avoir transformé de la sorte les trois faisceaux duplo-projectifs en trois faisceaux projectifs comme cas particulier de trois réseaux projectifs, nous pourrons y appliquer la méthode exposée ailleurs (45); c'est-à-dire que nous pourrons (sans altérer la surface engendrée) subroger aux séries projectives

$$\begin{matrix} A_1 & A'_1 & A''_1 & \dots \\ A_2 & A'_2 & A''_2 & \dots \\ A_3 & A'_3 & A''_3 & \dots \end{matrix}$$

les réseaux projectifs

$$\begin{matrix} A_1 & A_2 & A_3 & \dots & P & \dots \\ A'_1 & A'_2 & A'_3 & \dots & P' & \dots \\ A''_1 & A''_2 & A''_3 & \dots & P'' & \dots \end{matrix}$$

où trois plans correspondants n'auront plus en général qu'un seul point commun (dont le lieu est la surface proposée); mais il y aura six ternes (comme $A_1A'_1A''_1$) de plans correspondants passant par un même droite *).

Et ici nous pouvons de nouveau faire correspondre les points de la surface F_3, chacun à chacun, aux points d'un plan quelconque donné $\mathscr{E}$; car il suffit d'établir une relation projective (réciproque) entre les points du plan $\mathscr{E}$ et les plans de l'un des trois réseaux, de façon qu'à un point en $\mathscr{E}$ corresponde un plan du réseau, qu'aux points d'une droite en $\mathscr{E}$ correspondent les plans d'un faisceau dans le réseau, et inversement. Alors, à un point quelconque de $\mathscr{E}$ correspondra un plan dans chaque réseau et par suite un point de F_3, et inversement.

Chapitre Huitième.

Représentation d'une surface du troisième ordre sur un plan.

119. On a démontré (114, 118) que toute surface (générale) du troisième ordre F_3 peut être représentée sur un plan donné E, de manière que les points x de E et les points x' de F_3 se correspondent, un à un. D'où il résulte qu'*on peut étudier sur le plan la géométrie des lignes tracées sur la surface du troisième ordre.*

---

*) Ce qu'on démontre par des considérations employées antérieurement (113) ou bien par la méthode suivie par M. Schröter dans son mémoire sur les 27 droites. {*Nachweis der 27 Geraden auf der allgemeinen Oberfläche dritter Ordnung*. Crelles Journal, Bd. 62, 1863}.

Dans cette représentation, aux 27 droites de F_3 correspondent en E, 1.° six points **123456**, que nous avons nommés *fondamentaux;* 2.° les six coniques qu'on peut décrire par cinq des points fondamentaux; 3.° les quinze droites qui joignent, par couples, les points fondamentaux. Les droites a qui correspondent aux six points, et les droites b qui correspondent aux six coniques, forment les deux six d'un double-six (115).

Proposons-nous maintenant de résoudre, au moins dans les cas les plus intéressants, ces deux questions, 1.° trouver la nature de la courbe plane qui correspond à une courbe donnée sur F_3; 2.° trouver quelle courbe sur F_3 correspond à une courbe plane donnée.

120. A un plan quelconque $\mathscr{E}'$ correspond une surface $\mathscr{F}_3'$ du troisième ordre (113) qui passe par la courbe K'; donc à l'intersection de F_3 par $\mathscr{E}'$ correspondra l'intersection de E par $\mathscr{F}_3'$; c'est-à-dire qu'*à une cubique plane tracée sur* F_3 *correspond, en* E, *une cubique passant par les six points fondamentaux;* et inversement, à une cubique quelconque décrite par ces six points correspondra une section plane de F_3. Deux cubiques décrites en E par les six points fondamentaux se coupent en trois nouveaux points, qui correspondront aux intersections de F_3 avec une droite quelconque (commune à deux plans $\mathscr{E}$).

Si $\mathscr{E}'$ est tangent à F_3 au point x', la cubique correspondante en E aura un point double au point correspondant x. Si x' appartient à la droite a_r, x devient le point fondamental r qui correspond à cette droite; or, dans ce cas, le plan $\mathscr{E}'$ contient la droite a et coupe F_3 suivant une conique; donc *une cubique décrite par les points fondamentaux et ayant l'un d'eux pour point double, correspond à une conique commune à* F_3 *et à un plan bitangent, passant par une droite* a. Toutes les cubiques analogues qui ont le noeud au même point fondamental r forment un faisceau; l'involution des couples des tangentes au noeud correspond à l'involution des couples des points où la droite a_r est rencontrée par les coniques des plans bitangents; et les rayons doubles de la première involution correspondront aux points doubles de la deuxième, c'est-à-dire que *les deux cubiques du faisceau, pour lesquelles le point double* r *est un point de rebroussement, correspondent aux deux coniques de* F_3 *tangentes à la droite* a_r.

De même, on trouve aisément qu'*à la conique contenue dans un plan bitangent, qui passe par la droite* c_{rs}, *correspond une conique passant par quatre points fondamentaux, excepté* r, s; cette conique et la droite rs forment la cubique correspondante à la section complète du plan bitangent. Et *à la conique contenue dans un plan bitangent, qui passe par la droite* b_r, *correspond une droite passant par le point* r; cette droite et la conique qui passe par les autres cinq points fondamentaux forment la cubique qui correspond à la section complète du plan bitangent.

121. *A la courbe gauche* C_{3n}, *suivant laquelle* F_3 *est coupée par une surface d'ordre*

n, correspond une courbe plane qui passera n fois par chaque point fondamental, à cause des n points où la surface d'ordre n est rencontrée par chacune des droites a. Cette courbe plane est rencontrée par une cubique quelconque décrite par les six points **123456**, en ces points qui sont équivalents à $6n$ intersections, et en $3n$ autres points correspondants à ceux dans lesquels C_{3n} est rencontrée par un plan. Donc *la courbe plane correspodante à* C_{3n} *est de l'ordre* $3n$ et du genre $\frac{1}{2}(3n^2-3n+2)$... [25] *).

122. Soit $n=2$. Dans ce cas une surface quadrique coupe F_3 suivant *une courbe gauche* $C_{6,4}$, *du sixième ordre et du quatrième genre*, qui rencontre deux fois chacune des 27 droites; et à laquelle correspond, en E, une courbe plane du même ordre qui passe deux fois par chacun des points **123456**. Cette courbe peut avoir quatre autres points doubles, donc *une surface quadrique peut toucher* F_3 *en quatre points*, au plus, *sans que la courbe d'intersection se décompose en courbes inférieures.*

123. Si la surface quadrique passe par une droite de F_3, par ex. b_1, la courbe gauche $C_{6,4}$ se décomposera en deux parties, dont la deuxième sera *une courbe gauche* $C_{5,2}$ *du cinquième ordre et du deuxième genre.* Dès que b_1 correspond à la conique **23456**, à la courbe $C_{5,2}$ correspondra une courbe plane $\mathbf{1^2 23456}$ (c'est-à-dire, passant deux fois par **1** et une fois par **23** ... **6**) du quatrième ordre. Cette courbe plane rencontre (au dehors des points fondamentaux) la conique **23456** en trois points, les autres coniques **13456**, ... en deux points, les droites **12**, ... , **16** en un point et les autres droites **23**, ... , **56** en deux points; donc la courbe gauche $C_{5,2}$ rencontre trois fois la droite b_1, deux fois les droites $a_1, b_2, b_3, \ldots b_6, c_{23}, c_{24}, \ldots c_{56}$, et une seule fois les droites $a_2, \ldots a_6, c_{12}, \ldots c_{16}$.

Si la surface quadrique, au lieu de passer par b_1, passe par une droite c_{12} ou par une droite a_1, on obtient une courbe plane $\mathbf{1\,2\,3^2 4^2 5^2 6^2}$ du cinquième ordre ou une courbe plane $\mathbf{1^3 2^2 3^2 4^2 5^2 6^2}$ du sixième ordre, qui correspondent toujours à une courbe gauche analogue à $C_{5,2}$.

Chaque droite de F_3 *détermine* (sur cette surface) *un système de courbes analogues à* $C_{5,2}$; toutes les courbes d'un système rencontrent trois fois la même droite. *Chaque courbe* d'un système donné *est déterminée par six points*, car la courbe plane $\mathbf{1^2 23456}$

---

*) Si une courbe plane d'ordre n a d points doubles (y compris les rebroussements), on dit qu'elle est du *genre* $\frac{(n-1)(n-2)}{2}-d$ (d'après M. Clebsch). Le genre d'une courbe gauche qui est donné par la même formule, où d comprenne aussi les points doubles apparents) située sur F_3 est le même que celui de la courbe plane correspondante [Voir la *Teoria geometrica delle superficie*, 54 et 55].

peut passer par six points arbitraires. *Deux courbes d'un même système se coupent en sept points;* deux courbes de systèmes différents correspondants à deux droites qui ne se rencontrent pas (qui se rencontrent) ont huit (neuf) points communs.

124. Si la surface quadrique passe par deux droites non situées dans un même plan, comme b_1, b_2, elle coupera de nouveau F_3 suivant *une courbe gauche* $C_{4,0}$ *du quatrième ordre et du genre* 0, qui n'est pas l'intersection de deux surfaces du second ordre. En effet, la quadrique donnée a deux systèmes de génératrices rectilignes: dont l'un est formé par des droites qui rencontrent b_1 et b_2, et l'autre par des droites qui ne rencontrent ni b_1 ni b_2. Or, chaque génératrice du premier système rencontrera F_3 en deux points situés sur b_1, b_2, et par suite $C_{4,0}$ en un seul point, qui est la troisième intersection avec la surface. Au contraire, toute génératrice de l'autre système rencontrera F_3 (au dehors de b_1, b_2) et par suite $C_{4,0}$ en trois points. Donc, il n'y a pas une autre quadrique passant par $C_{4,0}$, parce que la courbe commune à deux surfaces du second ordre coupe en deux points toute génératrice rectiligne de chaque surface quadrique passant par la courbe elle-même *).

A la courbe gauche $C_{4,0}$ correspond, en E, une conique passant par les points **12**, qui, avec les coniques correspondantes aux droites b_1, b_2, forme une courbe $\mathbf{1^2 2^2 3^2 4^2 5^2 6^2}$ du sixième ordre. On déduit des intersections de la conique **12** avec les lignes correspondantes aux droites de F_3, que la courbe $C_{4,0}$ coupe b_1, b_2 en trois points, les dix droites $b_3, b_4, \ldots b_6, c_{34}, c_{35}, \ldots c_{56}$ en deux points, et les dix droites $a_1, a_2, c_{13}, c_{14}, \ldots c_{26}$ en un seul point. Les cinq droites restantes $a_3, \ldots a_6, c_{12}$ ne sont pas rencontrées par $C_{4,0}$. De ce qu'il passe une (seule) conique par les points **12** et par trois autres points quelconques du plan E, il suit que *par trois points donnés de* F_3 *on peut décrire sur cette surface une (seule) courbe gauche de quatrième ordre et genre* 0, *qui doive être rencontrée trois fois par deux droites données (non situées dans un même plan) de la surface cubique* **).

Si l'on fait passer la surface quadrique par b_1 et c_{23}, ou par c_{12} et c_{13}, ou par a_1 et b_1, ou par a_1 et c_{23}, ou par a_1 et a_2, on obtient dans le plan E une courbe $\mathbf{1^2 456}$ du troisième ordre, ou une courbe $\mathbf{234^2 5^2 6^2}$ du quatrième ordre, ou une courbe $\mathbf{1^3 23456}$ du quatrième ordre, ou une courbe $\mathbf{1^3 234^2 5^2 6^2}$ du cinquième ordre, ou une courbe

*) Les théorèmes énoncés par Steiner, à propos de cette courbe gauche, ont été déjà démontrés géométriquement, avec plusieurs autres, dans un Mémoire inséré aux Annali di Matematica, t. IV, p. 71 [Queste Opere n. **28** (t. 1.°)].

) Deux coniques passant par **1, 2 se coupent en deux autres points; donc, deux courbes du quatrième ordre et genre 0, tracées sur F_3, qui rencontrent trois fois les mêmes droites (b_1, b_2), se coupent en deux points.

$\mathbf{1^3 2^3 3^2 4^2 5^2 6^2}$ du sixième ordre, auxquelles correspondra toujours, sur F_3, une courbe analogue à $C_{4,0}$.

125. Si la surface quadrique coupe F_3 suivant une conique située par ex. dans un plan passant par a_1, les deux surfaces auront, de plus, en commun *une courbe gauche* $C_{4,1}$ *du quatrième ordre et du premier genre*, qui sera rencontrée en deux points par toute droite située dans la quadrique; car cette droite, ayant un point commun avec la conique, coupe la surface cubique en deux autres points. Tout plan mené par la droite a_1 coupe F_3 suivant une conique qui a quatre points communs avec $C_{4,1}$, d'où il suit que par cette conique et par $C_{4,1}$ on peut faire passer une surface du second ordre. Donc, la courbe $C_{4,1}$ est la base d'un faisceau de quadriques.

A $C_{4,1}$ correspond, en E, une courbe **23456** du troisième ordre (car la conique a pour courbe correspondante une cubique $\mathbf{1^2 23456}$). Donc, la courbe gauche $C_{4,1}$ ne rencontre pas a_1; elle rencontrera en deux points les dix droites $b_2, \ldots b_6$, $c_{12}, \ldots c_{16}$, et en un seul point les seize restantes.

Les dix droites coupées deux fois par la courbe gauche sont rencontrées aussi par la droite unique qui ne rencontre pas la courbe. Donc, F_3 *contient* 27 *systèmes de courbes* $C_{4,1}$, les courbes d'un même système n'étant pas rencontrées par une même droite. *Quatre points déterminent une courbe d'un système donné. Deux courbes d'un même système ont quatre points communs; deux courbes de systèmes différents se coupent en cinq points* [26].

Si l'on change la droite a_1, on peut obtenir d'autres courbes planes d'ordre supérieur (mais toujours du genre 1) comme correspondantes à des courbes gauches analogues à $C_{4,1}$.

126. La courbe d'intersection de F_3 avec une surface quadrique peut se décomposer en deux cubiques gauches $C_{3,0}$, dont si l'une correspond à une droite quelconque (113) en E, l'autre correspondra à une courbe $\mathbf{1^2 2^2 3^2 4^2 5^2 6^2}$ du cinquième ordre. L'analyse de ces courbes planes fait voir tout de suite qu'*une cubique gauche (décrite sur* F_3) *rencontre deux fois six droites, ne rencontre pas six autres droites et coupe en un point les quinze* [27] *restantes*. Les deux groupes de six droites sont les " six „ conjugués d'un même double-six, de manière que *chaque double-six détermine deux systèmes conjugués de cubiques gauches*, dans lesquels chaque courbe rencontre deux fois les droites d'un six, et ne rencontre pas les droites de l'autre six. *Deux cubiques gauches, résultantes d'une même surface quadrique, appartiennent toujours à deux systèmes conjugués (et réciproquement)*, et se rencontrent en cinq points. Deux cubiques gauches d'un même système ont un seul point commun.

127. Considérons maintenant les courbes résultantes de l'intersection de F_3 avec une autre surface F_3^0 du même ordre. Généralement, cette intersection sera *une courbe gauche du neuvième ordre* qui rencontrera trois fois chacune des 27 droites: la courbe plane

correspondante est du même ordre et passe trois fois par chaque point fondamental; d'où il suit que cette courbe, ainsi que *la courbe gauche, est du genre* $\frac{8.7}{2}-3.6=10$. La courbe plane peut avoir dix autres points doubles au plus; donc, *deux surfaces cubiques peuvent se toucher au plus en dix points, sans que leur courbe d'intersection se partage en courbes inférieures.*

Trois cubiques gauches forment l' intersection de F_3 avec une surface cubique, lorsque leurs courbes planes correspondantes forment ensemble une ligne $\mathbf{1^3 2^3 3^3 4^3 5^3 6^3}$ du neuvième ordre; telles sont par ex. les cubiques gauches correspondantes à une droite quelconque et à deux courbes $\mathbf{1^2 2^2 3^2 4 5 6}$, $\mathbf{1 2 3 4^2 5^2 6^2}$ du quatrième ordre.

Sous la même condition, deux courbes gauches du quatrième ordre avec une droite peuvent former la courbe commune à F_3 et F_3^0. Si les deux courbes gauches sont du genre 0 *), elles se coupent en huit points, et rencontrent la droite, chacune deux fois. Si les deux courbes gauches sont du premier genre **), elles appartiennent à deux systèmes correspondants à deux droites situées dans un même plan: la troisième droite de ce plan étant celle qui complète l'intersection des deux surfaces cubiques. Les deux courbes gauches se coupent en six points, et chacune d'elles rencontre deux fois la droite complémentaire. Enfin, si des deux courbes gauches l'une est du genre 0 et l'autre du genre 1 ***), elles se coupent en sept points; et la droite complémentaire rencontre la première courbe en trois points et l'autre en un seul point.

Sous la même condition, l'intersection de F_3 et F_3^0 peut résulter d'une courbe du quatrième ordre, d'une cubique gauche et d'une conique (ou de deux droites, même non situées dans un plan); mais nous n'avons pas l'intention de nous arrêter sur tous les cas possibles.

Supposons que F_3 et F_3^0 aient en commun la courbe gauche $C_{5,2}$ (123) qui correspond à une courbe plane $\mathbf{1^2 23456}$ du quatrième ordre; les deux surfaces se couperont, en outre, suivant une courbe gauche du quatrième ordre, dont la ligne plane correspondante sera une courbe $\mathbf{1 2^2 3^2 4^2 5^2 6^2}$ du cinquième ordre; donc la deuxième courbe gauche est du premier genre. Ainsi, *deux courbes gauches* $C_{5,2}$ *et* $C_{4,1}$ *peuvent former l'intersection de* F_3 *avec une autre surface cubique pourvu que les systèmes* (123, 125) *auxquels elles appartiennent correspondent à une même droite;* savoir, à condition que

---

*) Par ex. celles qui correspondent à une cubique $\mathbf{1456^2}$ et à une courbe $\mathbf{1^2 2^2 3^2 45}$ du quatrième ordre; la droite étant b_1.

**) Par ex. celles qui correspondent à une cubique $\mathbf{12345}$ et à une courbe $\mathbf{1^2 23456^2}$ du quatrième ordre; la droite complémentaire est b_1.

***) Par ex. celles qui correspondent à deux courbes $\mathbf{234^2 5^2 6^2}$, $\mathbf{1^2 23^2 456}$ du quatrième ordre; la droite complémentaire est c_{12}.

la première courbe coupe en trois points la droite qui n'est pas rencontrée par l'autre courbe. Les deux courbes gauches ont huit points communs. Mais *une courbe* $C_{5,2}$ *et une courbe* $C_{4,0}$ *ne peuvent pas être situées à la fois sur deux surfaces du troisième ordre.*

Comme cas particulier du précédent, l'intersection des surfaces F_3, F_3^0 peut se composer d'une courbe $C_{5,2}$, d'une cubique gauche et d'une droite rencontrée deux fois par chacune des courbes gauches. Celles-ci ont six points communs.

128. Mais il y a lieu de considérer d'autres courbes gauches du cinquième ordre, différentes de $C_{5,2}$. En effet, si F_3^0 passe par une droite et par une cubique gauche, situées dans F_3, l'intersection sera complétée par une courbe gauche du cinquième ordre, qui est (127) du second genre en cas que la droite et la cubique gauche aient deux points communs. Mais, si la droite coupe une seule fois ou ne coupe pas la cubique gauche, on a des courbes gauches d'un genre inférieur.

Le premier cas a lieu par ex. si la courbe plane du neuvième ordre correspondante à la complète intersection de F_3 et F_3^0 est composée de la conique **23456** (qui correspond à la droite b_1), d'une courbe de quatrième ordre $\mathbf{1^2 2^2 3^2 4 5 6}$ (qui correspond à une cubique gauche appuyée à b_1 en un point) et d'une cubique **1456**; à celle-ci correspondra donc *une courbe gauche* $C_{5,1}$ *du cinquième ordre et du premier genre*, qui coupe la cubique gauche en sept [28] points et la droite en trois points. On obtient cette même courbe $C_{5,1}$, lorsque les deux surfaces cubiques ont en commun une courbe $C_{4,0}$; les deux courbes gauches ont alors dix points communs, et la première courbe rencontre en 0, 1, 2, 3 points les mêmes droites que l'autre coupe en 3, 2, 1, 0 points respectivement.

On aura le dernier cas si par ex. la courbe plane du neuvième ordre se décompose dans les trois lignes suivantes: la conique **23456**, qui correspond à la droite b_1; une courbe $\mathbf{1^2 2^2 3^2 4^2 5^2 6^2}$ du cinquième ordre, qui correspond à une cubique gauche n'ayant aucun point commun avec la droite b_1; et une conique passant par le point **1**, à laquelle correspondra par suite *une courbe gauche* $C_{5,0}$ *du cinquième ordre et du genre* 0. Cette courbe coupe la cubique gauche en huit points, la droite b_1 en quatre points, les droites $b_2, \ldots, b_6$ en trois points, les droites $c_{23}, \ldots, c_{56}$ en deux points, les droites $a_1, c_{12}, \ldots, c_{16}$ en un seul point, et les autres droites $a_2, \ldots, a_6$ en aucun point.

De ces trois courbes gauches $C_{5,2}$, $C_{5,1}$, $C_{5,0}$, du cinquième ordre ce n'est que la première qui est située sur une surface quadrique. Elle a quatre points doubles apparents (c'est-à-dire que par un point arbitraire de l'espace on peut mener quatre droites à rencontrer la courbe deux fois), au lieu que la deuxième en a cinq et la troisième six. La troisième, la plus simple de toutes, est la seule qui admette une droite qui la coupe en quatre points.

129. Cette méthode d'étudier sur le plan E les propriétés des courbes tracées sur F_3

est si évidente et si facile, que nous nous bornerons désormais à énoncer des résultats. Ainsi, pour obtenir les courbes gauches du sixième ordre qui font partie de l'intersection de deux surfaces cubiques, il faudra considérer les cas suivants:

1.° Les surfaces F_3, F_3^0 ont en commun une section plane; l'autre partie de l'intersection est alors *une courbe gauche* $C_{6,4}$ *du sixième ordre et du quatrième genre*, qui résulte aussi de la rencontre de F_3 avec une surface quadrique (122);

2.° Les surfaces F_3, F_3^0 ont en commun une cubique gauche; elles se couperont aussi suivant *une courbe gauche* $C_{6,3}$ *du sixième ordre et du troisième genre,* qui a huit points communs avec la cubique gauche et coupe en 1, 2, 3 points les mêmes droites que la cubique rencontre en 2, 1, 0 points respectivement. D'où il suit que $C_{6,3}$, de même que la cubique, correspond à un certain double-six.

3.° Les surfaces F_3, F_3^0 passent à la fois par une droite et une conique qui n'ont aucun point commun. L'intersection est alors complétée par *une courbe gauche* $C_{6,2}$ *du sixième ordre et du second genre,* qui coupe la conique en six points et la droite donnée en quatre points. Parmi les autres droites il y a 8, 9, 8, 1 qui sont rencontrées en 3, 2, 1, 0 points respectivement.

4.° Les surfaces F_3, F_3^0 ont en commun trois droites qui ne se coupent pas; elles se rencontreront en outre suivant *une courbe gauche* $C_{6,1}$ *du sixième ordre et du premier genre,* qui coupe chacune des trois droites données en quatre points, etc.

De ces quatre courbes gauches du sixième ordre, la première seule est située sur une surface quadrique. Elles ont respectivement six, sept, huit, neuf points doubles apparents.

La courbe $C_{6,3}$ est celle que nous avons rencontrée ailleurs (25, 78, 107) comme lieu des sommets des cones quadriques d'un réseau. La courbe plane correspondante peut être une courbe générale du quatrième ordre (passant par les six points fondamentaux); d'ou il résulte que, comme par ex. cette courbe plane a 28 tangentes doubles et 24 tangentes stationnaires, de même parmi les cubiques gauches qui coupent en deux points les droites de F_3 que $C_{6,3}$ rencontre trois fois, il y en a 28 qui touchent $C_{6,3}$ en deux points, et 24 qui ont avec cette courbe un contact du second ordre.

De même que pour les cubiques gauches, *chaque double-six détermine deux systèmes conjugués de courbes du sixième ordre et troisième genre.* Deux courbes appartenant à deux systèmes conjugués ont quatorze [29] points communs et forment la complète intersection de F_3 avec une surface du quatrième ordre.

130. Il y a aussi *une courbe gauche du sixième ordre et du genre* 0, mais elle n'est pas située à la fois sur deux surfaces cubiques. On obtient cette courbe, en faisant passer une surface du quatrième ordre par trois droites, comme b_1, b_2, b_3, qui ne se coupent pas, et par une cubique gauche (correspondante à une courbe $\mathbf{1^2 2^2 3^2 4\,5\,6}$

du quatrième ordre) qui rencontre chacune de ces droites en un point. La courbe gauche résultante $C_{6,0}$ correspond à une conique qui ne passe par aucun des points fondamentaux, et coupe la cubique gauche en huit points. Des 27 droites de F_3, il y en a 6, 6, 15 rencontrées par $C_{6,0}$ en 4, 0, 2 points respectivement. Cette courbe $C_{6,0}$ a dix points doubles apparents.

131. De l'intersection des deux surfaces cubiques F_3, F_3^0 il ne peut résulter plus que *deux courbes gauches du septième ordre* $C_{7,5}$ *et* $C_{7,4}$, *et une seule courbe gauche du huitième ordre* $C_{8,7}$; on obtient ces courbes en faisant passer F_3^0 par une conique, ou par deux droites qui ne se coupent pas, ou par une droite (de F_3) respectivement [30].

Il y a, sur F_3, 27 systèmes de courbes analogues à $C_{8,7}$, chaque système correspondant à une droite de F_3. Si le système est donné, la courbe est déterminée par quatorze points. Deux courbes d'un même système ont vingt points communs.

L'intersection de F_3 avec des surfaces d'ordres supérieurs donne d'autres courbes du 7e, 8e, 9e,... ordre. Par ex., si par deux droites qui ne se coupent pas et par une cubique gauche qui ne rencontre aucune de ces droites, on fait passer une surface du quatrième ordre, on a *une courbe gauche* $C_{7,1}$ *du septième ordre et du premier genre*, qui coupe la cubique en onze points et chacune des droites données en cinq points. Si par trois droites qui ne se coupent pas et par une courbe $C_{4,0}$ qui rencontre deux de ces droites en un point et ne rencontre pas la troisième, on fait passer une surface du cinquième ordre, l'intersection sera complétée par *une courbe gauche* $C_{8,1}$ *du huitième ordre et du premier genre*, qui coupe $C_{4,0}$ en seize points, les deux premières droites en cinq points et la troisième en six. Enfin, on obtient *une courbe gauche du neuvième ordre et du premier genre*, lorsque l'intersection de F_3 par une surface du sixième ordre se décompose en deux courbes du même ordre [31]; etc. etc.

132. On vient de voir qu'à une même courbe sur F_3, dont l'ordre et le genre soient donnés, correspondent en E des courbes planes d'ordres différents, mais toujours d'un même genre *). En nous bornant à considérer, pour chaque genre, la courbe plane de l'ordre le plus petit possible, nous pourrons donner le résumé suivant:

1.° *A une droite en* E *correspond, en* F_3, *une conique ou une cubique gauche, suivant que la droite passe ou ne passe pas par un des points fondamentaux.*

2.° *A une conique en* E *correspond, en* F_3, *une courbe gauche* $C_{4,0}$, *ou* $C_{5,0}$, *ou* $C_{6,0}$, [32] *suivant que la conique passe par* 2, 1, 0 *points fondamentaux.*

3.° *A une cubique (générale) en* E *correspond, en* F_3, *une cubique plane* $C_{3,1}$, *ou une courbe gauche* $C_{4,1}$, *ou* $C_{5,1}$, *ou* $C_{6,1}$, *ou* $C_{7,1}$, *ou* $C_{8,1}$, *ou* $C_{9,1}$, *suivant que la cubique donnée passe par* 6, 5, 4, 3, 2, 1, 0 *points fondamentaux.*

Etc. etc.

---

*) [*Teoria geom. delle superficie*, 54].

133. Soit en général donnée, dans le plan E, une courbe d'ordre n, qui passe $\alpha_1, \alpha_2, \ldots, \alpha_6$ fois par les points **1**, **2**, ... **6** respectivement et qui est douée de d points doubles et k points de rebroussement, situés ailleurs. L'ordre de la courbe gauche correspondante en F_3 sera évidemment $3n - \Sigma\alpha$, et son genre sera celui même de la courbe plane, savoir

$$\frac{1}{2}(n-1)(n-2) - \frac{1}{2}\Sigma\alpha(\alpha-1) - (d+k).$$

Or, une courbe gauche d'ordre $3n - \Sigma\alpha$, douée de d points doubles, k rebroussements et h points doubles apparents, est du genre donné par la formule

$$\frac{1}{2}(3n - \Sigma\alpha - 1)(3n - \Sigma\alpha - 2) - (h+d+k),$$

donc

$$h = 4n^2 - 3n(\Sigma\alpha + 1) + \frac{1}{2}(\Sigma\alpha + 1)^2 + \frac{1}{2}(\Sigma\alpha^2 - 1).$$

Connaissant, de cette manière, l'ordre de la courbe gauche (désignons-le par m) et les nombres des points doubles effectifs et apparents, on peut, d'après les formules dues à M. Cayley, calculer les autres caractéristiques de la courbe; savoir

l'ordre de la développable osculatrice

$$\rho = m(m-1) - 2(h+d) - 3k = n(n+3) - \Sigma\alpha(\alpha+1) - (2d+3k),$$

la classe de cette développable

$$\nu = 3m(m-2) - 6(h+d) - 8k = 3(n^2 - \Sigma\alpha^2) - (6d+8k),$$

le nombre des plans osculateurs stationnaires

$$\sigma = k + 2(\nu - m) = 6n(n-1) - 2\Sigma\alpha(3\alpha - 1) - 3(4d+5k),$$

la classe de la développable bitangente

$$y = h + \frac{1}{2}(\rho - m)(\rho + m - 9) + d$$

$$= \frac{1}{2}n(n^2-1)(n+6) + \frac{1}{2}\Sigma\alpha^2(\Sigma\alpha+1) - \frac{1}{2}[2d+3k+\Sigma\alpha(\alpha+1)][2n^2+6n-9-2d-3k-\Sigma\alpha^2]$$

$$+ \frac{1}{2}\Sigma\alpha(2d+3k+\Sigma\alpha-7) + d,$$

le nombre des plans qui touchent la courbe en trois points

$$t=\frac{1}{3}[(\rho-2)y-\rho(3\nu+m)+6\nu+10(\sigma+m)], \text{ etc. etc.}$$

Réciproquement, ces nombres expriment aussi des propriétés de la courbe plane donnée; c'est-à-dire que dans le système des cubiques passant par les six points **123456**, il y en a σ qui ont un contact du troisième ordre avec la courbe donnée, et t qui touchent cette courbe en trois points distincts; que dans un réseau de ces cubiques, il y en a ν qui ont un contact du second ordre avec la courbe donnée, et y qui la touchent en deux points distincts; et que dans un faisceau de ces mêmes cubiques, il y en a ρ qui sont tangentes à la courbe donnée.

Observons en outre que la courbe plane donnée passe α_r fois par le point fondamental r, coupe en $2n-(\Sigma\alpha-\alpha_r)$ points (différents des points fond.) la conique qui passe par les points fond. excepté r, et coupe en $n-(\alpha_r+\alpha_s)$ points (différents des points fond.) la droite rs; donc la courbe gauche correspondante rencontrera la droite a_r en α_r points, la droite b_r en $2n+\alpha_r-\Sigma\alpha$ points et la droite c_{rs} en $n-(\alpha_r+\alpha_s)$ points.

134. Qu'il nous soit permis de faire mention spéciale du cas dans lequel tous les α sont nuls, c'est-à-dire que la courbe plane ne passe par aucun des points fondamentaux. Alors, *la courbe gauche, qui est de l'ordre* $3n$, *correspond à un certain double-six, dont elle coupe* $2n$ *fois les droites d'un six, et ne rencontre pas les droites de l'autre six; tandis que chacune des autres quinze droites est rencontrée par la courbe gauche en n points. Chaque double-six détermine* donc *deux systèmes conjugués de courbes gauches analogues;* si le système est donné, il y a une (seule) courbe qui passe par $\frac{n(n+3)}{2}$ points donnés arbitrairement; et deux courbes d'un même système ont n^2 points communs.

La courbe gauche d'ordre $3n$, correspondante à la courbe plane d'ordre n qui ne passe par aucun point fond. et la courbe gauche du même ordre, correspondante à une courbe plane d'ordre $5n$ qui passe $2n$ fois par chaque point fond., forment ensemble l'intersection complète de F_3 avec une surface d'ordre $2n$, et appartiennent à deux systèmes conjugués (relatifs au même double-six). Ces deux courbes gauches ont $5n^2$ points communs. Si elles n'ont pas de points doubles (c'est-à-dire, si les courbes planes correspondantes n'en ont pas au dehors des points fond.), ou bien si elles en ont le même nombre, toutes les caractéristiques seront communes aux deux courbes gauches. Ces caractéristiques sont (en supposant qu'il n'y ait pas de points doubles):

ordre $3n$,

genre $\frac{1}{2}(n-1)(n-2)$,

nombre des points doubles apparents $n(4n-3)$,

ordre de la développable osculatrice $n(n+3)$,
classe de cette développable $3n^2$,
nombre des plans osculateurs stationnaires $6n(n-1)$,
classe de la développable bitangente $\frac{1}{2}n(n^2-1)(n+6)$,
nombre des plans tritangents $\frac{1}{6}n(n-1)(n^4+10n^3+7n^2-74n+48)$,
etc.

Chapitre Neuvième.

Surfaces quadriques qui coupent une surface du troisième ordre suivant des coniques.

135. *Deux coniques situées dans une surface donnée F_3 du troisième ordre et dans deux plans passant par deux droites (de la surface), qui,* comme a_1, b_2, *se coupent, ont toujours deux points communs:* puisque la droite commune aux deux plans rencontre chaque conique en deux points, et d'ailleurs cette droite ne rencontre F_3 qu'en deux points, outre le point a_1b_2; ces deux points sont donc communs aux deux coniques. Et réciproquement, si deux coniques (de la surface) ont deux points communs, la droite qui joint ces points, étant l'intersection des plans des coniques, coupera la surface en un troisième point qui sera commun aux deux droites de la surface, situées dans ces plans.

Au contraire, deux coniques (de la surface) situées dans deux plans passant par deux droites qui, comme a_1, a_2, ne se coupent pas, ont un seul point commun, ainsi qu'on a déjà remarqué (118). Et deux coniques situées dans deux plans passant par une même droite a_1, n'ont aucun point commun, car elles coupent a_1 suivant deux couples de points conjugués d'une certaine involution (109).

Par conséquent, une droite de la surface, comme a_1, rencontre en deux points toute conique située dans un plan passant par a_1, et en un seul point toute conique située dans un plan passant par une droite qui ne coupe pas a_1; mais la même droite a_1 ne rencontre pas les coniques dont les plans passent par des droites appuyées sur a_1.

136. Deux coniques (de F_3) situées dans deux plans passant par a_1, b_2, respectivement, ayant deux points communs, forment la base d'un faisceau de surfaces quadriques, dont chacune coupera F_3 suivant une troisième conique située dans un plan passant par la droite c_{12} qui rencontre a_1 et b_2 *). Cette troisième conique peut être choisie arbi-

*) Les plans des trois coniques forment une surface cubique qui coupe F_3 suivant trois coniques et trois droites; les trois coniques étant dans une surface quadrique, les trois droites seront dans un plan (11. *note*).

trairement; car, la base du faisceau contenant quatre points de toute conique située dans un plan passant par c_{12}, un autre point quelconque de celle-ci suffit pour déterminer la quadrique (du faisceau) qui passe par cette conique. *Il y a* donc *une (seule) surface quadrique qui passe par trois coniques situées dans trois plans menés arbitrairement par* a_1, b_2, c_{12} *respectivement.* Réciproquement, si une surface quadrique rencontre F_3 suivant trois coniques, les plans de celles-ci couperont de nouveau F_3 suivant trois droites situées dans un même plan (11. *note*). D'où il résulte que trois couples quelconques de points conjugués des involutions, qui sont marquées sur a_1, b_2, c_{12} resp. par les coniques de la surface (109), appartiennent à une même courbe du second ordre (qui n'est pas située sur F_3).

137. Soient A, B deux plans bitangents de F_3, menés l'un par a_1 et l'autre par b_2; par les deux coniques (A), (B), contenues dans ces plans, on pourra faire passer deux cones quadriques, dont les sommets seront sur la droite réciproque de l'intersection AB, par rapport à une surface quelconque du second ordre passant par (A) et (B). Nous pouvons fixer arbitrairement un plan C passant par c_{12}; et la surface quadrique (ABC) passant par les coniques (A), (B), (C) suffira pour déterminer la droite qui joint les sommets des deux cones.

Si l'on fait tourner le plan B autour de b_2, la quadrique (ABC) engendrera un faisceau (AC), et la droite AB produira, dans le plan A et autour du point a_1b_2, un autre faisceau projectif au précédent. Les droites de ce faisceau sont coupées par la droite AC en des points dont les plans polaires, par rapport aux surfaces correspondantes du faisceau (AC), passent par une même droite (la réciproque de AC par rapport aux quadriques (AC)); et semblablement les plans polaires du point a_1b_2, par rapport aux quadriques (AC), passent par une même droite. Donc les plans polaires des points a_1b_2 et ABC, par rapport à la surface (ABC), si B est variable, engendreront deux faisceaux projectifs, et par suite *le lieu de la droite réciproque de* AB *est un hyperboloïde* J_A, *dont les génératrices de l'autre système sont évidemment les droites réciproques de* AC *par rapport à la quadrique* (ABC), *où le plan* C *soit variable autour de* c_{12}. Les droites AB, AC se coupent au point ABC; leurs réciproques seront par suite dans le plan polaire de ce point par rapport à la surface (ABC). *L'hyperboloïde* J_A *est* donc *l'enveloppe du plan polaire du point* ABC *par rapport à la quadrique* (ABC), *où* A *est fixe,* B *et* C *variables.*

Un point quelconque de l'espace est l'intersection de trois plans A, B, C, qui donnent une quadrique (ABC); et réciproquement, toute surface (ABC) détermine un point de l'espace. *L'hyperboloïde* J_A *est l'enveloppe des plans polaires des points du plan* A *par rapport aux surfaces* (ABC) *qui correspondent à ces points.*

Dès que les droites réciproques de AB, AC sont situées dans le plan polaire du point ABC par rapport à la quadrique (ABC), le point commun à ces réciproques est le pole du plan A par rapport à la même surface; *l'hyperboloïde* J_A *est* donc *le lieu des poles du plan fixe* A *par rapport aux quadriques* (ABC).

Les surfaces (ABC) passent par la conique fixe (A), donc les plans polaires du point a_1b_2 se coupent suivant la droite polaire de ce point par rapport à la conique (A). D'où il résulte que l'hyperboloïde J_A rencontre le plan A suivant la droite polaire du point a_1b_2 par rapport à la conique (A), et analoguement suivant la droite polaire du point a_1c_{12} par rapport à la même conique.

138. Désignons par o le point b_2c_{12}; une droite quelconque ol est l'intersection de deux plans B, C. Soient l, m, n les points conjugués harmoniques de o par rapport aux couples de points d'intersection des coniques (B), (C) avec les droites ol, b_2, c_{12}; les droites lm, ln seront alors les polaires du point o par rapport à ces coniques, et par suite lmn sera le plan polaire de o par rapport aux quadriques du faisceau (BC). En outre, si l'on mène par o dans le plan B une droite quelconque, qui coupera la conique (B) et par suite la surface F_3 en deux points, le point conjugué harmonique de o, par rapport à ces intersections, tombera sur lm; donc lm et de même ln appartiennent à la quadrique O, première polaire de o par rapport à F_3; en d'autres termes, le plan lmn est tangent en l à cette quadrique polaire. D'où il résulte que *les plans polaires du point o par rapport à toutes les quadriques* (ABC), *quels que soient* A, B, C, *enveloppent la quadrique polaire de o.*

On se souvient que l'hyperboloïde J_A est l'enveloppe du plan polaire du point ABC par rapport aux quadriques (ABC), A étant fixe; or, si le plan A vient coïncider avec le plan tritangent $a_1b_2c_{12}$ (dans lequel cas, la quadrique (ABC) se réduit aux deux plans B, C), tous les points ABC tombent sur o; donc, *l'hyperboloïde* J_A, *correspondant au plan* $A \equiv a_1b_2c_{12}$, *n'est autre que la quadrique* O *polaire de o.*

139. Si le plan lmn est mobile autour d'un point fixe i de l'espace, son enveloppe sera un cone circonscrit à la quadrique O; le point l décrira la conique de contact, et par suite le lieu de la droite ol sera un cone quadrique, qui passera toujours par les droites b_2, c_{12}; car, ces droites étant situées sur O, les plans ib_2, ic_{12} touchent cette surface, quel que soit i, en des points appartenant aux mêmes droites b_2, c_{12}.

Soit p le point ABC où la droite ol rencontre un plan fixe A (passant par a_1). Si ol tourne autour de o, le plan polaire de p par rapport à la quadrique (ABC) enveloppe l'hyperboloïde J_A. Or, comme les plans tangents de O correspondent projectivement [33] aux droites par o (au plan qui touche O en l correspond la droite ol et inversement), de même aux plans tangents de J_A correspondront projectivement les droites par o, de la manière suivante. Un plan tangent de J_A coupe A suivant une droite, dont le pole p par rapport à la conique (A) détermine la droite correspondante olp. Réciproquement, une droite par o rencontre A en un point p; et par la droite polaire de p, par rapport à la conique (A), il passera (outre A) un plan tangent de J_A, qui est le plan correspondant à la droite menée par o.

Les plans tangents de J_A qui passent par le point i enveloppent un cone qui coupera A suivant une conique; la polaire réciproque de cette conique, par rapport à la conique (A), est vue du point o suivant un cone qui passe par les droites b_2, c_{12}, quel que soit i; à cause des deux plans menés par i et par les droites polaires des points a_1b_2, a_1c_{12} par rapport à la conique (A) (137). Ce cone et l'autre cone, formé par les droites ol correspondantes aux plans tangents de O qui passent par i, se couperont suivant deux droites (outre b_2 et c_{12}); c'est-à-dire que *par un point quelconque i passent deux couples de plans correspondants tangents à* O *et* J_A: où l'on dit *correspondants* deux plans qui correspondent à une même droite ol.

Soit g la droite suivant laquelle se coupent deux plans tangents correspondants de O, J_A, savoir les plans polaires des points o et ABC, par rapport à une même surface (ABC); ou mieux, soit g la réciproque de la droite BC par rapport à la surface (ABC), où le plan A est donné arbitrairement. Il résulte de ce qui précède, que *les droites g correspondantes à toutes les couples possibles de plans* B, C (g est indépendante de A) *forment un tel système que par un point arbitraire i de l'espace passent deux droites g.*

140. Proposons-nous maintenant de trouver les points de l'espace pour lesquels les deux droites g coïncident.

Si la droite ol est tangente en l à la surface cubique F_3 et par suite à toute surface quadrique du faisceau (BC), le plan polaire de p par rapport à cette quadrique passera par l; donc, parmi les plans tangents de J_A menés par l, il y en a un, dont la droite correspondante est olp. Plaçons le point i en l. Les plans tangents menés du point o à la surface O passent par les deux génératrices lm, ln et ont leurs points de contact sur celles-ci; les droites correspondantes issues de o forment donc deux plans, olm et oln (savoir B et C). Or, au cone de sommet l, circonscrit à J_A, correspond un cone de sommet o qui passe par ol, ainsi qu'on vient de le voir; donc les deux droites qui, pour un point quelconque i, résultent de l'intersection des deux cones de sommet o (139) se réduisent, dans ce cas, à la droite unique ol; c'est-à-dire que *les points communs à* F_3 *et à* O *sont tels que par chacun d'eux passe une seule droite g.*

141. Le point i soit, en second lieu, le sommet d'un cone quadrique passant par les coniques (B), (C). Comme le choix du plan A pour la détermination de la droite g est arbitraire, on peut supposer que ce plan passe par i. Alors, i étant sur la droite réciproque de BC (ou olp) par rapport à toute quadrique du faisceau (BC), le plan polaire de o relatif à la quadrique (ABC) passera par i; de plus, le même plan polaire

est tangent en l à la surface O; donc, il passe par i un plan tangent de O dont le point de contact est l, et par suite la droite correspondante est olp.

Analoguement, i est situé dans les plans polaires de tous les points de ol par rapport à la quadrique (ABC); c'est pourquoi les points i, p sont conjugués relativement à la conique (A).

Quant à l'hyperboloïde J_A, ses plans tangents menés par i coupent A suivant des droites croisées en i, dont les poles par rapport à la conique (A) se trouvent sur la polaire de i, qui est une droite passant par p. D'où il suit qu'au cone de sommet i circonscrit à O correspond un cone K de sommet o, passant par ol; et au cone de sommet i circonscrit à l'hyperboloïde J_A correspond (outre le plan $a_1b_2c_{12}$) un plan E passant par op et par la droite polaire de i, par rapport à la conique (A). Or, on peut démontrer que ce plan E est tangent au cone K suivant op.

En effet, le plan qui passe par i et touche O en l contient un groupe harmonique de quatre droites, savoir les droites lm, ln, génératrices de la surface, la droite li génératrice du cone circonscrit (de sommet i), et la droite lj tangente en l à la conique de contact (où j soit la trace de cette droite sur le plan A). En projetant du point o sur le plan A ces quatre droites harmoniques, on a les droites $p(u, v, i, j)$ *) qui formeront de même un groupe harmonique. Mais d'un autre côté, la couple de plans BC, le cone (BC) et la quadrique (ABC) appartiennent à un même faisceau; donc, la conique (A) doit passer par les quatre points où les droites intersections du cone avec A rencontrent les droites AB et AC (savoir pu et pv); c'est pourquoi la droite polaire de i par rapport à la conique (A) est la conjuguée harmonique de pi, par rapport aux droites pu, pv: en d'autres termes, la droite pj est la polaire de i par rapport à la conique (A).

Donc, le plan E est tangent au cone K suivant op; et par conséquent *le point i est tel qu'il est situé sur une seule droite g.*

142. La droite g, réciproque de la droite BC par rapport à toute surface du faisceau (BC), est située (137) sur les hyperboloïdes J_B et J_C. Inversement, J_B est le lieu de la droite réciproque de BC (où B est fixe et C variable) par rapport aux surfaces du faisceau (BC), et aussi le lieu de la droite réciproque de BA (où B est fixe et A variable) par rapport aux surfaces (BA). Et de même pour J_C. Or, on a démontré qu'il passe par tout point de l'espace deux droites g, réciproques de BC, et analoguement deux droites réciproques de CA, et deux droites réciproques de AB; donc, *par tout point de l'espace on peut faire passer deux hyperboloïdes J_A, deux hyperboloïdes J_B et deux hyperboloïdes J_C*. Et de ce qui précède il résulte que, si i est le sommet d'un cone quadri-

*) u, v désignent les points a_1b_2, a_1c_{12}.

que coupant F_3 en trois coniques (A), (B), (C), par i il passe une seule droite réciproque de BC, et de même une seule droite réciproque de CA et une seule droite réciproque de AB; donc par i il passe un seul hyperboloïde J_A, un seul hyperboloïde J_B et un seul hyperboloïde J_C. C'est-à-dire que *le lieu des sommets des cones quadriques qui coupent la surface cubique* F_3 *suivant trois coniques* (A), (B), (C) *coïncide avec l'enveloppe des hyperboloïdes de chacune des trois séries* J_A, J_B, J_C. *Ce lieu passe par les trois courbes gauches (du quatrième ordre) suivant lesquelles* F_3 *est coupée par les quadriques polaires des points* o, u, v (140).

Vu que ce lieu a la propriété que par chacun de ses points il passe une seule surface enveloppée de chaque série, il s'ensuit que l'enveloppe et l'enveloppée se touchent partout où elles se rencontrent. La courbe de contact est l'intersection de deux enveloppées successives, et est par suite du quatrième ordre; donc *l'enveloppe est une surface du quatrième ordre; les courbes de contact de deux enveloppées de la même série sont situées sur une même surface du second ordre;* etc. *).

143. Considérons maintenant le faisceau des surfaces quadriques S qui passent par la courbe gauche du quatrième ordre, intersection de F_3 avec O, première polaire de o. Deux surfaces S couperont de nouveau la surface cubique suivant deux coniques; la droite commune aux plans de ces coniques, ayant quatre points communs avec F_3 (les quatre points où cette droite rencontre les deux coniques), sera située tout entière dans cette surface. Or, une des surfaces S est la quadrique O, pour laquelle la conique résultante est la couple de droites b_2, c_{12}; et la droite où le plan de celles-ci coupe de nouveau F_3 est a_1; donc, les surfaces S coupent F_3 suivant des coniques dont les plans passent par la droite a_1. Et réciproquement, tout plan A, mené par a_1, rencontrera F_3 suivant une conique située dans une surface S_A du faisceau qu'on considère. Les plans A et les quadriques S_A forment évidemment deux faisceaux projectifs, propres à engendrer la surface donnée F_3 (111).

Les plans polaires du point o par rapport aux quadriques S font un faisceau projectif à celui de ces quadriques; le lieu des coniques de contact des quadriques S avec les cones circonscrits de sommet o sera donc (112) une surface $\mathcal{J}$ du troisième ordre, passant par la base du faisceau (S) et par les droites b_2, c_{12} (qui forment l'intersection de O par le plan polaire correspondant). En outre, la courbe-base du faisceau (S) sera l'intersection de $\mathcal{J}$ avec la première polaire de o par rapport à $\mathcal{J}$, savoir avec la quadrique S ($\equiv$O) qui passe par o **); donc les surfaces cubiques $\mathcal{J}$, F_3 se touchent suivant une courbe gauche du quatrième ordre et se coupent en deux

*) [*Teoria geom. delle superficie,* 47].

**) {V. 112, *note*}.

droites; c'est pourquoi elles se confondront en une seule et même surface. C'est-à-dire que *toute quadrique* S_A *coupe* F_3 *suivant une conique dont le plan* A *est le plan polaire du point o par rapport à* S_A: en d'autres termes, la surface cubique F_3 est le lieu des courbes de contact entre les quadriques S et les cones circonscrits de sommet o. Il résulte d'ici que les sommets des quatre cones du faisceau S sont situés en F_3, et que les plans tangents à cette surface en ces quatre points sont des plans tritangents passant par a_1.

144. Si A et B sont deux plans donnés (passant par a_1 et b_2 respectivement), les quadriques (AB) forment un faisceau auquel appartient la couple des plans A, B. Le lieu des courbes de contact entre ces quadriques et les cones circonscrits de sommet o est, d'après un théorème général (112), une surface cubique; mais, pour la quadrique composée des plans A, B, on peut regarder la courbe de contact comme épanchée sur le plan B; ce plan appartient donc tout entier à la surface cubique. C'est-à-dire que celle-ci se réduira au plan B et à une surface quadrique Σ, contenant la conique (A) et les coniques d'intersection des surfaces (AB) avec les plans polaires de o.

D'ailleurs, la base du faisceau (AB) doit être la courbe d'intersection de la surface cubique BΣ avec la première polaire de o par rapport à cette surface, donc A est le plan polaire de o par rapport à Σ. Il en résulte, de plus, que Σ passe par les sommets des deux cones du faisceau (AB) et y est touchée par deux plans, qui font partie du faisceau des plans polaires de o, et (par suite) se coupent suivant une droite située dans le plan B.

D'après cela, les surfaces Σ et S_A passent ensemble par la conique (A), et ont A pour plan polaire du point o. Or, si du point o on mène les tangentes à la conique (B), les points de contact seront situés en Σ, car ils doivent appartenir à une quadrique quelconque du faisceau (AB) et au plan polaire de o, correspondant. Mais ces mêmes points appartiennent aussi à la courbe de contact de F_3 avec le cone circonscrit de sommet o, et par suite à S_A; donc les quadriques Σ et S_A ne font qu'une seule et même surface. C'est-à-dire que S_A *est le lieu des courbes de contact de toutes les quadriques* (ABC) (*où* A *est fixe*) *avec les cones circonscrits de sommet o;* et par conséquent S_A contient les sommets de tous les cones du système (ABC), où A soit fixe.

Si le plan A est donné, les sommets des cones (ABC) sont donc situés dans chacune des surfaces S_A et J_A (137); ainsi *le lieu de ces sommets est la courbe gauche du quatrième ordre, intersection de ces deux quadriques.* Et si l'on fait varier A, *le lieu de cette courbe gauche, commune aux deux surfaces correspondantes* S_A *et* J_A, *sera la surface du quatrième ordre* (*lieu complet des sommets de tous les cones* (ABC)), que nous avons déjà trouvée comme enveloppe des hyperboloïdes J. Naturellement, la même surface du quatrième ordre est aussi le lieu de la courbe gauche du quatrième ordre commune à deux surfaces correspondantes S_B et J_B, ou S_C et J_C; S_B et S_C ayant par rapport aux points v, u et aux plans B, C la même signification que S_A par rapport au point o et au plan A *).

145. Considérons de nouveau les trois droites a_1, b_2, c_{12} situées dans un même plan tritangent. Soient $\mathscr{A}$, $\mathscr{B}$ deux plans passant par a_1, b_2 respectivement et coupant la surface F_3 suivant deux coniques tangentes à a_1, b_2 aux points α, β. Les quadriques du faisceau $(\mathscr{A}\mathscr{B})$ rencontrent le plan $a_1 b_2$ suivant des coniques ayant un double contact aux points α, β; et réciproquement, toute conique touchée en α, β par les droites a_1, b_2 sera la trace d'une surface du faisceau. Or, parmi ces coniques il y a la conique infiniment aplatie $(\alpha\beta)^2$ formée par la corde de contact estimée deux fois; dans le faisceau $(\mathscr{A}\mathscr{B})$ il y a donc un cone tangent au plan $a_1 b_2$ suivant la droite $\alpha\beta$. Cette droite rencontre c_{12} en un point γ; en ce point, c_{12} sera tangente à ce cone et, par suite, aussi à une conique située simultanément en F_3, dans le cone et dans un plan C (par c_{12}). Donc, *les six points où les droites a_1, b_2, c_{12} touchent la courbe parabolique de* F_3 (109) *sont distribués, trois à trois, sur quatre droites qui sont les génératrices de contact du plan $a_1 b_2 c_{12}$ avec quatre cones quadriques lesquels contiennent, trois à trois, les six coniques $(\mathscr{A})$, $(\mathscr{B})$, $(\mathscr{C})$ tangentes aux droites a_1, b_2, c_{12}, aux points susdits.* Les deux points analogues à α sont les éléments doubles d'une involution, dans laquelle les points $a_1 b_2$, $a_1 c_{12}$ sont conjugués (109); donc les droites a_1, b_2, c_{12} sont les diagonales du quadrilatère formé par les quatre droites $\alpha\beta\gamma$.

Il y a un second cone qui passe par les coniques $(\mathscr{A})$, $(\mathscr{B})$, outre celui qui touche le plan $a_1 b_2$ suivant $\alpha\beta\gamma$. Les plans tangents communs aux deux coniques enveloppent ces deux cones; le sommet du nouveau cone [34] sera donc le point commun aux trois plans suivants: le plan $a_1 b_2$, le plan des droites tangentes qu'on peut mener du point $a_1 b_2$ aux deux coniques (outre a_1, b_2), et le plan des droites polaires de ce même point par rapport aux deux coniques.

Représentons les quatre cones tangents au plan $a_1 b_2$ et les six coniques suivant lesquelles ils coupent la surface F_3, par la notation suivante:

$$\mathscr{K} \equiv (\mathscr{A}\mathscr{B}\mathscr{C}),\quad \mathscr{K}' \equiv (\mathscr{A}\mathscr{B}'\mathscr{C}'),\quad \mathscr{K}'' \equiv (\mathscr{A}'\mathscr{B}\mathscr{C}'),\quad \mathscr{K}''' \equiv (\mathscr{A}'\mathscr{B}'\mathscr{C}).$$

Les cones $\mathscr{K}$, $\mathscr{K}'$ se coupent suivant la conique $(\mathscr{A})$ et, par suite, suivant une autre conique (non située en F_3); ils auront donc deux plans tangents communs, dont l'un est $a_1 b_2 c_{12}$; l'autre soit π. Ce plan π est tangent aux cinq coniques $(\mathscr{A})$, $(\mathscr{B})$, $(\mathscr{C})$, $(\mathscr{B}')$, $(\mathscr{C}')$, situées en $\mathscr{K}$, $\mathscr{K}'$; donc, il sera tangent aussi aux cones $\mathscr{K}''$ et $\mathscr{K}'''$ [35]. Ces quatre cones $\mathscr{K}$, $\mathscr{K}'$, $\mathscr{K}''$, $\mathscr{K}'''$ ont, par conséquent, deux plans tangents communs,

*) Chacun des 45 plans tritangents donne lieu à une surface analogue du 4.e ordre.

$a_1 b_2 c_{12}$ et π; d'où il résulte que *leurs sommets sont alignés sur une seule et même droite* (l'intersection des plans $a_1 b_2 c_{12}$ et π).

146. Passons à considérer les coniques (A), (B), (C) qui se décomposent en lignes droites.

Parmi les plans A il y en a quatre (outre $a_1 b_2 c_{12}$) qui coupent F_3 suivant des couples de droites; et de même pour les plans B et C. Si nous considérons le plan A qui contient les droites $b_3\, c_{13}$ et le plan B qui contient $a_3\, c_{32}$, les coniques $(b_3 c_{13})$, $(a_3 c_{32})$ doivent se couper en deux points (135) sur la droite AB; donc b_3 rencontre c_{32}, et c_{13} rencontre a_3. Les plans $b_3 c_{32}$, $a_3 c_{13}$ couperont F_3 suivant deux droites nouvelles, a_2 et b_1. Or, des neuf droites $(a_1 b_2 c_{12})$ $(a_2 b_3 c_{23})$ $(a_3 b_1 c_{13})$ qui résultent de l'intersection de F_3 par trois plans, il y en a trois $a_1 b_3 c_{13}$ dans le plan A, et trois autres $a_3 b_2 c_{32}$ dans le plan B; donc, les trois droites restantes $a_2 b_1 c_{12}$ seront dans un même plan C.

Il résulte d'ici que les 24 droites, situées dans les 12 plans tritangents qui passent par a_1, b_2, c_{12} (outre $a_1 b_2 c_{12}$), sont aussi distribuées en 16 couples d'autres plans tritangents: chacune de ces couples étant déterminée par deux plans (tritangents) A et B choisis arbitrairement. Au moyen de ces deux plans, est déterminé aussi un plan correspondant C.

Si nous concevons trois plans A, B, C coupant F_3 suivant six droites (outre a_1, b_2, c_{12}) qui ne soient pas placées dans une couple de plans, ces six droites appartiendront (136) à un hyperboloïde (ABC) du système considéré ci-dessus. Chacun des quatre plans A peut être combiné avec chacun des quatre plans B et avec chacun des quatre plans C; mais il faut excepter les 16 combinaisons qui donnent six droites placées sur deux plans; *le système des quadriques* (ABC) *contient* donc $4.4.4 - 16 = 48$ *hyperboloïdes* H, *chacun desquels rencontre la surface cubique* F_3 *suivant six droites.*

Des six droites communes à F_3 et à un hyperboloïde H, trois appartiennent à un même système de génératrices de celui-ci, et les trois restantes à l'autre système *); on peut donc, de six manières différentes, distribuer ces droites en trois couples telles que les droites de chaque couple soient dans un plan. Chaque manière donne trois plans contenant les six droites et coupant F_3 suivant trois droites nouvelles, qui seront dans un même plan, car les six premières droites appartiennent à une surface du second ordre. *Tout hyperboloïde* H *fait* donc *partie de six systèmes de quadriques, analogues à celui des surfaces* (ABC) fourni par le plan $a_1 b_2 c_{12}$. Le nombre de ces systèmes est 45, chaque système correspondant à un plan tritangent; donc *le nombre total des hyperboloïdes qui rencontrent* F_3 *suivant six droites est* $\frac{48.45}{6} = 360$.

*) Une surface cubique ne peut jamais contenir quatre droites d'un hyperboloïde, d'un même système de génération; car toute génératrice de l'autre système aurait quatre points communs avec la surface cubique, et dès lors serait située entièrement sur celle-ci.

147. Un hyperboloïde H est déterminé par trois droites (de F_3) qui ne se rencontrent pas. Or, trois droites (de F_3) qui ne se rencontrent pas sont coupées par trois autres droites qui de même ne s'entrecoupent pas (116); ces six droites formeront donc l'intersection de H et F_3. C'est-à-dire que *tout hyperboloïde coupant* F_3 *suivant trois droites qui ne se rencontrent pas, coupe la même surface suivant trois autres droites.*

Il y a donc 2.360 *groupes de trois droites* (de F_3) *qui n'ont aucun point d'intersection; ces groupes sont conjugués deux à deux* [36]; *les droites d'un groupe rencontrent les droites d'un groupe conjugué; et les six droites de deux groupes conjugués appartiennent à un seul et même hyperboloïde.*

Chapitre Dixième.

Propriétés diverses.

148. Soient T, T' deux plans tritangents (de la surface cubique F_3) qui se rencontrent suivant une droite non placée sur F_3; et soient $a_1b_2c_{12}$, $a_2b_3c_{23}$ les droites de la surface comprises dans ces plans. Dès que la droite TT' coupe F_3 en trois points seulement, ces points seront communs aux couples de droites $a_1\,b_3$, $b_2\,c_{23}$, $a_2\,c_{12}$. Les plans a_1b_3, b_2c_{23}, a_2c_{12} rencontreront F_3 suivant trois nouvelles droites c_{13}, a_3, b_1 respectivement, qui seront dans un même plan, car de ces neuf droites résultantes de l'intersection de F_3 avec trois plans, il y en a six placées sur deux autres plans T, T'.

Ainsi *les triangles* $a_1b_2c_{12}$, $a_2b_3c_{23}$ *en déterminent quatre autres, et les côtés de ces six triangles sont les intersections mutuelles de deux groupes de trois plans, c'est-à-dire, des faces de deux trièdres*, que nous dirons *conjugués.*

Deux plans tritangents quelconques, dont la droite d'intersection ne soit pas située sur F_3, peuvent servir de faces à un trièdre; la troisième face en résulte déterminée. Ces trois plans contiennent neuf droites qui se coupent en neuf points communs à F_3 et aux arêtes du trièdre. Ces mêmes neuf droites sont distribuées dans trois autres plans, qui forment le trièdre conjugué.

On a déjà vu (146) qu'en considérant les trois droites $a_1\,b_2\,c_{12}$ situées dans un plan T, les autres 24 droites de F_3 sont distribuées en 16 couples de plans. Chaque couple forme avec T un trièdre, c'est-à-dire que chaque plan T entre en 16 trièdres. Et, vu que chaque trièdre contient trois plans tritangents, *le nombre total des trièdres sera* $\frac{45.16}{3} = 240$. Ces trièdres sont conjugués deux à deux; *il y a* donc 120 *couples de trièdres conjugués.*

149. Les neuf droites

$$\begin{vmatrix} a_1 & b_1 & c_{23} \\ a_2 & b_2 & c_{31} \\ a_3 & b_3 & c_{12} \end{vmatrix}$$

sont placées, ainsi qu'on vient de le démontrer, sur six plans tritangents qui forment deux trièdres conjugués. Par chacune de ces droites on peut faire passer trois autres plans tritangents; il y a donc 27 plans, chacun desquels contient une des neuf droites et dès lors deux autres droites; c'est-à-dire que les autres 18 droites sont distribuées, deux à deux, dans ces 27 plans, de sorte que ces plans passeront $\frac{2.27}{18}=3$ fois par chacune des 18 droites. Il reste encore $45-6-27=12$ plans, qui contiendront exclusivement ces 18 droites, chacune deux fois.

Or, chacune des trois droites a_1, b_2, c_{12}, situées dans un même plan, doit rencontrer (au dehors des droites de la matrice ci-dessus) six droites non coupées par les deux autres; donc, les 18 droites sont rencontrées par l'une ou par l'autre des droites a_1, b_2, c_{12}. Et d'ailleurs, trois droites, ainsi que a_1, b_1, c_{23}, qui ne se coupent pas, sont rencontrées par les trois mêmes droites; et pareillement a_1, a_2, a_3, etc. Donc, on peut distribuer les 18 droites en deux matrices nouvelles

$$\begin{vmatrix} b_4 & a_4 & c_{56} \\ b_5 & a_5 & c_{64} \\ b_6 & a_6 & c_{45} \end{vmatrix}, \qquad \begin{vmatrix} c_{14} & c_{24} & c_{34} \\ c_{15} & c_{25} & c_{35} \\ c_{16} & c_{26} & c_{36} \end{vmatrix},$$

tellement que les droites d'une ligne verticale de la première matrice rencontrent les droites de la ligne verticale correspondante de la seconde matrice, et les droites d'une ligne horizontale de la première matrice rencontrent les droites de la ligne verticale correspondante de la troisième matrice. Alors il est aisé de constater: 1.° que les droites d'une ligne horizontale de la deuxième matrice rencontrent les droites de la ligne horizontale correspondante de la troisième matrice; 2.° que les neuf droites de chacune des deux dernières matrices sont les intersections des faces de deux trièdres conjugués.

Donc, *chaque couple de trièdres conjugués détermine deux autres couples, de manière que les trois couples contiennent* (deux fois) *toutes les* 27 *droites*. Naturellement, le nombre de ces groupes de trois couples de trièdres conjugués est $\frac{120}{3}=40$.

150. Les 240 trièdres ont $3.240=720$ arêtes k, et 240 sommets t. Chaque arête k rencontre la surface F_3 en trois points δ, intersections de couples de droites de la surface. On peut donc dire que *les* 135 *points* δ, *sommets des* 45 *triangles formés par les* 27 *droites sur les plans tritangents, sont distribués, trois à trois, sur* 720 *droites* k *qui se coupent, trois à trois, en* 240 *points* t. Les mêmes 135 points sont alignés, dix à dix, sur les 27 droites de F_3.

Considérons le point δ commun aux droites a_1, b_2. Par chacune de ces droites passent, outre le plan $a_1 b_2$, quatre autres plans tritangents et dès lors 16 droites k. *Tout point* δ *est donc situé sur* 16 *droites* k.

Le plan $a_1b_3c_{13}$ coupe les quatre plans tritangents qui passent par b_2 (excepté a_1b_2), suivant quatre droites k, qui rencontreront b_3 et c_{13} en huit points δ', δ''; dans chacune de ces quatre droites k concevons pris le point λ, conjugué harmonique de δ relativement à $\delta'\delta''$. Les quatre points λ appartiendront à la droite polaire du point δ par rapport à la conique composée des droites $b_3\,c_{13}$; et ils appartiendront aussi à la quadrique polaire de δ (par rapport à F_3). *Les* 16 *points* λ, *correspondants aux* 16 *droites* k *issues de* δ, *sont donc distribués, quatre à quatre, sur quatre droites situées dans quatre plans passant par* a_1, *et dès lors aussi sur quatre autres droites situées dans quatre plans passant par* b_2; *et toutes ces huit droites sont des génératrices d'un seul et même hyperboloïde, qui est la quadrique polaire du point* δ. Cette quadrique passe évidemment par les droites a_1 et b_2.

151. Soit t le sommet d'un trièdre formé par trois plans tritangents (150). La quadrique polaire de t (par rapport à F_3) coupera ces plans suivant les coniques polaires de t, relatives aux triangles formés par les droites (de F_3) contenues dans ces mêmes plans, c'est-à-dire, suivant des coniques circonscrites à ces triangles, respectivement. Or, ces triangles résultent de l'intersection des trois plans considérés avec les faces du trièdre conjugué (148); donc les arêtes de ce trièdre rencontreront, chacune en trois points, la quadrique polaire de t: en d'autres termes, *la quadrique polaire de t est un cone circonscrit au trièdre conjugué*. Ainsi, *les sommets de deux trièdres conjugués sont deux points correspondants de la Hessienne* (72).

152. On a démontré ailleurs que toute droite située sur F_3, comme a_1, est une tangente double de la Hessienne (60), et que les points de contact, α, α', sont les points doubles de l'involution marquée sur a_1 par les coniques, suivant lesquelles F_3 est coupée par les plans bitangents passant par a_1. Dès que la droite a_1 est placée sur F_3, la quadrique polaire de tout point de cette droite passe par la même droite; donc les sommets des cones polaires de α, α' sont situés sur a_1. Or, ces sommets sont aussi des points de la Hessienne: donc α' est le sommet du cone polaire de α, et inversement; c'est-à-dire que *les points* α, α' *sont deux points correspondants de la Hessienne.*

153. Un plan E, donné arbitrairement, coupe la surface fondamentale F_3 suivant une courbe C_3 du troisième ordre. Le plan M qui est tangent à F_3 en un point m de C_3, et le plan polaire de m par rapport à la Hessienne se rencontrent suivant une droite, qui perce F_3 aux points $x\,y\,z$ d'inflexion de la section de cette surface par le plan M (89). Quel est le lieu des droites mx, my, mz, si m se déplace sur C_3? Premièrement, la courbe C_3 est triple pour ce lieu, car tout point m de ce lieu est commun à trois génératrices mx, my, mz. Secondement, cherchons combien de génératrices tombent dans le plan E. Les plans polaires des points m, par rapport à la Hessienne, rencontrent E suivant des droites, l'enveloppe desquelles est de la 9.e classe (14); les

tangentes de cette enveloppe correspondent, une à une, aux tangentes de C_3 (car les unes et les autres correspondent aux points de cette courbe); et l'ordre du lieu du point commun à deux tangentes correspondantes, d'après un théorème connu *), est égal à la somme des classes des deux enveloppes, savoir $9+6=15$. Pour ce lieu, les 12 points communs à C_3 et à la Hessienne sont doubles, car en chacun de ces points se rencontrent deux tangentes (successives) de C_3 et les tangentes correspondantes de l'enveloppe de la 9.e classe. Le lieu du 15.e ordre coupera donc C_3 en $3.15-2.12=21$ autres points, chacun desquels est évidemment un point analogue aux points $x\,y\,z$. Il s'ensuit que le plan E contient 21 droites analogues aux mx, my, mz; et dès lors *le lieu de ces droites sera une surface de l'ordre* $3.3+21=30$.

Ce lieu rencontre une droite quelconque G en 30 points; d'où il résulte que, *si le point m parcourt la surface* F_3, *à condition qu'une des droites* mx, my, mz *coupe la droite donnée* G, *le lieu de m est une courbe gauche du* 30.e *ordre.*

Cette courbe gauche, quelle que soit G, *passe par les* 135 *points* δ *où se coupent, deux à deux, les* 27 *droites de la surface fondamentale.* En effet, si nous considérons le plan tritangent qui contient les droites a_1, b_2, c_{12}, le plan polaire du point $a_1 b_2$ par rapport à la Hessienne passe par c_{12} **), et toute droite menée par ce point à couper c_{12} est une droite analogue à mx. Or, le plan $a_1 b_2 c_{12}$ rencontre une droite quelconque G, donc la courbe gauche du 30.e ordre, relative à cette droite, passe par le point $a_1 b_2$. Conséquemment la courbe gauche, dont il s'agit, coupe en dix points chacune des 27 droites de F_3.

Il résulte de là que, si l'on représente la surface cubique sur un plan, de la manière qui a été exposée ailleurs (119), la courbe plane qui représentera la courbe gauche d'ordre 30, relative à G, sera de ce même ordre 30, et passera dix fois par chacun des points fondamentaux, en y touchant les lignes correspondantes aux droites b et c de F_3. Donc (121, 133) [37] *la courbe gauche est l'intersection complète de* F_3 *par une surface du* 10.e *ordre.*

Il y a donc *un nombre infini de surfaces du* 10.e *ordre, qui passent par les* 135 *points* δ. *Le système complet de ces points est donné par l'intersection de l'une quelconque de ces surfaces avec les* 27 *droites de* F_3.

154. Nous allons maintenant exposer une propriété de la section de la Hessienne par un plan quelconque E.

---

*) [*Teoria geom. delle curve piane,* 83].

**) Cela résulte du théorème général (89), et aussi de l'observation suivante. Les quatre intersections de la Hessienne avec la droite a_1 sont réunies en deux points α, α' de contact, et par conséquent le centre harmonique de ces quatre intersections, par rapport au pole $a_1 b_2$, coïncide avec le point $a_1 c_{12}$ conjugué harmonique de $a_1 b_2$ par rapport aux points α, α'. De même pour la droite b_2, donc etc.

Ce plan coupe la surface fondamentale F_3 suivant une cubique C_3; soit o un des poles de E, par rapport à F_3, non situés sur E. Dès que le cone oC_3 coupe F_3 suivant la courbe plane C_3, il rencontrera cette même surface suivant une courbe gauche du sixième ordre, placée sur une surface quadrique Φ_2 (11 *note*). La surface F_3 appartenant au faisceau déterminé par le cone oC_3 et par le lieu composé $E\Phi_2$, la quadrique polaire d'un point quelconque i, relative à F_3, passera par l'intersection du cone polaire oC_2, relatif au cone oC_3, avec la quadrique polaire relative à $E\Phi_2$. Si i est pris dans le plan E, la quadrique polaire de i, relativement à $E\Phi_2$, sera le système de deux plans, dont l'un est E, et l'autre Φ_1 est le plan polaire de i par rapport à Φ_2. Donc la quadrique polaire de i, par rapport à F_3, passera par les deux coniques d'intersection du cone oC_2 avec les plans E et Φ_1. La première de ces coniques est évidemment C_2, première polaire de i par rapport à C_3; et l'autre conique sera une couple de droites, parce que le plan Φ_1 passe par o *). Or, si le plan Φ_1 était tangent au cone oC_2, la quadrique polaire de i relativement à F_3 serait un cone, et dès lors i appartiendrait à la Hessienne. Donc, *la courbe d'intersection de la Hessienne avec le plan* E *est le lieu d'un point dont le plan polaire relatif à la quadrique* Φ_2 *est tangent à la conique polaire relative à la cubique* C_3.

On démontre de la manière suivante que ce lieu est du quatrième ordre. Les coniques polaires des points d'une droite G (en E) par rapport à C_3, et les droites polaires des mêmes points par rapport à la conique $(E\Phi_2)$ forment deux faisceaux projectifs, qui engendrent une cubique passant par le pole de G, relatif à la conique $(E\Phi_2)$. Par ce pole on peut mener quatre tangentes à la cubique, donc il y a quatre droites du deuxième faisceau qui sont tangentes aux coniques correspondantes de l'autre faisceau; c'est pourquoi G contiendra quatre points du lieu. . . . .

. . . .

. . . .

. . . .

Chapitre Onzième.

Classification des surfaces du troisième ordre, eu égard à la réalité des vingt-sept droites.

155. On a démontré que par les 27 droites d'une surface (générale) F_3 du troisième ordre on peut faire passer 120 couples de trièdres conjugués (148), et que récipro-

*) Le plan polaire de o par rapport au cone oC_3 étant indéterminé, o a le même plan polaire E par rapport à F_3 et au lieu composé $E\Phi_2$. Le plan E est donc le polaire de o par rapport à Φ_2, et dès lors le plan polaire d'un point quelconque de E, par rapport à cette même quadrique, passera par o.

quement, si deux trièdres conjugués et un point de la surface sont donnés, la surface peut être construite (110). D'où il résulte qu'abstraction faite de la réalité des éléments donnés ou cherchés, il est possible d'obtenir une surface cubique quelconque, à l'aide de deux trièdres, par le procédé exposé ailleurs (110). Nous nous proposons maintenant d'avoir égard à la réalité ou non-réalité des 27 droites d'une surface cubique réelle. Cherchant à former les deux trièdres propres a engendrer cette surface, nous serons naturellement conduits à la classification des surfaces cubiques (générales) réelles (d'après la méthode de M. SCHLÄFLI *)).

Pour construire deux trièdres conjugués qui forment un ensemble réel, il suffit de trouver (148) deux plans tritangents T, T', réels **) ou imaginaires conjugués, qui se coupent suivant une droite (nécessairement réelle) non située sur la surface. Les trois droites de la surface contenues en T et les trois droites contenues en T' se coupent, deux à deux, aux trois points où la droite TT' perce la surface, et déterminent de cette manière trois plans $\mathcal{T}\,\mathcal{T}'\,\mathcal{T}''$, qui seront tous réels, ou bien l'un réel et les deux autres imaginaires conjugués, ainsi que les trois points susdits. Chacun de ces plans $\mathcal{T}$ coupe la surface suivant une autre droite, et ces trois droites nouvelles sont placées dans un seul et même plan réel T''. Alors, les ternes de plans TT'T'', $\mathcal{T}\mathcal{T}'\mathcal{T}''$ formeront les trièdres demandés.

Or je dis que, la surface étant supposée réelle, il est toujours possible de trouver deux plans tritangents T, T' qui satisfassent à la condition prescrite. Cela est évident quand les 27 droites sont toutes réelles; supposons donc qu'il y ait des droites imaginaires, qui seront nécessairement conjuguées deux à deux.

Premièrement, soient a_1, b_3 deux droites imaginaires conjuguées situées dans un même plan ***), qui sera réel, auquel cas passeront par a_1 quatre autres plans, imaginaires, et par b_3 leurs conjugués. Deux plans conjugués (l'un par a_1 et l'autre par b_3) satisfont évidemment à la question; car la droite commune à ces plans ne peut pas être située sur la surface; autrement il y aurait trois droites croisées en un même point, qui serait double pour la surface.

Secondement, soient b_2, b_3 deux droites imaginaires conjuguées, non situées dans un même plan; et a_1, a_4, a_5, a_6, c_{23} les cinq droites qui rencontrent celles-là, et qui formeront un ensemble réel: c'est pourquoi il y aura parmi celles-ci un nombre impair

*) {*On the distribution of surfaces of the third order into species* etc. (Philosophical Transactions 1863)}.

**) {Contenant chacun trois droites réelles; ou chacun une droite réelle et deux droites imaginaires conjuguées. Dans ce second cas les deux droites réelles des deux plans se rencontrent}.

***) Entendez toujours *plan tritangent*.

de droites réelles. Si ces cinq droites sont toutes réelles, il passera au moins un plan réel par chacune d'elles: or, parmi ces cinq plans réels, il est possible d'en choisir deux qui remplissent la condition requise. Soit, en effet, $a_1b_4c_{14}$ le plan réel par a_1; si le plan $c_{23}c_{15}c_{64}$ ou le plan $c_{23}c_{16}c_{45}$ était réel, on aurait déjà les deux plans cherchés. Si au contraire le seul plan $c_{23}c_{14}c_{56}$, par c_{23}, était réel, la droite c_{14} étant placée sur deux plans réels serait réelle; donc c_{56} est une droite réelle, et dès lors le plan $a_5b_6c_{56}$ sera réel. Ainsi les plans $a_1b_4c_{14}$, $a_5b_6c_{56}$ formeront la couple demandée.

Si, parmi les cinq droites qui rencontrent b_2, b_3 il y en a deux imaginaires conjuguées a_1, c_{23}, les plans a_1b_3, b_2c_{23} seront imaginaires conjugués et se couperont suivant une droite non située sur la surface.

Concluons donc que toute surface (réelle, générale) du troisième ordre peut être engendrée à l'aide de deux trièdres, qui présentent un des trois cas suivants: 1.° les trièdres sont formés par six plans réels; 2.° un trièdre est complètement réel, tandis que l'autre est formé par un plan réel et deux plans imaginaires conjugués; 3.° chaque trièdre a un plan réel et deux plans imaginaires conjugués.

156. *Premier cas.* Les deux trièdres étant formés par six plans réels, ceux-ci se couperont suivant neuf droites réelles

$$\begin{matrix} a_1 & a_2 & a_3 \\ b_1 & b_2 & b_3 \\ c_{23} & c_{31} & c_{12}\,. \end{matrix}$$

L'hyperboloïde réel déterminé par les trois droites b_1, b_2, b_3 coupera la surface cubique suivant trois autres droites (147) a_4, a_5, a_6, qui seront toutes réelles, ou l'une réelle et les deux autres imaginaires conjuguées. Distinguons ces deux cas.

a. Les droites a_4, a_5, a_6 sont réelles. Alors, les plans

$$\begin{matrix} b_1a_4 & b_1a_5 & b_1a_6 \\ b_2a_4 & b_2a_5 & b_2a_6 \\ b_3a_4 & b_3a_5 & b_3a_6 \end{matrix}$$

donneront neuf autres droites réelles

$$\begin{matrix} c_{14} & c_{15} & c_{16} \\ c_{24} & c_{25} & c_{26} \\ c_{34} & c_{35} & c_{36} \end{matrix}$$

et les plans

$$\begin{matrix} c_{13}c_{24} & c_{13}c_{25} & c_{13}c_{26} \\ a_3\,c_{34} & a_3\,c_{35} & a_3\,c_{36} \end{matrix}$$

couperont la surface suivant six autres droites réelles

$$\begin{matrix} c_{56} & c_{46} & c_{45} \\ b_4 & b_5 & b_6. \end{matrix}$$

Dans ce cas, on a donc 27 *droites réelles.*

b. Soit a_5 une droite réelle, et a_4, a_6 imaginaires conjuguées. Les plans réels

$$b_1 a_5 \qquad b_2 a_5 \qquad b_3 a_5$$

donnent trois autres droites réelles

$$c_{15} \quad c_{25} \quad c_{35}$$

et les plans réels

$$c_{13} c_{25} \qquad a_3 c_{35}$$

donnent deux autres droites réelles

$$c_{46} \quad b_5.$$

Les couples de plans imaginaires conjugués

$$\begin{matrix} b_1 a_4 & b_1 a_6 \\ b_2 a_4 & b_2 a_6 \\ b_3 a_4 & b_3 a_6 \end{matrix}$$

donnent les couples de droites imaginaires conjuguées

$$\begin{matrix} c_{14} & c_{16} \\ c_{24} & c_{26} \\ c_{34} & c_{36} \end{matrix}$$

et les couples de plans imaginaires conjugués

$$\begin{matrix} a_1 c_{14} & a_1 c_{16} \\ c_{23} c_{14} & c_{23} c_{16} \end{matrix}$$

donnent deux autres couples de droites imaginaires conjuguées

$$\begin{matrix} b_4 & b_6 \\ c_{56} & c_{54}. \end{matrix}$$

On a donc [38] 15 *droites réelles et* 15 *plans réels:* 3 *plans réels par chaque droite réelle, et* 3 *droites réelles dans chaque plan réel. Deux droites imaginaires conjuguées ne se coupent pas.*

157. *Deuxième cas.* Un trièdre est tout à fait réel; l'autre a une face réelle, les deux autres étant imaginaires conjuguées. Les plans du premier trièdre seront rencontrés par la face réelle de l'autre suivant trois droites réelles

$$a_3 \quad c_{13} \quad b_1$$

et par les faces imaginaires de ce même trièdre suivant trois couples de droites imaginaires conjuguées

$$\begin{matrix} b_2 & c_{23} \\ b_3 & a_1 \\ a_2 & c_{12}. \end{matrix}$$

Les hyperboloïdes, imaginaires conjugués, déterminés par les droites (b_1, b_2, b_3), (b_1, c_{23}, a_1) couperont la surface cubique suivant deux ternes de droites imaginaires (a_4, a_5, a_6), (c_{14}, c_{15}, c_{16}), conjuguées deux à deux, qui déterminent trois plans $a_4 c_{14}$, $a_5 c_{15}$, $a_6 c_{16}$. Distinguons deux cas, suivant que ces trois plans sont tous réels, ou qu'un seul soit réel et les deux autres imaginaires conjugués.

a. Les trois plans sont réels, et par suite chacun d'eux contient deux droites conjuguées

$$\begin{matrix} a_4 & c_{14} \\ a_5 & c_{15} \\ a_6 & c_{16}. \end{matrix}$$

Les couples de plans imaginaires conjugués

$$\begin{matrix} b_2 a_4 & c_{23} c_{14} \\ b_2 a_5 & c_{23} c_{15} \\ b_2 a_6 & c_{23} c_{16} \\ b_3 a_4 & a_1 c_{14} \\ b_3 a_5 & a_1 c_{15} \\ b_3 a_6 & a_1 c_{16} \end{matrix}$$

fournissent les six couples de droites imaginaires conjuguées

$$\begin{matrix} c_{24} & c_{56} \\ c_{25} & c_{64} \\ c_{26} & c_{45} \\ c_{34} & b_4 \\ c_{35} & b_5 \\ c_{36} & b_6, \end{matrix}$$

situées dans six plans réels, dont les trois premiers passent par c_{13}, et les trois autres par a_3.

Ainsi, *dans ce cas, nous avons* 3 *droites réelles, et* 13 *plans réels, dont l'un contient les* 3 *droites réelles, et les autres passent,* 4 *à* 4, *par les* 3 *mêmes droites. Deux droites imaginaires conjuguées sont toujours dans un même plan (réel).*

b. Les six droites imaginaires $a_4, a_5, \ldots$ soient conjuguées de la manière suivante

$$\begin{array}{ll} a_4 & c_{14} \\ a_5 & c_{16} \\ a_6 & c_{15}, \end{array}$$

d'où il résulte que le plan $a_4 c_{14}$ est réel, mais $a_5 c_{15}$, $a_6 c_{16}$ sont deux plans imaginaires conjugués. Alors, les couples de plans imaginaires conjugués

$$\begin{array}{ll} b_2\, a_4 & c_{23}\, c_{14} \\ b_3\, a_4 & a_1\ c_{14} \\ b_2\, a_5 & c_{23}\, c_{16} \\ b_3\, a_5 & a_1\ c_{16} \\ b_2\, a_6 & c_{23}\, c_{15} \\ b_3\, a_6 & a_1\ c_{15} \end{array}$$

donneront les six couples de droites imaginaires conjuguées

$$\begin{array}{ll} c_{24} & c_{56} \\ c_{34} & b_4 \\ c_{25} & c_{45} \\ c_{35} & b_6 \\ c_{26} & c_{64} \\ c_{36} & b_5, \end{array}$$

dont les premières deux seulement sont formées par des droites qui se coupent, en déterminant les plans réels $c_{24} c_{56}$, $c_{34} b_4$, qui passent par c_{13}, a_3 respectivement.

Ce cas nous offre donc 3 *droites réelles et* 7 *plans réels, dont l'un contient les* 3 *droites réelles et les autres passent,* 2 *à* 2, *par les mêmes droites. Parmi les droites imaginaires, il y a* 6 *couples de droites conjuguées qui se coupent, et* 6 *couples de droites conjuguées qui ne se coupent pas.*

158. *Troisième cas.* Chacun des deux trièdres a une face réelle et deux faces imaginaires conjuguées. La face réelle du premier trièdre coupe les faces de l'autre suivant une droite réelle

$$b_1$$

et deux droites imaginaires conjuguées

$$a_3 \quad c_{13}.$$

Le plan réel du second trièdre rencontre les faces imaginaires du premier suivant deux droites imaginaires conjuguées

$$a_2 \quad c_{12}.$$

Et les plans imaginaires des deux trièdres s'entrecoupent suivant deux couples de droites imaginaires conjuguées

$$\begin{matrix} b_2 & b_3 \\ a_1 & c_{23}, \end{matrix}$$

où les droites d'une même couple ne se rencontrent pas.

L'hyperboloïde réel déterminé par les droites b_1, b_2, b_3 coupera la surface cubique suivant trois droites nouvelles a_4, a_5, a_6, à propos desquelles il faut distinguer deux cas possibles.

a. Si les droites

$$a_4 \quad a_5 \quad a_6$$

sont toutes réelles, les plans réels

$$b_1 a_4 \qquad b_1 a_5 \qquad b_1 a_6$$

donneront trois autres droites réelles

$$c_{14} \quad c_{15} \quad c_{16}.$$

Les plans imaginaires conjugués

$$\begin{matrix} b_2 a_4 & b_3 a_4 \\ b_2 a_5 & b_3 a_5 \\ b_2 a_6 & b_3 a_6 \end{matrix}$$

fournissent les trois couples de droites imaginaires conjuguées

$$\begin{matrix} c_{24} & c_{34} \\ c_{25} & c_{35} \\ c_{26} & c_{36}, \end{matrix}$$

et les plans imaginaires conjugués

$$\begin{matrix} a_1 c_{14} & c_{23} c_{14} \\ a_1 c_{15} & c_{23} c_{15} \\ a_1 c_{16} & c_{23} c_{16} \end{matrix}$$

donneront trois autres couples de droites imaginaires conjuguées

$$\begin{matrix} b_4 & c_{56} \\ b_5 & c_{64} \\ b_6 & c_{45}. \end{matrix}$$

On obtient ainsi [39] 7 *droites réelles et* 5 *plans réels. Ces* 5 *plans passent par une même droite; il y en a* 3 *dont chacun contient* 2 *autres droites réelles, tandis que chacun des* 2 *autres plans contient* 2 *droites imaginaires conjuguées. Les droites imaginaires conjuguées des* 8 *autres couples ne se coupent pas.*

b. Si

$$a_4$$

est une droite réelle, et

$$a_5 \quad a_6$$

deux droites imaginaires conjuguées, le plan réel $b_1 a_4$ donnera une troisième droite réelle

$$c_{14}$$

et les plans imaginaires conjugués

$$\begin{matrix} b_1\,a_5 & b_1\,a_6 \\ b_2\,a_5 & b_3\,a_6 \\ b_2\,a_6 & b_3\,a_5 \\ b_2\,a_4 & b_3\,a_4 \end{matrix}$$

donneront les quatre couples de droites imaginaires conjuguées

$$\begin{matrix} c_{15} & c_{16} \\ c_{25} & c_{36} \\ c_{26} & c_{35} \\ c_{24} & c_{34}\,. \end{matrix}$$

Les plans imaginaires conjugués

$$\begin{matrix} a_1\,c_{14} & c_{23}\,c_{14} \\ a_1\,c_{16} & c_{23}\,c_{15} \\ a_1\,c_{15} & c_{23}\,c_{16} \end{matrix}$$

donnent enfin les trois couples de droites imaginaires conjuguées

$$\begin{matrix} b_4 & c_{56} \\ b_6 & c_{46} \\ b_5 & c_{45}\,. \end{matrix}$$

On retombe ainsi sur un cas déjà considéré (deuxième cas, b).

159. Nous pouvons conclure que *la surface générale du troisième ordre ne présente que cinq espèces différentes, eu égard à la réalité des 27 droites,* savoir:

1.e	espèce	— 27	droites	et 45	plans	réels
2.e	»	— 15	»	15	»	»
3.e	»	— 7	»	5	»	»
4.e	»	— 3	»	7	»	»
5.e	»	— 3	»	13	»	»

On peut demander, pour chaque espèce, le nombre des double-six qui sont formés par deux six réels ou imaginaires conjugués. En s'aidant du tableau donné ailleurs (117), on trouve sans peine ce qui suit.

Première espèce. — Tout est réel.

Deuxième espèce. — Il y a 15 double-six réels, dont chaque six est réel et formé par 4 droites réelles et 2 droites imaginaires conjuguées. Il y a un autre double-six réel, dont les six sont imaginaires conjugués.

Troisième espèce. — Il y a 6 double-six réels, dont chaque six est réel et formé par 2 droites réelles et 2 couples de droites imaginaires conjuguées. Il y a 2 autres double-six réels, chacun desquels a deux six imaginaires conjugués.

Quatrième espèce. — Il y a un seul double-six réel et formé par deux six réels; chacun de ces six est l'ensemble de 3 couples de droites imaginaires conjuguées. Il y a en outre 3 double-six réels, formés par des six imaginaires conjugués.

Cinquième espèce. — Il n'y a pas de six réels; mais seulement 12 double-six réels, chacun étant une couple de six imaginaires conjugués.

160. On a vu (118) qu'une surface cubique peut, en général, être engendrée à l'aide de trois réseaux projectifs de plans. Dans ce mode de génération, on déduit les 27 droites des six points **1**, **2**, **3**, **4**, **5**, **6**, où un plan E est rencontré par une certaine courbe gauche du sixième ordre. En effet, les 27 droites correspondent (114) aux six points

1, 2, 3, 4, 5, 6,

aux six coniques

23456, 13456, 12456, 12356, 12346, 12345,

et aux quinze droites

23, 31, 12, 56, 64, 45,
14, 15, 16, 24, 25, 26, 34, 35, 36.

L'ensemble des trois réseaux étant supposé réel, de même que le plan E, le système des six points **123456** sera réel aussi; et par conséquent, on pourra distinguer les cas suivants:

1.° Si les six points sont tous réels, les 27 droites sont toutes réelles *(première espèce)*.

2.° Si quatre points sont réels, et que les deux autres soient imaginaires conjugués, on aura $4+4+6+1=15$ droites réelles; les autres sont imaginaires et telles que deux conjuguées ne se rencontrent (pas *deuxième espèce)*.

3.° Si deux points sont réels, et que les autres soient imaginaires conjugués par couples, on aura $2+2+1+2=7$ droites réelles; 2 couples de droites imaginaires conjuguées qui se coupent, et 8 couples de droites imaginaires conjuguées qui ne se coupent pas *(troisième espèce)*.

4.° Si les six points sont tous imaginaires et conjugués par couples, on aura $1+1+1=3$ droites réelles; 6 couples de droites imaginaires conjuguées qui se coupent, et 6 couples de droites imaginaires conjuguées qui ne se coupent pas *(quatrième espèce)*.

Il n'est pas possible d'obtenir la cinquième espèce par ce mode de génération: ce qui résulte aussi du remarque que, dans la cinquième espèce, il n'y a aucun six réel, tandis que la génération à l'aide de trois réseaux projectifs (dont l'ensemble soit réel) nous mène à un double-six, les deux six duquel (formés par les droites qui correspondent aux six points et aux six coniques) sont nécessairement réels *).

Nous nous proposons maintenant de prouver que, si la génération par des réseaux projectifs ne peut donner que les quatre premières espèces, il y a un autre mode de génération qui est propre à donner toutes les cinq espèces. Pour cela, il faut que nous discutions d'abord les cas possibles fournis par l'intersection de deux surfaces quadriques, qui ne se touchent en aucun point.

161. Deux surfaces de second ordre, qui n'aient aucun point de contact, se coupent suivant une courbe gauche de quatrième ordre, par laquelle passent quatre cones quadriques; les sommets de ces cones sont aussi les sommets du tétraèdre conjugué commun à toutes les surfaces quadriques passant par la courbe gauche. Ces surfaces forment un faisceau: c'est-à-dire que par un point quelconque x de l'espace et par la courbe gauche passe une seule surface quadrique. Les deux génératrices rectilignes de cette surface, qui passent par x, sont les deux droites qu'on peut mener du point x à couper deux fois la courbe gauche.

Tout cone passant par la courbe gauche et ayant son sommet en un point de la courbe est du troisième ordre; et par conséquent, la perspective de la courbe gauche sur un plan, l'oeil étant placé sur elle, est une courbe (générale) du troisième ordre.

C'est des propriétés de cette perspective plane qu'on déduit un grand nombre de propriétés de la courbe gauche de quatrième ordre (et de premier genre (125)). Par ex., par un point quelconque de la cubique plane on peut lui mener quatre droites tangentes, et le rapport anharmonique de ces quatre droites est constant (rapport anharmonique de la cubique). Donc, par toute droite appuyée à la courbe gauche en deux points oo', on peut lui mener quatre plans tangents. Si o est l'oeil et que l'on

*) Si l'on regarde une surface cubique F_3 comme polaire mixte de deux plans E, E', par rapport à une surface fondamentale du même ordre (76), on arrive à un double-six, dont les droites correspondent aux intersections des plans donnés avec deux courbes gauches du 6.e ordre respectivement. Si les plans donnés sont imaginaires conjugués, il en est de même des deux six, et par conséquent, il peut d'abord paraître possible d'obtenir, par ce moyen, la cinquième espèce aussi. Mais l'illusion s'évanouit en considérant que les droites homologues des deux six, qui sont imaginaires conjuguées, ne se coupent pas: tandis que, dans la cinquième espèce, deux droites imaginaires conjuguées sont toujours dans un même plan.

déplace o', le rapport anharmonique de ces quatre plans reste invariable; et dès lors il ne changera pas si o' est fixe et o variable; et conséquemment, le même rapport ne variera pas non plus de quelque manière qu'on déplace la corde oo'. Il résulte de là que, si l'oeil parcourt la courbe gauche, le rapport anharmonique de la cubique perspective se conserve constant. On peut donner à ce nombre constant la dénomination de *rapport anharmonique de la courbe gauche.*

162. On peut regarder une courbe gauche C_4 de quatrième ordre (premier genre) comme l'intersection incomplète d'une surface S du second ordre et d'un cone K du troisième ordre, dont le sommet soit un point o de C_4. Les deux génératrices de S qui passent par o coupent de nouveau la courbe gauche; et dès lors elles appartiennent aussi au cone K; c'est-à-dire qu'elles formeront, avec C_4, l'intersection complète des lieux S et K. Le plan de ces génératrices est tangent à S au point o; il contient donc la droite T tangente en ce point à C_4: droite qui est aussi une génératrice du cone K. Le plan osculateur à C_4 en o coupera la courbe en un autre point o'; donc, ce même plan touchera le cone K suivant T et le coupera suivant la droite oo'.

L'oeil étant placé en o, la perspective de C_4 est une cubique (base du cone K). Soit ω la trace de T sur le plan du tableau; les droites tangentes de la cubique, issues de ω, seront les traces des quatre plans tangents de C_4, qu'on peut mener par T. Or, ces plans touchent la courbe gauche en deux points (dont l'un est o); donc ils passeront respectivement par les sommets des quatre cones quadriques, sur lesquels C_4 est placée: car ces cones forment l'enveloppe complète des plans bitangents de C_4. Conséquemment *le rapport anharmonique des quatre plans qui touchent* C_4 *en un point quelconque et passent respectivement par les sommets des quatre cones quadriques est égal au rapport anharmonique de la courbe gauche même;* et dès lors, il est un nombre constant.

163. Réciproquement, une cubique plane donnée peut être regardée comme perspective d'une courbe gauche du quatrième ordre (premier genre) passant par l'oeil o. Soit ω un point quelconque de la cubique plane; et qu'une droite menée par ω coupe cette courbe en deux autres points ω_1, ω_2. Alors, le cone qui a le point o pour sommet et la cubique plane pour base, rencontrera une surface quadrique menée arbitrairement par les droites $o\omega_1$, $o\omega_2$, suivant une courbe gauche du quatrième ordre, touchée en o par la droite $o\omega$.

164. Si les deux surfaces quadriques (161) sont réelles, leur intersection peut être réelle ou imaginaire; et dans la première hypothèse, ou elle consiste en un *trait (Zug, Stück)* unique; ou bien elle est l'ensemble de deux *traits* associés qui n'ont aucun point commun, pas même à distance infinie. Nous aurons à examiner ces trois cas séparément.

165. Si l'intersection C_4 de deux surfaces quadriques est une courbe *monogrammique* (à un seul trait), sa perspective (l'oeil étant toujours placé sur la courbe gauche) sera

aussi d'un seul trait, c'est-à-dire qu'elle n'aura qu'une branche serpentine avec trois inflexions *). Or, on sait **) qu'une telle cubique plane a un rapport anharmonique imaginaire: en d'autres termes, d'un point quelconque de la cubique on ne peut lui mener que deux tangentes réelles. Donc (162), parmi les quatre plans tangents à C_4 en un point quelconque et passant respectivement par les sommets des quatre cones quadriques (qui font partie du faisceau dont C_4 est la base) il n'y en a que deux réels; c'est-à-dire que *des quatre cones deux seulement sont réels.*

De ce que la cubique perspective n'admet que deux tangentes réelles issues d'un quelconque de ses points, il résulte en outre que *par toute droite appuyée à* C_4 *en deux points réels*, distincts ou coïncidents, *on peut mener à cette courbe deux plans tangents réels, et deux seulement.* D'après la loi de continuité, cette propriété subsistera aussi pour une droite appuyée à C_4 en deux points imaginaires conjugués.

Le tétraèdre conjugué a deux sommets réels, et dès lors deux faces réelles: chaque face réelle contient un sommet réel. Donc, chaque face réelle coupe C_4 en deux points réels; c'est-à-dire qu'elle coupe le cone quadrique, dont le sommet est situé sur cette face, suivant deux droites, dont une rencontre en deux points réels la section de l'autre cone.

Les cones réels de second ordre, qui passent par C_4, constituent la limite de séparation entre les surfaces gauches et les surfaces non réglées du faisceau, dont C_4 est la base. Dans le cas actuel, il est aisé de voir que *la quadrique* (du faisceau) *passant par un point quelconque de l'espace intérieur ou extérieur à tous les deux cones réels, est gauche; au lieu que la quadrique passant par un point quelconque de l'espace intérieur à l'un des cones et extérieur à l'autre n'est pas réglée* [40].

166. L'intersection C_4 soit maintenant une courbe *digrammique* (à deux traits), auquel cas la cubique perspective sera composée d'une ovale ***) et d'une branche serpentine avec trois inflexions. Soit ω la trace, sur le tableau, de la droite qui touche C_4 au point o de l'oeil (163); les tangentes menées par ω à la cubique seront les traces des quatre plans qui touchent C_4 en o et passent respectivement par les sommets du tétraèdre conjugué (162). Or, les quatre tangentes de la cubique, issues de ω, sont toutes imaginaires ou toutes réelles, selon que ce point appartient à l'ovale ou à la branche serpentine; donc, *les sommets du tétraèdre conjugué* (savoir les sommets des

---

*) En considérant la continuité de la courbe comme non interrompue par les passages à l'infini. {Une forme typique de cette sorte de cubiques planes est la *parabola pura* de NEWTON *(Enumeratio linearum tertii ordinis)*}.

) {Giornale di matematiche, t. 2.° (Napoli 1864) p. 78} [Queste Opere, n. **49 (t. 2.°)].

***) En appliquant cette dénomination même aux formes hyperboliques et paraboliques [d'après M. BELLAVITIS.] {Une forme typique de cette espèce est la *parabola campaniformis cum ovali* de NEWTON}.

quatre cones quadriques qui passent par C_4) *seront tous imaginaires ou tous réels, selon que la perspective du trait, sur lequel est placé l'oeil, est une ovale ou une branche serpentine.*

Il résulte de là que, si la courbe C_4 est donnée, la perspective du trait sur lequel on place l'oeil, quel que soit le trait choisi, sera toujours une ovale, ou toujours une branche serpentine. Nous avons donc deux cas à distinguer, suivant que le tétraèdre conjugué est tout réel ou tout imaginaire.

167. Si le tétraèdre est tout imaginaire, c'est-à-dire si ω est un point de l'ovale, un plan quelconque mené par l'oeil coupera C_4 en trois autres points (dont deux peuvent être imaginaires), les perspectives desquels ou appartiendront toutes à la branche serpentine, ou l'une à cette branche et les deux autres à l'ovale. Donc, *si un plan rencontre* C_4 *en quatre points réels, trois de ces points appartiendront à un même trait; et le quatrième à l'autre trait; et si un plan rencontre* C_4 *en deux points réels seulement, ces deux points seront toujours l'un sur un trait et l'autre sur l'autre trait.* D'où il suit qu'un plan tangent en un point coupe la courbe en deux autres points situés sur des traits différents; qu'un plan osculateur à un trait coupe l'autre trait; et qu'il n'y a aucun plan réel qui touche la courbe en deux points, ou qui la rencontre en quatre points tous imaginaires ou tous coïncidents.

En outre, il résulte de ce qui a été remarqué pour la cubique perspective, que *par toute droite appuyée à la courbe en deux points* (réels ou imaginaires conjugués) *d'un même trait il ne passe aucun plan réel tangent ailleurs à la courbe; et que par une droite appuyée aux deux traits on peut toujours faire passer quatre plans tangents réels.*

Quand un tétraèdre est conjugué à une surface quadrique, toute génératrice de celle-ci rencontrant une arête du tétraèdre, rencontre aussi l'arête opposée; et par suite la surface contient les quatre droites suivant lesquelles s'entrecoupent les quatre plans tangents menés par deux arêtes opposées. Si le tétraèdre est formé (comme l'on suppose actuellement) par deux couples de plans imaginaires conjugués, il a néanmoins deux arêtes opposées réelles, dont chacune est l'intersection de deux plans tangents de la surface. Or, ces plans sont réels, car ils doivent former un système harmonique avec deux faces du tétraèdre, lesquelles sont des plans imaginaires conjugués. Donc les quatre droites d'intersection des deux couples de plans tangents sont réelles, et conséquemment la surface est gauche.

Ainsi, *dans le cas actuel, toutes les quadriques passant par* C_4 *sont gauches;* c'est-à-dire que par tout point de l'espace on peut faire passer deux droites réelles qui rencontrent deux fois la courbe (l'une au moins en des points réels).

168. Supposons maintenant que notre courbe gauche C_4 (digrammique) corresponde à un tétraèdre conjugué tout réel, c'est-à-dire qu'elle soit située sur quatre cones qua-

driques réels. Un plan mené arbitrairement par l'oeil coupera C_4 en trois autres points (deux peuvent être imaginaires), dont les perspectives tomberont ou toutes trois sur la branche serpentine, ou bien l'une sur cette branche et les deux autres sur l'ovale. Donc, *si un plan rencontre* C_4 *en quatre points réels, ceux-ci peuvent appartenir tous à un même trait ou bien deux à l'un trait et deux à l'autre; et si un plan rencontre la courbe en deux points réels seulement, ceux-ci appartiennent toujours à un même trait.* D'où il résulte qu'un plan osculateur à un trait coupe ce même trait.

De l'analyse des quatre tangentes de la cubique perspective, issues d'un quelconque de ses points, on déduit en outre que *par toute droite appuyée à la courbe en deux points* (réels ou imaginaires conjugués) *d'un même trait on peut faire passer quatre plans tangents, dont deux touchent un trait et deux l'autre*; *tandis que par toute droite appuyée aux deux traits il ne passe aucun plan tangent réel.*

Chaque face du tétraèdre conjugué coupe la courbe C_4 en quatre points, sommets d'un quadrangle complet, dont les côtés opposés se rencontrent en trois points réels (sommets du tétraèdre); donc ces quatre intersections sont toutes réelles ou toutes imaginaires. Mais d'autre part, si un trièdre est conjugué à un cone quadrique, il y a une face du trièdre qui ne rencontre pas le cone. Donc, *deux faces du tétraèdre coupent* C_4 *en quatre points réels et les deux autres en quatre points imaginaires.*

Il est aisé de voir que *la quadrique* du faisceau, dont C_4 est la base, *menée par un point quelconque de l'espace intérieur ou extérieur à tous les quatre cones, ou bien de l'espace intérieur à deux cones et extérieur aux deux autres, est une surface gauche;* tandis que *la quadrique passant par un point intérieur* (*extérieur*) *à un cone et extérieur (intérieur) aux trois autres, est une surface non réglée.* En outre, par un point quelconque de l'espace intérieur ou extérieur à tous les quatre cones, on peut mener deux droites, dont chacune est appuyée en deux points (réels ou imaginaires conjugués) à un même trait de C_4; au lieu que par tout point extérieur à deux cones et intérieur aux deux autres on peut mener deux droites, chacune desquelles coupe l'un et l'autre trait.

169. Enfin, supposons que la courbe C_4 soit imaginaire: auquel cas tout plan réel coupe C_4 en quatre points imaginaires, sommets d'un quadrangle complet qui aura deux côtés réels; tandis que les autres couples de côtés opposés n'ont de réel que le point de concours. Il y a donc, dans l'espace, un nombre infini de points par lesquels on peut mener deux droites réelles à rencontrer en deux points (nécessairement imaginaires conjugués) la courbe; et il y a un nombre infini aussi de points par lesquels ces deux droites sont imaginaires conjuguées; c'est pourquoi il y aura une surface réelle, lieu des points pour lesquels ces deux mêmes droites sont coïncidentes. Or, ce lieu est en général formé par les quatre cones quadriques passant par C_4; donc, dans le cas actuel, il y aura au moins deux [41] cones réels.

Le tétraèdre conjugué est tout réel. En effet, si a est le sommet d'un cone réel, le plan polaire de a (par rapport aux quadriques du faisceau dont C_4 est la base) coupera C_4 suivant un quadrangle imaginaire, dont les couples de côtés opposés ont trois points de concours réels, b, c, d. Or, $abcd$ est précisément le tétraèdre conjugué.

Puis, si l'on réfléchit que chaque face du tétraèdre coupe l'un des trois cones, dont elle contient les sommets, suivant deux droites réelles, et chacun des deux autres suivant deux droites imaginaires (conjuguées), et que des trois faces concourant au sommet d'un cone réel deux seules peuvent couper ce cone suivant des droites réelles; on reconnaîtra que *deux cones, seulement, sont réels;* les deux autres, tout en ayant leurs sommets réels, sont imaginaires.

Les deux cones réels sont totalement extérieurs l'un à l'autre. *Les surfaces* (du faisceau dont C_4 est la base) *qui passent par les points de l'espace extérieur à l'un et à l'autre cone sont gauches; au lieu que par les points intérieurs à l'un des cones, il ne passe que des quadriques* (du faisceau) *non réglées.*

170. Ainsi, *il y a trois espèces différentes de la courbe gauche (générale) de quatrième ordre et de premier genre,* c'est-à-dire:

1.er cas — Courbe réelle *monogrammique:* le tétraèdre conjugué a deux sommets réels; il y a deux cones quadriques réels qui passent par la courbe.

2.e cas — Courbe réelle *digrammique:* le tétraèdre n'a aucun sommet réel; il n'y a aucun cone réel.

3.e cas — Courbe réelle *digrammique:* le tétraèdre a quatre sommets réels, qui donnent quatre cones réels aussi.

En outre, l'intersection de deux quadriques réelles (qui ne se touchent en aucun point) présente un autre cas possible:

4.e cas — Courbe imaginaire: le tétraèdre a quatre sommets réels; mais il n'y a que deux cones réels.

171. Qu'on revienne maintenant à la surface cubique générale F_3, et qu'on remarque que dans toutes les cinq espèces qu'elle peut présenter (159) il y a toujours trois droites réelles situées dans un même plan: soient ces droites a, b, c. La première polaire du point o, commun à b et c, est une quadrique gauche qui ne passe pas seulement par les droites b, c; elle coupe F_3 aussi suivant une courbe gauche C_4 de quatrième ordre (premier genre), lieu des points où F_3 est touchée par des droites issues de o. Cette courbe gauche rencontre chacune des droites b, c en deux points, qui sont évidemment les mêmes où cette droite touche deux coniques de la surface.

La courbe C_4 est la base d'un faisceau de quadriques coupant F_3 suivant des coniques, dont les plans passent par la droite a (143): ainsi ces quadriques et les plans par a forment deux faisceaux projectifs propres à engendrer la surface F_3. Remarquons de plus (143) que les plans par *a* sont les polaires du point *o* par rapport aux quadriques correspondantes; d'où il résulte que la surface cubique est complètement déterminée par la courbe gauche C_4 et par le point *o*.

Les autres 24 droites sont, deux à deux, situées dans les 12 plans tritangents qui passent par *a*, *b*, *c*; parmi lesquels, les 4 plans par *a* sont déterminés par les sommets des 4 cones quadriques qui passent par C_4; et les autres sont les plans qu'on peut mener par *b* et *c* à toucher ailleurs C_4 (112).

A présent, il faut démontrer qu'en choisissant la courbe C_4 et le point *o* d'une manière convenable, on peut déduire toutes les cinq espèces des surfaces cubiques, de ce mode de génération.

172. *Que la courbe* C_4 *soit réelle, digrammique et placée sur quatre cones quadriques réels, et que le point o soit extérieur à tous les quatre cones:* auquel cas (168) non-seulement passent par *o* deux cordes réelles *b*, *c* de C_4, mais, en outre, les plans polaires de *o* se coupent suivant une droite *a*, qui rencontrera chaque cone en des points réels. D'où il résulte que par *a* passent quatre plans tritangents (de F_3) réels (les plans polaires de *o* par rapport aux quatre cones), chacun desquels contiendra (outre *a*) deux droites réelles. On peut ajouter (168) que chacune des droites *b*, *c* coupera en deux points (réels ou non) un même trait de C_4; et que par chacune de ces droites on peut conséquemment mener quatre plans tangents à la courbe gauche, et dès lors tritangents à F_3. Cela est propre et exclusif à la première espèce des surfaces cubiques (156); donc chacun de ces huit plans tritangents par *b* ou par *c* contiendra deux autres droites réelles. Ainsi *la surface engendrée aura* 27 *droites réelles.*

Réciproquement, on peut démontrer que le choix adopté pour C_4 et pour le point *o* est nécessaire afin que la surface engendrée soit de la première espèce.

173. *Si la courbe* C_4 *est de nouveau réelle, digrammique et placée sur quatre cones quadriques réels, mais que le point o soit intérieur à tous les quatre cones*, nous aurons encore (168) quatre plans tritangents réels par chacune des droites *a*, *b*, *c*. Mais, comme dans ce cas la droite *a* (intersection des plans polaires de *o*) est entièrement extérieure à tous les cones, il en suit que chacun des quatre plans par cette droite, ne rencontrant pas le cone correspondant suivant des droites réelles coupera F_3 suivant deux droites imaginaires conjuguées. Ce résultat est propre et exclusif à la cinquième espèce (157); donc chacun des huit plans par *b* ou par *c* contiendra aussi une couple de droites imaginaires conjuguées. Ainsi *la surface engendrée aura trois droites réelles et douze couples de droites imaginaires conjuguées qui se coupent.*

Réciproquement, on peut démontrer que pour engendrer une surface cubique de la cinquième espèce, il faut choisir la courbe C_4 et le point *o*, de la manière que nous venons de faire.

174. *Que la courbe gauche* C_4 *soit encore réelle, digrammique et placée sur quatre cones réels, et que le point o soit pris dans l'espace intérieur à deux cones et extérieur aux deux autres:* auquel cas la droite a rencontrera (en des points réels) les deux derniers cones seulement, et chacune des droites b, c sera appuyée à tous les deux traits de C_4. D'où il résulte (168) que par a passeront quatre plans (tritangents) réels, dont deux seulement couperont F_3 suivant d'autres droites réelles; et que par b et c il ne passera aucun plan (tritangent) réel. Cela est propre et exclusif à la troisième espèce; *la surface engendrée aura* donc *sept droites réelles, deux couples de droites imaginaires conjuguées qui se coupent, et huit couples de droites imaginaires conjuguées qui ne se coupent pas.*

Il y a deux autres manières d'obtenir la surface cubique de la troisième espèce: 1.° si C_4 est réelle, digrammique, sans aucun cone quadrique réel, le point o étant du reste tout à fait arbitraire; 2.° si C_4 est imaginaire, et que le point o soit extérieur à tous les deux cones réels.

175. Soit C_4 une courbe réelle, monogrammique, et que le point o soit extérieur à tous les deux cones quadriques réels qui passent par la courbe: auquel cas (165) il y aura deux plans réels par a, chacun contenant deux autres droites réelles; et de même il y aura deux plans réels par chacune des droites b et c. Cela est propre et exclusif à la deuxième espèce; d'où il résulte que chacun des quatre plans réels passant par b ou par c coupera F_3 suivant deux autres droites réelles. Ainsi *la surface engendrée aura quinze droites réelles et six couples de droites imaginaires conjuguées qui ne se coupent pas.*

Réciproquement, on peut démontrer que le choix adopté pour C_4 et pour le point o est nécessaire afin d'obtenir une surface cubique de la deuxième espèce.

176. En dernier lieu, supposons que la courbe C_4 soit réelle monogrammique, et que le point o soit intérieur à tous les deux cones réels. Dans ce cas (165), par chacune des droites a, b, c, il ne passe que deux plans réels; et chacun des deux plans par a contiendra deux droites imaginaires conjuguées. Nous tombons ainsi sur la quatrième espèce; et par conséquent chacun des plans réels par b ou c donnera aussi deux droites imaginaires conjuguées. *La surface engendrée aura* donc *trois droites réelles, six couples de droites imaginaires conjuguées qui se coupent, et six couples de droites imaginaires conjuguées qui ne se coupent pas.*

Et réciproquement, afin d'obtenir une surface cubique de la quatrième espèce, il faut choisir la courbe C_4 et le point o de la manière que nous venons d'indiquer.

177. Dans tout ce qui précède, il est entendu qu'on veut prendre pour base des opérations un plan tritangent avec trois droites *réelles:* et nous avons démontré qu'*il est possible d'engendrer toutes les cinq espèces de la surface cubique générale.*

Mais si l'on voulait partir d'un plan tritangent réel contenant une seule droite réelle a et deux droites imaginaires conjuguées b et c, il ne serait plus possible d'obtenir la première et la deuxième espèce, car ces espèces n'admettent aucune couple de droites imaginaires qui se coupent. Au contraire, on peut construire les trois autres espèces, comme il suit:

la troisième espèce, si C_4 est réelle et digrammique, avec quatre cones réels, et que le point o soit extérieur à trois cones et intérieur à l'autre;

la quatrième espèce, si C_4 est réelle, monogrammique, et que le point o soit intérieur à l'un des deux cones et extérieur à l'autre;

enfin, la cinquième espèce, si C_4 est réelle et digrammique, avec quatre cones réels, et que le point o soit intérieur à trois cones et extérieur au quatrième; ou bien si C_4 est imaginaire et que le point o soit intérieur à l'un des deux cones réels (et extérieur à l'autre).

TABLE DES MATIÈRES. [42]

Chapitre Premier.

Les surfaces polaires par rapport à une surface fondamentale d'ordre quelconque.

Chapitre Deuxième.

Systèmes de surfaces d'ordre quelconque.

Chapitre Troisième.

Assemblages symétriques.

Chapitre Quatrième.

Propriétés relatives aux surfaces nodales conjuguées.

Chapitre Cinquième.

Application des propriétés générales à une surface fondamentale du troisième ordre.

Chapitre Sixième.

Propriétés de la surface Hessienne d'une surface fondamentale du troisième ordre.

Chapitre Septième.

Les vingt-sept droites d'une surface du troisième ordre.

Chapitre Huitième.

Représentation d'une surface du troisième ordre sur un plan.

Chapitre Neuvième.

Surfaces quadriques qui coupent une surface du troisième ordre suivant des coniques.

Chapitre Dixième.

Propriétés diverses.

Chapitre Onzième.

Classification des surfaces du troisième ordre, eu égard à la réalité des 27 droites.

80.

SULLA TRASFORMAZIONE DELLE CURVE IPERELLITTICHE.

Rendiconti del R. Istituto Lombardo, serie II, volume II (1869), pp. 566-571.

Dicesi *iperellittica* una curva le cui coordinate siano esprimibili razionalmente per mezzo di un parametro λ e della radice quadrata di una funzione intera $Q(\lambda)$ del grado $2p+2$. Una curva siffatta può essere trasformata con processo simile a quello adoperato, pel caso di $p=1$ e $p=2$, dai signori CLEBSCH e GORDAN nell'eccellente loro opera *Theorie der Abelschen Functionen* (p. 69 e 77).

Le espressioni delle coordinate siano

$$x_i = w_i + q_i\sqrt{Q}\,, \quad (i=1, 2, 3), \tag{1}$$

dove le w, q siano funzioni intere di λ, rispettivamente de' gradi m e $m-p-1$. Suppongasi

$$Q = h^2(\lambda-a_1)(\lambda-a_2)\dots(\lambda-a_{2p+2}),$$

dove si fa per brevità

$$h^2 = \frac{(a_1-a_2)^{2p}.\,(a_3-a_2)^{2p}.\,(a_3-a_1)}{(a_4-a_2)(a_5-a_2)\dots(a_{2p+2}-a_2)}\,.$$

Poi pongasi

$$\begin{cases} y_1 = (a_3-a_2)(\lambda-a_1), \\ y_2 = (a_3-a_1)(\lambda-a_2), \end{cases} \tag{2}$$

donde segue

$$y_1 - y_2 = (a_1-a_2)(\lambda-a_3)\,,$$

$$y_1 - k_r^2 y_2 = \frac{(a_1-a_2)(a_3-a_2)}{a_{r+3}-a_2}(\lambda-a_{r+3})\,,$$

dove

$$k_r^2 = \left(\frac{a_3-a_2}{a_3-a_1}\right) : \left(\frac{a_{r+3}-a_2}{a_{r+3}-a_1}\right), \qquad (r=1, 2, \dots, 2p-1).$$

Risulta così

$$y_1 y_2 (y_1 - y_2)(y_1 - k_1^2 y_2)(y_1 - k_2^2 y_2) \dots (y_1 - k_{2p-1}^2 y_2) = Q;$$

epperò, se si pone inoltre

$$(3) \qquad y_3 y_1 y_2 (y_1 - k_1^2 y_2)(y_1 - k_2^2 y_2) \dots (y_1 - k_{p-2}^2 y_2) = \sqrt{Q},$$

l'eliminazione di λ fra le ultime due equazioni darà

$$(4) \qquad \begin{cases} y_1 y_2 (y_1 - k_1^2 y_2)(y_1 - k_2^2 y_2) \dots (y_1 - k_{p-2}^2 y_2) y_3^2 - \\ -(y_1 - y_2)(y_1 - k_{p-1}^2 y_2) \dots (y_1 - k_{2p-1}^2 y_2) = 0. \end{cases}$$

Quest'equazione rappresenta una curva d'ordine $p+2$, dotata di un punto p-plo in $y_1 = y_2 = 0$, senza altri punti multipli *), epperò del *genere* p: curva, la quale ha inoltre la proprietà speciale che ciascuna delle p rette

$$y_1 = 0,\ y_2 = 0,\ y_1 - k_1^2 y_2 = 0,\ y_1 - k_2^2 y_2 = 0, \dots,\ y_1 - k_{p-2}^2 y_2 = 0,$$

tangenti ai rami incrociati nel punto multiplo, ha ivi colla curva $p+2$ intersezioni coincidenti, e (per conseguenza) che dal punto multiplo partono *solamente* $p+2$ tangenti

$$y_1 - y_2 = 0,\ y_1 - k_{p-1}^2 y_2 = 0,\ y_1 - k_p^2 y_2 = 0, \dots,\ y_1 - k_{2p-1}^2 y_2 = 0,$$

i punti di contatto delle quali sono tutti nella retta $y_3 = 0$. In altre parole, i punti della curva (4) sono conjugati a due a due, in modo che due punti conjugati sono sempre separati armonicamente mediante il punto multiplo e la retta fissa $y_3 = 0$: e le tangenti in due punti conjugati si segano su questa medesima retta fissa e sono separate armonicamente per mezzo di essa e del punto multiplo. Ne segue che la curva ha $8p$ flessi (distinti dal punto multiplo, nel quale ciascuno de' p rami ha un'inflessione), conjugati a due a due; che le $8p(p-1)$ tangenti doppie sono pur esse conjugate a due a due, ecc.; e che, se si trasforma la curva per omologia o prospettiva, mandando la retta $y_3 = 0$ all'infinito, il punto multiplo diventa un centro di simmetria per la curva **). Anche senza fare questa trasformazione, possiamo dire che il punto multiplo è per la curva *un centro di omologia armonica.*

Dalle (2) si ha

$$(5) \qquad \lambda = \frac{a_2(a_3 - a_1) y_1 - a_1(a_3 - a_2) y_2}{(a_3 - a_1) y_1 - (a_3 - a_2) y_2},$$

*) Il che si ricava subito dalla considerazione delle intersezioni della curva colle prime polari.

**) Cfr. Steiner, *Ueber solche algebraische Curven, welche Mittelpuncte haben*, ecc. (G. di Crelle, t. 47).

così che, sostituendo nelle (1) i valori di λ e $\sqrt{Q}$ dati dalle (5), (3), si otterranno le x espresse *razionalmente per mezzo* delle y. Le espressioni risultanti siano

(6) $$x_i \equiv [w_i] + [q_i] y_1 y_2 (y_1 - k_1^2 y_2) \ldots (y_1 - k_{p-2}^2 y_2) y_3,$$

dove le $[w]$, $[q]$ sono funzioni intere, omogenee nelle y_1, y_2, rispettivamente de' gradi m ed $m-p-1$.

Per tal modo la curva (1) è trasformata, punto per punto, nella curva (4) [43]. La curva (1) è dunque del genere p: l'ordine della medesima si determina come segue. Le intersezioni di essa con una retta arbitraria

$$\beta_1 x_1 + \beta_2 x_2 + \beta_3 x_3 = 0$$

sono date dall'equazione di grado $2m$ in λ:

$$\left(\beta_1[w_1] + \beta_2[w_2] + \beta_3[w_3]\right)^2 - \left(\beta_1[q_1] + \beta_2[q_2] + \beta_3[q_3]\right)^2 . Q = 0,$$

dove Q è dato dalla (3). Ora, è lecito bensì supporre che non vi sia alcun fattore comune a tutte le w e a tutte le q, simultaneamente; ma potranno esservi m_1 fattori comuni a Q ed alle w, ed inoltre m_2 altri fattori comuni alle tre funzioni $w - q^2 Q$. Tali fattori darebbero soluzioni indipendenti dalle β; perciò, detto n l'ordine della curva (1), sarà

$$n = 2m - m_1 - m_2.$$

Ciò si può significare anche in quest'altra maniera. I secondi membri delle (6), uguagliati a zero, danno tre curve d'ordine m individuanti la rete geometrica che servirebbe a trasformare la curva (4) nella curva (1). Tali curve hanno in $y_1 = y_2 = 0$ un punto $(m-1)$-plo con p tangenti comuni; questo punto equivale dunque ad $(m-1)p + p$ intersezioni della curva (3) con una qualunque della rete. Aggiungansi altre $m_1 + m_2$ intersezioni fisse, corrispondenti ai fattori summenzionati, e l'ordine ν della curva trasformata *) sarà

$$\nu = (p+2)m - mp - (m_1 + m_2) = n.$$

La trasformazione suesposta della curva (1) nella curva (4) presenta questa circostanza notabile, ch'essa conduce ad un'equazione della forma

$$y_3^2 . \varphi(y_1, y_2) - \psi(y_1, y_2) = 0,$$

cioè ad una curva d'ordine $p+2$, dotata di un punto p-plo, il quale è per essa un centro di omologia armonica. Ora non sarà forse inopportuno di mostrare direttamente come ad una curva così particolare si possa giungere trasformando, punto per punto, la curva più generale d'ordine n e di genere p, la quale abbia un punto $(n-2)$-plo,

*) Op. cit. p. 35.

epperò inoltre $n-2-p$ punti doppj. Sia o il punto $(n-2)$-plo e $c_1, c_2, \ldots, c_{2p+2}$ i punti di contatto delle $2(p+1)$ tangenti che escono da o. Trasformiamo *) questa curva mediante una rete di curve d'ordine $n-1$, aventi lo stesso punto $(n-2)$-plo o, colle stesse tangenti della curva data, e passanti per gli $n-2-p$ punti doppj e pei punti $c_1, c_2, \ldots, c_p$ (scelti ad arbitrio fra i $2p+2$ sopra nominati). La curva trasformata sarà dell'ordine

$$\nu = n(n-1)-(n-2)^2-(n-2)-2(n-2-p)-p = p+2.$$

La rete contiene un fascio di curve, ciascuna delle quali è composta delle $n-2-p$ rette che da o vanno ai punti doppj, delle p rette $oc_1, oc_2, \ldots, oc_p$ e di una retta variabile $o\gamma$: per ogni curva di questo fascio, i punti $c_1, c_2, \ldots, c_p$ fanno le veci di p fra le $p+2$ intersezioni che in generale variano da una ad altra curva della rete; e non rimangono variabili che due punti γ_1, γ_2, situati in $o\gamma$. Perciò, a questo fascio corrisponderà (nel piano della curva trasformata) un fascio di rette incrociate in un punto o', multiplo secondo p per la curva trasformata, il quale ha per corrispondenti i punti $c_1, c_2, \ldots, c_p$. Quando $o\gamma$ coincida con oc_r $(r=1, 2, \ldots, p)$, i due punti variabili γ_1, γ_2 si riuniscono in c_r; perciò la curva trasformata è toccata in o' da p rette, ciascuna delle quali ha ivi con essa $p+2$ intersezioni coincidenti. Fra le curve del fascio vi sono quelle che si ottengono facendo prendere ad $o\gamma$ una delle posizioni $oc_{p+1}, oc_{p+2}, \ldots, oc_{2p+2}$; ad esse corrisponderanno, per la curva trasformata, le rette tangenti che escono da o': e siccome i punti $c_{p+1}, c_{p+2}, \ldots, c_{2p+2}$ sono tutti situati in una medesima curva della rete (la prima polare di o rispetto alla curva data), così i punti ove la curva trasformata è toccata dalle $p+2$ tangenti che escono da o' saranno tutti in una stessa retta (la retta corrispondente alla prima polare di o). Osserviamo inoltre che agli $n-2-p$ punti doppj della curva data corrispondono, nella trasformata, altrettante coppie di punti situati su rette del fascio o'. Ne segue che, se fra quelli vi sono $\varkappa$ regressi, così che il numero delle tangenti $oc_{p+1}, oc_{p+2}, \ldots$ diminuiscasi di $\varkappa$, la curva trasformata avrà ancora lo stesso numero $p+2$ di tangenti che partono da o', ma i punti di contatto di $\varkappa$ fra esse corrisponderanno ai $\varkappa$ regressi della curva proposta, mentre i punti di contatto delle rimanenti saranno i corrispondenti dei $p+2-\varkappa$ punti $c_{p+1}, c_{p+2}, \ldots$.

Per ultimo, vogliamo mettere in evidenza il significato geometrico delle formole (2), (3) che servono a passare dalla curva (1) alla (4). Siccome la (1) si può trasformare in una curva di ordine $p+2$, dotata di un punto p-plo, per la quale esista adunque

*) Questa trasformazione è una di quelle contemplate nelle mie due *Note sulle trasformazioni geometriche delle figure piane* (Accad. di Bologna, 1863-65) [Queste Opere, n. **40, 62** (t. 2.º)].

un fascio di rette che la segano in *due soli punti variabili*, così per la (1) esisterà un fascio di curve (nella rete che serve alla trasformazione), ciascuna delle quali la incontrerà del pari in due soli punti variabili. Sia $u+\lambda v=0$ l'equazione di questo fascio (il cui ordine dicasi s), e supponiamo essere a_r $(r=1, 2, \ldots, 2p+2)$ i valori di λ corrispondenti a quelle curve del fascio che, riuniti i due punti variabili in uno solo, riescono tangenti alla curva data. Allora la trasformazione si opererà mediante le formole

$$y_1 \equiv (a_3-a_2)(u+a_1 v)\Xi,$$
$$y_2 \equiv (a_3-a_1)(u+a_2 v)\Xi,$$
$$y_3 \equiv \Phi,$$

ove $\Xi=0$ sia una curva d'ordine s', passante pei punti ove la curva data è toccata dalle curve

$$u+a_1 v=0,\; u+a_2 v=0, \ldots, u+a_p v=0,$$

e $\Phi=0$ sia una curva d'ordine $s+s'$, passante pei punti-base del fascio $u+\lambda v=0$ ed inoltre per le restanti $ns'-p$ intersezioni di Ξ colla curva data. La curva trasformata sarà dunque dell'ordine

$$\nu=n(s+s')-(ns-2)-(ns'-p)=p+2,$$

avrà in $y_1=y_2=0$ un punto p-plo, ed ivi $p+2$ intersezioni coincidenti con ciascuna delle p rette che corrispondono alle curve $u+a_1 v=0$, $u+a_2 v=0, \ldots, u+a_p v=0$: ammetterà inoltre $p+2$ tangenti (le rette corrispondenti alle curve

$$u+a_{p+1} v=0,\; u+a_{p+2} v=0, \ldots, u+a_{2p+2} v=0)$$

che escono dal punto p-plo, ed i cui punti di contatto saranno in una retta. Questa retta sia $y_3=0$; possiamo dunque supporre che la curva $\Phi=0$ passi, non solo pei punti-base del fascio $u+\lambda v=0$ e per le $ns'-p$ intersezioni sopranominate di $\Xi=0$ colla curva data, ma anche pei punti ove questa è toccata dalle $p+2$ curve $u+a_{p+1} v=0$, $u+a_{p+2} v=0, \ldots, u+a_{2p+2} v=0$. L'esistenza di questa curva $\Phi=0$, individuata dal fascio $u+\lambda v=0$ e dalla curva $\Xi=0$, costituisce una notabile proprietà delle curve iperellittiche.

81.

INTORNO AL NUMERO DEI MODULI DELLE EQUAZIONI O DELLE CURVE ALGEBRICHE DI UN DATO GENERE.

Osservazioni dei professori F. Casorati e L. Cremona.

Rendiconti del R. Istituto Lombardo, serie II, volume II (1869), pp. 620-625.

Riemann, nel § 12 della sua *Theorie der Abelschen Functionen* diede $3p-3$ come numero dei moduli delle equazioni o curve algebriche, appartenenti a un dato genere p *). Invece il sig. Cayley, guidato da altre considerazioni, è arrivato al numero $4p-6$ **): la qual cosa è stata cagione che quest'argomento non venisse toccato dai professori Clebsch e Gordan nella loro recente ed importante opera *Theorie der Abelschen Functionen* ***). In questi giorni poi è stata stampata nei *Mathematische Annalen* (t. 1.° p. 401), diretti dal medesimo sig. Clebsch e dal prof. Neumann, una breve nota, dove il sig. Brill dimostra con trasformazioni analitiche che per $p=4$ il numero dei moduli è appunto il medesimo che è fornito dalla formola riemanniana.

Gli autori della presente comunicazione, in occasione delle lezioni da essi date nel corrente anno agli allievi del corso normale nel R. Istituto tecnico superiore di Milano, ebbero a fare sull'argomento alcune riflessioni, una parte delle quali credono opportuno di qui riprodurre.

---

*) A scanso d'equivoci in geometria, diciamo *genere* ciò che è detto *Klasse* da Riemann e che d'altronde il sig. Clebsch chiama pure *Geschlecht;* diciamo cioè appartenenti ad uno stesso genere tutte le equazioni fra due variabili s, z, o curve algebriche irreducibili, che si possono trasformare le une nelle altre mediante sostituzioni razionali: equazioni o curve che danno le funzioni di z, diramate come s. Un genere è definito dal numero p e dai valori dei *moduli*, cioè di quelle costanti che non si possono espellere mediante trasformazioni birazionali (*eindeutige Transformationen*).

**) *Proceedings of the London Mathematical Society,* III (16 ottobre 1865).

***) Vedi pag. VII della prefazione.

Osservazioni del prof. CASORATI. — L'enumerazione delle costanti che restano essenzialmente arbitrarie conduce al numero $3p-3$, comunque la si faccia, sopra una equazione qualunque o sopra una di quelle di minimo grado, secondo RIEMANN (§ 13 della sua *Theorie*) o secondo CLEBSCH e GORDAN (op. cit. p. 65). Facciamola per quest'ultimo caso. Ivi, mediante la sostituzione

$$(1) \qquad y_1 : y_2 : y_3 = \Phi_1 : \Phi_2 : \Phi_3,$$

dove le $\Phi=0$ rappresentano tre curve indipendenti, d'ordine $n-3$, passanti pei $d+r=\frac{(n-1)(n-2)}{2}-p$ punti doppj e di regresso e per $p-3$ punti semplici di una data curva $f=0$ d'ordine n e genere p, si trasforma questa in una *curva normale* d'ordine $p+1$, dotata di $\frac{p(p-3)}{2}$ punti doppj. L'equazione di questa curva normale, nella sua massima generalità, contiene

$$\frac{(p+1)(p+4)}{2}-\frac{p(p-3)}{2}=4p+2$$

costanti arbitrarie. Vediamo ora quanti siano i coefficienti disponibili nelle formole di trasformazione. Una Φ, dovendo essere del grado $n-3$ ed annullarsi pei $d+r$ punti singolari della $f=0$, contiene p coefficienti disponibili. Se fossero dati i $p-3$ punti semplici pei quali hanno a passare le tre Φ, ciascuna di queste conterrebbe ancora soltanto 3 coefficienti disponibili, e le formole (1) ne conterrebbero 8. Aggiungendo dunque il numero $p-3$ delle costanti disponibili rappresentate dai $p-3$ punti suddetti, si ha in totale $p+5$ come numero dei coefficienti disponibili nella trasformazione. Potendosi con questi annullare altrettanti coefficienti della curva normale, le costanti arbitrarie che questa conserverà saranno in numero $4p+2-(p+5)=3p-3$.

Per togliere ogni dubbio su questa conclusione, bisogna però anche dimostrare che esistono veramente nella curva normale $p+5$ funzioni fra loro indipendenti dei $p+5$ coefficienti disponibili nella trasformazione. È per analogo motivo che RIEMANN alla prima aggiunge la seconda delle due dimostrazioni che si leggono nel § 12 della sua celebre Memoria. Lasciando stare questa seconda dimostrazione, contro la quale può muoversi obbiezione d'altra natura, cioè di poggiarsi sul principio di DIRICHLET, sembrerebbe però meno difficile di poter colmare l'accennata lacuna, anzichè quella che è lasciata dalla conclusione del sig. CAYLEY.

Osservazioni del prof. CREMONA.— Le precedenti considerazioni suggeriscono d'indagare se la curva normale d'ordine $p+1$, la quale contiene $4p+2$ costanti arbitrarie, possa essere trasformata *geometricamente* (giovandosi di quei $p-3$ punti arbitrarj) in altra analoga che involga soltanto $3p-3$ costanti; come per es. accadrebbe se si sapessero scegliere i $p-3$ punti arbitrarj in modo che la curva trasformata (d'ordine $p+1$) avesse $p-3$ cuspidi e $\frac{(p-2)(p-3)}{2}$ punti doppj. Questa curva conterrebbe $4p+2-(p-3)=3p+5$ costanti arbitrarie, che tosto si ridurrebbero a $3p-3$ mediante una trasformazione omografica *).

Assunta una curva normale d'ordine $p+1$, i suoi $\frac{p(p-3)}{2}$ punti doppj, insieme con $p-3$ punti semplici arbitrarj, costituiscono la base di una rete di curve d'ordine $p-2$, la quale, resa projettiva al sistema delle rette di un altro piano, serve a trasformare la curva data in un'altra curva normale, situata nel nuovo piano. I signori Clebsch e Gordan hanno dimostrato (il che del resto si vede subito coll'intuizione geometrica) che a ciascuno dei $\frac{p(p-3)}{2}$ punti doppj della nuova curva corrisponde una coppia di punti nella curva primitiva: ossia, in questa vi sono $\frac{p(p-3)}{2}$ coppie di punti, determinate dai $p-3$ punti arbitrarj, tali che pei punti di ciascuna coppia passano infinite curve della rete. Dunque, se i $p-3$ punti arbitrarj si suppongono scelti in modo che fra le $\frac{p(p-3)}{2}$ coppie corrispondenti ve ne siano $p-3$ costituite ciascuna da due punti infinitamente vicini, la curva trasformata avrà, fra i suoi $\frac{p(p-3)}{2}$ punti singolari, $p-3$ punti di regresso. Trattiamo ora i casi più semplici, cioè $p=4, 5, 6$ **).

1.° *Caso*, $p=4$. La curva normale è di 5.° ordine ed ha 2 punti doppj a, b. Prendendo in essa un punto qualunque c, le $\frac{p(p-3)}{2}=2$ coppie corrispondenti sono costituite dalle intersezioni della curva colle rette ac, bc. Dunque, se da a o da b si conduca una retta che tocchi altrove la curva in un punto m e la seghi in un altro punto n, la rete delle coniche circoscritte al triangolo abn trasformerà la curva proposta in un'altra dello stesso ordine, dotata di un punto doppio e di un regresso.

*) Per esempio: facendo coincidere 4 dei punti doppj o stazionarj coi 4 vertici $x_2=x_3=0$, $x_3=x_1=0$, $x_1=x_2=0$, $x_1=x_2=x_3$ del quadrangolo fondamentale, che definisce il sistema delle coordinate trilineari.

**) Pel caso eccezionale $p=1$ il numero dei moduli è 1. Per $p=2$, si hanno 3 moduli, d'accordo col numero riemanniano. Per $p=3$ le due formole di Riemann e Cayley coincidono somministrando 6 moduli. Basta una trasformazione omografica per ridurre la curva generale di 4.° ordine a contenere 6 sole costanti; per esempio, $x_1x_2x_3(x_1+x_2+x_3)+(a_{11}x_1^2+a_{22}x_2^2+$ $+a_{33}x_3^2+2a_{23}x_2x_3+2a_{31}x_3x_1+2a_{12}x_1x_2)^2=0$.

2.° *Caso*, $p=5$. La curva normale è di 6.° ordine ed ha 5 punti doppj $a\,b\,c\,d\,e$. Prendendo arbitrariamente un punto m nella curva, la rete delle cubiche passanti per $a\,b\,c\,d\,e$ e toccanti in m la medesima curva data determina $\frac{p(p-3)}{2}=5$ coppie di punti: sia m' una delle posizioni che deve prendere m affinchè una delle 5 coppie si riduca ad un punto m'' ed al suo infinitamente vicino; sia poi $f\,g$ una delle restanti 4 coppie. Allora è manifesto che la rete delle cubiche passanti per $a\,b\,c\,d\,e\,f\,g$ trasformerà la curva proposta in un'altra dello stesso ordine, dotata di 3 punti doppj e di 2 cuspidi (questi ultimi corrispondenti ad m', m'').

3.° *Caso*, $p=6$. In questo caso ci gioveremo di considerazioni affatto diverse da quelle che precedono. La curva normale è del 7.° ordine, con 9 punti doppj. Prendansi questi come punti fondamentali per la rappresentazione, sul piano, di una superficie di 4.° ordine dotata di una retta doppia *); la nostra curva sarà allora l'imagine di una curva gobba dell'8.° ordine, che insieme con una del 4.° forma l'intersezione della superficie anzidetta con un'altra del 3.° ordine. La curva gobba non ha punti multipli; epperò, essendo essa del genere 6, il numero de' suoi punti doppj apparenti è $\frac{7\,.\,6}{2}-6=15$. Ne segue **) ch'essa ammette 5 rette, ciascuna delle quali incontra la curva in 4 punti. Fissiamo una di queste rette, e siano $a\,b\,c\,d$ i suoi punti d'incontro colla curva.

Ora, la citata rappresentazione della superficie di 4.° ordine mostra che si può far corrispondere projettivamente gli elementi di due sistemi lineari, triplamenti infiniti: l'uno costituito dalle curve di 4.° ordine che nel piano rappresentativo passano pei 9 punti fondamentali ed hanno due rami incrociati in uno di questi; l'altro costituito dai piani dello spazio, considerati come seganti la curva gobba. Per tal modo è attuata la trasformazione della curva piana nella curva gobba: e siccome questa ha 4 punti $a\,b\,c\,d$ pei quali passano infiniti piani, così quella avrà 4 punti $a'\,b'\,c'\,d'$, pei quali passerà un fascio di curve di 4.° ordine appartenenti al primo sistema lineare sopradetto. Dunque, se trasformeremo la curva data in un'altra pur piana e dello stesso ordine, impiegando la rete delle curve di 4.° ordine che appartengono al sistema lineare e passano anche pel punto a', la curva trasformata avrà (oltre a 6 punti doppj) un punto triplo, corrispondente ai punti $b'\,c'\,d'$ della proposta.

---

*) Clebsch, *Intorno alla rappresentazione di superficie algebriche sopra un piano* (Rend. Ist. Lomb. 12 nov. 1868, p. 798).

**) Cayley, *On skew surfaces, otherwise scrolls* (Phil. Trans. 1863, p. 455). Dalla teoria delle superficie di 3.° ordine si vede che queste 5 rette ammettono due trasversali rettilinee comuni.

Consideriamo ora come data la curva che abbiamo ottenuta: curva di 7.° ordine dotata di un punto triplo e 6 punti doppj. Prendiamo il punto triplo e 5 de' punti doppj come punti fondamentali per la rappresentazione, sul piano, di una superficie generale del 3.° ordine *); la nostra curva sarà allora l'imagine di una curva gobba dell'8.° ordine, che insieme con una retta costituisce l'intersezione della superficie con un'altra dello stesso ordine. Le due superficie di 3.° ordine si toccano nel punto corrispondente al 6.° punto doppio della curva piana: dunque la curva gobba ha un punto doppio. Ponendo l'occhio in questo punto, la sua prospettiva sarà una curva piana di 6.° ordine con 4 punti doppj; dunque possiamo concludere:

Le curve per le quali è $p=6$ *possono essere trasformate in una curva di* 6.° *ordine, dotata di* 4 *punti doppj* **).

Ponendo in questi 4 punti i vertici del quadrangolo fondamentale per le coordinate, l'equazione della curva conterrà solamente $\frac{6.9}{2}-3.4=15$ coefficienti arbitrarj; d'accordo colla formola di Riemann.

---

*) *Mémoire de géométrie pure sur les surfaces du* 3.e *ordre* (G. Crelle-Borchardt, t. 68) [Queste Opere, n. **79**], chap. 8.

**) È naturale il sospettare che consimili abbassamenti abbiano luogo anche per $p>6$.

82.

LETTERA
AL DIRETTORE DEL GIORNALE DI MATEMATICHE. [44]

Giornale di Matematiche, volume VII (1869), pp. 51-54.

Pregiatissimo Collega,

Nell'ultimo fascicolo del *Giornale di Matematiche* da voi diretto [volume VI, p. 361] è contenuta una traduzione *) di un discorso tenuto dal sig. Wilson alla Società Matematica di Londra e pubblicato nell'*Educational Times* del 1.° settembre 1868 col titolo *Euclid as a text-book of elementary geometry*. La conclusione di quel discorso è la condanna più completa degli *Elementi di geometria* di Euclide, i quali, con un'audacia che non può non aver destato sorpresa negli stessi membri della dotta Società, sono dichiarati *antiquated, artificial, unscientific and ill-adapted for a text-book.* Il vostro traduttore, a cui le eccentricità geometriche del sig. Wilson sembrano andare a genio, prende le mosse dalle medesime per aggiungere, in una nota a piè della pag. 362, alcune parole di biasimo all'indirizzo del Consiglio Superiore di pubblica Istruzione: parole le quali noi, approfittando dell'anonimo da lui serbato, non esitiamo a dichiarare altamente sconvenienti. In linea di fatto, il Consiglio Superiore non ebbe alcuna parte nell'avere nuovamente introdotti gli *Elementi* di Euclide nelle nostre scuole *secondarie classiche;* fu questa una conseguenza dei programmi dell'ottobre 1867, formulati da una speciale commissione della quale era membro uno solo dei sottoscritti, e appunto quegli che non siede nel Consiglio; mentre l'altro de' sottoscritti ed il Prof. Betti, rappresentanti delle matematiche nel Consiglio medesimo, vi rimasero estranei. Ma

---

*) Traduzione assai infelice, anche a cagione dei gravi sbagli che in più luoghi sfigurano il senso dell'originale. Per es.

I have said there are three stages in the works on any science.	Io *penso* esservi *nel lavorio* di ciascuna scienza tre differenti stadii *per comporre un'opera.*
. . . the ingenuity would usurp the place of scientific precision . . .	. . . l'*ingenuità* usurperebbe il posto della precisione scientifica . . .

questa rettificazione del fatto non modifica in alcun modo la posizione dei due Consiglieri rispetto al traduttore del discorso Wilsoniano, in quanto che essi fecero assai più che dare un voto favorevole a quegli *Elementi*, apponendo il loro nome ad una nuova edizione dei medesimi.

Noi non conosciamo l'*Elementary Geometry* del sig. Wilson (la quale naturalmente egli crede preferibile all'Euclide) che per quanto fu scritto intorno ad essa nell'*Athenaeum* del 18 luglio 1868 ed in qualche altro periodico inglese. In questi articoli critici, scrittore de' quali crediamo essere un'illustre professore, autorevolissimo in tale materia, sono messe a nudo le magagne logiche che viziano il trattato del Wilson: e noi rileviamo ciò per concluderne che siamo in diritto di dubitare della bontà degli argomenti che il Wilson adduce contro il metodo euclideo. Del resto questi argomenti non hanno nulla di formidabile nè di essenzialmente nuovo: sono i medesimi che anche ne' secoli addietro furono riprodotti più volte da coloro i quali andavano in cerca della *via regia* per apprendere gli elementi, e sempre vittoriosamente oppugnati dai più insigni matematici che, conoscendo intimamente i pregi dell'antica geometria, ne volevano mantenuta integra la purezza. Perciò anche a noi non è possibile di dire cose nuove in difesa d'Euclide; e stimeremmo anzi superflua ogni polemica, se non vedessimo, qua in Italia, farsi tentativi per iscreditare il provvedimento, a parer nostro eccellente, col quale il governo volle introdotto il metodo euclideo ne' ginnasi e licei del Regno.

Si afferma in primo luogo che Euclide, rigettando le *costruzioni ipotetiche*, si è imposta una restrizione che non solo non è necessaria nè utile, ma più ancora è assurda e dannosa: e che tolta questa restrizione, si renderebbe possibile la classificazione delle proposizioni geometriche: *and classification... is the very essence of science*. A ciò basta opporre le parole di Montucla (*Histoire des Mathématiques*, Paris 1758, tom. I, part. 1, liv. 4), e quelle del Prof. Baltzer (*Die Gleichheit und Aehnlichkeit der Figuren*, Dresden 1852, p. 5-7), il quale a questo proposito ricorda anche ciò che aveva scritto (*System. Entw.* pref. p. V) il sommo Steiner *). D'accordo con questi illustri pensatori, noi crediamo che l'eccellenza logica di Euclide stia appunto in quell'ordinamento che si vuol criticare; e che la pretesa di classificare i teoremi della geometria come gli insetti o le conchiglie in un museo è, a dir poco, non degna della gravità della scienza.

Poi si asserisce che in Euclide la teoria delle parallele è *faulty*, e che *l'assioma* euclideo sulle parallele si può dedurre come conseguenza dalla nozione di *direzione* e dalla definizione delle parallele come *rette che hanno la stessa direzione*. Ecco, il sig.

---

*) Ciò che importa è *den Organismus aufzudecken, durch welchen die verschiedenartigsten Erscheinungen in der Raumwelt mit einander verbunden sind.*

WILSON colla magica parola *direzione* ha sciolto la grande difficoltà, che tormentò per più secoli i cervelli dei commentatori d'EUCLIDE, ed intorno alla quale si affaticò per tanti anni anche LEGENDRE. La quistione è ora veramente risoluta, ma in tutt'altro senso, per opera di GAUSS, di LOBATSCHEWSKI e di BOLYAI: i professori BALTZER e HOÜEL hanno chiamato la pubblica attenzione su quella soluzione ch'era passata inavvertita; ed anche il sig. R. R., traduttore del discorso wilsoniano, dovrebbe avere letta l'ingegnosa memoria del prof. BELTRAMI, stampata nel penultimo fascicolo dello stesso *Giornale* di Napoli, nella quale si tolgono tutte le oscurità dell'argomento e si pone in piena luce l'essenza della geometria euclidea e della geometria non-euclidea. Per tal modo è reso chiaro che la teoria delle parallele, nella geometria reale, non può essere fondata senza un assioma sperimentale (quello d'EUCLIDE o altro equipollente), e si è tratti ad ammirare la potenza logica del geometra antico che vide così nettamente ciò che era necessario e sufficiente ad assumersi dall'esperienza e ciò che si poteva dedurre col ragionamento astratto. È questa un'importante quistione di logica che importa non sia mascherata da una falsa teoria delle parallele, come quella che il WILSON propone di sostituire al metodo euclideo.

Il sig. WILSON afferma che EUCLIDE è *unsuggestive*. Ciò si capisce nelle scuole inglesi (almeno in quelle cui allude il critico), dove si studiano i libri degli *Elementi*, parola per parola, materialmente a memoria: dove c'è qualche professore capace di far studiare un tal libro prima di quello che dovrebbe precedere. Ma da noi non si fa così, grazie a Dio: nessuno de' nostri professori si sognerebbe mai d'imporre a sè e agli scolari una fatica così enorme e così assurda. Nelle nostre scuole secondarie, un testo non è mai altro che una *guida* pel maestro e pei discenti: il governo vuole, e noi ne lo lodiamo, che s'insegni geometria *secondo* EUCLIDE, non già che si reciti l'EUCLIDE come una sacra bibbia *).

Anche altri degli appunti mossi dal WILSON contro l'EUCLIDE come libro di testo cadono nel vuoto se si bada alla diversa condizione delle scuole inglesi paragonate colle nostre. Noi abbiamo le scuole e gli istituti tecnici dove non è prescritto l'EUCLIDE, come non v'è obbligatorio il latino, nè il greco: tali scuole in Inghilterra non esistono. Le scuole inglesi sono tutte classiche e tutti devono passare per esse: invece i nostri ginnasi e licei sono destinati a dare una coltura elevata, eccezionale. In essi non si

*) L'esperienza ha già pronunciato a favore della nostra tesi. Benchè sia questo soltanto il 2.° anno da che è adottato l'EUCLIDE come testo, pure nelle scuole dove il professore si è applicato con amore e zelo a insegnarlo, si sono già veduti buoni frutti: e potremmo, fra gli altri, citare un liceo dove, prima che spirasse un anno d'istruzione, già gli scolari si erano fatti abili a sciogliere da sè moltissimi degli esercizi proposti nell'*Euclide* del COLENSO.

mira a insegnare il disegno geometrico, nè importa che i giovani vi apprendano la tale o tal'altra proposizione, nè che studiino molte cose in poco tempo. Importa invece che apprendano a ragionare, a dimostrare, a dedurre: non giovano dunque i mezzi celeri, nè i libri ove la geometria è mescolata coll'aritmetica o coll'algebra: l'EUCLIDE è veramente il testo che meglio serve a questi fini.

Presso noi, l'introduzione dell'EUCLIDE nelle scuole ha reso un altro grandissimo servigio: quello di sbandire innumerevoli libercoli, compilati per pura speculazione, che infestavano appunto quelle scuole dove è maggiore pei libri di testo il bisogno del rigore scientifico e della bontà del metodo. Sgraziatamente in Italia i libri cattivi sono quelli che si vendono a miglior mercato, epperò hanno fortuna.

Però la nostra ortodossia geometrica non è così esclusiva ed intollerante come pare essere quella contro cui si levano i novatori inglesi. Noi concediamo senza fatica che gli *Elementi* hanno dei difetti, che in varii punti è desiderabile che siano emendati e semplificati: impresa però oltremodo ardua a compiersi. D'accordo col nostro carissimo amico, il prof. HIRST, secondo quello che ci diceva l'ultima volta che fu a Milano, accetteremmo un EUCLID *revised* purchè non sia un EUCLID *disfigured:* purchè si faccia della geometria vera, non già dell'aritmetica. Crediamo anche che a raggiungere il fine di una buona educazione logico-geometrica potrebbero bastare i primi sei libri: lasciando che la geometria solida venga insegnata con metodi più moderni. Ma a coloro cui sta a cuore il bene della gioventù volgiamo calda preghiera che si lasci fare alle nostre scuole l'esperimento dei nuovi programmi. Già troppo ci hanno nociuto le frequenti e subitanee mutazioni: ciò che ci manca è appunto la tenacità inglese.

Gradite, egregio collega, i sensi della nostra stima ed amicizia.

Milano, 24 febbraio 1869.

F. BRIOSCHI.
L. CREMONA.

83.

SUGLI INTEGRALI A DIFFERENZIALE ALGEBRICO. [45]

Memorie dell'Accademia delle Scienze dell'Istituto di Bologna, serie II, tomo X (1870), pp. 3-33.

Scopo di questa Memoria è di presentare sotto forma più geometrica le materie trattate in alcuni paragrafi dell'insigne opera *Theorie der Abelschen Functionen* dei signori CLEBSCH e GORDAN: e cioè la riduzione degli integrali aventi un differenziale algebrico alle forme tipiche delle così dette *tre specie*, ed il teorema abeliano sugli integrali di 3.ª specie.

Riduzione degli integrali abeliani alle tre specie.

1. La forma più generale di un *integrale abeliano* (integrale a differenziale algebrico) è

(1) $$V = \int \Psi(s, z)\, dz,$$

dove Ψ indica una funzione razionale delle variabili s, z legate fra loro dall'equazione algebrica irreducibile

(2) $$f(s, z) = 0,$$

rappresentante una curva piana d'ordine n che si supporrà dotata delle sole singolarità ordinarie, cioè di punti doppi e di punti stazionari *).

Trasformo l'integrale (1) rendendo omogenea l'equazione (2) mercè la sostituzione lineare

(3) $$\begin{aligned} \mu x_1 &= a_1 + b_1 z + c_1 s, \\ \mu x_2 &= a_2 + b_2 z + c_2 s, \\ \mu x_3 &= a_3 + b_3 z + c_3 s, \end{aligned}$$

donde si cava

*) Se la $f(s, z) = 0$ non rappresenta una curva reale, col nome di *curva* intenderemo il sistema di tutte le soluzioni di quella equazione.

$$(4)\qquad \begin{aligned} s\,.\,\Sigma\pm a_1b_2c_3&=\mu\Sigma\pm a_1b_2x_3,\\ z\,.\,\Sigma\pm a_1b_2c_3&=\mu\Sigma\pm c_1a_2x_3,\\ \Sigma\pm a_1b_2c_3&=\mu\Sigma\pm b_1c_2x_3.\end{aligned}$$

Differenziando le (3) si ha

$$\begin{aligned} x_1d\mu+\mu dx_1&=b_1dz+c_1ds,\\ x_2d\mu+\mu dx_2&=b_2dz+c_2ds,\\ x_3d\mu+\mu dx_3&=b_3dz+c_3ds,\end{aligned}$$

e quindi

$$\mu\,.\,\Sigma\pm c_1x_2dx_3=dz\,.\,\Sigma\pm b_1c_2x_3;$$

ed eliminando μ fra questa equazione e la terza delle (4),

$$dz=\frac{\Sigma\pm a_1b_2c_3}{(\Sigma\pm b_1c_2x_3)^2}\,\Sigma\pm c_1x_2dx_3.$$

Sostituendo in Ψ per s, z i valori dati dalle (4) (fra le quali sia eliminata la μ), si otterrà

$$\Psi(s,\,z)=\Phi\,.\,(\Sigma\pm b_1c_2x_3)^{-m},$$

dove m è il grado di Ψ, e Φ è una funzione razionale omogenea delle $x_1x_2x_3$ del grado m. Perciò l'integrale (2) diviene

$$\mathrm{V}=\Sigma\pm a_1b_2c_3\int\Phi\,.\,(\Sigma\pm b_1c_2x_3)^{-m-2}.\,\Sigma\pm c_1x_2dx_3.$$

Se si rappresenta con

$$(5)\qquad f(x^n)=0$$

l'equazione, resa omogenea nelle x, della curva (2), e con

$$f(cx^{n-1})=0$$

l'equazione della prima polare del punto c (cioè del punto di cordinate $c_1c_2c_3$) rispetto alla detta curva, si può anche scrivere

$$(6)\qquad \mathrm{V}=\int\frac{\mathrm{Q}\,\Sigma\pm c_1x_2dx_3}{f(cx^{n-1})},$$

indicandosi per brevità con Q la funzione

$$\Sigma\pm a_1b_2c_3\,.\,\Phi\,.\,(\Sigma\pm b_1c_2x_3)^{-m-2}.\,f(cx^{n-1}),$$

che è razionale ed omogenea nelle x, del grado $m-m-2+n-1=n-3$. Si ha così il teorema *):

*) Cfr. Aronhold *Ueber eine neue Behandlungsweise der Integrale irrationaler Differentiale* ecc. (G. Crelle-Borchardt t. 61 p. 99).

Il più generale integrale abeliano, le irrazionalità del cui differenziale siano definite dalla curva (5) *d'ordine n, può essere posto sotto la forma* (6), *ove* Q *sia una funzione razionale omogenea nelle x, del grado $n-3$.*

S'intende sempre che l'integrale è condotto da un punto della curva (5) ad un altro punto della medesima, in modo che durante il corso dell'integrazione le variabili x soddisfacciano incessantemente all'equazione (5).

2. Le costanti c, che si possono riguardare come coordinate di un punto fisso, non hanno alcuna influenza sul valore dell'integrale (6). Infatti, supposto sempre che le x soddisfacciano alla (5), si hanno le identità

$$\frac{\partial f}{\partial x_1} x_1 + \frac{\partial f}{\partial x_2} x_2 + \frac{\partial f}{\partial x_3} x_3 = 0,$$

$$\frac{\partial f}{\partial x_1} dx_1 + \frac{\partial f}{\partial x_2} dx_2 + \frac{\partial f}{\partial x_3} dx_3 = 0,$$

donde

$$\frac{x_2 dx_3 - x_3 dx_2}{\frac{\partial f}{\partial x_1}} = \frac{x_3 dx_1 - x_1 dx_3}{\frac{\partial f}{\partial x_2}} = \frac{x_1 dx_2 - x_2 dx_1}{\frac{\partial f}{\partial x_3}};$$

epperò la frazione

$$\frac{\Sigma \pm c_1 x_2 dx_3}{f(cx^{n-1})}$$

è indipendente dalle c.

Dunque il valore dell'integrale (6) non cambia *) col mutarsi della posizione del punto c. Ne segue che si potrà disporre di questo punto in modo che l'integrale assuma diverse forme.

3. Se si trasforma collinearmente (omograficamente) il piano delle x, cioè se si fa la sostituzione

$$\begin{array}{l} x_r = h_{1r} x'_1 + h_{2r} x'_2 + h_{3r} x'_3 \\ c_r = h_{1r} c'_1 + h_{2r} c'_2 + h_{3r} c'_3 \end{array} \quad (r = 1, 2, 3)$$

la funzione Q si muterà in una funzione Q' dello stesso grado nelle x'; così pure la f in una funzione analoga f', e la $f(cx^{n-1})$ in $f'(c'x'^{n-1})$; e il determinante $\Sigma \pm c_1 x_2 dx_3$ risulterà eguale al prodotto

*) Si fa astrazione, ben inteso, da una costante additiva, che può essere prodotta da una mutazione del *cammino d'integrazione*. Veggasi Casorati, *Relazioni fondamentali tra i moduli di periodicità degli integrali abeliani di prima specie.* (Annali di Matematica, serie 2, t. 3, pag. 7 e seg.)

$$\Sigma \pm h_{11} h_{22} h_{33} \,.\, \Sigma \pm c'_1 x'_2 dx'_3 \,.$$

Dunque, posto

$$V' = \int \frac{Q' \,.\, \Sigma \pm c'_1 x'_2 dx'_3}{f'(c' x'^{n-1})},$$

sarà

$$V = \Sigma \pm h_{11} h_{22} h_{33} \,.\, V'.$$

Quando giovi d'avere l'integrale (6) espresso colle coordinate cartesiane, basterà porre $x_1 = 1$, $x_2 = z$, $x_3 = s$, essendo

$$f(s, z) = 0$$

l'equazione della curva fondamentale. Se inoltre si fa $c_1 = c_2 = 0$, l'integrale (6) diviene

(7) $$V = \int \frac{Q\, dz}{\frac{\partial f}{\partial s}}.$$

4. Nell'integrale (6) sia

(8) $$Q = \frac{N(x^{m+n-3})}{M(x^m)},$$

ove M, N esprimono funzioni *intere* omogenee nelle x, risp. dei gradi m, $m+n-3$.

Le curve $f=0$, $M=0$ si segano in mn punti, i quali, uniti al punto fisso c, danno un luogo geometrico composto di mn rette. L'equazione $X(x^{mn}) = 0$ di questo luogo si ottiene eliminando le x fra le equazioni delle due curve e quella di una retta arbitraria

$$\alpha_1 x_1 + \alpha_2 x_2 + \alpha_3 x_3 = 0,$$

e sostituendo poscia nell'equazione risultante, in luogo delle α_1, α_2, α_3, i binomi $c_2 x_3 - c_3 x_2$, $c_3 x_1 - c_1 x_3$, $c_1 x_2 - c_2 x_1$.

I luoghi geometrici $X=0$, $f=0$, avendo già in comune mn punti situati nella curva $M=0$ d'ordine m, si segheranno *) in altri $mn(n-1)$ punti, situati in una curva $B=0$ d'ordine $m(n-1)$. Questi punti, perchè comuni a due curve $f=0$, $B=0$, i cui ordini rispettivi sono n ed $m(n-1) > n$ (supposto $m > 1$), saranno pur situati in infinite altre curve d'ordine $m(n-1)$. Infatti, se $K=0$ è una curva arbitraria d'ordine $mn-m-n$, qualsivoglia curva del fascio

$$B + \lambda K f = 0$$

passerà pei punti de' quali si tratta. La curva $K=0$, essendo arbitraria, può soddisfare

---

*) *Introd. ad una teoria geom. delle curve piane* [Queste Opere, n. **29** (t.° 1.°)], 44.

ad $\frac{1}{2}(mn-m-n)(mn-m-n+3)$ condizioni; e siccome, dopo aver determinata K, possiamo ancora scegliere una curva del fascio in modo da soddisfare ad una nuova condizione, così la curva $B=0$ potrà soddisfare ad

$$\frac{1}{2}(mn-m-n)(mn-m-n+3)+1=\frac{1}{2}(m-1)(n-1)\left((m-1)(n-1)+1\right)$$

condizioni; p. e. si può esigere che essa abbia $(m-1)(n-1)$ rami incrociati nel punto c. Supporremo che B sia appunto determinata in questo modo.

Similmente, i luoghi $X=0$, $M=0$, avendo mn punti comuni situati in una curva $f=0$ d'ordine n, si segheranno in altri $mn(m-1)$ punti, comuni ad infinite curve d'ordine $n(m-1)$, una delle quali, $A=0$, avrà $(m-1)(n-1)$ rami incrociati in c.

Se ora si considerano i due luoghi d'ordine mn

$$X=0, \quad BM=0,$$

poichè delle intersezioni di $X=0$ con $B=0$ ve ne sono $mn(m-1)(n-1)$ coincidenti in c, mentre le altre sono in $f=0$; e delle intersezioni di $X=0$ con $M=0$ ve ne sono mn in $f=0$ e le altre $mn(m-1)$ in $A=0$; così tutte le intersezioni dei due luoghi predetti sono comuni al luogo $Af=0$, che è pure d'ordine mn. I tre luoghi appartengono dunque ad uno stesso fascio, cioè si può porre

$$X=Af+BM.$$

Ne segue che pei punti della curva $f=0$ è $X=BM$, epperò invece della (8) si può scrivere

$$Q=\frac{NB}{X}, \tag{9}$$

cioè si può supporre che il denominatore di Q rappresenti il sistema di mn rette concorrenti nel punto c, mentre il numeratore è costituito da due curve, l'una d'ordine $m+n-3$, l'altra d'ordine $m(n-1)$ ed avente in c un punto $(m-1)(n-1)$-plo.

5. Sia ora $C=0$ una curva arbitraria d'ordine $mn-3$ con $(m-1)(n-1)$ rami incrociati in c; e si consideri il fascio

$$NB+\lambda Cf=0$$

di curve d'ordine $mn+n-3$. Determinando le costanti arbitrarie di C e scegliendo una curva del fascio, si potrà soddisfare a

$$\frac{1}{2}mn(mn-3)-\frac{1}{2}(m-1)(n-1)\left((m-1)(n-1)+1\right)+1$$
$$=\frac{1}{2}(mn-2)(mn-1)-\frac{1}{2}(m-1)(n-1)\left((m-1)(n-1)+1\right)$$

condizioni; p. e. scelgasi quella curva che ha in c un punto $(mn-2)$-plo e sia essa

$$NB+Cf=0.$$

Indico con $D=0$ l'equazione delle $mn-2$ tangenti a questa curva in c; e con $P=0$, cioè $f(cx^{n-1})=0$, la prima polare del punto c rispetto alla curva fondamentale (5). Sia poi

$$NB+Cf-DP=0$$

la curva del fascio

$$NB+Cf+\lambda DP=0$$

per la quale c è un punto multiplo secondo $mn-1$.

Allora, considerando solamente punti della curva (5), cioè avuto riguardo alla identità $f=0$, la (9) si potrà scrivere

$$Q=\frac{NB+Cf-DP}{X}+\frac{D}{X}P,$$

e l'integrale (6) si decomporrà in due parti

$$V=V_1+V',$$

$$V_1=\int\frac{D}{X}\,.\,\Sigma\pm c_1x_2dx_3 \tag{10}$$

$$V'=\int\frac{(NB+Cf-DP)\,.\,\Sigma\pm c_1x_2dx_3}{X\,.\,f(cx^{n-1})}\,. \tag{11}$$

La prima parte è l'integrale di una funzione razionale, perchè D ed X rappresentano gruppi di rette uscenti da uno stesso punto c, così che portando questo punto all'infinito, cioè facendo $x_1=1, x_2=z, x_3=s, c_1=c_2=0$, si ricadrà nella solita notazione delle funzioni d'una variabile z. Dunque V_1 sarà esprimibile per mezzo di logaritmi e di funzioni razionali fratte, senza parte razionale intera, perchè D è di grado minore di X.

6. Posto

$$NB+Cf-DP=L,$$

si consideri il fascio

$$XH+\lambda L=0$$

di curve d'ordine $mn+n-3$, aventi $mn-1$ rami incrociati in c: dove $H=0$ rappresenta una curva arbitraria d'ordine $n-3$. Determinando H e scegliendo una curva del fascio, si possono soddisfare $\frac{1}{2}(n-3)n+1=\frac{1}{2}(n-1)(n-2)$ condizioni arbitrarie; così sarà possibile di determinare una curva $R=0$ del fascio, la quale passi per $\frac{1}{2}(n-1)(n-2)$ punti $b_1, b_2, \ldots$ fissati a piacimento. Sia adunque

$$L=XH+R,$$

onde l'integrale (11) si spezza di nuovo in due parti:

$$V' = V_2 + V'',$$

$$(12) \qquad V_2 = \int \frac{H . \Sigma \pm c_1 x_2 dx_3}{f(cx^{n-1})},$$

$$(13) \qquad V'' = \int \frac{R . \Sigma \pm c_1 x_2 dx_3}{X . f(cx^{n-1})}.$$

7. Ora supponiamo in primo luogo che gli mn fattori lineari $\alpha^{(1)}, \alpha^{(2)}, \ldots, \alpha^{(mn)}$ di X (dove si pone per brevità $\alpha^{(r)} = \alpha_1^{(r)} x_1 + \alpha_2^{(r)} x_2 + \alpha_3^{(r)} x_3$) siano tutti differenti. Allora all'equazione $R=0$, che rappresenta una curva d'ordine $mn+n-3$ avente $mn-1$ rami in c e passante pei punti $b_1, b_2, \ldots$ si potrà dare la forma

$$(14) \qquad \Sigma \lambda_r \Pi_r = 0$$

$$(r = 1, 2, \ldots, mn)$$

ove Π_r sia il prodotto di mn fattori, $mn-1$ de' quali siano i fattori lineari di X eccettuato $\alpha^{(r)}$, mentre l'altro fattore G_r sia del grado $n-2$ e rappresenti la curva d'ordine $n-2$ che passa per gli $\frac{1}{2}(n-1)(n-2)$ punti b e per gli $n-2$ punti d'intersezione della curva $R=0$ colla retta $\alpha^{(r)}=0$ (omesso il punto multiplo c). L'equazione (14) rappresenta infatti una curva d'ordine $mn+n-3$ che passa $mn-1$ volte per c ed inoltre contiene i punti b e le $mn(n-2)$ intersezioni semplici de' luoghi $R=0$ ed $X=0$: la quale curva può ancora soddisfare ad $mn-1$ nuove condizioni, a cagione dei coefficienti indeterminati λ. Ma il numero $mn-1$ è appunto uguale a

$$\frac{1}{2}(mn+n-3)(mn+n) - \frac{1}{2}(mn-1)mn - \frac{1}{2}(n-2)(n-1) - mn(n-2)$$

cioè al numero delle condizioni che, insieme col punto multiplo c e cogli $\frac{1}{2}(n-1)(n-2)+mn(n-2)$ punti semplici, determinano la curva $R=0$; dunque la curva (14) può essere determinata in modo ch'essa coincida colla curva $R=0$. Il coefficiente λ_r si determina ponendo nell'uguaglianza $R = \Sigma \lambda_r \Pi_r$, in luogho delle x qualsivogliano, le coordinate del punto comune alle curve $f=0$, $M=0$ ed alla retta $\alpha^{(r)}=0$.

Per tal modo $\frac{R}{X}$ risulta uguale alla somma di mn frazioni, una qualunque delle quali ha la forma $\frac{G(x^{n-2})}{\alpha(x)}$, ove $G=0$ è una curva d'ordine $n-2$ ed $\alpha=0$ è una retta per c. Dunque l'integrale (13) è la somma di mn integrali della forma

(15) $$V_3=\int\frac{G(x^{n-2}).\Sigma\pm c_1x_2dx_3}{(\alpha_1x_1+\alpha_2x_2+\alpha_3x_3).f(cx^{n-1})}.$$

8. Passo al caso in cui X abbia un fattore α multiplo secondo μ, ed $mn-\mu$ fattori semplici. Allora si potrà porre

$$R=\Pi+\Sigma\lambda_r\Pi_r,$$

$$(r=1, 2, \ldots, mn-\mu),$$

dove Π sia il prodotto di tutti i fattori lineari semplici di X e di un fattore F rappresentante una curva d'ordine $n+\mu-3$, passante $\mu-1$ volte per c ed inoltre per tutti i punti b ed avente un contatto d'ordine $\mu-1$ in ciascuna delle $n-2$ intersezioni di $R=0$ colla retta $\alpha=0$: la qual curva può per conseguenza soddisfare ancora a

$$\frac{1}{2}(n+\mu-3)(n+\mu)-\frac{1}{2}(\mu-1)\mu-\frac{1}{2}(n-1)(n-2)-\mu(n-2)$$

$=\mu-1$ condizioni. Poi, Π_r sia un prodotto contenente μ fattori uguali ad α, altri $mn-\mu-1$ fattori lineari, cioè tutti i fattori semplici di X eccettuato $\alpha^{(r)}$, ed inoltre un fattore G_r rappresentante una curva d'ordine $n-2$ passante pei punti b e per le $n-2$ intersezioni della curva $R=0$ colla retta $\alpha^{(r)}=0$. Disponendo dei coefficienti λ e di quelli rimasti indeterminati in F, si potrà far coincidere la curva $\Pi+\Sigma\lambda_r\Pi_r=0$ colla $R=0$, epperò, risultando $\frac{R}{X}$ uguale all'aggregato di $mn-\mu$ frazioni della forma $\frac{G_r}{\alpha^{(r)}}$ e di una della forma $\frac{F}{\alpha^{\mu}}$, dove $G_r=0$, $F=0$ sono curve risp. degli ordini $n-2, n+\mu-3$, ed $\alpha^{(r)}=0$, $\alpha=0$ sono rette, l'integrale (13) si decomporrà in $mn-\mu$ integrali della forma (15) e nell'integrale

$$\int\frac{F.\Sigma\pm c_1x_2dx_3}{(\alpha_1x_1+\alpha_2x_2+\alpha_3x_3)^{\mu}.f(cx^{n-1})}.$$

Ora in infinite maniere si può esprimere F come somma di termini de' quali l'r-esimo sia il prodotto della potenza α^{r-1} per la potenza $\beta^{\mu-r}$ di un'altra espressione lineare $\beta_1x_1+\beta_2x_2+\beta_3x_3$ (dove supporrò che $\beta=0$ sia una retta passante per c) e per un fattore G rappresentante una curva d'ordine $n-2$; dunque l'integrale precedente si spezzerà in μ integrali che si ottengono dal seguente

(16) $$V_4=\int\frac{(\beta_1x_1+\beta_2x_2+\beta_3x_3)^{\nu-1}.G(x^{n-2}).\Sigma\pm c_1x_2dx_3}{(\alpha_1x_1+\alpha_2x_2+\alpha_3x_3)^{\nu}.f(cx^{n-1})},$$

facendovi $\nu=1, 2, \ldots, \mu$.

Di questi integrali il primo è della forma (15); e gli altri si ricavano dalla stessa forma (15) mediante derivazioni rispetto a parametri costanti. Infatti l'integrale (16), astrazion fatta da un cofficiente numerico, si ottiene operando $\nu-1$ volte sull'integrale (15) col simbolo d'operazione

$$\beta_1 \frac{\partial}{\partial \alpha_1} + \beta_2 \frac{\partial}{\partial \alpha_2} + \beta_3 \frac{\partial}{\partial \alpha_3}. \tag{17}$$

9. Da ciò che precede si può ormai concludere che *tutti gli integrali il cui differenziale sia algebrico e contenga soltanto irrazionalità definite dall'equazione* (5), *sono riducibili ad aggregati di integrali delle forme* (10), (12), (15), (16). Quelli della forma (10) si esprimono per mezzo di frazioni razionali e di logaritmi. Per un integrale della forma (12) si dimostra *) che esso diviene logaritmicamente infinito in ogni punto doppio e algebricamente infinito (del primo ordine) in ogni punto di regresso della curva $f=0$ pel quale non passi la curva $H=0$, mentre resta finito in qualsivoglia altro punto; donde segue che se $\Theta=0$ è una curva d'ordine $n-3$ passante per *tutti* i punti doppi e stazionari di $f=0$, l'integrale

$$\int \frac{\Theta(x^{n-3}) . \Sigma \pm c_1 x_2 dx_3}{f(cx^{n-1})}$$

si conserva *finito dappertutto*. Supposto che $f=0$ abbia d punti doppi ed r regressi, e indicato con

$$p = \frac{1}{2}(n-1)(n-2) - d - r$$

il *genere* **) della curva fondamentale, la curva $\Theta=0$ può ancorà soddisfare a $\frac{1}{2}(n-3)n - d - r$ condizioni; dunque ogni curva d'ordine $n-3$ passante pei punti singolari della $f=0$ è esprimibile linearmente per mezzo di p speciali curve $\Theta=0$, fra loro indipendenti. Gli integrali che si conservano finiti dappertutto diconsi *di prima specie: vi sono adunque p integrali indipendenti di 1.ª specie, definiti da una curva di genere p.*

10. Analogamente si dimostra ***) che un integrale della forma (15) diviene logaritmicamente infinito in ogni punto doppio della curva $f=0$ ed in ogni punto comune a questa ed alla retta $\alpha=0$, ed algebricamente infinito in ogni punto di regresso della curva medesima, pel quale non passi la curva $G=0$. Perciò, se questa curva, che è d'ordine $n-2$, si determini in modo che passi per tutti i punti singolari della curva

*) CLEBSCH e GORDAN, *Theorie der Abelschen Functionen*, pag. 10 e seg.

) *Preliminari di una teoria geometrica delle superficie* [Queste Opere n. **70 (t.° 2.°)], 54.

***) CLEBSCH e GORDAN, l. c., p. 17.

fondamentale e per $n-2$ intersezioni di questa colla retta $\alpha=0$, l'integrale (15) sarà logaritmicamente infinito in quei due punti comuni alle linee $f=0$, $\alpha=0$ pei quali non passa la $G=0$, ma si conserverà finito in qualsivoglia altro punto.

Se la retta $\alpha=0$ passa per un punto doppio di $f=0$, e si determini la $G=0$ come or ora si è detto, cioè in modo che passi per tutti i punti singolari di $f=0$ ed inoltre per le rimanenti intersezioni delle linee $f=0$, $\alpha=0$, siccome la curva $G=0$ avrebbe in questo caso $1+(n-2)$ punti comuni colla retta $\alpha=0$, così essa si decomporrà in questa retta ed in una curva $H=0$ d'ordine $n-3$, passante per tutti i punti singolari di $f=0$, eccettuato quello pel quale passa la retta $\alpha=0$. Dunque in questo caso l'integrale (15) si riduce ad avere la forma (12) e diviene logaritmicamente infinito in un punto doppio di $f=0$, mentre è finito in qualunque altro punto.

Tali integrali che sono finiti dovunque ad eccezione di due punti ordinari o di un punto doppio, dove riescono logaritmicamente infiniti, diconsi *integrali di 3.ª specie.*

11. Se la retta $\alpha=0$ passasse, non già per un punto doppio, ma per un punto stazionario della curva fondamentale, e del resto si determinasse la curva $G=0$ come si è fatto dianzi, l'integrale (15) ricadrebbe ancora nella forma (12), ma sarebbe algebricamente infinito (del primo ordine) in quel punto, e finito in qualunque altro punto.

Così pure, se la retta $\alpha=0$ è tangente alla curva fondamentale in un punto, epperò segante in $n-2$ punti, facendo passare la curva $G=0$ per questi $n-2$ punti e per tutti i punti singolari della $f=0$, l'integrale (15) sarà algebricamente infinito (del primo ordine) nel punto di contatto della $f=0$ colla retta $\alpha=0$, e invece finito in qualunque altro punto,

Siffatti integrali, che sono finiti dovunque ad eccezione di un punto ordinario o di regresso per la curva fondamentale, nel quale divengono algebricamente infiniti (del primo ordine), diconsi *integrali di 2.ª specie.*

12. Se $H=0$ è una curva arbitrariamente data d'ordine $n-3$, siccome essa contiene $\frac{(n-1)(n-2)}{2}=p+d+r$ costanti omogenee, così si potrà porre

$$H=\Sigma\lambda_i H_i \quad (i=1, 2, \ldots, p+d+r)$$

ove le $H_i=0$ siano curve speciali, fra loro indipendenti, dello stesso ordine $n-3$. Come tali possiamo prendere p curve passanti per tutt' i $d+r$ punti singolari e $d+r$ altre curve le quali passino pei medesimi punti singolari eccettuando risp. il primo, il secondo, ..., l'ultimo. Indicando l'aggregato dei primi p termini con Θ, sarà $\Theta=0$ una curva passante per tutt' i punti singolari e

$$H=\Theta+\Sigma\lambda_i H_i \quad (i=1, 2, \ldots, d+r).$$

I coefficienti λ si determinano ponendo in quest'uguaglianza, successivamente, le coordinate dei $d+r$ punti singolari (donde segue che se la curva $H=0$ passasse per uno dei punti suddetti, il corrispondente λ sarebbe nullo); quindi Θ rimane determinata come uguale alla differenza $H-\Sigma\lambda_i H_i$. Sostituendo poi nella (12) l'espressione di H così formata, avremo il teorema che *qualunque integrale della forma (12) è esprimibile linearmente per mezzo di integrali di 1.ª e di integrali di 3.ª e 2.ª specie che diventano infiniti in un punto singolare della curva fondamentale.* In altre parole: un integrale della forma (12), il quale divenga infinito in δ punti *doppi o stazionari* della curva fondamentale, è esprimibile linearmente per mezzo di integrali di 1.ª specie e di δ integrali di 3.ª e 2.ª specie, ciascuno de' quali sia infinito in uno solo dei medesimi δ punti.

13. L'analoga proprietà ha luogo per gli integrali della forma (15). Siano infatti $G=0$ una curva d'ordine $n-2$ ed $\alpha=0$ una retta arbitrariamente date. Siccome G contiene $\frac{(n-1)n}{2}=\frac{(n-1)(n-2)}{2}+n-1$ costanti omogenee, così si potrà porre

$$G=\Sigma\lambda_i\Gamma_i+\alpha\Sigma\mu_k H_k, \tag{18}$$

$$i=1, 2, \dots, n-1,$$

$$k=1, 2, \dots, \frac{(n-1)(n-2)}{2},$$

ove le $H=0$ sono curve speciali, fra loro indipendenti, d'ordine $n-3$ (p. e. potrebbero essere le medesime impiegate nel n.° precedente), e $\Gamma_i=0$ è una curva speciale d'ordine $n-2$, passante per tutti i punti singolari di $f=0$ ed inoltre pei punti comuni a questa curva ed alla retta $\alpha=0$, eccettuati l'i-esimo e l'n-esimo: dove suppongo che sia preso come n-esimo punto uno di quelli pei quali non passa la curva data $G=0$. Determino i coefficienti λ, ponendo nella (18) successivamente le coordinate dei primi $n-1$ punti in cui la retta $\alpha=0$ incontra la curva $G=0$. Se questa passasse per l'i-esimo punto, sarebbe evidentemente $\lambda_i=0$. Determinati così i coefficienti λ, sarà

$$G-\Sigma\lambda_i\Gamma_i=0$$

una curva d'ordine $n-2$ passante per $n-1$ punti comuni alla $f=0$ ed alla retta $\alpha=0$, epperò sarà il sistema di questa retta e di una curva $H=0$ d'ordine $n-3$. Quindi, posto

$$H=\Sigma\mu_k H_k,$$

si determineranno i coefficienti μ come nel n.° precedente.

Sostituendo poi nella (15) l'espressione trovata per G, si avrà il teorema che *un integrale qualsivoglia della forma (15), il quale divenga infinito in δ punti singolari della* *curva fondamentale ed in m punti ordinari, comuni alla curva medesima e ad una retta $\alpha=0$, è esprimibile linearmente per mezzo di integrali di 1.ª specie, di δ integrali di 3.ª e 2.ª specie, ciascuno de' quali sia infinito in uno solo di quei δ punti singolari, e di $m-1$ integrali di 3.ª specie *), ciascuno dei quali sia infinito in uno di quegli m punti ed in un altro dei medesimi, fissato ad arbitrio.*

14. L'integrale (6, 8) diverrà logaritmicamente infinito in quei punti doppi della curva $f=0$ ed in quei punti comuni alle curve $f=0$, $M=0$ pei quali non passa la curva $N=0$; e diverrà algebricamente infinito (del primo ordine) in quei punti stazionari della $f=0$ ed in quei punti di semplice contatto fra le curve $f=0$, $M=0$ pei quali non passa la medesima $N=0$. Questa considerazione suggerisce immediatamente il mezzo di formare integrali i quali divengano logaritmicamente o algebricamente infiniti in punti dati della curva fondamentale. Vediamo in particolare, come si compongono integrali di 3.ª o di 2.ª specie, i cui punti d'infinito siano dati.

Formazione degli integrali di 3.ª e di 2.ª specie.

15. Siano ξ, η, ζ, θ quattro punti della curva fondamentale; ed $N=0$ una curva d'ordine $n-1$, passante pei punti doppi e stazionari di $f=0$, non che per le intersezioni di questa curva colle rette $\overline{\xi\zeta}$, $\overline{\eta\theta}$, eccettuati però i punti ξ, η. Posto $x=\xi+\lambda\zeta$, abbiasi:

$$N(\xi+\lambda\zeta)=N_1+\lambda N_2+\ldots+\lambda^{n-1}N_n,$$
$$f(\xi+\lambda\zeta)=F_0+\lambda F_1+\ldots+\lambda^n \quad F_n.$$

Ma è $F_0=f(\xi^n)=0$, $F_n=f(\zeta^n)=0$; dunque, affinchè la retta $\overline{\xi\zeta}$ incontri le due curve $N=0$, $f=0$ negli stessi $n-1$ punti (escluso ξ), dovrà essere

$$N_1=hF_1,\ N_2=hF_2,\ldots,\ N_{n-1}=hF_{n-1}\quad N_n=0, \tag{19}$$

epperò, per qualunque valore di λ,

$$\lambda N(\xi+\lambda\zeta)=hf(\xi+\lambda\zeta). \tag{20}$$

Analogamente, posto $x=\eta+\mu\theta$, abbiasi:

$$N(\eta+\mu\theta)=n_1+\mu n_2+\ldots+\mu^{n-1}n_n,$$
$$f(\eta+\mu\theta)=f_0+\mu f_1+\ldots+\mu^n \quad f_n,$$

e siccome $f_0=f(\eta^n)=0$, $f_n(\theta^n)=0$, così dovrà essere

*) Fra questi interverrebbero anche integrali di 2.ª specie se la retta $\alpha=0$ avesse punti di contatto colla curva fondamentale.

(21) $$n_1 = kf_1,\ n_2 = kf_2, \ldots,\ n_{n-1} = kf_{n-1},\ n_n = 0,$$

donde, per μ qualunque,

(20)' $$\mu N(\eta + \mu\theta) = kf(\eta + \mu\theta).$$

Le $2n$ equazioni (19), (21), lineari nei coefficienti di N, sono equivalenti a sole $2n-1$. Infatti, siano λ_0, μ_0 i valori di λ, μ pei quali le $\xi + \lambda\zeta$, $\eta + \mu\theta$ diventano le coordinate di un medesimo punto, cioè del punto comune alle rette $\overline{\xi\zeta}$, $\overline{\eta\theta}$; allora l'equazione (20), che è una combinazione lineare delle (19), e l'equazione (20)', che è una combinazione lineare delle (21), postovi $\lambda = \lambda_0$, $\mu = \mu_0$, coincideranno in una sola e medesima equazione (supposto che per h, k si pongano gli opportuni valori, che ora determineremo). Nel caso che i punti ξ, η coincidessero, la prima delle equazioni (19) coinciderebbe colla prima delle (21); se invece coincidessero i punti ζ, θ, l'ultima delle (21) non differirebbe dall'ultima delle (19).

Alle $2n-1$ equazioni indipendenti (19), (21) si aggiungano le $\frac{(n-1)(n-2)}{2}$ equazioni, pur lineari ne' coefficienti di N, le quali esprimono che la curva $N=0$ passa per gli $\frac{(n-1)(n-2)}{2} - p$ punti singolari di $f=0$ e per altri p punti, dati arbitrariamente nel piano. Questo sistema di $\frac{n(n+1)}{2}$ equazioni lineari determina completamente e in modo unico la funzione intera N. [46]

16. Siccome la curva $N=0$ sega $f=0$ in $2(n-1)$ punti situati nel luogo di 2.° ordine formato dalle due rette $\overline{\xi\zeta}$, $\overline{\eta\theta}$, così la segherà in altri $(n-1)(n-2)$ punti $\big((n-1)(n-2) - 2p$ de' quali coincidono a due a due ne' punti singolari della curva fondamentale$\big)$ situati in una curva $\Omega = 0$ d'ordine $n-2$; la quale insieme colle due rette $\overline{\xi\zeta}$, $\overline{\eta\theta}$ formerà perciò un luogo d'ordine n, appartenente al fascio individuato dalla curva fondamentale e dal sistema della $N=0$ e della retta $\overline{\xi\eta}$. Ne segue che la curva $\Omega=0$ tocca la $N=0$ ne' punti singolari di $f=0$, e passa inoltre pei punti ove la curva fondamentale è incontrata dalla retta $\overline{\xi\eta}$, eccettuati i punti ξ, η. Avremo dunque l'identità

(22) $$N(x^{n-1}).\Sigma \pm \xi_1\eta_2 x_3 - \varkappa . f(x^n) = \nu\,\Omega(x^{n-2}).\Sigma \pm \xi_1\zeta_2 x_3 . \Sigma \pm \eta_1\theta_2 x_3,$$

essendo $\varkappa$, ν due costanti da determinarsi. Per determinare $\varkappa$, pongo, nella (22), $x = \xi + \lambda_0\zeta$; ne verrà

$$\lambda_0 . N(\xi + \lambda_0\zeta).\Sigma \pm \xi_1\eta_2\zeta_3 - \varkappa . f(\xi + \lambda_0\zeta) = 0\,,$$

ossia per la (20)

$$h.\Sigma\pm\xi_1\eta_2\zeta_3=\varkappa.$$

Ma si deve ottenere lo stesso risultato anche ponendo $x=\eta+\mu_0\theta$; allora

$$\mu_0.N(\eta+\mu_0\theta).\Sigma\pm\xi_1\eta_2\theta_3-\varkappa.f(\eta+\mu_0\theta)=0,$$

ossia per la (20)'

$$k.\Sigma\pm\xi_1\eta_2\theta_3=\varkappa.$$

Invece d'esprimere $\varkappa$ mediante h o k, rappresenterò h e k come funzioni di $\varkappa$, che rimane allora naturalmente indeterminata. Assumendo

$$\varkappa=\pm\Sigma\xi_1\eta_2\zeta_3.\Sigma\pm\xi_1\eta_2\theta_3,$$

ne viene

(23) $$h=\Sigma\pm\xi_1\eta_2\theta_3,\quad k=\Sigma\pm\xi_1\eta_2\zeta_3.$$

La prima delle (19) e la prima delle (21), essendo $N_1=N(\xi^{n-1})$, $n_1=N(\eta^{n-1})$ $F_1=f(\zeta\xi^{n-1})$, $f_1=f(\theta\eta^{n-1})$, divengono allora

(24) $$\begin{cases} N(\xi^{n-1})=\Sigma\pm\xi_1\eta_2\theta_3.f(\xi^{n-1}\zeta), \\ N(\eta^{n-1})=\Sigma\pm\xi_1\eta_2\zeta_3.f(\theta\eta^{n-1}). \end{cases}$$ [47]

Ora determino ν in modo che la Ω coincida con quella dei signori Clebsch e Gordan *), cioè in modo che risulti

(25) $$\Omega(\xi^{n-2})=f(\xi^{n-1}\eta),\quad \Omega(\eta^{n-2})=f(\xi\eta^{n-1}).$$

Per un punto x della curva $f=0$, l'equazione (22) diviene

(26) $$N(x^{n-1})=\nu.\Omega(x^{n-2})\cdot\frac{\Sigma\pm\xi_1\zeta_2x_3.\Sigma\pm\eta_1\theta_2x_3}{\Sigma\pm\xi_1\eta_2x_3}.$$

Suppongo che x sia infinitamente vicino a ξ, cioè faccio

$$x_1=\xi_1-\varepsilon\alpha_1,$$
$$x_2=\xi_2-\varepsilon\alpha_2,$$
$$x_3=\xi_3-\varepsilon\alpha_3,$$

ove ε sia una quantità tendente a zero e le α quantità arbitrarie legate dalla condizione $f(\xi^{n-1}\alpha)=0$. Per tale sostituzione, avuto riguardo alla prima delle (24) ed alla prima delle (25), la (26) diviene

*) Op. cit. p. 21.

$$f(\xi^{n-1}\zeta)=\nu.f(\xi^{n-1}\eta).\frac{\Sigma\pm\xi_1\zeta_2\alpha_3}{\Sigma\pm\xi_1\eta_2\alpha_3}.$$

Ma dalle $f(\xi^{n-1}\xi)=0$, $f(\xi^{n-1}\alpha)=0$ si ha evidentemente

$$\Sigma\pm\xi_1 x_2\alpha_3=m.f(\xi^{n-1}x),$$

essendo m un coefficiente arbitrario; dunque $\nu=1$. Allo stesso risultato si arriverebbe considerando il punto η invece del punto ξ. Per tal modo la (22) diviene

$$\text{(27)}\qquad \begin{gathered} N(x^{n-1}).\Sigma\pm\xi_1\eta_2 x_3-\Sigma\pm\xi_1\eta_2\theta_3.\Sigma\pm\xi_1\eta_2\zeta_3.f(x^n) \\ =\Omega(x^{n-2}).\Sigma\pm\xi_1\zeta_2 x_3.\Sigma\pm\eta_1\theta_2 x_3. \end{gathered}$$

Quest'ultima identità fornisce la Ω quando siasi formata la N, e viceversa darebbe la N se già fosse nota la Ω.

17. La stessa identità (27) esprime in sostanza che la curva $f=0$ può essere generata mediante i due fasci projettivi

$$N(x^{n-1})-t.\Omega(x^{n-2}).\Sigma\pm\xi_1\zeta_2 x_3=0,$$

$$\Sigma\pm\eta_1\theta_2 x_3-t.\Sigma\pm\xi_1\eta_2 x_3=0,$$

ovvero anche per mezzo dei due fasci projettivi

$$N(x^{n-1})-t'.\Omega(x^{n-2}).\Sigma\pm\eta_1\theta_2 x_3=0,$$

$$\Sigma\pm\xi_1\zeta_2 x_3-t'.\Sigma\pm\xi_1\eta_2 x_3=0,$$

ove t, t' sono parametri indeterminati; cioè ogni retta pel punto η sega $f=0$ in altri $n-1$ punti pei quali passa una curva del fascio $(N,\Omega.\overline{\xi\zeta})$ ed ogni retta per ξ sega parimenti $f=0$ in altri $n-1$ punti situati in una curva del fascio $(N,\Omega.\overline{\eta\theta})$. In altre parole, all'uguaglianza (27) si può sostituire quest'altra

$$\text{(28)}\qquad \begin{gathered} \Big(N(x^{n-1})-\Omega(x^{n-2})(t\Sigma\pm\xi_1\zeta_2 x_3+t'\Sigma\pm\eta_1\theta_2 x_3-tt'\Sigma\pm\xi_1\eta_2 x_3)\Big).\Sigma\pm\xi_1\eta_2 x_3- \\ -\Sigma\pm\xi_1\eta_2\zeta_3.\Sigma\pm\xi_1\eta_2\theta_3.f(x^n)= \\ =\Omega(x^{n-2}).(\Sigma\pm\eta_1\theta_2 x_3-t\Sigma\pm\xi_1\eta_2 x_3)(\Sigma\pm\xi_1\zeta_2 x_3-t'\Sigma\pm\xi_1\eta_2 x_3) \end{gathered}$$

il che equivale a cambiare le rette $\overline{\xi\zeta}$, $\overline{\eta\theta}$, mantenendo fissi i punti ξ, η: con ciò viene a mutarsi la curva $N=0$, ma la $\Omega=0$ rimane inalterata.

18. Siccome la curva $N=0$ passa per tutti i punti singolari di $f=0$ e per quelli ove questa curva è segata dalle rette $\Sigma\pm\xi_1\zeta_2 x_3=0$, $\Sigma\pm\eta_1\theta_2 x_3=0$, eccettuati ξ, η, così l'integrale

(29) $$S_{\xi\eta}=\int\frac{N(x^{n-1})\,.\,\Sigma\pm c_1x_2dx_3}{\Sigma\pm\xi_1\zeta_2x_3\,.\,\Sigma\pm\eta_1\theta_2x_3\,.\,f(cx^{n-1})}$$

è finito dappertutto, eccettuati i punti ξ, η, dove diverrà logaritmicamente infinito: vale a dire, esso è un integrale di 3.ª specie. Per es. se x converge verso ξ, si ha

$$\lim S_{\xi\eta}=-\frac{N(\xi^{n-1})}{\Sigma\pm\xi_1\eta_2\theta_3\,.\,f(c\xi^{n-1})}\int\frac{\Sigma\pm\xi_1c_2dx_3}{\Sigma\pm\xi_1\zeta_2x_3},$$

ossia, posto ζ in luogo del punto arbitrario c ed avuto riguardo alle (24)

$$\lim S_{\xi\eta}=-\log\Sigma\pm\xi_1\zeta_2x_3\,.$$

Analogamente, se x converge verso η, si ha

$$\lim S_{\xi\eta}=\log\Sigma\pm\eta_1\theta_2x_3\,.$$

Pei punti della curva fondamentale, l'identità (27) diviene

$$N(x^{n-1})\,.\,\Sigma\pm\xi_1\eta_2x_3=\Omega(x^{n-2})\,.\,\Sigma\pm\xi_1\zeta_2x_3\,.\,\Sigma\pm\eta_1\theta_2x_3,$$

epperò

(29 bis) $$\int\frac{N(x^{n-1})\,.\,\Sigma\pm c_1x_2dx_3}{\Sigma\pm\xi_1\zeta_2x_3\,.\,\Sigma\pm\eta_1\theta_2x_3\,.\,f(cx^{n-1})}=\int\frac{\Omega(x^{n-2})\,.\,\Sigma\pm c_1x_2dx_3}{\Sigma\pm\xi_1\eta_2x_3\,.\,f(cx^{n-1})};$$

cioè l'integrale (29) non differisce punto dall'*integrale normale di 3.ª specie* dei signori Clebsch e Gordan.

19. Se invece della N, superiormente determinata (n.° 15), si prende un'altra N', determinata in modo analogo, ma con diverso sistema di p punti arbitrari, siccome le (20), (20)', mostrano che per ogni punto delle rette $\overline{\xi\zeta}$, $\overline{\eta\theta}$ la N assume un valore indipendente dai detti p punti arbitrari, così ne segue che la curva $N-N'=0$ conterrà tutt'i punti delle rette nominate, cioè si avrà

$$N-N'=\Sigma\pm\xi_1\zeta_2x_3\,.\,\Sigma\pm\eta_1\theta_2x_3\,.\,\Theta,$$

ove $\Theta=0$ sia una curva d'ordine $n-3$ passante per tutt' i punti singolari di $f=0$. Dunque, se $S'_{\xi\eta}$ è ciò che diviene l'integrale (29) quando si assuma N' in luogo di N, la differenza $S_{\xi\eta}-S'_{\xi\eta}$ sarà un integrale di 1.ª specie. Ne risulta che, variando i p punti arbitrari, l'integrale (29) cresce o diminuisce di una quantità che è sempre uguale ad un integrale di 1.ª specie.

20. L'identità (28) poi mostra che, se le rette $\overline{\xi\zeta}$, $\overline{\eta\theta}$ girano intorno ai punti fissi ξ, η, variando simultaneamente N, l'integrale (29) non si altera punto di valore. In particolare, si potrà far coincidere il punto θ con ζ: del resto, le formole relative a questo caso si cavano immediatamente dalle (23), (24), (27), (29) e sono:

(23)' $$h=k=\Sigma\pm\xi_1\eta_2\zeta_3,$$

(24)' $$\begin{cases} N_1(\xi^{n-1})=\Sigma\pm\xi_1\eta_2\zeta_3.f(\xi^{n-1}\zeta), \\ N_1(\eta^{n-1})=\Sigma\pm\xi_1\eta_2\zeta_3.f(\eta^{n-1}\zeta), \end{cases}$$

(27)' $$N_1(x^{n-1}).\Sigma\pm\xi_1\eta_2x_3-(\Sigma\pm\xi_1\eta_2\zeta_3)^2f(x^n)=\Omega(x^{n-2}).\Sigma\pm\xi_1\zeta_2x_3.\Sigma\pm\eta_1\zeta_2x_3$$

(29)' $$S_{\xi\eta}=\int\frac{N_1(x^{n-1}).\Sigma\pm c_1x_2dx_3}{\Sigma\pm\xi_1\zeta_2x_3.\Sigma\pm\eta_1\zeta_2x_3.f(cx^{n-1})}.$$

Qui $N_1=0$ è una curva d'ordine $n-1$, passante pei punti singolari della $f=0$ e pei p punti arbitrariamente dati nel piano, tangente alla curva fondamentale nel punto ζ e intersecante la medesima negli altri punti ch'essa ha comuni colle rette $\overline{\xi\zeta}$, $\overline{\eta\zeta}$, eccettuati ξ, η. Questa curva $N_1=0$ si può generare mediante i due fasci projettivi

$$\Omega_{\xi\zeta}-t.\Omega_{\eta\zeta}=0,$$

$$\Sigma\pm\xi_1\zeta_2x_3-t.\Sigma\pm\eta_1\zeta_2x_3=0,$$

ove le $\Omega_{\xi\zeta}=0$, $\Omega_{\eta\zeta}=0$, formate col metodo dei signori Clebsch e Gordan, siano le curve d'ordine $n-2$ passanti pei punti singolari della curva fondamentale e per gli stessi p punti arbitrari, asssunti per la N_1, ed inoltre: la prima pei punti ove $f=0$ è segata dalla retta $\overline{\xi\zeta}$, eccettuati ξ e ζ; la seconda pei punti ove $f=0$ è segata dalla retta $\overline{\eta\zeta}$, eccettuati η e ζ. Infatti, la curva generata dai due fasci predetti conterrà: 1.° i punti singolari di $f=0$ ed i p punti dati arbitrariamente, perchè comuni alle curve del primo fascio; 2.° il punto ζ, perchè comune alle linee del secondo fascio; 3.° altre $n-2$ intersezioni di $f=0$ colla $\xi\zeta$, perchè comuni alle linee dei due fasci corrispondenti a $t=0$; 4.° altre $n-2$ intersezioni della curva $f=0$ colla retta $\eta\zeta$, perchè comuni alle linee dei due fasci che corrispondono a $t=\infty$. Inoltre, la retta tangente nel punto ζ alla curva generata dai due fasci sarà il raggio del secondo fascio corrispondente a quella curva del primo che passa per ζ, cioè corrispondente a

$$t=\frac{\Omega_{\xi\zeta}(\zeta^{n-1})}{\Omega_{\eta\zeta}(\zeta^{n-1})},$$

ossia, in virtù di equazioni analoghe alle (25),

$$t=\frac{f(\zeta^{n-1}\xi)}{f(\zeta^{n-1}\eta)}.$$

L'equazione della retta tangente è dunque

$$f(\zeta^{n-1}\xi)\Sigma\pm\eta_1\zeta_2x_3+f(\zeta^{n-1}\eta)\Sigma\pm\zeta_1\xi_2x_3=0$$

ossia, perchè $f(\zeta^n)=0$,

$$f(\zeta^{n-1}\xi)\,.\,\Sigma\pm\eta_1\zeta_2x_3+f(\zeta^{n-1}\eta)\,\Sigma\pm\zeta_1\xi_2x_3+f(\zeta^{n-1}\zeta)\,\Sigma\pm\xi_1\eta_2x_3=0,$$

vale a dire

$$\Sigma\pm\xi_1\eta_2\zeta_3\,.\,f(\zeta^{n-1}x)=0,$$

che è pur l'equazione della tangente alle curve $f=0$, $N_1=0$ nel punto ζ.

Dunque avremo identicamente:

$$\Omega_{\xi\zeta}\,.\,\Sigma\pm\eta_1\zeta_2x_3-\Omega_{\eta\zeta}\,.\,\Sigma\pm\xi_1\zeta_2x_3=\sigma\,.\,N_1\,.$$

E siccome, posto $x=\xi$ e tenuto conto della prima delle (24)' e di una analoga alle (25), si ha $\sigma=1$, così

(30) $$N_1(x^{n-1})=\Omega_{\xi\zeta}(x^{n-2})\,.\,\Sigma\pm\eta_1\zeta_2x_3-\Omega_{\eta\zeta}(x^{n-2})\,.\,\Sigma\pm\xi_1\zeta_2x_3;$$

ed eliminando $N_1(x^{n-1})$ fra questa uguaglianza e la (27)', dove in luogo di Ω si scriva $\Omega_{\xi\eta}$:

$$\Omega_{\eta\zeta}(x^{n-2})\,.\,\Sigma\pm\xi_1\eta_2x_3\,.\,\Sigma\pm\zeta_1\xi_2x_3+\Omega_{\zeta\xi}(x^{n-2})\,.\,\Sigma\pm\eta_1\zeta_2x_3\,.\,\Sigma\pm\xi_1\eta_2x_3+$$
$$+\Omega_{\xi\eta}(x^{n-2})\,.\,\Sigma\pm\zeta_1\xi_2x_3\,.\,\Sigma\pm\eta_1\zeta_2x_3=(\Sigma\pm\xi_1\eta_2\zeta_3)^2\,.\,f(x^n)\,.$$

Di qui, per la $f=0$, si ha (viste le (29), (29 bis)):

(31) $$S_{\eta\zeta}+S_{\zeta\xi}+S_{\xi\eta}=0\,.$$

Se alla N_1 o alla Ω che entra in ciascuno di questi integrali si sostituisce un'altra N_1 o Ω, formata analogamente, ma con altri p punti arbitrari, l'integrale varia (n.° 19) di una quantità uguale ad un integrale di 1.ª specie; dunque anche la somma dei tre integrali normali di 3.ª specie sarà uguale ad un integrale di 1.ª specie. Ma la detta somma riesce identicamente nulla, se le tre Ω siano determinate così: assumansi ad arbitrio le $\Omega_{\eta\zeta}$, $\Omega_{\zeta\xi}$ corrispondenti alla due coppie di punti $\eta\zeta$, $\zeta\xi$; indi si prenda quella $\Omega_{\xi\eta}$ che dipende in virtù della (27)' dalla $N_1=0$ definita dalle (30), cioè tangente alla curva $f=0$ nel punto ζ e passante pei punti comuni alle $\Omega_{\eta\zeta}=0$, $\Omega_{\zeta\xi}=0$.

21. Dichiarata così la maniera di formare un integrale (normale) di 3.ª specie del quale siano dati i punti d'infinito, passo agli integrali di 2.ª specie. Suppongasi il punto η infinitamente vicino a ξ, cioè si faccia $\eta=\xi-\varepsilon\alpha$, ove ε è infinitesimo e le α soddisfanno alla condizione $f(\xi^{n-1}\alpha)=0$, onde avrà luogo anche la

(32) $$\Sigma\pm\xi_1\alpha_2x_3=m\,.\,f(\xi^{n-1}x),$$

m coefficiente arbitrario. Allora le (23) danno

$$h=-\varepsilon\Sigma\pm\xi_1\alpha_2\theta_3,\quad k=-\varepsilon\Sigma\pm\xi_1\alpha_2\zeta_3,$$

ossia, per la (32),

$$h = -\varepsilon m f(\xi^{n-1}\theta),\quad k = -\varepsilon m f(\xi^{n-1}\zeta).$$

Del resto le (19), (21) continuano a sussistere, epperò la N del n.° 15 assume la forma

$$\text{(33)}\qquad N(x^{n-1}) = -\varepsilon m P(x^{n-1}),$$

ove P è finita; e precisamente P si ricava dalla N del n.° citato facendo ivi

$$h = f(\xi^{n-1}\theta),\quad k = f(\xi^{n-1}\zeta),\ \eta = \xi\,.$$

Col porre $\eta = \xi - \varepsilon\alpha$, avuto riguardo alla (32), si ottiene

$$\text{(34)}\qquad \Sigma \pm \xi_1 \eta_2 x_3 = -\varepsilon m f(\xi^{n-1}x),$$

[48], epperò

$$\Sigma \pm \xi_1 \eta_2 \zeta_3 = -\varepsilon m f(\xi^{n-1}\zeta),$$
$$\Sigma \pm \xi_1 \eta_2 \theta_3 = -\varepsilon m f(\xi^{n-1}\theta);$$

e il primo membro della (27) diverrà

$$\varepsilon^2 m^2 P(x^{n-1}) . f(\xi^{n-1}x) - \varepsilon^2 m^2 f(\xi^{n-1}\zeta) . f(\xi^{n-1}\theta) . f(x^n)\,.$$

Dunque anche il secondo membro avrà il fattore $\varepsilon^2 m^2$, cioè si avrà

$$\text{(33)'}\qquad \Omega(x^{n-2}) = \varepsilon^2 m^2 \Xi(x^{n-2}),$$

essendo Ξ finita. Per tal modo la (27) si riduce alla seguente:

$$\text{(35)}\qquad P(x^{n-1}) . f(\xi^{n-1}x) - f(\xi^{n-1}\zeta) . f(\xi^{n-1}\theta) . f(x^n) =$$
$$= \Xi(x^{n-2}) . \Sigma \pm \xi_1 \zeta_2 x_3 . \Sigma \pm \xi_1 \theta_2 x_3,$$

dove $P = 0$ è una curva d'ordine $n-1$, passante pei punti singolari di $f = 0$, per p punti dati ad arbitrio nel piano, e per le intersezioni della curva fondamentale colle rette $\xi\zeta$, $\xi\theta$, eccettuato il solo punto ξ; mentre $\Xi = 0$ è una curva d'ordine $n-2$, tangente a $P = 0$ nei punti singolari di $f = 0$, e passante per gli $n-2$ punti in cui $f = 0$ è segata dalla sua tangente $f(\xi^{n-1}x)$.

22. Dall'identità (35) ricaviamo le due forme

$$\text{(36)}\qquad \int \frac{P(x^{n-1}) . \Sigma \pm c_1 x_2 dx_3}{\Sigma \pm \xi_1 \zeta_2 x_3 . \Sigma \pm \xi_1 \theta_2 x_3 . f(cx^{n-1})} = \int \frac{\Xi(x^{n-2}) . \Sigma \pm c_1 x_2 dx_3}{f(\xi^{n-1}x) . f(cx^{n-1})} = E_\xi$$

di un medesimo integrale che è evidentemente di 2.ª specie (n.° 11). L'unico punto in cui esso divenga infinito (algebricamente del primo ordine) è ξ. Posto

$$x = \xi + \omega\zeta + \omega'\theta,$$

dove ω, ω' sono due infinitesimi, il cui rapporto è dato dalla condizione

$$0=f(x^n)=f(\xi^n)+\omega f(\xi^{n-1}\zeta)+\omega' f(\xi^{n-1}\theta)=$$
$$=\omega f(\xi^{n-1}\zeta)+\omega' f(\xi^{n-1}\theta),$$

donde

$$\omega=\tau f(\xi^{n-1}\theta), \qquad \omega'=-\tau f(\xi^{n-1}\zeta)$$

essendo τ un nuovo infinitesimo. Differenziando si ha

$$dx=\zeta d\omega+\theta d\omega',$$

epperò, fatto anche $c=\theta$,

$$\Sigma\pm c_1 x_2 dx_3=d\omega\,.\,\Sigma\pm\xi_1\zeta_2\theta_3\,.$$

La medesima sostituzione dà

$$\Sigma\pm\xi_1\zeta_2 x_3=\ \ \omega'\Sigma\pm\xi_1\zeta_2\theta_3,$$
$$\Sigma\pm\xi_1\theta_2 x_3=-\omega\Sigma\pm\xi_1\zeta_2\theta_3,$$
$$f(cx^{n-1})=f(\xi^{n-1}\theta), \qquad P(x^{n-1})=P(\xi^{n-1}),$$

ossia, avuto riguardo al modo con cui P è desunta da N (eq. 33), ed alla prima delle (24):

(37) $$P(\xi^{n-1})=f(\xi^{n-1}\zeta)\,.\,f(\xi^{n-1}\theta).$$

Dunque l'integrale E_ξ diviene

$$\frac{1}{\Sigma\pm\xi_1\zeta_2\theta_3}\int\frac{d\tau}{\tau^2}=-\frac{1}{\tau.\Sigma\pm\xi_1\zeta_2\theta_3}.$$

23. L'integrale E_ξ, invece d'essere dedotto dalle formole (23), (24), (27), (29), si può desumere dalle (23)', (24)', (27)', (29)' col farvi la medesima sostituzione $\eta=\xi-\varepsilon\alpha$. Allora si ha dalla prima delle (24)', viste le (33, 34):

(37)' $$P_1(\xi^{n-1})=(f(\xi^{n-1}\zeta))^2,$$

e dalla (27)', viste le (33, 34, 33'):

(35)' $$P_1(x^{n-1})\,.\,f(\xi^{n-1}x)-\left(f(\xi^{n-1}\zeta)\right)^2.\,f(x^n)=\Xi(x^{n-2})\,.\left(\Sigma\pm\xi_1\zeta_2 x_3\right)^2,$$

come segue anche dalle (37), (35), facendovi $\theta=\zeta$. Qui $P_1=0$ è una curva d'ordine $n-1$, passante pei punti singolari della curva fondamentale (e per p punti dati ad arbitrio) e tangente alla medesima nei punti che questa ha comuni colla retta $\overline{\xi\zeta}$, omesso il punto ξ. Dall'identità (35)' si ha allora quest'altra forma per l'integrale E_ξ:

$$E_\xi=\int\frac{P_1(x^{n-1})\,.\,\Sigma\pm c_1 x_2 dx_3}{\left(\Sigma\pm\xi_1\zeta_2 x_3\right)^2.\,f(cx^{n-1})},$$

che per x prossimo a ξ dà addirittura (fatto $c=\zeta$):

$$\lim \mathrm{E}_\xi = -\frac{\mathrm{P}_1(\xi^{n-1})}{f(\xi^{n-1}\zeta)} \int \frac{\Sigma \pm \xi_1 \zeta_2 d x_3}{(\Sigma \pm \xi_1 \zeta_2 x_3)^2},$$

ossia, in virtù della (37)'

$$\lim \mathrm{E}_\xi = \frac{f(\xi^{n-1}\zeta)}{\Sigma \pm \xi_1 \zeta_2 x_3}.$$

24. Se si vuol ricavare P_1 dalla N del n.° 15, facendo coincidere η con ξ, θ con ζ, bisogna osservare che le (19), (21) nascono dall'uguagliare i coefficienti delle uguali potenze di λ e μ nella (20) e nella (20)', ossia, fatto $\theta=\zeta$ (e quindi $k=h$, n.° 20) e $\mu=\lambda$, nascono dall'uguagliare i coefficienti delle uguali potenze di λ nelle eguaglianze

(20)''
$$\lambda \mathrm{P}_1(\xi+\lambda\zeta) = h f(\xi+\lambda\zeta),$$
$$\lambda \mathrm{P}_1(\eta+\lambda\zeta) = h f(\eta+\lambda\zeta),$$

la seconda delle quali, posto $\eta=\xi-\varepsilon\alpha$ ed avuto riguardo alla (20)'' somministra

(22)'
$$\lambda \Delta \mathrm{P}_1(\xi+\lambda\zeta) = h \Delta f(\xi+\lambda\zeta),$$

ove Δ sia il simbolo dell'operazione

$$\alpha_1 \frac{\partial}{\partial x_1} + \alpha_2 \frac{\partial}{\partial x_2} + \alpha_3 \frac{\partial}{\partial x_3}.$$

Si formerà adunque la P_1 col metodo generale del n.° 20, sostituendo alle (20), (20)', le (20)'', (22)' la prima delle quali esprime (come in generale, per la curva N) che la curva $\mathrm{P}_1=0$ dee passare per le intersezioni della $f=0$ colla retta $\overline{\xi\zeta}$, eccettuato il solo punto ξ; mentre la (22)' significa che le prime polari di un punto qualunque α della retta $f(\xi^{n-1}x)=0$, tangente ad $f=0$ in ξ, relative alle curve $\mathrm{P}_1=0$, $f=0$, devono avere le stesse $n-2$ intersezioni colla retta $\xi\zeta$, eccettuato ancora il punto ξ.

Questa proprietà poteva essere preveduta anche geometricamente. Infatti le prime polari dei punti α formano due fasci projettivi d'ordini $n-2$, $n-1$, e il luogo da questi generato sarà una curva d'ordine $2n-3$, passante per ξ, perchè questo è un punto-base del fascio delle polari relative ad $f=0$. Siccome poi le altre $n-1$ intersezioni della curva fondamentale colla retta $\overline{\xi\zeta}$ sono anche punti della $\mathrm{P}_1=0$, così la detta retta incontrerà negli stessi $n-2$ punti (eccettuato ξ) le prime polari di ξ relative ad $f=0$ e $\mathrm{P}_1=0$: e questi saranno altrettanti punti del luogo d'ordine $2n-3$. Ma il medesimo luogo passa anche per gli $n-1$ punti pei quali la retta $\overline{\xi\zeta}$ incontra simultaneamente le due curve $f=0$, $\mathrm{P}_1=0$: infatti, se x è uno di tali punti, siccome in x le due curve hanno la tangente comune, detto y il punto comune a questa tangente ed alla tangente di $f=0$ in ξ, le prime polari di y rispetto alle due curve passano entrambe per x, epperò x è un punto del luogo di cui si tratta. Ne segue che questo luogo ha $1+(n-2)+(n-1)=(2n-3)+1$ punti comuni colla retta $\overline{\xi\zeta}$, epperò contiene questa retta per intero. Dunque ha luogo la proprietà enunciata.

25. L'integrale E_ξ è suscettibile anche di un' altra forma. Infatti, se poniamo $\eta=\xi-\varepsilon a$ nella (31), e paragoniamo la (36) moltiplicata per $-\varepsilon m$ colla (29), con riguardo alla (33), si ha:

$$-\varepsilon m E_\xi = \varepsilon\left(\alpha_1 \frac{\partial S_{\xi\zeta}}{\partial \xi_1} + \alpha_2 \frac{\partial S_{\xi\zeta}}{\partial \xi_2} + \alpha_3 \frac{\partial S_{\xi\zeta}}{\partial \xi_3}\right),$$

cioè

$$-m E_\xi = \Sigma \alpha \frac{\partial S_{\xi\zeta}}{\partial \xi}. \tag{38}$$

Facendo la stessa sostituzione nella (30), si otterrà $-m P_1$ come limite di $N_1:\varepsilon$. Infatti, per $\eta=\xi-\varepsilon\alpha$, vista la (33), si ha dalla (30):

$$-\varepsilon m P_1(x^{n-1}) = \Omega_{\xi\zeta}(x^{n-2})\left(\Sigma\pm\xi_1\zeta_2x_3 - \varepsilon\Sigma\pm\alpha_1\zeta_2x_3\right) -$$

$$-\left(\Omega_{\xi\zeta}(x^{n-2}) - \varepsilon\Sigma\alpha\frac{\partial\Omega_{\xi\zeta}(x^{n-2})}{\partial\xi}\right).\Sigma\pm\xi_1\zeta_2x_3,$$

ossia

$$-m P_1(x^{n-1}) = \Sigma\pm\xi_1\zeta_2x_3 . \Sigma\alpha\frac{\partial\Omega_{\xi\zeta}(x^{n-2})}{\partial\xi} - \Omega_{\xi\zeta}(x^{n-2}).\Sigma\pm\alpha_1\zeta_2x_3.$$

Ma $\Omega_{\xi\zeta}(x^{n-2})$ è una frazione razionale nelle ξ, il cui numeratore ha una dimensione di più del denominatore; perciò

$$\Omega_{\xi\zeta}(x^{n-2}) = \Sigma\xi\frac{\partial\Omega_{\xi\zeta}(x^{n-2})}{\partial\xi}$$

e conseguentemente

$$-m P_1(x^{n-1}) = \frac{\partial\Omega_{\xi\zeta}(x^{n-2})}{\partial\xi_1}\left(\alpha_1\Sigma\pm\xi_1\zeta_2x_3 - \xi_1\Sigma\pm\alpha_1\zeta_2x_3\right) + \ldots$$

$$= \frac{\partial\Omega_{\xi\zeta}(x^{\ -2})}{\partial\xi_1}\left(\zeta_1\Sigma\pm\xi_1\alpha_2x_3 - x_1\Sigma\pm\xi_1\alpha_2\zeta_3\right) + \ldots$$

$$= \Sigma\pm\xi_1\alpha_2x_3 . \Sigma\zeta\frac{\partial\Omega_{\xi\zeta}(x^{n-2})}{\partial\xi} - \Sigma\pm\xi_1\alpha_2\zeta_3 . \Sigma x\frac{\partial\Omega_{\xi\zeta}(x^{n-2})}{\partial\xi},$$

ovvero per la (32)

$$-P_1(x^{n-1}) = f(\xi^{n-1}x) . \Sigma\zeta\frac{\partial\Omega_{\xi\zeta}(x^{n-2})}{\partial\xi} - f(\xi^{n-1}\zeta) . \Sigma x\frac{\partial\Omega_{\xi\zeta}(x^{n-2})}{\partial\xi}. \tag{39}$$

Con questa formola si ricava la P_1 dalla $\Omega_{\xi\zeta}$; quindi la (35)' darà la Ξ formata colla P_1 ossia colla $\Omega_{\xi\zeta}$.

26. Il teorema del n.° 20, il quale si riferisce a tre punti ξ, η, ζ della curva fondamentale, si estende subito a un numero qualunque di punti $\xi_1, \xi_2, \ldots, \xi_m$. Indicando col simbolo $(\xi_r\, \xi_s)$ un integrale normale di 3.ª specie (n.° 18) che sia infinito ne' punti ξ_r, ξ_s, avremo, in virtù del teorema citato, ciascuna delle somme

$$\begin{array}{l}(\xi_1\ \xi_2\ )+(\ \xi_2\ \xi_3\ )+(\ \xi_3\ \xi_1)\\(\xi_1\ \xi_3\ )+(\ \xi_3\ \xi_4\ )+(\ \xi_4\ \xi_1)\\(\xi_1\ \xi_4\ )+(\ \xi_4\ \xi_5\ )+(\ \xi_5\ \xi_1)\\\ldots\ldots\ldots\ldots\\(\xi_1\,\xi_{m-2})+(\xi_{m-2}\,\xi_{m-1})+(\xi_{m-1}\,\xi_1)\\(\xi_1\,\xi_{m-1})+(\xi_{m-1}\,\xi_m\ )+(\xi_m\ \ \xi_1)\end{array}$$

uguale ad un integrale di 1.ª specie. Epperò la somma di dette somme, vale a dire, avuto riguardo all'identità $(\xi_r\,\xi_s)+(\xi_s\,\xi_r)=0$, la somma

$$(\xi_1\,\xi_2)+(\xi_2\,\xi_3)+(\xi_3\,\xi_4)+\ldots+(\xi_{m-1}\,\xi_m)+(\xi_m\,\xi_1)$$

è uguale ad un integrale di 1.ª specie.

27. Dallo stesso teorema del n.° 20 si ricava che un aggregato lineare qualsiasi d'integrali di 3.ª specie, i cui punti d'infinito siano m punti dati $\xi_1, \xi_2, \ldots, \xi_m$ accoppiati a due a due in tutti i modi possibili, è riducibile a p termini che siano integrali di 1.ª specie e ad $m-1$ altri termini ciascuno de' quali sia (astrazion fatta da un coefficiente costante) un integrale normale di 3.ª specie i cui punti d'infinito siano uno di quegli m punti fissato ad arbitrio, p. e. ξ_m, ed un altro de' restanti. Infatti, invece del termine del dato aggregato che diviene infinito in ξ_r, ξ_s, potremo sostituire una somma della forma cost.ᵉ $\Big((\xi_m\,\xi_s)-(\xi_m\,\xi_r)\Big)$ purchè si aggiunga un integrale di 1.ª specie. Di qui si può conchiudere che il teorema osservato alla fine del n.° 13 per m punti in linea retta, vale anche per m punti situati comunque nella curva fondamentale.

Teorema di Abel.

28. Siano $\varphi(x^m)=0$, $\psi(x^m)=0$ due curve date d'ordine m, e

$$F(x^m)\equiv\varphi(x^m)+\lambda\psi(x^m)=0$$

una qualunque delle curve del fascio da quelle determinato. Considerando le due equazioni

$$f(x^n)=0\,,\quad F(x^m)=0$$

come coesistenti è chiaro che le x dedotte da esse, cioè le coordinate dei punti comuni alle due curve, sono funzioni di λ. Ora, posto

$$\frac{dV}{d\lambda}=\sum_{i=1}^{i=mn}\left\{\frac{Q}{f(cx^{n-1})}\Sigma\pm c_1x_2\frac{\partial x_3}{\partial\lambda}\right\}_i, \text{*)}$$

ove la somma sia estesa a tutti gli mn punti comuni alle curve $f=0$, $F=0$, e dove Q sia una funzione razionale omogenea nelle x, di grado $n-3$, dico che $\frac{dV}{d\lambda}$ è una funzione razionale di λ. Infatti, si moltiplichino il numeratore e il denominatore dell'espressione soggetta al segno Σ pel determinante Jacobiano delle f, φ, ψ; il prodotto di questo determinante per $\Sigma\pm c_1x_2\frac{\partial x_3}{\partial\lambda}$ è

$$\begin{vmatrix} f(cx^{n-1}) & nf(x^n) & \frac{\partial f}{\partial\lambda} \\ \varphi(cx^{m-1}) & m\varphi(x^m) & \frac{\partial\varphi}{\partial\lambda} \\ \psi(cx^{m-1}) & m\psi(x^m) & \frac{\partial\psi}{\partial\lambda} \end{vmatrix}.$$

Ma per i punti che si considerano è identicamente $f=0$, epperò anche $\frac{\partial f}{\partial\lambda}=0$, e così pure $F=0$ e $\frac{\partial F}{\partial\lambda}=0$, ossia

$$\varphi+\lambda\psi=0,\quad \frac{\partial\varphi}{\partial\lambda}+\lambda\frac{\partial\psi}{\partial\lambda}+\psi=0,$$

donde

$$\varphi\frac{\partial\psi}{\partial\lambda}-\psi\frac{\partial\varphi}{\partial\lambda}=\psi^2.$$

Perciò il prodotto dianzi considerato è uguale ad $mf(cx^{n-1}).\,\psi^2(x^m)$, e

$$\frac{dV}{d\lambda}=m\sum_{i=1}^{i=mn}\left\{\frac{Q.\,\psi^2}{\Sigma\pm\frac{\partial f}{\partial x_1}\frac{\partial\varphi}{\partial x_2}\frac{\partial\psi}{\partial x_3}}\right\}_i.$$

*) Le $\{\ \}$ sono poste a indicare che in luogo delle x generiche si hanno a intendere sostituite le coordinate di un punto comune alle curve $f=0$, $F=0$.

Questa somma, essendo una funzione simmetrica e razionale delle soluzioni comuni alle equazioni $f=0$, $F=0$, sarà una funzione razionale de' coefficienti di queste, epperò di λ. Ne risulta che

$$V=\int d\lambda \sum_{i=1}^{i=mn} \left\{ \frac{Q}{f(cx^{n-1})} \Sigma \pm c_1 x_2 \frac{\partial x_3}{\partial \lambda} \right\}_i = \sum_{i=1}^{i=mn} \left\{ \int \frac{Q.\ \Sigma \pm c_1 x_2\, d x_3}{f(cx^{n-1})} \right\}_i$$

sarà una funzione algebrico-logaritmica di λ e de' coefficienti di f, φ e ψ. In ciò consiste il teorema di ABEL *).

29. Per determinare questa funzione, suppongo che gli integrali de' quali si dee calcolare la somma, siano normali di 3.ª specie e che l'integrazione rispetto a λ debbasi estendere da $\lambda=0$ a $\lambda=\infty$: si consideri cioè la somma degli mn valori di un integrale normale di 3.ª specie, esteso da un punto comune alle curve $f=0$, $\varphi=0$ ad un punto comune alle $f=0$, $\psi=0$. Abbiasi adunque

$$(40)\qquad V=\sum_{i=1}^{i=mn} \left\{ \int \frac{\Omega(x^{n-2})\Sigma \pm c_1 x_2 d x_3}{\Sigma \pm \xi_1 \eta_2 x_3 . f(cx^{n-1})} \right\}_i$$

$$=\int_0^\infty d\lambda \sum_{i=1}^{i=mn} \left\{ \frac{\Omega(x^{n-2})}{\Sigma \pm \xi_1 \eta_2 x_3 . f(cx^{n-1})} \Sigma \pm c_1 x_2 \frac{\partial x_3}{\partial \lambda} \right\}_i$$

$$=\int_0^\infty d\lambda \sum_{i=1}^{i=mn} \left\{ \frac{m\, \Omega(x^{n-2}) . \psi^2(x^m)}{\Sigma \pm \xi_1 \eta_2 x_3 . \Sigma \pm \frac{\partial f}{\partial x_1} \frac{\partial \varphi}{\partial x_2} \frac{\partial \psi}{\partial x_3}} \right\}_i .$$

Il prodotto dei due determinanti nel denominatore è

$$\begin{vmatrix} n f(x^n) & f(\xi x^{n-1}) & f(\eta x^{n-1}) \\ m \varphi(x^m) & \varphi(\xi x^{m-1}) & \varphi(\eta x^{m-1}) \\ m \psi(x^m) & \psi(\xi x^{m-1}) & \psi(\eta x^{m-1}) \end{vmatrix} =$$

$$\begin{vmatrix} 0 & f(\xi x^{n-1}) & f(\eta x^{n-1}) \\ 0 & \varphi(\xi x^{m-1}) + \lambda \psi(\xi x^{m-1}) & \varphi(\eta x^{m-1}) + \lambda \psi(\eta x^{m-1}) \\ m\psi & \psi(\xi x^{m-1}) & \psi(\eta x^{m-1}) \end{vmatrix} = m\psi(x^m).\ R,$$

essendosi posto per brevità **)

*) *Mémoire sur une propriété générale d'une classe très-étendue de fonctions transcendantes* (Mém. prés. par divers savants à l'Acad. de France, t. 7, p. 181).

**) La $R=0$ è la Jacobiana delle linee $f=0$, $F=0$, $\Sigma \pm \xi_1 \eta_2 x_3=0$.

$$(41) \qquad R(x^{m+n-2}) = \begin{vmatrix} f(\xi x^{n-1}) & F(\xi x^{m-1}) \\ f(\eta x^{n-1}) & F(\eta x^{m-1}) \end{vmatrix}.$$

Avremo così

$$(42) \qquad V = \int_0^\infty d\lambda . \sum_{i=1}^{i=mn} \left\{ \frac{\Omega . \psi}{R} \right\}_i$$

30. Siano ora $X(x^{mn})=0$, $Y(x^{mn})=0$ le equazioni dei gruppi di mn rette che dagli mn punti d'intersezione delle curve $f=0$, $F=0$ vanno risp. ai punti ξ, η. Come si è già dimostrato (n.° 4), si può porre

$$(43) \qquad \begin{aligned} X &= Af + BF, \\ Y &= Cf + DF, \end{aligned}$$

dove $A=0$, $B=0$ sono due curve d'ordine $n(m-1)$, $m(n-1)$, aventi un punto $(m-1)(n-1)$-plo in ξ; e $C=0$, $D=0$ sono due curve d'ordine $n(m-1)$, $m(n-1)$, aventi un punto $(m-1)(n-1)$-plo in η.

I due gruppi di mn rette, $X=0$, $Y=0$, determinano un fascio di curve d'ordine mn

$$X + \mu Y = 0,$$

ossia

$$f . (A + \mu C) + F . (B + \mu D) = 0,$$

che è projettivo ai due fasci

$$\begin{aligned} A + \mu C &= 0 \text{ d'ordine } n(m-1), \\ B + \mu D &= 0 \text{ d'ordine } m(n-1). \end{aligned}$$

Di questi tre fasci il 1.° ed il 2.° generano il luogo

$$AY - CX = 0 \text{ ossia } F . \Delta = 0$$

composto della curva $F(x^m)=0$ e della curva

$$(44) \qquad \Delta(x^{2mn-m-n}) \equiv AD - BC = 0$$

d'ordine $2mn-m-n$, per la quale i punti ξ, η sono entrambi multipli secondo $(m-1)(n-1)$. Il 1.° ed il 3.° fascio generano il luogo

$$DX - BY = 0 \text{ ossia } f . \Delta = 0$$

composto delle due curve $f=0$, $\Delta=0$. Da ultimo, il 2.° ed il 3.° fascio generano la curva $\Delta=0$.

I punti-base del 1.° fascio devono essere tutti nel luogo $F.\Delta=0$ ed anche tutti nel luogo $f.\Delta=0$; donde segue che tutte le intersezioni delle rette $X=0$ colle rette $Y=0$, che non sono comuni alle curve $f=0$, $F=0$, appartengono alla curva $\Delta=0$.

La Jacobiana delle linee

$$X=0,\quad Y=0,\quad \Sigma\pm\xi_1\eta_2x_3=0$$

è

$$\begin{vmatrix} \xi_2\eta_3-\xi_3\eta_2 & \dfrac{\partial X}{\partial x_1} & \dfrac{\partial Y}{\partial x_1} \\ \xi_3\eta_1-\xi_1\eta_3 & \dfrac{\partial X}{\partial x_2} & \dfrac{\partial Y}{\partial x_2} \\ \xi_1\eta_2-\xi_2\eta_1 & \dfrac{\partial X}{\partial x_3} & \dfrac{\partial Y}{\partial x_3} \end{vmatrix}=0,$$

ossia

$$\begin{vmatrix} X(\xi x^{mn-1}) & Y(\xi x^{mn-1}) \\ X(\eta x^{mn-1}) & Y(\eta x^{mn-1}) \end{vmatrix}=0.$$

Nel 1.° membro di quest'equazione pongo le coordinate dell' i^{mo} punto d'intersezione delle curve $f=0$, $F=0$. Per questo punto è, in virtù delle (43):

$$\{X(\xi x^{mn-1})\}=\{Af(\xi x^{n-1})+BF(\xi x^{m-1})\},$$
$$\{X(\eta x^{mn-1})\}=\{Af(\eta x^{n-1})+BF(\eta x^{m-1})\},$$
$$\{Y(\xi x^{mn-1})\}=\{Cf(\xi x^{n-1})+DF(\xi x^{m-1})\},$$
$$\{Y(\eta x^{mn-1})\}=\{Cf(\eta x^{\ -1})+DF(\eta x^{m-1})\},$$

onde pel detto punto la Jacobiana ha il valore

$$\left\{\begin{vmatrix} A & B \\ C & D \end{vmatrix}\cdot\begin{vmatrix} f(\xi x^{n-1}) & F(\xi x^{m-1}) \\ f(\eta x^{n-1}) & F(\eta x^{m-1}) \end{vmatrix}\right\},$$

ossia, per le (41), (44), $\{\Delta.R\}$. Quindi, osservando essere identicamente

$$X(\xi x^{mn-1})=0,\quad Y(\eta x^{mn-1})=0,$$

perchè i luoghi $X=0$, $Y=0$ passano mn volte risp. pei punti ξ, η, avremo

(45) $$\{X(\eta x^{mn-1}).\ Y(\xi x^{mn-1})\}=-\{\Delta.R\}.$$

31. Sia $M=0$ una curva d'ordine $mn-2$, con $(m-1)(n-1)$ rami incrociati nel punto ξ. Disponendo delle

$$\frac{(mn-2)(mn+1)}{2}-\frac{(m-1)(n-1)\big((m-1)(n-1)+1\big)}{2}+1$$

costanti omogenee arbitrarie in M, determino una curva d'ordine $2(mn-1)$

$$\Delta\Omega\phi - YM \equiv T = 0$$

(nel fascio individuato dai luoghi $\Delta\Omega\phi=0$, $YM=0$), la quale abbia $mn-1$ rami incrociati in ξ; così che per la curva $T=0$ i punti ξ, η sono multipli risp. secondo $mn-1$, $(m-1)(n-1)$.

Sia ora $L=0$ un'altra curva d'ordine $mn-2$, con $(m-1)(n-1)$ rami passanti pel punto η; e, come sopra, dispongo delle sue costanti arbitrarie in modo da determinare una curva d'ordine $2(mn-1)$

$$T - XL \equiv U = 0$$

(nel fascio individuato dai luoghi $T=0$, $XL=0$), la quale passi $mn-1$ volte per η: così che per la curva $U=0$ i punti ξ, η saranno entrambi multipli secondo $mn-1$. Allora si avrà

$$\Delta\Omega\phi = XL + YM + U, \tag{46}$$

donde segue che le coordinate di un punto comune alle curve $f=0$, $F=0$, annullando X e Y, rendono

$$\{\Delta\Omega\phi\} = \{U\}, \tag{47}$$

mentre le coordinate di un punto comune ai tre luoghi $X=0$, $Y=0$, $\Delta=0$, annulleranno anche U.

Ora U si può esprimere come aggregato lineare di mn prodotti, ciascuno de' quali contenga tutt' i fattori lineari di X e di Y, meno due rappresentanti le rette che da ξ e da η vanno ad un punto comune ad $f=0$, $F=0$. Tale aggregato lineare rappresenta in generale una curva d'ordine $2(mn-1)$, che ha $mn-1$ rami incrociati in ciascuno dei punti ξ, η e passa per gli m^2n^2-mn punti semplici, comuni ai luoghi $X=0$, $Y=0$, $\Delta=0$, $U=0$. Le $mn-1$ condizioni arbitrarie, alle quali può ancora soddisfare questo aggregato sono appunto in numero uguale a quelle che, insieme coi due punti $(mn-1)$-pli e cogli m^2n^2-mn punti semplici, individuano $U=0$.

Indicando con $x^{(i)}$ l' i^{mo} punto d'intersezione delle curve $f=0$, $F=0$, avremo dunque

$$U = XY \sum_{i=1}^{i=mn} \frac{k_i}{\Sigma \pm \xi_1 x_2^{(i)} x_3 \,.\, \Sigma \pm \eta_1 x_2^{(i)} x_3}. \tag{48}$$

Per determinare il coefficiente k_i pongo, nell'equazione precedente, $x=x^{(i)}$. Supposto

$$\begin{aligned} X &= X' \,\Sigma \pm \xi_1 x_2^{(i)} x_3 , \\ Y &= Y' \,\Sigma \pm \eta_1 x_2^{(i)} x_3 , \end{aligned} \tag{49}$$

ne verrà

$$k_i = \left\{ \frac{U}{X'Y'} \right\}_i;$$

Le (49) poi danno

$$\left\{ X(\eta x^{mn-1}) \right\} = - \left\{ X'\Sigma \pm \xi_1 \eta_2 x_3 \right\},$$
$$\left\{ Y(\xi x^{mn-1}) \right\} = \left\{ Y'\Sigma \pm \xi_1 \eta_2 x_3 \right\},$$

dunque

$$k_i = - \left\{ \frac{U(\Sigma \pm \xi_1 \eta_2 x_3)^2}{X(\eta x^{mn-1}) \,.\, Y(\xi x^{mn-1})} \right\}_i,$$

ossia, avuto riguardo alle (47) (45),

$$k_i = \left\{ \frac{\Omega\phi(\Sigma \pm \xi_1 \eta_2 x_3)^2}{R} \right\}_i;$$

epperò la (48) diviene

$$U = XY \sum_{i=1}^{i=mn} \left\{ \frac{\Omega\phi(\Sigma \pm \xi_1 \eta_2 x_3)^2}{R} \right\}_i \frac{1}{\Sigma \pm \xi_1 x_2^{(i)} x_3 \,.\, \Sigma \pm \eta_1 x_2^{(i)} x_3}.$$

Sostituendo poi questa espressione di U nella (46) si ha

$$(50) \qquad \frac{\Delta\Omega\phi}{XY} = \frac{M}{X} + \frac{L}{Y} + \sum_{i=1}^{i=mn} \left\{ \frac{\Omega\phi(\Sigma \pm \xi_1 \eta_2 x_3)^2}{R} \right\}_i \frac{1}{\Sigma \pm \xi_1 x_2^{(i)} x_3 \,.\, \Sigma \pm \eta_1 x_2^{(i)} x_3}.$$

In questa identità pongo $x = \mu\xi + \nu\eta$, cioè alle coordinate generiche sostituisco quelle di un punto qualunque della retta $\overline{\xi\eta}$. Siccome questa retta incontra il luogo $X=0$ nel solo punto ξ (che corrisponde a $\nu=0$) ed il luogo $Y=0$ nel solo punto η (che corrisponde a $\mu=0$), così quella sostituzione darà

$$[X] = \nu^{mn} \,.\, X_0, \quad [Y] = \mu^{mn} \,.\, Y_0,$$

ove le [ ] simboleggiano la sostituzione $x = \mu\xi + \nu\eta$, ed X_0, Y_0 sono costanti, indipendenti da μ e ν. Poi, essendo il punto ξ multiplo secondo il numero $(m-1)(n-1)$ per la curva $M=0$, e così del pari il punto η per la curva $L=0$, si avrà

$$[M] = \nu^{(m-1)(n-1)} \,.\, M_0,$$
$$[L] = \mu^{(m-1)(n-1)} \,.\, L_0,$$

ove L_0, M_0 sono funzioni intere omogenee in μ, ν, del grado $m+n-3$.

Da ultimo, la stessa sostituzione dà

$$[\Sigma \pm \xi_1 x_2^{(i)} x_3] = \nu\,\Sigma \pm \xi_1 \eta_2 x_3^{(i)},$$
$$[\Sigma \pm \eta_1 x_2^{(i)} x_3] = \mu\,\Sigma \pm \xi_1 \eta_2 x_3^{(i)},$$

e a cagione delle equazioni analoghe alle (19), (20), delle quali si servono i signori Clebsch e Gordan *) per comporre la Ω:

$$\mu\nu[\Omega]=[f].$$

Perciò il risultato della sostituzione nella (50) è

$$\frac{1}{\mu\nu}\left[\frac{\Delta f\phi}{X\,Y}\right]=\frac{M_0}{\nu^{m+n-1}X_0}+\frac{L_0}{\mu^{m+n-1}Y_0}-\frac{1}{\mu\nu}\sum_{i=1}^{i=mn}\left\{\frac{\Omega\,\phi}{R}\right\}_i.$$

Delle tre parti costituenti il 2.° membro di questa identità, la 1.ª è intera rispetto a μ, la 2.ª è intera rispetto a ν, e la 3.ª è il prodotto di $\frac{1}{\mu\nu}$ per una quantità indipendente da μ e ν. Dunque sarà

(51) $$-\sum_{i=1}^{i=mn}\left\{\frac{\Omega\,\phi}{R}\right\}_i = \text{al coefficiente di } (\mu\nu)^0 \text{ nell'espressione } \left[\frac{\Delta f\phi}{X\,Y}\right],$$

ossia nell'espressione

$$\left[\frac{D\,\phi}{Y}\right]-\left[\frac{B\,\phi}{X}\right],$$

perchè dalle (43) si cava

$$\Delta f=DX-BY.$$

Le frazioni $\frac{D\phi}{Y}$, $\frac{B\phi}{X}$ hanno la dimensione 0, e, ponendovi $x=\mu\xi+\nu\eta$, la prima è intera rispetto a ν, la seconda è intera rispetto a μ; dunque il coefficiente di $(\mu\nu)^0$ in $\left[\frac{D\phi}{Y}-\frac{B\phi}{X}\right]$ sarà uguale al valore della prima frazione, fattovi prima $x=\mu\xi+\nu\eta$ e poi $\nu=0$, meno il valore della seconda frazione, fattovi prima $x=\mu\xi+\nu\eta$ e poi $\mu=0$; cioè sarà uguale a

$$\left(\frac{D\phi}{Y}\right)_{x=\xi}-\left(\frac{B\phi}{X}\right)_{x=\eta}.$$

Ora, siccome i punti ξ, η sono nella curva $f=0$, così dalle (43) si ha

$$X(\eta)=B(\eta)\,.\,F(\eta),$$
$$Y(\xi)=D(\xi)\,.\,F(\xi).$$

Dunque la (51) diviene

$$\sum_{i=1}^{i=mn}\left\{\frac{\Omega\,\phi}{R}\right\}_i=\frac{\phi(\eta)}{F(\eta)}-\frac{\phi(\xi)}{F(\xi)},$$

*) Op. cit. p. 23.

epperò dalla (42)

$$V = \int_0^\infty d\lambda \left(\frac{\psi(\eta)}{F(\eta)} - \frac{\psi(\xi)}{F(\xi)} \right).$$

E siccome $F = \varphi + \lambda\psi$, così, vista la (40), avremo finalmente

$$\sum_{i=1}^{i=mn} \left\{ \int \frac{\Omega(x^{n-2}) \,.\, \Sigma \pm c_1 x_2 dx_3}{\Sigma \pm \xi_1 \eta_2 x_3 \,.\, f(cx^{n-1})} \right\}_i = \log \frac{\psi(\eta) \,.\, \varphi(\xi)}{\varphi(\eta) \,.\, \psi(\xi)}, \tag{52}$$

formola esprimente il teorema abeliano per gl' integrali normali di 3ª specie.

Si può osservare che $\frac{\psi(\eta) \,.\, \varphi(\xi)}{\varphi(\eta) \,.\, \psi(\xi)}$ è il rapporto anarmonico di quattro curve del fascio $\varphi + \lambda\psi = 0$, cioè delle curve corrispondenti a $\lambda = 0$, $\lambda = \infty$, $\lambda = -\frac{\varphi(\xi)}{\psi(\xi)}$, $\lambda = -\frac{\varphi(\eta)}{\psi(\eta)}$, delle quali le ultime due sono quelle che passano risp. pei punti ξ, η. Se questi due punti fossero situati in una sola e medesima curva del fascio, cioè se fosse

$$\frac{\varphi(\eta)}{\psi(\eta)} = \frac{\varphi(\xi)}{\psi(\xi)},$$

il detto rapporto anarmonico sarebbe $= 1$, epperò il 2° membro della (52) si ridurrebbe a zero.

84.

SULLE VENTISETTE RETTE DI UNA SUPERFICIE DEL TERZO ORDINE. *)

Rendiconti del R. Istituto Lombardo, serie II, volume III (1870), pp. 209-219.

Per la notazione delle 27 rette di una superficie del terz'ordine impiegherò gli stessi simboli de' quali mi sono servito nella mia Memoria inserita nel giornale matematico di Crelle-Borchardt (tom. 68, pag. 75 e seg.) [Questo tomo, pag. 66 e seg.], e seguendo l'esempio del signor Jordan chiamerò *enneaedro* il sistema di nove piani, i quali contengano insieme tutte le 27 rette. Per indicare i 45 piani tritangenti, adoprerò i numeri 1, 2, 3, ..., 44, 45, appunto come fa il signor Jordan **); e per accordare questa notazione con quella (dovuta al signor Schläfli) delle 27 rette, porrò le seguenti equazioni:

(1)

$1 = a_1\, b_4\, c_{14}$	$16 = a_5\, b_2\, c_{25}$	$31 = a_5\, b_3\, c_{35}$
$2 = c_{16}\, c_{23}\, c_{45}$	$17 = c_{13}\, c_{24}\, c_{56}$	$32 = a_6\, b_5\, c_{56}$
$3 = a_5\, b_6\, c_{56}$	$18 = c_{13}\, c_{25}\, c_{46}$	$33 = a_3\, b_6\, c_{36}$
$4 = c_{15}\, c_{24}\, c_{36}$	$19 = a_6\, b_3\, c_{36}$	$34 = a_1\, b_6\, c_{16}$
$5 = a_6\, b_2\, c_{26}$	$20 = a_3\, b_2\, c_{23}$	$35 = a_5\, b_4\, c_{45}$
$6 = a_4\, b_3\, c_{34}$	$21 = a_4\, b_5\, c_{45}$	$36 = c_{14}\, c_{23}\, c_{56}$
$7 = a_2\, b_5\, c_{25}$	$22 = c_{16}\, c_{24}\, c_{35}$	$37 = a_1\, b_5\, c_{15}$
$8 = a_3\, b_1\, c_{13}$	$23 = c_{12}\, c_{34}\, c_{56}$	$38 = a_3\, b_4\, c_{34}$
$9 = c_{12}\, c_{35}\, c_{46}$	$24 = a_2\, b_6\, c_{26}$	$39 = c_{14}\, c_{26}\, c_{35}$
$10 = a_3\, b_5\, c_{35}$	$25 = a_5\, b_1\, c_{15}$	$40 = c_{14}\, c_{25}\, c_{36}$
$11 = c_{15}\, c_{26}\, c_{34}$	$26 = a_2\, b_1\, c_{12}$	$41 = a_1\, b_3\, c_{13}$
$12 = a_6\, b_1\, c_{16}$	$27 = a_4\, b_2\, c_{24}$	$42 = a_6\, b_4\, c_{46}$
$13 = a_2\, b_3\, c_{23}$	$28 = c_{13}\, c_{26}\, c_{45}$	$43 = a_2\, b_4\, c_{24}$
$14 = c_{12}\, c_{36}\, c_{45}$	$29 = c_{16}\, c_{25}\, c_{34}$	$44 = a_4\, b_1\, c_{14}$
$15 = a_4\, b_6\, c_{46}$	$30 = c_{15}\, c_{23}\, c_{46}$	$45 = a_1\, b_2\, c_{12}$

*) I risultati che si espongono qui sono quelli, da me comunicati al signor Jordan con lettera privata, ai quali egli fa allusione nella sua Nota inserita nel *Compte rendu de l'Acad. des Sciences,* 14 febbraio 1870.

**) *Compte rendu de l'Acad. des Sciences*, 12 aprile 1869. — *Traité des subs titutions et des équations algébriques*, p. 368.

e scriverò $p_1=0, p_2=0, \ldots, p_{45}=0$ come equazioni dei 45 piani tritangenti.

È noto che dalle 27 rette se ne possono scegliere 9 (in 120 maniere diverse) che siano le intersezioni di una terna di piani tritangenti con un'altra terna di piani tritangenti. Queste due terne di piani tritangenti diconsi *triedri coniugati*. Due piani tritangenti la cui intersezione non sia una delle 27 rette della superficie individuano una coppia di triedri conjugati; ed ogni coppia di triedri conjugati individua altre due coppie analoghe, in modo che i diciotto piani di questa terna di coppie di triedri conjugati contengano (due volte) tutte le 27 rette.

La distribuzione delle 27 rette nei 18 piani di una terna di coppie di triedri conjugati si può rappresentare con tre determinanti o matrici *), come per esempio:

$$(2)\qquad \left|\begin{array}{ccc|ccc|ccc} a_1 & c_{35} & c_{34} & c_{13} & a_5 & a_4 & b_3 & b_1 & c_{45} \\ a_3 & c_{15} & c_{14} & b_2 & c_{64} & c_{65} & c_{21} & c_{23} & a_6 \\ c_{26} & b_4 & b_5 & b_6 & c_{24} & c_{25} & c_{61} & c_{63} & a_2 \end{array}\right| .$$

Ciascuna matrice rappresenta le rette situate nei piani di una coppia; sviluppando la matrice, per esempio la 1.ª,

$$\begin{array}{l} + a_1 b_5 c_{15} + a_3 b_4 c_{34} + c_{14} c_{26} c_{35} \\ - a_1 b_4 c_{14} - a_3 b_5 c_{35} - c_{15} c_{26} c_{34}, \end{array}$$

i termini positivi danno i piani di un triedro, i termini negativi quelli del triedro conjugato. Questa coppia di triedri, in virtù delle (1), potrà anche indicarsi così:

$$\frac{37 \qquad 38 \qquad 39}{1 \qquad 10 \qquad 11}$$

ossia, come preferirò di scrivere:

$$\left|\begin{array}{cc} 37 & 1 \\ 38 & 10 \\ 39 & 11 \end{array}\right|$$

ponendo in linea verticale i piani di ciascun triedro.

Sviluppando ora analogamente le altre due matrici, si ha l'equazione:

---

*) Gli elementi delle matrici sono disposti in modo che le rette di ogni

linea $\left\{\begin{array}{l}\text{verticale}\\ \text{orizzontale}\\ \text{verticale}\end{array}\right\}$ della $\left\{\begin{array}{l}1.^{\text{a}}\\ 2.^{\text{a}}\\ 3.^{\text{a}}\end{array}\right\}$ matrice segano le rette della corrispondente

linea $\left\{\begin{array}{l}\text{verticale}\\ \text{orizzontale}\\ \text{orizzontale}\end{array}\right\}$ della $\left\{\begin{array}{l}2.^{\text{a}}\\ 3.^{\text{a}}\\ 1.^{\text{a}}\end{array}\right\}$ matrice. [49]

$$\left|\begin{array}{ccc|ccc|ccc} a_1 & c_{35} & c_{34} & c_{13} & a_5 & a_4 & b_3 & b_1 & c_{45} \\ a_3 & c_{15} & c_{14} & b_2 & c_{64} & c_{65} & c_{21} & c_{23} & a_6 \\ c_{26} & b_4 & b_5 & b_6 & c_{24} & c_{25} & c_{61} & c_{63} & a_2 \end{array}\right| = \left|\begin{array}{cc|cc|cc} 37 & 1 & 18 & 17 & 13 & 19 \\ 38 & 10 & 27 & 16 & 14 & 26 \\ 39 & 11 & 3 & 15 & 12 & 2 \end{array}\right|.$$

Lo specchio che segue presenta le equazioni analoghe, corrispondenti alle 40 terne di coppie di triedri coniugati:

$$\left|\begin{array}{ccc|ccc|ccc} a_1 & b_1 & c_{23} & b_4 & a_4 & c_{56} & c_{14} & c_{24} & c_{34} \\ a_2 & b_2 & c_{31} & b_5 & a_5 & c_{64} & c_{15} & c_{25} & c_{35} \\ a_3 & b_3 & c_{12} & b_6 & a_6 & c_{45} & c_{16} & c_{26} & c_{36} \end{array}\right| = \left|\begin{array}{cc|cc|cc} 45 & 41 & 35 & 42 & 40 & 39 \\ 13 & 26 & 32 & 21 & 11 & 4 \\ 8 & 20 & 15 & 3 & 22 & 29 \end{array}\right|$$

$$\left|\begin{array}{ccc|ccc|ccc} a_1 & b_1 & c_{24} & b_3 & a_3 & c_{56} & c_{13} & c_{23} & c_{43} \\ a_2 & b_2 & c_{41} & b_5 & a_5 & c_{63} & c_{15} & c_{25} & c_{45} \\ a_4 & b_4 & c_{12} & b_6 & a_6 & c_{35} & c_{16} & c_{26} & c_{46} \end{array}\right| = \left|\begin{array}{cc|cc|cc} 45 & 1 & 31 & 19 & 18 & 28 \\ 43 & 26 & 32 & 10 & 11 & 30 \\ 44 & 27 & 33 & 3 & 2 & 29 \end{array}\right|$$

$$\left|\begin{array}{ccc|ccc|ccc} a_1 & b_1 & c_{25} & b_4 & a_4 & c_{36} & c_{14} & c_{24} & c_{54} \\ a_2 & b_2 & c_{15} & b_3 & a_3 & c_{64} & c_{13} & c_{23} & c_{53} \\ a_5 & b_5 & c_{12} & b_6 & a_6 & c_{34} & c_{16} & c_{26} & c_{56} \end{array}\right| = \left|\begin{array}{cc|cc|cc} 45 & 37 & 38 & 42 & 36 & 39 \\ 7 & 26 & 19 & 6 & 28 & 17 \\ 25 & 16 & 15 & 33 & 22 & 2 \end{array}\right|$$

$$\left|\begin{array}{ccc|ccc|ccc} a_1 & b_1 & c_{26} & b_4 & a_4 & c_{35} & c_{14} & c_{24} & c_{64} \\ a_2 & b_2 & c_{16} & b_5 & a_5 & c_{34} & c_{15} & c_{25} & c_{65} \\ a_6 & b_6 & c_{12} & b_3 & a_3 & c_{45} & c_{13} & c_{23} & c_{63} \end{array}\right| = \left|\begin{array}{cc|cc|cc} 45 & 34 & 35 & 38 & 40 & 36 \\ 24 & 26 & 10 & 21 & 30 & 4 \\ 12 & 5 & 6 & 31 & 17 & 18 \end{array}\right|$$

$$\left|\begin{array}{ccc|ccc|ccc} a_1 & b_1 & c_{34} & b_2 & a_2 & c_{56} & c_{12} & c_{32} & c_{42} \\ a_3 & b_3 & c_{14} & b_5 & a_5 & c_{26} & c_{15} & c_{35} & c_{45} \\ a_4 & b_4 & c_{13} & b_6 & a_6 & c_{25} & c_{16} & c_{36} & c_{46} \end{array}\right| = \left|\begin{array}{cc|cc|cc} 41 & 1 & 16 & 5 & 9 & 14 \\ 38 & 8 & 32 & 7 & 4 & 30 \\ 44 & 6 & 24 & 3 & 2 & 22 \end{array}\right|$$

$$\left|\begin{array}{ccc|ccc|ccc} a_1 & b_1 & c_{35} & b_2 & a_2 & c_{46} & c_{12} & c_{32} & c_{52} \\ a_3 & b_3 & c_{15} & b_4 & a_4 & c_{26} & c_{14} & c_{34} & c_{54} \\ a_5 & b_5 & c_{13} & b_6 & a_6 & c_{24} & c_{16} & c_{36} & c_{56} \end{array}\right| = \left|\begin{array}{cc|cc|cc} 41 & 37 & 27 & 5 & 23 & 14 \\ 10 & 8 & 42 & 43 & 40 & 36 \\ 25 & 31 & 24 & 15 & 2 & 29 \end{array}\right|$$

$$\left|\begin{array}{ccc|ccc|ccc} a_1 & b_1 & c_{36} & b_2 & a_2 & c_{45} & c_{12} & c_{32} & c_{62} \\ a_3 & b_3 & c_{16} & b_4 & a_4 & c_{25} & c_{14} & c_{34} & c_{64} \\ a_6 & b_6 & c_{13} & b_5 & a_5 & c_{24} & c_{15} & c_{35} & c_{65} \end{array}\right| = \left|\begin{array}{cc|cc|cc} 41 & 34 & 27 & 16 & 23 & 9 \\ 33 & 8 & 35 & 43 & 39 & 36 \\ 12 & 19 & 7 & 21 & 30 & 11 \end{array}\right|$$

$$\left|\begin{array}{ccc|ccc|ccc} a_1 & b_1 & c_{45} & b_2 & a_2 & c_{36} & c_{12} & c_{42} & c_{52} \\ a_4 & b_4 & c_{15} & b_3 & a_3 & c_{26} & c_{13} & c_{43} & c_{53} \\ a_5 & b_5 & c_{14} & b_6 & a_6 & c_{23} & c_{16} & c_{46} & c_{56} \end{array}\right| = \left|\begin{array}{cc|cc|cc} 1 & 37 & 20 & 5 & 23 & 9 \\ 21 & 44 & 19 & 13 & 18 & 17 \\ 25 & 35 & 24 & 33 & 22 & 29 \end{array}\right|$$

$$\left|\begin{array}{ccc|ccc|ccc} a_1 & b_1 & c_{46} & b_2 & a_2 & c_{35} & c_{12} & c_{42} & c_{62} \\ a_4 & b_4 & c_{16} & b_3 & a_3 & c_{25} & c_{13} & c_{43} & c_{63} \\ a_6 & b_6 & c_{14} & b_5 & a_5 & c_{23} & c_{15} & c_{45} & c_{65} \end{array}\right| = \left|\begin{array}{cc|cc|cc} 1 & 34 & 20 & 16 & 23 & 14 \\ 15 & 44 & 31 & 13 & 28 & 17 \\ 12 & 42 & 7 & 10 & 4 & 11 \end{array}\right|$$

$$\left|\begin{array}{ccc|ccc|ccc} a_1 & b_1 & c_{56} & b_2 & a_2 & c_{34} & c_{12} & c_{52} & c_{62} \\ a_5 & b_5 & c_{16} & b_3 & a_3 & c_{24} & c_{13} & c_{53} & c_{63} \\ a_6 & b_6 & c_{15} & b_4 & a_4 & c_{23} & c_{14} & c_{54} & c_{64} \end{array}\right| = \left|\begin{array}{cc|cc|cc} 37 & 34 & 20 & 27 & 9 & 18 \\ 3 & 25 & 6 & 13 & 28 & 14 \\ 12 & 32 & 43 & 38 & 40 & 39 \end{array}\right|$$

$$\left|\begin{array}{ccc|ccc|ccc} a_1 & c_{24} & c_{23} & c_{12} & a_4 & a_3 & b_2 & b_1 & c_{34} \\ a_2 & c_{14} & c_{13} & b_5 & c_{36} & c_{46} & c_{15} & c_{25} & a_6 \\ c_{56} & b_3 & b_4 & b_6 & c_{35} & c_{45} & c_{16} & c_{26} & a_5 \end{array}\right| = \left|\begin{array}{cc|cc|cc} 1 & 41 & 14 & 9 & 16 & 5 \\ 13 & 43 & 10 & 21 & 11 & 25 \\ 17 & 36 & 15 & 33 & 12 & 29 \end{array}\right|$$

$$\left|\begin{array}{ccc|ccc|ccc} a_1 & c_{25} & c_{23} & c_{12} & a_5 & a_3 & b_2 & b_1 & c_{35} \\ a_2 & c_{15} & c_{13} & b_4 & c_{36} & c_{56} & c_{14} & c_{24} & a_6 \\ c_{46} & b_3 & b_5 & b_6 & c_{34} & c_{45} & c_{16} & c_{26} & a_4 \end{array}\right| = \left|\begin{array}{cc|cc|cc} 37 & 41 & 14 & 23 & 27 & 5 \\ 13 & 7 & 38 & 35 & 39 & 44 \\ 18 & 30 & 3 & 33 & 12 & 22 \end{array}\right|$$

$$\left|\begin{array}{ccc|ccc|ccc} a_1 & c_{26} & c_{23} & c_{12} & a_6 & a_3 & b_2 & b_1 & c_{36} \\ a_2 & c_{16} & c_{13} & b_5 & c_{34} & c_{46} & c_{15} & c_{25} & a_4 \\ c_{45} & b_3 & b_6 & b_4 & c_{35} & c_{56} & c_{14} & c_{24} & a_5 \end{array}\right| = \left|\begin{array}{cc|cc|cc} 34 & 41 & 23 & 9 & 16 & 27 \\ 13 & 24 & 10 & 32 & 4 & 25 \\ 28 & 2 & 42 & 38 & 44 & 40 \end{array}\right|$$

$$\left|\begin{array}{ccc|ccc|ccc} a_1 & c_{25} & c_{24} & c_{12} & a_5 & a_4 & b_2 & b_1 & c_{45} \\ a_2 & c_{15} & c_{14} & b_3 & c_{46} & c_{56} & c_{13} & c_{23} & a_6 \\ c_{36} & b_4 & b_5 & b_6 & c_{43} & c_{53} & c_{16} & c_{26} & a_3 \end{array}\right| = \left|\begin{array}{cc|cc|cc} 37 & 1 & 9 & 23 & 20 & 5 \\ 43 & 7 & 6 & 31 & 28 & 8 \\ 40 & 4 & 3 & 15 & 12 & 2 \end{array}\right|$$

$$\left|\begin{array}{ccc|ccc|ccc} a_1 & c_{26} & c_{24} & c_{12} & a_6 & a_4 & b_2 & b_1 & c_{46} \\ a_2 & c_{16} & c_{14} & b_3 & c_{45} & c_{56} & c_{13} & c_{23} & a_5 \\ c_{35} & b_4 & b_6 & b_5 & c_{43} & c_{36} & c_{15} & c_{25} & a_3 \end{array}\right| = \left|\begin{array}{cc|cc|cc} 34 & 1 & 14 & 23 & 20 & 16 \\ 43 & 24 & 6 & 19 & 18 & 8 \\ 39 & 22 & 32 & 21 & 25 & 30 \end{array}\right|$$

$$\left|\begin{array}{ccc|ccc|ccc} a_1 & c_{26} & c_{25} & c_{12} & a_6 & a_5 & b_2 & b_1 & c_{56} \\ a_2 & c_{16} & c_{15} & b_3 & c_{45} & c_{46} & c_{13} & c_{23} & a_4 \\ c_{34} & b_5 & b_6 & b_4 & c_{35} & c_{36} & c_{14} & c_{24} & a_3 \end{array}\right| = \left|\begin{array}{cc|cc|cc} 34 & 37 & 14 & 9 & 20 & 27 \\ 7 & 24 & 31 & 19 & 17 & 8 \\ 11 & 29 & 42 & 35 & 44 & 36 \end{array}\right|$$

$$\left|\begin{array}{ccc|ccc|ccc} a_1 & c_{34} & c_{23} & c_{13} & a_4 & a_2 & b_3 & b_1 & c_{24} \\ a_3 & c_{14} & c_{12} & b_5 & c_{26} & c_{46} & c_{15} & c_{35} & a_6 \\ c_{56} & b_2 & b_4 & b_6 & c_{25} & c_{45} & c_{16} & c_{36} & a_5 \end{array}\right| = \left|\begin{array}{cc|cc|cc} 1 & 45 & 28 & 18 & 31 & 19 \\ 20 & 38 & 7 & 21 & 4 & 25 \\ 23 & 36 & 15 & 24 & 12 & 22 \end{array}\right|$$

$$\left|\begin{array}{ccc|ccc|ccc} a_1 & c_{35} & c_{23} & c_{13} & a_5 & a_2 & b_3 & b_1 & c_{25} \\ a_3 & c_{15} & c_{12} & b_4 & c_{26} & c_{56} & c_{14} & c_{34} & a_6 \\ c_{46} & b_2 & b_5 & b_6 & c_{24} & c_{45} & c_{16} & c_{36} & a_4 \end{array}\right| = \left|\begin{array}{cc|cc|cc} 37 & 45 & 28 & 17 & 6 & 19 \\ 20 & 10 & 43 & 35 & 40 & 44 \\ 9 & 30 & 3 & 24 & 12 & 29 \end{array}\right|$$

$$\left|\begin{array}{ccc|ccc|ccc} a_1 & c_{36} & c_{23} & c_{13} & a_6 & a_2 & b_3 & b_1 & c_{26} \\ a_3 & c_{16} & c_{12} & b_4 & c_{25} & c_{56} & c_{14} & c_{34} & a_5 \\ c_{45} & b_2 & b_6 & b_5 & c_{24} & c_{46} & c_{15} & c_{35} & a_4 \end{array}\right| = \left|\begin{array}{cc|cc|cc} 34 & 45 & 18 & 17 & 6 & 31 \\ 20 & 33 & 43 & 42 & 39 & 44 \\ 14 & 2 & 32 & 7 & 25 & 11 \end{array}\right|$$

$$\left|\begin{array}{ccc|ccc|ccc} a_1 & c_{35} & c_{34} & c_{13} & a_5 & a_4 & b_3 & b_1 & c_{45} \\ a_3 & c_{15} & c_{14} & b_2 & c_{46} & c_{56} & c_{12} & c_{23} & a_6 \\ c_{26} & b_4 & b_5 & b_6 & c_{24} & c_{25} & c_{16} & c_{36} & a_2 \end{array}\right| = \left|\begin{array}{cc|cc|cc} 37 & 1 & 18 & 17 & 13 & 19 \\ 38 & 10 & 27 & 16 & 14 & 26 \\ 39 & 11 & 3 & 15 & 12 & 2 \end{array}\right|$$

$$\left|\begin{array}{ccc|ccc|ccc} a_1 & c_{36} & c_{34} & c_{13} & a_6 & a_4 & b_3 & b_1 & c_{46} \\ a_3 & c_{16} & c_{14} & b_2 & c_{45} & c_{65} & c_{12} & c_{23} & a_5 \\ c_{25} & b_4 & b_6 & b_5 & c_{42} & c_{62} & c_{15} & c_{53} & a_2 \end{array}\right| = \left|\begin{array}{cc|cc|cc} 34 & 1 & 28 & 17 & 13 & 31 \\ 38 & 33 & 27 & 5 & 9 & 26 \\ 40 & 29 & 32 & 21 & 25 & 30 \end{array}\right|$$

$$\left|\begin{array}{ccc|ccc|ccc} a_1 & c_{36} & c_{35} & c_{13} & a_6 & a_5 & b_3 & b_1 & c_{56} \\ a_3 & c_{16} & c_{15} & b_2 & c_{54} & c_{46} & c_{12} & c_{23} & a_4 \\ c_{24} & b_5 & b_6 & b_4 & c_{52} & c_{62} & c_{14} & c_{34} & a_2 \end{array}\right| = \left|\begin{array}{cc|cc|cc} 34 & 37 & 28 & 18 & 13 & 6 \\ 10 & 33 & 16 & 5 & 23 & 26 \\ 4 & 22 & 42 & 35 & 44 & 36 \end{array}\right|$$

$$\left|\begin{array}{ccc|ccc|ccc} a_1 & c_{43} & c_{42} & c_{14} & a_3 & a_2 & b_4 & b_1 & c_{23} \\ a_4 & c_{13} & c_{12} & b_5 & c_{26} & c_{36} & c_{15} & c_{45} & a_6 \\ c_{56} & b_2 & b_3 & b_6 & c_{25} & c_{35} & c_{16} & c_{46} & a_5 \end{array}\right| = \left|\begin{array}{cc|cc|cc} 41 & 45 & 39 & 40 & 35 & 42 \\ 27 & 6 & 7 & 10 & 30 & 25 \\ 23 & 17 & 33 & 24 & 12 & 2 \end{array}\right|$$

$$\left|\begin{array}{ccc|ccc|ccc} a_1 & c_{45} & c_{24} & c_{14} & a_5 & a_2 & b_4 & b_1 & c_{25} \\ a_4 & c_{15} & c_{12} & b_3 & c_{26} & c_{56} & c_{13} & c_{43} & a_6 \\ c_{36} & b_2 & b_5 & b_6 & c_{23} & c_{53} & c_{16} & c_{46} & a_3 \end{array}\right| = \left|\begin{array}{cc|cc|cc} 37 & 45 & 39 & 36 & 38 & 42 \\ 27 & 21 & 13 & 31 & 18 & 8 \\ 14 & 4 & 3 & 24 & 12 & 29 \end{array}\right|$$

$$\left|\begin{array}{ccc|ccc|ccc} a_1 & c_{46} & c_{24} & c_{14} & a_6 & a_2 & b_4 & b_1 & c_{26} \\ a_4 & c_{16} & c_{12} & b_3 & c_{52} & c_{56} & c_{13} & c_{34} & a_5 \\ c_{35} & b_2 & b_6 & b_5 & c_{32} & c_{36} & c_{15} & c_{45} & a_3 \end{array}\right| = \left|\begin{array}{cc|cc|cc} 34 & 45 & 40 & 36 & 38 & 35 \\ 27 & 15 & 13 & 19 & 28 & 8 \\ 9 & 22 & 32 & 7 & 25 & 11 \end{array}\right|$$

$$\left|\begin{array}{ccc|ccc|ccc} a_1 & c_{45} & c_{34} & c_{14} & a_5 & a_3 & b_4 & b_1 & c_{35} \\ a_4 & c_{15} & c_{31} & b_2 & c_{36} & c_{56} & c_{12} & c_{42} & a_6 \\ c_{26} & b_3 & b_5 & b_6 & c_{23} & c_{25} & c_{16} & c_{46} & a_2 \end{array}\right| = \left|\begin{array}{cc|cc|cc} 37 & 41 & 40 & 36 & 43 & 42 \\ 6 & 21 & 20 & 16 & 9 & 26 \\ 28 & 11 & 3 & 33 & 12 & 22 \end{array}\right|$$

$$\left|\begin{array}{ccc|ccc|ccc} a_1 & c_{46} & c_{34} & c_{14} & a_6 & a_3 & b_4 & b_1 & c_{36} \\ a_4 & c_{16} & c_{31} & b_2 & c_{53} & c_{65} & c_{12} & c_{42} & a_5 \\ c_{25} & b_3 & b_6 & b_5 & c_{23} & c_{26} & c_{15} & c_{45} & a_2 \end{array}\right| = \left|\begin{array}{cc|cc|cc} 34 & 41 & 39 & 36 & 43 & 35 \\ 6 & 15 & 20 & 5 & 14 & 26 \\ 18 & 29 & 32 & 10 & 25 & 4 \end{array}\right|$$

$$\left|\begin{array}{ccc|ccc|ccc} a_1 & c_{46} & c_{45} & c_{14} & a_6 & a_5 & b_4 & b_1 & c_{56} \\ a_4 & c_{16} & c_{15} & b_2 & c_{35} & c_{36} & c_{12} & c_{24} & a_3 \\ c_{23} & b_5 & b_6 & b_3 & c_{25} & c_{26} & c_{13} & c_{34} & a_2 \end{array}\right| = \left|\begin{array}{cc|cc|cc} 34 & 37 & 39 & 40 & 43 & 38 \\ 21 & 15 & 16 & 5 & 23 & 26 \\ 30 & 2 & 19 & 31 & 8 & 17 \end{array}\right|$$

$$\left|\begin{array}{ccc|ccc|ccc} a_1 & c_{35} & c_{25} & c_{15} & a_3 & a_2 & b_5 & b_1 & c_{23} \\ a_5 & c_{31} & c_{21} & b_4 & c_{26} & c_{36} & c_{14} & c_{54} & a_6 \\ c_{46} & b_2 & b_3 & b_6 & c_{24} & c_{34} & c_{16} & c_{56} & a_4 \end{array}\right| = \left|\begin{array}{cc|cc|cc} 41 & 45 & 11 & 4 & 21 & 32 \\ 16 & 31 & 43 & 38 & 36 & 44 \\ 9 & 18 & 33 & 24 & 12 & 2 \end{array}\right|$$

$$\left|\begin{array}{ccc|ccc|ccc} a_1 & c_{45} & c_{25} & c_{15} & a_4 & a_2 & b_5 & b_1 & c_{24} \\ a_5 & c_{41} & c_{21} & b_3 & c_{26} & c_{46} & c_{13} & c_{35} & a_6 \\ c_{36} & b_2 & b_4 & b_6 & c_{32} & c_{43} & c_{16} & c_{65} & a_3 \end{array}\right| = \left|\begin{array}{cc|cc|cc} 1 & 45 & 11 & 30 & 10 & 32 \\ 16 & 35 & 13 & 6 & 17 & 8 \\ 14 & 40 & 15 & 24 & 12 & 22 \end{array}\right|$$

$$\left|\begin{array}{ccc|ccc|ccc} a_1 & c_{56} & c_{25} & c_{15} & a_2 & a_6 & b_5 & b_1 & c_{26} \\ a_5 & c_{16} & c_{21} & b_3 & c_{46} & c_{24} & c_{13} & c_{35} & a_4 \\ c_{34} & b_2 & b_6 & b_4 & c_{36} & c_{23} & c_{14} & c_{45} & a_3 \end{array}\right| = \left|\begin{array}{cc|cc|cc} 34 & 45 & 30 & 4 & 10 & 21 \\ 16 & 3 & 19 & 13 & 28 & 8 \\ 23 & 29 & 43 & 42 & 44 & 39 \end{array}\right|$$

$$\left|\begin{array}{ccc|ccc|ccc} a_1 & c_{54} & c_{53} & c_{15} & a_4 & a_3 & b_5 & b_1 & c_{34} \\ a_5 & c_{14} & c_{13} & b_2 & c_{36} & c_{46} & c_{12} & c_{52} & a_6 \\ c_{26} & b_3 & b_4 & b_6 & c_{32} & c_{42} & c_{16} & c_{56} & a_2 \end{array}\right| = \left|\begin{array}{cc|cc|cc} 1 & 41 & 4 & 30 & 7 & 32 \\ 31 & 35 & 20 & 27 & 23 & 26 \\ 28 & 39 & 15 & 33 & 12 & 29 \end{array}\right|$$

$$\left|\begin{array}{ccc|ccc|ccc} a_1 & c_{56} & c_{53} & c_{15} & a_6 & a_3 & b_5 & b_1 & c_{36} \\ a_5 & c_{16} & c_{13} & b_2 & c_{34} & c_{46} & c_{12} & c_{52} & a_4 \\ c_{24} & b_3 & b_6 & b_4 & c_{32} & c_{62} & c_{14} & c_{54} & a_2 \end{array}\right| = \left|\begin{array}{cc|cc|cc} 34 & 41 & 11 & 30 & 7 & 21 \\ 31 & 3 & 20 & 5 & 14 & 26 \\ 17 & 22 & 42 & 38 & 44 & 40 \end{array}\right|$$

$$\left|\begin{array}{ccc|ccc|ccc} a_1 & c_{56} & c_{54} & c_{15} & a_6 & a_4 & b_5 & b_1 & c_{46} \\ a_5 & c_{16} & c_{14} & b_3 & c_{24} & c_{26} & c_{13} & c_{53} & a_2 \\ c_{23} & b_4 & b_6 & b_2 & c_{34} & c_{36} & c_{12} & c_{52} & a_3 \end{array}\right| = \left|\begin{array}{cc|cc|cc} 34 & 1 & 4 & 11 & 10 & 7 \\ 35 & 3 & 6 & 19 & 18 & 8 \\ 36 & 2 & 5 & 27 & 26 & 9 \end{array}\right|$$

$$\left|\begin{array}{ccc|ccc|ccc} a_1 & c_{36} & c_{26} & c_{16} & a_3 & a_2 & b_6 & b_1 & c_{23} \\ a_6 & c_{31} & c_{21} & b_4 & c_{25} & c_{35} & c_{14} & c_{64} & a_5 \\ c_{45} & b_2 & b_3 & b_5 & c_{24} & c_{34} & c_{15} & c_{65} & a_4 \end{array}\right| = \left|\begin{array}{cc|cc|cc} 41 & 45 & 29 & 22 & 15 & 3 \\ 5 & 19 & 43 & 38 & 36 & 44 \\ 14 & 28 & 10 & 7 & 25 & 30 \end{array}\right|$$

$$\left|\begin{array}{ccc|ccc|ccc} a_1 & c_{64} & c_{62} & c_{16} & a_4 & a_2 & b_6 & b_1 & c_{24} \\ a_6 & c_{14} & c_{12} & b_5 & c_{23} & c_{43} & c_{15} & c_{65} & a_3 \\ c_{35} & b_2 & b_4 & b_3 & c_{25} & c_{45} & c_{13} & c_{63} & a_5 \end{array}\right| = \left|\begin{array}{cc|cc|cc} 1 & 45 & 2 & 29 & 3 & 33 \\ 5 & 42 & 7 & 21 & 4 & 25 \\ 9 & 39 & 6 & 13 & 8 & 17 \end{array}\right|$$

$$\left|\begin{array}{ccc|ccc|ccc} a_1 & c_{65} & c_{62} & c_{16} & a_5 & a_2 & b_6 & b_1 & c_{25} \\ a_6 & c_{15} & c_{12} & b_4 & c_{23} & c_{53} & c_{14} & c_{64} & a_3 \\ c_{34} & b_2 & b_5 & b_3 & c_{24} & c_{54} & c_{13} & c_{63} & a_4 \end{array}\right| = \left|\begin{array}{cc|cc|cc} 37 & 45 & 2 & 22 & 15 & 33 \\ 5 & 32 & 43 & 35 & 40 & 44 \\ 23 & 11 & 31 & 13 & 8 & 18 \end{array}\right|$$

$$\left|\begin{array}{ccc|ccc|ccc} a_1 & c_{64} & c_{63} & c_{16} & a_4 & a_3 & b_6 & b_1 & c_{34} \\ a_6 & c_{14} & c_{13} & b_5 & c_{32} & c_{42} & c_{15} & c_{65} & a_2 \\ c_{25} & b_3 & b_4 & b_2 & c_{35} & c_{45} & c_{12} & c_{62} & a_5 \end{array}\right| = \left|\begin{array}{cc|cc|cc} 1 & 41 & 2 & 22 & 3 & 24 \\ 19 & 42 & 10 & 21 & 11 & 25 \\ 18 & 40 & 27 & 20 & 26 & 23 \end{array}\right|$$

$$\left|\begin{array}{ccc|ccc|ccc} a_1 & c_{56} & c_{36} & c_{16} & a_5 & a_3 & b_6 & b_1 & c_{35} \\ a_6 & c_{51} & c_{31} & b_4 & c_{32} & c_{52} & c_{14} & c_{64} & a_2 \\ c_{24} & b_3 & b_5 & b_2 & c_{34} & c_{54} & c_{12} & c_{62} & a_4 \end{array}\right| = \left|\begin{array}{cc|cc|cc} 37 & 41 & 2 & 29 & 15 & 24 \\ 19 & 32 & 38 & 35 & 39 & 44 \\ 17 & 4 & 16 & 20 & 26 & 9 \end{array}\right|$$

$$\left|\begin{array}{ccc|ccc|ccc} a_1 & c_{56} & c_{46} & c_{16} & a_5 & a_4 & b_6 & b_1 & c_{45} \\ a_6 & c_{51} & c_{41} & b_3 & c_{42} & c_{52} & c_{13} & c_{63} & a_2 \\ c_{23} & b_4 & b_5 & b_2 & c_{43} & c_{53} & c_{12} & c_{62} & a_3 \end{array}\right| = \left|\begin{array}{cc|cc|cc} 37 & 1 & 22 & 29 & 33 & 24 \\ 42 & 32 & 6 & 31 & 28 & 8 \\ 36 & 30 & 16 & 27 & 26 & 14 \end{array}\right|.$$

Se ora da ciascuna matrice di una terna, come per esempio:

$$\left|\begin{array}{cc|cc|cc} 37 & 1 & 18 & 17 & 13 & 19 \\ 38 & 10 & 27 & 16 & 14 & 26 \\ 39 & 11 & 3 & 15 & 12 & 2 \end{array}\right|,$$

scegliamo una linea verticale, cioè un triedro, otteniamo un *enneaedro*, vale a dire un gruppo di 9 piani che insieme contengono tutte e 27 le rette della superficie. La terna precedente, addotta come esempio, dà gli 8 enneaedri seguenti:

$$(3)\qquad \begin{array}{l} \left|\begin{array}{ccc} 37 & 18 & 13 \\ 38 & 27 & 14 \\ 39 & 3 & 12 \end{array}\right|, \left|\begin{array}{ccc} 37 & 17 & 19 \\ 38 & 16 & 26 \\ 39 & 15 & 2 \end{array}\right|, \left|\begin{array}{ccc} 1 & 18 & 19 \\ 10 & 27 & 26 \\ 11 & 3 & 2 \end{array}\right|, \left|\begin{array}{ccc} 1 & 17 & 13 \\ 10 & 16 & 14 \\ 11 & 15 & 12 \end{array}\right|, \\ \\ \left|\begin{array}{ccc} 1 & 17 & 19 \\ 10 & 16 & 26 \\ 11 & 15 & 2 \end{array}\right|, \left|\begin{array}{ccc} 1 & 18 & 13 \\ 10 & 27 & 14 \\ 11 & 3 & 12 \end{array}\right|, \left|\begin{array}{ccc} 37 & 17 & 13 \\ 38 & 16 & 14 \\ 39 & 15 & 12 \end{array}\right|, \left|\begin{array}{ccc} 37 & 18 & 19 \\ 38 & 27 & 26 \\ 39 & 3 & 2 \end{array}\right|, \end{array}$$

dei quali i 4 scritti sulla prima linea orizzontale risultano dal prendere, nello sviluppo delle matrici (2), i soli termini positivi di una matrice e i negativi delle altre due [50]. Per tal modo dalle 40 terne si otterranno 8.40=320 enneaedri, cioè 160 analoghi ai (3) della prima linea orizzontale, che chiameremo *enneaedri della 1.ª serie*, e 160 analoghi ai (3) della 2.ª linea orizzontale, che diremo *enneaedri della 2.ª serie.*

Ora *gli enneaedri della 1.ª serie sono identici a quattro a quattro*, cioè ciascuno di essi scaturisce da quattro delle 40 terne di coppie di triedri conjugati. Per es. le 4 terne:

$$\left|\begin{array}{ccc|ccc|ccc} a_1 & b_1 & c_{56} & b_2 & a_2 & c_{34} & c_{12} & c_{52} & c_{62} \\ a_5 & b_5 & c_{61} & b_3 & a_3 & c_{42} & c_{13} & c_{53} & c_{63} \\ a_6 & b_6 & c_{15} & b_4 & a_4 & c_{23} & c_{14} & c_{54} & c_{64} \end{array}\right|$$

$$\left|\begin{array}{ccc|ccc|ccc} a_1 & c_{25} & c_{23} & c_{12} & a_5 & a_3 & b_2 & b_1 & c_{35} \\ a_2 & c_{15} & c_{13} & b_4 & c_{63} & c_{65} & c_{41} & c_{42} & a_6 \\ c_{46} & b_3 & b_5 & b_6 & c_{43} & c_{45} & c_{61} & c_{62} & a_4 \end{array}\right|$$

$$\left|\begin{array}{ccc|ccc|ccc} a_1 & c_{35} & c_{34} & c_{13} & a_5 & a_4 & b_3 & b_1 & c_{45} \\ a_3 & c_{15} & c_{14} & b_2 & c_{64} & c_{65} & c_{21} & c_{23} & a_6 \\ c_{26} & b_4 & b_5 & b_6 & c_{24} & c_{25} & c_{61} & c_{63} & a_2 \end{array}\right|$$

$$\left|\begin{array}{ccc|ccc|ccc} a_1 & c_{45} & c_{42} & c_{14} & a_5 & a_2 & b_4 & b_1 & c_{25} \\ a_4 & c_{15} & c_{12} & b_3 & c_{62} & c_{65} & c_{31} & c_{34} & a_6 \\ c_{36} & b_2 & b_5 & b_6 & c_{32} & c_{35} & c_{61} & c_{64} & a_3 \end{array}\right|$$

dànno i 4 enneaedri:

(4)

$$\left|\begin{array}{ccc} 37 & 27 & 14 \\ 3 & 13 & 18 \\ 12 & 38 & 39 \end{array}\right|$$

$$\left|\begin{array}{ccc} 37 & 14 & 27 \\ 13 & 38 & 39 \\ 18 & 3 & 12 \end{array}\right|$$

$$\left|\begin{array}{ccc} 37 & 18 & 13 \\ 38 & 27 & 14 \\ 39 & 3 & 12 \end{array}\right|$$

$$\left|\begin{array}{ccc} 37 & 39 & 38 \\ 27 & 13 & 18 \\ 14 & 3 & 12 \end{array}\right|$$

che sono identici.

La 1.ª serie contiene adunque soltanto 40 enneaedri distinti. Ciascuno di questi enneaedri può, in 4 maniere diverse, essere diviso in 3 triedri; cioè i 9 piani dell'enneaedro, presi 3 *a* 3, *formano* 12 *triedri, ciascun piano appartenendo a* 4 *triedri.* Ossia: se si assumono ad arbitrio due dei 9 piani dell'enneaedro, il terzo piano che con quei due completa un triedro appartiene sempre all'enneaedro medesimo.

Invece nella 2.ª serie i 160 enneaedri sono tutti differenti: ciascuno di essi nasce da una sola delle 40 terne di matrici, cioè *può decomporsi in 3 triedri in una sola maniera.*

Assumendo un enneaedro decomposto in 3 triedri, i tre triedri conjugati a questi formano un altro enneaedro; e i due enneaedri appartengono sempre a serie diverse. Per tal modo, un enneaedro della 1.ª serie, secondo le 4 maniere di spezzarlo in 3 triedri, è conjugato a 4 differenti enneaedri della 2.ª serie. Un enneaedro della 1.ª serie e i 4 enneaedri conjugati della 2.ª serie comprendono tutti e 45 i piani tritangenti della superficie.

Essendo (37, 3, 12) (34, 25, 32) due triedri conjugati, l'equazione della superficie può scriversi così:

$$p_{37}\,p_{3}\,p_{12} = p_{34}\,p_{25}\,p_{32}$$

ed analogamente, considerando tutti gli altri triedri contenuti nell'enneaedro (4), avremo:

$$\begin{aligned}
p_{27}\,p_{13}\,p_{38} &= p_{20}\,p_{6}\,p_{43}\\
p_{14}\,p_{18}\,p_{39} &= p_{9}\,p_{23}\,p_{40}\\
p_{37}\,p_{13}\,p_{18} &= p_{41}\,p_{7}\,p_{30}\\
p_{14}\,p_{38}\,p_{3} &= p_{23}\,p_{35}\,p_{33}\\
p_{27}\,p_{39}\,p_{12} &= p_{5}\,p_{44}\,p_{22}\\
p_{37}\,p_{38}\,p_{39} &= p_{1}\,p_{10}\,p_{11}\\
p_{18}\,p_{27}\,p_{3} &= p_{17}\,p_{16}\,p_{15}\\
p_{13}\,p_{14}\,p_{12} &= p_{19}\,p_{26}\,p_{2}\\
p_{37}\,p_{27}\,p_{14} &= p_{45}\,p_{21}\,p_{4}\\
p_{39}\,p_{13}\,p_{3} &= p_{36}\,p_{31}\,p_{24}\\
p_{38}\,p_{18}\,p_{12} &= p_{42}\,p_{8}\,p_{29},
\end{aligned}$$

dalle quali uguaglianze si ha subito:

$$(p_{3}\,p_{12}\,p_{13}\,p_{14}\,p_{18}\,p_{27}\,p_{37}\,p_{38}\,p_{39})^{5} = \Pi,$$

indicando con Π il prodotto delle 45 espressioni lineari p. *La ricerca dei 40 enneaedri della 1.ª serie può adunque ridursi al problema di trasformare, mediante l'equazione della superficie, il covariante* Π *nella quinta potenza di un'espressione del 9.º grado.* Quando si riuscisse a intavolare questo problema, si dovrebbe giungere a riconoscere l'identità algebrica del medesimo con quello della trisezione delle funzioni iperellittiche a quattro periodi *).

Adottando pei 40 enneaedri della 1ª serie la notazione usata dal sig. JORDAN per rappresentare le soluzioni dell'equazione di 40.º grado a cui conduce il predetto problema di trisezione, avremo i 40 enneaedri indicati come segue:

*) Cfr. JORDAN nei luoghi citati.

$A =$	[1,	2,	3,	10,	11,	18,	19,	26,	27]
$B =$	[1,	4,	7,	12,	15,	20,	23,	28,	31]
$C =$	[1,	10,	11,	12,	13,	14,	15,	16,	17]
$D =$	[1,	2,	3,	4,	5,	6,	7,	8,	9]
$AB =$	[1,	5,	9,	13,	17,	21,	25,	29,	33]
$AC =$	[2,	15,	16,	17,	19,	26,	37,	38,	39]
$AD =$	[4,	5,	6,	10,	18,	26,	34,	35,	36]
$BC =$	[4,	10,	13,	16,	23,	28,	34,	42,	44]
$BD =$	[3,	6,	9,	12,	20,	28,	37,	40,	43]
$CD =$	[1,	18,	19,	20,	21,	22,	23,	24,	25]
$ABC =$	[5,	10,	14,	15,	25,	29,	36,	41,	43]
$ABD =$	[3,	4,	8,	13,	21,	29,	39,	42,	45]
$ACD =$	[2,	10,	23,	24,	25,	27,	40,	41,	42]
$BCD =$	[4,	12,	18,	21,	24,	31,	36,	38,	45]
$A^2B =$	[1,	6,	8,	14,	16,	22,	24,	30,	32]
$A^2C =$	[3,	12,	13,	14,	18,	27,	37,	38,	39]
$A^2D =$	[7,	8,	9,	11,	19,	27,	34,	35,	36]
$B^2C =$	[7,	11,	14,	17,	20,	31,	34,	42,	44]
$B^2D =$	[2,	5,	8,	15,	23,	31,	37,	40,	43]
$C^2D =$	[1,	26,	27,	28,	29,	30,	31,	32,	33]
$A^2BC =$	[6,	10,	12,	17,	24,	30,	35,	40,	45]
$AB^2C =$	[8,	11,	13,	15,	22,	32,	35,	40,	45]
$ABC^2 =$	[9,	11,	12,	16,	21,	33,	36,	41,	43]
$A^2BD =$	[3,	5,	7,	14,	22,	30,	38,	41,	44]
$AB^2D =$	[2,	4,	9,	16,	24,	32,	38,	41,	44]
$ABD^2 =$	[2,	6,	7,	17,	25,	33,	39,	42,	45]
$A^2CD =$	[3,	11,	20,	21,	22,	26,	40,	41,	42]
$AC^2D =$	[3,	10,	19,	28,	29,	30,	43,	44,	45]
$ACD^2 =$	[2,	11,	18,	31,	32,	33,	43,	44,	45]
$B^2CD =$	[7,	15,	19,	22,	25,	28,	36,	38,	45]
$BC^2D =$	[7,	12,	23,	27,	30,	33,	35,	39,	41]
$BCD^2 =$	[4,	15,	20,	26,	29,	32,	35,	39,	41]
$ABCD =$	[5,	13,	18,	22,	23,	33,	35,	37,	44]
$A^2BCD =$	[6,	14,	18,	20,	25,	32,	34,	39,	43]
$AB^2CD =$	[8,	16,	19,	21,	23,	30,	34,	39,	43]
$ABC^2D =$	[9,	13,	25,	27,	28,	32,	34,	38,	40]
$ABCD^2 =$	[5,	17.	21,	26,	30,	31,	34,	38,	40]
$A^2B^2CD =$	[9,	17,	19,	20,	24,	29,	35,	37,	44]
$A^2BC^2D =$	[8,	14,	24,	27,	29,	31,	36,	37,	42]
$A^2BCD^2 =$	[6,	16,	22,	26,	28,	33,	36,	37,	42].

Limitiamoci a considerare questi 40 enneaedri della 1.ª serie. Rispetto ad uno qualunque di essi, p. e. l'enneaedro (4) il cui simbolo è $A^2 C$, gli altri 39 si dividono in due classi; l'una di 27, l'altra di 12 enneaedri: l'enneaedro ($A^2 C$) che si considera a parte ha un triedro comune con ciascun enneaedro della 2.ª classe, e invece ha un solo piano comune con ciascun enneaedro della classe 1.ª

I 12 enneaedri della 2.ª classe si spartiscono in 4 gruppi: ciascun gruppo, composto di 3 enneaedri, corrisponde ad una decomposizione del primo enneaedro ($A^2 C$) in tre triedri. Ecco la 2.ª classe, relativa ad $A^2 C$:

	(triedro comune con $A^2 C$)
$B D$	(37, 3, 12)
$A B C^2 D$	(27, 13, 38)
$A^2 B C D$	(14, 18, 39)
$A B C D$	(37, 13, 18)
$A^2 B D$	(14, 38, 3)
$B C^2 D$	(27, 39, 12)
$A C$	(37, 38, 39)
A	(18, 27, 3)
C	(13, 14, 12)
$A^2 B C^2 D$	(37, 27, 14)
$A B D$	(39, 13, 3)
$B C D$	(38, 18, 12).

Anche i 27 enneaedri della 1.ª classe si distribuiscono in 9 gruppi: ciascun gruppo essendo costituito da tre enneaedri aventi col primo ($A^2 C$) uno stesso piano comune. Questo piano è poi comune anche a 4 enneaedri della 1.ª classe, appartenenti a gruppi differenti. I 9 gruppi della 1.ª classe, corrispondendo ai 9 piani dell'enneaedro primitivo ($A^2 C$), si possono riunire a 3 a 3 in 12 terne, per modo che i 3 gruppi di una terna corrispondano ai 3 piani d'un triedro dell'enneaedro primitivo. Ecco i 9 gruppi di 1.ª classe relativi ad $A^2 C$:

			(piano comune con $A^2 C$)
D,	$A^2 C D$,	$A C^2 D$	3
B,	$A^2 B C$,	$A B C^2$	12
$A B$,	$B C$,	$A B^2 C$	13
$A B C$,	$A^2 B$,	$B^2 C$	14
$A D$,	$C D$,	$A C D^2$	18
$A C D$,	$A^2 D$,	$C^2 D$	27
$B^2 D$,	$A^2 B^2 C D$,	$A^2 B C D^2$	37
$A B^2 D$,	$B^2 C D$,	$A B C D^2$	38
$A B D^2$,	$B C D^2$,	$A B^2 C D$	39

Dunque *uno stesso piano* (come 3) *è comune ad 8 enneaedri, distribuiti in due quaderne* (BD, A^2BD, A, ABD; — A^2C, D, AC^2D, A^2CD); *due enneaedri di una stessa quaderna non hanno altro piano comune; ma un enneaedro della prima quaderna ed un enneaedro della seconda hanno in comune altri due piani che con quello formano un triedro. Il numero di queste coppie di quaderne conjugate è per conseguenza uguale al numero dei piani, cioè 45.*

Un triedro (come 12, 13, 14) *è comune a due enneaedri* (A^2C, C); *il triedro conjugato* (2, 19, 26) *è comune a due altri enneaedri* (A, AC); *di questi 4 enneaedri due qualunque hanno un triedro comune, il cui conjugato è comune agli altri due.* Ossia, i 4 enneaedri si possono decomporre ciascuno in 3 triedri per modo che i triedri dell'uno appartengano rispettivamente agli altri tre. Questi 4 enneaedri nascono da una stessa terna di matrici; così che *il numero di tali quaderne di enneaedri è il medesimo delle terne di coppie di triedri conjugati, cioè 40* *).

*) Queste proprietà coincidono con quelle che il prof. Clebsch ha dimostrato per le soluzioni del problema della trisezione delle funzioni iperellittiche, nella sua elegante Memoria *Zur Theorie der binären Formen sechster Ordnung und zur Dreitheilung der hyperelliptischen Functionen* (Mem. della Società di Gottinga, 1869).

GRUNDZÜGE

EINER

ALLGEMEINEN THEORIE

DER

OBERFLÄCHEN

IN

SYNTHETISCHER BEHANDLUNG.

VON

DR. LUDWIG CREMONA,

PROFESSOR DER HÖHEREN GEOMETRIE AN DER KÖNIGL. POLYTECHNISCHEN SCHULE ZU MAILAND.

UNTER MITWIRKUNG DES VERFASSERS INS DEUTSCHE ÜBERTRAGEN

VON

MAXIMILIAN CURTZE,

ORDENTLICHEM LEHRER AM GYMNASIUM ZU THORN.

AUTORISIERTE AUSGABE.

BERLIN 1870.

S. CALVARY & COMP.

OBERWASSER-STRASSE 11.

85.

GRUNDZUGE EINER ALLGEMEINEN THEORIE DER OBERFLÄCHEN IN SYNTHETISCHER BEHANDLUNG. [51]

Hochverehrtester Herr Professor!

Als Sie mir vor fast drei Jahren als Geschenk des Herrn Verfassers die erste Abtheilung des Werkes übersandten, das ich in deutschem Gewande Ihnen darzubringen mir erlaube, sprachen Sie in der begleitenden Zuschrift gegen mich den Wunsch einer Uebersetzung aus, den ich hierdurch verwirklicht habe. Ihr Rath kam meiner Neigung entgegen, der Herr Verfasser gab mit liebenswürdiger Bereitwilligkeit seine Einwilligung zur Uebersetzung und verschaffte mir auch die Zustimmung der ACCADEMIA DELLE SCIENZE DELL'ISTITUTO DI BOLOGNA zu diesem Unternehmen, in deren *Memorie* (II^{a} Serie, T. 6.°, p. 91-136; T. 7.°, p. 19-78) das italiänische Original zunächst erschienen ist. Der Titel desselben lautet in der Separatausgabe «*Preliminari di una teoria geometrica delle superficie*, di LUIGI CREMONA Professore presso il R. Istituto Tecnico Superiore di Milano. Si vende presso il Tipografo FRANCESCO ZANETTI, Milano, via del Senato, 26.» Dasselbe bildet die Fortsetzung zu dem früher erschienenen Werke desselben Verfassers «*Introduzione ad una teoria geometrica delle curve piane*, pel DR. LUIGI CREMONA, professore di Geometria Superiore nella R. Università di Bologna. Bologna, Tipi Gamberini e Parmeggiani, 1862». Jener gelehrten Körperschaft und dem Herrn Verfasser erlaube ich mir bei dieser Gelegenheit für ihre gütige Erlaubniss meinen aufrichtigen Dank auszusprechen.

Mein verehrter Freund, Herr Professor CREMONA, ging aber noch weiter. Er hat dem Original eine grössere Zahl handschriftlicher Zusätze beigefügt, die im Vereine mit dem dritten Theile, der ebenfalls im Originale nicht vorhanden ist, der Uebersetzung in Bezug auf Vollständigkeit der Untersuchungen wohl einigen Vorzug vor jenem geben, wenn es auch unmöglich sein dürfte, in der Uebertragung den glänzenden, gefälligen Stil des Originals zu erreichen.

Das letzte Capitel des zweiten Theiles und der ganze dritte Theil sind die Uebersetzung der Capitel IV-XI der grossen Abhandlung des Herrn Verfassers über die Flächen dritter Ordnung, welcher 1866 die Hälfte des Steinerschen Preises durch die Berliner Akademie zuerkannt wurde *), und die in den ersten beiden Heften des 68. Bandes des «Journals für die reine und angewandte Mathematik» unter dem Titel erschienen ist: «*Mémoire de Géometrie pure sur les surfaces du troisième ordre.* (Par L. CREMONA à Milan)». Die ersten drei Capitel dieser Abhand-

*) Die andere Hälfte wurde Herrn Dr. RUDOLF STURM zuerkannt, dessen Werk, höchst instructiv und reich an Resultaten, unter dem Titel veröffentlicht ist: *Synthetische Untersuchungen über Flächen dritter Ordnung*, Leipzig 1867.

lung kann man als einen kurzen, nur das für die cubischen Flächen Nöthige zusammenfassenden Auszug aus dem italiänischen Werke ansehen.

Dass mir vergönnt war, diese wichtige Abhandlung meiner Uebersetzung einverleiben zu dürfen, verdanke ich zunächst dem Herrn Verfasser, der mir die Erlaubniss zu dieser Arbeit von dem Herausgeber des *Crelle-Borchardtschen Journals* Herrn Professor Borchardt und dem Verleger desselben, Herrn Buchhändler Reimer in Berlin erwirkte. Beide Herren haben dazu ihre freundliche Einwilligung bereitwilligst ertheilt, wofür ich ihnen hierdurch meinen verbindlichsten Dank auszusprechen nicht unterlassen kann.

Um Ihnen einen schnellen Ueberblick über den Umfang der Zusätze zu geben, durch welche die deutsche Ausgabe gegen das italiänische Original erweitert ist, erlaube ich mir hier eine Gegenüberstellung der Nummern oder Paragraphen des Originals und der Uebersetzung folgen zu lassen.

Original:		Uebersetzung:
N.o 1–44	=	N.o 1–44
———	. . . .	N.o 45–47 (Neu).
N.o 45–57	=	N.o 48–60.
N.o 61 *)–76	=	N.o 61–76.
———	. . . .	N.o 77–82 (Neu).
N.o 77–90	=	N.o 83–96.
———	. . . .	N.o 97–112 (Neu)
N.o 91–95	=	N.o 113–117.
———	. . . .	N.o 118–119 (Neu).
N.o 96–116	=	N.o 120–140
———	. . . .	N.o 141 (Neu).
N.o 117	=	N.o 142.
———	. . . .	N.o 143 (Neu).
N.o 118–131	=	N.o 144–157.
———	. . . .	N.o 158–289 (Neu). [52]

Herr Professor Cremona hat die weitere Freundlichkeit gehabt, auf meine Bitte die Probeabzüge einer genauen Correctur zu unterziehen, damit dadurch etwaige Missverständnisse meinerseits vermieden würden. Welcher Dienst der Uebersetzung dadurch geleistet ist, kann nur ich hinreichend würdigen.

Was die Uebersetzung selbst anbetrifft, so habe ich mich streng an das Original gehalten, ich habe nur mit Billigung des Herrn Verfassers die Bezeichnung durch das ganze Werk in der Art einheitlich gemacht, dass ich Puncte durch kleine deutsche Buchstaben, Curven durch dergleichen lateinische, Flächen durch grosse lateinische Buchstaben bezeichnete. Zahlenwerthe, also auch die Zahlen für die Singularitäten der Curven und Flächen, sind durch griechische Typen gegeben, Abkürzungssymbole wie Summenzeichen u. dgl., durch grosse deutsche Buchstaben.

. . . .

Thorn den 1. September 1869. M. Curtze.

---

*) Die Nummern 58-60 fehlen im Originale.

ERSTER THEIL

. . . .

CAPITEL VI.

Lineare Flächensysteme. [53]

. . . .

45. Ein Ebenennetz besteht aus allen Ebenen, welche durch ein und denselben Punct (*Mittelpunct*) gehen. *Strahlen* des Netzes heissen die Geraden die durch den Mittelpunct gehen.

Zwei Ebenennetze heissen *reciprok*, wenn die Ebenen des einen den Strahlen des andern einzeln entsprechen, in der Art, dass den Ebenen des einen Netzes, die ein Büschel bilden, das heisst, die durch ein und denselben Strahl gehen, im andern Netze die Strahlen eines Büschels entsprechen, das heisst die Strahlen, die in ein und derselben Ebene durch denselben Punct gehen. Das Ebenenbüschel und das entsprechende Strahlenbüschel sind projectivisch.

Ebene Punctreihe ist der Complex aller an Zahl zweimal unendlicher Puncte einer Ebene. *Strahlen* einer ebenen Punctreihe sind die Geraden, die sie enthält.

Zwei ebene Punctreihen heissen *reciprok*, wenn den Puncten der einen die Strahlen der andern in der Art entsprechen, dass den Puncten der einen Ebene, die eine gerade Punctreihe bilden, das heisst sämmtlich auf einem Strahle liegen, in der andern Ebene die Strahlen eines Büschels, das heisst, die Strahlen entsprechen, die sich in einem Puncte kreuzen. Die gerade Punctreihe und das entsprechende Strahlenbüschel sind projectivisch.

46. Gegeben zwei reciproke Ebenennetze deren Mittelpuncte $\mathfrak{s}$, $\mathfrak{s}_1$ sind. Man verlangt den Ort P der Puncte, in welchen die Strahlen des ersten Netzes die entsprechenden Ebenen des zweiten Netzes schneiden. Eine Ebene A die beliebig durch $\mathfrak{s}$ gelegt ist, enthält ein Strahlenbüschel des ersten Netzes und schneidet die entsprechenden Ebenen des Netzes ($\mathfrak{s}_1$) in einem zweiten Strahlenbüschel, dessen Mittelpunct der Punct $\mathfrak{a}$ ist, in welchem die Ebene A von dem Strahle a_1 getroffen wird, der ihr im Netze ($\mathfrak{s}_1$) entspricht. Da beide Strah-

lenbüschel projectivisch sind, so erzeugen sie einen Kegelschnitt, der durch $\mathfrak{s}$ und $\mathfrak{a}$ geht, das heisst, jede beliebige Ebene durch $\mathfrak{s}$ schneidet P in einem Kegelschnitte. Da der Punct $\mathfrak{a}$ auf dem Kegelschnitte liegt, so geht die Ebene A_1, welche dem Strahle $\mathfrak{s}\mathfrak{a} \equiv a$ entspricht, durch $\mathfrak{a}$; dieser Punct ist aber auch der Durchschnitt der Ebene A mit dem Strahle $\mathfrak{s}_1\mathfrak{a} \equiv a_1$, und folglich ist die Fläche P auch der Ort der Puncte, in denen die Strahlen des zweiten Netzes die entsprechenden Ebenen des ersten treffen. Man kann daher in derselben Art beweisen, dass P auch von jeder Ebene, die durch $\mathfrak{s}_1$ geht, in einem Kegelschnitte getroffen wird. Die Fläche kann nicht mehr als zwei Puncte mit einer beliebigen Geraden g gemein haben. Denn der Kegelschnitt, welcher P und der Ebene $\mathfrak{s}g$ gemein ist, schneidet g nur in zwei Puncten. Folglich ist P eine Fläche zweiter Ordnung.

Ein Strahl g des ersten Netzes trifft P ausser in $\mathfrak{s}$ noch in einem zweiten Puncte, dem Durchschnittspuncte von g mit der entsprechenden Ebene G_1 des zweiten Netzes. Dieser zweite Punct ist dem Puncte $\mathfrak{s}$ unendlich nahe, wenn G_1 durch $\mathfrak{s}\mathfrak{s}_1$ geht, folglich entspricht dem Strahle $\mathfrak{s}\mathfrak{s}_1$ des zweiten Netzes die Tangentialebene von P in $\mathfrak{s}$, und dem analog entspricht die Tangentialebene in $\mathfrak{s}_1$ dem Strahle $\mathfrak{s}_1\mathfrak{s}$ des ersten Netzes.

Es sei S die Tangentialebene in $\mathfrak{s}$. Dann bilden die Strahlen, die in dieser Ebene durch $\mathfrak{s}$ gehen, ein Büschel und entsprechen den Ebenen, die durch $\mathfrak{s}_1\mathfrak{s}$ gehen. Diese schneiden S in Geraden, die ein Büschel bilden. Die Büschel sind projectivisch und haben entweder zwei reelle verschiedene Strahlen gemein, oder zwei zusammenfallende gemeinsame Strahlen, oder keine zusammenfallende Strahlen, oder es fallen endlich alle Strahlen zusammen. Im ersten Falle ist die Fläche windschief, im zweiten ist sie ein Kegel, im dritten ist sie eine Fläche mit elliptischen Puncten (25). Im letzten Falle besteht die Fläche P aus der Ebene S und einer zweiten Ebene. *)

47. Umgekehrt beweist man leicht, dass jede beliebige gegebene Fläche zweiter Ordnung auch auf unendlich verschiedene Arten mittelst zweier reciproker Ebenennetze erzeugt werden kann, deren Mittelpuncte zwei beliebig auf ihr angenommene Puncte sind. Und hieraus ergibt sich die Construction einer Quadrifläche von der neun Puncte gegeben sind. **)

Analog kann man den Satz aussprechen. Sind zwei ebene Punctreihen reciprok, so ist die Enveloppe der Ebenen, die durch einen beliebigen Punct der einen Ebene und den entsprechenden Strahl der anderen Ebene bestimmt werden, eine Oberfläche zweiter Classe. Eine Fläche zweiter Classe kann umgekehrt immer auf unendlich verschiedene Arten mit-

---

*) SEYDEWITZ, *Konstruktion und Klassifikation der Flächen des zweiten Grades mittelst projektivischer Gebilde* (Grunert's Archiv für Math. und Phys. Bd. 9, S. 187). — Man vergleiche auch REYE, *Geometrie der Lage* (Hannover; 1868) 2. Abth. S. 26.

**) SCHROETER, *Problematis geometrici ad superficiem secundi ordinis per data puncta construendam spectantis solutio nova* (Vratislaviae; 1862).

telst zwei beliebiger von ihren Tangentialebenen erzeugt werden, die reciproke ebene Punctreihen sind.

. . . .

ZWEITER THEIL

Capitel I.

Polarflächen in Bezug auf eine Fläche beliebiger Ordnung. [54]

. . . .

77. Es sei o ein gegebener Pol, P eine beliebige Ebene, a einer der Puncte, in denen die Fundamentalfläche F_ν von dem Strahle geschnitten wird, welcher von o nach dem Puncte p von P geht, endlich a' derjenige Punct desselben Strahles, für welchen das Doppelverhältniss $(opaa')$ einen gegebenen Werth λ hat. Der vom Puncte a' beschriebene Ort, wenn a sich auf F_ν bewegt, ist offenbar eine neue Fläche F'_ν der Ordnung ν, die der gegebenen projectivisch (*homographisch*) ist. Die beiden Flächen werden von der Ebene P in ein und derselben Curve ν-ter Ordnung geschnitten, und haben also (40) noch eine andere Curve der $\nu(\nu-1)$-ten Ordnung gemein, die auf einer Fläche $\mathcal{F}_{\nu-1}$ der $(\nu-1)$-ten Ordnung liegt, die in Verbindung mit der Ebene P eine Fläche des Büschels $(F_\nu\,,\; F'_\nu)$ bildet.

Die Flächen F'_ν, die man erhält, indem man sich den Werth des Verhältnisses λ veränderen lässt, bilden eine Reihe vom Index ν. Denn ist a' ein beliebiger Punct im Raume, und schneidet der Strahl oa' die Fläche F_ν in ν Puncten a und P im Puncte p, so geben die ν Werthe des Doppelverhältnisses $(opaa')$ ν Flächen F'_ν die durch a' gehen. Die Reihe enthält die gegebene Fläche F_ν, die ν-mal gezählte Ebene P, und den Kegel, dessen Scheitel in o liegt, und dessen Directrix die Curve PF_ν ist. Für $\lambda=1, 0, \infty$ fällt nämlich der Punct a' bezüglich mit a, p, o zusammen.

78. Es sei i ein Punct der Durchschnittscurve der Ebene P mit der ersten Polarfläche von o in Bezug auf F_ν. Die ersten Polarflächen von o in Bezug auf F_ν, F'_ν sind offenbar perspectivisch, und folglich ist i auch ein Punct der ersten Polarfläche von o in Bezug auf F'_ν und folglich auch (74) der ersten Polarfläche von o in Bezug auf jede Fläche des Büschels $(F_\nu\,,\; F'_\nu)$. Umgekert gehen also die Polarebenen von i in Bezug auf die Flächen des genannten Büschels durch o. Unter diesen Flächen betrachten wir diejenige, welche durch i geht. Für diese ist oi entweder Tangente in i, oder i ist ein Doppelpunct. Wäre

aber $\mathfrak{i}$ kein Doppelpunct, so würde, da die Fläche, um die es sich handelt, aus der Ebene P und aus $\mathcal{F}_{\nu-1}$ zusammengesetzt ist, $\mathfrak{io}$ nicht Tangente sein können; folglich ist $\mathfrak{i}$ ein Doppelpunct, das heisst $\mathcal{F}_{\nu-1}$ geht durch $\mathfrak{i}$. Die Fläche $\mathcal{F}_{\nu-1}$ geht also durch die Durchschnittscurve der Ebene P und der ersten Polare von $\mathfrak{o}$ in Bezug auf F_ν.

79. Lässt man λ variieren, so bilden die Flächen $\mathcal{F}_{\nu-1}$ eine Reihe vom Index $\nu-1$. Ist nämlich $\mathfrak{a}_\nu$ ein beliebiger Punct auf F_ν, und der Strahl $\mathfrak{oa}_\nu$ schneidet F_ν ausserdem noch in $\mathfrak{a}_1, \mathfrak{a}_2, \ldots, \mathfrak{a}_{\nu-1}$ und P in $\mathfrak{p}$, so geben die $\nu-1$ Werthe des Doppelverhältnisses $(\mathfrak{op}\mathfrak{a}_\varrho\, \mathfrak{a}_\nu)$ die $\nu-1$ Flächen F'_ν die durch $\mathfrak{a}_\nu$ gehen und von F_ν verschieden sind. Ihnen entsprechen ebensoviel Flächen $\mathcal{F}_{\nu-1}$, die ebenfalls durch $\mathfrak{a}_\nu$ gehen. Es ist somit bewiesen, dass durch einen beliebigen Punct von F_ν $\nu-1$ Flächen $\mathcal{F}_{\nu-1}$ gehen, dieselbe Eigenschaft hat also auch für jeden Punct des Raumes statt.

Nähert sich einer der Puncte $\mathfrak{a}_1, \mathfrak{a}_2, \ldots, \mathfrak{a}_{\nu-1}$ unendlich dem Puncte $\mathfrak{a}_\nu$, so geht die Fläche $\mathcal{F}_{\nu-1}$ durch den Berührungspunct von F_ν mit einer Tangente, welche von $\mathfrak{o}$ ausgeht; fällt also F'_ν mit F_ν zusammen, so fällt auch $\mathcal{F}_{\nu-1}$ mit der ersten Polarfläche von $\mathfrak{o}$ in Bezug auf F_ν zusammen. Wenn $\mathfrak{a}_\nu$ in die Ebene P fällt, das heisst, wenn F'_ν in die ν-mal genommene Ebene P degeneriert, so besteht die entsprechende Fläche $\mathcal{F}_{\nu-1}$ aus der nämlichen Ebene $(\nu-1)$-mal genommen.

80. Die Einhüllende (48) der Flächen F'_ν ist der Kegel K der $\nu(\nu-1)$-ten Ordnung, dessen Scheitel $\mathfrak{o}$, und der selbst der Fläche F_ν umgeschrieben ist. Wenn nämlich zwei von den Flächen F'_ν, die durch denselben Punct $\mathfrak{a}'$ gehen, zusammenfallen sollen, so genügt es, wenn $\mathfrak{oa}'$ mit einer Tangente von F_ν zusammenfällt. Die Doppel-(Knoten-) Curve dieser Einhüllenden besteht aus den $\frac{1}{2}\nu(\nu-1)(\nu-2)(\nu-3)$ Bitangenten, welche man von $\mathfrak{o}$ aus an F_ν legen kann; die Cuspidalcurve entsteht ebenso aus den $\nu(\nu-1)(\nu-2)$ Osculierenden (67).

Der Kegel K berührt F_ν längs einer Curve der $\nu(\nu-1)$-ten Ordnung, die auf einer Fläche $(\nu-1)$-ter Ordnung — der ersten Polarfläche von $\mathfrak{o}$ — liegt und also F_ν ausserdem längs einer Curve $\nu(\nu-1)(\nu-2)$-ten Ordnung schneidet, die auf einer Fläche $(\nu-1)(\nu-2)$-ter Ordnung liegt.*) Die erste Curve ist der Ort der Puncte für welche eine der Flächen F'_ν mit F_ν zusammenfällt; dagegen fallen in jedem Puncte der zweiten Curve zwei der F'_ν zusammen, die von F_ν verschieden sind. In jedem dieser Puncte fallen auch die beiden entsprechenden Flächen $\mathcal{F}_{\nu-1}$ zusammen, und die zweite Curve ist also der Durchschnitt von F_ν und der Einhüllenden der $\mathcal{F}_{\nu-1}$. Diese Einhüllende ist folglich eine Fläche **S** der $(\nu-1)(\nu-2)$-ten Ordnung.

81. In jedem Puncte der von $\mathfrak{o}$ ausgehenden Osculierenden fallen drei aufeinanderfolgende F'_ν zusammen, und folglich fallen auch in jedem der $\nu(\nu-1)(\nu-2)(\nu-3)$ Puncten, in welchen F_ν von diesen Geraden geschnitten wird, drei aufeinanderfolgende Flächen

*) Man vergleiche *Einleitung*, N. 138, Anmerkung. [Queste Opere, t.º 1.º, nota a p. 444].

$\mathcal{F}_{\nu-1}$ zusammen und ebenso gibt es in jedem der $\frac{1}{2}\nu(\nu-1)(\nu-2)(\nu-3)(\nu-4)$ Durchschnittspuncten der F_ν mit den Bitangenten zwei getrennte Paare zusammenfallender Flächen $\mathcal{F}_{\nu-1}$. Die ersten Puncte sind also Stillstandspuncte und die zweiten Doppelpuncte für die Einhüllende **S**, das heisst, diese Einhüllende hat eine Cuspidalcurve von der Ordnung $(\nu-1)(\nu-2)(\nu-3)$ und eine Doppelcurve von der Ordnung $\frac{1}{2}(\nu-1)(\nu-2)(\nu-3)(\nu-4)$.

82. Da alle Flächen $\mathcal{F}_{\nu-1}$ durch dieselbe Curve der $(\nu-1)$-ten Ordnung, die in der Ebene P liegt, gehen, so ist die zwei Flächen $\mathcal{F}_{\nu-1}$ gemeinschaftliche Curve und folglich auch die Berührungscurve zwischen einer $\mathcal{F}_{\nu-1}$ und der Einhüllenden **S** von der Ordnung $(\nu-1)(\nu-2)$. Unter den Flächen $\mathcal{F}_{\nu-1}$ befindet sich auch die erste Polarfläche von o in Bezug auf F_ν, und die Berührungscurve zwischen **S** und genannter ersten Polarfläche hat $\nu(\nu-1)(\nu-2)$ Puncte mit F_ν gemein, die nichts anderes sind, als die Berührungspuncte der Osculierenden. In jedem dieser Puncte fallen nämlich zwei F'_ν, also auch zwei $\mathcal{F}_{\nu-1}$ zusammen, und da eine der letzteren die erste Polarfläche von o ist, so berühren sich in ihnen die erste Polarfläche von o und **S**. Durch $\nu(\nu-1)(\nu-2)$ drei Flächen ν-ter, $(\nu-1)$-ter, $(\nu-2)$-ter Ordnung gemeinschaftliche Puncte kann keine weitere Fläche der $(\nu-2)$-ten Ordnung gehen, also berührt **S** die erste Polarfläche längs einer Curve, die auf der zweiten Polarfläche liegt. Diese Curve ist der Ort der Puncte, für welche zwei $\mathcal{F}_{\nu-1}$ zusammenfallen, deren eine die erste Polarfläche ist.

Die erste Polarfläche und die Fläche **S** schneiden sich also noch längs einer andern Curve *) der $(\nu-1)(\nu-2)(\nu-3)$-ten Ordnung. In jedem Puncte derselben fallen zwei von der ersten Polarfläche verschiedene $\mathcal{F}_{\nu-1}$ zusammen, und folglich fallen dort auch zwei Flächen $\mathcal{F}_{\nu-2}$ zusammen, wo $\mathcal{F}_{\nu-2}$ die Fläche der $(\nu-2)$-ten Ordnung ist, welche durch die gemeinschaftliche Durchschnittscurve $(\nu-1)(\nu-2)$-ter Ordnung der ersten Polarfläche und $\mathcal{F}_{\nu-1}$ hindurchgeht. Diese Curve der $(\nu-1)(\nu-2)(\nu-3)$-ten Ordnung ist folglich der Durchschnitt der ersten Polarfläche mit der Einhüllenden der $\mathcal{F}_{\nu-2}$. Diese Einhüllende ist also eine Fläche **S'** der $(\nu-2)(\nu-3)$-ten Ordnung.

Die Flächen $\mathcal{F}_{\nu-2}$ bilden eine Reihe vom Index $\nu-2$. Denn durch einen beliebigen Punct der ersten Polarfläche gehen $\nu-2$ von der ersten Polarfläche verschiedene Flächen $\mathcal{F}_{\nu-1}$, denen ebensoviele Flächen $\mathcal{F}_{\nu-2}$ entsprechen, die durch den nämlichen Punct gehen.

Die Berührungspuncte der Bitangenten sind also die Durchschnitte dreier Flächen: der gegebene F_ν, der ersten Polarfläche von o und der Fläche **S'**, der Einhüllenden der Flächen $\mathcal{F}_{\nu-2}$.

. . . .

*) Von diesen der Fläche S und der ersten Polarfläche gemeinschaftlichen Curven trifft die erste F_ν in den Berührungspuncten der Osculierenden; die zweite in den Berührungspuncten der Bitangenten.

Capitel IV.

Anwendungen auf developpable Flächen. [55]

97. Wir wollen jetzt annehmen, die Fundamentalfläche F sei eine Developpable von der Ordnung ρ und der Classe μ, mit ω Doppelgeneratrixen, θ stationären Generatrixen, einer Cuspidalcurve ν-ter Ordnung, die β stationäre und $\text{8}'$ Doppelpuncte besitzt, und einer Knotencurve von der Ordnung ξ. Es sei ausserdem:

α die Zahl der stationären Tangentialebenen und

γ' die Zahl der Bitangentialebenen von F (das heisst, der längs zweier getrennter Generatrixen berührenden Ebenen);

8 die Zahl der Geraden, die man von einem beliebigen Puncte so ziehen kann, dass sie die Curve (ν) zweimal treffen;

γ die Zahl der Geraden die gleichzeitig in einer beliebigen Ebene und in zwei Tangentialebenen von F liegen;

η die Classe der doppeltberührenden Developpablen der Curve (ν);

$\varkappa$ die Zahl der Geraden, welche durch einen beliebigen Punct gehen, und die Curve (ξ) in zwei Puncten schneiden;

λ die Zahl der Puncte der Curve (ν), durch welche Gerade gehen, welche diese Curve anderweitig berühren: diese Puncte sind für die Curve (ξ) stationär;

τ die Zahl der Puncte, die in drei getrennten Generatrixen von F liegen: diese Puncte sind offenbar für die Curve (ξ) dreifach.

Zwischen diesen Zahlen haben wir (10, 12) die Gleichungen [56]:

$$\begin{gathered}\rho=\mu(\mu-1)-2(\gamma+\gamma')-3\alpha\,,\\ \rho=\nu(\nu-1)-2(\text{8}+\text{8}')-3\beta\,,\\ \mu=\rho(\rho-1)-2(\xi+\omega)-3(\nu+\theta)\,,\\ \nu=\rho(\rho-1)-2(\eta+\omega)-3(\mu+\theta)\,,\\ 3\rho-\theta=3\mu+\nu-\alpha=3\nu+\mu-\beta\,,\\ 2(\xi+\omega)+\beta=2(\eta+\omega)+\alpha=\rho(\rho-4)-2\theta\,,\end{gathered}$$

welche sechs unabhängigen Relationen gleichgelten. Wir wollen jetzt drei andere Gleichungen bestimmen, welche zur Bestimmung von λ, τ, $\varkappa$ dienen *).

98. Es sei o ein willkürlicher Punct. Jede Ebene, die durch o geht, schneidet dann F in einer Curve l von der Ordnung ρ und der Classe μ mit $\xi+\omega$ Doppelpuncten und $\nu+\theta$

*) Cfr. Salmon, *Geometry of three dimensions* (2. ed.) pag. 455 u. ff., wo aber die Singularitäten ω, θ, $\text{8}'$, γ' nicht beachtet sind. Bei der vorliegenden Untersuchung wurde der Verfasser durch den Rath der Herren Cayley und Zeuthen unterstützt, denen er hierdurch seinen herzlichsten Dank ausspricht.

Stillstandspuncten (9). Dieselbe Ebene schneidet die erste Polarfläche von o in Bezug auf F in einer Curve der $(\rho-1)$-ten Ordnung, welche durch die $\xi+\omega$ Doppelpuncte und die $\nu+\theta$ Stillstandspuncte von l hindurchgeht. In diesen letzten Puncten hat sie mit der Curve l dieselben Tangenten*). Daraus folgt, dass die Classe der Curve l gleich ist:

$$\mu=\rho(\rho-1)-2(\xi+\omega)-3(\nu+\theta),$$

da dieses die Zahl der Tangenten ist, die man von o an genannte Curve ziehen kann. Diese Tangenten sind auf der Schnittebene die Spuren der Tangentialebenen von F, die durch o gehen. Die erste Polarfläche von o in Bezug auf F schneidet daher F längs der beiden Curven (ξ), (ν), längs der $\omega+\theta$ doppelten und stationären Generatrixen und längs der Berührungsgeneratrixen der μ Tangentialebenen, die durch o gehen.

Die Gleichung

$$\rho(\rho-1)=\mu+2(\xi+\omega)+3(\nu+\theta)$$

zeigt, dass bei dem vollständigen Durchschnitt von F und der ersten Polarfläche die Curve (ξ) und die ω Geraden zweimal zählen, während die Curve (ν) und die θ Geraden dreimal zu rechnen sind. Die nämliche Gleichung lässt erkennen, dass der umgeschriebene Kegel mit dem Scheitel o aus den μ Tangentialebenen, dem Perspectivkegel der Curve (ξ) zweimal gezählt, dem dreimal gerechneten Perspectivkegel der Curve (ν) und aus den $\omega+\theta$ Ebenen zusammengesetzt ist, welche durch die doppelten und die stationären Geraden hindurchgehen, jene zweimal und diese dreimal gezählt.

99. Ist die schneidende Ebene, die wir durch o gelegt haben, eine der μ Tangentialebenen, und ist t die Berührungsgeneratrix und $\mathfrak{m}$ der Punct, in welchem t die Curve (ν) berührt, dann erhält der Schnitt l der Developpablen F (13) in $\mathfrak{m}$ einen dreifachen Punct mit drei Zweigen, welche von derselben Tangente t berührt werden. Die erste Polarcurve von o in Bezug auf l hat also in $\mathfrak{m}$ eine Spitze mit der Tangente t, und die zweite Polarcurve von o in Bezug auf die nämliche Curve l geht durch $\mathfrak{m}$ und wird in diesem Puncte von der Geraden t berührt. Folglich ist t in $\mathfrak{m}$ Tangente der zweiten Polarfläche von o in Bezug auf F; oder auch:

Die zweite Polarfläche eines beliebigen Punctes o in Bezug auf eine developpable Fläche berührt die Cuspidalcurve in den Puncten, wo diese von Ebenen osculiert wird, welche durch o gehen.

Der Schnitt l ist aus der Geraden t zweimal genommen und einer Curve $(\rho-2)$-ter Ordnung zusammengesetzt, welche von t in $\mathfrak{m}$ berührt und in anderen $\rho-4$ Puncten geschnitten wird — es sind dies die Puncte, in denen die Curve (ξ) von der Ebene ot berührt wird —; diese Puncte sind für l dreifach, also geht durch sie auch die zweite Polarcurve von o in Bezug auf l; wir haben also:

---

*) *Einleitung*, N.° 74.

Die zweite Polarfläche eines beliebigen Poles o in Bezug auf eine Developpable berührt die Berührungsgeneratrix jeder Tangentialebene, die durch o geht, in dem Puncte, wo sie von der Cuspidalcurve berührt wird, und schneidet sie in den Puncten, wo sie die Knotencurve trifft.

100. Es sei jetzt t eine der θ stationären Generatrixen und $\mathfrak{m}$ der Berührungspunct zwischen t und der Curve (ν). Man lege die Ebene ot bis sie F schneidet, dann besteht der Schnitt l aus der Geraden t zweimal genommen und einer Curve l' von der Ordnung $\rho-2$ und der Classe μ, die in $\mathfrak{m}$ mit t einen vierpunctigen Contact hat, weil t in drei unmittelbar folgenden Tangentialebenen liegt, und man also von einem beliebigen Puncte von t aus $\mu-3$ von t verschiedene Tangenten an den Schnitt legen kann; t repräsentiert daher drei unmittelbar folgende Tangenten von l'. Die Ebene ot schneidet die Curve (ν) in anderen $\nu-3$ Puncten und die anderen stationären Generatrixen in $\theta-1$ Puncten; l' hat also $\nu+\theta-4$ Spitzen. Diese Curve hat folglich

$$\frac{1}{2}\Big((\rho-2)(\rho-3)-\mu-3(\nu+\theta-4)\Big)=\xi+\omega-2\rho+9$$

Doppelpuncte (10) [97]. Diese Puncte gehören der Linie $(\xi+\omega)$ an; von den andern Durchschnittspuncten der Ebene ot mit der Curve (ξ) sind $2(\rho-6)$ in den $\rho-6$ Durchschnittspuncten zwischen l' und t vereinigt, und folglich fallen die drei übrigen mit $\mathfrak{m}$ zusammen. Die ebenerwähnten $\rho-6$ Puncte sind für die Curve (ξ) Stillstandspuncte, weil in jedem derselben zwei unmittelbar folgende Generatrixen — repräsentiert durch die stationären Generatrixen — von einer nicht folgenden Generatrix geschnitten werden.

Schneidet man F durch die Ebene, welche in $\mathfrak{m}$ einen vierpunctigen Contact mit der Curve (ν) hat, so besteht der Schnitt l aus der Geraden t dreimal gezählt und einer Curve $(\rho-3)$-ter Ordnung und $(\mu-1)$-ter Classe, die in $\mathfrak{m}$ einen dreipunctigen Contact mit t hat, weil t in drei unmittelbar folgenden Tangentialebenen liegt, von denen die eine die Ebene der Curve ist, und folglich zwei unmittelbar folgende Tangenten dieser Curve darstellt. Die Ebene schneidet die Curve (ν) in weiteren $\nu-4$ Puncten und die übrigen stationären Generatrixen in $\theta-1$ Puncten; die Curve $(\rho-3)$-ter Ordnung hat also $\nu+\theta-5$ Spitzen und daher

$$\frac{1}{2}\Big((\rho-3)(\rho-4)-(\mu-1)-3(\nu+\theta-5)\Big)=\xi+\omega-3\rho+14$$

Doppelpuncte. Die Ebene hat also mit der Doppelcurve einen vierpunctigen Contact in $\mathfrak{m}$ und einen dreipunctigen Contact in jedem der $\rho-6$ Durchschnittspuncte von t mit der ebenen Curve $(\rho-3)$-ter Ordnung. Folglich haben die Curven (ν) und (ξ) in $\mathfrak{m}$ dieselbe Singularität, das heisst, dieselbe Tangente t mit dreipunctigem Contact und dieselbe Osculationsebene mit vierpunctigem Contact. Die stationäre Tangente t trifft die Curve (ξ) in $\rho-6$ stationären Puncten, und die Tangenten in diesen Puncten liegen in der Osculationsebene von $\mathfrak{m}$.

Der nämliche Punct $\mathfrak{m}$, in dem die Curven (ν) und (ξ) von der stationären Geraden t osculiert werden, ist für die Developpable F dreifach, weil eine beliebige Ebene durch t F in einer Curve schneidet, die mit drei Zweigen durch $\mathfrak{m}$ geht, das heisst, jede Gerade durch $\mathfrak{m}$ hat hier einen dreipunctigen Contact mit F. Die Geraden, welche in $\mathfrak{m}$ mit F einen vierpunctigen Contact haben, liegen in der Osculationsebene, das heisst (71), [18] der Berührungskegel von F in $\mathfrak{m}$ reduciert sich auf diese Ebene dreimal gezählt. Es folgt noch (85), dass die zweite Polarfläche eines beliebigen Poles in Bezug auf F durch $\mathfrak{m}$ geht und in ihm jene Ebene zur Tangentialebene hat. Ausserdem bemerke man, dass jeder Punct, der der Geraden t und der Curve l' in der Ebene ot gemein ist, für l dreifach sein muss und also auch in der zweiten Polarcurve von o in Bezug auf l liegt; folglich hat die zweite Polarfläche von o in Bezug auf F in $\mathfrak{m}$ eine vierpunctige Berührung mit t. Man hat also:

Die zweite Polarfläche eines beliebigen Poles in Bezug auf eine Developpable hat einen vierpunctigen Contact mit der Cuspidalcurve und mit der Knotencurve in dem Puncte, in dem diese Curven von jeder stationären Generatrix osculiert werden.

Die $\rho-6$ Puncte, in denen t die Curve (ξ) trifft, sind für F dreifache Puncte nach dem nämlichen Raisonnement, das wir schon für den Punct $\mathfrak{m}$ angewandt haben; daher geht die zweite Polarfläche von o durch diese Puncte.

Wenn $\mathfrak{r}$ einer dieser Puncte ist, in denen t von der Geraden geschnitten wird, welche die Curve (ν) in $\mathfrak{n}$ berührt, so ist der Tangentialkegel von F in $\mathfrak{r}$ aus der doppeltgezählten Osculationsebene der Curve (ν) in $\mathfrak{m}$ und der Osculationsebene in $\mathfrak{n}$ zusammengesetzt. Die gemeinschaftliche Gerade dieser Ebenen ist die Cuspidaltangente der Curve (ξ) in $\mathfrak{r}$, und durch sie geht die Tangentialebene in $\mathfrak{r}$ der zweiten Polarfläche von o in Bezug auf F; also zählt $\mathfrak{r}$ für drei Durchschnittspuncte der Curve (ξ) mit der obengenannten zweiten Polarfläche.

101. Es sei jetzt t eine der ω Doppelgeneratrixen, $\mathfrak{m}$, $\mathfrak{m}'$ ihre Berührungspuncte mit der Curve (ν), und man wende auf sie dieselben Betrachtungen an, die wir für eine stationäre Generatrix durchgeführt haben. Die Ebene ot gibt hier eine Curve l' von der Ordnung $\rho-2$ und der Classe μ mit $\nu+\theta-4$ Spitzen, also mit

$$\frac{1}{2}\Big((\rho-2)(\rho-3)-\mu-3(\nu+\theta-4)\Big)=\xi+\omega-2\rho+9$$

Doppelpuncten, von denen $\omega-1$ in den $\omega-1$ andere Doppelgeneratrixen liegen, während die andern $\xi-2\rho+10$ der Knotencurve angehören. Die Curve l' hat in jedem der Puncte $\mathfrak{m}$, $\mathfrak{m}'$ mit t einen dreipunctigen Contact, weil diese Gerade in zwei Paar unmittelbar folgenden Tangentialebenen liegt, und folglich fallen von den μ Tangenten von l', die von einem beliebigen Puncte $\mathfrak{p}$ von t ausgehen, zwei mit $\mathfrak{pm}$ und zwei andere mit $\mathfrak{pm}'$ zusammen. Es folgt, dass t die l' in andren $\rho-2-2.3$ Puncten trifft, das heisst, die Doppelgeneratrix t

schneidet $\rho-8$ einfache Generatrixen. Die ebene ot hat folglich mit der Knotencurve $2(\rho-8)$ Durchschnittspuncte, die zu zwei und zwei in obengenannten $\rho-8$ Puncten vereinigt sind, und 6 Durchschnittspuncte, die zu drei und drei in die Puncten $\mathfrak{m}$, $\mathfrak{m}'$ zusammenfallen *). Also hat t in $\mathfrak{m}$ und in $\mathfrak{m}'$ einen dreipunctigen Contact mit der Curve (ξ).

Da $\mathfrak{m}$ ein dreifacher Punct von F ist, so geht die zweite Polarfläche von o in Bezug auf F durch $\mathfrak{m}$. Ausserdem hat diese zweite Polarfläche, da jeder gemeinschaftliche Punct von t und l' für den vollständigen Durchschnitt der Ebene ot mit F dreifach ist, in $\mathfrak{m}$ einen dreipunctigen Contact mit t. Diese Gerade hat aber in diesem Puncte eine zweipunctige Berührung mit der Curve (ν) und eine dreipunctige mit der Curve (ξ); folglich hat man:

Die zweite Polarfläche eines beliebigen Punctes in Bezug auf eine Developpable geht durch die Berührungspuncte der Cuspidalcurve mit ihren Doppeltangenten und hat daselbst eine zweipunctige Berührung mit jener Curve und eine dreipunctige mit der Knotencurve.

Die $\rho-8$ für F dreifachen Puncte, in denen t andere Generatrixen schneidet, sind für die Curve (ξ) Doppelpuncte. Ist in der That $\mathfrak{r}$ einer von ihnen, in dem t von der Tangente der Curve (ν) in $\mathfrak{n}$ getroffen wird, so wird dort die Curve (ξ) von den beiden Geraden berührt, längs deren die Osculationsebene in $\mathfrak{n}$ die Osculationsebenen in $\mathfrak{m}$ und $\mathfrak{m}'$ schneidet. Folglich stellt jeder dieser $\rho-8$ Puncte zwei Durchschnittspuncte der Knotencurve mit der zweiten Polarfläche von o dar.

Schneidet man die Fläche F durch die Osculationsebene der Curve (ν) in $\mathfrak{m}$, so besteht der Schnitt l aus der Geraden t, dreimal genommen und einer Curve $(\rho-3)$-ter Ordnung und $(\mu-1)$-ter Classe mit $\nu+\theta-5$ Spitzen, welche mit t in $\mathfrak{m}$ eine zweipunctige und in $\mathfrak{m}'$ eine dreipunctige Berührung eingeht. Diese Curve hat also

$$\frac{1}{2}\Big((\rho-3)(\rho-4)-(\mu-1)-3(\nu+\theta-5)\Big)=\xi+\omega-3\rho+14$$

Doppelpuncte, von denen $\xi-3\rho+15$ der Knotencurve angehören. Die andern Durchschnittspuncte der schneidenden Ebene mit der Curve (ξ) sind die $\rho-8$ genannten Puncte, jeder dreimal gezählt, und die Puncte $\mathfrak{m}$, $\mathfrak{m}'$ zusammen als 9 Puncte gezählt, nämlich $\mathfrak{m}$ sechsmal und $\mathfrak{m}'$ dreimal. Die Ebene also, welche die Curve (ν) in $\mathfrak{m}$ osculiert, hat dort einen sechspunctigen Contact mit der Curve (ξ) und ausserdem mit derselben Curve einen dreipunctigen Contact in $\rho-7$ andern Puncten, von denen einer $\mathfrak{m}'$ ist.

---

*) Dass die Curve (ξ) durch $\mathfrak{m}$, $\mathfrak{m}'$ geht, ergibt sich auch, wenn man beachtet, dass z. B. $\mathfrak{m}$ für F ein dreifacher Punct ist, weil sich in ihm drei Tangenten der Curve (ν) schneiden, nämlich die Tangenten in $\mathfrak{m}$, im unendlich nahen Puncte von $\mathfrak{m}$ und im Puncte $\mathfrak{m}'$. Also besitzt der von einer beliebig durch $\mathfrak{m}$ gelegte Ebene auf F erzeugte Schnitt hier drei Zweige, von denen zwei durch die Spur der Osculationsebene in $\mathfrak{m}$ und der dritte von der Spur der Osculationsebene in $\mathfrak{m}'$ berührt werden. Es folgt, dass $\mathfrak{m}$ so viel als eine Spitze und zwei Knotenpuncte des Schnittes gilt; und folglich geht ausser der Curve (ν) und einer der ω Doppelgeraden auch die Curve (ξ) durch $\mathfrak{m}$.

102. Es sei jetzt $\mathfrak{m}$ ein Doppelpunct der Cuspidalcurve; t, t' die Tangenten und P, P' die Osculationsebenen der beiden Zweige der Curve. Bezeichnen wir durch t_1, t'_1 die zu t, t' unendlich nahen Generatrixen von F, so sieht man unmittelbar, dass $\mathfrak{m}$ ein vierfacher Punct der Fläche F ist, weil er in vier Generatrixen t, t_1, t', t'_1 liegt. Es ist gleichfalls klar, dass $\mathfrak{m}$ auch für die Knotencurve vierfach ist, weil er den Durchschnittspunct von vier Paar nicht unmittelbar folgenden Generatrixen tt', tt'_1, $t't_1$, $t_1t'_1$ darstellt. Die Geraden, welche in $\mathfrak{m}$ einen fünfpunctigen Contact mit F haben, liegen sämmtlich in den Ebenen P, P'; folglich stellen diese Ebenen, zweimal gezählt, den Berührungskegel von F im vierfachen Puncte dar. Die zweite Polarfläche eines beliebigen Punctes o in Bezug auf F hat in $\mathfrak{m}$ einen Biplanarpunct, und die beiden Tangentialebenen gehen durch die Gerade PP', welche zugleich die Tangente der Curve (ξ) in diesem Puncte ist.

Hieraus ergibt sich gerades Wegs, dass in $\mathfrak{m}$ vier Durchschnittspuncte der Curve (ν) mit der zweiten Polarfläche vereinigt sind.

103. Ein stationärer Punct der Curve (ν) ist für F dreifach, da jede Gerade, die durch diesen Punct gezogen ist, in ihm drei aufeinanderfolgende Generatrixen schneidet. Der Tangentenkegel von F in diesem Puncte besteht aus der dreimal genommenen Ebene, die in ihm einen vierpunctigen Contact mit der Curve (ν) hat, weil diese Ebene der Ort der Geraden ist, die in genanntem Puncte mit F einen vierpunctigen Contact haben; folglich geht die zweite Polarfläche von o durch diesen Punct und hat in ihm genannte Ebene zur Tangentialebene. Also haben wir:

Die zweite Polarfläche eines beliebigen Poles o in Bezug auf eine Developpable, hat mit der Cuspidalcurve in ihren Stillstandspuncten eine vierpunctige Berührung.

104. Die Puncte der Curve (ν), durch welche die zweite Polarfläche von o geht, sind diejenigen, deren Quadripolarflächen durch o gehen, und diejenigen, deren Quadripolarflächen unbestimmt werden. Die ersten Puncte sind diejenigen, in denen die Curve (ν) von den μ Tangentialebenen von F osculiert wird, die durch o gehen. Die zweiten Puncte dagegen sind für die Fläche dreifach oder vierfach (71), das heisst, sie liegen in drei oder vier Generatrixen. Unter diesen Puncten sind in der Cuspidalcurve, ausser den β stationären und den ϑ' Doppelpuncten und ausser den $2\omega+\theta$ Berührungspuncten der doppelten und der stationären Tangenten, auch die λ Puncte, in denen zwei aufeinander folgende Generatrixen von einer nicht unmittelbar folgenden zugleich geschnitten werden. Diese Puncte sind für die Curve (ξ) stationär, aber für die Curve (ν) nur einfach; und diese wird in ihnen von der zweiten Polarfläche nicht berührt. Also hat man:

Die zweite Polarfläche eines beliebigen Poles o in Bezug auf eine Developpable schneidet die Cuspidalcurve in den Puncten, in welchen diese von Geraden geschnitten wird, die sie anderswo berühren.

Auf diese Weise sind die Durchschnittspuncte der zweiten Polarfläche von o mit der Curve (ν) dargestellt durch die Gleichung:

$$\nu(\rho-2)=2\mu+4\theta+2.2\omega+4\vartheta'+4\beta+\lambda.$$

Aus ihr ergibt sich:

$$\lambda=\nu\rho-2(\mu+\nu+2\theta+2\omega+2\vartheta'+2\beta),$$

oder auch mit Hilfe der Formeln von CAYLEY *):

$$\lambda=\nu(\rho+4)-6(\rho+\beta)-4(\omega+\vartheta')-2\theta.$$

105. Wir haben schon (99) gesehen, dass die zweite Polarfläche von o die Knotencurve (ξ) in den $\mu(\rho-4)$ Puncten schneidet, wo diese von den Berührungsgeneratrixen der μ Tangentialebenen von F, die durch o gehen, getroffen wird. Dies sind diejenigen Puncte der Curve (ξ), deren Quadripolarflächen durch o gehen. Eine solche Polarfläche besteht aus den zwei Ebenen, welche in demselben Puncte die Fläche F berühren und von denen eine durch o geht.

Die übrigen Durchschnittspuncte der zweiten Polarfläche von o sind Puncte, deren Quadripolarfläche unbestimmt ist, das heisst, es sind die dreifachen und vierfachen Puncte von F, deren Zahlen sind:

$$\theta,\ \theta(\rho-6),\ 2\omega,\ \omega(\rho-8),\ \vartheta',\ \beta,\ \lambda,\ \tau.$$

Wir haben schon gesehen, dass jeder der θ, $\theta(\rho-6)$, 2ω, $\omega(\rho-8)$ Puncte bezüglich für 4, 3, 3, 2 Durchschnittspuncte der Knotencurve mit der zweiten Polarfläche von o gilt; jetzt wollen wir zur Betrachtung der anderen Puncte übergehen.

106. Es sei $\mathfrak{m}$ ein Doppelpunct der Cuspidalcurve und man halte die Benennungen der Nr. 102 fest. Eine beliebig durch $\mathfrak{m}$ gelegte Ebene M schneidet F in einer Curve l von der Ordnung ρ und der Classe μ, die in $\mathfrak{m}$ einen vierfachen Punct hat (vier Doppelpuncten und zwei Spitzen gleichgeltend); in ihm werden zwei Zweige von der Spur von P und die beiden andern von der Spur von P' berührt. Geht die Schnittebene durch die Tangente t, so zerfällt der Schnitt l in die Gerade t und eine Curve l' der $(\rho-1)$-ten Ordnung und μ-ter Classe, die in $\mathfrak{m}$ einen dreifachen Punct hat. Dort hat ein Zweig t zur Tangente, während die beiden andern von der Spur von P' berührt werden. Die Ebene schneidet die Linie $(\nu+\theta)$ anderswo noch in $\nu+\theta-3$ Puncten, die Spitzen von l' bilden, und da $\mathfrak{m}$ für zwei Doppelpuncte und eine Spitze zu zählen ist, so hat l' noch andere

$$\frac{1}{2}\Big((\rho-1)(\rho-2)-\mu-3(\nu+\theta-2)\Big)-2=\xi+\omega-\rho+2$$

Doppelpuncte, von denen $\xi-\rho+2$ in der Curve (ξ) liegen. Von den andern $\rho-2$ Durchschnittspuncten dieser Curve mit der Ebene sind 4 im Puncte $\mathfrak{m}$ vereinigt und $\rho-6$

*) Das heisst, indem man für μ den gleichgeltenden Ausdruck $3(\rho-\nu)+\beta-\theta$ setzt (97).

befinden sich in den andern Durchschnittspuncten von t und l', das heisst t trifft ausser t noch $\rho-6$ Generatrixen und hat folglich in $\mathfrak{m}$ mit l einen fünfpunctigen Contact.

Wir setzen jetzt voraus, die schneidende Ebene fiele mit der Tangentialebene P zusammen. Dann ist der Schnitt l aus der zweimal genommenen Geraden t und einer Curve l'' der $(\rho-2)$-ten Ordnung und $(\mu-1)$-ten Classe zusammengesetzt, die in $\mathfrak{m}$ einen dreifachen Punct hat — weil alle durch $\mathfrak{m}$ in der Ebene P gezogene Geraden in ihm mit F eine fünfpunctige Berührung eingehen —; in ihm wird ein Zweig von t berührt, und die andern beiden von der Geraden PP'. Die Curve l'' hat andere $\nu+\theta-4$ Spitzen, sie besitzt also ausser den beiden in $\mathfrak{m}$ vereinigten Doppelpuncten noch

$$\frac{1}{2}\Big((\rho-2)(\rho-3)-(\mu-1)-3(\nu+\theta-3)\Big)-2=\xi+\omega-2\rho+6$$

andere. Die übrigen $2\rho-6$ Durchschnittspuncte von P mit der Curve (ξ) werden von den $\rho-6$ Puncten, in denen t andere Generatrixen von F als t' schneidet, und dem Puncte $\mathfrak{m}$ gebildet; folglich hat die Ebene P mit der Curve (ξ) einen zweipunctigen Contact in jedem der genannten $\rho-6$ Puncte und einen sechspunctigen Contact in $\mathfrak{m}$. Ein ähnlicher Schluss lässt sich für die Ebene P' machen, und folglich [[57]] hat die Gerade PP' mit der Curve (ξ) im Puncte $\mathfrak{m}$ sechs vereinigte gemeinschaftliche Puncte. *) Diese Gerade ist aber auch die Durchschnittsgerade der Tangentialebenen der zweiten Polarfläche von o in dem Biplanarpuncte $\mathfrak{m}$; und also haben wir:

Ein Doppelpunct der Cuspidalcurve ist für die Knotencurve vierfach und gilt fur zwölf Durchschnittspuncte der letzteren Curve mit der zweiten Polarfläche eines beliebigen Poles in Bezug auf die gegebene Developpable.

107. Ist $\mathfrak{m}$ einer der β Stillstandspuncte der Curve (ν), und t die entsprechende Tangente, so schneidet die Ebene, welche F längs t berührt, die Curve (ν) in anderen $\nu-4$ Puncten, das heisst, die Curve $(\rho-2)$-ter Ordnung, welche F und genannter Ebene gemein ist, hat wohl noch $\nu+\theta-3$ Spitzen, wie im Allgemeinen für eine ganz beliebige Tangentialebene, aber eine derselben fällt auf $\mathfrak{m}$. Die ebene Curve hat in $\mathfrak{m}$ die Tangente t, von der sie noch in $\rho-5$ anderen Puncten geschnitten wird, und da sie ausserdem von der $(\mu-1)$-ten Classe ist, so hat sie

$$\frac{1}{2}\Big((\rho-2)(\rho-3)-(\mu-1)-3(\nu+\theta-3)\Big)=\xi+\omega-2\rho+8$$

---

*) Eine beliebig durch die Gerade PP' gelegte Ebene schneidet F in einer Curve l von der ρ-ten Ordnung und der μ-ten Classe mit vier in $\mathfrak{m}$ sich kreuzenden Zweigen und einer einzigen Tangente PP', mit der sie in diesem Puncte einen sechspunctigen Contact hat. Dieselbe Ebene trifft die Cuspidalcurve in andern $\nu-2$ und die Knotencurve in andern $\xi-6$ Puncten. Die Curve l hat also in $\mathfrak{m}$ eine Singularität, welche 6 Doppelpuncten und 2 damit vereinigten Spitzen entspricht und folglich die Verminderung um $6.2+2.3=18$ in der Classenzahl und von $6.6+2.8=52$ in der Zahl der Wendepuncte hervorbringt.

Doppelpuncte, und folglich berührt die Ebene, welche in $\mathfrak{m}$ einen vierpunctigen Contact mit der Curve (ν) hat, die Curve (ξ) in $\mathfrak{m}$ und in anderen $\rho-5$ Puncten der Geraden t. Die nämliche Ebene berührt in $\mathfrak{m}$ die zweite Polarfläche von o, und man hat also:

Die zweite Polarfläche eines beliebigen Poles in Bezug auf eine Developpable berührt die Knotencurve in den Stillstandspuncten der Cuspidalcurve.

Eine beliebig durch die Cuspidaltangente t der Curve (ν) gelegte Ebene schneidet F in dieser Geraden t und in einer Curve ($\rho-1$)-ter Ordnung und μ-ter Classe, für welche $\mathfrak{m}$ die Verenigung einer Spitze und eines Doppelpunctes darstellt *); es gibt ausserdem noch $\nu+\theta-3$ andere Spitzen und folglich

$$\frac{1}{2}\Big((\rho-1)(\rho-2)-\mu-3(\nu+\theta-2)\Big)-1=\xi+\omega-\rho+3$$

Doppelpuncte. Die Gerade t trifft nur $\rho-5$ von ihr selbst verschiedene Generatrixen, das heisst, sie schneidet die ebene Curve in $\rho-5$ Puncten — oder hat auch in $\mathfrak{m}$ mit ihr einen vierpunctigen Contact — und folglich hat die Ebene mit der Curve (ξ) einen zweipunctigen Contact in $\mathfrak{m}$. Also erhält man:

In den stationären Puncten der Cuspidalcurve einer Developpablen haben die Cuspidal- und Knotencurve dieselben Tangenten.

108. Es sei jetzt $\mathfrak{m}$ einer der λ Puncte der Curve (ν), die in zwei Tangenten liegen. Es sei t die Tangente in $\mathfrak{m}$ und t' die andre Tangente, die auch durch $\mathfrak{m}$ geht. Der Berüh-

---

*) Eine beliebige Ebene schneidet F in einer Curve l der ρ-ten Ordnung und μ-ter Classe mit $\xi+\omega$ Knotenpuncten und $\nu+\theta$ Spitzen, woraus man

$$\mu=\rho(\rho-1)-2(\xi+\omega)-3(\nu+\theta)$$

zieht. Geht die Ebene durch einen der α Berührungspuncte der stationären Ebenen, so haben wir in ihm eine Spitze, einen Knoten- und einen Wendepunct vereinigt. Die Curve l hat in diesem Puncte zwei Zweige, weil der Punct für F ein Doppelpunct ist, mit derselben Tangente, deren Berührung ferner vierpunctig ist, da diese Tangente in der Wendeebene liegt. Man hat so in der Curve l eine Singularität, welche die Verminderung $3+2$ in der Classe und $8+6+1$ in der Zahl der Wendepuncte hervorbringt.

Geht die schneidende Ebene durch einen der β stationären Puncte der Curve (ν), so hat in ihm die Curve l drei Zweige, die von derselben Tangente vierpunctig berührt werden. Diese Singularität umfasst zwei mit einem Knotenpunct vereinigte Spitzen.

Geht die schneidende Ebene durch einen der λ stationären Puncte der Curve (ξ), so erhalten wir in ihm drei Zweige der Curve l mit zwei verschiedenen Tangenten, eine Singularität, welche der Vereinigung einer Spitze mit zwei Knotenpuncten entspricht.

Geht die schneidende Ebene durch einen der θ Berührungspuncte der Curven (ν), (ξ) mit den stationären Geraden, so hat in ihm die Curve l drei Zweige, die von derselben Tangente vierpunctig berührt werden, und diese Singularität entspricht zwei mit einem Knotenpunct vereinigten Spitzen. U. s. w., u. s. w.

rungskegel von F in $\mathfrak{m}$ — oder auch (71) die cubische Polarfläche von $\mathfrak{m}$ — ist dann aus drei Ebenen zusammengesetzt, von denen zwei mit der Ebene zusammenfallen, welche F längs t berührt, und die dritte ist die Tangentialebene längs t'. Die Durchschnittsgerade t'' dieser beiden Tangentialebenen ist die Cuspidaltangente der Knotencurve in $\mathfrak{m}$.

Die zweite Polarfläche von o geht durch $\mathfrak{m}$ und wird dort von einer Ebene, die durch t'' geht, berührt, das heisst, von einer Ebene, welche mit der Curve ξ einen dreipunctigen Contact hat; folglich hat man:

Die zweite Polarfläche eines beliebigen Poles in Bezug auf eine Developpable hat mit der Knotencurve in jedem Puncte einen dreipunctigen Contact, welcher für diese ein Stillstandspunct und für die Cuspidalcurve ein einfacher Punct ist.

109. Jeder der dreifachen Puncte von F, in dem drei *getrennte* Generatrixen zusammenlaufen, ist offenbar für die Curve (ξ) ebenfalls dreifach und ist auch ein Punct der zweiten Polarfläche von o.

Die Durchschnittspuncte der zweiten Polarfläche von o mit der Curve (ξ) werden daher durch folgende Gleichung repräsentiert:

$$\xi(\rho-2)=\mu(\rho-4)+2\beta+3\lambda+3\tau+4\theta+3\theta(\rho-6)+3.2\omega+2\omega(\rho-8)+12\vartheta'.$$

Setzt man hierin für λ seinen Werth (104), so entsteht:

$$3\tau=(\xi-\mu-3\nu-3\theta-2\omega)(\rho-2)+8\mu+20\theta+10\beta+18\omega.$$

Mittelst des Princips der Dualität erhält man aus den Zahlen λ, τ folgende andere Zahlen:

$$\lambda_1=\mu(\rho+4)-6(\rho+\alpha)-4(\omega+\gamma')-2\theta,$$

$$3\tau_1=(\eta-\nu-3\mu-3\theta-2\omega)(\rho-2)+8\nu+20\theta+10\alpha+18\omega,$$

wo λ_1 die Zahl der Ebenen bedeutet, von denen jede die Curve (ν) in einem Puncte osculiert und in einem andern berührt, und τ_1 die Zahl der Ebenen, welche die Curve (ν) in drei getrennten Puncten berühren.

110. Existieren auf einem Kegel ξ-ter Ordnung zwei Curven, die nicht durch den Scheitel gehen und jede Generatrix bezüglich in σ_1, σ_2 Puncten schneiden, so ist die Zahl der beiden Curven gemeinschaftlichen Puncte gleich $\xi\sigma_1\sigma_2$. Diese Behauptung, die an sich klar ist, wenn die beiden Curven die Durchschnitte des Kegels mit zwei Flächen bezüglich der σ_1-ten, σ_2-ten Ordnung sind, nehmen wir hier für allgemeingiltig an.

Dies vorausgeschickt bemerke man, dass der Perspectivkegel der Knotencurve (ξ) vom Scheitel o mit der Developpablen F die Curve (ξ) gemein hat, die zweimal zu zählen ist, und also diese Fläche noch in einer anderen Curve c der $\xi(\rho-2)$-ten Ordnung schneidet, die mit jeder Generatrix des Kegels $\rho-2$ Puncte gemein hat. Nimmt man auf jeder Generatrix des Kegels die harmonischen Mittelpuncte des ($\rho-3$)-ten Grades des Systems der ($\rho-2$)

Puncte von c in Bezug auf $\mathfrak{o}$ als Pol, so ist der Ort dieser harmonischen Mittelpuncte — genau wie für die ebenen Curven *) — eine Curve c' von der $\xi(\rho-3)$-ten Ordnung und hat mit jeder Generatrix des Kegels $\rho-3$ Puncte gemein. Die beiden Curven c, c' haben $\xi(\rho-2)(\rho-3)$ Puncte gemein, und zwar die folgenden:

a. Die Berührungspuncte der Curve c mit Tangenten, welche gleichzeitig Generatrixen des Kegels (ξ) sind. Aber die Tangenten, welche sich von $\mathfrak{o}$ an F ziehen lassen, haben ihre Berührungspuncte auf μ Geraden (Generatrixen von F), welche (13) den Kegel (ξ) in $\mu(\xi-2\rho+8)$ Puncten, die nicht auf der Curve (ξ) liegen, treffen. Diese $\mu(\xi-2\rho+8)$ Puncte sind folglich ebensoviele Durchschnittspuncte der Curven c, c'.

b. Die Puncte, in welchen die Curve (ξ) von den $\varkappa$ Doppelgeneratrixen des Kegels (ξ) getroffen wird. Es seien $\mathfrak{p}_1$, $\mathfrak{p}_2$ zwei Puncte der Curve (ξ) mit $\mathfrak{o}$ in gerader Linie. Wir betrachten die Doppelgeneratrix $\mathfrak{op}_1\mathfrak{p}_2$ des Kegels wie zwei verschiedene Generatrixen $\mathfrak{op}_1$, $\mathfrak{op}_2$. Die erste derselben trifft zunächst die Curve (ξ) in $\mathfrak{p}_1$, schneidet dann F in zwei mit $\mathfrak{p}_2$ zusammenfallenden Puncten und ausserdem noch in anderen $\rho-4$ Puncten $\mathfrak{q}_1$, $\mathfrak{q}_2, \ldots$; die zweite dagegen schneidet, nachdem sie die Curve (ξ) in $\mathfrak{p}_2$ getroffen, die Fläche F in zwei mit $\mathfrak{p}_1$ zusammenfallenden Puncten und ausserdem noch in anderen $\rho-4$ Puncten $\mathfrak{q}_1$, $\mathfrak{q}_2, \ldots$. Die Ebene, welche durch $\mathfrak{o}$ und durch die Tangente der Curve (ξ) in $\mathfrak{p}_1$ (oder in $\mathfrak{p}_2$) geht, schneidet die beiden Tangentialebenen von F in $\mathfrak{p}_2$ (oder in $\mathfrak{p}_1$) längs zwei Geraden, welche in $\mathfrak{p}_2$ (oder in $\mathfrak{p}_1$) Tangenten der Curve c sind; die beiden Ebenen, die durch $\mathfrak{o}$ und bezüglich durch die Tangenten der Curve (ξ) in den Puncten $\mathfrak{p}_1$, $\mathfrak{p}_2$ gehen, schneiden die Tangentialebene von F in $\mathfrak{q}$ in zwei Geraden, welche die Curve c in $\mathfrak{q}$ berühren. Also sind die Puncte $\mathfrak{p}_1$, $\mathfrak{p}_2$, $\mathfrak{q}_1$, $\mathfrak{q}_2, \ldots$ sämmtlich für c Doppelpuncte.

Auf der Geraden $\mathfrak{op}_1$, findet man als Puncte der c' die $\rho-3$ harmonischen Mittelpuncte des Systems $\mathfrak{p}_2$, $\mathfrak{p}_2$, $\mathfrak{q}_1$, $\mathfrak{q}_2, \ldots$, und auf $\mathfrak{op}_2$ hat dieselbe Curve die $\rho-3$ harmonischen Mittelpuncte des Systems $\mathfrak{p}_1$, $\mathfrak{p}_1$, $\mathfrak{q}_1$, $\mathfrak{q}_2, \ldots$, folglich enthält die Doppelgeneratrix $\mathfrak{op}_1\mathfrak{p}_2$ des Kegels $2(\rho-3)$ Puncte von c'. Einer davon ist $\mathfrak{p}_1$, ein andrer $\mathfrak{p}_2$. Jeder dieser Puncte ist für c ein Doppelpunct und ein einfacher Punct für c', und vertritt also zwei Durchschnittspuncte der Curven c, c'. Die $\varkappa$ Sehnen der Curve (ξ), welche durch $\mathfrak{o}$ gehen, geben folglich $4\varkappa$ Durchschnittspuncte der Curven c, c'.

c. Die Puncte, in denen die Cuspidalcurve (ν) und die θ stationären Generatrixen von F den Kegel (ξ) treffen. Die Gerade, welche von $\mathfrak{o}$ nach dem Puncte $\mathfrak{p}$ der Curve (ξ) geht, treffe in $\mathfrak{m}$ die Linie $(\nu+\theta)$ und ausserdem F in weiteren $\rho-4$ Puncten $\mathfrak{q}_1, \mathfrak{q}_2, \ldots$ Da $\mathfrak{m}$ zwei Durchschnittspuncte von $\mathfrak{op}$ mit F darstellt, so ist $\mathfrak{m}$ auch einer der harmonischen Mittelpuncte, deren Ort c' ist. Jede Ebene durch $\mathfrak{m}$ trifft in diesem Puncte c in zwei zusammenfallenden Puncten, weil $\mathfrak{m}$ ein gewöhnlicher Punct für den Kegel (ξ) und ein Doppel-

*) *Einleitung*, N.º 68.

punct (Uniplanarpunct) für F ist. Da nun alle Geraden, die mit F einen dreipunctigen Contact in $\mathfrak{m}$ haben, in einer einzigen Ebene liegen, so ist die Durchschnittsgerade dieser Ebene mit derjenigen, welche den Kegel (ξ) längs $\mathfrak{op}$ berührt, die einzige Tangente der Curve c in $\mathfrak{m}$, und $\mathfrak{m}$ ist folglich für c eine Spitze. Eine beliebig durch $\mathfrak{op}$ gezogene Ebene schneidet den Kegel (ξ) in anderen $\xi-1$ Generatrixen, deren eine $\mathfrak{op}'$ die Curve c in den Puncten $\mathfrak{m}', \mathfrak{m}''$, $\mathfrak{q}_1'$, $\mathfrak{q}_2'$ ... trifft. Nähert sich $\mathfrak{op}'$ unendlich der Geraden $\mathfrak{op}$, das heisst, wird die Ebene Tangentialebene des Kegels, so nähern sich die Puncte $\mathfrak{q}_1'$, $\mathfrak{q}_2'$, ... unendlich den Puncten $\mathfrak{q}_1$, $\mathfrak{q}_2$, ... und die beiden andern $\mathfrak{m}'$, $\mathfrak{m}''$ nähern sich unendlich dem Puncte $\mathfrak{m}$ und also auch sich selbst untereinander. Wenn sich aber die Puncte $\mathfrak{m}'$, $\mathfrak{m}''$ in einen vereinigen, so fällt auch einer der harmonischen Mittelpuncte auf $\mathfrak{op}'$ mit ihm zusammen, das heisst, die beiden Curven c, c' haben in $\mathfrak{m}$ dieselbe Tangente $\mathfrak{mm}'$ oder $\mathfrak{mm}''$. Folglich repräsentiert $\mathfrak{m}$ drei Durchschnittspuncte der Curven c, c'. Die Zahl der zu $\mathfrak{m}$ analogen Puncte ist gleich der Zahl der scheinbaren Durchschnittspuncte der Curve (ξ) mit der Linie ($\nu+\theta$). Die Curven (ξ) und (ν) haben gemein:

1. die Berührungspuncte der α stationären Ebenen;
2. die β Cuspidalpuncte der Curve (ν); jeder derselben zählt für drei Durchschnitts puncte der beiden Curven, weil diese in ihm dieselbe Tangente haben (107);
3. die λ Cuspidalpuncte der Curve (ξ); jeder von ihnen zählt für zwei Durchschnittspuncte, weil in ihnen die beiden Curven nicht dieselbe Tangente haben;
4. die θ Berührungspuncte der stationären Tangenten; jeder derselben zählt für drei Durchschnittspuncte, weil in ihnen die beiden Curven drei Puncte in gerader Linie gemein haben;
5. Die 2ω Berührungspuncte der Doppeltangenten; jeder derselben zählt für zwei Durchschnittspuncte, weil in ihnen die beiden Curven (ν) und (ξ) dieselben Tangenten haben;
6. Die δ' Doppelpuncte der Curve (ν), welche, als vierfache Puncte der Curve (ξ), $2.4.\delta'$ Durchschnittspuncten gleich gelten.

Die Zahl der scheinbaren Durchschnittspuncte der Curven (ξ), (ν) ist daher

$$\nu\xi-\alpha-3\beta-2\lambda-3\theta-4\omega-8\delta'.$$

Jede der θ stationären Geraden hat (100) mit der Curve (ξ) einen dreipunctigen Contact und ausserdem $\rho-6$ gemeinschaftliche Puncte, von denen jeder für die Curve (ξ) stationär ist und folglich zwei wirkliche Durchschnittspuncte darstellt. Die Zahl der scheinbaren Durchschnittspuncte der Curve (ξ) mit der stationären Geraden ist also

$$\xi-2(\rho-6)-3,$$

und folglich ist die Zahl der scheinbaren Durchschnittspuncte der Curve (ξ) mit der Linie ($\nu+\theta$) gleich

$$\nu\xi-\alpha-3\beta-2\lambda-3\theta-4\omega-8\delta'+\theta(\xi-2\rho+9).$$

d. Die Puncte, in denen die ω Doppelgeneratrixen von F den Kegel (ξ) treffen. Wenn die von $\mathfrak{o}$ nach einem Puncte $\mathfrak{p}$ der Curve (ξ) gezogene Gerade die Doppelgeneratrix t in $\mathfrak{m}$ trifft, so gilt $\mathfrak{m}$ für zwei Durchschnittspuncte von $\mathfrak{op}$ mit F und ist daher ein Punct der Curve c', des Ortes der harmonischen Mittelpuncte. Ferner ist $\mathfrak{m}$ für die Curve c ein Doppelpunct, weil diese in ihm zwei Tangenten besitzt, welche die Durchschnittsgeraden der Tangentialebene des Kegels (ξ) längs $\mathfrak{op}$ mit den Tangentialebenen von F längs t sind. Die Gerade t hat mit der Curve (ξ) zwei dreipunctige Berührungen und ausserdem noch $\rho-8$ gemeinsame Puncte, die für genannte Curve Doppelpuncte sind; folglich ist die Zahl der scheinbaren Durchschnittspuncte dieser Curve mit den ω Doppelgeneratrixen gleich $\omega\big(\xi-2(\rho-8)-2.3\big)$, das heisst $\omega(\xi-2\rho+10)$. Jeder dieser Puncte zählt für zwei Durchschnittspuncte der Curven c, c'.

e. Die Doppelpuncte der Curve (ν), welche für die Curve (ξ) vierfach sind. Ist $\mathfrak{m}$ einer dieser Puncte, so ist $\mathfrak{om}$ eine vierfache Generatrix des Kegels (ξ). Wir wollen diese Gerade so ansehen, als sei sie durch Uebereinanderlagern von vier verschiedenen Generatrixen erzeugt: in jeder derselben fallen zwei von den $\rho-2$ Puncten der Curve c mit $\mathfrak{m}$ zusammen, folglich ist $\mathfrak{m}$ auch ein harmonischer Mittelpunct, das heisst ein Punct von c'. Der Punct $\mathfrak{m}$ repräsentiert für die Curve c und auf jeder der vier Generatrixen einen Doppelpunct mit zusammenfallenden Tangenten, weil die Tangenten die Durchschnittsgeraden der Tangentialebene des Kegels (ξ) längs $\mathfrak{om}$ mit den Tangentialebenen der Developpablen in $\mathfrak{m}$ sein würden, und diese Geraden zusammenfallen, da diese drei Ebenen durch ein und dieselbe Gerade gehen. (In der That ist die einzige Tangente der Curve (ξ) in $\mathfrak{m}$ genau der Durchschnitt der beiden Tangentialebenen von F). Also gilt $\mathfrak{m}$ für 3.4 Durchschnittspuncte der Curven c, c'.

111. Die Durchschnittspuncte der Curven c, c' sind also durch folgende Gleichung ausgedrückt:

$$\xi(\rho-2)(\rho-3)=\mu(\xi-2\rho+8)+4\varkappa+3(\nu\xi-\alpha-3\beta-2\lambda-3\theta-4\omega-8\delta')$$
$$+3\theta(\xi-2\rho+9)+2\omega(\xi-2\rho+10)+12\delta'.$$

Aus der dritten Gleichung der Nr. 97 erhält man aber:

$$\rho(\rho-1)-\mu-3(\nu+\theta)-2\omega=2\xi,$$

also:

$$2\xi(\xi-2\rho+3)=-2\mu(\rho-4)+4\varkappa-3(\alpha+3\beta+2\lambda)-6\theta(\rho-3)-4\omega(\rho-2)-12\delta'.$$

Addiert man diese Gleichung zu der mit 4 multiplicierten ersten Gleichung in Nr. 109, und setzt für β den äquivalenten Ausdruck (97):

$$6\rho-8\mu+3\alpha-2\theta,$$

so erhält man:

$$\xi(\xi-1)-2\varkappa-2\omega(\rho-8)-3\lambda-3\theta(\rho-6)-6\tau-18\delta'=\rho(\mu-3)-3\alpha.$$

112. Daraus ergibt sich sogleich die Classe der Curve (ξ). Diese Curve hat $\varkappa$ scheinbare Doppelpuncte, $\omega(\rho-8)$ wirkliche Doppelpuncte, $\lambda+\theta(\rho-6)$ stationäre Puncte, τ dreifache und ϑ' vierfache Puncte, von denen jeder sechs Doppelpuncten und zwei Spitzen gleich gilt (106, *Anmerkung*). Ausserdem hat die Curve (ξ) noch weitere γ' Doppelpuncte entsprechend den Ebenen, welche F längs zwei verschiedener Generatrixen berühren.

Betrachten wir nähmlich eine solche Ebene, welche die Curve (ν) in zwei Puncten $\mathfrak{m}$, $\mathfrak{m}'$ osculiert und F längs der beiden Geraden $\mathfrak{n}\mathfrak{m}, \mathfrak{n}\mathfrak{m}'$ berührt. Diese Ebene schneidet F längs einer Curve l der $(\rho-4)$-ten Ordnung und $(\mu-2)$-ter Classe, mit $\nu+\theta-6$ Spitzen, also im Besitz von

$$\frac{1}{2}\Big((\rho-4)(\rho-5)-(\mu-2)-3(\nu+\theta-6)\Big)=\xi+\omega-4(\rho-5)$$

Doppelpuncten. Der Punct $\mathfrak{n}$ ist für den vollständigen Schnitt vierfach und stellt also vier Durchschnittspuncte der Ebene $\mathfrak{m}\mathfrak{m}'\mathfrak{n}$ mit der Knotencurve dar, und folglich fallen die übrigen $4(\rho-6)$ Durchschnittspuncte zu zwei und zwei auf die Durchschnittspuncte von l mit den Geraden $\mathfrak{m}\mathfrak{n}, \mathfrak{m}'\mathfrak{n}$; das heisst, jede von diesen Geraden berührt l in einem Puncte ($\mathfrak{m}$ oder $\mathfrak{m}'$) und schneidet sie noch in andern $\rho-6$ Puncten. Die Ebene $\mathfrak{m}\mathfrak{m}'\mathfrak{n}$ hat also mit der Knotencurve in $\mathfrak{n}$ eine vierpunctige Berührung und noch $2(\rho-6)$ andere zweipunctige Contacte, und jede der Geraden $\mathfrak{n}\mathfrak{m}, \mathfrak{n}\mathfrak{m}'$ trifft nicht mehr als $\rho-6$ andere Generatrixen. Schneiden wir also die Curve (ξ) durch eine Ebene, die durch $\mathfrak{n}\mathfrak{m}$ geht oder auch durch $\mathfrak{n}\mathfrak{m}'$, so gilt $\mathfrak{n}$ immer für zwei zusammenfallende Durchschnittspuncte; das heisst $\mathfrak{n}$ ist ein Doppelpunct für die Curve (ξ). Man sieht nun leicht, dass die beiden Tangenten dieser Curve in $\mathfrak{n}$ in der Ebene $\mathfrak{m}\mathfrak{m}'\mathfrak{n}$ enthalten sind und mit den beiden Generatrixen $\mathfrak{n}\mathfrak{m}, \mathfrak{n}\mathfrak{m}'$ ein harmonisches Büschel bilden *).

Dies vorausgesetzt, ist mit Rücksicht auf die letzte Gleichung der Nr. 111 die Classe der Knotencurve, das heisst die Ordnung der Developpablen, welche von ihren Tangenten erzeugt wird, gleich

$$\rho(\mu-3)-3\alpha-2\gamma'.$$

Gemäss dem Dualitätsprincip ist dann die Ordnung der doppeltberührenden Developpablen der Curve (ν) gleich

$$\rho(\nu-3)-3\beta-2\vartheta'.$$

---

*) Die correlative Eigenschaft ist: Wenn die Curve (ν) einen Doppelpunct $\mathfrak{m}$ hat, so berührt die Ebene der beiden Tangenten die doppeltberührende Developpable (die von der Classe η ist) längs zwei Geraden, welche durch $\mathfrak{m}$ gehen, und den beiden Tangenten der Cuspidalcurve harmonisch conjugiert sind. [58] Diese beiden Geraden sind die Spuren der Ebenen, welche in $\mathfrak{m}$ mit der Knotencurve einen siebenpunctigen Contact haben.

Capitel V.

Projectivische Flächenbüschel. [59]

. . . .

118. Die Zahl $\mathfrak{s}$ der Geraden, die durch einen festen Punct $\mathfrak{o}$ gehen, und jede die Durchschnittscurve zweier Flächen F_{ν_1}, F_{ν_2} in zwei Puncten treffen, kann man auch direct, wie folgt, bestimmen.

Wie es schon anderswo (77-79) gezeigt ist, bilde man für jede der beiden gegebenen Flächen die Reihe der perspectivischen Flächen F'_{ν_1}, F'_{ν_2} und die Reihe der abgeleiteten Flächen $\mathcal{F}_{\nu_1-1}$, $\mathcal{F}_{\nu_2-1}$ entsprechend den verschiedenen Werthen eines gewissen Doppelverhältnisses und zwar unter Benutzung des Poles $\mathfrak{o}$ und einer willkürlichen Ebene P. Die so bestimmten vier Reihen von Flächen sind projectivisch, wenn man nur als entsprechende Elemente diejenigen Flächen annimmt, die ein und demselben Werthe des Doppelverhältnisses entsprechen.

Die Ordnung und der Index der Reihen, die durch die Flächen F'_{ν_1}, F'_{ν_2} gebildet werden, sind ν_1, ν_2, und also ist *) der Ort der gemeinschaftlichen Curve zweier entsprechender Flächen dieser Reihen von der $2\nu_1\nu_2$-ten Ordnung. In diesem Orte ist ferner die Ebene P $\nu_1\nu_2$-mal enthalten. Denn die ν_1 Flächen der ersten Reihe und die ν_2 Flächen der zweiten Reihe, welche durch einen beliebigen Punct $\mathfrak{p}$ von P gehen, fallen mit der Ebene P zusammen, weil alle Flächen jeder Reihe durch ein und dieselbe Curve, die in der Ebene P liegt, gehen. Der Punct $\mathfrak{p}$ gehört daher ν_1 Flächen der ersten und ν_2 Flächen der zweiten Reihe an, und jede beliebige der letzten kann als jeder beliebigen der ersten entsprechend angenommen werden; also ist auch $\mathfrak{p}$ ein $(\nu_1\nu_2)$-facher Punct für den durch diese beiden Reihen erzeugten Ort.

Dieser Ort ist, von der Ebene P abgesehen, aus einer Fläche $\nu_1\nu_2$-ter Ordnung gebildet, die nichts Anderes ist, als der Kegel K, dessen Scheitel in $\mathfrak{o}$ liegt, und dessen Directrix die Curve $(\nu_1\nu_2)$ ist, welche beiden Flächen gemein ist; denn dieser Kegel geht durch die gemeinsame Curve irgend zwei entsprechender Flächen F_{ν_1}, F_{ν_2}.

In ähnlicher Weise erzeugen die beiden Reihen der $\mathcal{F}_{\nu_1-1}$, $\mathcal{F}_{\nu_2-1}$ eine Fläche $\mathbf{S}$ von der Ordnung $(\nu_1-1)(\nu_2-1)$. Nun gehört jeder den Flächen F_{ν_1} und $\mathcal{F}_{\nu_1-1}$ gemeinschaftliche Punct auch der entsprechenden Fläche F'_{ν_1} an, und ebenso jeder den Flächen F_{ν_2} und $\mathcal{F}_{\nu_2-1}$ gemeinschaftliche Punct auch der entsprechenden F'_{ν_2}, und so muss also jeder Punct $\mathfrak{a}'$, der auf dem Orte $\mathbf{S}$ liegt — und daher in zwei entsprechenden Flächen $\mathcal{F}_{\nu_1-1}$, $\mathcal{F}_{\nu_2-1}$ — und in der Curve $F_{\nu_1}F_{\nu_2}$, auch in zwei entsprechenden Flächen F'_{ν_1}, F'_{ν_2}, liegen. Der Strahl $\mathfrak{o}\mathfrak{a}'$ enthält folglich ausserdem noch einen Punct $\mathfrak{a}$, der F_{ν_1} und

*) *Einleitung*, Nr. 83.

F_{ν_2} gemein ist, das heisst, dieser Strahl trifft die Curve $F_{\nu_1}F_{\nu_2}$ in zwei *getrennten* Puncten. Ich sage getrennt, weil zwei homologe Puncte der Flächen F_ν, F'_ν nur zusammenfallen, wenn sie in der ersten Polarfläche von o in Bezug auf F_ν liegen; die beiden Puncte a, a' fallen daher nur dann zusammen, wenn F_{ν_1}, F_{ν_2} mit ihrer ersten Polarflächen einen gemeinsamen Punct haben, oder auch — wegen der Willkürlichkeit des Poles o — wenn F_{ν_1} und F_{ν_2} einen vielfachen Punct gemein haben.

Halten wir also fest, dass o ein ganz beliebig gegebener Punct ist, und dass F_{ν_1}, F_{ν_2} keine gemeinschaftlichen vielfachen Puncte besitzen, wenn sie auch Berührungspuncte haben, so sind die $\nu_1\nu_2(\nu_1-1)(\nu_2-1)$ Durchschnittspuncte von **S** mit der Curve $F_{\nu_1}F_{\nu_2}$ zu zwei und zwei mit dem Pole o in gerader Linie, das heisst, durch o gehen

$$s=\frac{1}{2}\nu_1\nu_2(\nu_1-1)(\nu_2-1)$$

Sehnen der Curve $F_{\nu_1}F_{\nu_2}$.

119. Wenn die Flächen F_{ν_1}, F_{ν_2} einen gemeinschaftlichen Punct a haben, der bezüglich π_1-fach, π_2-fach ist, so ist im Allgemeinen a für die gemeinschaftliche Durchschnittscurve beider Flächen $\pi_1\pi_2$-fach. Da nun der Strahl oa die Fläche F_{ν_1} anderswo nur noch in $\nu_1-\pi_1$ und F_{ν_2} nur noch in $\nu_2-\pi_2$ Puncten trifft, so werden in a

$$(\nu_1-1)-(\nu_1-\pi_1)=\pi_1-1$$

Flächen $\mathscr{F}_{\nu_1-1}$ mit der ersten Polarfläche von o in Bezug auf F_{ν_1} zusammenfallen und ebenso

$$(\nu_2-1)-(\nu_2-\pi_2)=\pi_2-1$$

Flächen $\mathscr{F}_{\nu_2-1}$ mit der ersten Polarfläche von o in Bezug auf F_{ν_2}.

Eine beliebige von diesen π_1-1 Flächen $\mathscr{F}_{\nu_1-1}$ kann man als correspondierende Fläche für jede beliebige der π_2-1 Flächen $\mathscr{F}_{\nu_2-1}$ ansehen, und folglich ist a für **S** ein $(\pi_1-1)(\pi_2-1)$-facher Punct und stellt in Folge dessen $\pi_1\pi_2(\pi_1-1)(\pi_2-1)$ Durchschnittspuncte von **S** und der Curve $F_{\nu_1}F_{\nu_2}$ dar. Die Zahl der Sehnen dieser Curve, welche durch o gehen ist also

$$s=\frac{1}{2}\Big(\nu_1\nu_2(\nu_1-1)(\nu_2-1)-\pi_1\pi_2(\pi_1-1)(\pi_2-1)\Big)$$

Unter derselben Voraussetzung, wie wir sie oben gemacht haben, ist der Punct a für alle ersten Polarflächen in Bezug auf F_{ν_1}, F_{ν_2} bezüglich (π_1-1)-fach und (π_2-1)-fach (85) und ist also für die Fläche $(\nu_1+\nu_2-2)$-ter Ordnung, den Ort der Puncte, deren Polarebenen für die gegebenen Flächen sich auf einer festen Geraden schneiden (117), ein $(\pi_1+\pi_2-2)$-facher Punct. Die Tangenten der Curve $F_{\nu_1}F_{\nu_2}$ bilden also in diesem Falle eine Developpable von der Ordnung

$$\rho=\nu_1\nu_2(\nu_1+\nu_2-2)-2\delta-3\sigma-\pi_1\pi_2(\pi_1+\pi_2-2).$$

. . . .

121. . . . .

Haben die beiden Flächen (ν_1), (ν_2) einen gemeinschaftlichen Punct α, der für die Flächen bezüglich π_1-fach, π_2-fach ist und ψ-fach, ψ'-fach für die Curven (φ), (φ'), so dass also $\psi+\psi'=\pi_1\pi_2$ ist, so erhalten wir an Stelle der obigen Gleichungen (120) folgende anderen:

$$\begin{aligned}
&\nu_1\nu_2(\nu_1-1)(\nu_2-1)-\pi_1\pi_2(\pi_1-1)(\pi_2-1)=2(8+8'+\varkappa),\\
&\rho=\varphi(\varphi-1)-2(8+\delta)-3\sigma-\psi(\psi-1),\\
&\rho'=\varphi'(\varphi'-1)-2(8'+\delta')-3\sigma'-\psi'(\psi'-1),\\
&(\nu_1+\nu_2-2)\varphi=\rho+\iota+2\delta+3\sigma+(\pi_1+\pi_2-2)\psi,\\
&(\nu_1+\nu_2-2)\varphi'=\rho'+\iota+2\delta'+3\sigma'+(\pi_1+\pi_2-2)\psi',\\
&\varphi(\nu_1-1)(\nu_2-1)-\psi(\pi_1-1)(\pi_2-1)=28+\varkappa,\\
&\varphi'(\nu_1-1)(\nu_2-1)-\psi'(\pi_1-1)(\pi_2-1)=28'+\varkappa,
\end{aligned}$$

Es hat keine Schwierigkeit die analogen Gleichungen für den Fall aufzustellen, dass die beiden Flächen sich längs drei getrennter Curven schneiden; u. s. w.

. . . .

Capitel VII.

Projectivische lineare Flächensysteme dritter Stufe. [60]

. . . .

141. Hat man fünf Flächen bezüglich von den Ordnungen $\nu_1, \nu_2, \nu_3, \nu_4, \nu_5$, so bilden die ersten Polarflächen der Puncte des Raumes in Bezug auf jene Flächen fünf lineare projectivische Systeme von den Ordnungen ν_1-1, ν_2-1, ν_3-1, ν_4-1, ν_5-1. Man hat also den Satz (140):

Der Ort eines Punctes, dessen Polarebenen in Bezug auf fünf gegebene Flächen von den Ordnungen $\nu_1, \nu_2, \nu_3, \nu_4, \nu_5$, *durch denselben Punct gehen, ist eine Raumcurve von der Ordnung*

$$\nu_1\nu_2+\nu_1\nu_3+\ldots+\nu_4\nu_5-4(\nu_1+\nu_2+\ldots+\nu_5)+10.$$

Diese Raumcurve, *die Jacobiana der fünf gegebenen Flächen*, liegt offenbar auf den Jacobianen der gegebenen Flächen zu vier und vier genommen.

Ist $\nu=\nu_1=\nu_2=\nu_3=\nu_4=\nu_5$, so erhält man eine Curve von der $10(\nu-1)^2$-ten Ordnung, den Ort der Puncte, deren Polarebenen in Bezug auf die Flächen eines linearen Systems vierter Stufe und ν-ter Ordnung durch den nämlichen Punct gehen. Diese Curve kann man *die Jacobiana des linearen Systems* nennen.

Ist $\nu_5=1$, so erhält man eine Curve von der Ordnung

$$\nu_1\nu_2+\ldots+\nu_3\nu_4-3(\nu_1+\ldots+\nu_4)+6,$$

Ort eines Punctes, dessen Polarebenen in Bezug auf vier gegebene Flächen auf einer gegebenen Ebene zusammenlaufen. Sind sie alle von derselben Ordnung ν, so findet man dass der Ort eines Punctes, dessen Polarebenen in Bezug auf die Flächen eines linearen Systems dritter Stufe und ν-ter Ordnung in einen Punct einer festen Ebene zusammenlaufen, eine Raumcurve der $6(\nu-1)^2$-ten Ordnung ist.

Für $\nu_4=\nu_5=1$ erhält man den Ort eines Punctes, dessen Polarebenen in Bezug auf drei Flächen sich auf einer gegebenen Geraden treffen. Sind die drei Flächen von der nämlichen Ordnung ν, so ist der Ort eine Curve der $3(\nu-1)^2$-ten Ordnung.

Wäre $\nu_3=\nu_4=\nu_5=1$, so erhielte man den Ort eines Punctes, dessen Polarebenen in Bezug auf zwei gegebene Flächen durch einen festen Punct gehen, das heisst, wir erhalten den Satz:

Die Curve der $(\nu_1-1)(\nu_2-1)$-ten Ordnung, Durchschnitt der ersten Polarflächen eines gegebenen Punctes in Bezug auf zwei gegebene Flächen ν_1-ter und ν_2-ter Ordnung, ist die Jacobiana folgender fünf Flächen: der beiden gegebenen und drei beliebiger Ebenen, welche durch den gegebenen Punct gehen.

. . . .

143. Auch hier kann man als Anwendung dieses Satzes *die Jacobiana von sechs gegebenen Flächen* betrachten, die aus den

$$\nu_1\nu_2\nu_3+\nu_1\nu_2\nu_4+\ldots+\nu_4\nu_5\nu_6-4(\nu_1\nu_2+\ldots)+10(\nu_1+\ldots)-20$$

Puncten besteht, von denen jeder die Eigenschaft hat, dass seine Polarebenen in Bezug auf die sechs gegebenen Flächen der Ordnungen $\nu_1, \nu_2, \ldots, \nu_6$ durch den nämlichen Punct gehen. Hierin ist als Specialfall die Zahl der Puncte enthalten, deren Polarebenen in Bezug auf je fünf, vier und drei der gegebenen Flächen sich bezüglich auf einer gegebenen Ebene, einer gegebenen Geraden und in einem gegebenen Puncte treffen. Zum Beispiel findet man den Satz:

Die $(\nu_1-1)(\nu_2-1)(\nu_3-1)$ gemeinschaftliche Puncte der ersten Polarflächen eines Punctes in Bezug auf drei gegebene Flächen bilden die Jacobiana folgender sechs Flächen: der drei gegebenen und dreier Ebenen, die durch den gegebenen Punct gehen.

. . . .

Zusatz zu N.o 214. [61]

Von den beiden cubischen Curven, welche der Hessiana und zwei conjugierten Ebenen der Involution gemeinschaftlich sind, enthält die eine die Puncte $\mathfrak{c}$, $\mathfrak{d}'$ und die andere die Puncte $\mathfrak{c}'$, $\mathfrak{d}$ (208); folglich sind die beiden cubischen Curven entsprechende Curven (168).

Dem ebenen Schnitte, der aus der ersten cubischen Curve und der Geraden p besteht, entspricht (199) das durch die andere cubische Curve und die drei Geraden p_1, p_2, p_3 die im Puncte $\mathfrak{p}$ zusammenlaufen, gebildete System. Folglich:

Die cubischen Curven, die man aus der Hessiana mittelst Ebenen schneidet, welche durch die Gerade p *gehen, sind zu zwei und zwei correspondierende Curven. Zwei entsprechende cubische Curven werden vom Puncte* $\mathfrak{p}$ *aus mittelst desselben Kegels gesehen, der folglich die gemischte cubische Polarfläche der Ebenen beider Curven ist.*

Ist die schneidende Ebene eine der Doppelebenen der Involution, so entspricht die cubische Curve, welche dann als Durchschnitt mit der Hessiana resultiert, sich selbst; das heisst, ihre Puncte $\mathfrak{c}$, $\mathfrak{c}'$ sind zu zwei und zwei entsprechend. Offenbar ist diese Curve die Hessiana der cubischen Curve, längs deren die nämliche Ebene die Fundamentalfläche schneidet. Die Polarebene von $\mathfrak{c}$ berührt die Hessiana in $\mathfrak{c}'$ (183) und geht folglich durch $\mathfrak{p}$; also liegen (62) alle Puncte $\mathfrak{c}$ auf der ersten Polarfläche von $\mathfrak{p}$. Daraus schliesst man, dass die erste Polarfläche von $\mathfrak{p}$ aus den Doppelebenen der Involution zusammengesetzt ist, von denen in N.° 214 gesprochen wurde.

Wir fügen noch hinzu, dass sämmtliche gemeine und gemischte cubische Polarflächen der durch p gehenden Ebenen in $\mathfrak{p}$ einen Doppelpunct und ausserdem drei andere Doppelpuncte besitzen, die in ein und derselben Ebene durch p und bezüglich auf den Geraden p_1, p_2, p_3 liegen. Eine solche Fläche geht in einen Kegel über, wenn sie sich auf zwei conjugierte Ebenen der obengenannten Involution bezieht.

86.

SULLE LINEE DI CURVATURA DELLE SUPERFICIE DI SECONDO GRADO. [62]

Memorie dell'Accademia delle Scienze dell'Istituto di Bologna, serie III, tomo I (1870), pp. 49-67.

Consideriamo una superficie algebrica S, dotata della proprietà d'essere rappresentabile *punto per punto* sopra un piano, e siano ξ, η, ζ le coordinate cartesiane di un punto qualunque della superficie, riferita a tre assi obliqui; x_1, x_2, x_3 le coordinate trilineari del punto corrispondente nel piano rappresentativo, nel quale siasi formato il triangolo fondamentale con tre rette scelte ad arbitrio (purchè non concorrenti in uno stesso punto a distanza finita, nè infinita). Allora si potranno riguardare i rapporti x_1: x_2: x_3 come coordinate curvilinee pel punto di S; e le coordinate ξ, η, ζ saranno esprimibili come segue:

$$\xi=\frac{a}{e}, \quad \eta=\frac{b}{e}, \quad \zeta=\frac{c}{e}, \tag{1}$$

dove a, b, c, e siano funzioni (algebriche) intere d'uno stesso grado ν ed omogenee nelle x_1, x_2, x_3.

Fra le rette che toccano la superficie nel punto ($\xi\,\eta\,\zeta$), supposto che questo non sia un punto singolare, distinguiamo le sei seguenti: le due che si dirigono ai punti circolari all'infinito del piano tangente (*rette cicliche*); le due che in quel punto osculano la superficie (*rette osculatrici*), cioè gli assintoti dell'indicatrice di DUPIN; e da ultimo i raggi doppi dell'involuzione quadratica determinata dalle due coppie precedenti. Queste ultime due rette saranno le tangenti alle linee di curvatura incrociate nel punto che si considera.

Formiamo da prima l'equazione che dà le direzioni delle rette cicliche. Dette ξ', η', ζ le coordinate correnti nello spazio, ed α, β, γ i coseni degli angoli fra gli assi, l'equazione del cono che dal punto della superficie projetta il circolo imaginario all'infinito sarà

$$(\xi'-\xi)^2+(\eta'-\eta)^2+(\zeta'-\zeta)^2+2\alpha(\eta'-\eta)(\zeta'-\zeta)+$$
$$+2\beta(\zeta'-\zeta)(\xi'-\xi)+2\gamma(\xi'-\xi)(\eta'-\eta)=0,$$

epperò, se questo cono contiene la retta che unisce i punti (ξ, η, ζ), ($\xi+d\xi$, $\eta+d\eta$, $\zeta+d\zeta$) della superficie S, avremo

$$d\xi^2+d\eta^2+d\zeta^2+2\alpha\,d\eta\,d\zeta+2\beta\,d\zeta\,d\xi+2\gamma\,d\xi\,d\eta=0. \tag{2}$$

Ma dalle (1) si cavano le $d\xi$, $d\eta$, $d\zeta$ proporzionali alle espressioni seguenti

$$\begin{aligned}&dx_1\big(x_2(ae)_3-x_3(ae)_2\big)+dx_2\big(x_3(ae)_1-x_1(ae)_3\big)+\\&\qquad+dx_3\big(x_1(ae)_2-x_2(ae)_1\big),\\&dx_1\big(x_2(be)_3-x_3(be)_2\big)+dx_2\big(x_3(be)_1-x_1(be)_3\big)+\\&\qquad+dx_3\big(x_1(be)_2-x_2(be)_1\big),\\&dx_1\big(x_2(ce)_3-x_3(ce)_2\big)+dx_2\big(x_3(ce)_1-x_1(ce)_3\big)+\\&\qquad+dx_3\big(x_1(ce)_2-x_2(ce)_1\big),\end{aligned}$$

dove per brevità si è scritto

$$\begin{aligned}(ae)_1&=\frac{\partial a}{\partial x_2}\frac{\partial e}{\partial x_3}-\frac{\partial a}{\partial x_3}\frac{\partial e}{\partial x_2},\\(ae)_2&=\frac{\partial a}{\partial x_3}\frac{\partial e}{\partial x_1}-\frac{\partial a}{\partial x_1}\frac{\partial e}{\partial x_3},\\(ae)_3&=\frac{\partial a}{\partial x_1}\frac{\partial e}{\partial x_2}-\frac{\partial a}{\partial x_2}\frac{\partial e}{\partial x_1},\ \text{ecc.}\end{aligned}$$

Dunque, posto:

$$\begin{aligned}\mathrm{K}_{rs}&=(ae)_r(ae)_s+(be)_r(be)_s+(ce)_r(ce)_s+\\&+\alpha\big((be)_r(ce)_s+(be)_s(ce)_r\big)+\beta\big((ce)_r(ae)_s+(ce)_s(ae)_r\big)+\\&+\gamma\big((ae)_r(be)_s+(ae)_s(be)_r\big),\end{aligned} \tag{3}$$

$$\begin{aligned}\mathrm{E}_{11}&=x_2^2\mathrm{K}_{33}+x_3^2\mathrm{K}_{22}-2x_2x_3\mathrm{K}_{23}\\\mathrm{E}_{22}&=x_3^2\mathrm{K}_{11}+x_1^2\mathrm{K}_{33}-2x_3x_1\mathrm{K}_{31}\\\mathrm{E}_{33}&=x_1^2\mathrm{K}_{22}+x_2^2\mathrm{K}_{11}-2x_1x_2\mathrm{K}_{12}\\\mathrm{E}_{23}&=-x_1^2\mathrm{K}_{23}+x_1x_2\mathrm{K}_{13}+x_1x_3\mathrm{K}_{12}-x_2x_3\mathrm{K}_{11}\\\mathrm{E}_{31}&=-x_2^2\mathrm{K}_{31}+x_2x_3\mathrm{K}_{21}+x_2x_1\mathrm{K}_{23}-x_3x_1\mathrm{K}_{22}\\\mathrm{E}_{12}&=-x_3^2\mathrm{K}_{12}+x_3x_1\mathrm{K}_{32}+x_3x_2\mathrm{K}_{31}-x_1x_2\mathrm{K}_{33},\end{aligned} \tag{4}$$

la (2) diverrà

$$\begin{aligned}&\mathrm{E}_{11}dx_1^2+\mathrm{E}_{22}dx_2^2+\mathrm{E}_{33}dx_3^2+\\&+2\mathrm{E}_{23}dx_2dx_3+2\mathrm{E}_{31}dx_3dx_1+2\mathrm{E}_{12}dx_1dx_2=0\end{aligned} \tag{5}$$

e questa sarà pertanto l'equazione differenziale delle curve tracciate sulla superficie S, le cui tangenti incontrano il circolo imaginario all'infinito *).

Notiamo che dalle (4) si ha

$$\begin{aligned} &x_1 E_{11} + x_2 E_{12} + x_3 E_{13} = 0 \\ (6) \qquad &x_1 E_{21} + x_2 E_{22} + x_3 E_{23} = 0 \\ &x_1 E_{31} + x_2 E_{32} + x_3 E_{33} = 0 \end{aligned}$$

$$(7) \qquad \begin{vmatrix} E_{11} & E_{12} & E_{13} \\ E_{21} & E_{22} & E_{23} \\ E_{31} & E_{32} & E_{33} \end{vmatrix} = 0$$

$$(8) \qquad \begin{vmatrix} E_{11} & E_{12} & E_{13} & l_1 \\ E_{21} & E_{22} & E_{23} & l_2 \\ E_{31} & E_{32} & E_{33} & l_3 \\ l_1 & l_2 & l_3 & 0 \end{vmatrix} = (l_1 x_1 + l_2 x_2 + l_3 x_3)^2 \Theta,$$

essendo

$$(9) \qquad \Theta = \begin{vmatrix} K_{11} & K_{12} & K_{13} & x_1 \\ K_{21} & K_{22} & K_{23} & x_2 \\ K_{31} & K_{32} & K_{33} & x_3 \\ x_1 & x_2 & x_3 & 0 \end{vmatrix}.$$

In secondo luogo, formiamo l'equazione che dà le direzioni delle rette osculatrici. Posto

$$(10) \qquad P_{rs} = \begin{vmatrix} \frac{\partial a}{\partial x_1} & \frac{\partial a}{\partial x_2} & \frac{\partial a}{\partial x_3} & \frac{\partial^2 a}{\partial x_r\, \partial x_s} \\ \frac{\partial b}{\partial x_1} & \frac{\partial b}{\partial x_2} & \frac{\partial b}{\partial x_3} & \frac{\partial^2 b}{\partial x_r\, \partial x_s} \\ \frac{\partial c}{\partial x_1} & \frac{\partial c}{\partial x_2} & \frac{\partial c}{\partial x_3} & \frac{\partial^2 c}{\partial x_r\, \partial x_s} \\ \frac{\partial e}{\partial x_1} & \frac{\partial e}{\partial x_2} & \frac{\partial e}{\partial x_3} & \frac{\partial^2 e}{\partial x_r\, \partial x_s} \end{vmatrix}$$

si ha evidentemente

$$\begin{aligned} &x_1 P_{11} + x_2 P_{12} + x_3 P_{13} = 0 \\ (11) \qquad &x_1 P_{21} + x_2 P_{22} + x_3 P_{23} = 0 \\ &x_1 P_{31} + x_2 P_{32} + x_3 P_{33} = 0 \end{aligned}$$

*) Queste curve imaginarie sono geodetiche sulla superficie S. Il sig. LAGUERRE le chiama *linee isotrope* (vedi *Nouvelles Annales de Mathém.* 1870) — (Aggiunta: agosto 1870).

$$\begin{vmatrix} P_{11} & P_{12} & P_{13} \\ P_{21} & P_{22} & P_{23} \\ P_{31} & P_{32} & P_{33} \end{vmatrix} = 0 \tag{12}$$

$$\begin{vmatrix} P_{11} & P_{12} & P_{13} & l_1 \\ P_{21} & P_{22} & P_{23} & l_2 \\ P_{31} & P_{32} & P_{33} & l_3 \\ l_1 & l_2 & l_3 & 0 \end{vmatrix} = (l_1 x_1 + l_2 x_2 + l_3 x_3)^2 \Xi . \tag{13}$$

E l'equazione per le direzioni assintotiche sarà *):

$$\begin{gathered} P_{11} dx_1^2 + P_{22} dx_2^2 + P_{33} dx_3^2 + \\ 2P_{23} dx_2 dx_3 + 2P_{31} dx_3 dx_1 + 2P_{12} dx_1 dx_2 = 0. \end{gathered} \tag{14}$$

L'integrale generale di quest'equazione differenziale rappresenterà adunque il sistema delle *curve assintotiche* (*Curven der Haupttangenten*) della superficie S; e l'equazione $\Xi = 0$ (o un fattore di essa) darà la *curva parabolica*, la quale è eziandio situata sulla superficie Hessiana della data.

Le direzioni di due altre rette tangenti ad S nel punto (ξ, η, ζ) siano date dall'equazione differenziale

$$\begin{gathered} A_{11} dx_1^2 + A_{22} dx_2^2 + A_{33} dx_3^2 + \\ + 2A_{23} dx_2 dx_3 + 2A_{31} dx_3 dx_1 + 2A_{12} dx_1 dx_2 = 0. \end{gathered} \tag{15}$$

Le condizioni perchè questa quadratica si spezzi in due fattori corrispondenti a due rette incrociate nel punto (x_1, x_2, x_3) sono:

$$\begin{aligned} A_{11}x_1 + A_{12}x_2 + A_{13}x_3 &= 0 \\ A_{21}x_1 + A_{22}x_2 + A_{23}x_3 &= 0 \\ A_{31}x_1 + A_{32}x_2 + A_{33}x_3 &= 0, \end{aligned} \tag{16}$$

dalle quali

$$\begin{vmatrix} A_{11} & A_{12} & A_{13} \\ A_{21} & A_{22} & A_{23} \\ A_{31} & A_{32} & A_{33} \end{vmatrix} = 0. \tag{17}$$

Combinando queste relazioni colle (6), si hanno le seguenti

$$\begin{aligned} &(E_{22}A_{33} + E_{33}A_{22} - 2E_{23}A_{23}) : x_1^2 = \\ &(E_{33}A_{11} + E_{11}A_{33} - 2E_{31}A_{31}) : x_2^2 = \\ &(E_{11}A_{22} + E_{22}A_{11} - 2E_{12}A_{12}) : x_3^2 = \\ &(E_{12}A_{13} + E_{13}A_{12} - E_{11}A_{23} - E_{23}A_{11}) : x_2 x_3 = \\ &(E_{23}A_{21} + E_{21}A_{23} - E_{22}A_{31} - E_{31}A_{22}) : x_3 x_1 = \\ &(E_{31}A_{32} + E_{32}A_{31} - E_{33}A_{12} - E_{12}A_{33}) : x_1 x_2 \end{aligned} \tag{18}$$

*) Clebsch, *Ueber die Steinersche Fläche* (G. di Crelle-Borchardt, t. 67).

e così pure, combinando nella stessa maniera le (16) colle (11), si otterranno altre relazioni affatto analoghe, che si ricavano dalle (18) ponendovi P_{rs} in luogo di E_{rs}.

È superfluo notare che anche fra le E, P hanno luogo relazioni analoghe, le quali si desumono dalle (18) ponendovi P_{rs} in luogo di A_{rs}.

Se le direzioni (15) sono coniugate armonicamente rispetto alle (5), si avranno le equazioni

$$(19)\quad \begin{aligned} &E_{22}A_{33}+E_{33}A_{22}-2E_{23}A_{23}=0\\ &E_{33}A_{11}+E_{11}A_{33}-2E_{31}A_{31}=0\\ &E_{11}A_{22}+E_{22}A_{11}-2E_{12}A_{12}=0\\ &E_{12}A_{13}+E_{13}A_{12}-E_{11}A_{23}-E_{23}A_{11}=0\\ &E_{23}A_{21}+E_{21}A_{23}-E_{22}A_{31}-E_{31}A_{22}=0\\ &E_{31}A_{32}+E_{32}A_{31}-E_{33}A_{12}-E_{12}A_{33}=0 \end{aligned}$$

una qualunque delle quali ha, in virtù delle (18), per conseguenza le rimanenti.

Analogamente, se le direzioni (14), (15) formano un gruppo armonico, si avranno le:

$$(20)\quad \begin{aligned} &P_{22}A_{33}+P_{33}A_{22}-2P_{23}A_{23}=0\\ &P_{33}A_{11}+P_{11}A_{33}-2P_{31}A_{31}=0\\ &P_{11}A_{22}+P_{22}A_{11}-2P_{12}A_{12}=0\\ &P_{12}A_{13}+P_{13}A_{12}-P_{11}A_{23}-P_{23}A_{11}=0\\ &P_{23}A_{21}+P_{21}A_{23}-P_{22}A_{31}-P_{31}A_{22}=0\\ &P_{31}A_{32}+P_{32}A_{31}-P_{33}A_{12}-P_{12}A_{33}=0. \end{aligned}$$

Dalle (19), (20) si desume immediatamente

$$(21)\quad \begin{aligned} &A_{11}=\frac{P_{11}E_{31}-P_{31}E_{11}}{x_2}=\frac{P_{12}E_{11}-P_{11}E_{12}}{x_3}\\ &A_{22}=\frac{P_{22}E_{12}-P_{12}E_{22}}{x_3}=\frac{P_{23}E_{22}-P_{22}E_{23}}{x_1}\\ &A_{33}=\frac{P_{33}E_{23}-P_{23}E_{33}}{x_1}=\frac{P_{31}E_{33}-P_{33}E_{31}}{x_2}\\ &2A_{23}=\frac{P_{33}E_{22}-P_{22}E_{33}}{x_1}\\ &2A_{31}=\frac{P_{11}E_{33}-P_{33}E_{11}}{x_2}\\ &2A_{12}=\frac{P_{22}E_{11}-P_{11}E_{22}}{x_3}. \end{aligned}$$

Adottando questi valori per le A, la (15) sarà l'equazione differenziale delle linee di curvatura della superficie S.

Si considerino ora le due rette che sono *ordinatamente* coniugate alle (5) rispetto alle (14), e per esse siano

$$Q_{11}dx_1^2+Q_{22}dx_2^2+Q_{33}dx_3^2+2Q_{23}dx_2dx_3+2Q_{31}dx_3dx_1+2Q_{12}dx_1dx_2=0, \tag{22}$$

$$\begin{aligned} Q_{11}x_1+Q_{12}x_2+Q_{13}x_3&=0\\ Q_{21}x_1+Q_{22}x_2+Q_{23}x_3&=0\\ Q_{31}x_1+Q_{32}x_2+Q_{33}x_3&=0, \end{aligned} \tag{23}$$

$$\begin{vmatrix} Q_{11} & Q_{12} & Q_{13}\\ Q_{21} & Q_{22} & Q_{23}\\ Q_{31} & Q_{32} & Q_{33} \end{vmatrix}=0 \tag{24}$$

le equazioni analoghe alle (15), (16), (17). Per le Q si ottengono facilmente le espressioni che seguono

$$\begin{aligned}
Q_{11}&=\frac{E_{11}P_{12}^2+E_{22}P_{11}^2-2E_{12}P_{11}P_{12}}{x_3^2}=\\
&\quad\frac{E_{11}P_{13}^2+E_{33}P_{11}^2-2E_{13}P_{11}P_{13}}{x_2^2},\\
Q_{22}&=\frac{E_{22}P_{23}^2+E_{33}P_{22}^2-2E_{23}P_{22}P_{23}}{x_1^2}=\\
&\quad\frac{E_{22}P_{21}^2+E_{11}P_{22}^2-2E_{21}P_{22}P_{21}}{x_3^2},\\
Q_{33}&=\frac{E_{33}P_{31}^2+E_{11}P_{33}^2-2E_{31}P_{33}P_{31}}{x_2^2}=\\
&\quad\frac{E_{33}P_{32}^2+E_{22}P_{33}^2-2E_{32}P_{33}P_{32}}{x_1^2},\\
Q_{23}&=\frac{E_{22}P_{23}P_{33}+E_{33}P_{23}P_{22}-E_{23}P_{23}^2-E_{23}P_{22}P_{33}}{x_1^2},\\
Q_{31}&=\frac{E_{33}P_{31}P_{11}+E_{11}P_{31}P_{33}-E_{31}P_{31}^2-E_{31}P_{33}P_{11}}{x_2^2},\\
Q_{12}&=\frac{E_{11}P_{12}P_{22}+E_{22}P_{12}P_{11}-E_{12}P_{12}^2-E_{12}P_{11}P_{22}}{x_3^2},
\end{aligned} \tag{25}$$

epperò, viste le (8), (13):

(26)
$$\begin{vmatrix} Q_{11} & Q_{12} & Q_{13} & l_1 \\ Q_{21} & Q_{22} & Q_{23} & l_2 \\ Q_{31} & Q_{32} & Q_{33} & l_3 \\ l_1 & l_2 & l_3 & 0 \end{vmatrix} = (l_1 x_1 + l_2 x_2 + l_3 x_3)^2 \Theta\, \Xi^2 .$$

L'equazione (22) è subito integrata, ed invero il suo integrale è algebrico *). Infatti il completo sistema delle rette analoghe alle (5) costituisce i coni circoscritti ad S ed aventi i loro vertici in punti del circolo imaginario all'infinito; dunque le rette (22) sono le tangenti delle curve di contatto fra questi coni e la superficie S, vale a dire: l'integrale completo della (22) rappresenterà il sistema delle curve secondo le quali S è segata dalle sue prime polari, i cui poli siano i punti del circolo imaginario all'infinito.

In virtù delle (1) la prima polare di un punto (ξ_0, η_0, ζ_0), situato all'infinito, è

$$\xi_0 \frac{\partial S}{\partial a} + \eta_0 \frac{\partial S}{\partial b} + \zeta_0 \frac{\partial S}{\partial c} = 0.$$

Ma dalle identità

$$\frac{\partial S}{\partial a}\frac{\partial a}{\partial x_1} + \frac{\partial S}{\partial b}\frac{\partial b}{\partial x_1} + \frac{\partial S}{\partial c}\frac{\partial c}{\partial x_1} + \frac{\partial S}{\partial e}\frac{\partial e}{\partial x_1} = 0$$

$$\frac{\partial S}{\partial a}\frac{\partial a}{\partial x_2} + \frac{\partial S}{\partial b}\frac{\partial b}{\partial x_2} + \frac{\partial S}{\partial c}\frac{\partial c}{\partial x_2} + \frac{\partial S}{\partial e}\frac{\partial e}{\partial x_2} = 0$$

$$\frac{\partial S}{\partial a}\frac{\partial a}{\partial x_3} + \frac{\partial S}{\partial b}\frac{\partial b}{\partial x_3} + \frac{\partial S}{\partial c}\frac{\partial c}{\partial x_3} + \frac{\partial S}{\partial e}\frac{\partial e}{\partial x_3} = 0$$

si ricava

$$\frac{\partial S}{\partial a} : \frac{\partial S}{\partial b} : \frac{\partial S}{\partial c} = J_a : J_b : J_c ,$$

dove

(27)
$$J_a = \Sigma \pm \frac{\partial b}{\partial x_1}\frac{\partial c}{\partial x_2}\frac{\partial e}{\partial x_3}$$

$$J_b = \Sigma \pm \frac{\partial c}{\partial x_1}\frac{\partial a}{\partial x_2}\frac{\partial e}{\partial x_3}$$

$$J_c = \Sigma \pm \frac{\partial a}{\partial x_1}\frac{\partial b}{\partial x_2}\frac{\partial e}{\partial x_3}$$

sono ordinatamente le Jacobiane delle terne di curve (b, c, e), (c, a, e), (a, b, e). Dunque l'integrale completo della (22) è

*) Sotto l'unica condizione che S sia una superficie algebrica.

$$\xi_0 J_a + \eta_0 J_b + \zeta_0 J_c = 0, \tag{28}$$

dove le costanti $\xi_0 : \eta_0 : \zeta_0$ sono legate dalla condizione

$$\xi_0^2 + \eta_0^2 + \zeta_0^2 + 2\alpha\eta_0\zeta_0 + 2\beta\zeta_0\xi_0 + 2\gamma\xi_0\eta_0 = 0 \tag{29}$$

esprimente che il punto (ξ_0, η_0, ζ_0) è situato nel circolo imaginario all'infinito.

E l'integrale singolare della stessa (22) sarà

$$\begin{vmatrix} 1 & \gamma & \beta & J_a \\ \gamma & 1 & \alpha & J_b \\ \beta & \alpha & 1 & J_c \\ J_a & J_b & J_c & 0 \end{vmatrix} = 0$$

cioè

$$\begin{aligned} & J_a^2(1-\alpha^2) + J_b^2(1-\beta^2) + J_c^2(1-\gamma^2) + \\ & + 2J_bJ_c(\beta\gamma-\alpha) + 2J_cJ_a(\gamma\alpha-\beta) + 2J_aJ_b(\alpha\beta-\gamma) = 0. \end{aligned} \tag{30}$$

Ma d'altra parte è manifesto che l'integrale singolare della (22) deve dare la curva luogo dei punti ne' quali S sia toccata da piani che siano tangenti al circolo imaginario all'infinito. Dunque la (30) è l'imagine (sul piano delle x) della curva comune ad S ed alla superficie *) luogo dei poli (relativi ad S) dei piani tangenti al circolo imaginario all'infinito.

Differenziando la (28) si ha

$$\xi_0 dJ_a + \eta_0 dJ_b + \zeta_0 dJ_c = 0,$$

da questa e dalla stessa (28) si ricavino i rapporti $\xi_0 : \eta_0 : \zeta_0$ e si sostituiscano nella (29). Si otterrà così l'equazione differenziale

$$\begin{aligned} & (J_b dJ_c - J_c dJ_b)^2 + (J_c dJ_a - J_a dJ_c)^2 + (J_a dJ_b - J_b dJ_a)^2 + \\ & + 2\alpha(J_c dJ_a - J_a dJ_c)(J_a dJ_b - J_b dJ_a) \\ & + 2\beta(J_a dJ_b - J_b dJ_a)(J_b dJ_c - J_c dJ_b) \\ & + 2\gamma(J_b dJ_c - J_c dJ_b)(J_c dJ_a - J_a dJ_c) = 0 \end{aligned} \tag{31}$$

la quale dovrà coincidere colla (22).

Ora, astrazion fatta da un fattore numerico, J è uguale a $x_1\frac{\partial J}{\partial x_1} + x_2\frac{\partial J}{\partial x_2} + x_3\frac{\partial J}{\partial x_3}$, e dJ è uguale a $dx_1\frac{\partial J}{\partial x_1} + dx_2\frac{\partial J}{\partial x_2} + dx_3\frac{\partial J}{\partial x_3}$; dunque, indicati con

*) D'ordine $2(n-1)$, se S è d'ordine n.

$$\begin{matrix} H_{a1}, & H_{a2}, & H_{a3} \\ H_{b1}, & H_{b2}, & H_{b3} \\ H_{c1}, & H_{c2}, & H_{c3} \end{matrix}$$

i determinanti minori corrispondenti agli elementi del determinante

$$\begin{vmatrix} \frac{\partial J_a}{\partial x_1} & \frac{\partial J_a}{\partial x_2} & \frac{\partial J_a}{\partial x_3} \\ \frac{\partial J_b}{\partial x_1} & \frac{\partial J_b}{\partial x_2} & \frac{\partial J_b}{\partial x_3} \\ \frac{\partial J_c}{\partial x_1} & \frac{\partial J_c}{\partial x_2} & \frac{\partial J_c}{\partial x_3} \end{vmatrix}$$

si avrà

$$J_b dJ_c - J_c dJ_b = H_{a1}(x_2 dx_3 - x_3 dx_2) + \\ + H_{a2}(x_3 dx_1 - x_1 dx_3) + H_{a3}(x_1 dx_2 - x_2 dx_1)$$
$$J_c dJ_a - J_a dJ_c = H_{b1}(x_2 dx_3 - x_3 dx_2) + \\ + H_{b2}(x_3 dx_1 - x_1 dx_3) + H_{b3}(x_1 dx_2 - x_2 dx_1)$$
$$J_a dJ_b - J_b dJ_a = H_{c1}(x_2 dx_3 - x_3 dx_2) + \\ + H_{c2}(x_3 dx_1 - x_1 dx_3) + H_{c3}(x_1 dx_2 - x_2 dx_1)$$

e sostituendo nella (31) ne verrà un'equazione che paragonata colla (22) somministra

(32)
$$\begin{aligned} Q_{11} &\equiv x_3^2 G_{22} + x_2^2 G_{33} - 2x_2 x_3 G_{23} \\ Q_{22} &\equiv x_1^2 G_{33} + x_3^2 G_{11} - 2x_3 x_1 G_{31} \\ Q_{33} &\equiv x_2^2 G_{11} + x_1^2 G_{22} - 2x_1 x_2 G_{12} \\ Q_{23} &\equiv -x_1^2 G_{23} + x_1 x_2 G_{13} + x_1 x_3 G_{12} - x_2 x_3 G_{11} \\ Q_{31} &\equiv -x_2^2 G_{31} + x_2 x_3 G_{21} + x_2 x_1 G_{23} - x_3 x_1 G_{22} \\ Q_{12} &\equiv -x_3^2 G_{12} + x_3 x_1 G_{32} + x_3 x_2 G_{31} - x_1 x_2 G_{33} \end{aligned}$$

dove per brevità si è posto

(33)
$$G_{rs} = H_{ar} H_{as} + H_{br} H_{bs} + H_{cr} H_{cs} + \\ + \alpha(H_{br} H_{cs} + H_{bs} H_{cr}) + \beta(H_{cr} H_{as} + H_{cs} H_{ar}) + \gamma(H_{ar} H_{bs} + H_{as} H_{br}).$$

Formando colle Q date dalle (32) le equazioni analoghe alle (8) e paragonandole colle (26), posto

(34)
$$\Psi = \begin{vmatrix} G_{11} & G_{12} & G_{13} & x_1 \\ G_{21} & G_{22} & G_{23} & x_2 \\ G_{31} & G_{32} & G_{33} & x_3 \\ x_1 & x_2 & x_3 & 0 \end{vmatrix}$$

si ha, astrazion fatta da un fattore numerico,

(35)
$$\Xi^2 = \frac{\Psi}{\Theta}.$$

Ora, per una proprietà nota o facilmente dimostrabile dell'involuzione, le due rette (15) che sono coniugate armonicamente fra loro rispetto alle (5) e rispetto alle (14), sono tali anche rispetto alle (22). In altre parole, se nei secondi membri delle 21) poniamo Q_{rs} in luogo di E_{rs}, le A non fanno che acquistare un fattore comune. Questo fattore è Ξ.

I valori (3) delle K_{rs} si possono scrivere anche così

$$\begin{aligned}
K_{11} &= e_2^2\Phi_{33} + e_3^2\Phi_{22} - 2e_2e_3\Phi_{23} \\
K_{22} &= e_3^2\Phi_{11} + e_1^2\Phi_{33} - 2e_3e_1\Phi_{31} \\
K_{33} &= e_1^2\Phi_{22} + e_2^2\Phi_{11} - 2e_1e_2\Phi_{12} \\
K_{23} &= -e_1^2\Phi_{23} - e_2e_3\Phi_{11} + e_1e_2\Phi_{13} + e_1e_3\Phi_{12} \\
K_{31} &= -e_2^2\Phi_{31} - e_3e_1\Phi_{22} + e_2e_3\Phi_{21} + e_2e_1\Phi_{23} \\
K_{12} &= -e_3^2\Phi_{12} - e_1e_2\Phi_{33} + e_3e_1\Phi_{32} + e_3e_2\Phi_{31}
\end{aligned}$$

dove si faccia per brevità

$$\Phi_{rs} = a_r a_s + b_r b_s + c_r c_s + \alpha(b_r c_s + b_s c_r) + \beta(c_r a_s + c_s a_r) + \gamma(a_r b_s + a_s b_r)$$

$$a_r = \frac{\partial a}{\partial x_r}, \text{ ecc.}$$

Ne seguono le

$$\begin{aligned}
e_1K_{11} + e_2K_{12} + e_3K_{13} &= 0 \\
e_1K_{21} + e_2K_{22} + e_3K_{23} &= 0 \\
e_1K_{31} + e_2K_{32} + e_3K_{33} &= 0
\end{aligned}$$

$$\begin{vmatrix} K_{11} & K_{12} & K_{13} \\ K_{21} & K_{22} & K_{23} \\ K_{31} & K_{32} & K_{33} \end{vmatrix} = 0$$

$$\begin{vmatrix} K_{11} & K_{12} & K_{13} & l_1 \\ K_{21} & K_{22} & K_{23} & l_2 \\ K_{31} & K_{32} & K_{33} & l_3 \\ l_1 & l_2 & l_3 & 0 \end{vmatrix} = (l_1e_1 + l_2e_2 + l_3e_3)^2 \begin{vmatrix} \Phi_{11} & \Phi_{12} & \Phi_{13} & e_1 \\ \Phi_{21} & \Phi_{22} & \Phi_{23} & e_2 \\ \Phi_{31} & \Phi_{32} & \Phi_{33} & e_3 \\ e_1 & e_2 & e_3 & 0 \end{vmatrix}$$

e facendo $l = x$,

$$\Theta = \nu^2 e^2 \Upsilon,$$

ove

$$\Upsilon = \begin{vmatrix} \Phi_{11} & \Phi_{12} & \Phi_{13} & e_1 \\ \Phi_{21} & \Phi_{22} & \Phi_{23} & e_2 \\ \Phi_{31} & \Phi_{32} & \Phi_{33} & e_3 \\ e_1 & e_2 & e_3 & 0 \end{vmatrix} = \begin{vmatrix} 1 & \gamma & \beta & J_a \\ \gamma & 1 & \alpha & J_b \\ \beta & \alpha & 1 & J_c \\ J_a & J_b & J_c & 0 \end{vmatrix}.$$

Le curve (28), costituenti l'integrale generale della (22), fanno parte di una rete: una curva qualunque di questa rete essendo l'imagine della curva di intersezione fra la superficie data e la prima polare di un punto del piano all'infinito. Le curve di questa rete sono dell'ordine $3(n-1)$, ed hanno per Jacobiana il sistema formato dalle due curve $e = 0$, $\Xi = 0$. Infatti, è chiaro che la Jacobiana in questione è l'imagine del luogo di un punto in cui la superficie data sia toccata da una prima polare avente il polo all'infinito. Questa proprietà è posseduta dai punti della sezione all'infinito (il che è evidente), e dai punti della curva parabolica: perchè un punto m di questa curva è doppio per la prima polare di un punto m'; le prime polari dei punti della retta mm' si toccano adunque tutte in m, e siccome la prima polare di m tocca in m la superficie data, così qualunque punto della retta mm', epperò anche il suo punto all'infinito, è polo di una prima polare toccante in m la superficie data.

Dunque

$$\Sigma \pm \frac{\partial J_a}{\partial x_1} \frac{\partial J_b}{\partial x_2} \frac{\partial J_c}{\partial x_3} = e\,\Xi.$$

È assai facile di riconoscere in una superficie qualsivoglia due particolari linee di curvatura: l'una delle quali è la sezione fatta nella superficie dal piano all'infinito; l'altra è la curva di contatto fra la superficie data e la sviluppabile circoscritta simultaneamente ad essa e al circolo imaginario all'infinito. La prima di queste curve è una linea di curvatura perchè lungo essa tutte le normali della superficie giacciono in un medesimo piano (il piano all'infinito). La seconda curva è pure una linea di curvatura, perchè, lungo essa, le normali della superficie data sono generatrici della sviluppabile sopra menzionata *):

*) Infatti, un piano e una retta diconsi perpendicolari fra loro, se sono conjugati rispetto al circolo imaginario all'infinito: cioè se la traccia (all'infinito) del piano è la polare della traccia della retta, rispetto al detto circolo. Di qui segue che, se il piano è tangente al circolo, la retta passa pel punto di contatto; dunque, se un piano tocca in un punto una superficie e in un altro punto il circolo imaginario all' infinito, la normale alla superficie nel primo punto è la retta che unisce i due punti di contatto.

giacchè questa sviluppabile è simultaneamente tangente e normale (lungo una medesima curva) alla superficie data.

Queste due curve sono algebriche se la superficie è algebrica; dunque ogni *superficie algebrica ha almeno due linee di curvatura algebriche* *).

Per la nostra superficie S, che si è supposta inoltre rappresentabile sopra un piano, l'imagine della prima delle due curve anzidette è

$$e = 0 \tag{36}$$

e l'imagine dell'altra è rappresentata dalla (30). Dunque le (36), (30) sono due soluzioni particolari dell'equazione differenziale (15).

Le formole superiori sono state stabilite in vista di future applicazioni, che si riserbano ad altra occasione. Per ora ci limiteremo a considerare l'esempio semplicissimo delle superficie di 2.° ordine.

È evidente che, se un piano sega una superficie sotto un angolo costante, la sezione sarà una linea di curvatura: infatti, lungo essa, le normali della superficie data formeranno una superficie sviluppabile. Se la superficie data è di 2.° ordine, la proprietà di cui si tratta è posseduta dai piani polari dei tre punti all'infinito che formano il triangolo coniugato simultaneamente alla superficie ed al circolo imaginario; infatti, ciascuno di questi punti è vertice di un cilindro circoscritto, le cui generatrici sono perpendicolari al piano della curva di contatto, epperò le normali alla superficie lungo questa curva sono tutte contenute nel piano medesimo. Per tal modo, conosciamo già *cinque* linee di curvatura della superficie: vale a dire, le sezioni fatte dai tre piani principali; la sezione all'infinito; e la curva di contatto colla sviluppabile simultaneamente circoscritta alla superficie ed al circolo imaginario, ossia la curva comune alla superficie data ed al cono (concentrico ad essa) che, rispetto alla medesima, è polare reciproco del circolo imaginario all'infinito.

Dando all'equazione della superficie la forma

$$S \equiv s\,\xi\,\eta + r\,\zeta^2 - \zeta = 0$$

i suoi piani principali saranno

$$\xi + \eta = 0, \quad \xi - \eta = 0, \quad 2\,r\,\zeta - 1 = 0.$$

Le formole per la rappresentazione sul piano delle x possono essere le seguenti:

$$\xi = \frac{x_2 x_3}{r\,x_1 x_2 + s\,x_3^2}$$

---

*) Dalla definizione di queste due curve risulta chiaro che i punti ad esse comuni sono quelli in cui la prima di esse è toccata dalle tangenti comuni al circolo imaginario all'infinito.

$$\eta = \frac{x_3 x_1}{r x_1 x_2 + s x_3^2}$$

$$\zeta = \frac{x_1 x_2}{r x_1 x_2 + s x_3^2}$$

onde

$$a = x_2 x_3$$

$$b = x_3 x_1$$

$$c = x_1 x_2$$

$$e = r x_1 x_2 + s x_3^2.$$

In questa rappresentazione, le rette passanti pel punto $x_1 = x_3 = 0$ e quelle passanti pel punto $x_2 = x_3 = 0$ sono le imagini delle generatrici rettilinee; e le coniche passanti pei due punti suddetti sono le imagini delle sezioni piane.

Siccome il piano $\zeta = 0$ è perpendicolare alla retta $\xi = \eta = 0$, così $\alpha = \beta = 0$; e il cono che dall'origine degli assi projetta il circolo imaginario all'infinito sarà

$$\xi^2 + \eta^2 + \zeta^2 + 2\gamma\xi\eta = 0.$$

Abbiamo quindi

1)
$$\begin{aligned} & E_{11} : r^2 x_2^4 + s(s - 2\gamma r) x_2^2 x_3^2 + s^2 x_3^4 \\ = & E_{22} : r^2 x_1^4 + s(s - 2\gamma r) x_1^2 x_3^2 + s^2 x_3^4 \\ = & E_{12} : \gamma r^2 x_1^2 x_2^2 - rs(x_1^2 + x_2^2) x_3^2 + s^2 x_1 x_2 x_3^2 + \gamma s^2 x_3^4, \end{aligned}$$

$$P_{11} = 0, \qquad P_{22} = 0,$$

$$Q_{11} : Q_{22} : Q_{12} = E_{11} : E_{22} : -E_{12},$$

$$A_{11} : A_{22} = E_{11} : -E_{22}, \quad A_{12} = 0.$$

Ne segue che l'equazione differenziale (22), posto $dx_3 = 0$, com'è evidentemente lecito, diviene pel caso attuale

2)
$$E_{11}\, dx_1^2 - 2 E_{12}\, dx_1\, dx_2 + E_{22}\, dx_2^2 = 0,$$

la (15) diviene

3)
$$E_{11}\, dx_1^2 - E_{22}\, dx_2^2 = 0$$

e la (14) si riduce alla semplicissima

$$dx_1\, dx_2 = 0.$$

Quest'ultima, il cui integrale completo è

$$x_1 = \omega x_3, \quad x_2 = \omega' x_3$$

(ω, ω' costanti arbitrarie), dice che le curve assintotiche altro non sono che le generatrici rettilinee della superficie.

La 2) ha, in virtù di ciò che si è dimostrato in generale, l'integrale completo

$$s\,\xi_0\,x_1\,x_3 + s\,\eta_0\,x_2\,x_3 + \zeta_0\,(r\,x_1\,x_2 - s\,x_3^2) = 0$$

ove le ζ_0, η_0, ζ_0 sono costanti legate dalla relazione

$$\xi_0^2 + \eta_0^2 + \zeta_0^2 + 2\,\gamma\,\xi_0\,\eta_0 = 0,$$

cioè l'integrale completo è costituito dal sistema di coniche comuni alla superficie data ed ai piani tangenti del cono polare reciproco del circolo imaginario all'infinito.

L'integrale singolare della stessa 2) sarà l'intersezione della superficie data con questo cono, cioè la curva gobba di 4.° ordine la cui imagine è

4) $$s^2(x_1^2 + x_2^2 - 2\gamma\,x_1\,x_2)\,x_3^2 + (1-\gamma^2)\,(r x_1\,x_2 - s x_3^2)^2 = 0$$

e questa medesima curva sarà anche una linea di curvatura.

Se le linee di curvatura sono tutte algebriche, l'equazione generale delle loro imagini, ossia l'integrale completo della 3), sarà della forma

5) $$\omega^2\,\mathrm{L} + 2\,\omega\,\mathrm{M} + \mathrm{N} = 0$$

dove ω è un parametro variabile da curva a curva; L, M, N sono tre funzioni algebriche intere, omogenee in $x_1\,x_2\,x_3$; e propriamente $\mathrm{L}=0$, $\mathrm{N}=0$ saranno le imagini di due linee di curvatura, ed $\mathrm{M}=0$ un'altra curva *) determinante insieme con $\mathrm{L}=0$, $\mathrm{M}=0$ la rete geometrica alla quale apparterranno le imagini di tutte le altre linee di curvatura. È chiaro che tutte le curve del sistema 5) saranno note quando siano date cinque **) fra esse appunto come sono note tutte le tangenti di una conica, quando ne sono date cinque.

Siccome l'integrale singolare

$$\mathrm{L\,N} - \mathrm{M}^2 = 0$$

dev'essere, per la teoria generale, una curva dell'8.° ordine, così le curve del sistema 5) saranno del 4.° Tale è appunto la curva 4); invece le sezioni fatte nella superficie dai piani principali e dal piano all'infinito sono coniche, le cui imagini sono le curve

$$(x_1 + x_2)\,x_3 = 0$$

$$(x_1 - x_2)\,x_3 = 0$$

$$r x_1 x_2 - s\,x_3^2 = 0$$

$$r x_1 x_2 + s\,x_3^2 = 0$$

tutte di 2.° ordine: così che queste per essere considerate quali curve del 4.° dovranno essere prese due volte.

---

*) Imagine di quella curva (non di curvatura) che passa pei punti ove le due linee di curvatura anzidette segano la curva dell'integrale singolare.

**) Le quali devono essere curve dello stesso ordine e appartenenti ad una stessa rete.

Abbiamo dunque cinque linee di curvatura, le cui imagini sono:

$$X \equiv (x_1 + x_2)^2 x_3^2 = 0$$
$$Y \equiv (x_1 - x_2)^2 x_3^2 = 0$$
$$Z \equiv (r x_1 x_2 - s x_3^2)^2 = 0$$
$$T \equiv (r x_1 x_2 + s x_3^2)^2 = 0$$
$$U \equiv s^2 (x_1^2 + x_2^2 - 2\gamma x_1 x_2) x_3^2 + (1 - \gamma^2)(r x_1 x_2 - s x_3^2)^2 = 0.$$

Queste curve appartengono tutte ad una medesima rete; infatti si ha identicamente

$$T = rs(X - Y) + Z,$$
$$2U = s^2 (1 - \gamma) X + s^2 (1 + \gamma) Y + 2(1 - \gamma^2) Z.$$

Ora, in luogo della 5), potremo scrivere

6) $$\omega^2 X + 2\omega(lX + mY + nZ) + Y = 0$$

ove l, m, n sono costanti da determinarsi in modo che, dando inoltre ad ω valori opportuni, l'equazione precedente possa identificarsi con ciascuna delle seguenti

$$Z = 0, \qquad T = 0, \qquad U = 0.$$

Identificando la 6) con $Z = 0$, si trova

$$\omega = -2l, \qquad 4lm = 1.$$

La 6) coincide con $T = 0$ se (oltre a $4lm = 1$) si faccia

$$\omega = -2m, \qquad m - l + nrs = 0.$$

E per ultimo la coincidenza della 6) con $U = 0$ richiede inoltre

$$2m(1 - \gamma) + 2l(1 + \gamma) - ns^2 = 0$$

e corrisponde ad

$$\omega = \frac{2m(1 - \gamma)}{1 + \gamma}.$$

Riunendo, abbiamo pertanto che, fatto

$$4l^2 = \frac{s + 2r(1 - \gamma)}{s - 2r(1 + \gamma)}$$

$$4m^2 = \frac{s - 2r(1 + \gamma)}{s + 2r(1 - \gamma)}$$

$$n = \frac{2}{s\sqrt{(s - 2r(1 + \gamma))(s + 2r(1 - \gamma))}}$$

la 6) si riduce

$$\text{a } Z=0 \quad \text{per } \omega=-2l,$$
$$\text{a } T=0 \quad \text{per } \omega=-2m,$$
$$\text{ad } U=0 \quad \text{per } \omega=\frac{1-\gamma}{1+\gamma}\sqrt{\frac{s-2r(1+\gamma)}{s+2r(1-\gamma)}}.$$

Dunque la 6) diviene

$$\omega^2 X+\omega\left(X\sqrt{\frac{s+2r(1-\gamma)}{s-2r(1+\gamma)}}+Y\sqrt{\frac{s-2r(1+\gamma)}{s+2r(1-\gamma)}}+\right.$$
$$\left.+\frac{4}{s\sqrt{s-2r(1+\gamma)}\sqrt{s+2r(1-\gamma)}}Z\right)+Y=0$$

ossia, cambiando ω in $-\omega\sqrt{\dfrac{s+2r(1-\gamma)}{s-2r(1+\gamma)}}$,

7) $$\omega^2 X'-\omega(X'+Y'+Z')+Y'=0$$

dove

$$X'=s\left(s+2r(1-\gamma)\right)(x_1+x_2)^2 x_3^2$$
$$Y'=s\left(s-2r(1+\gamma)\right)(x_1-x_2)^2 x_3^2$$
$$Z'=4(r\,x_1 x_2-s\,x_3^2)^2.$$

L'equazione 7) rappresenta una serie di curve di 4.° ordine, aventi tutte gli stessi due punti doppi $x_1=x_3=0$, $x_2=x_3=0$. Inoltre queste curve hanno otto tangenti comuni, delle quali quattro concorrono nel primo punto doppio, e le altre nel secondo. Infatti, formando i due discriminanti della 7), considerata prima come una forma di 2.° grado in $\dfrac{x_2}{x_3}$, e poi come una forma di 2.° grado in $\dfrac{x_1}{x_3}$, si hanno le equazioni dei due gruppi di quattro tangenti

8) $$r^2 x_1^4+s(s-2\gamma r)x_1^2 x_3^2+s^2 x_3^4=0$$
$$r^2 x_2^4+s(s-2\gamma r)x_2^2 x_3^2+s^2 x_3^4=0$$

ossia, per le 1),

$$E_{22}=0, \qquad E_{11}=0$$

equazioni indipendenti dal parametro ω. Siccome i due discriminanti sono proporzionali alle funzioni E_{22}, E_{11}, dalle quali non differiscono che per un fattore costante, così *) la 7) è l'integrale completo dell'equazione differenziale

*) Jacobi a pag. 1 del tom. 58 del Giornale Crelle-Borchardt.

$$dx_1\sqrt{E_{11}} \pm dx_2\sqrt{E_{22}} = 0,$$

cioè della 3). L'integrale singolare è

$$E_{11}\,E_{22} = 0$$

che rappresenta il sistema delle otto tangenti.

Le curve 7) sono adunque le imagini delle linee di curvatura della superficie data; queste linee sono tutte tangenti ad otto rette che sono le generatrici della superficie uscenti dai quattro punti che questa ha comuni col circolo imaginario all'infinito *). Oltre a questi, le otto generatrici si segano in altri dodici punti: i punti di contatto dei dodici piani tangenti della superficie data che passano per le corde comuni a questa ed al circolo imaginario all'infinito, vale a dire, i dodici ombelici della superficie. Questi sono adunque allineati a tre a tre sulle otto generatrici **).

Nella rappresentazione, i due gruppi di quattro rette $E_{11} = 0$, $E_{22} = 0$ hanno lo stesso rapporto anarmonico; perciò esse rette si segheranno in sedici punti, situati a quattro a quattro in quattro coniche passanti per $x_1 = x_3 = 0$, $x_2 = x_3 = 0$ ***). I sedici punti sono le imagini dei dodici ombelici e dei quattro punti circolari all'infinito; e le quattro coniche sono le imagini delle sezioni fatte nella superficie dai tre piani principali e dal piano all'infinito.

Milano, 3 maggio 1870.

---

*) Sono otto rette situate contemporaneamente nella sviluppabile che è circoscritta alla superficie data e al circolo imaginario all'infinito.

**) HAMILTON, *Elements of quaternions*, p. 661.

***) *Introd. ad una teoria geom. delle curve piane* [Queste Opere, n. **29** (t. 1.°)], 149, e.

87.

NOTE A UN MÉMOIRE DE R. STURM. [63]

Annali di Matematica pura ed applicata, serie II, tomo IV (1870-71), p. 85.

Outre les huit droites triples signalées par l'Auteur, la surface Z_4 a une courbe cuspidale (de rebroussement) du 54e ordre et une courbe nodale (double) du 165e ordre (ou des courbes multiples équivalentes à celle-ci?). La courbe cuspidale est coupée par le plan E_∞ aux 9 points stationnaires de Z_3, dont chacun doit être compté deux fois, et aux 12 points de contact de Z_3 avec les droites I, R, dont chacun doit être compté trois fois.

Au lieu de Z_4 on peut étudier la surface réciproque F^4 du 4e ordre, douée d'un point triple o, de 12 droites concourant en o et de 8 autres droites situées sur un hyperboloïde. Il sera très-commode de représenter cette surface sur un plan π, en projétant les points de F^4 au moyen de rayons issus de o. Alors nous aurons en π une courbe cubique générale K^3, image du point triple o; et deux quadrilatères complets circonscrits à une même conique et inscrits à K_3, dont les 12 sommets et les 8 cotés seront les images des $12 + 8$ droites de F^4. Il y a 16 coniques, dont chacune est simultanément circonscrite à un triangle du premier quadrilatère et à un triangle du second; ces coniques correspondent à un nombre égal de coniques situées sur F^4. Les sections planes de cette surface seront représentées par les courbes du 4e ordre circonscrites simultanément aux deux quadrilatères complets. Les droites du plan π (qui ne passent par aucun sommet des quadrilatères) sont les images des sections planes passant par o. Les courbes du 3e ordre qui passent par 9 sommets des quadrilatères (exceptés 3 en ligne droite) sont les images de courbes planes du même ordre appartenant à la surface. La courbe de contact de F^4 avec un cone circonscrit est représentée par une courbe du 6e ordre circonscrite aux deux quadrilatères; cette courbe est la Iacobienne d'un réseau de courbes du 4e ordre circonscrites aux mêmes quadrilatères. L'image de la courbe parabolique est une courbe de l'11e ordre qui touche K^3 aux 12 sommets des quadrilatères et passe par les points d'inflexion de cette même cubique. Etc. etc.

L. C.

88.

SULLA SUPERFICIE DI QUART' ORDINE DOTATA DI UNA CONICA DOPPIA.

PRIMA NOTA.

Rendiconti del R. Istituto Lombardo, serie II, volume IV (1871), pp. 140-144.

I geometri conoscono assai bene questa superficie, le cui più importanti proprietà furono messe in luce dal prof. CLEBSCH *) mediante la rappresentazione della medesima, punto per punto, sopra un piano. Ora, avendola io presa ad esempio, nelle mie lezioni del corso normale presso il R. Istituto Tecnico Superiore, per l'applicazione del metodo proposto dal sig. NÖTHER **), m'è occorso di notare che essa si ricava immediatamente da una superficie generale di 3.° ordine, alla quale si applichi una trasformazione di 2.° grado, espressa dalle seguenti formole:

$$x_1 : x_2 : x_3 : x_4 = y_1^2 : y_1y_2 : y_1y_3 : y_2y_4 - y_3^2,$$

o dalle reciproche:

$$y_1 : y_2 : y_3 : y_4 = x_1x_2 : x_2^2 : x_2x_3 : x_1x_4 + x_3^2.$$

Qui $x_1 : x_2 : x_3 : x_4$, $y_1 : y_2 : y_3 : y_4$ sono due punti corrispondenti di due spazj, che

---

*) *Ueber die Flächen vierter Ordnung welche eine Doppelcurve zweiten Grades besitzen* (Giornale CRELLE-BORCHARDT, t. 69). Veggasi inoltre: KUMMER nel Monatsbericht 16 luglio 1863 dell'Acad. d. s. di Berlino; LA GOURNERIE nel Journal de l'École Polytechnique, 40e cahier; CAYLEY nel Quarterly Journal of Mathematics t. 10 e 11; KORNDÖRFER nei Mathematische Annalen, t. 1 e 2.

**) *Ueber Flächen, welche Schaaren rationaler Curven besitzen* (Math. Annalen, t. 3). Il metodo cui si allude, ha per iscopo la rappresentazione, punto per punto sopra un piano, di una superficie che possegga una serie di curve razionali, ciascuna delle quali nasca dall'intersezione di quella con una superficie di un fascio; e consiste nel trasformare da prima la data superficie in un'altra d'ordine n, fornita di una retta multipla secondo $n-2$.

tuttavia riguardansi come sovrapposti l'uno all'altro; così che, a cagion d'esempio, il punto $x_1 : x_2 : x_3 : x_4 = a_1 : a_2 : a_3 : a_4$ coincida col punto $y_1 : y_2 : y_3 : y_4 = a_1 : a_2 : a_3 : a_4$.

Due punti corrispondenti sono sempre in linea retta col punto o, le cui prime tre coordinate sono nulle. Il punto o è un *punto fondamentale*, o *principale* *) per entrambi gli spazj; inoltre la conica ($y_1 = 0$, $y_2 y_4 - y_3^2 = 0$) e il suo piano sono *fondamentali* per lo spazio (y), mentre la conica ($x_2 = 0$, $x_1 x_4 + x_3^2 = 0$) e il suo piano sono *fondamentali* per lo spazio (x). Al punto fondamentale di uno spazio corrisponde tutto il piano fondamentale dell'altro; e ad un punto della conica fondamentale di uno spazio corrisponde la retta che unisce questo punto al punto o. Ai piani di uno spazio corrispondono, nell'altro, superficie di 2.° grado passanti per la conica fondamentale del secondo spazio e toccanti in o il piano fondamentale del primo. Ma ai piani passanti per o corrispondono di nuovo i medesimi piani, ecc. ecc. **).

Nello spazio (x) sia data una superficie generale f di 3.° ordine, passante per la conica fondamentale di detto spazio, ma non toccata in o dal piano fondamentale dell'altro. Applicando a questa superficie la trasformazione in discorso, si ottiene una *superficie generale* F *di* 4.° *ordine, dotata di conica doppia;* per essa la conica doppia è $y_1 = 0$, $y_2 y_4 - y_3^2 = 0$; e i piani tangenti in o sono il piano $y_2 = 0$ e quello che ivi tocca f. Alle sezioni di F fatte con piani passanti per o corrispondono sezioni di f fatte coi medesimi piani; e in particolare alla conica doppia di F corrisponde la cubica comune ad f e al piano $y_1 = 0$, in modo che due punti di questa cubica allineati col punto o rappresentano un solo e medesimo punto della conica doppia di F.

Cerchiamo ora le rette di F. Evidentemente esse non possono corrispondere che a rette di f, appoggiate alla conica

$$(x_2 = 0, \quad x_1 x_4 + x_3^2 = 0).$$

Diciamo a la retta di f posta nel piano $x_2 = 0$; e (b_1, c_1), (b_2, c_2), (b_3, c_3), (b_4, c_4), (b_5, c_5) le dieci rette di f, incontrate da a, cioè situate a due a due nei cinque piani tritangenti che passano per a.

È noto che f possiede altre sedici rette, nessuna delle quali incontra a, che per conseguenza incontrano tutte la conica

$$(x_2 = 0, \quad x_1 x_4 + x_3^2 = 0).$$

---

*) CAYLEY, *On the rational transformation between two spaces* (Proceed. London Math. Soc., 1870).

**) Malgrado la grande analogia di questa trasformazione con quella notissima che è la risultante di una trasformazione lineare colla trasformazione per raggi vettori reciproci, pure non credo ch'essa sia stata mai osservata o impiegata.

Esse possono indicarsi come segue:

a_1	che sega	$c_1 b_2 b_3 b_4 b_5$
a_2	»	$b_1 c_2 b_3 b_4 b_5$
a_3	»	$b_1 b_2 c_3 b_4 b_5$
a_4	»	$b_1 b_2 b_3 c_4 b_5$
a_5	»	$b_1 b_2 b_3 b_4 c_5$
b	»	$c_1 c_2 c_3 c_4 c_5$
c_{12}	»	$b_1 b_2 c_3 c_4 c_5$
c_{13}	»	$b_1 c_2 b_3 c_4 c_5$
c_{14}	»	$b_1 c_2 c_3 b_4 c_5$
c_{15}	»	$b_1 c_2 c_3 c_4 b_5$
c_{23}	»	$c_1 b_2 b_3 c_4 c_5$
c_{24}	»	$c_1 b_2 c_3 b_4 c_5$
c_{25}	»	$c_1 b_2 c_3 c_4 b_5$
c_{34}	»	$c_1 c_2 b_3 b_4 c_5$
c_{35}	»	$c_1 c_2 b_3 c_4 b_5$
c_{45}	»	$c_1 c_2 c_3 b_4 b_5$ *).

Soltanto a queste ultime rette corrispondono rette di F; questa superficie ha dunque *sedici rette*, situate a due a due in *quaranta piani*. Alla retta a corrisponde in F il punto o; più precisamente, ai punti di a corrispondono i punti di F infinitamente vicini ad o e situati nel piano $x_2 = 0$. Alle dieci rette (b_i, c_i) corrispondono in F altrettante coniche, tutte passanti per o ed ivi toccate dal piano $x_2 = 0$. Per o passano altre dieci coniche di F (toccate in o dal secondo piano tangente), imagini delle coniche intersezioni di f coi piani condotti per o e rispettivamente per le dieci rette (b_i, c_i).

---

*) Questa notazione è ricavata da quella che si usa comunemente per le 27 rette della superficie di 3° ordine (cfr. Rendiconti Ist. Lomb. 24 marzo 1870) [Queste Opere, n. **84**], col tralasciare l'indice 6. La notazione medesima fa subito evidente che, se dai trentasei *Doppelsechse* di SCHAEFLI formati colle 27 rette della superficie di 3.° ordine (veggasene il quadro a pag. 78 del mio *Mémoire de géométrie pure sur les surfaces du* 3e *ordre*, Giornale CRELLE-BORCHARDT, t. 68 [Queste Opere, n. **79**]) si tolgono i sedici *Doppelsechse* ne' quali entra la retta a_6 ossia a, rimangono i venti *Doppelvieren* che CLEBSCH ha mostrato potersi formare colle sedici rette della superficie di 4° ordine.

La superficie F possiede *dieci serie di coniche*, corrispondenti a quelle che si ottengono segando f coi dieci fasci di piani aventi per assi le rette (b_i, c_i). Diciamo *conjugate* le due serie corrispondenti a fasci i cui assi b_i c_i siano in uno stesso piano tritangente condotto per a. Due coniche appartenenti a serie conjugate sono sempre situate in una medesima superficie di 2.° grado, passante per la conica doppia; e il piano di una conica contiene un'altra conica della serie conjugata. Tutti i piani contenenti le coppie di coniche appartenenti a due serie conjugate sono tangenti ad uno stesso cono di 2.° grado: si hanno così *i cinque coni quàdrici* di KUMMER, *circoscritti* ad F, i quali sono individuati dalle cinque radici dell'equazione di 5.° grado, che dà i cinque piani tritangenti di f, passanti per la retta a.

Quando suppongansi note le cinque radici, la risoluzione di quattro equazioni quadratiche farà conoscere le coppie di rette (b_1, c_1), (b_2, c_2), (b_3, c_3), (b_4, c_4) situate in quattro piani tritangenti. Indi, se prendiamo una retta da ciascuna delle predette quattro coppie, p. es. $b_1\, c_2\, b_3\, b_4$, queste quattro rette, avendo già la trasversale comune a, saranno incontrate simultaneamente da un'altra retta, a_2, unica e individuata: la quale, avendo così quattro punti comuni con f, giacerà per intero su questa superficie. Le sedici quaterne analoghe a $b_1\, c_2\, b_3\, b_4$ daranno adunque senz'alcuna nuova irrazionalità le sedici rette di f, e per conseguenza le sedici di F: il che coincide coi risultati ottenuti per altra via dal sig. CLEBSCH.

Rappresentando f sopra un piano Π, avremo a un tempo rappresentata anche F. Scegliamo $a, a_1, a_2, a_3, a_4, a_5$ come quelle rette di f che sono rappresentate dai sei punti fondamentali $0, 1, 2, 3, 4, 5$ di Π; allora i cinque punti $1, 2, \ldots, 5$, le dieci rette $12, 13, \ldots, 45$ e la conica 12345 saranno le imagini delle sedici rette di F, che indicheremo con $(a_1), (a_2), \ldots, (a_5), (c_{12}), (c_{13}), \ldots, (c_{45}), (b)$. Il punto 0, imagine della retta a di f, rappresenterà i punti di F, prossimi ad o, e situati nel primo piano tangente $x_2=0$; se poi sia $0'$ il punto di Π corrispondente al punto o di f, sarà $0'$ il rappresentante dei punti di F, prossimi ad o e situati nel secondo piano tangente, che è anche il piano da cui è toccata f nello stesso punto. Ne segue che il punto o di F sarà rappresentato in Π dalla coppia di punti 0, $0'$.

L'imagine della conica doppia, dovendo corrispondere alla sezione fatta in f dal piano $x_1=0$, sarà una cubica S passante pei punti $0\,0'1\,2\,3\,4\,5$; nella quale ogni punto m della conica doppia sarà rappresentato da due punti m m' che diremo *conjugati*. La retta mm' rappresenterà una cubica di F, avente un punto doppio in m e situata in un piano passante per la retta (b). Sia q la terza intersezione di S colla retta mm'; e q' la sesta intersezione di S colla conica 12345; la coppia qq' sarà l'imagine del punto q in cui la conica doppia è simultaneamente incontrata dalla retta (b) e dalla cubica predetta. Variando mm', varia la cubica il cui piano girerà intorno alla retta (b); dunque q, epperò anche q, rimane fisso, cioè la retta mm' passa per un punto fisso di S, che è il conjugato della sesta intersezione di questa cubica colla conica 12345. Ne segue inoltre che la retta qq' è tangente in q alla cubica S.

Di qui si ricava subito che le imagini delle sezioni piane di F sono le cubiche che, oltre al passare pei cinque punti fondamentali 12345, segano la cubica S in due punti conjugati mm'; che le dieci serie di coniche in F sono rappresentate dai cinque fasci di rette uscenti da uno dei cinque punti fondamentali, e dai cinque fasci di coniche aventi per base quattro punti fondamentali; ecc., ecc.

Siccome la teoria delle superficie di 3.° ordine è ormai molto divulgata, mi pare di poter ragionevolmente asserire, che il metodo qui proposto per lo studio della superficie di 4.° ordine, dotata di una conica doppia, sia il più semplice che si possa desiderare.

89.

SULLA SUPERFICIE DI QUART'ORDINE DOTATA DI UNA CONICA DOPPIA.

SECONDA NOTA.

Rendiconti del R. Istituto Lombardo, serie II, volume IV (1871), pp. 159-162.

Nella precedente comunicazione ho indicata una trasformazione razionale di 2.º grado che, applicata ad una superficie generale di 3.º ordine, conduce alla superficie generale di 4.º ordine dotata di una conica doppia. Invece, se si applica la medesima trasformazione ad una superficie di 2.º grado, comunque situata rispetto agli *elementi fondamentali*, si giunge ad un caso speciale, assai interessante, della superficie di 4.º ordine dotata di una conica doppia; caso ch'io credo non ancora osservato, e che qui mi propongo di esplicare *). La superficie F di cui si tratta, è rappresentata dall'equazione:

$$y_1^2\varphi+2y_1\mathrm{KP}+a_{44}\mathrm{K}^2=0 \tag{1}$$

dove per brevità si è posto

$$\varphi=\varphi(y)=a_{11}y_1^2+a_{22}y_2^2+a_{33}y_3^2+2a_{23}y_2y_3+2a_{31}y_3y_1+2a_{12}y_1y_2,$$
$$\mathrm{P}=\mathrm{P}(y)=a_{14}y_1+a_{24}y_2+a_{34}y_3,$$
$$\mathrm{K}=\mathrm{K}(y)=y_2y_4-y_3^2,$$

essendo

$$\varphi(x)+2x_4\mathrm{P}(x)+a_{44}x_4^2=0 \tag{2}$$

la superfie di 2.º grado sulla quale si è operata la trasformazione.

---

*) Il sig. Korndörfer ha esposto con molti particolari (*Math. Annalen*, t. I, p. 592) la teoria della superficie di 4º ordine che, oltre alla conica doppia, possiede un punto conico *situato fuori della conica*. Se s'imagina che questo punto s'accosti indefinitamente alla conica fino a cadere in essa, si ottiene la superficie che io considero in questa Nota, preferendo di ricavarne le proprietà immediatamente da quelle della superficie di 2.º grado.

La superficie F *ha la conica doppia*

$$y_1=0, \quad K=0$$

e in essa il punto singolare $y_1=y_2=y_3=0$, *che rappresenta due punti doppj infinitamente vicini per la curva di* 4.° *ordine risultante dal segare* F *con un piano condotto ad arbitrio pel detto punto:* donde segue che *questa curva è razionale.* La superficie ha nel punto singolare un solo piano tangente $y_2=0$, il quale sega F lungo *quattro rette* a_1, a_2, a_3, a_4, tutte uscenti dal punto singolare e dirette ai quattro punti dati dal sistema:

$$y_2=0, \quad y_1y_4+y_3^2=0, \quad \varphi+2y_4P+a_{44}y_4^2=0.$$

Questi quattro punti sono i vertici di un quadrangolo completo, i cui punti diagonali uniti al punto singolare dànno tre rette, che dirò α_1, α_2, α_3.

La superficie ha *due altri punti cuspidali*; essi sono le intersezioni della conica doppia colle tangenti condotte dal punto $y_1=y_2=y_3=0$ alla conica

$$y_1=0, \quad \varphi+2y_4P+a_{44}y_4^2=0.$$

La superficie F *è l'inviluppo della serie di superficie di* 2.° *grado* (toccate nel punto singolare dal piano $y_2=0$)

$$a_{44}(\varphi+2\omega K)-(P-\omega y_1)^2=0, \tag{3}$$

che, oltre al cono

$$a_{44}\varphi-P^2=0$$

avente il vertice in $y_1=y_2=y_3=0$, *contiene altri tre coni circoscritti* ad F. I vertici di questi coni sono situati rispettivamente nelle tre rette α.

Di qui segue che F *possiede otto serie, conjugate a due a due, di coniche;* le coniche di due serie conjugate giacciono nei piani tangenti di uno stesso cono quadrico circoscritto.

Oltre le quattro rette a_1, a_2, a_3, a_4, *la superficie contiene otto rette*

$$b_1, \quad b_2, \quad b_3, \quad b_4,$$

$$c_1, \quad c_2, \quad c_3, \quad c_4,$$

formanti un così detto *Doppelvier;* cioè due rette b, c si segano se hanno indici diversi; mentre due rette b, nè due rette c, non s'incontrano. Inoltre una retta a incontra la b e la c dello stesso indice.

Dirò *1.°*, *2.°* e *3.° cono* i tre coni circoscritti ad F, i cui vertici sono nelle tre rette α; e *4.° cono* quello il cui vertice è il punto $y_1=y_2=y_3=0$. Le dodici rette di F formano venti paja, situate in altrettanti piani tritangenti, e costituenti altrettante coniche che appartengono alle otto serie suaccennate. Giacciono nei piani tangenti al 1.° cono, epperò appartengono alle prime due serie conjugate le paja

$$\left(b_2c_3,\ b_3c_2\right),\quad \left(b_1c_4,\ b_4c_1\right);$$

così pel 2.° cono

$$\left(b_3c_1,\ b_1c_3\right),\quad \left(b_2c_4,\ b_4c_2\right),$$

e pel 3.°

$$\left(b_1c_2,\ b_2c_1\right),\quad \left(b_3c_4,\ b_4c_3\right).$$

Da ultimo, pel 4.°

$$\left(a_1b_1,\ a_2b_2,\ a_3b_3,\ a_4b_4\right),$$

$$\left(a_1c_1,\ a_2c_2,\ a_3c_3,\ a_4c_4\right).$$

Di qui segue che, se s'indicano cogli stessi simboli b, c i punti in cui queste rette incontrano il piano $y_2=0$ (così che la retta a_r passerà pei punti b_r e c_r), le rette

$$b_2c_3,\ b_3c_2,\ b_1c_4,\ b_4c_1$$

si segheranno in uno stesso punto di α_1, cioè nel vertice del 1.° cono; così le rette

$$b_3c_1,\ b_1c_3,\ b_2c_4,\ b_4c_2$$

passeranno per uno stesso punto di α_2, cioè pel vertice del 2.° cono; e le rette

$$b_1c_2,\ b_2c_1,\ b_3c_4,\ b_4c_3$$

avranno in comune un punto di α_3, cioè il vertice del 3.° cono *).

Per conseguenza, la risoluzione dell'equazione di 8.° grado che dà le otto rette b, c (ossia gli otto punti b, c), è ridotta a risolvere: 1.° l'equazione biquadratica delle rette b (ovvero l'equazione cubica delle tre rette α); 2.° l'equazione quadratica che dà le due rette b, c che incontrano la retta a, corrispondente ad una radice dell'equazione biquadratica.

La rappresentazione della superficie F sopra un piano Π si ottiene assai facilmente projettando la superficie (2) di 2.° grado, di cui quella è la trasformata, da un suo punto e quindi operando su questa projezione un'ordinaria trasformazione di 2.° grado. Nella rappresentazione così ottenuta, si hanno cinque punti fondamentali, 1, 2, 3, 4, 5, de' quali gli ultimi tre in linea retta: le rette a sono rappresentate dalla retta 12 e dai punti 3, 4, 5; le rette b, c dai punti 1, 2 e dalle rette che li uniscono agli altri tre. La retta 345 è l'imagine del punto singolare $y_1=y_2=y_3=0$; mentre la conica doppia è rappresentata da

*) Detti v_1, v_2, v_3, v_4 i vertici dei quattro coni, i tre gruppi di punti $v_1v_2v_3v_4$, $b_1b_2b_3b_4$, $c_1c_2c_3c_4$, formano un sistema identico a quello dei dodici punti di contatto delle tangenti di una cubica, uscenti da tre punti di essa allineati in una retta (vedasi la mia *Introduzione ad una teoria geometrica delle curve piane*, n.° 149) [Queste Opere, n. **29** (t. 1.°)].

una conica S passante per i punti 1, 2: ad ogni punto della conica doppia corrispondono due punti di S, che diremo *conjugati*, allineati con un punto fisso O, posto nella retta 345; così che le intersezioni di S colla retta polare di O sono le imagini dei due punti cuspidali. Le sezioni fatte in F dai piani passanti pel punto singolare $y_1 = y_2 = y_3 = 0$ sono rappresentate dalle coniche di una rete della quale fanno parte anche S e il sistema (12, 345). Invece alle altre sezioni piane di F corrispondono le cubiche passanti pei cinque punti fondamentali e seganti S in due paja di punti conjugati. Le coniche passanti per 1, 2 e per le imagini de' due punti cuspidali rappresentano le curve di contatto di F colle superficie di 2.° grado della serie (3); le quali curve hanno tutte un punto doppio in $y_1 = y_2 = y_3 = 0$. Fra esse vi è anche la conica doppia; ed altre due si risolvono, ciascuna, in due coniche passanti pel punto suddetto.

Le due serie di coniche relative al 1.° cono circoscritto sono rappresentate dalle rette passanti pel punto 3 e dalle coniche del fascio (1 2 4 5); così le rette (4) e le coniche (1 2 5 3) rappresentano le coniche delle due serie conjugate relative al 2.° cono; e le rette (5) e le coniche (1 2 3 4) sono le imagini delle coniche delle serie relative al 3.° cono. Finalmente, i fasci di rette uscenti dai punti 1, 2 rappresentano le coniche poste nei piani tangenti al 4.° cono, cioè a quello il cui vertice è il punto $y_1 = y_2 = y_3 = 0$.

90.

OBSERVATIONS GÉOMÉTRIQUES À PROPOS DE LA NOTE DE Mr. BRIOSCHI "SUR LES TANGENTES DOUBLES D'UNE COURBE DU 4.e ORDRE AVEC UN POINT DOUBLE „. [64]

Mathematische Annalen, Band IV (1871), pp. 99-102.

En supposant que ρ ne soit pas une racine de l'équation (4), mais plutôt un paramètre arbitraire, on déduit des équations (3) et (5) la suivante

$$4k^2(6z^2v-u)=v\left(24k^2z^2+(\mathrm{E}-\rho^2)v+2\rho\theta-4kw\right)+4k^2f^2.$$

Donc, quelque soit ρ, la conique

$$(6)\qquad 24k^2z^2+(\mathrm{E}-\rho^2)v+2\rho\theta-4kw=0$$

est tangente à la courbe biquadratique donnée

$$6z^2v-u=0$$

en quatre points, situés par couples dans les deux droites $f=0$. L'équation (6) représente un système de coniques quadritangents: il contient quatre coniques qui se décomposent en deux droites (tangentes doubles), et ces quatre coniques particulières correspondent aux quatre valeurs du paramètre ρ qui satisfont l'équation (4). En effet, le premier membre de celle-ci ne diffère du discriminant de la forme ternaire (6) que par un facteur indépendant de ρ.

L'interprétation géométrique du résultat obtenu par Mr. Brioschi est donc la suivante: « Une courbe homologique-harmonique *) du 4.e ordre avec un point double possède deux systèmes de coniques quadritangentes, qui ont même centre et axe d'ho-

*) C'est-à-dire que la courbe possède un *centre* $x=y=0$ et un *axe* $z=0$ de *homologie harmonique:* propriété géométrique qui correspond à l'absence du terme linéaire en z dans l'équation de la courbe. On sait d'ailleurs que toute courbe hyperelliptique peut être transformée rationnellement en une courbe homologique-harmonique.

mologie harmonique (c'est-à-dire que le point $x=y=0$ est le pole de la droite $z=0$). L'équation de l'un de ces systèmes est (6), où ρ désigne le paramètre; en permutant E avec D, on obtient le second système. Dans chaque système, les couples de droites menées du point double aux points de contact de la courbe donnée avec les coniques quadritangentes forment une involution: ce qui résulte de la relation (5). Chaque système comprend quatre couples de tangents doubles; et les valeurs correspondantes du paramètre sont les racines de l'équation (4). »

En désignant par ω la forme qu'on déduit de θ par la permutation de E avec D, on voit tout de suite que les trois groupes de quatre droites

$$v\,.\,\theta=0, \qquad v\,.\,\omega=0, \qquad \omega\,.\,\theta=0$$

sont harmoniques. Les formes biquadratiques $u=0$, $\omega\,\theta=0$ sont aussi liées *harmoniquement* entre elles, selon la dénomination proposée par Mr. Battaglini *); donc les formes θ, ω sont déterminées par les conditions que les invariants quadratiques

$$(v\,.\,\vartheta)^2,\ (v\,.\,\omega)^2,\ (\vartheta\,.\,\omega)^2,\ (\vartheta\,\omega\,.\,u)^4$$

soient tous égaux à zéro.

On peut aussi présenter le théorème ci-devant sous la forme algébrique qui suit: « On donne deux formes binaires u et v, biquadratique la première, quadratique l'autre; et on demande à satisfaire à l'équation

$$u=v\,\varphi-f^2.$$

Il y a deux systèmes de solutions, dont l'un est contenu dans les formules

$$2\,k\,f=\theta-\rho\,v, \qquad 4\,k^2\,\varphi=(\rho^2-\mathrm{E})\,v-2\,\rho\,\theta+4\,k\,w,$$

ρ étant arbitraire. La permutation de E avec D donne l'autre système ».

On obtient très rapidement le 16 tangentes doubles de la courbe proposée, en lui appliquant le procédé ingénieux que Mr. Geiser **) a indiqué pour la courbe générale du 4.e ordre. En supposant donnée une surface générale du 3.e ordre, si l'on place l'oeil sur une des 27 droites, la projection plane du contour apparent de la surface sera précisement une courbe du 4.e ordre avec un point double. Je conserve pour les 27 droites la notation de Mr. Schläfli, omis seulement l'index 6; si a est la droite choisie pour y placer l'oeil 0, la trace de a sur le plan de projection sera le point double; les traces des deux plans bitangents contenant les coniques touchées par a seront les tangentes au point double; les cinq plans tritangents qui passent par a et le plan tangent en O au-

*) Sulle forme binarie di grado qualunque (Atti della R. Accademia delle Scienze di Napoli, vol. III, pag. 11).

**) Mathem. Annalen, t. 1, p. 129.

ront pour traces les six tangentes issues du point double. Enfin, les 16 tangentes doubles seront les projections des 16 droites

$$a_1, a_2, a_3, a_4, a_5, b, c_{12}, c_{13}, c_{14}, c_{15}, c_{23}, c_{24}, c_{25}, c_{34}, c_{35}, c_{45}$$

de la surface, qui ne sont pas rencontrées par a. Or, il suit de la théorie très connue de la surface du 3.e ordre, que ces 16 droites se déterminent linéairement, dès qu'on connait les restantes; par ex. a_1 est la droite commune aux hyperboloïdes $c_1 b_2 b_3$, $c_1 b_2 b_4$ qui ont déjà en commun c_1, b_2 et a.

Si l'on veut que le contour de la surface donne une courbe homologique-harmonique il faut supposer que la surface, au lieu d'être tout-à-fait générale, présente cette singularité que, dans deux des plans tritangentes qui passent par a, les deux droites y contenues se coupent sur a. Nous supposerons que cela arrive pour les plans $a b_4 c_4$, $a b_5 c_5$. Soit donc l'équation de la courbe proposée

$$\text{(I)} \qquad x y z^2 - (y + \lambda^2 x)(y + \lambda_1^2 x)(y + \lambda_2^2 x)(y + \lambda_3^2 x) = 0,$$

l'équation de la surface J_3 sera

$$\text{(II)} \qquad \begin{aligned} & w^2 (y + \lambda^2 x) + 2 (f \lambda^2 x + e y) z w + (f^2 \lambda^2 x + e^2 y) z^2 \\ & - \lambda^2 (e - f)^2 (y + \lambda_1^2 x)(y + \lambda_2^2 x)(y + \lambda_3^2 x) = 0, \end{aligned}$$

où $w = 0$ est le plan de projection; e, f sont deux constantes arbitraires, inégales. La droite a est $x = y = 0$; les droites (c_1, b_1) (c_2, b_2) (c_3, b_3) sont données par

$$y + \lambda_r^2 x = 0, \quad \lambda (w + f z) \pm \lambda_r (w + e z) = 0$$

$(r = 1, 2, 3)$; les droites (c_4, b_4) par

$$x = 0, \qquad w + e z \pm \lambda (e - f) y = 0$$

et les droites (c_5, b_5) par

$$y = 0, \quad w + f z \pm \lambda_1 \lambda_2 \lambda_3 (e - f) x = 0.$$

Coupons la surface J_3 par un hyperboloïde

$$\text{(III)} \qquad z (A x + B y) + w (C x + D y) = 0$$

mené par les droites $x = y = 0$, $z = w = 0$, la deuxième desquelles perce J_3 aux trois points $c_1 b_1$, $c_2 b_2$, $c_3 b_3$. En éliminant w entre (II) et (III), on a l'équation de la projection de l'intersection des deux surfaces: équation qui représentera une courbe du 5.e ordre, ayant un point triple en $x = y = 0$ et tangente à la courbe (I) aux points $c_1 b_1$, $c_2 b_2$, $c_3 b_3$ et en quatre autres points allignés avec $x = y = 0$ sur les droites

$$(y + \lambda^2 x)(A x + B y) - (e y + f \lambda^2 x)(C x + D y) = 0.$$

Or, en écrivant que l'équation du 5.e degré contient les trois facteurs $y + \lambda_r^2 x$, on a les trois conditions

$$\lambda\left(A - fC - \lambda_r^2 (B - fD)\right) \pm \lambda_r\left(A - eC - \lambda_r^2 (B - eD)\right) = 0$$

qui donnent huit systèmes de valeurs pour A : B : C : D correspondant aux combinaisons de signes de λ_1, λ_2, λ_3. La combinaison $(+ + +)$ donne ainsi l'hyperboloïde

$$(w + e z)\left((\lambda_1 + \lambda_2 + \lambda_3) y - \lambda_1 \lambda_2 \lambda_3 x\right)$$
$$+ (w + f z) \lambda \left(y - (\lambda_2 \lambda_3 + \lambda_3 \lambda_1 + \lambda_1 \lambda_2) x\right) = 0$$

lequel, ayant déjà quatre droites a, c_1, c_2, c_3 communes avec J_3, coupera cette surface suivant deux nouvelles droites b, c_{45}, dont les projections sur le plan $w = 0$ seront deux tangentes doubles de la courbe (I), savoir

$$\pm z + (\lambda + \lambda_1 + \lambda_2 + \lambda_3) y - \lambda \lambda_1 \lambda_2 \lambda_3 \left(\frac{1}{\lambda} + \frac{1}{\lambda_1} + \frac{1}{\lambda_2} + \frac{1}{\lambda_3}\right) x = 0.$$

Analoguement, les autres combinaisons de signes $(+ - -)$, $(- + -)$, $(- - +)$, $(- - -)$, $(- + +)$, $(+ - +)$, $(+ + -)$ donnent les autres 7 couples de droites $(a_1\, c_{23})$, $(a_2\, c_{31})$, $(a_3\, c_{12})$, $(a_4\, a_5)$, $(c_{14}\, c_{15})$, $(c_{24}\, c_{25})$, $(c_{34}\, c_{35})$. Les premières quatre couples et les quatre dernières appartiennent respectivement aux deux systèmes de coniques quadritangentes, dont j'ai déjà parlé.

J'observe encore que la section de J_3 par le plan $w = 0$ est la cubique homologique-harmonique

$$(f^2 \lambda^2 x + e^2 y) z^2 - \lambda^2 (e - f)^2 (y + \lambda_1^2 x)\, (y + \lambda_2^2 x)\, (y + \lambda_3^2 x) = 0$$

ayant un point d'inflexion en $x = y = 0$, et pour tangentes issues de ce point les trois droites $y + \lambda_r^2 x = 0$. Les trois points de contact de ces tangentes, situés dans $z = 0$, et deux autres points allignés avec $x = y = 0$ sur la droite $f\lambda^2 x + ey = 0$ sont autant de points de tangence entre la cubique et la courbe (1). Les traces des 27 droites de J_3 sont distribuées dans la cubique de la manière suivante: le point $x = y = 0$ est la trace de a; les traces de c_4, b_4 sont dans $x = 0$; celles de c_5, b_5 dans $y = 0$; les traces de b_1 et c_1, de b_2 et c_2, de b_3 et c_3 coïncident deux à deux avec les points de contact des tangentes issues du point d'inflexion. Enfin, les traces des autres 16 droites sont, par couples, allignées avec $x = y = 0$ sur les 8 droites

$$\left(e (\lambda_1 + \lambda_2 + \lambda_3) + f \lambda\right) y - \left(e \lambda_1 \lambda_2 \lambda_3 + f \lambda (\lambda_2 \lambda_3 + \lambda_3 \lambda_1 + \lambda_1 \lambda_2)\right) x = 0$$

correspondant aux combinaisons de signes de λ_1, λ_2, λ_3. Ces 8 droites sont les traces des 8 hyperboloïdes, qui ont tous en commun les droites $x = y = 0$, $z = w = 0$.

Si l'on place l'oeil au point commun à trois droites a, b_4, c_4 de J_3, la projection du contour apparent de la surface sera la cubique homologique-harmonique

$$y(w+ez)^2-\lambda^2(e-f)^2(y+\lambda_1^2 x)(y+\lambda_2^2 x)(y+\lambda_3^2 x)=0.$$

Le point $x=y=0$ est la projection des droites a, b_5, c_5; les droites b_4, c_4 se projètent en deux points sur $x=0$; les trois tangentes issues du point $x=y=0$ représentent les couples c_1 et b_1, c_2 et b_2, c_3 et b_3; et les huit tangentes de la courbe, issues de ces deux points seront les projections des autres seize droites, coïncidant deux à deux:

$$\begin{array}{cccc} a_1 \text{ et } c_{14}, & a_2 \text{ et } c_{24}, & a_3 \text{ et } c_{34}, & c_{45} \text{ et } a_5 \\ b \text{ et } a_4, & c_{23} \text{ et } c_{15}, & c_{31} \text{ et } c_{25}, & c_{12} \text{ et } c_{35}. \end{array}$$

D'ici, et de la propriété anharmonique des quatre tangentes issues d'un point d'une cubique, on conclut immédiatement l'égalité des rapports anharmoniques des trois formes biquadratiques considérées par Mr. Brioschi.

Milan, avril 1871.

91.

SULLE TRASFORMAZIONI RAZIONALI NELLO SPAZIO *).

NOTA 1.ª

Rendiconti del R. Istituto Lombardo, serie II, volume IV (1871), pp. 269-279.

Quattro variabili omogenee indipendenti $x_1 x_2 x_3 x_4$ siano legate ad altre quattro variabili analoghe $y_1 y_2 y_3 y_4$ mediante le relazioni:

$$(1) \qquad x_1 : x_2 : x_3 : x_4 = \varphi_1 : \varphi_2 : \varphi_3 : \varphi_4$$

dove le φ siano funzioni (algebriche razionali) intere omogenee di uno stesso grado n delle y.

Considerando le x e le y come coordinate di due punti corrispondenti in due spazj a tre dimensioni, le (1) esprimono che ad un punto qualsivoglia dello spazio (y), purchè non comune alle quattro superficie $\varphi = 0$, corrisponde un solo e determinato punto dello spazio (x), e che ai piani

$$(2) \qquad \alpha_1 x_1 + \alpha_2 x_2 + \alpha_3 x_3 + \alpha_4 x_4 = 0$$

dello spazio (x) corrispondono le superficie d'ordine n

$$(3) \qquad \alpha_1 \varphi_1 + \alpha_2 \varphi_2 + \alpha_3 \varphi_3 + \alpha_4 \varphi_4 = 0$$

formanti un sistema lineare triplamente infinito.

Suppongasi ora che dalle (1) si possano desumere le y espresse razionalmente colle x, cioè le formole inverse delle (1) siano

$$(4) \qquad y_1 : y_2 : y_3 : y_4 = \psi_1 : \psi_2 : \psi_3 : \psi_4$$

essendo le ψ funzioni intere omogenee delle x, di un medesimo grado m.

*) Veggasi intorno a questo argomento la Memoria del prof. CAYLEY, *On the rational transformation between two spaces* nel t. 3 dei Proceedings of the London Math. Society. Cfr. anche NÖTHER, *Zur Theorie des eindeutigen Entsprechens algebraischer Gebilde von beliebig vielen Dimensionen* (Math. Annalen, t. 2). La medesima quistione per le figure piane è stata trattata da me (Memorie dell'Accademia di Bologna, 2.ª serie, t. 2, 1863 e t. 5, 1865; ovvero Giornale di Matematiche di Napoli, t. 1 e 3) [Queste Opere, n. **40**, **62** (t. 2.°)], da CLIFFORD e CAYLEY (loco citato) da NÖTHER (Math. Annalen, t. 3, p. 164) e da ROSANES (Giornale CRELLE-BORCHARDT, t. 73).

Ciò equivale a supporre il sistema (3) tale che tre superficie prese *arbitrariamente* da esso abbiano un unico punto comune, che non appartenga a tutte le superficie del sistema medesimo: così che anche ad un punto qualsivoglia dello spazio (x), purchè non comune a tutte le superficie $\psi=0$, corrisponde un solo e determinato punto dello spazio (y). Dalle (4) segue inoltre che ai piani

(5) $$\beta_1 y_1+\beta_2 y_2+\beta_3 y_3+\beta_4 y_4=0$$

corrispondono le superficie

(6) $$\beta_1 \psi_1+\beta_2 \psi_2+\beta_3 \psi_3+\beta_4 \psi_4=0$$

formanti un sistema lineare triplamente infinito; tre qualunque delle quali, in virtù delle (1), si segano in un solo punto non comune a tutto il sistema. Le (1), (2) significano eziandio che ciascuna superficie dei sistemi (3) e (6) è rappresentabile punto per punto sopra un piano.

Analogamente a ciò che accade per le trasformazioni nel piano *), ai punti ed alle linee *fondamentali* o *principali* d'uno spazio, p. e. dello spazio (y), vale a dire ai punti ed alle linee comuni a tutte le superficie φ, corrispondono superficie costituenti la *Jacobiana* delle superficie ψ. In particolare ai punti di una curva r-pla comune alle φ corrispondono curve razionali d'ordine r, il luogo delle quali fa parte della Jacobiana delle ψ. La stessa curva che è r-pla per tutte le φ è $(4r-1)$-pla per la Jacobiana di queste superficie; ecc.**).

Per brevità di discorso diremo *omaloide* ***) una superficie quando sia rappresentabile punto per punto sopra un piano; e *omaloidale* un sistema di superficie algebriche il quale, come i sistemi (3) e (4), sodisfaccia alle due condizioni: 1.° d'essere lineare e triplamente infinito, 2.° che tre superficie prese ad arbitrio nel sistema si seghino in un solo punto non comune a tutto il sistema medesimo. Le superficie di un sistema omaloidale sono necessariamente omaloidi.

Queste denominazioni possono valere anche per le figure piane (e per le figure descritte in una superficie omaloide); così che una curva omaloide sarà una curva razionale cioè una curva di genere zero; ed una rete omaloidale di curve sarà un sistema lineare doppiamente infinito di curve (razionali), due qualunque delle quali si seghino in un solo punto non comune a tutte.

Sia ora φ_4 una superficie omaloide di grado n, della quale si conosca una rappresentazione (punto per punto) sopra un piano Π. Tutte le altre superficie omaloidi d'ordine n,

---

*) Vedi la Nota 2.ª, già citata, *Sulle trasformazioni geometriche delle figure piane* (Bologna, 1865).

**) Vedi la citata Memoria di Nöther nei Math. Annalen, t. 2, p. 293.

***) Cfr. Sylvester nel Cambridge and Dublin Math. Journal, t. 6. pag. 12.

aventi gli stessi punti multipli e le stesse linee multiple di φ_4, segheranno inoltre φ secondo curve le cui imagini su Π formeranno un certo sistema Σ. Ora assumasi in Π una rete omaloidale di curve K, in modo che ciascuna di queste insieme con un luogo fisso L (un complesso di linee, anche prese più volte) costituisca una curva del sistema Σ. Una curva K_1, formando insieme con L l'imagine dell'intersezione di φ_4 con un'altra superficie analoga φ_1, individua un fascio $\varphi_4 + \alpha_1 \varphi_1$; analogamente, se K_2, K_3 sono due altre curve della rete, non appartenenti con K_1 ad uno stesso fascio, saranno individuati i fasci $\varphi_4 + \alpha_2\varphi_2, \varphi_4 + \alpha_3\varphi_3$; e siccome i tre fasci hanno una superficie comune φ_4, così essi individuano e costituiscono un sistema lineare triplamente infinito

$$\alpha_1 \varphi_1 + \alpha_2 \varphi_2 + \alpha_3 \varphi_3 + \alpha_4 \varphi_4 = 0.$$

Questo sistema è omaloidale, epperò può servire di base ad una trasformazione razionale d'ordine n; cioè le superficie del sistema, considerate nello spazio (y), si possono far corrispondere [65] ai piani d'un altro spazio (x) punteggiato projettivamente [66] al primo, e ciò col porre le formole (1), dalle quali seguiranno le (4). Il grado delle ψ, ossia il grado della trasformazione inversa, non è altro che l'ordine delle curve di φ_4 aventi per imagini le K.

La Jacobiana della rete K è, come si sa *), composta di più linee k; e queste sono appunto le imagini delle curve che, insieme colle curve fondamentali dello spazio (y), costituiscono l'intersezione di φ_4 colla Jacobiana delle superficie φ [67]. Vale a dire, le k sono le imagini delle curve dello spazio (y) corrispondenti ai punti ne' quali le curve fondamentali dello spazio (x) sono incontrate dal piano che corrisponde a φ_4 [68]. Se le φ hanno in comune una curva semplice, una curva doppia, una curva tripla,..., queste prese ordinatamente 1.3, 2.7, 3.11,... volte fanno parte della intersezione di φ_4 colla Jacobiana delle φ; e la residua intersezione di queste due superficie è esclusivamente rappresentata dalle curve k costituenti la Jacobiana delle K (tenuto conto di quelle linee di φ_4 che corrispondono a punti di Π) [68]. Perciò, se le k sono le imagini di l_1 rette, l_2 coniche, l_3 cubiche (razionali),..., le superficie ψ avranno in comune una curva semplice d'ordine l_1, una curva doppia d'ordine l_2, una curva tripla d'ordine l_3,... [68]. E dall'esame delle relazioni fra i diversi elementi della data rappresentazione di φ_4 si potranno senza difficoltà desumere eziandio le relazioni fra le curve fondamentali dello spazio (x), cioè il genere di ciascuna, i punti in cui s'incontrano a due a due; ecc., non che le proprietà della Jacobiana delle ψ, la quale del resto si compone delle superficie che corrispondono ai punti e alle linee fondamentali dello spazio (y). Così il sistema delle superficie ψ (e con esso la trasformazione inversa) verrà ad essere completamente conosciuto.

Ogni rete in Π analoga a quella delle curve K, condurrà per tal modo ad una trasformazione nella quale è impiegata la data superficie φ_4.

---

*) Vedi la citata Nota 2.ª, *Sulle trasformazioni geometriche delle figure piane.*

Ora mi sta a cuore di porre in chiaro *la facilità e la fecondità del metodo* che propongo; a questo intento gioveranno alcuni esempi.

1.° Sia φ_4 una superficie di 2.° grado, rappresentata mediante projezione da un suo punto sopra il piano Π: così che il sistema Σ sarà formato dalle curve di 4.° ordine dotate di due punti doppj fissi 1, 2. Allora le K possono essere:

a) Le rette del piano Π; il luogo L è composto della retta 12 e di una conica per 1 2; il sistema omaloidale è dunque costituito dalle superficie di 2.° grado aventi in comune una conica ed un punto, e la trasformazione inversa è di 2.° grado *). La Jacobiana delle K rappresenta [69] due rette; dunque le ψ, oltre ad avere un punto comune (corrispondente al piano della conica comune alle φ) passeranno per una conica fissa. Si ottiene la medesima trasformazione assumendo per le K le coniche descritte per 1 2 e per un altro punto fisso o; nel qual caso L sarà una conica per 1 2. Se anche L passa per o, si ottiene una trasformazione speciale, della quale io ho già trattato altra volta **).

b) Le coniche per 1 e per due altri punti fissi $o\ o_1$; il luogo L è composto dalla retta 12 e di un'altra retta per 2. Il sistema omaloidale è costituito dalle superficie di 2.° grado aventi in comune una retta e tre punti, e la trasformazione inversa è di 3.° grado ***). La Jacobiana delle K [70] rappresenta una conica e tre rette; dunque le ψ hanno in comune una retta doppia ed una linea semplice di 3.° ordine (il sistema di tre rette semplici). Si ottiene la medesima trasformazione se le K sono cubiche $1^2\,2$ passanti per altri tre punti fissi $o\ o_1\ o_2$; se poi a questi punti si danno posizioni speciali, p. e. assumendoli in linea retta [71], ovvero infinitamente vicini, si giunge a trasformazioni particolari.

c) Le coniche per tre punti fissi $o\ o_1\ o_2$; il luogo L riducesi allora alla retta 12 contata due volte. Le superficie del sistema omaloidale sono circoscritte ad un tetraedro fisso, in un vertice del quale hanno un piano tangente fisso. La trasformazione inversa è del 4.° grado †). La Jacobiana delle K [72] rappresenta tre coniche e due rette; dunque

*) È questa l'*ordinaria* trasformazione conica, stata studiata dal prof. SCHIAPARELLI, (*Sulla trasformazione geometrica delle figure* nelle Memorie dell'Accademia di Torino, 1862) e da altri. Il prof. GEISER nel Giornale CRELLE-BORCHARDT (t. 70, p. 249) l'ha adoperata per dedurre la superficie di 4.° ordine con una conica doppia dalla superficie generale di 3.° ordine. Faccio qui questa citazione espressamente per riparare ad una involontaria ma poco scusabile omissione, nella quale sono incorso quando ho trattato il medesimo argomento con un metodo assai somigliante, benchè non identico (Rendiconti di questo R. Istituto, 9 marzo 1871) [Queste Opere, n. **88**].

) Rendiconti di questo R. Istituto, 9 e 23 marzo 1871 [Queste Opere, n. **88, **89**].

***) Questa trasformazione è già stata indicata dal sig. CAYLEY (l. c.).

†) Le superficie ψ sono superficie di STEINER (4.° ordine e 3.ª classe) aventi in comune le tre rette doppie e una conica. Se si parte dalla rappresentazione di una superficie di STEINER (Rendiconti di questo R. Istituto, 24 gennajo 1867) [Queste Opere, n. **71** (t. 2.°)], per ottenere l'attuale trasformazione basta assumere come linee K le rette del piano rappresentativo: il

le ψ hanno in comune un luogo doppio di 3.° ordine (tre rette doppie) e una conica semplice. Si perviene al medesimo risultato se le K sono curve di 4.° ordine $1^2\,2^2$ aventi un altro punto doppio fisso o e tre punti semplici pure fissi $o_1\,o_2\,o_3$; e anche qui si possono di nuovo fare ipotesi speciali sulla giacitura scambievole di questi punti.

2.° Sia φ_4 una superficie generale di 3.° ordine, rappresentata in Π nel modo consueto, così che il sistema Σ sarà formato dalle curve di 9.° ordine $1^3\,2^3\,3^3\,4^3\,5^3\,6^3$ dotate di sei punti tripli fissi.

a) Le K siano le rette del piano Π, ovvero le coniche 1 2 3, ovvero le cubiche 1^2 2 3 4 5, ovvero le curve di 4.° ordine $1^2\,2^2\,3^2$ 4 5 6, o quelle del 5.° ordine $1^2\,2^2\,3^2\,4^2\,5^2\,6^2$; le quali tutte rappresentano cubiche gobbe. Il luogo L sarà l'imagine di una curva Λ di 6.° ordine, tutt'al più del genere 3. Le superficie di 3.° ordine passanti per Λ formano adunque il sistema omaloidale, e la trasformazione inversa è di nuovo del 3.° grado, cioè le superficie ψ sono pur esse di 3.° ordine e tutte passanti per una curva fissa Λ', analoga a Λ; infatti, la Jacobiana delle K [78] rappresenta sei rette. Questa trasformazione finchè si supponga Λ affatto generale, è quella notissima che serve alla rappresentazione piana delle superficie di 3.° ordine; ma essa comprende sotto di sè un gran numero di trasformazioni speciali, corrispondenti a casi particolari della curva Λ e a spezzamenti della medesima in linee distinte; delle quali trasformazioni speciali alcune soltanto vennero sin qui prese in considerazione *). Tali trasformazioni speciali sono assai importanti e possono offrire anche maggiori vantaggi che non la trasformazione generale, quando si tratti di applicarle alla rappresentazione di una superficie su di un'altra **). Questa applicazione conduce a riconoscere l'esistenza e le proprietà di un'estesissima serie di superficie omaloidi: e ciò s'intenda detto anche dei casi compresi in tutte le altre trasformazioni generali, sia

luogo L (del 7.° ordine) sarà composto delle tre rette imagini delle rette doppie, contate due volte, e di un'altra retta. Di questa trasformazione, la quale si trova già accennata in una mia comunicazione alla R. Società delle scienze di Gottinga (Nachrichten 3 maggio 1871) [Queste Opere n. **93**], ho anche fatto applicazione allo studio ed alla rappresentazione piana di una certa superficie di 4.° ordine dotata di 4 punti doppj, in una Memoria presentata all'Accademia di Bologna [Queste Opere, n. **94**]. Cfr. Reye, *Geometrie der Lage*, 2. Abth. pp. 246 e seg., dove la rappresentazione della superficie di Steiner e di alcune altre è ricavata da una corrispondenza fra due spazj, della quale è un caso particolare la trasformazione nostra attuale. Però la corrispondenza imaginata dal sig. Reye non conduce ad una trasformazione la cui inversa sia razionale, giacchè le superficie delle quali egli fa uso non formano un sistema omaloidale.

*) Vedi per es. Geiser, *Zur theorie der Flächen zweiten und dritten Grades* (Giornale Crelle-Borchardt, t. 69). Sturm, *Ueber das Flächennetz zweiter Ordnung* (d. G. t. 70). Cayley l. c.

**) E ciò perchè quando Λ consta di varie linee, si può far passare anche soltanto per alcune di queste la superficie che si vuol trasformare. Per le applicazioni delle quali qui si discorre, veggasi la menzionata comunicazione nelle Nachrichten di Gottinga.

del 3.° grado, sia de' gradi superiori. Le medesime trasformazioni speciali hanno anche la notevole proprietà che non in tutte lo spezzamento della curva Λ' è analogo a quello di Λ.

b) Le K siano coniche $1\,2\,o$ (dove o indica un punto fisso, diverso dai punti fondamentali), o cubiche $1^2\,2\,3\,4\,o$, o curve di 4.° ordine $1^3\,2\,3\,4\,5\,6\,o$, o curve di 4.° ordine $1^2\,2^2\,3^2\,4\,5\,o$, o curve di 5.° ordine $1^3\,2^2\,3^2\,4^2\,5\,6\,o$, o curve di 6.° ordine $1^3\,2^3\,3^2\,4^2\,5^2\,6^2\,o$, tutte rappresentanti curve gobbe di 4.° ordine e 2.ª specie. Il luogo complementare L sarà [l'imagine di] una curva Λ gobba di 5.° ordine, in generale del genere 1, incontrante in 10 punti ciascuna delle predette curve gobbe di 4.° ordine. Il sistema omaloidale è dunque costituito dalle superficie di 3.° ordine che passano per Λ e per un punto fisso O dello spazio. La trasformazione inversa è di 4.° grado. La Jacobiana delle K [73] rappresenta due coniche e cinque rette; dunque le ψ sono superficie di 4.° ordine aventi in comune una conica doppia ed una curva semplice di 5.° ordine ($p = 1$). La Jacobiana delle φ è composta della superficie di 3.° ordine (per la quale O è un punto doppio) luogo delle coniche passanti per O e seganti in cinque punti la curva Λ, e della superficie di 5.° grado formata dalle rette trisecanti Λ. La Jacobiana delle ψ è composta del piano della conica doppia, contato due volte, e della superficie di 10.° grado formata dalle corde della curva di 5.° ordine che incontrano la conica doppia.

c) Le K siano coniche $1\,o\,o_1$, o cubiche $1^2\,2\,3\,o\,o_1$, o curve di 4.° ordine $1^3\,2\,3\,4\,5\,o\,o_1$, o curve di 4.° ordine $1^2\,2^2\,3^2\,4\,o\,o_1$, o curve di 5.° ordine $1^3\,2^2\,3^2\,4^2\,5\,o\,o_1$, o curve di 6.° ordine $1^3\,2^3\,3^3\,4^2\,5\,6\,o\,o_1$, o curve di 6.° ordine $1^4\,2^2\,3^2\,4^2\,5^2\,6\,o\,o_1$, o curve di 7.° ordine $1^4\,2^3\,3^3\,4^2\,5^2\,6^2\,o\,o_1$, o curve di 8.° ordine $1^4\,2^3\,3^3\,4^3\,5^3\,6^3\,o\,o_1$, che rappresentano curve gobbe razionali del 5.° ordine. Il luogo L [74] è l'imagine d'un luogo di 4.° ordine composto di una retta e di una cubica gobba, o di due rette e di una conica, o di quattro rette; e le superficie di 3.° ordine passanti per questo luogo e per due punti fissi sono gli elementi del sistema omaloidale. La trasformazione inversa è del 5.° grado. Nel caso più generale di questa trasformazione, cioè quando le φ hanno in comune una retta ed una cubica gobba, non segantisi in alcun punto, la loro Jacobiana è composta dei due piani passanti per la retta fissa e risp. pei punti fissi, dell'iperboloide passante per la cubica gobba e pei due punti fissi, e della superficie di 4.° grado formata dalle corde della cubica gobba incontrate dalla retta fissa. La Jacobiana delle curve K [73] rappresenta una cubica gobba, due coniche e cinque rette; epperò le ψ sono superficie di 5.° ordine aventi in comune una retta tripla A, due rette doppie B, C non segantisi fra loro ma segate entrambe da A, e una curva semplice D di 5.° ordine ($p = 0$) che incontra A in due punti, B e C in tre punti *). La Jacobiana delle ψ è composta dei piani A B, A C contati due volte, della su-

---

*) Non credo sia ancora stata studiata questa interessante superficie F_5 di 5.° ordine, dotata di una retta tripla A e di due rette doppie B e C. Essa può dedursi da una superficie F'_4 di 4.° ordine dotata di un punto triplo O', mediante una trasformazione di 3.° grado, nella

perficie di 4.° grado formata dalle rette che incontrano B, C e D, e della superficie di 8.° grado, luogo delle corde di D incontrate da A.

d) Le K siano cubiche $1\,2\,3\,4\,o^2$, o curve di 4.° ordine $1^2\,2^2\,3\,4\,5\,o^2$, o curve di 5.° ordine $1^3\,2^2\,3^2\,4\,5\,6\,o^2$, o curve di 5.° ordine $1^2\,2^2\,3^2\,4^2\,5^2\,o^2$, o curve di 6.° ordine $1^3\,2^3\,3^2\,4^2\,5^2\,6\,o^2$, o curve di 7.° ordine $1^3\,2^3\,3^3\,4^3\,5^2\,6^2\,o^2$, rappresentanti curve gobbe razionali di 5.° ordine, dotate di un punto doppio fisso. Il luogo L rappresenterà una curva gobba Λ di 4.° ordine e 2.ª specie, incontrante in 10 punti ciascuna delle curve predette. Il sistema omaloidale sarà formato dalle superficie di 3.° ordine che passano per Λ ed inoltre hanno fra loro un contatto di 1.° ordine in un punto fisso O. La trasformazione inversa è di 5.° grado. La Jacobiana delle φ è costituita dall'iperboloide passante per Λ e dalla superficie di 6.° ordine luogo delle coniche che toccano in O le φ e incontrano Λ quattro volte. La Jacobiana delle curve K [73] rappresenta cinque coniche e due rette; dunque le ψ sono superficie di 5.° ordine aventi in comune una curva doppia (razionale e dotata di un punto triplo) di 5.° ordine e una conica semplice (che incontra la curva doppia in quattro punti). Il punto triplo della curva doppia è triplo per tutte le ψ. La Jacobiana delle ψ comprende la superficie di 10.° grado, luogo delle corde della curva doppia segate dalla conica semplice, e il cono di 2.° grado (contato tre volte) che projetta la curva doppia dal punto triplo.

e) Le K siano cubiche $1^2\,2\,o\,o_1\,o_2$, o curve di 4.° ordine $1^3\,2\,3\,4\,o\,o_1\,o_2$, o curve di 5.° ordine $1^4\,2\,3\,4\,5\,6\,o\,o_1\,o_2$, o curve di 6.° ordine $1^3\,2^3\,3^3\,4^2\,5\,o\,o_1\,o_2$, o curve di 7.° ordine $1^5\,2^2\,3^2\,4^2\,5^2\,6^2\,o\,o_1\,o_2$, o curve di 7.° ordine $1^4\,2^3\,3^3\,4^3\,5\,6\,o\,o_1\,o_2$, o curve di 8.° ordine $1^5\,2^3\,3^3\,4^3\,5^2\,6^2\,o\,o_1\,o_2$, rappresentanti curve gobbe razionali di 6.° ordine. Il luogo L [75] sarà l'imagine di un luogo di 3.° ordine costituito da due rette non segantisi, una delle quali contata due volte. Dunque il sistema omaloidale si compone delle superficie di 3.° ordine toccantisi lungo una retta e segantisi lungo un'altra retta (non appoggiata alla prima) e in tre punti fissi. La trasformazione inversa è di 6.° grado. Le ψ sono superficie di 6.° ordine aventi in comune una retta quadrupla, tre rette doppie e una curva semplice di 5.° ordine.

f) Le K siano curve di 4.° ordine $1\,2\,3\,4\,5\,6\,o^3$, o curve di 5.° ordine $1^2\,2^2\,3^2\,4\,5\,6\,o^3$, o curve di 6.° ordine $1^3\,2^2\,3^2\,4^2\,5^2\,6\,o^3$, o curve di 7.° ordine $1^3\,2^3\,3^3\,4^2\,5^2\,6^2\,o^3$, o curve di 8.° ordine $1^3\,2^3\,3^3\,4^3\,5^3\,6^3\,o^3$, le quali rappresentano curve gobbe razionali di 6.° ordine

---

quale le superficie φ abbiano in O′ un punto doppio e passino per una curva di 4.° ordine e 1.ª specie, descritta per O′ su F'_4 e per due corde di questa curva, uscenti da O′. La superficie F_5 possiede 10 rette semplici, 4 delle quali incontrano B e C, mentre le altre 6 sono appoggiate ad A. Nella rappresentazione minima di F_5, la quale si ottiene projettando F'_4 da O′, le imagini delle sezioni piane di quella superficie sono curve di 3.° ordine passanti per quattro punti fissi, i quali sono le intersezioni di due coniche che rappresentano le rette doppie. La retta tripla è rappresentata da una retta.

aventi tutte uno stesso punto triplo. Il luogo L rappresenta ora una cubica gobba Λ; e le superficie del sistema omaloidale passano per Λ e hanno tutte fra loro un contatto di 2.° ordine in un punto fisso. La trasformazione inversa è di 6.° grado. Le ψ sono superficie di 6.° ordine aventi in comune una retta tripla ed una curva doppia di 6.° ordine.

3.° Sia ora φ_4 una superficie di 3.° ordine, dotata di un punto doppio O; rappresentandola su Π mediante projezione dal detto punto, l'imagine dell'intersezione con un'altra superficie di 3.° ordine, che abbia lo stesso punto doppio, sarà una curva di 5.° ordine segante in sei punti fissi 123456 la conica dalla quale è rappresentato il punto O.

a) Siano le K coniche $1\, o_1\, o_2$, che rappresentano curve gobbe razionali di 5.° ordine con un punto triplo in O. Il luogo L sarà una cubica 23456, che rappresenta una curva gobba Λ di 4.° ordine e 1.ª specie, passante per O e segante ciascuna delle predette curve di 5.° ordine in altri sei punti. Il sistema omaloidale sarà perciò formato dalle superficie di 3.° ordine che passano per Λ, hanno in O un punto doppio ed inoltre due punti semplici fissi comuni O_1, O_2. La trasformazione inversa è del 5.° grado. La Jacobiana delle φ è costituita dalle superficie di 2.° grado $O_1\Lambda$, $O_2\Lambda$, dal piano OO_1O_2 e dal cono cubico $O\Lambda$. Le ψ sono di nuovo (come nel caso 2.°, *c*) superficie di 5.° ordine aventi in comune una retta tripla A e due rette doppie B, C (non segantisi queste ultime fra loro, ma segate entrambe da A); ma oltre a ciò le ψ passano per una curva fissa D di 5.° ordine ($p=1$) che sega A in tre punti, B e C in due punti. La Jacobiana delle ψ è formata dalla superficie di 6.° grado, luogo delle rette appoggiate a B, C, D, dai piani AB, AC contati due volte, e dalla superficie di 3.° grado, pur contata due volte, che è il luogo delle corde di D incontrate da A.

b) Le K siano coniche $o_1\, o_2\, o_3$, epperò rappresentino curve gobbe razionali di 6.° ordine, con un punto quadruplo in O. Il luogo L sarà una cubica 123456 che rappresenta una curva piana Λ di 3.° ordine. Le superficie di 3.° ordine costituenti il sistema omaloidale passano per Λ ed hanno tutte in comune il punto doppio O e tre punti semplici O_1, O_2, O_3. La trasformazione inversa è del 6.° grado. La Jacobiana delle φ comprende il piano di Λ, da contarsi due volte, i piani OO_2O_3, OO_3O_1, OO_1O_2, ed il cono cubico $O\Lambda$. Le ψ sono superficie di 6.° ordine, aventi in comune tre rette triple (concorrenti in un punto) e una curva semplice di 6.° ordine ($p=1$) che sega ciascuna retta tripla in tre punti.

c) Le K siano cubiche $o^2 o_1 o_2 12$, che rappresentano curve gobbe razionali di 7.° ordine, aventi un punto quadruplo in O ed inoltre un punto doppio e due punti semplici fissi. Il luogo L sarà una conica 3456, che rappresenta una conica appoggiata in sei punti a ciascuna delle curve gobbe di 7.° ordine. Il sistema omaloidale è ora formato dalle superficie di 3.° ordine passanti per la detta conica ed aventi il punto doppio O, le quali inoltre abbiano tre punti semplici comuni, e in uno di questi siano toccate da un piano fisso. La trasformazione inversa è del 7.° grado. Le superficie ψ hanno in comune una retta quadrupla, due rette triple, una conica doppia ed una curva semplice di 4.° ordine.

d) Le K siano curve di 4.° ordine $o^3 12345 o_1$, che rappresentano curve gobbe razionali di 7.° ordine, aventi due punti tripli ed un punto semplice fisso. Il luogo L sarà una retta pel punto 6 e rappresenterà una conica passante per O ed incontrante in altri quattro punti ciascuna delle curve di 7.° ordine. Il sistema omaloidale si compone delle superficie di 3.° ordine che, oltre al passare per questa conica e ad avere il punto doppio O, posseggono due punti semplici comuni, in uno de' quali hanno fra loro un contatto di 2.° ordine. La trasformazione inversa è del 7.° grado. Le superficie ψ hanno in comune una retta quadrupla, una retta tripla, una curva doppia di 5.° ordine e una retta semplice.

e) Le K siano curve di 4.° ordine $o^2 o_1^2 1^2 234$, alle quali corrispondono curve gobbe di 7.° ordine con un punto triplo e due punti doppi fissi. Qui il sistema omaloidale è costituito dalle superficie di 3.° ordine che hanno il punto doppio O, passano per due rette fisse (l'una rappresentata dal punto 1, l'altra dalla retta 56) che non si segano, ed inoltre si toccano in due punti dati. La trasformazione inversa è del 7.° grado. Le superficie ψ hanno in comune una cubica tripla, [una retta tripla], due rette doppie ed una conica semplice.

f) Le K siano curve di 4.° ordine $o^3 o_1 o_2 1234$, che rappresentano curve gobbe razionali di 8.° ordine, dotate di un punto quadruplo O e di un punto triplo. Il luogo L riducesi qui alla retta 56 che rappresenta una retta appoggiata in quattro punti a ciascuna delle curve gobbe di 8.° ordine. Il sistema omaloidale è costituito dalle superficie di 3.° ordine passanti per questa retta, aventi in O un punto doppio, ed inoltre tre punti semplici comuni, con un contatto di 2.° ordine in uno di questi. La trasformazione inversa è dell'8.° grado. Le ψ hanno in comune una retta quintupla, due rette triple, una curva doppia di 4.° ordine e una conica semplice.

g) Siano le K curve di 5.° ordine $o^4 o_1 o_2 123456$, alle quali corrispondono curve gobbe razionali di 9.° ordine, aventi due punti quadrupli e due punti semplici fissi. Il luogo L qui scompare affatto. Le superficie di 3.° ordine costituenti il sistema omaloidale hanno in comune il punto doppio e tre punti semplici, con un contatto di 3.° ordine in uno di questi. La trasformazione inversa è del 9.° grado. Le ψ hanno in comune una retta sestupla, due rette triple, una curva doppia del 6.° ordine.

4.° Sia φ_4 una superficie gobba di 3.° grado, la cui retta doppia indicherò con D. È noto *) che essa può essere rappresentata in un piano Π, in modo che le imagini delle sue sezioni piane siano coniche passanti per un punto fisso 1 e seganti armonicamente un dato segmento. L'imagine dell'intersezione con un'altra superficie gobba di 3.° ordine, dotata della medesima retta doppia D, sarà una curva di 4.° ordine con un punto triplo in 1. Secondo che si assumono per le K le rette del piano Π, o le coniche $1 o o_1$, o le cubiche $1^2 o o_1 o_2 o_3$, o le curve di 4.° ordine $1^3 o o_1 \ldots o_5$, si ottengono trasformazioni le cui inverse sono ordinatamente di 2.° 3.° 4.° 5.° grado. Il sistema omaloidale è formato da superficie gobbe

*) Rendiconti di questo R. Istituto, 24 gennajo 1867 [Queste opere, n. 71 (t. 2.°)].

di 3.° grado che hanno in comune la retta doppia D ed inoltre: nel 1.° caso tre generatrici *); nel 2.° due generatrici e due punti; nel 3.° una generatrice e quattro punti; nell'ultimo sei punti fissi. In tutti questi casi le ψ sono pur esse superficie gobbe dotate di una comune retta, multipla ordinatamente secondo i numeri 1, 2, 3, 4; le quali hanno dippiù, in comune, nel 1.° caso tre punti; nel 2.° due generatrici e due punti; nel 3.° quattro generatrici ed un punto; nell'ultimo sei generatrici.

*) È questa la trasformazione già ottenuta (1.°, *b*).

92.

SULLE TRASFORMAZIONI RAZIONALI NELLO SPAZIO.

NOTA 2.ª

Rendiconti del R. Istituto Lombardo, Serie II, volume IV (1871), pp. 315-324.

5.° Sia φ_4 una superficie di 3.° ordine con due punti doppj (conici) P_1, P_2; essa può essere rappresentata sul piano Π in modo che de' sei punti fondamentali 123456, ciascuno de' gruppi 123, 145 sia in linea retta. L'imagine dell'intersezione con un'altra superficie di 3.° ordine, dotata dei medesimi punti doppj P_1, P_2, sarà una curva di 5.° ordine 23456^3.

a) Le K siano rette, ovvero coniche 246, ovvero cubiche 23456^2, che rappresentano cubiche gobbe per P_1, P_2. Il luogo L sarà l'imagine di una curva gobba razionale di 5.° ordine Λ, che ha due punti doppj in P_1, P_2, e incontra ciascuna cubica gobba in altri quattro punti. Il sistema omaloidale è dunque formato dalle superficie di 3.° ordine φ che hanno in comune i punti doppi P_1, P_2 (epperò la retta P_1P_2) e la curva Λ. La trasformazione inversa è di 3.° ordine; cioè le ψ sono superficie di 3.° ordine, passanti per due coniche C, C′ (non aventi punti comuni), per la retta comune ai loro piani e per un'altra retta R appoggiata in un punto sì a C sì a C′. La Jacobiana delle φ è composta dei due coni cubici $P_1\Lambda$, $P_2\Lambda$ e della superficie di 2.° grado, luogo delle rette trisecanti Λ. La Jacobiana delle ψ è composta dei piani di C, C′, contati due volte e della superficie di 4.° grado, luogo delle rette appoggiate a C, C′, R. Le cubiche gobbe corrispondenti alle rette dello spazio (y) incontrano in tre punti C, in tre C′, in due R.

b) Le K siano coniche 236, che rappresentano cubiche piane con un punto doppio in P_2; il luogo L sarà una cubica 456^2 e rappresenterà una curva gobba razionale Λ di 5.° ordine che ha in P_1 un punto triplo, passa semplicemente per P_2 e incontra in altri quattro punti ciascuna di quelle cubiche piane. Le φ sono adunque le superficie di 3.° ordine dotate de' punti doppj P_1, P_2, che hanno in comune, oltre la retta P_1P_2, la curva Λ; e la loro Jacobiana è costituita dal cono quadrico $P_1\Lambda$ preso due volte e dal cono di 4.° ordine $P_2\Lambda$. La trasformazione inversa è di 3.° ordine. Le superficie cubiche ψ hanno un punto doppio Q, si toccano lungo una retta che passa per Q, e si segano secondo una curva Λ' di 4.° ordine e 2.ª specie, appoggiata alla retta nominata in tre punti. La Jacobiana delle ψ è formata dal cono di 4.° ordine $Q\Lambda'$ e dalla superficie di 2.° grado (contata due volte) che passa per Λ'. Alle rette dello spazio (y) corrispondono cubiche piane per le quali Q è un punto doppio.

c) Le K siano coniche $26o$, ovvero cubiche 2346^2o, che rappresentano curve gobbe di 4.° ordine passanti per due punti fissi P_1, O ed aventi un punto doppio pure fisso, P_2. La curva gobba Λ, corrispondente al luogo L, è anch'essa di 4.° ordine, passa per P_2, ha un punto doppio in P_1 e incontra in altri quattro punti ciascuna delle anzidette curve rappresentate dalle K. Ne segue che il sistema omaloidale è costituito dalle superficie di 3.° ordine che hanno in comune i punti doppj P_1, P_2, il punto semplice O, la retta $P_1 P_2$ e la curva Λ; la Jacobiana delle quali comprende la superficie di 2.° grado $O\Lambda$, il piano OP_1P_2, il cono quadrico $P_1\Lambda$ ed il cono cubico $P_2\Lambda$. La trasformazione inversa è del 4.° ordine; e le superficie ψ hanno in comune due rette doppie D, D' che si segano, due rette semplici R, R' poste in uno stesso piano con D', ed una cubica gobba Λ' che incontra D ed R' in due punti, D' in un punto. La Jacobiana delle ψ è composta della superficie di 4.° grado $D^3D'\Lambda'R$ (luogo delle rette appoggiate a D, R, Λ'), della superficie di 2.° grado $DD'\Lambda R'$ (luogo delle rette che incontrano D, Λ, R'), e dei piani DD', D'RR': dove le ultime tre superficie sono da contarsi due volte. Alle rette dello spazio (y) corrispondono cubiche gobbe che incontrano Λ' in tre punti, R e D in due, D' in un solo.

d) Le K siano coniche $6o_1o_2$, o cubiche $246^2o_1o_2$, o curve di 4.° ordine $23456^3o_1o_2$, alle quali corrispondono nello spazio curve gobbe di 5.° ordine con due punti doppj P_1, P_2 e due punti semplici pure fissi O_1, O_2. Le φ sono in questo caso le superficie di 3.° ordine, aventi in comune i punti doppj P_1, P_2, i punti semplici O_1, O_2, la retta $P_1 P_2$ e una cubica gobba Λ che passa per P_1, P_2, e incontra in altri quattro punti ciascuna delle accennate curve di 5.° ordine. La Jacobiana delle φ comprende la superficie di 2.° ordine $O_1 O_2 \Lambda$, i piani $O_1 P_1 P_2$, $O_2 P_1 P_2$, ed i coni quadrici $P_1\Lambda$, $P_2\Lambda$. La trasformazione inversa è di 5.° grado; e le ψ sono superficie di 5.° ordine aventi in comune una retta tripla A, due rette doppie B_1, B_2 (appoggiate ad A, ma non segantisi fra loro), due coniche H, K (che fra loro non s'incontrano, ma ciascuna delle quali ha un punto comune con A, B_1, B_2) ed una retta semplice R, appoggiata alle B_1, B_2, H, K. La Jacobiana delle ψ è composta della superficie di 4.° grado, luogo delle rette appoggiate ad A, H, K; dei piani AB_1, AB_2; e delle superficie di 2.° grado $B_1 B_2 H$, $B_1 B_2 K$: gli ultimi quattro luoghi essendo da contarsi due volte. Alle rette dello spazio (y) corrispondono cubiche gobbe che incontrano A in due punti, H e K in due, B_1 e B_2 in uno solo *).

e) Le K siano cubiche $26^2o_1o_2o_3$, ovvero curve di 4.° ordine $2346^3o_1o_2o_3$, rappre-

*) Questa trasformazione è un caso particolare di quella già considerata, 3.°, *a*).

sentanti curve gobbe di 6.° ordine, per le quali il punto triplo P_2, il punto doppio P_1 ed i punti semplici $O_1 O_2 O_3$ sono fissi. Le φ sono superficie di 3.° ordine, dotate de' punti doppj P_1, P_2 e segantisi ne' punti (semplici) fissi $O_1 O_2 O_3$ ed in una conica Λ, parimente data, che passa per P_1 ed incontra in quattro altri punti ciascuna delle predette curve di 6.° ordine. La Jacobiana delle φ è costituita dal piano di Λ, dai tre piani $O_1P_1P_2$, $O_2P_1P_2$, $O_3P_1P_2$, dalla superficie di 2.° grado $O_1O_2O_3P_2\Lambda$ e dal cono quadrico $P_2\Lambda$. La trasformazione inversa è di 6.° grado; cioè le ψ sono superficie di 6.° ordine, che hanno in comune una retta quadrupla A, tre rette doppie $B_1 B_2 B_3$, una cubica gobba C e due altre rette (semplici) D, R. Le rette $B_1 B_2 B_3$ a due a due non s'incontrano, ma sono segate tutte e tre dalle A, D, R. La cubica gobba C ha due punti comuni con A, ed uno con ciascuna delle B_1, B_2, B_3, R. La Jacobiana delle ψ è composta della superficie di 4.° ordine, luogo delle rette appoggiate ad A, D, C; della superficie di 3.° ordine luogo di coniche che incontrano due volte C ed una volta A, B_1, B_2, B_3; della superficie di 2.° ordine, luogo delle rette appoggiate a B_1, B_2, B_3; e de' tre piani AB_1, AB_2, AB_3: ove questi luoghi, ad eccezione del primo, siano contati due volte. Alle rette dello spazio (y) corrispondono cubiche gobbe che incontrano A e C due volte, le B e D una volta *).

f) Le K siano cubiche $6^2 o_1 o_2 o_3 o$, o curve di 4.° ordine $246^3 o_1 o_2 o_3 o$, o curve di 5.° ordine $23456^4 o_1 o_2 o_3 o$, imagini di curve gobbe del 7.° ordine, che hanno in comune i punti tripli $P_1 P_2$ e i punti semplici $O_1 O_2 O_3 O$. Le superficie di 3.° ordine φ, oltre ai punti doppj $P_1 P_2$, ai punti semplici $O_1 O_2 O_3 O$ ed alla retta P_1P_2, hanno ancora un'altra retta comune Λ, alla quale le predette curve gobbe si appoggiano tutte in quattro punti. La Jacobiana delle φ consta de' sei piani $P_1P_2O_1$, $P_1P_2O_2$, $P_1P_2O_3$, P_1P_2O, $P_1\Lambda$, $P_2\Lambda$ e della superficie di 2.° grado $O_1O_2O_3OP_1P_2\Lambda$. La trasformazione inversa è di 7.° grado, e le superficie (di 7.° ordine) ψ hanno in comune una retta quintupla A, quattro rette doppie $B_1 B_2 B_3 B$ (che a due a due non si segano, ma che sono tutte incontrate da A), una retta semplice R (seconda trasversale comune alle B) e due coniche semplici C_1, C_2 (che tra loro non si segano, ma ciascuna delle quali incontra in un punto ciascuna delle A, B). La Jacobiana delle ψ è composta della superficie di 4.° ordine, luogo delle rette che incontrano A, C_1, C_2; de' quattro piani AB_1, AB_2, AB_3, AB, e di due superficie gobbe di 3.° ordine, la prima luogo di coniche che incontrano $AB_1 B_2 B_3 B C_1$,

*) Di qui si cava una rappresentazione piana assai semplice della superficie di 6.° ordine, dotata di una retta quadrupla A e di tre rette doppie B, situate com'è detto sopra. Nel piano rappresentativo si tracci una conica A, come imagine della retta quadrupla; in essa prendansi due punti 1, 2, e fuori di essa quattro punti *o*, *a*, *b*, *c*. Le coniche descritte per *o a b c* determinano su A un'involuzione di 4.° grado. Le imagini delle sezioni piane saranno allora le cubiche passanti per *o* 1 2 e per quattro altri punti di A formanti un grupppo dell'involuzione. Alle tre rette doppie corrisponderanno i raggi *oa*, *ob*, *oc*.

l'altra luogo di coniche che incontrano A $B_1 B_2 B_3$ B C_2: ove queste superficie, ad eccezione della prima, siano contate due volte. Alle rette dello spazio (y) corrispondono cubiche gobbe che incontrano due volte A, ed una volta ciascuna delle B, C.

6.° Sia φ_4 una superficie di 3.° ordine con tre punti doppj P_1, P_2, P_3; i sei punti fondamentali della sua rappresentazione piana possono essere assunti in modo che tre di essi, 4, 5, 6 giacciano nei lati 23, 31, 12 del triangolo formato dagli altri tre. Allora l'imagine dell'intersezione di φ_4, con un'altra superficie φ, dello stesso ordine e dotata de' medesimi punti doppj, sarà una curva di 3.° ordine passante pei punti 4 5 6. Tale intersezione è una curva gobba di 6.° ordine (per la quale P_1, P_2, P_3 sono punti doppj); giacchè le due superficie hanno necessariamente in comune le rette P_2P_3, P_3P_1, P_1P_2. Di qui consegue che, partendo dalla superficie φ_4, si giungerà a trasformazioni le cui inverse saranno tutt'al più di 6.° grado.

a) Le K siano rette, ovvero coniche 456, che rappresentano cubiche gobbe passanti pei punti $P_1 P_2 P_3$ e seganti in altri due punti una cubica gobba fissa Λ, che contiene pur essa i tre punti dati. Questa cubica gobba Λ è comune alle φ del sistema omaloidale; la cui Jacobiana comprende i coni quadrici $P_1\Lambda$, $P_2\Lambda$, $P_3\Lambda$ e due volte il piano $P_1P_2P_3$. La trasformazione inversa è del 3.° grado; e le superficie cubiche ψ hanno in comune un punto doppio Q, tre rette A_1, A_2, A_3 uscenti da Q e tre altre rette B_1, B_2, B_3, che a due a due non si segano, ma ciascuna delle quali incontra due rette A. I piani $A_2A_3B_1$, $A_3A_1B_2$, $A_1A_2B_3$, presi due volte, e l'iperboloide $B_1B_2B_3$ costituiscono la Jacobiana delle ψ. Le cubiche gobbe corrispondenti alle rette dello spazio (y) passano per Q e incontrano in due punti ciascuna delle rette B.

b) Le K siano coniche $45o$, che rappresentano curve gobbe di 4.° ordine, passanti per tre punti fissi O, P_2, P_3 ed aventi un punto doppio in P_1. La curva Λ comune alle superficie φ è in questo caso una conica che passa per P_2, P_3 e incontra in altri due punti ciascuna di quelle curve gobbe. La Jacobiana delle φ comprende i piani P_1P_2O, P_1P_3O, il cono quadrico $P_1\Lambda$, e due volte il piano $P_1P_2P_3$ e quello di Λ. La trasformazione inversa è di 4.° grado; e le superficie ψ hanno in comune un punto triplo Q, un punto doppio Q', due rette doppie A_1, A_2 (concorrenti in Q), la retta QQ', due altre rette R_1, R_2 (concorrenti in Q', l'una nel piano A_1QQ', l'altra nel piano A_2QQ') e una conica C incontrata dalle rette A_1 A_2 R_1 R_2. La Jacobiana delle ψ è composta del cono QC, della superficie di 2.° grado $A_1A_2R_1R_2C$ e dei piani A_1A_2, A_1R_1, A_2R_2: dove gli ultimi quattro luoghi siano presi due volte. Le cubiche gobbe corrispondenti alle rette dello spazio (y) passano per Q e Q', incontrano in un altro punto ciascuna delle rette A_1, A_2 e in due punti la conica C.

c) Le K siano coniche $6o_1o_2$, imagini di curve gobbe del 5.° ordine, per le quali P_1, P_2 sono punti doppj e P_3, O_1, O_2 punti semplici fissi; esse segano poi in altri due punti una retta fissa Λ, che passa per P_3 e che è comune a tutte le superficie φ del sistema omaloidale. La Jacobiana delle quali comprende il cono quadrico che ha il vertice in P_3 e passa per $O_1\,O_2\,P_1\,P_2\,\Lambda$, i piani $O_1P_1P_2$, $O_2P_1P_2$, $P_1\Lambda$, $P_2\Lambda$ e due volte il piano $P_1P_2P_3$. La trasformazione inversa è del 5.° grado. Le superficie (di 5.° ordine) ψ hanno in comune un punto doppio Q, una retta tripla A, due rette doppie B_1 e B_2 (segate da A, ma non situate in uno stesso piano), due rette semplici C_1 e C_2 appoggiate alle $B_1\,B_2$, e tre altre rette semplici uscenti da Q (l'una R appoggiata alle $B_1\,B_2$, la seconda R_1 alle A C_1, la terza R_2 alle A C_2). La Jacobiana delle ψ è costituita dalla superficie di 2.° grado $A\,C_1\,C_2\,B_1\,B_2$ e da altri cinque luoghi da contarsi due volte, i quali sono i tre piani $A\,B_1$, $A\,B_2$, $A\,R_1\,R_2$ e le due superficie di 2.° grado $A\,B_1\,B_2\,C_1\,R\,R_1$, $A\,B_1\,B_2\,C_2\,R\,R_2$. Alle rette dello spazio (y) corrispondono cubiche gobbe che passano per Q e segano due volte A ed una volta ciascuna delle rette $B_1\,B_2\,C_1\,C_2$.

d) Da ultimo le K siano cubiche $o^2 456\,o_1$, alle quali corrispondono curve gobbe di 6.° ordine dotate di quattro punti doppj O, P_1, P_2, P_3 e passanti per un altro punto fisso O_1. In questo caso le superficie φ del sistema omaloidale, oltre ai punti doppj P_1, P_2, P_3, hanno due punti semplici comuni O, O_1, nel primo de' quali toccano un piano dato; ma, oltre alle rette che congiungono fra loro i punti doppj, non hanno alcuna linea comune. La Jacobiana delle φ comprende quella superficie del sistema che ha un punto doppio anche in O_1, i piani $O\,P_2P_3$, $O\,P_3P_1$, $O\,P_1\,P_2$ e due volte il piano $P_1P_2P_3$. La trasformazione inversa è del 6.° grado. Le superficie di 6.° ordine ψ hanno in comune un punto doppio Q e un punto triplo Q', una conica tripla A, tre rette doppie B_1, B_2, B_3 (che concorrono in Q' e segano A), e tre rette semplici R_1, R_2, R_3 uscenti da Q, appoggiate tutte ad A ed inoltre rispettivamente segate da B_1, B_2, B_3. La Jacobiana delle ψ comprende tre volte il cono quadrico Q'A, e due volte il piano A e le superficie di 2.° grado $A\,B_2\,B_3\,R_2\,R_3$, $A\,B_3B_1\,R_3\,R_1$, $A\,B_1\,B_2\,R_1\,R_2$. Le cubiche gobbe corrispondenti alle rette dello spazio (y) passano per Q e incontrano tre volte A, ed una volta ciascuna delle rette B.

7.° Suppongasi che φ_4 sia una superficie di 3.° ordine con un punto uniplanare P; la rappresentazione piana che si ottiene dalla projezione centrale ha tre punti fondamentali 1, 2, 3 in linea retta. Qualunque altra superficie di 3.° ordine, dotata del punto uniplanare P collo stesso piano tangente U, interseca φ_4 secondo una curva di 9.° ordine, per la quale P è un punto sestuplo, e la cui imagine è una cubica descritta ad arbitrio nel piano rappresentativo.

Se le K sono rette, imagini di cubiche piane con un punto doppio in P, le superficie φ del sistema omaloidale hanno in comune una curva gobba (razionale) Λ di 6.° ordine, per la quale P è quadruplo. Il piano U, contato due volte, e il cono quadrico che projetta Λ da P, contato tre volte, costituiscono la Jacobiana delle φ. La trasformazione inversa è del 3.° grado; e le ψ sono superficie di 3.° ordine, dotate di un punto doppio Q, con uno stesso cono osculatore C, le quali si toccano lungo una sezione piana comune, passante per Q. La Jacobiana delle ψ è costituita dal piano della curva di contatto, preso sei volte, e dal cono C. Alle rette dello spazio (y) corrispondono cubiche piane con un punto doppio in Q.

Partendo dalla medesima superficie φ_4 di 3.° ordine col punto uniplanare P, si possono ottenere altre trasformazioni, le cui inverse sono del 4.°, 5.°,..., 9.° grado.

8.° Sia φ_4 una superficie (di STEINER) di 4.° ordine con tre rette doppie concorrenti nel punto triplo O. Adottando il noto metodo di rappresentazione, secondo il quale le sezioni piane hanno per imagini le coniche coniugate ad un quadrilatero fisso, una conica descritta ad arbitrio nel piano Π corrisponderà all'intersezione di φ_4 con un'altra superficie di STEINER, dotata delle medesime rette doppie.

Assumendo per le K le rette del piano Π si ottiene, come ho già detto sopra, una trasformazione di 4.° grado (1.°, c), la cui inversa è del 2.°. Se invece le K sono coniche $o_1 o_2 o_3$, il sistema omaloidale sarà formato da superficie di STEINER che (oltre al possedere le medesime rette doppie) passano per tre punti fissi O_1, O_2, O_3; la Jacobiana delle quali comprende due volte i piani determinati dalle rette doppie prese a due a due, ed inoltre i tre coni quadrici che passano per le rette doppie e pei punti fissi, combinati a due a due. Alle rette dello spazio (x) corrispondono le curve gobbe di 4.° ordine e 2.ª specie passanti pei tre punti $O_1\ O_2\ O_3$ e segate due [76] volte da ciascuna delle rette doppie. Il sistema delle ψ è affatto analogo a quello delle φ, purchè i tre punti $o_1\ o_2\ o_3$ siano distinti. Ma se le coniche K si toccano in un punto o_1 e si segano in un altro o_2, ovvero se si osculano in un punto o_1, le ψ saranno superficie di STEINER appartenenti a quelle forme particolari *), nelle quali due rette doppie ovvero tutte e tre sono coincidenti.

9.° Se al sistema omaloidale delle φ in (5.°, f) si applica opportunamente la trasformazione (1.°, b), si ottiene un nuovo sistema omaloidale di superficie φ di 4.° ordine, aventi in comune una retta doppia D, tre rette semplici $E_1\ E_2\ E_3$ appoggiate a D, due punti doppj $P_1\ P_2$, un punto semplice O, e per conseguenza anche la conica che passa per $P_1\ P_2$ e incontra D $E_1\ E_2\ E_3$. Si giunge così ad una trasformazione di 4.° grado, la cui inversa è del 7.°, perchè alle rette dello spazio (x) corrispondono curve gobbe di 7.° ordine, che hanno due punti tripli $P_1\ P_2$, un punto semplice O, e sono appoggiate a D in quattro ed a ciascuna E in due punti. La Jacobiana delle φ comprende i piani $O P_1 P_2$, $P_1 D$, $P_2 D$, gli iperboloidi $D P_1 P_2 E_2 E_3$, $D P_1 P_2 E_3 E_1$, $D P_1 P_2 E_1 E_2$ e la superficie di 3.° grado $D^2 E_1 E_2 E_3 O P_1 P_2$. Le ψ sono superficie di 7.° ordine, aventi in comune una retta quadrupla A, una retta tripla B, tre rette doppie $B_1\ B_2\ B_3$, due coniche semplici C_1, C_2, ed un' altra retta doppia R: dove queste linee giacciono fra loro come le omonime in (5.°, f). La Jacobiana di questo sistema comprende due volte il piano AB e le

*) Rendiconti di questo R. Istituto, 24 gennaio 1867 [Queste Opere, n. 71 (t. 2.°)].

superficie cubiche $A^2 B B_1 B_2 B_3 C_1$, $A^2 B B_1 B_2 B_3 C_2$, ed una volta gli iperboloidi $B B_2 B_3$, $B B_3 B_1$, $B B_1 B_2$ e la superficie di 4.º ordine $A^2 B^2 B_1 B_2 B_3 C_1 C_2$. Alle rette dello spazio (y) corrispondono curve gobbe di 4.º ordine e 2.ª specie, che incontrano B in tre, ciascuna delle B_1 B_2 B_3 in due, e ciascuna delle A C_1 C_2 in un solo punto.

10.º Sia φ_4 una superficie di 5.º ordine, dotata di una cubica gobba doppia $C^{(3)}$. Impiegando la rappresentazione d'ordine minimo, additata dal signor CLEBSCH *), l' intersezione di φ_4 con un altra superficie di 5.º ordine, dotata della medesima curva doppia, avrà per imagine una curva di 6.º ordine descritta per gli undici punti fondamentali 12345...

a) Assumendo per le K le rette del piano rappresentativo, le φ vengono ad avere in comune, oltre la curva doppia, una curva gobba Λ di 9.º ordine $(p=6)$, che incontra $C^{(3)}$ in tredici punti. Alle rette dello spazio (x) corrispondono curve gobbe di 4.º ordine e 2.ª specie che segano $C^{(3)}$ in sette e Λ in cinque punti. La Jacobiana delle φ è costituita dalla superficie di 10.º grado, luogo delle corde di $C^{(3)}$ segate da Λ, e dalla superficie di 3.º ordine (contata due volte) luogo delle cubiche gobbe che incontrano $C^{(3)}$ in quattro e Λ in sette punti. La trasformazione inversa è del 4.º grado; e le superficie (di 4.º ordine) ψ hanno in comune un punto triplo Q ed una curva gobba Λ' dell'11.º ordine $(p=6)$, per la quale Q è un punto sestuplo. Alle rette dello spazio (y) corrispondono curve gobbe di 5.º ordine, che hanno in Q un punto triplo e segano Λ' in dieci punti. La Jacobiana delle ψ è costituita dal cono di 5.º ordine che projetta Λ' da Q, e dalla superficie di 7.º ordine, luogo delle coniche che passano per Q e incontrano Λ' in cinque punti, per la quale Λ' è una curva doppia e Q un punto quintuplo.

b) Le K siano curve di 4.º ordine $1^2 2^2 3^2 4 5 6$; le superficie φ avranno allora in comune, oltre alla curva doppia $C^{(3)}$, una cubica gobba (semplice) Λ segante $C^{(3)}$ in quattro punti, e tre rette R_1, R_2, R_3, corde della curva doppia. Alle rette dello spazio (x) corrispondono curve gobbe di 7.º ordine, ciascuna delle quali incontra $C^{(3)}$ in dieci, Λ in otto e ciascuna retta R in due punti. La Jacobiana delle φ comprende le tre superficie quadriche $C^{(3)} R_2 R_3$, $C^{(3)} R_3 R_1$, $C^{(3)} R_1 R_2$, la superficie di 4.º grado che è formata dalle corde di $C^{(3)}$ segate da Λ, e la superficie di 6.º ordine, luogo delle cubiche gobbe che incontrano Λ e $C^{(3)}$ in quattro e ciascuna R in un punto. La trasformazione inversa è adunque del 7.º grado; e le superficie (di 7.º ordine) ψ hanno in comune una cubica gobba tripla A, tre rette doppie B_1 B_2 B_3 (corde di A) ed una curva semplice (razionale) Λ' di 5.º ordine, che sega A in sei e ciascuna B in due punti **). La Jacobiana delle ψ è composta delle tre superficie quadriche

*) Mathem. Annalen, t. 1. p. 284.

**) Nella rappresentazione d'ordine minimo di una superficie ψ, le imagini delle sezioni piane sono curve di 4.º ordine con nove punti fissi $a_1\, a_2\, a_3\, b_1\, b_2\, b_3\, c_1\, c_2\, c_3$; alla curva tripla, alle tre rette doppie ed alla curva Λ' corrispondono ordinatamente una curva di 6.º ordine $a_1^2 a_2^2 a_3^2 b_1^2 b_2^2 b_3^2 c_1 c_2 c_3$, le rette $c_2 c_3$, $c_3 c_1$, $c_1 c_2$ ed una conica $b_1 b_2 b_3$.

AB_2B_3, AB_3B_1, AB_1B_2; della superficie di 8.° grado $A^4B_1^2B_2^2B_3^2\Lambda'$, luogo delle corde di A segate da Λ'; e della superficie di 10.° ordine $A^4B_1^3B_2^3B_3^3\Lambda'^2$, luogo delle coniche che incontrano A e Λ' in due e ciascuna retta B in un punto. Alle rette dello spazio (y) corrispondono curve gobbe di 5.° ordine, che incontrano la curva tripla in sei, ciascuna retta doppia in due e la curva Λ' in quattro punti.

Credo che questi esempj possano ormai bastare a dimostrare il mio assunto: cioè che la rappresentazione piana di una data superficie (omaloide) sia un mezzo singolarmente pronto ed efficace per giungere ad ottenere in tutt'i suoi particolari qualsiasi trasformazione (razionale), il cui sistema omaloidale contenga la superficie data *).

Le proprietà qui enunciate si dimostrano facilmente, quando si consideri che una curva razionale d'ordine n (nello spazio a tre dimensioni) è determinata da $4n$ condizioni; che, se essa deve passare con r rami per un punto dato, ciò assorbe $2r$ condizioni; ma che, se deve avere un punto r-plo in un punto O semplice per tutte le superficie φ del sistema omaloidale **), il numero delle condizioni assorbite sarà $r(r+1)$. Al punto O corrisponde nello spazio (x) una superficie omaloide d'ordine r (segante tutte le ψ esclusivamente in curve fisse, fondamentali, e faciente parte di ciascuna delle ψ di una rete contenuta nel sistema), la quale nel primo caso è compresa due volte nella Jacobiana delle ψ, ma nel secondo vi è compresa $r+1$ volte. Ad una curva Λ d'ordine i, la quale sia r-pla per tutte le φ, corrisponde una superficie (da contarsi una volta nella Jacobiana delle ψ), il cui ordine è uguale al numero delle intersezioni non fisse di Λ colla curva razionale che corrisponde ad una retta arbitraria dello spazio (x), e che sega qualunque ψ secondo alcune curve fisse ed i curve razionali d'ordine r.

---

*) Colgo quest'occasione per aggiungere alle citazioni già fatte al principio della 1.ª Nota [Queste Opere, n. 91] quella di una nuova Memoria del sig. NOETHER, *Ueber die eindeutigen Raumtransformationen* (Math. Annalen, t. 3, p. 547), della quale ho ricevuto un esemplare separato il dì 7 maggio. In questa Memoria del sig. NOETHER e nella mia Nota, *Ueber die Abbildung algebraischer Flächen* (Nachrichten di Gottinga, 3 maggio) [Queste Opere n. **93**], che trattano il medesimo argomento (l'applicazione delle trasformazioni di 3.° grado alla rappresentazione di superficie algebriche) e che sono state pubblicate precisamente negli stessi giorni, il lettore troverà le più singolari coincidenze anche in minuti particolari. La qual cosa non dee recare meraviglia ad alcuno, ed a me è cagione di compiacenza: tanto più che sono appunto le belle ricerche del sig. NOETHER, inserite ne' suoi lavori precedenti, che mi hanno invogliato a riprendere questi studj, e che, combinate coi risultati già da me ottenuti per le figure piane, mi condussero finalmente alla completa determinazione delle trasformazioni generali nello spazio: scopo di questa e della 1.ª Nota (4 maggio) comunicata al R. Istituto.

**) Le quali avranno ivi un contatto d'ordine $r-1$, così che rappresentando una delle due superficie omaloidi che determinano la curva, l'imagine di questa avrà un punto r-plo in o, imagine di O.

Può accadere, come nei casi 5.° 6.° e 9.°, che le φ, oltre alle curve fondamentali necessarie per individuare il sistema, abbiano ancora in comune una linea R, determinata da quelle, la quale supporrò d'ordine i e multipla secondo r per le φ. Allora a tutt'i punti di R corrispondono linee coincidenti in una linea unica R' d'ordine r, che è multipla secondo i per le ψ. La linea R (e analogamente R') non è incontrata dalla curva razionale che corrisponde ad una retta arbitraria dello spazio (x), ed è multipla secondo $4r$ per la Jacobiana delle φ. Ecc., ecc.

93.

UEBER DIE ABBILDUNG ALGEBRAISCHER FLÄCHEN.

VON L. CREMONA IN MAILAND *).

Mathematische Annalen, Band IV (1871), pp. 213-230.

Unter den verschiedenen Hülfsmitteln, deren man sich bedienen kann, um zur geometrischen Abbildung algebraischer Flächen auf einer Ebene zu gelangen (falls sie möglich ist), scheinen mir *die rationalen Transformationen des Raumes* eines der einfachsten und schnellsten. *Rationale Transformationen* nenne ich solche, welche einen (dreifach ausgedehnten) Raum auf einem anderen Raume eindeutig abbilden (gleichgültig ob man auch die zwei Räume als sich de kende fasst), so dass den Ebenen des ersten Raumes rationale Flächen n^{ter} Ordnung entsprechen, die ein lineares dreifach unendliches System bilden. Natürlich, um eine *eindeutige* Abbildung zu erreichen, müssen jene Flächen eine solche Zahl von gemeinschaftlichen Fundamentalpunkten und Curven haben, dass je drei von ihnen in einem einzigen veränderlichen Punkte sich schneiden; unter dieser Voraussetzung wird das System *homaloïdisch* genannt **). Einige solcher Trasformationen sind sehr bekannt; namentlich der Fall $n=2$, wenn die Flächen 2ter Ordnung des linearen Systems einen Fundamentalkegelschnitt und einen, nicht auf dem Kegelschnitte gelegenen, Fundamentalpunkt haben; und der Fall $n=3$, wenn eine Fundamentalraumcurve sechster Ordnung vorhanden ist. Der erste Fall stimmt mit der Methode der reciproken Radien überein; der zweite führt zur bekannten Abbildung einer allgemeinen Fläche dritter Ordnung auf einer Ebene. Für diese letzte Transformation hat man nur vorausgesetzt, dass die Fundamentalcurve nicht in Theile, oder sofort in zwei zusammenfallende Raum-

---

*) Aus den Nachrichten der kgl. Gesellschaft der Wissenschaften zu Göttingen, (1871, Nr. 5), mit Zusätzen des Verfassers. [77]

**) Dieselbe Benennung möge für Netze von ebenen *rationalen* Curven gelten. *Homaloïd* möge eine Fläche heissen, wenn sie auf einer Ebene abbildbar ist.

curven dritter Ordnung oder in sechs Gerade zerfalle *). Fügen wir diesem noch hinzu, dass Herr CAYLEY **) eine besondere merkwürdige Transformation gefunden hat, wobei den Ebenen des ersten Raumes ein System von windschiefen cubischen Flächen entspricht, welche die doppelte Gerade und drei Erzeugende gemein haben, indem die den Ebenen des zweiten Raumes entsprechenden Flächen nur zweiter Ordnung sind und in einer Geraden und drei festen Punkten sich durchschneiden.

Schon die Transformation zweiten Grades bietet einen Fall dar, welcher, so weit mir bekannt, unbemerkt geblieben ist: nämlich den Fall, dass der Fundamentalpunkt auf dem Fundamentalkegelschnitte liegt. Dann entsprechen den Ebenen jedes Raumes Flächen zweiter Ordnung, welche durch einen festen Kegelschnitt gehen und in einem Punkte dieser Curve eine feste Ebene berühren. Wenn man diese Transformation auf eine allgemeine Fläche dritter Ordnung ***) anwendet, erhält man auf eine ungemein einfache Weise alle die Eigenschaften der *mit einem Doppelkegelschnitte behafteten Fläche vierter Ordnung*, deren Kenntniss man Herrn CLEBSCH verdankt †).

Setzt man aber im Falle $n=3$ voraus, dass die Fundamentalraumcurve sechster Ordnung in Theile zerfällt (was auf sehr viele verschiedene Weisen geschehen kann), so gelangt man zur Abbildung einer sehr ausgedehnten Reihe von algebraischen Flächen auf der Ebene. Ich erlaube mir, hier einige Beispiele mitzutheilen.

Sei K die Fundamentalcurve des ersten Raumes, sodass eine cubische Raumcurve, welche K in 8 Punkten begegnet, K zur vollen Durchschnittscurve zweier cubischen Flächen ergänzt; und sei K' die analoge Fundamentalcurve für den zweiten Raum. Dann entsprechen den Punkten von K die Geraden, welche K' dreimal schneiden, und deren Ort eine Fläche k' achter Ordnung ist, auf welcher K' eine dreifache Curve ist. Analogerweise entsprechen den Punkten von K' die Erzeugenden einer Fläche k achter Ordnung, auf welcher K eine dreifache Curve ist. Zerfällt K in Theile, so geschieht eine ähnliche Zerlegung für K', k, k'.

Geht man nun von einer Fläche F aus, welche einen Theil von K einfach oder mehrfach enthält, so gelangt man zu einer auf F eindeutig abbildbaren Fläche F', deren Ord-

*) GEISER, BORCHARDT'S Journal Bd. 69., STURM, ebenda Bd. 70. Von einigen anderen Fällen der cubischen Transformation hat Herr NOETHER in seiner reichhaltigen Abhandlung (Math. Annalen, Bd. 3, pp. 199, 205) Anwendungen auf Abbildungsaufgaben gemacht.

**) *On the rational Transformation between two spaces* (Proceedings of the London Mathematical Society, v. III, 1870, p. 171).

***) Ich habe schon anderswo diese Anwendung ausgeführt (Rendiconti del R. Istituto Lombardo, 9 u. 23 marzo 1871) [Queste Opere, n. **88, 89**]. Herr GEISER hatte bereits (BORCHARDT'S Journal, Bd. 70) die eindeutige Beziehung zwischen denselben Flächen aus der *gewöhnlichen* Transformation zweiten Grades abgeleitet.

†) BORCHARDT'S Journal, Bd. 69.

nung der Anzahl der Punkte gleich ist, in denen eine beliebige von K achtmal geschnittene cubische Raumcurve der Fläche F ausserhalb K noch begegnet. Eine Curve, welche ein Bestandtheil von K' ist, wird so oft von F' enthalten, als eine beliebige Erzeugende des entsprechenden Bestandtheils von k und die Fläche F nicht auf K gelegene Punkte gemein haben. Nach dieser Methode ergeben sich auch *Flächen mit Rückkehrcurven;* denn man braucht nur eine Fläche F anzunehmen, welche in einen Theil von k eingeschrieben ist.

Erstes Beispiel. — K besteht aus einer Geraden C_1 und einer Raumcurve C_5 fünfter Ordnung vom Geschlechte 1, welche C_1 in drei Punkten schneidet. Dann zerfällt K' in eine Curve C'_4 vierter Ordnung und erster Species, und in einen Kegelschnitt C'_2, der sich auf C'_4 in drei Punkten stützt. Betrachtet man nun eine Fläche F_2 zweiter Ordnung, die durch C_1 geht, so wird ihr im andern Raume *eine Fläche* F'_5 *fünfter Ordnung* entsprechen, *die* C'_4 *als Doppelcurve besitzt* und C'_2 einfach enthält. Hieraus entspringt die ganze Theorie dieser letztern Fläche, welche Herr Clebsch zuerst dargelegt hat *). Die 7 Punkte a, in denen C_5 der Fläche F_2 ausserhalb C_1 noch begegnet, und die 7 Geraden von F_2, welche von C_1 und C_5 geschnitten werden, bilden sich auf F'_5 als Gerade ab; und man hat somit die 7 Paare von Geraden dieser Fläche. Das System der Erzeugenden von F_2, welche C_1 treffen, entspricht der Schaar von Kegelschnitten, die entstehen, wenn man F'_5 mit dem Büschel zweiter Ordnung schneidet, dessen Grundcurve C'_4 ist. Die 7 Punkte a werden von einem achten Punkte von F_2 zu einem Schnittpunktsysteme von drei Flächen zweiten Grades ergänzt; dieser achte Punkt entspricht der Spitze des Kegels zweiter Ordnung, welcher F'_5 umgeschrieben ist. Die einzige Raumcurve vierter Ordnung und zweiter Species welche durch die 7 Punkte a und dreimal durch C_1 gelegt werden kann; die 21 cubischen Raumcurven, welche durch fünf Punkte a und zweimal durch C_1 gehen; die 35 Kegelschnitte, welche auf F_2 liegen und durch je 3 Punkte a gehen; endlich die 7 Geraden von F_2, die durch je einen Punkt a gehen, ohne C_1 zu schneiden, bilden sich auf F'_5 als die 64 Kegelschnitte ab, welche der oben angeführten Schaar nicht angehören. Analogerweise bestimmen auch die 7 Punkte a die 64 Schaaren von cubischen Raumcurven, welche auf F'_5 liegen. Jedem Punkte von C'_4 entsprechen die zwei Punkte gleichzeitig, in denen F_2 von einer sich auf C_5 dreimal stützenden Geraden geschnitten wird; die ganze Doppelcurve von F'_5 entspricht also einer Raumcurve neunter Ordnung, welche durch C_1 fünfmal und durch jeden Punkt a zweimal geht. — Projicirt man F_2 von einem auf ihr beliebig gewählten Punkte auf eine Ebene, und wendet man auf das so entstehende ebene Gebilde eine Transformation zweiten Grades an, so werden wir die niedrigste Abbildung der Fläche F'_5 erreichen, wobei die ebenen Schnitte durch Curven vierter Ordnung mit einem doppelten und sieben einfachen Fundamentalpunkten dargestellt werden.

---

*) Abhandlungen der Göttinger Societät, 1870, Bd. 15.

Durch die umgekehrte Transformation erhält man aus einer cubischen Fläche F'_3, welche die Raumcurve C'_4 enthält, *eine Fläche* F_4 *vierter Ordnung mit der Doppelgeraden* C_1. Die 3 Schnittpunkte a von F'_3 mit C'_2 (ausserhalb C'_4); die 10 Geraden b von F'_3, welche C'_4 zweimal schneiden, und die 3 Kegelschnitte von F'_3, welche durch je einen Punkt a gehen und mit C'_4 auf je einer Fläche zweiten Grades liegen, sind die Bilder der 16 Geraden von F_4. Der Doppelgeraden entspricht die Durchschnittscurve von F'_3 mit der Ebene von C'_2; und den ebenen Schnitten von F_4 entsprechen Raumcurven fünfter Ordnung (vom Geschlechte 2), welche von den durch C'_4 und die Punkte a gehenden cubischen Flächen ausgeschnitten werden. Bildet man demnach F'_3 auf einer Ebene so ab, dass fünf Gerade b durch fünf Fundamentalpunkte 1, 2, 3, 4, 5 dargestellt werden, so wird sich sofort die niedrigste Abbildung von F'_4 ergeben. — Ist, in der Darstellung von F'_3, 0 der sechste Fundamentalpunkt, und 6, 7, 8 die Bilder der Punkte a, so werden die ebenen Schnitte von F_4 durch Curven vierter Ordnung, 0^2. 1. 2. 3. 4. 5. 6. 7. 8, abgebildet *).

Benutzt man dieselbe Transformation, um eine durch den Kegelschnitt C'_2 gehende cubische Fläche F'_3 umzugestalten, so wird sich *eine Fläche* F_6 sechster Ordnung ergeben, *welche die Doppelcurve* C_5 *(vom Geschlechte 1) besitzt.* Auf dieser Fläche liegen 10 Gerade, welche die Doppelcurve dreimal treffen; und 16 Kegelschnitte, welche sich auf C_5 in fünf Punkten stützen. Um zur niedrigsten ebenen Abbildung von F_6 zu gelangen, reicht es hin die Flächen F'_3 so abzubilden, dass ein Fundamentalpunkt der Geraden entspricht, die mit C'_2 zu einem ebenen Gesammtschnitte von F'_3 ergänzt: dann werden die ebenen Schnitte von F_6 durch Curven sechster Ordnung dargestellt, welche 5 zweifache und 10 einfache feste Punkte haben. Das Bild der Doppelcurve wird eine Curve fünfzehnter Ordnung mit 5 fünffachen und 10 dreifachen Punkten sein.

Geht man von einer Fläche F_3 dritter Ordnung aus, welche die Gerade C_1 enthält, so führt dieselbe Transformation zu *einer Fläche achter Ordnung* F'_8 *mit der dreifachen Curve* C'_4 *und dem doppelten Kegelschnitte* C'_2. Die Flächen zweiten Grades, welche durch C'_4 gehen, schneiden noch aus F'_8 Curven vierter Ordnung und zweiter Species aus: unter diesen giebt es 5, die in zwei Kegelschnitte, und 12 andere, die in eine Gerade und eine cubische Raumcurve zerfallen. Jeder der 10 Kegelschnitte bildet, zusammen mit C'_4 und C'_2, die Grundcurve eines Büschels von cubischen Flächen, welche ausserdem aus F'_8 rationale Raumcurven sechster Ordnung ausschneiden, von denen 4 aus zwei cubischen Raumcurven bestehen: somit hat man 16 Raumcurven dritter Ordnung, ausser den oben erwähnten 12. — In der niedrigsten ebenen Abbildung entsprechen den ebenen Schnitten von F'_8 Curven siebenter [78] Ordnung, welche einen dreifachen (1), fünf zweifache

*) Mathematische Annalen, Bd. 1, S. 261.

(2, 3, 4, 5, 6) und zwölf einfache (7, 8, 9, ..., 18) feste Punkte besitzen. Die dreifache Curve bildet sich als eine Curve dreizehnter Ordnung $1^5. 2^4. 3^4 \ldots 6^4. 7^2. 8^2 \ldots 18^2$ ab, und der doppelte Kegelschnitt als eine Curve fünfter Ordnung $1^3. 2. 3 \ldots 18$.

Zweites Beispiel. — Die Bestandtheile der Fundamentalcurve K seien eine Raumcurve C_5 fünfter Ordnung vom Geschlechte 2 und eine Gerade C_1, die C_5 zweimal trifft; dann wird auch K' sich in zwei Linien C'_5, C'_1 derselben Art zerlegen. Wendet man diese Transformation auf eine Fläche F_2 zweiten Grades an, die durch C_1 geht, so wird *eine Fläche* F'_4 *vierter Ordnung* entstehen, *welche die doppelte Gerade* C'_1 *besitzt.* Die 8 Paare von Geraden, welche auf dieser Fläche vorhanden sind, entsprechen den 8 Punkten, in welchen C_5 der Fläche F_2 ausserhalb C_1 noch begegnet, und den 8 Geraden von F_2, die durch diese Punkte und durch C_1 gehen.

Unterwirft man dieser Transformation eine cubische windschiefe Fläche F_3, deren Doppelgerade C_1 sei, so werden wir *eine Fläche* F'_5 *fünfter Ordnung mit der dreifachen Geraden* C'_1 finden. Die 11 Punkte, in denen F_3 von C_5 ausserhalb C_1 noch getroffen wird, und die aus diesen Punkten ausgehenden Erzeugenden von F_3 liefern sofort die 11 Paare von Geraden, die auf F'_5 existiren. Der dreifachen Geraden C'_1 wird die Durchschnittscurve von F_3 mit der Fläche zweiten Grades entsprechen, welche der Ort der die Curve C'_5 dreimal schneidenden Geraden ist *).

Mittelst derselben Transformation führt eine allgemeine, durch C_1 gelegte, cubische Fläche F_3 zu *einer Fläche* F_7 *siebenter Ordnung mit der dreifachen Geraden* C'_1 *und der Doppelcurve* C'_5. Diese Fläche enthält 13 Gerade, die von C'_1 geschnittene Sehnen von C'_5 sind. Richtet man die ebene Abbildung von F_3 so ein, dass die Gerade C_1 von einem Kegelschnitte dargestellt wird, so ergiebt sich die niedrigste Abbildung von F'_7, wobei den ebenen Schnitten dieser Fläche Curven siebenter Ordnung mit einem dreifachen (1), fünf zweifachen (2, 3, 4, 5, 6) und dreizehn einfachen (7, 8, ..., 19) festen Punkten entsprechen. Die dreifache Gerade wird durch eine Curve sechster Ordnung $1^2. 2^2 \ldots 6^2. 7. 8 \ldots 19$, und die Doppelcurve durch eine Curve zwölfter Ordnung $1^6. 2^3. 3^3 \ldots 6^3. 7^2. 8^2 \ldots 19^2$ dargestellt.

Drittes Beispiel. — K besteht aus zwei cubischen Raumcurven C_3, K_3, die vier gemeinsame Punkte haben: dann ist auch K' ein ähnliches System von zwei Raumcurven C'_3, K'_3. Stellt man sich nun eine durch C_3 gehende allgemeine cubische Fläche F_3 vor, so wird das entsprechende Gebilde im zweiten Raume *eine Fläche* F'_5 *fünfter Ordnung mit einer unebenen Doppelcurve* C'_3 *dritter Ordnung* sein. Den 5 Punkten *a*, in welchen K_3 die Fläche F_3 ausserhalb C_3 noch trifft, und den 6 Geraden *b* von F_3, welche die Curve C_3 zweimal schneiden, entsprechen die 11 Geraden von F'_5; und die Doppelcurve C'_3 entspricht einer

*) Math. Annalen, Bd. 3, S. 185.

Curve neunter Ordnung, welche der Ort der Begegnungspunkte von F_3 mit den Geraden ist, die K_3 zweimal und C_3 einmal treffen. Ordnet man die ebene Abbildung von F_3 so an, dass die Geraden *b* durch sechs Punkte 1, 2, ..., 6 dargestellt werden, und sind 7, 8, ..., 11 die Bilder der fünf Punkte *a*, so wird man ohne weiteres die niedrigste Abbildung von F'_5 erhalten, wobei die ebenen Schnitte sich als Curven vierter Ordnung 1. 2. 3 ... 11 abbilden, und die Doppelcurve durch eine hyperelliptische Curve siebenter Ordnung mit eilf Doppelpunkten dargestellt wird *).

Viertes Beispiel. — K besteht aus einer Curve C_4 vierter Ordnung und erster Species, und aus zwei windschief liegenden Sehnen A, B derselben. Durchaus ähnlich wird dann die Zerlegung von K' sein. Wenn man durch A und B eine allgemeine cubische Fläche F_3 hindurchlegt, so wird ihr im andern Raume *eine Fläche fünfter Ordnung*, F'_5, entsprechen, *die zwei sich nicht schneidende Doppelgerade* A', B' *besitzt.* Diese Fläche enthält 13 Gerade: sie entstehen aus den 8 Punkten, in welchen C_4 die Fläche F_3 ausserhalb A und B noch trifft, und aus den 5 Geraden von F_3, die A und B schneiden. Den zwei Doppelgeraden von F'_5 entsprechen zwei Raumcurven fünfter Ordnung (vom Geschlechte 2), die bezüglich mit A, B den Gesammtdurchschnitt von F_3 mit zwei durch C_4 gehenden Flächen zweiten Grades bilden. Nimmt man nun die Fundamentalpunkte 1, 2, ..., 6 der ebenen Abbildung von F_3 so an, dass den Geraden A, B die Kegelschnitte 1.3.4.5.6, 2.3.4.5.6 entsprechen, so wird sich auch die niedrigste Abbildung von F'_5 ergeben: die Bilder der ebenen Schnitte dieser Fläche werden Curven fünfter Ordnung sein, die zwei Doppelpunkte 1, 2 und zwölf einfache feste Punkte 3, 4, ..., 14 haben: wo die Punkte 7, 8, ..., 14 den Durchschnittspunkten von F_3 und C_4 entsprechen **).

Legt man F_3 nicht durch A und B, aber durch C_4 hindurch, so erhalten wir wieder eine *Fläche F'_5 fünfter Ordnung, mit der Doppelcurve C'_4* (erster Species). Die 14 Geraden dieser Fläche entsprechen 1. den 2 Punkten *a*, in welchen A, B die F_3 ausserhalb C_4 noch treffen; 2. den 10 Geraden *b* von F_3, welche Sehnen von C_4 sind; 3. den 2 Kegelschnitten, die durch einen Punkt *a* gehen und C_4 viermal begegnen. Um zur niedrigsten Abbildung von F'_5 zu gelangen, wird man fünf Fundamentalpunkte 1, 2, ..., 5 der Abbildung von F_3 so annehmen, dass sie fünf Geraden *b* darstellen. Ist 0 der sechste Fundamentalpunkt dieser letzten Abbildung, und sind 6, 7 die Bilder der zwei Punkte *a*, so werden die Curven vierter Ordnung $0^2.1.2.3 \ldots 7$ den ebenen Schnitten von F'_5 entsprechen.

Dieselbe Transformation bietet eine unmittelbare und ungemein leichte Behandlung einer Aufgabe dar, die von Herrn Clebsch vorgelegt und von Herrn Lüroth gelöst wurde ***). Die Aufgabe lautet: «Die Anzahl der Kegelschnitte zu bestimmen, welche

*) Math. Annalen, Bd. 1, S. 284.

**) Math. Annalen, Bd. 1, S. 306.

***) Math. Annalen, Bd. 3, S. 124.

eine Curve vierter Ordnung, erster Species, in drei und fünf ihrer Sehnen in je einem Punkte treffen». Sei C_4 die Raumcurve; A, B, C, D, E ihre gegebenen Sehnen. Ich nehme das System (C_4, A, B) als Fundamentalcurve eines durch eine cubische Transformation umzuformenden Raumes an; so wird der zweite Raum ein ähnliches Fundamentalsystem (C'_4, A', B') besitzen. Dann entsprechen den Sehnen C, D, E drei Gerade C', D', E', welche ebenso Sehnen von C'_4 sind, und es entspricht irgend einem Kegelschnitte, welcher C_4 dreimal, A und B je einmal trifft, eine Gerade, welche C'_4 nur einmal begegnet. Die vorgelegte Aufgabe gestaltet sich also in die folgende um: « Die Anzahl der Geraden zu bestimmen, welche eine Curve C'_4 (vierter Ordnung und erster Species) und drei ihrer Sehnen C', D', E' in je einem Punkte treffen ». Der Durchschnitt des Hyperboloïds (C' D' E') mit der Curve C'_4 giebt dann ohne weiteres die zwei Lösungen der Frage.

Es versteht sich von selbst, dass man viele andere, die Kegelschnitte und die unebenen cubischen Curven im Raume betreffenden Aufgaben in ähnlicher Weise vereinfachen und auflösen kann.

Funftes Beispiel. — Die Bestandtheile von K sind eine Curve vierter Ordnung und zweiter Species, C_4, und ein Kegelschnitt C_2, der sich auf C_4 in vier Punkten stützt; dann wird K' ein ähnliches System (C'_4, C'_2) sein.

Ist eine durch C_2 gehende cubische Fläche F_3 gegeben, so liefert die Transformation *eine Fläche siebenter Ordnung* F'_7 *mit dem dreifachen Kegelschnitte* C'_2 *und der Doppelcurve* C'_4. Diese Fläche enthält 9 Gerade und 16 (einfache) Kegelschnitte: eine Gerade ist eine Sehne von C'_2; die anderen 8 Geraden sind Sehnen von C'_4, welche noch C'_2 treffen. In der niedrigsten Abbildung werden die ebenen Schnitte durch Curven sechster Ordnung dargestellt, die fünf feste Doppelpunkte 1, 2, 3, 4, 5 und neun einfache gleichfalls feste Punkte 6, 7, 8, ..., 14 haben. Der dreifache Kegelschnitt bildet sich auf einer Curve sechster Ordnung $1^2 . 2^2 . 3^2 . 4^2 . 5^2 . 6^2 . 7 . 8 \ldots 14$ ab, und die Doppelcurve C_4 auf einer hyperelliptischen Curve neunter Ordnung $1^3 . 2^3 . 3^3 . 4^3 . 5^3 . 7^2 . 8^2 \ldots 14^2$.

Legen wir durch C_2 eine Fläche zweiten Grades, so werden wir *eine Fläche vierter Ordnung mit dem Doppelkegelschnitte* C'_2 erhalten.

Einer durch C_4 gelegten Fläche F_4 vierter Ordnung, welche eine von C_4 dreimal geschnittene Doppelgerade besitzt, entspricht *eine Fläche sechster Ordnung* F'_6, *welche* C'_2 *einfach,* C'_4 *zweifach enthält und einen auf* C'_2 *gelegenen dreifachen Punkt o hat.* Dieser Fläche gehören die drei von *o* ausgehenden Sehnen von C'_4 an, und ausserdem vier andere Gerade, welche C'_4 dreimal schneiden. In der niedrigsten Abbildung von F'_6 werden die ebenen Schnitte durch Curven siebenter Ordnung abgebildet, die neun Doppelpunkte und sieben einfache Punkte gemein haben. Das Bild des dreifachen Punktes *o* ist eine Curve dritter Ordnung, welche die neun doppelten und drei einfachen Fundamentalpunkte enthält. Der Doppelcurve C'_4 entspricht eine hyperelliptische Curve vierzehnter Ordnung, welche viermal durch jeden doppelten, zweimal durch die oben erwähnten drei einfachen, und dreimal durch die übrigen einfachen Fundamentalpunkte geht.

Sechstes Beispiel. — Drei Kegelschnitte A, B, C machen die Fundamentalcurve K aus: A hat zwei Punkte gemein mit jeder der beiden anderen, und diese schneiden sich nur in einem Punkte. Die Fundamentalcurve im anderen Raume wird dann aus einer Raumcurve C'_4 vierter Ordnung und zweiter Species, und aus zwei sich kreuzenden Sehnen derselben R', S' zusammengesetzt. Ist im ersten Raume eine cubische Fläche F_3 gegeben, welche durch den Kegelschnitt C geht, so wird ihr *eine Fläche sechster Ordnung* F'_6 entsprechen, *welche eine Doppelcurve* C'_4 *und eine Doppelgerade* R' *besitzt.* Diese Fläche enthält 10 Gerade, von denen 4 die Doppelcurve dreimal schneiden. dagegen schneiden die übrigen C'_4 zweimal und R' einmal. — In der niedrigsten Abbildung von F'_6 werden die ebenen Schnitte durch Curven sechster Ordnung mit 5 zweifachen und $6 + 4$ einfachen festen Punkten dargestellt. Der Doppelgeraden entspricht eine cubische Curve, welche die 5 zweifachen und 6 einfachen Fundamentalpunkte enthält; und der Doppelcurve C'_4 entspricht eine Curve zwölfter Ordnung, welche durch die $5 + 6 + 4$ Fundamentalpunkte bezüglich 4, 2, 3mal geht. Uebrigens ist diese Fläche ein besonderer Fall der oben im ersten Beispiele betrachteten Fläche sechster Ordnung, welche eine Doppelcurve fünfter Ordnung vom Geschlechte 1 besitzt.

Die vorliegende Transformation führt wieder zu *einer Fläche vierter Ordnung mit einem Doppelkegelschnitte*, wenn man von einer durch die Geraden R', S' gelegten Fläche zweiten Grades ausgeht.

Siebentes Beispiel. — K besteht aus vier windschief liegenden Geraden C, D, E, F und aus ihren Transversalen A, B; im zweiten Raume werden wir ein ähnliches System (C', D', E', F', A', B') haben. Wendet man diese Transformation auf eine durch A, B, C gehende cubische Fläche F_3 an, so wird man *eine mit drei dreifachen* A', B', C' *und drei zweifachen Geraden* D', E', F' *behaftete Fläche siebenter Odnung* F'_7 ableiten. Diese Fläche enthält noch 9 einfache Gerade. In der niedrigsten Abbildung haben die ebenen Schnitte zu Bildern Curven vierter Ordnung, die neun einfache feste Punkte 1, 2, . . ., 9 haben. Den vielfachen Geraden A', B', C', D', E', F' entsprechen die Kegelschnitte 1.2.3.4.5, 1.2.3.4.6, 5.6.7.8.9 und die Geraden 8.9, 9.7, 7.8.

Achtes Beispiel. — Setzen wir nun voraus, dass K aus einer ebenen cubischen Curve K_3 und aus einer cubischen Raumcurve C_3 bestehe, wobei C_3 und K_3 drei Punkte gemein haben; dann wird K' eine mit einem dreifachen Punkte *o* behaftete Raumcurve K'_6 sechster Ordnung, vom Geschlechte 1. Legt man durch K_3 eine Fläche F_3 dritter Ordnung, so wird der umgeformte Ort *eine Fläche* F'_6 *sechster Ordnung sein, welche* K'_6 *zur Doppelcurve und o zum dreifachen Punkte hat.* Diese Fläche enthält 6 sich nicht schneidende Gerade, welche den 6 ausserhalb K_3 fallenden Durchschnittspunkten *a* von F_3 mit C_3; und 27 Kegelschnitte, welche den 27 Geraden von F_3 entsprechen. Die ebenen Schnitte von F'_6 werden auf F_3 durch Curven sechster Ordnung dargestellt, welche von den die sechs Punkte a enthaltenden Flächen zweiten Grades ausgeschnitten werden. Handelt es sich also darum, die cubische Fläche F_3 in die Fläche sechster Ordnung F'_6 überzuführen, so kann man statt der cubischen Transformation, deren Grundcurve aus K_3 und C_2 besteht, eine quadratische Transformation anwenden: das heisst, ein dreimal unendliches lineares System von Flächen zweiten Grades als den Ebenen des anderen Raumes entsprechend annehmen. Alle diese Flächen gehen durch die sechs festen Punkte a; folglich ist diese Transformation nur unter der Bedingung rational umkehrbar, dass man sie mit der Gleichung der Fläche verknüpft, die transformirt werden soll. In der That schneiden sich je drei jener Flächen zweiten Grades noch in zwei Punkten; und die Fläche F_3 wird nur von einem derselben durchlaufen. — Die gewöhnliche Darstellung von F_3 giebt unmittelbar die niedrigste ebene Abbildung von F'_6; den ebenen Schnitten entsprechen Curven sechster Ordnung, welche sechs doppelte und sechs einfache feste Punkte haben. Das Bild des dreifachen Punktes o besteht aus drei Punkten, die in der Abbildung von F_3 den drei Begegnungspunkten von C_3 und K_3 entsprechen. Die Doppelcurve K'_6 wird durch eine Curve fünfzehnter Ordnung mit sechs fünffachen, sechs dreifachen und drei doppelten Punkten dargestellt.

Geht F_3 durch C_3, nicht durch K_3, so wird *eine Fläche* F'_4 *vierter Ordnung mit dem dreifachen Punkte* o entstehen; den 6 auf F_3 liegenden Sehnen von C_3 und den 6 Punkten, in welchen F_3 und K_3 ausserhalb C_3 sich treffen, entsprechen 12 Gerade von F'_4, welche durch o gehen. Die niedrigste Abbildung fällt hier mit der Centralprojection aus o zusammen.

Bei dieser Transformation entsprechen den windschiefen Flächen, deren Erzeugende Sehnen von C_3 sind, die Kegel mit der Spitze o. Insbesondere entspricht der von Tangenten von C_3 gebildeten Fläche der von o an die Fläche gelegte Berührungskegel (zweiten Grades), welcher der Ort der die Curve K'_6 dreimal treffenden Geraden ist.

Sei C_3 das System von drei Geraden A, B, C, von denen die beiden ersten windschief liegen, während beide von der dritten geschnitten werden. Dann wird K' aus einer Raumcurve C'_4 (vierter Ordnung und erster Species) und zwei ihrer Sehnen A', B' bestehen, welche einen Punkt o der Curve gemein haben. Nehmen wir nun eine windschiefe Fläche $(m+n)^{ter}$ Ordnung an, auf welcher A eine m-fache, B eine n-fache Directrix, und C eine einfache Erzeugende sein möge. Der entsprechende Ort im andern Raume wird dann ein Kegel $(m+n-1)^{ter}$ Ordnung mit der Spitze o sein: dieser Kegel besitzt eine $(m-1)$ fache und eine $(n-1)$ fache Kante, A', B'. [79]

Geht man von einer durch C'_4 gelegten und mit dem dreifachen Punkte o behafteten Fläche F'_4 vierter Ordnung aus, so führt dieselbe Transformation zu *einer Fläche fünfter Ordnung* F_5, *auf welcher* A *und* B *doppelte*, C *eine dreifache Gerade ist*. Diese merkwürdige

Fläche besitzt 10 Gerade, von denen 4 A und B schneiden, während die übrigen zu zwei in drei durch C gehenden Ebenen liegen. Die Projection von F'_4 aus dem dreifachen Punkte o giebt sofort die niedrigste ebene Abbildung von F_5, in welcher den ebenen Schnitten Curven dritter Ordnung entsprechen, die vier Punkte 1, 2, 3, 4 gemein haben. Sind α, β die Mittelpunkte der Geradenbüschel, welche die ebenen durch A, B resp. gehenden Schnitte darstellen, so ist die Gerade $\alpha\beta$ das Bild von C; den Doppelgeraden A, B entsprechen aber zwei in 1 2 3 4 sich schneidende Kegelschnitte (a), (b). Seien $\alpha'\alpha''$, $\beta'\beta''$ die Durchschnittspunkte von (a), (b) mit der Geraden $\alpha\beta$; dann treffen die Bilder der ebenen Schnitte von F_5 den Kegelschnitt (a) in zwei mit β, den Kegelschnitt (b) in zwei mit α geradlinig liegenden Punkte, und die Gerade $\alpha\beta$ in drei Punkte, welche eine Gruppe der cubischen Involution $(\alpha\alpha'\alpha'', \beta\beta'\beta'')$ bilden.

Neuntes Beispiel. — Seien nun die Bestandtheile von K eine cubische Raumcurve C_3, eine Gerade C_1, und ein Kegelschnitt C_2, welcher C_3 dreimal und C_1 zweimal begegnet. Dann besteht K′ aus einer rationalen Curve C'_5 fünfter Ordnung mit einem dreifachen Punkte o, und aus einer Sehne C'_1 derselben Curve. Mittelst dieser Transformation geht eine durch C_2 gelegte Fläche F_2 zweiten Grades in *eine Fläche F'_5 fünfter Ordnung mit dem dreifachen Punkte o und der Doppelcurve C'_5 über*. Diese Fläche enthält ausser C'_1 noch 9 Gerade, welche den drei (nicht auf C_2 liegenden) Begegnungspunkten a von F_2 mit C_3, und den sechs aus den Punkten a ausgehenden Geraden von F_2 entsprechen: und diese 10 Geraden bilden 10 *Doppeldreien* *). Auf F'_5 liegen fünf Schaaren von Kegelschnitten: und die Auflösung der Gleichung fünften Grades, welche diese fünf Schaaren giebt, liefert ohne weiteres die Auflösung der zwei Gleichungen zehnten Grades, von denen die zehn Geraden und die zehn Doppeldreien abhängen. — Den ebenen Schnitten von F'_5 entsprechen auf F_2 Curven vierter Ordnung und erster Species, so dass eine quadratische Transformation existirt, welche, mit Hülfe der Gleichung von F_2, von dieser Fläche zu F'_5 führt. — Aus der Centralprojection von F_2 und einer darauf folgenden quadratischen ebenen Transformation ergiebt sich die niedrigste Abbildung von F'_5, wobei die Bilder der ebenen Schnitte Curven dritter Ordnung sind, die durch vier feste Punkte gehen. Der Doppelcurve entspricht eine hyperelliptische Curve sechster Ordnung mit 7 Doppelpunkten, welche mit den 4 Fundamentalpunkten und 3 anderen, das Bild des dreifachen Punktes o ausmachenden, Punkten zusammenfallen.

Durch die umgekehrte Transformation führt eine den Punkt o und die Gerade C'_1 enthaltende cubische Fläche F'_3 zu *einer Fläche sechster Ordnung* F_6, *welche eine doppelte Raumcurve dritter Ordnung* C_3 *und eine diese nicht schneidende Doppelgerade* C_1 *besitzt.* Diese

*) Mathem. Annalen, 3. Band, S. 75, Anmerkung.

Fläche enthält 10 Gerade, welche den Punkten entsprechen, in welchem F'_3 und C'_5 sich ausserhalb o und C'_1 noch treffen; 12 Kegelschnitte, welche den 10 von C'_1 geschnittenen Geraden von F'_3, dem in der Ebene oC'_1 liegenden Kegelschnitte von F'_3 und dem Punkte o entsprechen; 32 cubische Raumcurven, welche den 16 von C'_1 nicht getroffenen Geraden von F'_3 und den 16 durch o gehenden und von C'_1 geschnittenen Kegelschnitten von F'_3 entsprechen; u. s. w. — Man bilde F'_3 auf einer Ebene so ab, dass die Gerade C'_1 durch den Kegelschnitt 1. 2. 3. 4. 5 dargestellt werde; sei 0 der sechste Fundamentalpunkt dieser Abbildung; 6 das Bild des Punktes o (von F'_3); und 7, 8, ..., 16 die Bilder der Begegnungspunkte von F'_3 und C'_5. Dann haben wir die niedrigste Abbildung von F'_6: die ebenen Schnitte werden durch Curven siebenter Ordnung $0^3.1^2.2^2\ldots 6^2.7.8\ldots 16$; die Doppelgerade durch eine hyperelliptische Curve sechster Ordnung $0^2.1^2.2^2\ldots 6^2.7.8\ldots 16$; und die cubische Doppelcurve durch eine ebenfalls hyperelliptische Curve eilfter Ordnung $0^5.1^3.2^3\ldots 6^3.7^2.8^2\ldots 16^2$ dargestellt *).

Es schien mir nicht überflüssig, eine grössere Anzahl von Beispielen anzuführen, um die Nützlichkeit dieses Verfahrens möglichst gut zu beweisen; denn es sind nicht nur alle schon von Herrn Clebsch und Nöther untersuchten Flächen, sondern auch manche andere auf die leichteste Weise entstanden **). Die oben angewandten Transformationen sind solcher Art, dass ihnen umgekerte Transformationen gleicher Ordnung entsprechen; es giebt aber noch andere, welche bei der Umkehrung ihre Ordnung ändern. Z. B. giebt es (unter anderen) drei cubische Transformationen, denen Transformationen vierten, fünften, sechsten Grades bezüglich entsprechen ***) Die Flächen dritter Ordnung des ersten Raumes, welche auf den Ebenen des zweiten sich abbilden, haben bei der ersten Transformation eine Curve fünfter Ordnung (vom Geschlechte 1) und einen Punkt; bei der zweiten eine cubische Raumcurve, eine diese nicht schneidende Gerade und zwei Punkte; bei der dritten einen Doppelpunkt, drei einfache Punkte und einen ebenen Schnitt gemein.

Es liegt keine Schwierigkeit vor, wenn man Transformationen höherer Ordnung betrachten will, mögen sie aus Verbindungen und Wiederholungen der bekannten quadratischen und cubischen Transformationen, oder vielmehr aus directen Forschungen hervorgehen. Ich werde hier nur wenige Beispiele noch angeben.

---

*) Math. Annalen, Bd. 3, S. 203.

) S. überdiess die neue Abhandlung von H. Nöther, welche genau gleichzeitig (Math. Annalen, Bd. 3, p. 547) erschien, wie diese Mittheilung in den Gött. Nachrichten vom 3. Mai und meine erste Note [Queste Opere, n. **91] in den Rendiconti dell' Istituto Lombardo vom 4. desselben Monats.

***) Die beiden erstern sind in der oben citirten Abhandlung von H. Cayley berührt.

Es giebt eine Transformation zweiten Grades, deren Umkehrung zum vierten Grade führt. Den Ebenen des ersten Raumes entsprechen Flächen zweiten Grades, welche vier feste Punkte und in einem derselben eine feste Berührungsebene haben. Den Ebenen des zweiten Raumes entsprechen STEINER'sche Flächen, welche die drei Doppelgeraden und noch einen Kegelschnitt gemein haben. Geht man von einer beliebig im ersten Raume liegenden Fläche zweiter Ordnung aus, so erhält man *eine mit drei konischen und einem uniplanaren Punkte behaftete Fläche vierter Ordnung*, welche vier im letzten Punkte sich kreuzende und auf einer Ebene liegende Gerade besitzt. Es ist dies vielleicht das erste Beispiel einer auf einer Ebene abbildbaren Fläche vierter Ordnung, welche weder eine doppelte Linie noch einen dreifachen Punkt hat.

Wenn man die im vierten Beispiele betrachtete Transformation zweimal ausführt, so entsteht eine Transformation fünften Grades, wobei den Ebenen jedes Raumes Flächen fünfter Ordnung entsprechen, welche eine feste Doppelcurve vierter Ordnung und erster Species besitzen und durch vier feste Sehnen dieser Curve gehen. Mittelst dieser Transformation bewirkt man den Uebergang von einer Fläche dritter Ordnung zu *einer Fläche siebenter Ordnung mit einer dreifachen Curve vierter Ordnung und erster Species.* Die niedrigste ebene Abbildung dieser Fläche ist so beschaffen, dass den ebenen Schnitten Curven fünfter Ordnung mit einem dreifachen (0) und neun einfachen festen Punkten 1, 2, ..., 9, und der dreifachen Curve eine Curve neunter Ordnung $0^5 . 1^2 . 2^2 \ldots 9^2$ entspricht. Die Punkte dieser Curve bilden solche Tripel, dass, wenn eine von 0 ausgehende Gerade die Curve in vier Punkten schneidet, die vier Paare von zugehörigen Punkten mit 1, 2, ..., 9 zusammen auf einer Curve vierter Ordnung liegen, welche in 0 einen Doppelpunkt hat.

Es giebt eine Transformation vierten Grades, bei welcher den Ebenen eines Raumes Flächen vierter Ordnung entsprechen, welche einen doppelten Kegelschnitt, eine Curve vierter Ordnung und zweiter Species und einen Punkt gemein haben. Die umgekehrte Transformation ist wieder vierten Grades.

Bei einer anderen Transformation vierten Grades entsprechen den Ebenen des ersten Raumes Flächen vierter Ordnung, welche einen gemeinsamen Doppelkegelschnitt haben und durch eine feste Curve fünfter Ordnung (vom Geschlechte 1) gehen. Die umgekehrte Transformation ist nur dritten Grades.

Es giebt eine Transformation n^{ter} Ordnung, bei welcher den Ebenen eines Raumes Flächen n^{ter} Ordnung entsprechen, welche eine $(n-2)$ fache Gerade und eine Curve $(3n-4)^{ter}$ Ordnung (vom Geschlechte $3n-7$) gemein haben. Diese Curve trifft die vielfache Gerade in $3n-7$ Punkten. Die umgekehrte Transformation ist wieder n^{ten} Grades.

Schliesslich können wir aussagen: *sobald die ebene Abbildung einer Fläche vollzogen ist, ist man im Stande, alle die Trasformationen anzugeben, bei welchen den Ebenen eines Raumes*

Flächen entsprechen, die derselben Art sind, wie die gegebene, und welche dieselben vielfachen Linien und Punkte besitzen. [80]

Sei namlich φ die Fläche, deren ebene Abbildung Π gegeben ist. Dann wird φ von allen, dieselben vielfachen Linien und Punkte besitzenden Flächen $\varphi_1, \varphi_2, \ldots$ (derselben Ordnung n) ausserdem in Curven geschnitten, deren Bilder auf Π ein gewisses System Σ ausmachen. Nehmen wir nun auf Π ein *homaloïdisches* Netz von rationalen Curven K an, deren jede, zusammen mit einem unveränderlichen Orte L (einem Complexe von mehreren auch vielfach zu rechnenden Curven), zu einer Curve des Systems Σ ergänzen möge. Drei nicht zu einem und demselben Büschel gehörende Curven K_1, K_2, K_3 des Netzes bestimmen drei Büschel von Flächen $\varphi+\alpha_1\varphi_1$, $\varphi+\alpha_2\varphi_2$, $\varphi+\alpha_3\varphi_3$, welche *ein homaloïdisches System von Flächen*

$$\alpha\varphi+\alpha_1\varphi_1+\alpha_2\varphi_2+\alpha_3\varphi_3=0 \tag{1}$$

liefern. Dann können wir die Flächen dieses Systems als den Ebenen eines anderen Raumes entsprechend annehmen, sodass eine *eindeutige Transformation* n^{ten} *Grades* entstehen wird. Die Ordnung der Raumcurven, welche den Curven K der Abbildung Π entsprechen, stimmt mit dem Grade der umgekehrten Transformation, das heisst mit der Ordnung der das homaloïdische System im zweiten Raume

$$\beta\psi+\beta_1\psi_1+\beta_2\psi_2+\beta_3\psi_3=0 \tag{2}$$

ausmachenden Flächen ψ überein.

Die Jacobi'sche Curve des Netzes K besteht *) aus mehreren Linien k; und die diesen Linien entsprechenden Raumcurven, zusammen mit den (vielfach zu rechnenden) dem ganzen Systeme (1) gemeinsamen Curven, ergänzen sich zum vollen Durchschnitte der gegebenen Fläche φ mit der Jacobi'schen Fläche des Systems (1). [81] Anders gesagt: die k sind die Bilder der Raumcurven (des ersten Raumes), welche den Punkten entsprechen, wo die Fundamentalcurven des zweiten Raumes (d. h. die den Flächen ψ gemeinsamen Curven) von der der gegebenen Fläche φ entsprechenden Ebene geschnitten werden. Haben also die Flächen (1) eine einfache, eine zweifache,... eine r-fache Curve gemein, so wird diese 1.3, 2.7, ..., $r(4r-1)$ mal **) im Durchschnitte der gegebenen Fläche φ mit der Jacobi'schen Fläche des Systems (1) enthalten sein; der fernere Schnitt dieser Flächen aber wird ausschliesslich durch die Curven k dargestellt, aus denen die Jacobi'sche Curve des Netzes K besteht (mit Rücksicht auf die von den Fundamentalpunkten von Π darge-

*) *Sulle trasformazioni geometriche delle figure piane* (Mem. Accad. Bologna, 1865, serie 2, t. 5) [Queste Opere, n. **62** (t. 2.°)].

**) Max Nöther in den Math. Annalen, Bd. 2, S. 293.

stellten Linien von φ). Wenn (in der gegebenen Fläche φ) l_1 Geraden, l_2 Kegelschnitte, l_3 (rationale) Curven dritter Ordnung u. s. w. den Linien k der Abbildung Π entsprechen, werden die Flächen ψ des zweiten Raumes eine einfache Curve l_1^{ter} Ordnung, eine zweifache Curve l_2^{ter} Ordnung, eine dreifache Curve l_3^{ter} Ordnung, u. s. w. haben. Und die Betrachtung der Verhältnisse der gegebenen Abbildung Π, des Netzes K und des Ortes L mit den ihnen entsprechenden Raumobjecten, wird uns ohne wesentliche Schwierigkeiten zur Entdeckung der inneren Eigenschaften des Systems (2) führen; womit man aber auch im Stande sein wird, die umgekehrte Transformation als vollständig erklärt anzusehen.

Jedes Netz von Curven, wie K, liefert eine rationale Transformation der hier in Betracht kommenden Art. Nun erlaube ich mir noch ein Beispiel anzuführen, um die Fertigkeit und die Fruchtbarkeit der hier vorgeschlagenen Methode einleuchtend zu machen *).

Sei φ eine Fläche dritter Ordnung: und 1, 2, 3, 4, 5, 6 die Fundamentalpunkte ihrer ebenen Abbildung Π. Als Curven K nehme ich die durch 1, o_1, o_2 **) beschriebenen Kegelschnitte an, so dass L eine Curve siebenter Ordnung $1^2.2^3.3^3.4^3.5^3.6^3$ sein wird. Diese Curve zerfällt in einen Kegelschnitt 2. 3. 4. 5. 6 und eine Curve fünfter Ordnung $1^2.2^2.3^2.4^2.5^2.6^2$; und die entsprechenden Raumlinien sind eine Gerade R und eine cubische unebene Curve C_3, die keinen Punkt gemein haben. Die Flächen des Systems (1) sind also dritter Ordnung und enthalten R, C_3 und zwei gegebene Punkte O_1, O_2; und je zwei von denselben schneiden einander in einer Curve fünfter Ordnung ($p=0$), die durch O_1, O_2 geht und R viermal, C_3 achtmal trifft. Solche Curven fünfter Ordnung entsprechen den Geraden des anderen Raumes; folglich sind die den Punkten O_1, O_2 und den Linien R, C_3 entsprechenden Theile der Jacobi'schen Fläche des Systems (2), Flächen resp. erster, erster, vierter, achter Ordnung. — Die Jacobi'sche Fläche des Systems (1) begegnet φ längs den dreimal zu zählenden R, C_3; längs einer von der Geraden o_1o_2 dargestellten cubischen Raumcurve; längs zwei von $1o_1$, $1o_2$ dargestellten Kegelschnitten und längs fünf von den Punkten 2, 3, 4, 5, 6 dargestellten Geraden. Demnach besitzt das zweite System die folgenden Fundamentalcurven: 1. eine dreifache Gerade A, die dem Orte der cubischen Raumcurven entspricht, welche durch O_1, O_2 gehen, R zweimal und C_3 fünfmal schneiden (dieser Ort ist das Hyperboloïd $O_1\,O_2\,C_3$); 2. eine doppelte Gerade B_1, die der Ebene O_1R entspricht, als dem Orte der Kegelschnitte, die durch O_1

*) Andere Beispiele sind in den Rendiconti del R. Istituto Lombardo (4. maggio und 1. giugno 1871) zu sehen (Queste Opere, n. 91, 92).

**) o_1, o_2 sind zwei beliebige, aber von den Fundamentalpunkten verschiedene Punkte der Ebene Π.

gehen, R zweimal und C_3 dreimal begegnen; 3. eine andere Doppelgerade B_2, die analogerweise der Ebene O_2R entspricht; 4. eine einfache Curve C_5 fünfter Ordnung ($p = 0$), welche dem Orte der Geraden entspricht, die C_3 zweimal und R einmal schneiden: dieser Ort ist die Fläche vierten Grades RC_3^2.

Die Geraden A, B_1 haben einen Punkt gemein, weil das Hyperboloïd $O_1O_2C_3$ und die Ebene O_1R längs einem Kegelschnitte sich schneiden; und so treffen sich auch A, B_2; B_1 und B_2 aber liegen schief gegen einander. — A und C_5 haben zwei Punkte gemein, wegen der zwei den Orten $O_1O_2C_3$, RC_3^2 gemeinsamen Geraden; und da die Ebene O_1R drei Sehnen von C_3 enthält, so stützt sich B_1 auf C_5 in drei Punkten; und ähnlicherweise B_2 auf C_5.

Hieraus folgt, dass die Flächen ψ des Systems (2) Flächen fünfter Ordnung sind, welche die dreifache Gerade A, die Doppelgeraden B_1, B_2 und die einfache rationale Curve C_5 gemein haben; und dass den Geraden des ersten Raumes cubische Raumcurven entsprechen, welche A, B_1, B_2, C_5 resp. 2, 1, 1, 4mal schneiden (denn diese Zahlen sind die Grade der Orte $O_1O_2C_3$, O_1R, O_2R, RC_3^2, welche die Jacobi'sche Fläche des Systems (1) ausmachen). Somit ist das System (2) gänzlich bestimmt.

Die Jacobi'sche Fläche dieses Systems enthält die folgenden Orte: 1. die (zweimal zu rechnenden) Ebenen AB_1, AB_2; 2. die Fläche vierten Grades $A^2B_1^2B_2^2C_5$, welche von den auf B_1, B_2, C_5 sich stützenden Geraden ausgefüllt ist; 3. die Fläche achten Grades $A^5 B_1^3 B_2^3 C_5^2$, welche aus den von A geschnittenen Sehnen von C_5 gebildet ist.

Nun entsprechen offenbar:

den von A geschnittenen Geraden die Kegelschnitte, welche R 2mal, C_3 3mal treffen;

den von B_1 (B_2) geschnittenen Geraden die cubischen Raumcurven, welche durch O_2 (O_1) gehen und R 2mal, C_3 5mal treffen;

den von B_1 und B_2 geschnittenen Geraden die Sehnen von C_3;

den von C_5 einmal geschnittenen Geraden die Raumcurven vierter Ordnung und zweiter Species, welche durch O_1, O_2 gehen und R 3mal, C_3 6mal treffen;

den zweipunktigen Sehnen von C_5 die cubischen Raumcurven, welche durch O_1, O_2 gehen und R 2mal, C_3 4mal treffen;

den dreipunktigen Sehnen von C_5 die Kegelschnitte, welche durch O_1, O_2 gehen und R einmal, C_3 2mal treffen;

der einzigen vierpunktigen Sehne von C_5 die Gerade O_1O_2;

den A und C_5 schneidenden Geraden die Geraden, welche R und C_3 treffen;

den B_1 (B_2) und C_5 schneidenden Geraden die Kegelschnitte, welche durch O_2 (O_1) gehen und R einmal, C_3 3mal treffen;

den von B_1 (B_2) geschnittenen zweipunktigen Sehnen von C_5 die Erzeugenden des cubischen Kegels O_2C_3 (O_1C_3);

den durch O_1 (O_2) gehenden Geraden die Kegelschnitte, welche C_5 4mal, B_1 und B_2 einmal treffen;

den Ebenen durch A die Ebenen durch R;

den Ebenen durch B_1 (B_2) die Flächen zweiten Grades durch $O_2 C_3$ ($O_1 C_3$);

den Flächen zweiten Grades durch $A B_1 B_2$ die Flächen zweiten Grades durch C_3;

den Ebenen durch O_1(O_2) die Flächen vierter Ordnung $A^2B_1B_2^2C_5$ ($A^2B_1^2B_2C_5$);

den Ebenen durch die Gerade O_1O_2 die cubischen Flächen durch $A B_1 B_2 C_5$; u. s. w.

Einer Fläche F_3 dritter Ordnung, welche durch C_5 geht, entspricht eine Fläche F_5 fünfter Ordnung, auf welcher R eine Doppelgerade, C_3 eine einfache Curve, O_1 und O_2 dreifache Punkte sind. Somit hat man eine neue Classe von abbildbaren Flächen fünfter Ordnung. Die gewöhnliche Abbildung von F_3 giebt die niedrigste Darstellung von F_5; worin den ebenen Schnitten Curven siebenter Ordnung entsprechen, welche einen dreifachen (a_1), sieben doppelte (1, 2, 3, 4, 5, a_2, a_3) und sieben einfache (0, b_{11}, b_{12}, b_{13}, b_{21}, b_{22}, b_{23}) feste Punkte besitzen. Dann entsprechen noch:

den dreifachen Punkten O_1, O_2 zwei Curven dritter Ordnung, deren eine die Punkte 0, 1, 2, 3, 4, 5, a_1, a_2, a_3, b_{11}, b_{12}, b_{13}, die andere die Punkte 0, 1, 2, 3, 4, 5, a_1, a_2, a_3, b_{21}, b_{22}, b_{23} enthält;

der Doppelgeraden R eine Curve vierter Ordnung 1, 2, 3, 4, 5, a_1^2, a_2, a_3, b_{11}, b_{12}, b_{13}, b_{21}, b_{22}, b_{23};

den ebenen Schnitten durch R die Curven dritter Ordnung des Büschels 0. 1. 2. 3. 4. 5. a_1. a_2. a_3;

den ferneren Schnitten von F_5 durch die Flächen zweiter Ordnung O_2C_3 die Curven dritter Ordnung des Büschels 0. 1. 2. 3. 4. 5. b_{11}. b_{12}. b_{13};

den ferneren Schnitten von F_5 durch die Flächen zweiter Ordnung O_1C_3 die Curven dritter Ordnung des Büschels 0. 1. 2. 3. 4. 5. b_{21}. b_{22}. b_{23};

den ebenen Schnitten durch O_1O_2 die Geraden durch a_1; u. s. w.

Hieraus erkennt man noch die besondere Lage der Fundamentalpunkte der Abbildung.

Unter die Transformationen dritten Grades, welche umgekehrte Transformationen fünften Grades zulassen, giebt es noch eine, die mit der oben erörterten eine gewisse Analogie darbietet. Die ψ sind noch Flächen fünfter Ordnung, welche eine dreifache Gerade A und zwei Doppelgerade B_1, B_2 besitzen; die einfache Fundamentalcurve C_5 aber ist nich mehr rational; sie gehört zum Geschlechte $p = 1$ und trifft A in drei, B_1 und B_2 in zwei Punkten. Im ersten Raume sind die φ Flächen dritter Ordnung, welche einen doppelten (konischen) und zwei einfache feste Punkte haben und ausserdem längs einer (durch die festen Punkte gehenden) Raumcurve vierter Ordnung und erster Species sich schneiden.

Ich schliesse diese Mittheilung; Jeder wird aber die unzählbaren Anwendungen leicht vorhersehen, welche man von dieser unerschöpflichen Quelle von Transformationen auf die Raumgeometrie und insbesondere auf die Untersuchung und Abbildung algebraischer Flächen machen kann.

Mailand, den 1. Juni 1871.

94.

SULLA TRASFORMAZIONE RAZIONALE DI 2.° GRADO NELLO SPAZIO, LA CUI INVERSA È DI 4.° GRADO. [82]

Memorie dell'Accademia delle Scienze dell' Istituto di Bologna, Serie III, tomo I (1871), pp. 365-386.

Sono note le trasformazioni di 2.° grado, nello spazio a tre dimensioni, le cui inverse sono del 2.° o del 3.° grado. La prima è da tempo divulgatissima, e coincide in sostanza *coll'inversione* o *metodo de' raggi vettori reciproci.* La seconda, che ha offerto il primo esempio di una trasformazione di grado diverso da quello della sua inversa, è stata trovata dal sig. CAYLEY *). Al contrario credo assolutamente nuova la trasformazione, che intendo considerare in questa Nota: trasformazione che è di 2.° grado, mentre la sua inversa è del 4.°

Tutte le trasformazioni, alle quali qui si allude, sono quelle che servono a riferire i punti d'uno spazio, ad uno ad uno, ai punti di uno altro spazio; vale a dire, quelle che trasformano un sistema di coordinate *indipendenti* $x_1 : x_2 : x_3 : x_4$ in un altro sistema analogo $y_1 : y_2 : y_3 : y_4$, così che da quelle a queste e da queste a quelle si passi per mezzo di formole razionali **). La trasformazione che effettua il passaggio da uno spazio ad un altro, dicesi del grado n, se ai piani del primo spazio corrispondono nel secondo superficie d'ordine n. Queste superficie sono *razionali* od *omaloidi*, cioè rappresentabili punto

---

*) *On the rational trasformation between two spaces* (Proceedings of the London Mathematical Society, 1870, t. 3, p. 171).

**) CREMONA, *Sulle trasformazioni razionali nello spazio* (Rendic. Istit. Lomb. 4 maggio 1871) [Queste Opere, n. 91]. — NOETHER, *Ueber die eindeutigen Raumtransformationen,* etc. (Mathem. Annalen, t. 3, p. 547). Questi due lavori sono venuti alla luce contemporaneamente. — Per l'analoga quistione rispetto alle figure piane, vedi le Memorie dell'Accademia di Bologna, 2.ª serie, t. 2 (1863) e t. 5 (1865), ovvero il Giornale di Matematiche di Napoli, t. 1 o 3 [Queste Opere, n. 40, 62 (t. 2.°)], ed inoltre la citata Memoria del sig. CAYLEY.

per punto sopra un piano, e formano necessariamente un sistema ch'io chiamo *omaloidico*, cioè un sistema lineare triplamente infinito e tale che tre superficie prese ad arbitrio da esso si seghino in un solo punto non comune a tutte le superficie del sistema medesimo. Allora ai piani del secondo spazio corrisponderanno analogamente superficie d'ordine m, formanti un altro sistema omaloidico: dove m è il grado della trasformazione inversa. È evidente che ciascuno de' numeri m, n non può superare il quadrato dell'altro; ond'è che l'inversa di una trasformazione di 2.° grado non può essere che di 2.° 3.° o 4.° grado.

Un sistema omaloidico di 2.° grado è formato da superficie che hanno in comune:

1) una conica ed un punto; ovvero

2) una retta e tre punti: ovvero

3) quattro punti e il piano tangente in uno di questi.

Siano esse le superficie del 2.° spazio che corrispondono ai piani del 1.°. Se ha luogo il caso 1), la trasformazione inversa è di 2.° grado e il sistema omaloidico nel 1.° spazio è pur esso formato da superficie aventi in comune una conica ed un punto. In questo caso si può riguardare come compreso quello nel quale le superficie di 2.° grado del sistema abbiano una conica comune e si tocchino in un punto di questa *).

Se ha luogo il caso 2), la trasformazione inversa è di 3.° grado, e il sistema omaloidico nel 1.° spazio è formato da superficie gobbe aventi in comune la retta doppia e tre generatrici.

Nel caso 3), la trasformazione inversa è di 4.° grado, e il sistema omaloidico nel 1.° spazio è costituito da superficie di Steiner, che hanno in comune le tre rette doppie ed una conica. Questa è appunto la trasformazione della quale si vuol qui tener discorso.

Considero adunque due spazi, i cui punti si corrispondano *ad uno ad uno* (eccezion fatta di alcuni punti e di alcune curve singolari), in modo che ai piani d'uno spazio corrispondano nell' altro superficie di 2.° grado circoscritte ad un tetraedro fisso $OO_1O_2O_3$ e toccate nel vertice O da un piano fisso. Che tale corrispondenza sia possibile, risulta dal considerare che le superficie così definite formano effettivamente un sistema omaloidico: infatti tre punti presi arbitrariamente nello spazio determinano una (ed una sola) superficie del sistema, e tre superficie prese arbitrariamente nel sistema si segano, all'infuori dei vertici del tetraedro, in un punto unico.

Riferendo i punti del 2.° spazio al tetraedro dato, i cui piani OO_2O_3, OO_3O_1, OO_1O_2, $O_1O_2O_3$ abbiamo per equazioni ordinatamente

$$x_1 = 0, \qquad x_2 = 0, \qquad x_3 = 0, \qquad x_4 = 0,$$

*) Cremona, *Sulla superficie di 4.° ordine dotata di una conica doppia* (Rendic. Istit. Lomb. 9 e 23 Marzo 1871) [Queste Opere, n. 88, 89].

l'equazione generale delle superficie del sistema sarà

$$(1)\qquad a_1x_2x_3 + a_2x_3x_1 + a_3x_1x_2 + a_4x_4(x_1 + x_2 + x_3) = 0,$$

essendo

$$(2)\qquad x_1 + x_2 + x_3 = 0$$

il piano tangente fisso e le a quattro parametri arbitrari. Facendo adunque corrispondere la superficie (1) al piano

$$(3)\qquad a_1y_1 + a_2y_2 + a_3y_3 + a_4y_4 = 0$$

del primo spazio, avremo fra le coordinate $x_1x_2x_3x_4$, $y_1y_2y_3y_4$ di due punti corrispondenti le relazioni

$$(4)\qquad \begin{aligned} y_1 &\equiv x_2x_3, \\ y_2 &\equiv x_3x_1, \\ y_3 &\equiv x_1x_2, \\ y_4 &\equiv x_4(x_1 + x_2 + x_3), \end{aligned}$$

dove il segno $\equiv$ indica *proporzionalità*. In particolare, ai piani

$$a_1y_1 + a_2y_2 + a_3y_3 = 0$$

passanti pel punto $y_1 = y_2 = y_3 = 0$, che diremo Q, corrispondono i coni

$$(5)\qquad a_1x_2x_3 + a_2x_3x_1 + a_3x_1x_2 = 0$$

circoscritti al triedro i cui spigoli sono le rette OO_1, OO_2, OO_3.

Di qui segue che *ad una retta arbitraria nello spazio* (y) *corrisponde nello spazio* (x) *una curva gobba* R *di* 4.° *ordine, passante pei punti* O_1, O_2, O_3, *ed avente un punto doppio in* O *colle tangenti situate nel piano fisso* $x_1 + x_2 + x_3 = 0$. Se quella retta passa pel punto Q, la curva gobba si spezza in quattro rette concorrenti in O, tre delle quali sono gli spigoli OO_1, OO_2, OO_3 del triedro suaccennato. Dunque al solo *punto* Q *corrisponde la terna delle rette* OO_1, OO_2, OO_3, e *ad una retta uscente da* Q *corrisponde una retta uscente da* O.

Dalle (4) si cavano le forme inverse:

$$(6)\qquad \begin{aligned} x_1 &\equiv (y_2y_3 + y_3y_1 + y_1y_2)\,y_2y_3, \\ x_2 &\equiv (y_2y_3 + y_3y_1 + y_1y_2)\,y_3y_1, \\ x_3 &\equiv (y_2y_3 + y_3y_1 + y_1y_2)\,y_1y_2, \\ x_4 &\equiv y_1y_2y_3y_4, \end{aligned}$$

le quali significano che ad un piano qualsivoglia

$$b_1x_1 + b_2x_2 + b_3x_3 + b_4x_4 = 0$$

dello spazio (x) corrisponde una superficie (di STEINER) di 4.º ordine e 3.ª classe

$$(7)\qquad (b_1y_2y_3 + b_2y_3y_1 + b_3y_1y_2)(y_2y_3 + y_3y_1 + y_1y_2) + b_4y_1y_2y_3y_4 = 0;$$

e tutte le superficie analoghe hanno le stesse rette doppie $y_2 = y_3 = 0$, $y_3 = y_1 = 0$, $y_1 = y_2 = 0$ (il cui punto comune è Q), ed inoltre passano per una conica fissa

$$(8)\qquad y_4 = 0, \qquad y_2y_3 + y_3y_1 + y_1y_2 = 0.$$

Indicherò con Q_1, Q_2, Q_3 i punti $y_2 = y_3 = y_4 = 0$, $y_3 = y_1 = y_4 = 0$, $y_1 = y_2 = y_4 = 0$ ne' quali la conica si appoggia alle tre rette doppie.

Perciò *ad una retta arbitraria dello spazio* (x) *corrisponde in* (y) l'intersezione ulteriore di due superficie del sistema (7), vale a dire *una conica* S *appoggiata in un punto a ciascuna delle rette* QQ_1, QQ_2, QQ_3 *ed alla conica* (8).

Ma agli stessi risultati si perviene anche per altra via, come ora verrò esponendo.

Se una superficie del sistema (1) ha un punto doppio, essa è o un cono o un pajo di piani. Nel primo caso, il cono dee toccare il piano (2), epperò questo piano medesimo ne conterrà il vertice; nel secondo caso, uno dei piani sarà una faccia del triedro $O(O_1O_2O_3)$ e l'altro passerà per lo spigolo opposto. Da ciò, e dalla considerazione che *la Jacobiana* (il luogo dei punti doppi) *delle superficie* (1) è del 4.º ordine, segue che la Jacobiana medesima è *il sistema de' quattro piani*

$$x_1 = 0, \quad x_2 = 0, \quad x_3 = 0, \quad x_1 + x_2 + x_3 = 0,$$

ai quali debbono adunque corrispondere altrettante curve fondamentali nello spazio (y), cioè curve comuni alle superficie omaloidi, che corrispondono ai piani in (x).

Considerando ora l'intersezione di ciascuno dei quattro piani colle superficie (1), si riconosce che:

il piano $x_1 = 0$ è il luogo delle coniche passanti pei tre punti fissi $O\,O_2\,O_3$ e tangenti in O al piano fisso (2);

il piano $x_2 = 0$ è il luogo delle coniche passanti pei tre punti fissi $O\,O_3\,O_1$ e tangenti in O al detto piano fisso;

il piano $x_3 = 0$ è il luogo delle coniche passanti pei tre punti fissi $O\,O_1\,O_2$ e tangenti in O al piano fisso medesimo; ed

il piano $x_1 + x_2 + x_3 = 0$ è un luogo di rette uscenti da O.

Ora, ad un luogo di coniche (intersezioni delle superficie (1) colla Jacobiana) corrisponderà una linea fondamentale doppia nello spazio (y), e ad un luogo di rette una linea fondamentale semplice; dunque le superficie dello spazio (y), corrispondenti ai piani in (x), avranno in comune tre linee doppie corrispondenti ai piani $x_1 = 0$, $x_2 = 0$, $x_3 = 0$, ed una linea semplice corrispondente al piano $x_1 + x_2 + x_3 = 0$. Ciascuna linea doppia è una retta, perchè il corrispondente piano ha *una* sola conica comune con una qualunque delle superficie (1); e la linea semplice è una conica, perchè il corrispondente piano ha con ciascuna delle superficie (1) *due* rette comuni.

Due qualunque delle tre rette doppie hanno un punto comune, perchè la retta comune ai due corrispondenti piani appartiene sì al fascio delle coniche contenute nell'un piano, sì al fascio delle coniche contenute nell'altro [[83]]. Le tre rette doppie non sono in uno stesso piano, giacchè ad un tale piano corrisponderebbe una superficie (1) della quale farebbero parte i tre piani $x_1 = 0$, $x_2 = 0$, $x_3 = 0$; il che è assurdo. Dunque le tre rette doppie concorrono in uno stesso punto Q.

La conica semplice incontra ciascuna delle rette doppie in un punto (Q_1, Q_2, Q_3), perchè la retta comune ai piani a quelle corrispondenti fa parte sì del fascio di coniche contenute nell'un piano, sì del fascio di rette contenute nell'altro.

Che poi ai piani dello spazio (x) corrispondano in (y) superficie di 4.° ordine, risulta dall'osservare che le curve dello spazio (x) corrispondenti alle rette in (y) sono appunto del 4.° ordine.

Dunque *ai piani in* (x) *corrisponderanno in* (y) *superficie di* 4.° *ordine aventi in comune tre rette doppie* (*concorrenti in un punto* Q) *ed una conica appoggiata alle tre rette doppie in tre punti* Q_1, Q_2, Q_3.

Siccome per le curve R i punti O_1, O_2, O_3 sono semplici, così a questi corrisponderanno nello spazio (y) altrettanti piani, da contarsi due volte nella Jacobiana delle superficie di 4.° ordine or ora determinate. Invece il punto O è doppio per le curve R, mentre è semplice per le superficie (1); dunque ad O corrisponderà una superficie di 2.° ordine da contarsi tre volte nella Jacobiana anzidetta. Ne segue che questa Jacobiana, dovendo essere dell'ordine $4\,(4-1) = 12$, sarà appunto composta di tre piani da contarsi due volte e di una superficie quàdrica da contarsi tre volte.

Ora una superficie di Steiner, che è del 4.° ordine e della 3.ª classe (cioè della classe minima alla quale possa discendere una superficie d'ordine superiore al 2.°), non può acquistare un nuovo punto doppio (all'infuori delle tre rette doppie), senza decomporsi in due superficie di 2.° grado, o in un piano ed in una superficie di 3.° ordine. Nel primo caso avremo due coni quàdrici aventi in comune le tre rette doppie, epperò segantisi lungo una quarta retta: uno dei due coni dovrà passare per la conica fissa, dunque esso sarà il luogo della quarta retta, vale a dire, esso sarà la superficie di 2.° ordine che fa parte della

Jacobiana. Nel secondo caso, avremo un piano contenente due rette doppie ed una superficie (gobba) di 3.º grado (passante per la conica semplice), per la quale la terza retta doppia sia la linea nodale e le due prime siano generatrici. Il piano e la superficie di 3.º grado avranno inoltre in comune una nuova retta (la direttrice semplice della superficie di 3.º grado), luogo della quale sarà adunque il piano medesimo. Perciò questo piano fa parte della *Jacobiana delle superficie di 4.º ordine*, ossia, questa Jacobiana è *composta: 1.º dei tre piani determinati dalle rette doppie prese a due a due, ciascuno contato due volte; 2.º del cono quàdrico, contato tre volte, che dal punto triplo Q projetta la conica fissa.*

Questo cono quàdrico corrisponde, come s'è veduto, al punto O; donde segue che ai piani passanti per O corrisponderanno i coni quàdrici circoscritti al triedro $Q(Q_1Q_2Q_3)$; e alle rette per O le rette per Q.

I tre piani del triedro anzidetto corrispondono analogamente ai punti O_1, O_2, O_3, donde segue che ai piani passanti verbigrazia per O_1 corrispondono le superficie (gobbe) di 3.º grado aventi QQ_1 come retta nodale, QQ_2 e QQ_3 come generatrici, e passanti per la conica fissa. E dal considerare l'intersezione di due cotali superficie di 2.º grado si ricava che alle rette passanti per O_1 corrispondono le rette appoggiate a QQ_1 ed alla conica fissa.

Siccome ai punti O_2, O_3 corrispondono i due piani QQ_1Q_3, QQ_1Q_2, così ai piani passanti per O_2O_3 corrispondono le superficie di 2.º grado che contengono le rette QQ_2, QQ_3 e la conica fissa.

Analogamente ai piani per OO_1 corrispondono i piani per QQ_1; ai piani per OO_2 i piani per QQ_2; ed ai piani per OO_3 i piani per QQ_3.

Ai piani dello spazio (y) che passano per Q corrispondono in (x) i coni (5); dunque al punto Q dello spazio (y) corrisponde il sistema delle tre rette OO_1, OO_2, OO_3.

Ai piani

$$a_2y_2 + a_3y_3 + a_4y_4 = 0$$

passanti per Q_1 corrispondono in (x) le superficie

$$(a_2x_3 + a_3x_2)\, x_1 + a_4x_4\, (x_1 + x_2 + x_3) = 0$$

toccate dal piano fisso OO_2O_3 nel punto comune alla retta O_2O_3 ed al piano (2) e passanti per due rette fisse, l'una delle quali è O_2O_3, mentre l'altra è la traccia del piano OO_2O_3 sul piano (2). Il sistema di queste due rette è adunque ciò che nello spazio (x) corrisponde al punto Q_1 dello spazio (y). Analoghe coppie di rette corrispondono anche a ciascuno dei punti Q_2, Q_3.

Di qui segue, come s'è già veduto, che ad una retta per Q corrisponde una retta per O; ed inoltre, che ad una retta per Q_1 corrisponde una conica per O e per O_1, toccata in O dal piano fisso (2). Ecc.

Ad un piano per QQ_1 corrisponderà una superficie di 2.º grado che dovrà contenere tanto le tre rette corrispondenti a Q quanto le due corrispondenti a Q_1; e siccome di queste rette ve ne sono quattro in uno stesso piano $x_1 = 0$, così quella superficie si spezza in due piani: il piano $x_1 = 0$ ed un altro piano passante per $O O_1$. Ritroviamo così la proprietà già notata, che ai piani per $Q Q_1$ corrispondono i piani per $O O_1$. Ecc.

Il piano (3) sega la retta $Q Q_1$ nel punto

$$y_2 = y_3 = 0, \qquad a_1 y_1 + a_4 y_4 = 0,$$

al quale corrisponde la conica

$$x_1 = 0, \qquad a_1 x_2 x_3 + a_4 x_4 (x_1 + x_2 + x_3) = 0.$$

Tutte le coniche analoghe formano un fascio projettivo alla punteggiata $Q Q_1$, in modo che ai punti

$$y_2 = y_3 = y_1 = 0,$$
$$y_2 = y_3 = y_4 = 0,$$
$$y_2 = y_3 = y_1 + y_4 = 0,$$

corrispondono ordinatamente le coniche

$$x_2 x_3 = 0,$$
$$x_4 (x_1 + x_2 + x_3) = 0,$$
$$x_2 x_3 + x_4 (x_1 + x_2 + x_3) = 0.$$

In simigliante guisa le punteggiate $Q Q_2$, $Q Q_3$ sono projettive ai fasci di coniche

$$x_2 = 0, \qquad a_2 x_3 x_1 + a_4 x_4 (x_1 + x_2 + x_3) = 0,$$
$$x_3 = 0, \qquad a_3 x_1 x_2 + a_4 x_4 (x_1 + x_2 + x_3) = 0,$$

così che al piano determinato da tre punti risp. appartenenti alle tre punteggiate anzidette corrisponderà una superficie di 2.° grado contenente le tre coniche dei tre fasci che corrispondono ai tre punti.

Il piano (3) sega la retta $Q_2 Q_3$ nel punto

$$y_1 = y_4 = 0, \qquad a_2 y_2 + a_3 y_3 = 0,$$

e la corrispondente superficie (1) è toccata in O_1 dalla retta

$$x_4 = 0, \; a_2 x_3 + a_3 x_2 = 0.$$

Le rette analoghe formano un fascio projettivo alla punteggiata $Q_2 Q_3$, in modo che ai punti

$$y_1 = y_4 = y_2 = 0,$$
$$y_1 = y_4 = y_3 = 0,$$
$$y_1 = y_4 = y_2 + y_3 = 0,$$

corrispondono le rette

$$x_4 = 0, \quad x_3 = 0,$$
$$x_4 = 0, \quad x_2 = 0,$$
$$x_4 = 0, \quad x_3 + x_2 = 0.$$

Similmente le punteggiate Q_3Q_1, Q_1Q_2 sono projettive ai fasci di rette

$$x_4 = 0, \quad a_3x_1 + a_1x_3 = 0,$$
$$x_4 = 0, \quad a_1x_2 + a_2x_1 = 0,$$

in modo che la superficie (1) è toccata risp. in O_1, O_2, O_3 da quei raggi dei tre fasci che corrispondono ai punti nei quali il piano (3) incontra i lati del triangolo $Q_1Q_2Q_3$.

Da ultimo si può riconoscere senza difficoltà che la conica

$$y_4 = 0, \quad y_2y_3 + y_3y_1 + y_1y_2 = 0,$$

è punteggiata projettivamente al fascio di rette incrociate in O e poste nel piano (2), in modo che ai punti Q_1, Q_2, Q_3 corrispondono ordinatamente le tre rette

$$x_1 = 0, \qquad x_1 + x_2 + x_3 = 0,$$
$$x_2 = 0, \qquad x_1 + x_2 + x_3 = 0,$$
$$x_3 = 0, \qquad x_1 + x_2 + x_3 = 0.$$

Per fare un'applicazione della trasformazione suesposta, sia proposta *una superficie f di 2.º grado, situata comunque nello spazio* (y), e dicasi F la superficie che le corrisponderà, punto per punto, nello spazio (x), in virtù della trasformazione contenuta nelle formole (4) o (6). Ai punti comuni ad F e ad una retta arbitraria dello spazio (x) corrisponderanno quelli in cui f è incontrata da una qualunque delle coniche S dello spazio (y); donde segue che F *è del* 4.º *ordine.*

Ai punti in cui F è incontrata dalle rette per O corrispondono i punti comuni ad f ed alle rette per Q; dunque O è *un punto doppio per* F. Ai punti in cui F è incontrata dalle rette per O_1 corrispondono i punti ne' quali f sega le rette appoggiate a QQ_1 ed alla conica (8); dunque *anche* O_1, *ed analogamente* O_2 *e* O_3 *sono punti doppi per* F.

Per riconoscere la natura del punto doppio O, osservo che, siccome al punto O dello spazio (x) corrisponde il cono quàdrico

$$y_2y_3 + y_3y_1 + y_1y_2 = 0 \tag{9}$$

che da Q projetta la conica (8), così *al punto* O *di* F *corrisponderà la curva gobba* Γ *di* 4.ª *ordine e* 1.ª *specie, intersezione di* f *col cono* (9). Ora, ogni retta che da Q vada a un punto di Γ incontra f in un altro punto di Γ medesima; dunque ogni retta che incontri F in tre punti riuniti in O sega la medesima superficie in un quarto punto, che pur esso cade in O. — La conica (8) incontra f in quattro punti ai quali nello spazio (x) corrisponderanno quattro rette $r_1 r_2 r_3 r_4$, uscenti da O e poste nel piano (2) che corrisponde alla conica (8). Dunque *il piano* (2) *contiene tutte le rette tangenti* (*contatto quadripunto*) *in* O *ad* F *e taglia questa superficie lungo quattro rette* $r_1 r_2 r_3 r_4$. — Ogni piano per O sega F secondo una curva (di 4.° ordine e 1.° genere) *che ha in O due punti doppi infinitamente vicini*, colla tangente adagiata nel piano (2); alla quale curva corrisponderà una curva gobba di 4.° ordine e 1.ª specie, intersezione di f con un cono quàdrico circoscritto al triedro Q (Q_1, Q_2, Q_3).

Investighiamo ora la natura dei punti doppi $O_1 O_2 O_3$, per es. del punto O_1. Siccome al punto O_1 dello spazio (x) corrisponde il piano QQ_2Q_3, così al punto O_1 di F corrisponderà la conica Γ_1 comune al detto piano e ad f. Ad un piano arbitrariamente condotto per O_1 corrisponde una superficie di 3.° grado, che, oltre alle rette QQ_2, QQ_3, ha in comune col piano QQ_2Q_3 una retta; ed ai punti comuni a questa ed a Γ_1 corrisponderanno quelli che, giacendo simultaneamente in F e nel piano arbitrario, son prossimi ad O_1. Dunque O_1 *è per* F *un punto conico*. La medesima proprietà resta così dimostrata anche pei punti O_2, O_3.

Le singolarità della superficie F consistono adunque nell'avere tre punti conici O_1, O_2, O_3 ed un punto uniplanare O, tale che tutte le rette tangenti alla superficie in questo punto hanno ivi con essa un contatto quadripunto. Che queste singolarità siano sufficienti a definire la superficie F, si riconosce osservando che l'equazione generale di una superficie di 4.° ordine, dotata de' quattro punti doppi O $O_1 O_2 O_3$ nel modo or divisato, è

$$(10) \qquad \begin{aligned} a_1x_2^2x_3^2 + a_2x_3^2x_1^2 + a_3x_1^2x_2^2 + a_4x_4^2(x_1+x_2+x_3)^2 + 2\,x_1x_2x_3(b_1x_1+b_2x_2+b_3x_3) \\ + 2\,x_4(x_1+x_2+x_3)(c_1x_2x_3+c_2x_3x_1+c_3x_1x_2)=0, \end{aligned}$$

la quale, se vi si applicano le formole (6) e dal risultato si separa il fattore

$$y_1^2y_2^2y_3^2(y_2y_3+y_3y_1+y_1y_2)^4$$

indipendente dai parametri a, b, c, si trasforma nella seguente

$$(11) \qquad \begin{aligned} a_1y_1^2 + a_2y_2^2 + a_3y_3^2 + a_4y_4^2 + 2b_1y_2y_3 + 2b_2y_3y_1 + 2b_3y_1y_2 \\ + 2c_1y_1y_4 + 2c_2y_2y_4 + 2c_3y_3y_4 = 0 \end{aligned}$$

equazione di una superficie di 2.° grado, situata in modo affatto generale nello spazio (y).

Le superficie (10), (11) sono adunque punteggiate projettivamente; e siccome una superficie di 2.° grado può sempre essere trasformata punto per punto in un piano, così anche *la superficie* F *definita dalla* (10) *ammette la proprietà d'essere rappresentabile punto* *per punto sopra un piano.* È questo il primo esempio di superficie di 4.° ordine cui competa tale proprietà senza che sia dotata di un punto triplo o di una linea multipla *).

La superficie F contiene:

1. quattro rette, poste nel piano (2) e concorrenti in O; esse corrispondono ai quattro punti $d_1 d_2 d_3 d_4$, ne' quali f è incontrata dalla conica (8);

2. sei coniche che a due a due giacciono nei piani $x_1 = 0$, $x_2 = 0$, $x_3 = 0$ e corrispondono ai punti $a_1 a'_1$, $a_2 a'_2$, $a_3 a'_3$ nei quali f è attraversata dalle rette QQ_1, QQ_2, QQ_3; di quelle coniche le prime due sono circoscritte al triangolo OO_2O_3, le due successive al triangolo OO_3O_1, e le ultime due al triangolo OO_1O_2: tutte poi sono tangenti in O al piano (2).

Alle due generatrici rettilinee di f incrociate nel punto a_1, corrispondono in F due coniche passanti per O e per O_1. Siccome quelle due generatrici giacciono in uno stesso piano, che è tangente ad f in a_1, così le due coniche giaceranno in una stessa superficie f_1 di 2.° grado, del sistema (1), la quale toccherà F lungo quella conica posta nel piano $x_1 = 0$ che corrisponde al punto a_1. Analogamente, lungo l'altra conica comune ad F ed al piano $x_1 = 0$, che corrisponde al punto a'_1, vi sarà un'altra superficie tangente f'_1 di 2.° grado, che inoltre segherà F in due coniche passanti per O ed O_1 e corrispondenti alle due rette di F incrociate in a'_1. Consideriamo le due superficie $f_1 f'_1$ come componenti un luogo di 4.° ordine; siccome esso ed F si toccano lungo una sezione piana comune, così s'intersecheranno in una linea dell'8.° ordine, situata sopra una superficie di 2.° grado. Dunque le quattro coniche di F, corrispondenti alle quattro rette di f, incrociate in a_1, a'_1, appartengono ad una stessa superficie di 2.° grado. Questa però non è che una coppia di piani passanti per la retta OO_1; giacchè le tangenti in O_1 alle quattro coniche, dovendo essere generatrici del cono quàdrico che oscula la superficie F nel punto doppio O_1, non possono giacere tutte e quattro in un medesimo piano. Le quattro coniche sono adunque situate in due piani, i quali evidentemente corrispondono ai piani tangenti ad f e passanti per $a_1 a'_1$.

Analogamente, alle generatrici di f passanti pei punti a_2, a'_2, a_3, a'_3 corrispondono otto coniche di F, quattro delle quali passano per OO_2 e giacciono ne' due piani

*) Cfr. le Nachrichten di Gottinga del 3 maggio 1871, pag. 147 [Questo volume, pag. 271]. Questa Nota era già stata presentata, quando il sig. NOETHER per altra via fece conoscere (Nachrichten di Gottinga del 7 giugno 1871) una superficie più generale di 4.° ordine, che è pur rappresentabile sopra un piano: è la superficie dotata unicamente del punto uniplanare O (nel quale le rette tangenti abbiano colla superficie un contatto quadripunto).

che corrispondono ai piani tangenti ad f e passanti per $a_2 a'_2$; mentre le altre quattro hanno in comune i punti O O_3 e sono situate ne' due piani corrispondenti ai due che toccano f e passano per $a_3 a'_3$.

Al piano dei tre punti $a_1 a_2 a_3$ corrisponde una superficie del sistema (1), la quale passerà per le tre coniche situate rispettivamente nei piani $x_1 = 0$, $x_2 = 0$, $x_3 = 0$ e corrispondenti ai tre punti suddetti, epperò segherà F secondo un'altra conica passante per O. Il piano di questa conica avrà in comune con F una nuova conica tangente alla prima in O; e siccome passa per O, così esso corrisponde al cono quàdrico che dal punto Q projetta le due coniche comuni ad f e ai piani $a_1 a_2 a_3$, $a'_1 a'_2 a'_3$. L'ultima conica ottenuta in F è adunque situata in una stessa superficie del sistema (1) insieme colle tre coniche poste rispettivamente nei piani $x_1 = 0$, $x_2 = 0$, $x_3 = 0$ e corrispondenti ai punti $a'_1\, a'_2\, a'_3$.

Analogamente F sarà segata da altri tre piani, passanti per O, secondo tre paia di coniche corrispondenti a quelle che sono le intersezioni di f colle coppie di piani $a'_1 a_2 a_3$ e $a_1 a'_2 a'_3$, $a_1 a'_2 a_3$ e $a'_1 a_2 a'_3$, $a_1 a_2 a'_3$ e $a'_1 a'_2 a_3$.

Oltre alle sei superficie del sistema (1) tangenti ad F lungo le sei coniche poste nei piani $x_1 = 0$, $x_2 = 0$, $x_3 = 0$, ed oltre alle otto superficie del medesimo sistema, ciascuna delle quali passa per tre coniche rispettivamente situate nei detti piani e per una quarta conica il cui piano passa semplicemente per O, sonvi altre superficie di quel sistema che segano F secondo quattro coniche. Infatti, una delle due rette di f passanti per a_1 incontra una delle due passanti per a_2, e al piano da queste due rette determinato corrisponde una superficie di 2.° grado segante F secondo le due coniche corrispondenti alle due rette di f e secondo due altre coniche, che corrispondono ai punti a_1, a_2. Il numero delle superficie analoghe è evidentemente 24.

Abbiamo così ottenuto $6 + 12 + 8 = 26$ *coniche situate nella nostra superficie* F; e si domandi se essa ne può contenere altre? Ad una conica dello spazio (x), la quale non passi per alcuno dei punti O O_1 O_2 O_3, corrisponde una curva gobba (razionale) di 4.° ordine, segante in due punti ciascuna delle rette QQ_1, QQ_2, QQ_3 e la conica (8). Affinchè tale curva di 4.° ordine giaccia in f, è anzitutto necessario che passi per i sei punti a e per due dei punti d; ma in generale per otto punti di una superficie di 2.° grado non è possibile di descrivere una curva gobba di 4.° ordine e 2.ª specie, che debba giacere per intero nella superficie medesima; dunque F non conterrà, in generale, alcuna conica che non passi per alcuno dei punti O O_1 O_2 O_3 *).

Ad una conica dello spazio (x) passante semplicemente per O corrisponde una cubica

*) Ciò avverrebbe nel caso particolare in cui si assumesse per f una superficie di 2.° grado toccata in quattro punti da una superficie Steineriana del sistema (7).

gobba passante per Q, segante in un altro punto ciascuna delle rette QQ_1, QQ_2, QQ_3 e la conica (8). Tale cubica non può trovarsi su f, perchè questa superficie non passa pel punto Q.

Ad una conica dello spazio (x) passante per O_1 corrisponde una cubica gobba incontrante in due punti la retta QQ_1 e la conica (8), ed in un solo punto ciascuna delle rette QQ_2, QQ_3. Perchè la cubica appartenga ad f, dovrebbe adunque passare per es. pei punti $a_1\, a'_1\, a_2\, a_3\, d_1\, d_2$: ma questa condizione non basta, perchè per sei punti di una superficie di 2.° grado non si può, in generale, descrivere una cubica gobba che giaccia per intero sulla superficie.

Finalmente, ad una conica dello spazio (x) passante per $O_2\, O_3$ corrisponde una conica avente un punto comune con QQ_2, uno con QQ_3 e due colla conica (8). Una conica siffatta non può trovarsi in f, perchè un punto a_2, un punto a_3 e due punti a_1, a'_1 non si trovano in uno stesso piano.

Possiamo dunque concludere che *le sole coniche giacenti in* F *sono le* 26 *già ottenute;* 6 delle quali sono situate nei piani $x_1 = 0$, $x_2 = 0$, $x_3 = 0$; 12 in sei piani passanti a due a due per una delle rette OO_1, OO_2, OO_3; e le rimanenti 8 in quattro piani uscenti dal punto O.

Una curva gobba R del sistema (1) incontra la superficie F in due punti diversi da $O\, O_1\, O_2\, O_3$, epperò F contiene infinite di tali curve. Ne contiene cioè due serie semplicemente infinite, corrispondenti alle due serie di generatrici rettilinee di f. Due curve della stessa serie non s'incontrano all'infuori dei quattro punti doppi della superficie; ma due curve di serie diverse hanno sempre un altro punto comune e formano insieme la completa intersezione di F con una superficie del sistema (1), la quale tocca F in quel punto. In ogni suo punto, F ammette una così fatta superficie tangente, vale a dire, per ogni punto di F passa una curva dell'una e una curva dell'altra serie. Ciascuna curva di una serie è la base di un fascio di superficie di 2.° grado, le quali segano inoltre F lungo tutte le curve dell'altra serie.

Di qui consegue che F *si può riguardare generata dal movimento di una curva* R, *la quale incontri costantemente tre curve fisse* R che a due a due non abbiano alcun punto comune all'infuori di $O\, O_1\, O_2\, O_3$. Ed anche, F è *il luogo generato da due fasci projettivi di superficie di* 2.° *grado le cui basi siano due curve* R, non aventi punti comuni fuori di $O\, O_1\, O_2\, O_3$.

Ciascuna delle due serie di curve R, situate su F, contiene sei curve spezzantisi in due coniche, e quattro curve composte di una retta e di una cubica gobba: le prime corrispondono alle generatrici di f che passano pei punti a; le altre alle generatrici uscenti dai punti d.

Una superficie qualsivoglia del sistema (1) sega F lungo una curva razionale dell'8.° ordine, per la quale $O_1\, O_2\, O_3$ sono punti doppi, ed O è un punto quadruplo colle tangenti situate nel piano (2). Tutte le curve analoghe corrispondono alle sezioni piane di f. Queste curve formano su F un sistema triplamente infinito che comprende:

1. Curve che si spezzano in due curve gobbe R (del 4.° ordine); sono quelle che corrispondono alle generatrici rettilinee di f;

2. Curve che si spezzano in una retta ed in una curva gobba del 7.° ordine. Di queste curve vi sono quattro sistemi doppiamente infiniti, corrispondenti alle sezioni piane di f che passano per uno dei punti d;

3. Curve che si spezzano in una conica ed in una curva gobba del 6.° ordine. Di queste curve vi sono sei sistemi doppiamente infiniti, corrispondenti alle sezioni piane di f che passano per uno dei punti a;

4. Curve che si spezzano in due rette ed una curva gobba di 6.° ordine. Di queste curve vi sono sei sistemi (conjugati a due a due) semplicemente infiniti, che corrispondono alle sezioni di f fatte con piani passanti per due punti d;

5. Curve che si spezzano in una retta, una conica ed una curva gobba di 5.° ordine. Di queste curve vi sono 24 sistemi semplicemente infiniti, corrispondenti alle sezioni di f fatte con piani passanti per uno dei punti a e per uno dei punti d;

6. Curve che si spezzano in due coniche poste in uno stesso piano (uno dei piani $x_1 = 0$, $x_2 = 0$, $x_3 = 0$) ed in una curva piana di 4.° ordine. Questa curva (razionale) giace in un piano passante per una delle rette OO_1, OO_2, OO_3, ed ha tre punti doppi, due dei quali infinitamente vicini in O. Di queste curve si hanno adunque tre sistemi semplicemente infiniti, corrispondenti alle sezioni di f fatte con piani passanti per una delle rette QQ_1, QQ_2, QQ_3;

7. Curve che si spezzano in due coniche, non poste in uno stesso piano, ed in una curva gobba di 4.° ordine avente un punto doppio in O colle tangenti nel piano (2) e passante per due punti $O_1 O_2 O_3$. Di queste curve, che corrispondono alle sezioni di f fatte con piani passanti per una delle rette $a_1 a_2$, $a_1 a'_2$, $a_1 a_3$, $a_1 a'_3, \ldots$, vi sono 12 sistemi semplicemente infiniti.

Oltre a questi sistemi infiniti vi sono:

1. Otto curve che si spezzano in quattro coniche situate in quattro piani differenti: sono quelle che corrispondono alle sezioni $a_1 a_2 a_3$, $a'_1 a_2 a_3, \ldots$;

2. tre curve che si spezzano ciascuna in quattro coniche poste in due piani, e corrispondono alle sezioni Γ_1, Γ_2, Γ_3 fatte in f dai piani del triedro $Q(Q_1, Q_2, Q_3)$;

3. sei curve che si spezzano in quattro coniche due delle quali coincidono, e corrispondono ai piani tangenti ad f nei punti a;

4. quattro curve che si spezzano ciascuna in due rette coincidenti e due cubiche gobbe, e corrispondono ai piani tangenti ad f nei punti d;

5. una curva che si spezza nelle quattro rette di F e nella curva di 4.° ordine che que-

sta superficie ha in comune col piano $O_1O_2O_3$; essa corrisponde alla sezione fatta in f dal piano $Q_1Q_2Q_3$;

6. quarantotto curve, ciascuna delle quali si spezza in una retta, due coniche in piani diversi ed una cubica gobba: esse corrispondono alle sezioni $a_1a_2d_1, \ldots, a_1a_2d_2, \ldots, a_1a_3d_1, \ldots, a'_1a_2d_1, \ldots, a'_2a'_3d_4$.

7. dodici curve spezzantisi in due coniche nello stesso piano, una retta ed una cubica piana: anche queste ultime due linee situate in un medesimo piano. Tali curve corrispondono alle sezioni $a_1a'_1d_1$, $a_1a'_1d_2, \ldots, a_3a'_3d_4$.

8. trentasei curve spezzantisi in una conica, due rette ed una curva gobba di 4.º ordine avente un punto doppio in uno dei punti $O_1\, O_2\, O_3$, passante per gli altri due e per O, e toccata in quest'ultimo dal piano (2). Queste curve corrispondono alle sezioni $a_1d_1d_2$, $a_1d_1d_3, \ldots, a'_1d_1d_2, \ldots, a'_3d_3d_4$.

Fra le curve gobbe razionali di 8.º grado risultanti dal segare F colle superficie del sistema (1), meritano speciale menzione anche quelle che sono somministrate dai coni quàdrici circoscritti al triedro $x_1 = x_2 = x_3 = 0$; esse corrispondono alle sezioni fatte in f coi piani uscenti dal punto Q.

Alle sezioni piane di F (non passanti per alcuno de' punti doppi) corrispondono le curve gobbe di 8.º ordine (di genere 3.º tutt'al più) che nascono dal segare F colle superficie Steineriane del sistema (7). Queste curve hanno sei punti doppi a, e inoltre passano tutte pei quattro punti d.

Alle sezioni piane di F passanti per O corrispondono le curve gobbe di 4.º ordine e 1.ª specie, secondo le quali f è intersecata dai coni quàdrici circoscritti al triedro $Q(Q_1Q_2Q_3)$. Fra queste curve quelle che passano per uno stesso punto d corrispondono alle cubiche piane che risultano dal segare F coi piani passanti per una delle quattro rette di questa superficie: i quattro fasci relativi ai quattro punti d hanno una curva comune Γ, che è l'intersezione di f col cono (9) e rappresenta su f il punto O di F.

Alle sezioni piane di F passanti per uno dei punti $O_1\, O_2\, O_3$, per es. O_1, corrispondono le curve gobbe di 6.º ordine (del genere 2 tutt'al più) intersezioni di f colle superficie gobbe di 3.º grado aventi QQ_1 come retta doppia e passanti per le rette QQ_2, QQ_3 e per la conica (8). Queste curve hanno due punti doppi a_1, a'_1 e passano inoltre per gli altri punti a e d.

Alle sezioni piane di F passanti per O e per uno de' punti $O_1\, O_2\, O_3$, per es. per OO_1, corrispondono (come già si è veduto) le coniche di f situate nei piani che passano per QQ_1.

Alle sezioni piane di F passanti per due de' punti doppi $O_1\, O_2\, O_3$, per es. per $O_2\, O_3$, corrispondono le curve gobbe di 4.º ordine e 1.ª specie, intersezioni di f colle superficie di 2.º grado passanti per la conica (8) e per le due rette QQ_2, QQ_3: le quali curve passano tutte per gli otto punti $a_2\, a'_2\, a_3\, a'_3\, d_1\, d_2\, d_3\, d_4$.

Passo ora alla rappresentazione di F sopra un piano. A quest'uopo comincio dal projettare i punti di f sopra un piano P, mediante raggi uscenti da un punto I della superficie medesima, e assumo la projezione di un punto di f come imagine del corrispondente punto di F. Siano g_1, g_2 le tracce, su P, delle due generatrici di f uscenti da I, e b, l le projezioni dei punti a, d. Le sezioni piane di f si projettano in coniche passanti per $g_1 g_2$; perciò le quaterne di punti $b_2 b'_2 b_3 b'_3$, $b_3 b'_3 b_1 b'_1$, $b_1 b'_1 b_2 b'_2$ apparterranno ad altrettante coniche tutte passanti per $g_1 g_2$, e le rette $b'_1 b_1$, $b'_2 b_2$, $b'_3 b_3$, come corde comuni a queste tre coniche prese a due a due, concorreranno in un punto i (projezione della seconda intersezione di f colla retta che da I va al punto Q). Queste medesime tre coniche saranno le imagini dei tre punti O_1, O_2, O_3, e individueranno la rete L delle coniche projezioni delle sezioni fatte in f dai piani passanti per Q.

La projezione dell'intersezione di f col cono (9) sarà una curva D di 4.° ordine avente punti doppi in $g_1 g_2$ e passante per i sei punti b, la quale dovrà inoltre incontrare ciascuna conica della rete L in due coppie di punti allineati con i, giacchè una coppia siffatta rappresenta due punti di f allineati con Q. Un'altra conica del piano P, passante per $g_1 g_2$, ma non appartenente alla rete L, sia la projezione della sezione fatta in f dal piano $y_4 = 0$; le ulteriori intersezioni di questa conica colla curva D saranno le projezioni l dei quattro punti d nei quali f è incontrata dalla conica (8). Allora sarà D l'imagine del punto O di F; la conica $g_1 g_2 l$ della curva piana $y_4 = 0$; i sei punti b delle sei coniche poste nei piani $x_1 = 0$, $x_2 = 0$, $x_3 = 0$; i punti l delle quattro rette giacenti nel piano (2).

E le imagini delle sezioni piane di F saranno le projezioni delle intersezioni di f colle superficie Steineriane del sistema (7); saranno, cioè, curve C di 8.° ordine con due punti quadrupli $g_1 g_2$, con sei punti doppi b e con quattro punti semplici l.

Questa però non è la rappresentazione d'ordine minimo. Infatti, se mediante una trasformazione di 2.° grado si passa dal piano P ad un altro piano Π, in modo che alle coniche descritte in P pei punti $g_1 g_2 b'_3$ corrispondano le rette del piano Π; alle rette di P corrisponderanno coniche passanti per tre punti fissi $\gamma_1 \gamma_2 \beta'$ di Π, e le imagini delle sezioni piane di F si trasformeranno in curve K d'ordine $2 . 8 - 4 - 4 - 2 = 6$, aventi sette punti doppi $\gamma_1 \gamma_2 \beta \beta_1 \beta'_1 \beta_2 \beta_2'$ *) e quattro punti semplici λ fissi **). Le coniche $g_1 g_2 b_3 b'_3 b_1 b'_1$, $g_1 g_2 b_3 b'_3 b_2 b'_2$ si trasformano in rette $\beta \beta_1 \beta'_1$, $\beta \beta_2 \beta'_2$, mentre la conica $g_1 g_2 b_1 b'_1 b_2 b'_2$ dà di nuovo una conica $\gamma_1 \gamma_2 \beta_1 \beta'_1 \beta_2 \beta'_2$; perciò dalla rete L nasce la rete Λ di coniche, individuata dalla conica $\gamma_1 \gamma_2 \beta_1 \beta'_1 \beta_2 \beta'_2$ e dalle due coppie di rette ($\beta \beta_1 \beta'_1$,

*) Cioè i due punti $\gamma_1 \gamma_2$ e i punti che nascono da $b_3\, b_1\, b'_1\, b_2\, b'_2$ mercè la trasformazione.

**) Nascenti dai punti l mercè la trasformazione.

$\gamma_1\gamma_2$), ($\beta\beta_2\beta'_2, \gamma_1\gamma_2$). Due coniche qualsivogliano di questa rete si segheranno in due punti allineati col punto fisso β. La curva D si tramuta in una cubica Δ passante pei punti $\gamma_1\gamma_2\beta_1\beta'_1\beta_2\beta'_2\lambda_1\lambda_2\lambda_3\lambda_4$ e segante ciascuna conica della rete Λ in due punti $\mu_1\mu_2$ in linea retta con β. I punti λ saranno le intersezioni di Δ con una conica passante per $\gamma_1\gamma_2$ ma non compresa nella rete Λ.

Fra le cubiche descritte pei punti $\gamma_1\gamma_2\beta\beta_1$..... vi è evidentemente la terna di rette ($\beta\beta_1\beta'_1$, $\beta\beta_2\beta'_2$, $\gamma_1\gamma_2$), dunque la tangente in β alla cubica Δ incontrerà la medesima curva in un punto allineato con $\gamma_1\gamma_2$.

La rappresentazione d'ordine minimo della superficie F sopra un piano Π si effettuerà adunque come segue. Assumasi in Π una curva Δ di 3.º ordine, come imagine del punto uniplanare O; e in essa si fissi il punto β, dal quale conducansi le rette $\beta\beta_1\beta'_1$, $\beta\beta_2\beta'_2$, imagini di due altri punti doppi, per es. di O_1 e O_2. Per $\beta_1\beta'_1\beta_2\beta'_2$ descrivasi una conica che seghi di nuovo la cubica in $\gamma_1\gamma_2$, e per $\gamma_1\gamma_2$ un'altra conica le cui intersezioni con Δ siano $\lambda_1\lambda_2\lambda_3\lambda_4$: potremo assumere la prima di queste coniche come imagine del terzo punto doppio O_3 e i punti λ come rappresentanti le quattro rette comuni ad F e al piano (2).

Ora, per un teorema noto, tutte le curve di 6.º ordine aventi i punti doppi $\gamma_1\gamma_2\beta\beta_1\beta'_1\beta_2\beta'_2$ e passanti per $\lambda_1\lambda_2\lambda_3$ segano la cubica Δ in un nuovo punto fisso. Ma fra quelle curve vi è manifestamente il luogo formato dalle due rette $\beta\beta_1\beta'_1$, $\beta\beta_2\beta'_2$ e dalle due coniche $\gamma_1\gamma_2\beta_1\beta'_1\beta_2\beta'_2$, $\gamma_1\gamma_2\lambda_1\lambda_2\lambda_3\lambda_4$; dunque il nuovo punto fisso è λ_4. Da ciò segue che le curve di 6.º ordine dotate dei sette punti doppi $\gamma_1\gamma_2\beta$.... e passanti per i quattro punti semplici λ formano un sistema lineare *triplamente infinito* Σ; e siccome due qualunque di esse curve si segano in quattro nuovi punti, così le curve medesime si possono assumere come imagini delle sezioni piane di una *superficie* Φ *di 4.º ordine.* Ora rimane a dimostrare che questa superficie è della stessa natura della proposta F.

Pei sette punti $\gamma_1\gamma_2\beta$... si può descrivere una rete di cubiche, una qualunque delle quali insieme con Δ forma una curva del sistema Σ: tutte le curve analoghe sono le imagini delle sezioni fatte in Φ con tutt'i piani uscenti da uno stesso punto fisso, dunque la cubica Δ rappresenta un punto singolare di Φ. Il qual punto è doppio, giacchè due cubiche arbitrarie della rete sopradetta si segano in due altri punti, il che vuol dire che ogni retta uscente dal punto singolare incontra di nuovo Φ in due punti. Ogni cubica della rete incontra Δ in due nuovi punti, entrambi comuni ad uno stesso fascio di cubiche: dunque ogni piano passante pel punto singolare contiene una ed una sola retta, le cui intersezioni con Φ sono riunite nel detto punto, mentre ogni altra retta uscente da esso incontra Φ in due altri punti. Ciò viene a dire che il punto singolare è uniplanare e che le rette condotte per esso nel piano tangente incontrano ivi la superficie in quattro punti coincidenti.

Dunque la sezione fatta dal piano tangente ha un punto quadruplo, cioè consta di quattro rette: il che si dimostra anche nel modo seguente. La rete già considerata contiene un fascio di cubiche passanti per λ_1; queste cubiche rappresentano non già curve di 4.° ordine, ma bensì del 3.°; dunque λ_1 è l'imagine di una retta comune ai piani delle sezioni corrispondenti alle cubiche del fascio. Di questi fasci ve ne sono quattro, ma tutti hanno una curva comune, che è la cubica Δ; dunque le quattro rette di Φ, rappresentate dai punti λ, giacciono in uno stesso piano, la cui sezione colla superficie ha per imagine la cubica Δ presa due volte.

Vi è una rete di curve di 4.° ordine aventi un punto doppio in β e passanti per $\gamma_1 \gamma_2$, per gli altri quattro punti β e pei quattro punti λ; ciascuna di esse insieme colla conica $\gamma_1\gamma_2\beta_1 \ldots$ costituisce una curva del sistema Σ; dunque questa conica rappresenta un altro punto singolare dì Φ. Che poi questo punto sia doppio, risulta dall'osservare che due curve della rete si segano in due nuovi punti. Ciascuna curva della rete sega la conica $\gamma_1 \gamma_2 \beta_1 \ldots$ in due altri punti: ciascuno di questi è comune a tutto un fascio di curve, e i due punti insieme giacciono sopra una sola curva della rete; dunque ogni piano passante pel punto singolare contiene due rette che ivi osculano Φ; vale a dire, il punto singolare è un punto conico.

Nello stesso modo si dimostra che le rette $\beta\beta_1\beta'_1$, $\beta\beta_2\beta'_2$ rappresentano due altri punti conici di Φ.

Una retta condotta nel piano Π per un punto γ incontra altrove in quattro punti qualsiasi curva del sistema Σ, in due punti la cubica Δ, ed in un punto ciascuna delle linee $\gamma_1\gamma_2\beta\beta_1\beta'_1\beta_2\beta'_2$, $\beta\beta_1\beta'_1$, $\beta\beta_2\beta'_2$; dunque le rette per γ_1 e le rette per γ_2 rappresentano due serie di curve gobbe di 4.° ordine passanti pei tre punti conici e aventi un punto doppio nel punto uniplanare di Φ. Una retta per γ_1, un'altra per γ_2, la cubica Δ presa due volte, la conica $\gamma_1\gamma_2\beta_1 \ldots\ldots$ e le rette $\beta\beta_1\beta'_1$, $\beta\beta_2\beta'_2$ insieme costituiscono un luogo del 12.° ordine pel quale i sette punti $\gamma_1 \gamma_2 \beta \ldots$ sono quadrupli, e i quattro punti λ sono doppi, cioè l'imagine dell'intersezione di Φ con una superficie di 2.° ordine. Dunque due curve gobbe di 4.° ordine, appartenenti l'una alla prima, l'altra alla seconda delle due serie predette, giacciono insieme in una stessa superficie di 2.° grado, passante pei quattro punti doppi di Φ ed avente con questa il piano tangente comune nel punto uniplanare.

Da tutto ciò conchiudiamo l'identità della superficie Φ colla F precedentemente considerata.

Se si trasforma projettivamente il piano Π in un altro piano, facendo corrispondere alle rette di questo le coniche di quello circoscritte al triangolo $\beta\beta_1\beta_2$, le curve del sistema Σ si mutano in altre curve dello stesso ordine, tali però che i punti doppi analoghi a β_1 e β'_1, e quelli analoghi a β_2 e β'_2 riescono infinitamente vicini. Si ha così la seguente rappresentazione della superficie F.

Nel piano rappresentativo descrivasi una cubica C_3 e in essa si assumano tre punti α, β, γ. Una conica C_2 tangente a C_3 in β e γ la seghi inoltre in g, h; ed una curva C_4 di 4.º ordine coi punti doppi $\alpha\ \beta\ \gamma$ e passante per g, h, incontri di nuovo C_3 in $\delta_1\ \delta_2\ \delta_3\ \delta_4$. Se ε è la terza intersezione di C_3 colla retta $\beta\gamma$, la terza intersezione di C_3 con $\alpha\varepsilon$ cadrà sulla conica $gh\alpha\beta\gamma$. Ciò premesso, le imagini delle sezioni piane di F saranno le curve di 6.º ordine $g^2h^2\alpha^2\beta^2\gamma^2\delta_1\delta_2\delta_3\delta_4$, aventi in ciascuno de' punti β, γ due rami toccati da una medesima retta fissa $t\beta$, $t\gamma$, la quale incontri ivi ogni curva in quattro punti coincidenti: il che equivale a dire che β e γ rappresentano ciascuno due punti doppi infinitamente vicini.

Le imagini dei punti $O\,O_3\,O_1\,O_2$ sono ora la cubica C_3, la conica C_2 e i punti β, γ; e le 26 coniche della superficie vengono rappresentate
dai cinque punti g, h, α, β, γ,
dalle dodici rette $\beta\gamma$, $\gamma\alpha$, $\alpha\beta$, $g\alpha$, $h\alpha$, $g\beta$, $h\beta$, $g\gamma$, $h\gamma$, $t\beta$, $t\gamma$, gh,
dalle otto coniche $g\alpha\beta\beta\gamma$, $g\alpha\beta\gamma\gamma$, $h\alpha\beta\beta\gamma$, $h\alpha\beta\gamma\gamma$, $\alpha\beta\beta\gamma\gamma$, $gh\alpha\beta\beta$, $gh\alpha\gamma\gamma$ $gh\alpha\beta\gamma$
(dove $g\alpha\beta\beta\gamma$ significa la conica passante per $g\alpha\beta\gamma$ e toccata in β dalla retta fissa $t\beta$; ecc.), e
dalla cubica $gh\alpha^2\beta\beta\gamma\gamma$.

I quattro punti δ rappresentano le quattro rette comuni ad F ed al piano

$$x_1 + x_2 + x_3 = 0\,.$$

95.

LETTERA AL PROF. EUGENIO BELTRAMI.

Giornale di Matematiche, volume X (1872), pp. 47-48.

Credo di far cosa gradita ai lettori di questo Giornale comunicando loro ciò che mi scrisse il Prof. CREMONA in data dell'11 gennaio 1872 relativamente all'analogia da me notata (nell'ultimo fascicolo, p. 344) [Opere matematiche di E. BELTRAMI, tomo II, p. 186] fra la teoria delle coniche e quella dei complessi. Io non posso che accettare pienamente la ingegnosa ed interessante interpretazione che ne dà il mio egregio amico, e che qui trascrivo.

« La spiegazione della comparsa, nella teoria delle coniche, di quelle sei quantità $p - p'$, ecc. che servono anche da coordinate alle rette nello spazio, è, a mio credere, la seguente:

« Quando le rette dello spazio (ordinario) si rappresentano colle sei coordinate omogenee, che dirò a, b, c, l, m, n, fra le quali ha luogo la relazione quadratica

$$a\,l + b\,m + c\,n = 0,$$

si viene a considerare un'estensione lineare quintuplicemente infinita, un elemento qualunque della quale è individuata dalle coordinate *indipendenti* a, b, c, l, m, n; e, in quest'estensione, si isolano poi tutti quegli elementi, in numero quadruplicemente infinito, le cui coordinate soddisfanno alla precedente equazione. Gli elementi così isolati sono le rette.

« Ora questa stessa operazione si può fare sulle coniche di un piano. Tutte le coniche di un piano costituiscono appunto un'estensione lineare ∞^5; e siccome la condizione affinchè una conica sia inscritta in un triangolo inscritto ad un'altra conica è quadratica rispetto ai coefficienti della seconda conica, così tutte le coniche circoscritte a triangoli circoscritti ad una conica fissa costituiscono un'estensione ∞^4 affatto analoga a quella costituita dalle rette nello spazio. [84]

« Se indichiamo con A, B, C, F, G, H i coefficienti dell'equazione della conica fissa in coordinate tangenziali, e con a, b, c, f, g, h i coefficienti dell'equazione della conica variabile in coordinate locali, la condizione sovraccennata è la seguente (SALMON, Conics, p. 328 della 4.ª ediz.):

$$0 = \big(A a + B b + C c + 2 F f + 2 G g + 2 H h\big)^2$$
$$- 4\big((B C - F^2)(b c - f^2) + (C A - G^2)(c a - g^2) + (A B - H^2)(a b - h^2)$$
$$+ 2(G H - A F)(g h - a f) + 2(H F - B G)(h f - b g) + 2(F G - C H)(f g - c h)\big)$$

ossia, ponendo $A = B = C = 0$, $F = G = H = 1$, come è lecito,

$$b c + c a + a b + a f + b g + c h = 0. \qquad [^{85}]$$

Se di nuovo si pone

$$2 f + b + c = l, \quad 2 g + c + a = m, \quad 2 h + a + b = n,$$

la precedente condizione diventa

$$a l + b m + c n = 0,$$

soddisfacendo alla quale la conica

$$(1) \quad a x (x - y - z) + b y (y - z - x) + c z (z - x - y) + l y z + m z x + n x y = 0$$

è circoscritta ad un triangolo circoscritto alla conica fissa

$$x^2 + y^2 + z^2 - 2 y z - 2 z x - 2 x y = 0.$$

È quindi chiaro che tutta la geometria delle rette nello spazio coincide colla geometria delle coniche del sistema (1). Per esempio ad un complesso lineare di rette

$$\alpha a + \beta b + \gamma c + \lambda l + \mu m + \nu n = 0$$

corrisponde il sistema di quelle fra le coniche (1) che sono circoscritte a triangoli conjugati con una conica data, conica la cui equazione in coordinate tangenziali avrebbe per coefficienti

$$\alpha + \mu + \nu, \quad \beta + \nu + \lambda, \quad \gamma + \lambda + \mu, \quad \lambda, \ \mu, \ \nu. \qquad [^{86}]$$

Ad un fascio di rette corrisponde un fascio di coniche, cioè a due rette che si segano corrispondono due coniche tali, che anche tutte quelle del fascio da esse determinato appartengono al sistema (1).

« Se invece di triangoli si volessero considerare poligoni d'un maggior numero di lati, la corrispondente condizione di simultanea inscrizione e circoscrizione (vedi CAYLEY nelle Phil. Trans. del 1861) sarebbe d'un grado più elevato nei coefficienti della conica variabile, e quindi non si avrebbero più estensioni comparabili a quella che è costituita dalle rette nello spazio ordinario ».

Come qui si vede, la teoria degli spazi ad n dimensioni si può utilmente invocare anche nelle ricerche dell'ordinaria geometria, quando si assumano come coordinate indipendenti di un tale spazio i coefficienti dell'equazione di una linea o di una superficie di data specie, la quale tien luogo, in tal maniera, dell'elemento semplice o *punto* di quello spazio. È un concetto assai fecondo, il quale del resto è già stato eminentemente utile alla scienza: ognun vede infatti che la dottrina analitica della *dualità* non è che l'applicazione del concetto medesimo al caso più semplice e più immediato, a quello cioè della retta e del piano. L'illustre HESSE, nell'assegnare il significato geometrico di una relazione lineare che abbia luogo fra i coefficienti dell'equazione di una conica, interpretazione dalla quale scaturirono tante e sì ammirabili conseguenze geometriche ed analitiche, è andato un passo più in là ed ha dato il primo esempio di una ulteriore e meno semplice applicazione di quel concetto. Ispirandosi allo stesso ordine di ricerche, il prof. CREMONA mi faceva conoscere, nello scorso dicembre, un interessante teorema relativo allo spazio di 4 dimensioni, avente per elementi le sfere dello spazio ordinario. Ecco le sue parole: « Assunta la quadratica

$$x_1^2 + x_2^2 + x_3^2 + x_4^2 + x_5^2 = 0$$

come rappresentatrice dell'*assoluto*, dove le x_1, x_2, x_3, x_4, x_5, sono i coefficienti della equazione

$$x_1 (X^2 + Y^2 + Z^2 - 1) + 2\,x_2\,X + 2\,x_3\,Y + 2\,x_4\,Z + i\,x_5 (X^2 + Y^2 + Z^2 + 1) = 0$$

d'una sfera riferita ad assi cartesiani, *la distanza di due elementi equivale appunto all'angolo di due sfere*, inteso nel senso ordinario ».

Bologna, 15 gennaio 1872.

EUGENIO BELTRAMI.

96.

SULLE TRASFORMAZIONI RAZIONALI NELLO SPAZIO *).

Annali di Matematica pura ed applicata, serie II, tomo V (1871), pp. 131-162.

Generalità.

1. Quattro variabili omogenee indipendenti $x_1\ x_2\ x_3\ x_4$ siano legate ad altre quattro variabili analoghe $y_1\ y_2\ y_3\ y_4$ mediante le relazioni:

$$(1) \qquad x_1 : x_2 : x_3 : x_4 = \varphi_1 : \varphi_2 \quad \varphi_3 : \varphi_4$$

dove le φ siano funzioni (algebriche razionali) intere omogenee di uno stesso grado ν delle y.

Considerando le x e le y come coordinate di due punti corrispondenti in due spazî a tre dimensioni, le (1) esprimono che ad un punto qualsivoglia dello spazio (y), purchè non comune alle quattro superficie $\varphi=0$, corrisponde un solo e determinato punto dello spazio (x), e che ai piani

$$(2) \qquad \alpha_1 x_1 + \alpha_2 x_2 + \alpha_3 x_3 + \alpha_4 x_4 = 0$$

dello spazio (x) corrispondono le superficie d'ordine ν

$$(3) \qquad \alpha_1 \varphi_1 + \alpha_2 \varphi_2 + \alpha_3 \varphi_3 + \alpha_4 \varphi_4 = 0$$

formanti un sistema lineare triplamente infinito.

Suppongasi ora che dalle (1) si possano desumere le y espresse razionalmente colle x, cioè le formole inverse delle (1) siano

*) I risultati esposti in questa Memoria furono comunicati al R. Istituto Lombardo nelle sedute 4 maggio e 1.º giugno 1871 [Queste Opere, n. 91, 92]; e in parte anche alla Società delle Scienze di Gottinga (Nachrichten 1871, n.º 5; e Mathematische Annalen, t. 4, p. 213) [Queste Opere, n. 93]. Contemporaneamente usciva alla luce l'interessante Memoria del sig. NOETHER, *Ueber die eindeutigen Raumtransformationen* (Math. Annalen, t. 3, p. 547).

$$(4) \qquad y_1 : y_2 : y_3 : y_4 = \psi_1 : \psi_2 : \psi_3 : \psi_4$$

essendo le ψ funzioni intere omogenee delle x, di un medesimo grado μ.

Ciò equivale a supporre il sistema (3) tale, che tre superficie prese arbitrariamente da esso abbiano un unico punto comune, il quale non appartenga a tutte le superficie del sistema medesimo: così che anche ad un punto qualunque dello spazio (x), purchè non comune a tutte le superficie $\psi = 0$, corrisponde un solo e determinato punto dello spazio (y). Dalle (4) segue inoltre che ai piani

$$(5) \qquad \beta_1 y_1 + \beta_2 y_2 + \beta_3 y_3 + \beta_4 y_4 = 0$$

dello spazio (y) corrispondono le superficie d'ordine μ

$$(6) \qquad \beta_1 \psi_1 + \beta_2 \psi_2 + \beta_3 \psi_3 + \beta_4 \psi_4 = 0$$

formanti un sistema lineare triplamente infinito; tre qualunque delle quali, in virtù delle (1), si segano in un solo punto non comune a tutto il sistema. Le (1), (4) significano eziandio che ciascuna superficie dei sistemi (3) e (6) è rappresentabile punto per punto sopra un piano.

2. Per brevità di discorso diremo *omaloide* *) una superficie quando sia dotata della proprietà di poter essere rappresentata punto per punto sopra un piano; e *omaloidico* un sistema di superficie algebriche, il quale, come i sistemi (3) e (6), soddisfaccia alle due condizioni: 1.º d'essere lineare e triplamente infinito; 2.º che tre superficie prese ad arbitrio nel sistema si seghino in un solo punto non comune a tutto il sistema medesimo. Le superficie di un sistema omaloidico sono necessariamente omaloidi.

Queste denominazioni possono valere anche per le figure piane (e per le figure descritte in una superficie omaloide), così che una curva omaloide sarà una curva razionale, ed una rete omaloidica di curve sarà un sistema lineare doppiamente infinito di curve (razionali), due qualunque delle quali si seghino in un solo punto non comune a tutte.

3. Dato in uno spazio (y) un sistema omaloidico (3), possiamo porre le formole (1) cioè stabilire una corrispondenza univoca fra le superficie (3) ed i piani d'un altro spazio (x); e quindi dedurne le (4). Così viene ad essere individuato nello spazio (x) un nuovo sistema omaloidico (6) che possiamo chiamare l'*inverso* del dato. I due sistemi omaloidici servono di base a due trasformazioni inverse, razionali entrambe, che hanno luogo senza presupporre le variabili (di ciascuno spazio) legate da alcuna relazione.

Basta adunque che sia dato un sistema omaloidico, perchè risultino determinati il si-

*) Cfr. SYLVESTER nel Cambridge and Dublin Math. Journal, t. 6, p. 12. Le superficie omaloidi, come le curve razionali (di genere $p = 0$), sono dette *unicursal* dal sig. CAYLEY.

stema inverso e le due trasformazioni razionali inverse, per mezzo delle quali si passa dall'uno spazio all altro e viceversa.

In altre parole, la ricerca delle trasformazioni razionali nello spazio (come nel piano) è ridotta a quella dei sistemi omaloidici.

4. Diremo *fondamentali* *) o *principali* **) i punti e le linee comuni a tutte le superficie d'un sistema omaloidico. Due superficie qualsivogliono

$$(7)\qquad \begin{cases} \alpha_1\varphi_1+\alpha_2\varphi_2+\alpha_3\varphi_3+\alpha_4\varphi_4=0 \\ \alpha'_1\varphi_1+\alpha'_2\varphi_2+\alpha'_3\varphi_3+\alpha'_4\varphi_4=0 \end{cases}$$

del sistema (3) avranno, oltre alle curve fondamentali, una curva comune R, la quale, dovendo corrispondere punto per punto alla retta intersezione dei piani

$$(8)\qquad \begin{cases} \alpha_1x_1+\alpha_2x_2+\alpha_3x_3+\alpha_4x_4=0 \\ \alpha'_1x_1+\alpha'_2x_2+\alpha'_3x_3+\alpha'_4x_4=0, \end{cases}$$

è necessariamente una curva razionale. E siccome la retta (8) incontra in μ punti una superficie qualunque del sistema (6), così la curva R definita dalle (7) avrà μ punti comuni con un piano qualsivoglia (5) dello spazio (y); dunque:

Alle rette dello spazio (x) *corrispondono curve gobbe razionali d'ordine* μ, *una qualunque delle quali sarà determinata da quattro condizioni.*

Ed analogamente:

Alle rette dello spazio (y) *corrisponde un sistema quadruplamente infinito di curve gobbe razionali d'ordine* ν.

Indicheremo con S una qualunque di queste curve, comune a due superficie del sistema (6).

5. Nello spazio (x) una retta ed un piano hanno un solo punto comune, se la prima non giace nel secondo; dunque:

Una curva R *incontra una superficie* φ ***), *sulla quale non giaccia per intero, in un solo punto non comune a tutte le* φ; ossia:

Delle $\nu\mu$ *intersezioni di una curva* R *con una superficie* φ *ve ne sono* $\nu\mu-1$ *situate nei punti e nelle curve fondamentali del sistema* (3).

Queste $\nu\mu-1$ intersezioni tengono poi luogo di $4(\mu-1)$ condizioni (lineari), fra

*) *Mémoire sur les surfaces du* 3ᵉ *ordre* (G. CRELLE-BORCHARDT, t. 68) [Queste Opere, n. **79**] n.° 114.

) *Sulle trasformazioni geometriche delle figure piane*, Nota 2ª (Mem. Accad. Bologna serie 2ª, t. 5, 1865) [Queste Opere, n. **62 (t. 2.°)].

***) Cioè una superficie del sistema (3).

le 4μ che in generale determinano una curva razionale d'ordine μ *), giacchè, come si è veduto or ora, le curve R formano un *sistema quadruplamente infinito.*

Analoghe proprietà si possono enunciare per le curve S; e ciò sia detto una volta per tutte.

6. Considero un piano α_0 nello spazio (x), al quale corrisponderà una superficie φ_0 del sistema (3) nello spazio (y). Alle rette in α_0 corrisponderanno le curve R di φ_0; e le sezioni piane di φ_0 avranno per imagini in α_0 le curve d'ordine μ d'un sistema lineare, triplamente infinito e tale che due curve qualunque del sistema abbiano ν intersezioni variabili (corrispondenti ai punti in cui φ_0 è incontrata da una retta arbitraria). Perciò, se queste curve hanno m_i punti i-pli fissi ($i = 1, 2, \ldots \mu - 1$), sussisterà la relazione **)

$$\mu^2 - \sum_i i\ m_i = \nu. \quad [^{87}]$$

A ciascuno dei suddetti punti i-pli (sia I uno qualunque de' medesimi) corrisponderà in φ_0 una curva razionale C_i d'ordine i, e ad una retta G condotta in α_0 arbitrariamente per I corrisponderà un'altra curva razionale $C_{\mu-i}$ d'ordine $\mu - i$ costituente insieme con C_i una curva R ed avente colla C_i medesima un punto comune (punto doppio per la R composta), che è il corrispondente di quello situato in G e infinitamente vicino ad I. Variando G intorno ad I, varia la $C_{\mu-i}$ ed il punto doppio percorre la curva fissa C_i. Ma la curva R composta della C_i e di una $C_{\mu-i}$ può considerarsi come intersezione (non completa) di due superficie φ, epperò il punto comune alle C_i, $C_{\mu-i}$, essendo doppio per la R, sarà un punto di contatto fra le due φ: dunque ogni punto della C_i è un punto di contatto fra due φ, (ossia un punto doppio di una φ). Ora, il luogo dei punti di contatto fra le φ, ossia dei punti doppi delle φ medesime, è la *Jacobiana* del sistema (3): superficie d'ordine $4(\nu - 1)$; dunque la curva C_i, situata su φ_0 e corrispondente al punto I di α_0, giace eziandio sulla Jacobiana delle φ.

Siccome poi ai piani in (y) corrispondono le superficie ψ in (x), così le curve d'ordine μ del sistema lineare sopra accennato non saranno altro che le tracce delle ψ sul piano α_0

*) Che la più generale curva razionale d'ordine μ nello spazio ad r dimensioni, sia determinata da $(r+1)(\mu+1) - 4$ condizioni, risulta dall'osservare ch'essa è definita mediante le equazioni $y_1 : y_2 : \ldots : y_{r+1} = f_1 : f_2 : \ldots : f_{r+1}$, dove le f sono funzioni intere d'un parametro ω, dello stesso grado μ, e che degli $(r+1)(\mu+1)$ coefficienti arbitrari di queste funzioni se ne possono eliminare 4 mediante una sostituzione lineare $\omega' = \dfrac{a + b\omega}{c + d\omega}$.

**) CREMONA, *Sulle trasformazioni geometriche delle figure piane* (Mem. Accad. Bologna, 1863 e 1865) [Queste Opere, n. 40, 62 (t. 2.°)]; — CAYLEY, *On the rational transformation between two spaces* (Proceedings of the Lond. Math. Society, t. 3); — NOETHER, *Ueber Flächen welche Schaaren rationaler Curven besitzen* (Math. Annalen, t. 3).

e gli m_i punti i-pli (uno dei quali è I) saranno le intersezioni di questo piano con una curva F_{m_i} d'ordine m_i, i-pla per tutte le ψ. Viceversa, se una curva R si spezza, la sua imagine che è una retta, dovrà passare per un punto I. Dunque:

A ciascun punto di una curva fondamentale dello spazio (x), *che sia i-pla per tutte le superficie* ψ, *corrisponde una curva razionale d'ordine i, luogo geometrico della quale è una superficie che fa parte della Jacobiana delle* φ.

L'ordine di questo luogo sarà uguale al numero delle intersezioni (non fisse) di una curva S qualunque colla predetta curva fondamentale i-pla dello spazio (x). E il *genere* *) di esso luogo sarà uguale al genere della corrispondente curva fondamentale.

7. Se fra le curve fondamentali dello spazio (x) ve n'è una che le curve S non incontrino in alcun punto {non fisso}, ad essa corrisponderà una superficie d'ordine 0; cioè ad un punto qualunque di quella curva corrisponderà *una curva fissa*, la quale, dovendo giacere su ciascuna φ, sarà una curva fondamentale dello spazio (y). Se la prima curva è i-pla per le ψ e d'ordine i', la seconda curva sarà d'ordine i e multipla secondo i' per le φ. La relazione fra le due curve è *reciproca*, cioè a ciascun punto della seconda corrisponde tutta la prima curva; e la seconda curva non è incontrata in alcun punto {non fisso} da una curva arbitraria R.

8. Una retta incontra la Jacobiana delle ψ in $4(\mu-1)$ punti; dunque una R qualunque incontra in $4(\mu-1)$ punti l'insieme delle curve (e dei punti) fondamentali dello spazio (y). Ma $4(\mu-1)$ è appunto il numero delle condizioni lineari comuni alle curve R, giacchè queste costituiscono un sistema quadruplicemente infinito; dunque le curve R sono pienamente determinate dal dover segare in $4(\mu-1)$ punti le curve (e i punti) fondamentali dello spazio (y).

Quando una curva R si spezza in due C_i, $C_{\mu-i}$, la prima appartiene ad una serie semplicemente infinita, il cui luogo è parte della Jacobiana delle φ; la seconda invece, corrispondendo ad una retta che passa per un punto I (di una curva fondamentale i-pla in (x)), appartiene ad un sistema triplamente infinito; ossia è soggetta a $4(\mu-i)-3$ condizioni. Dunque la $C_{\mu-i}$ incontrerà le curve (e i punti) fondamentali dello spazio (y) in $4(\mu-i)-3$ punti [88]. Questi punti corrisponderanno a quelli in cui la retta corrispondente a $C_{\mu-i}$ sega la Jacobiana delle ψ, oltre ad I. Dunque, detto $\varkappa_i$ il grado di moltiplicità col quale la Jacobiana delle ψ passa per la curva fondamentale i-pla dello spazio (x), avremo

$$4(\mu-i)-3=4(\mu-1)-\varkappa_i$$

donde

$$\varkappa_i=4i-1$$

*) Noether nelle Nachrichten di Gottinga, 14 luglio 1869.

ossia

Una curva fondamentale dello spazio (x), i*-pla per le* ψ *e segata dalle curve* S [*in punti variabili*], *è multipla secondo* $4i-1$ *per la Jacobiana delle* ψ *).

La curva C_i, appartenendo ad una serie semplicemente infinita, è soggetta a $4i-1$ condizioni lineari, cioè sega in $4i-1$ punti le curve fondamentali dello spazio (y); ciò che s'accorda coll'essere I un punto $(4i-1)$-plo per la Jacobiana delle ψ.

9. Però, se la curva fondamentale i-pla per le ψ è tale che le curve S non la seghino {in punti non fissi}, nel qual caso (n.° 7) a tutt'i suoi punti corrisponde una curva fissa C_i, fondamentale nello spazio (y), le curve $C_{\mu-i}$ che con C_i formano una curva R appartengono ad un sistema triplamente infinito (giacchè esse corrispondono alle rette seganti in un punto non dato la curva i-pla per le ψ), epperò sono soggette a $4(\mu-i)-3$ condizioni. Una di queste consiste nel dover segare C_i; le altre $4(\mu-i)-4$ consisteranno in altrettante intersezioni colle curve (coi punti) fondamentali dello spazio (y). Dunque avremo in questo caso

$$4(\mu-i)-4=4(\mu-1)-\varkappa_i$$

ossia $\varkappa_i=4i$; il che significa:

Una curva fondamentale dello spazio (x), i*-pla per le superficie* ψ, *ma non incontrata dalle curve* S {*in punti non fissi*}, *è multipla secondo il numero* $4i$ *per la Jacobiana delle* ψ.

Se la detta curva è d'ordine i', le corrisponde nello spazio (y) una curva d'ordine i, che è i'-pla per le φ e $4i'$-pla per la Jacobiana delle φ.

10. Se due curve fondamentali dello spazio (x), rispettivamente multiple secondo i, j $(j \geqq i)$ per le ψ, hanno un punto comune, a questo corrisponderà una curva spezzantesi in due C_i, C_{j-i}, la prima delle quali sarà comune alle due superficie che fanno parte della Jacobiana delle φ e corrispondono a quelle due curve fondamentali dello spazio (x) [89]. Come caso particolare se una curva fondamentale dello spazio (x), i-pla per le ψ, ha un punto doppio, a questo corrisponderà una curva C_i doppia per la superficie corrispondente a quella curva fondamentale.

11. Come si è già veduto, ad un punto I di una curva fondamentale dello spazio (x), che sia i-pla per tutte le superficie ψ, corrisponde una curva razionale C_i d'ordine i. Se C_i giace tutta in un piano, a questo piano corrisponderà una ψ, per la quale I è un punto $(i+1)$-plo. Infatti ad una retta condotta arbitrariamente per I corrisponderà una curva $C_{\mu-i}$ d'ordine $\mu-i$, la quale ha un punto comune con C_i, epperò incontrerà il piano di questa curva in altri $\mu-i-1$ punti. Dunque la retta arbitraria per I sega in altri $\mu-i-1$ punti la superficie ψ corrispondente al piano di C_i; vale a dire, per questa ψ il punto I è multiplo secondo $\mu-(\mu-i-1)=i+1$.

*) Noether nei Math. Annalen, t. 2, p. 293; t. 3, p. 547.

Se $i=1$, ai piani passanti per una retta C_1 corrispondono superficie ψ per le quali I è un punto doppio. Se due rette analoghe a C_i giacciono in un piano, a questo corrisponderà una ψ dotata di due punti doppi, ecc.

12. Analogamente si dimostra che, se le ψ hanno una curva fondamentale i-pla e d'ordine i', a ciascun punto della quale corrisponda una curva fissa *piana* (i'-pla per le φ e d'ordine i), al piano di questa curva corrisponderà una ψ, per la quale la prima curva sarà multipla secondo $i+1$.

13. Se le superficie φ hanno un punto (fondamentale) comune O, pel quale ciascuna curva R passi con r rami, ogni retta dello spazio (x) conterrà r punti corrispondenti ad O; vale a dire, *ad* O *corrisponderà una superficie d'ordine* r. Od ancora: la superficie ψ corrispondente a qualunque piano passante per O si spezzerà in due, l'una fissa e d'ordine r, l'altra variabile in una rete d'ordine $\mu-r$, projettiva alla rete dei piani per O. Se il punto O assorbe r' condizioni per le curve R, quella superficie d'ordine r terrà luogo di una superficie d'ordine r' nella Jacobiana delle ψ: cioè r' sarà un multiplo di r, e *la superficie d'ordine* r, *corrispondente ad* O, *dovrà essere contata* $r':r$ *volte nell'anzidetta Jacobiana.*

14. Per esempio: se O è un punto (semplice o) multiplo secondo un numero l per le φ, le quali però non abbiano ivi (un piano tangente o) un cono osculatore fisso, così che le r tangenti di qualsiasi curva R non siano soggette ad alcuna condizione, in tal caso è $r'=2r$; onde la superficie d'ordine r corrispondente ad O è da contarsi *due* volte nella Jacobiana delle ψ. Ad una sezione piana della superficie d'ordine r corrisponde la serie de' punti prossimi ad O e situati in una φ: la qual serie è projettata da O mediante un cono d'ordine l. Dunque la superficie d'ordine r corrispondente ad O è omaloide, e le imagini delle sue sezioni piane sono curve d'ordine l.

15. Come secondo esempio: se O è un punto semplice per le φ, le quali ivi si tocchino con un contatto d'ordine $r-1$, sarà $r'=(r+1)r$; vale a dire, la superficie d'ordine r corrispondente ad O sarà compresa $r+1$ volte nella Jacobiana delle ψ.

16. Sia O un punto l-plo per le φ ed r-plo per le curve R. Siccome ciascuna ψ corrispondente ad un piano per O si spezza in un luogo fisso d'ordine r ed in una superficie d'ordine $\mu-r$, così a qualunque retta uscente da O corrisponderà una curva S', comune a infinite superficie d'ordine $\mu-r$, formanti un fascio. Le curve S' sono d'ordine $\nu-l$, giacchè questo è il numero delle ulteriori intersezioni di una φ con una retta per O; e formano un sistema doppiamente infinito, perchè corrispondono alle rette che passano per un punto fisso. Una curva S' è dunque assoggettata a $4(\nu-l)-2$ condizioni, cioè deve incontrare in $4(\nu-l)-2$ punti l'insieme delle curve e dei punti fondamentali dello spazio (x). A questi punti corrisponderanno quelli ne' quali una retta condotta ad arbitrio per O incontra ulteriormente la Jacobiana delle φ. Perciò, se indichiamo con $\varkappa$ l'ordine di moltiplicità del punto O per la detta Jacobiana, avremo

$$4(\nu - l) - 2 = 4(\nu - 1) - \varkappa$$

donde

$$\varkappa = 4l - 2;$$

cioè

Un punto fondamentale dello spazio (y), *l-plo per le* φ, *è multiplo secondo* $4l - 2$ *per la Jacobiana delle* φ *).

17. Dalle cose suesposte risulta che, se nello spazio (x) vi ha una curva fondamentale C_r d'ordine r ed i-pla per le ψ, ad essa corrisponde una superficie che fa parte della Jacobiana delle φ, e che sega ciascuna φ secondo curve fondamentali dello spazio (y) e secondo r curve d'ordine i, corrispondenti ai punti ne' quali C_r incontra un piano arbitrario nel primo spazio. Invece, la parte di Jacobiana delle φ che corrisponde (n.º 13) ad un punto fondamentale O dello spazio (x) non avrà con una φ qualsivoglia alcuna linea comune, oltre alle curve fondamentali dello spazio (y), perchè un piano arbitrario dello spazio (x) non passa per O.

18. Una trasformazione razionale non può dirsi pienamente nota, se non si conoscono per ciascuno de' due spazi l'insieme delle curve e de' punti fondamentali, il sistema delle superficie omaloidi φ o ψ, e le parti della relativa Jacobiana. La trasformazione è definita quando è dato il sistema omaloidico {ad essa relativo} coll'insieme de' punti e delle linee fondamentali; le altre circostanze poi si determinano per mezzo de' teoremi or ora esposti.

Ora mi propongo di mostrare in qual modo si possano ottenere tutt'i sistemi omaloidici, de' quali faccia parte una superficie φ data.

19. Sia φ_4 una superficie omaloide di grado ν, della quale si conosca una rappresentazione (punto per punto) sopra un piano Π. Tutte le altre superficie omaloidi d'ordine ν, aventi gli stessi punti multipli e le stesse linee multiple di φ_4, segheranno inoltre questa lungo curve le cui imagini in Π formeranno un certo sistema Σ. Assumasi poi in Π una rete omaloidica di curve K **), in modo che ciascuna di queste insieme con un luogo fisso L (un insieme di linee, anche contate più volte) costituisca una curva del sistema Σ. Una curva K_1, formando insieme con L l'imagine dell'intersezione di φ_4 con un'altra superficie analoga φ_1, individua un fascio $\varphi_4 + \alpha_1\varphi_1$; analogamente, se K_2, K_3 sono due altre curve della rete, non appartenenti con K_1 ad uno stesso fascio, saranno individuati i fasci $\varphi_4 + \alpha_2\varphi_2$, $\varphi_4 + \alpha_3\varphi_3$; e siccome i tre fasci così ottenuti hanno una superficie comune φ_4, così essi determinano un sistema lineare triplamente infinito

$$\alpha_1\varphi_1 + \alpha_2\varphi_2 + \alpha_3\varphi_3 + \alpha_4\varphi_4 = 0,$$

il quale è manifestamente omaloidico, epperò può servire di base ad una trasformazione

*) NOETHER, l. c.

**) Per la determinazione di queste reti e di tutto ciò che vi si appartiene, vedi la mia 2.ª Nota *Sulle trasformazioni geometriche delle figure piane* (Bologna, 1865).

razionale d'ordine ν (n.° 3). Il grado delle ψ, ossia il grado della trasformazione inversa, non è altro che l'ordine delle curve di φ_4, aventi per imagini le K. Oltre ai punti ed alle curve multiple delle φ, sono *fondamentali* (cioè comuni a tutte le φ) quelle linee [o punti] di φ_4 che in Π sono rappresentate dal luogo L.

Variando il luogo L e la rete delle K in tutt'i modi possibili, si otterranno per tal guisa tutte le trasformazioni nelle quali può essere impiegata la data superficie φ_4. [90]

20. Le K sono le imagini, in Π, di quelle curve R (n.° 4), che giacciono in φ_4. Se una curva R si spezza, una delle curve parziali è comune alla Jacobiana delle φ (n.° 6); ma in tal caso, o si spezza anche la corrispondente K, o [91] questa passa con un ramo di più per uno de' punti fondamentali della rappresentazione Π. Nella prima ipotesi, una delle linee componenti fa parte della Jacobiana della rete delle K; nell'altra ipotesi, il punto fondamentale nominato sarà precisamente l'imagine di quella parte di R che è comune a φ_4 ed alla Jacobiana delle φ. *Dunque* [92] *i punti fondamentali della rappresentazione* Π *e le curve costituenti la Jacobiana delle* K *formano insieme le imagini di quelle curve non fondamentali che sono comuni alla* φ_4 *ed alla Jacobiana delle* φ, *cioè di quelle curve che corrispondono alle intersezioni delle linee fondamentali dello spazio* (x) *col piano corrispondente a* φ_4.

Perciò, se ai punti fondamentali di Π ed alle parti della Jacobiana delle K corrispondono, in φ_4, l_1 rette, l_2 coniche ,... l_r curve (razionali) d'ordine r, le superficie ψ avranno in comune una curva semplice d'ordine l_1, una curva doppia d'ordine l_2 ,..., una curva r-pla d'ordine l_r ,... Il genere di queste curve, il loro intersecarsi, o anche lo scindersi di alcuna di esse in parti sarà manifestato dagli analoghi accidenti dei diversi luoghi geometrici componenti la Jacobiana delle φ: e questi luoghi saranno tosto determinati quando si considerino le condizioni alle quali sono soggette le rette, le coniche ,... le curve (razionali) d'ordine r ,... corrispondenti ai punti fondamentali di Π ed alle linee della Jacobiana delle K.

Ma ad esplicare il metodo, più di qualunque altra considerazione, gioverà la trattazione di qualche esempio: dove userò il simbolo (ν, μ) per esprimere due trasformazioni inverse, per le quali le φ, ψ siano rispettivamente dell'ordine ν, μ.

Trasformazioni di 2.° grado.

$(\nu = 2;\ \mu = 2, 3, 4)$.

21. Sia φ_4 una superficie di 2.° grado; è noto *) che essa può essere rappresentata sopra un piano qualunque Π mediante raggi che projettino i punti di φ_4 da un punto O fissato ad arbitrio in questa superficie. La rappresentazione ha due punti fondamentali 1, 2, che

*) CHASLES, *Théorie analytique des courbes de tous les ordres tracées sur l'hyperboloïde à une nappe* (Comptes rendus de l'Acad. de Paris, t. 53; décembre 1861).

corrispondono alle generatrici rettilinee di φ_4 incrociate in O, mentre la retta 12 è l'imagine di esso punto O. Le sezioni piane di φ_4 sono rappresentate dalle coniche 12 *); e il sistema Σ delle imagini delle intersezioni di φ_4 colle altre superficie di 2.° grado sarà per conseguenza formato dalle curve di 4.° ordine $1^2\,2^2$ **).

Le K possono allora essere le rette del piano Π, purchè L sia un luogo di 3.° ordine $1^2\,2^2$, cioè il sistema della retta 12 e di una conica 12. Il sistema omaloidico delle φ sarà adunque costituito dalle superficie di 2.° grado che hanno in comune un punto O ed una conica C. Le K, cioè le rette del piano Π, rappresentano coniche passanti per O e seganti C in due punti; le curve R sono adunque tutte le coniche dello spazio che passano pel punto fisso O e incontrano due volte la conica fissa C. La trasformazione inversa è per conseguenza di 2.° grado ($\mu = 2$).

Le K non hanno Jacobiana; ma ai punti fondamentali 1, 2 di Π corrispondono due rette, che passano per O e incontrano C; dunque il cono che da O projetta la conica C fa parte della Jacobiana delle φ e corrisponderà ad una linea fondamentale C' dello spazo (x), d'ordine 2 e semplice per le ψ.

La Jacobiana delle φ dev'essere una superficie d'ordine 4, e per essa O e C debbono avere i gradi 2, 3 di moltiplicità. Pel cono OC i gradi di moltiplicità di O, C sono 2, 1; dunque la Jacobiana suddetta conterrà, oltre al cono OC, un luogo di 2.° ordine pel quale la C sia doppia. Siffatto luogo non può essere altro che il piano della conica C, contato due volte.

Ora questo piano non ha in comune con qualsivolgia φ alcuna linea, oltre la conica fondamentale C; dunque il piano di C corrisponde ad un punto fondamentale O' dello spazio (x), semplice per le curve S.

Di qui segue che le ψ sono superficie di 2.° grado, aventi in comune un punto O' ed una conica C'; vale a dire, il sistema omaloidico dello spazio (x) è affatto analogo a quello dello spazio (y).

22. Si soddisfarebbe ancora alle prescritte condizioni assumendo per L il sistema formato dalla retta 12 contata due volte e da una retta arbitraria. Allora si ottiene un caso particolare della trasformazione che precede: le φ (e così pure le ψ) sono superficie di 2.° grado che passano per una conica fissa C, ed hanno un piano tangente fisso in un punto O di essa conica ***).

Sì in questo particolare, sì nel caso generale considerato innanzi, la conica C (e per conseguenza anche C') può essere il sistema di due rette che si seghino.

---

*) Cioè dalle coniche passanti pei punti 1, 2.

**) Cioè dalle curve di 4.° ordine aventi due punti doppi fissi in 1, 2.

***) Rendiconti del R. Istituto Lombardo, 9 e 23 marzo 1871 [Queste Opere, n. 88, 89].

Se il luogo L è costituito dalla retta 12 contata tre volte, tutte le superficie φ (ed analogamente le ψ) hanno fra loro un contatto di 2.° ordine in O. La Jacobiana delle φ è allora formata dal piano, da contarsi quattro volte, che tocca in O tutte le φ; e la conica C è un pajo di rette incrociate in O e contenute nel piano anzidetto.

23. Si giungerebbe alla medesima trasformazione (n.° 21) assumendo per le K le coniche descritte per 1, 2 e per un altro punto 0 fissato ad arbitrio nel piano Π; nel qual caso L risulterebbe una conica 12. Se questa conica passa per 0 si ha il caso del n.° 22.

24. Per O si conducano i piani $y_1=0$, $y_2=0$, $y_3=0$; posto per brevità

$$p(y)=p_1y_1+p_2y_2+p_3y_3,$$
$$q(y)=q_1y_1+q_2y_2+q_3y_3,$$

e indicata con $f(y)$ una forma quadratica omogenea delle y_1, y_2, y_3, siano

$$p(y)+\quad ky_4=0,$$
$$f(y)-q(y)y_4=0$$

le equazioni della conica C. Allora le formole (1) e (4) per tutt'i casi dell'attuale trasformazione si potranno scrivere così:

$$x_1:x_2:x_3:x_4=\big(p(y)+ky_4\big)y_1:\big(p(y)+ky_4\big)y_2:\big(p(y)+ky_4\big)y_3:f(y)-y_4\,q(y),$$
$$y_1:y_2:y_3:y_4=\big(q(x)+kx_4\big)x_1:\big(q(x)+kx_4\big)x_2:\big(q(x)+kx\ \big)x_3:f(x)-x_4\,p(x).$$

La Jacobiana dello spazio (y) sarà

$$\big(p(y)+ky_4\big)^2\big(kf(y)+p(y)\,q(y)\big)=0,$$

ed analogamente quella dello spazio (x)

$$\big(q(x)+kx_4\big)^2\big(kf(x)+p(x)\,q(x)\big)=0.$$

Nel caso del n.° 21, cioè se la conica C non passa per O, si può porre $p_1=p_2=p_3=0$ $k=1$, $q_1=q_2=q_3=0$. Se C è un pajo di rette, f sarà il prodotto di due fatto i lineari. Quando f sia un quadrato perfetto, il sistema omaloidico dello spazio (y) è formato dai coni che passano per O e si toccano fra loro lungo una retta fissa, non passante per O; analogamente per l'altro spazio.

Nel caso del n.° 22, cioè se C passa per O, dovremo porre $k=0$. Se C è una conica propriamente detta, si può fare $p_1=1$, $p_2=p_3=0$, $q_1=q_3=0$, $q_2=1$, $f(y)=y_3^2$. Invece, si potrà assumere f identicamente nulla, quando C sia un pajo di rette, una delle quali passi per O.

Da ultimo, se C consta di due rette incrociate in O, si potrà (oltre a $k=0$) porre $p_1=q_1=1$, $p_2=p_3=q_2=q_3=0$, $f(y)=y_2y_3$.

25. Le K siano coniche $1 O_1 O_2$ *); il luogo L essendo composto della retta 12 e di un'altra retta per 2. Le φ saranno allora superficie di 2.° grado aventi in comune una retta C e tre punti O, O_1, O_2; e la trasformazione inversa sarà di 3.° grado ($\mu = 3$). Alle rette dello spazio (x) corrispondono le cubiche gobbe (come quelle che sono rappresentate dalle K) che passano pei tre punti fissi O O_1 O_2 e incontrano due volte la retta C.

La Jacobiana delle φ è una superficie di 4.° ordine, per la quale O, O_1, O_2 sono punti doppi e C è una retta tripla. Dunque ciascuna φ la segherà inoltre secondo un luogo di 5.° ordine. E infatti, la Jacobiana delle K, che è la terna delle rette $O_1 O_2$, $1 O_1$, $1 O_2$, rappresenta insieme col punto 2, una conica e tre rette. Per conseguenza la Jacobiana delle φ comprende: 1.° il luogo delle coniche passanti per O O_1 O_2 e seganti C; 2.° il luogo delle rette passanti per O_1 e seganti C; 3.° il luogo delle rette passanti per O_2 e seganti C; 4.° il luogo delle rette passanti per O e seganti C. Vale a dire: la Jacobiana delle φ è il sistema de' quattro piani $O O_1 O_2$, O C, O_1C, O_2C.

Dunque lo spazio (x) contiene una retta fondamentale doppia D' e tre rette fondamentali semplici G', G'_1, G'_2.

Siccome ad una retta arbitraria nello spazio (x) corrisponde in (y) una cubica gobba passante per O O_1 O_2 e segante due volte C, e ad un punto della retta D' corrisponde una conica passante per O O_1 O_2 ed appoggiata in un punto a C, così ad una retta in (x) la quale incontri D' corrisponderà in (y) una retta appoggiata a C. Ora un piano qualsivoglia β in (y) contiene infinite rette appoggiate a C; dunque la corrispondente superficie ψ conterrà infinite rette appoggiate a D'. Vale a dire: le ψ sono superficie gobbe di 3.° grado, per le quali D' è la retta doppia, e le G' sono generatrici semplici.

Che le G' siano rette appoggiate alla D', risulta anche dall'osservare che alla D' corrisponde un fascio di coniche nel piano $O O_1 O_2$ e ad una G' un fascio di rette nel piano O C, e che questi due fasci hanno una retta comune [93]. Invece le G' a due a due non si segano, giacchè i fasci corrispondenti non hanno nulla di comune.

Ad una retta arbitraria nello spazio (y) corrisponderà l'ulteriore intersezione di due superficie ψ, cioè una conica incontrata dalle quattro rette D', G'. Ma ad una retta appoggiata a C corrisponde una retta incontrata da D'; dunque ai punti di C corrispondono le rette segate dalle G', ossia alla retta fondamentale C corrisponde l'iperboloide G' G'_1 G'_2. Ciascuna superficie ψ ha una direttrice non doppia; essa corrisponde al punto dove C incontra il piano β corrispondente a quella ψ.

Le due generatrici di ψ uscenti da un punto m' di D' corrispondono alle due rette comuni al piano β ed al cono che dal punto βC projetta la conica corrispondente ad m': il qual cono corrisponde al piano delle due generatrici di ψ. Fra le coniche passanti per

*) Cioè coniche passanti per 1 e per due altri punti fissi 0_1, 0_2.

$O\,O_1\,O_2$ ed incontrate da C ve ne sono due tangenti al piano β; esse corrispondono ai due punti cuspidali di ψ.

La Jacobiana delle ψ dev'essere una superficie di 8.° ordine, passante tre volte per ciascuna G' e sette volte per la D'; e dee comprendere due volte i piani corrispondenti ai tre punti $O\,O_1\,O_2$. Di essa Jacobiana fa parte anche il luogo corrispondente a C, ossia l'iperboloide $G'G'_1G'_2$, il quale contiene una volta ciascuna delle quattro rette G', D'; dunque il sistema de' tre piani corrispondenti ai punti $O\,O_1\,O_2$ dovrà contenere D' tre volte e ciascuna G' una volta. Questi piani sono per conseguenza G'D', G'_1D', G'_2D'.

Parecchi sono i casi particolari di questa trasformazione, i quali corrispondono al supporre i punti $O\,O_1\,O_2$ tutti o in parte infinitamente vicini fra loro o alla retta C, ecc. Alla medesima trasformazione si giunge assumendo per le K le cubiche $1^2\,2\,0_1\,0_2\,0_3$, nel qual caso L è una retta per 2.

26. Questa trasformazione dà la rappresentazione di una superficie gobba ψ di 3.° grado sul corrispondente piano β *). Alle sezioni piane di ψ corrisponderanno le intersezioni di β colle φ, ossia le coniche passanti per un punto fisso (il punto βC), e seganti armonicamente un segmento fisso. Di quest'ultima condizione ci persuaderemo osservando che le φ segano il piano OO_1O_2 secondo un fascio di coniche, epperò segano la retta $(OO_1O_2)β$ in un'involuzione di punti. Imagine della retta doppia di φ sarà l'intersezione di β col piano OO_1O_2 che corrisponde a D'; imagine della direttrice semplice è il punto βC. Le rette passanti per questo punto rappresentano le generatrici rettilinee di ψ.

27. Se il piano β passa pel punto nel quale la retta C incontra il piano OO_1O_2, le due direttrici della superficie gobba corrispondente riescono infinitamente vicine **). La retta comune ai piani β, OO_1O_2 rappresenta la direttrice e una generatrice coincidente con essa. Le sezioni piane della superficie gobba ψ hanno per imagini le coniche che passano pel punto βC e sono ivi toccate da rette formanti un fascio projettivo alla punteggiata che le coniche stesse determinano sulla imagine della direttrice (in modo che la retta $β(OO_1O_2)$ corrisponda al punto βC, che è l'imagine del punto cuspidale): infatti nel caso attuale, i punti della direttrice corrispondono projettivamente alle generatrici che passano rispettivamente per essi.

28. Se la trasformazione in discorso si applica ad una superficie F' di 2.° grado, data comunque nello spazio (x), questa si muterà in una superficie di 4.° ordine F, giacchè le

---

*) Rendiconti del R. Istituto Lombardo, 24 gennaio 1867, p. 21 [Queste Opere, t. 2.°, pag. 393]; — Clebsch nel G. Crelle-Borchardt. t. 67. pag. 17.

**) Rendiconti del R. Istituto Lombardo, 24 gennaio 1867, pag. 22 [Queste Opere, t. 2.°, pag. 394); — Clebsch nel G. Crelle-Borchardt, t. 67. p. 19.

intersezioni di questa con una retta arbitraria corrispondono ai punti comuni ad F' e ad una conica incontrante $D' G' G'_1 G'_2$. Alle rette seganti C corrispondono le rette seganti D'; e alle rette passanti per uno de' punti O corrispondono le rette appoggiate a due rette G'; ma tutte queste rette incontrano F' in due punti, dunque anche quelle incontreranno in due punti la superficie F [fuori della C o dei punti O]; ossia F ha la retta doppia C e i punti doppi O, O_1, O_2 *).

Per ottenere la rappresentazione di F sopra un piano, basterà projettare F' da un suo punto; le sezioni piane di F avranno allora per imagini le projezioni delle intersezioni di F' colle ψ, le quali projezioni sono curve di 6.° ordine con due punti tripli (i punti fondamentali della rappresentazione di F'), due punti doppi (corrispondenti alle intersezioni di F' con D') e sei punti semplici (corrispondenti alle intersezioni di F' colle G'). Se ora su questo sistema di curve piane operiamo una trasformazione quadratica, mediante la rete delle coniche passanti pei due punti tripli e per uno de' punti doppi, le curve di 6.° ordine si mutano in curve del 4.° ordine 0^2 1 2 3 4 5 6 7 8 **). Siccome le quattro rette $D' G' G'_1 G'_2$ formano tre piani D'G', $D'G'_1$, $D'G'_2$, così nella prima rappresentazione (cioè nella projezione di F') i sei punti semplici giacciono a due a due su tre coniche passanti pei due punti tripli e pei due punti doppi. Queste coniche si trasformano poi in rette; perciò nella rappresentazione definitiva avremo le tre rette 012, 034, 056, imagini dei tre punti doppi O, O_1, O_2. Alla retta C corrisponde nello spazio (x) l'iperboloide; $D'G'G'_1G'_2$, intersecante F' secondo una curva, la cui projezione sarà del 4.° ordine, ma che si trasforma poi in una curva del 3.° ordine, contenente tutt'i punti 0 1 2 ... 8. Ad un punto di C in F corrisponde l'intersezione di F' con una generatrice del detto iperboloide; cioè ad un punto della retta doppia C corrispondono due punti conjugati nella cubica 012 ... 8. Siccome le generatrici dell'iperboloide incontrano tutte [94] la retta D', così i due punti conjugati costituenti l'imagine di un punto di C sono sempre (nella projezione di F') in una conica passante pei due punti tripli [95] e pei due punti doppi, la qual conica si trasforma poi in una linea retta: dunque le coppie di punti conjugati della cubica 012 ... 8 sono allineate con un punto fisso della cubica medesima. Nella retta doppia C vi sono quattro punti cuspidali, giacchè quattro sono le generatrici dell'iperboloide che sono tangenti a F'. Le imagini delle sezioni piane di F sono le curve di 4.° ordine che appartengono al sistema $0^2$12 ... 8 e segano la cubica 012 ... 8 in due punti conjugati. Il punto 0 e la retta 78 sono imagini di due coniche situate nel piano OO_1O_2, e corrispondenti ai punti ne' quali F' incontra D'. I punti (1, 2), (3, 4), (5, 6) rappresentano tre coppie di rette contenute nei piani OC, O_1C, O_2C, le quali corrispondono alle

*) Noether nei Math. Annalen, t. 3, p. 50.

**) Cioè dotate di un punto doppio 0 e di otto punti semplici 1 2...8.

intersezioni di F' colle tre rette G'; i punti 7, 8 e le rette 07, 08 sono le imagini di altre quattro rette di F, corrispondenti alle generatrici rettilinee di F' incontrate da D', ecc., ecc.

29. Se F' è tangente lungo una conica all'iperboloide $D'G'G'_1G'_2$, la corrispondente superficie F avrà la retta cuspidale C e i tre punti doppi O O_1 O_2. Nella projezione di F', l'imagine di C sarà una conica 123456, e le imagini delle sezioni piane di F saranno curve di 6.° ordine con due punti tripli 1, 2, con tre punti semplici di contatto 4, 5, 6 e con un altro punto singolare 3, equivalente a due punti doppi infinitamente vicini. Trasformando poi per mezzo della rete di coniche 123, le imagini delle sezioni piane divengono curve di 4.° ordine con due punti 1, 2 di semplice intersezione, con tre punti semplici di contatto 4, 5, 6 e con un punto doppio 3. I tre punti 4, 5, 6 sono in una retta, imagine della retta cuspidale.

30. Se nello spazio (y) è data una superficie quàdrica F passante pei tre punti O O_1O_2, ad essa corrisponderà in (x) una superficie F' di 3.° ordine. Infatti, alle rette dello spazio (x) corrispondono cubiche gobbe, le quali avendo già in comune con F i tre punti O O_1O_2, la segano in altri tre punti. La superficie F' contiene: 1.° la retta D', che corrisponde alla conica comune ad F e al piano OO_1O_2; 2.° le tre rette G', che corrispondono alle tre coniche sezioni di F coi piani OC, O_1C, O_2C; 3.° due altre rette appoggiate alle G', le quali corrispondono ai punti in cui F è incontrata da C; 4.° tre rette situate rispettivamente nei piani D'G', $D'G'_1$, $D'G'_2$ e corrispondenti ai punti O, O_1, O_2; 5.° altre sei rette, ciascuna appoggiata a due G', corrispondenti alle generatrici di F che passano per un punto O; 6.° altre quattro rette, appoggiate a D', e corrispondenti alle generatrici di F che segano C; 7.° sei rette corrispondenti alle coniche passanti per due punti O e per uno de' punti comuni a C e ad F; 8.° due rette corrispondenti alle due cubiche gobbe che giacciono su F, passano pei tre punti O e segano C in due punti.

Projettando F da un suo punto, si ottiene una rappresentazione piana di F', nella quale le imagini delle sezioni piane sono curve di 4.° ordine con due punti doppi e cinque punti semplici fissi. Trasformando poi questo sistema di curve mediante la rete di coniche passanti pei due punti doppi e per uno de' punti semplici, si giunge alla rappresentazione d'ordine minimo della superficie di 3.° ordine *). Imagini delle sezioni piane sono allora le curve di 3.° ordine che passano per sei punti (fondamentali) fissi 1 2 3 4 5 6. Questi sei punti, le quindici rette 12, 13,... e le sei coniche 12345,... rappresentano le ventisette rette della superficie.

---

*) Clebsch, *Die Geometrie auf den Flächen dritter Ordnung* (G. Crelle-Borchardt, t. 65, p.359);—Cremona, *Mémoire de géométrie pure sur les surfaces du troisième ordre* (id., t. 68, p. 82) [Questo volume, pag. 66].

31. Il sig. CAYLEY *) ha già dato le formole (1), (4) pel caso più generale della presente trasformazione:

$$x_1 : x_2 : x_3 : x_4 = y_1 y_3 : y_2 y_3 : y_1 (y_2 + y_4) : y_2 (y_1 + y_4),$$

$$y_1 : y_2 : y_3 : y_4 = x_1 (x_1 x_4 - x_2 x_3) : x_2 (x_1 x_4 - x_2 x_3) : (x_1 - x_2) x_1 x_2 : (x_3 - x_4) x_1 x_2 .$$

Nello spazio (y), le superficie quàdriche φ hanno in comune la retta $(y_1 = y_2 = 0)$ e i tre punti

$$(y_1 = y_3 = y_4 = 0), \quad (y_2 = y_3 = y_4 = 0), \quad (y_1 = y_2 = -y_4, \ y_3 = 0);$$

e nello spazio (x) le superficie cubiche ψ hanno in comune la retta doppia $(x_1 = x_2 = 0)$ e le tre rette semplici

$$(x_1 = x_3 = 0), \quad (x_2 = x_4 = 0), \quad (x_1 - x_2 = 0, \ x_3 - x_4 = 0).$$

La Jacobiana del 1.° spazio è $y_1 y_2 y_3 (y_1 - y_2) = 0$; quella del 2.°

$$x_1^2 x_2^2 (x_1 - x_2)^2 (x_1 x_4 - x_2 x_3) = 0.$$

Sono poi da notarsi i seguenti casi particolari:

1.° $$x_1 : x_2 : x_3 : x_4 = y_1 y_3 : y_2 y_3 : y_1 (y_4 - y_1) : y_2 y_4 ,$$

$$y_1 : y_2 : y_3 : y_4 = x_1 (x_1 x_4 - x_2 x_3) : x_2 (x_1 x_4 - x_2 x_3) : x_1^2 x_2 : x_1^2 x_4 .$$

Le φ hanno in comune la retta $(y_1 = y_2 = 0)$, e i punti $(y_1 = y_3 = y_4 = 0)$, $(y_1 - y_4 = y_2 = y_3 = 0)$, nel primo de' quali toccano la retta $(y_3 = y_4 = 0)$. Le ψ, oltre ad avere la retta doppia $(x_1 = x_2 = 0)$, si segano lungo la generatrice $(x_2 = x_4 = 0)$ e si toccano lungo l'altra generatrice $(x_1 = x_3 = 0)$.

La Jacobiana del 1.° spazio è $y_1^2 y_2 y_3 = 0$; quella dell'altro

$$x_1^4 x_2^2 (x_1 x_4 - x_2 x_3) = 0.$$

2.° $$x_1 : x_2 : x_3 : x_4 = y_1 y_4 : y_2 y_4 : y_1 y_3 : y_1^2 + y_2 y_3 ,$$

$$y_1 : y_2 : y_3 : y_4 = x_1 (x_1 x_4 - x_2 x_3) : x_2 (x_1 x_4 - x_2 x_3) : x_1^2 x_3 : x_1^3 .$$

Le φ hanno in comune la retta $(y_1 = y_2 = 0)$ e il punto $(y_1 = y_3 = y_4 = 0)$, nel quale le loro sezioni fatte col piano $y_4 = 0$ hanno un contatto tripunto (e la tangente $y_3 = y_4 = 0$). Le ψ hanno in comune la retta doppia $(x_1 = x_2 = 0)$ e si osculano lungo la generatrice $(x_1 = x_3 = 0)$.

Le Jacobiane dei due spazi sono $y_1^3 y_4 = 0$, $x_1^6 (x_1 x_4 - x_2 x_3) = 0$.

*) Proceedings of the London Math. Society, t. 3, p. 171.

3.° $$x_1 : x_2 : x_3 : x_4 = y_2 y_3 : y_3 y_1 : y_1 y_2 : y_4(y_1 - y_2),$$
$$y_1 : y_2 : y_3 : y_4 = (x_2 - x_1) x_2 x_3 : (x_2 - x_1) x_3 x_1 : (x_2 - x_1) x_1 x_2 : x_1 x_2 x_4.$$

Le φ passano per la retta $(y_1 = y_2 = 0)$ e pei punti $(y_1 = y_3 = y_4 = 0)$, $(y_2 = y_3 = y_4 = 0)$, e sono toccate nel punto $(y_1 = y_2 = y_3 = 0)$ dal piano fisso $y_1 - y_2 = 0$. Le ψ, oltre alla retta doppia $(x_1 = x_2 = 0)$, hanno in comune le tre generatrici $(x_1 = x_3 = 0)$, $(x_2 = x_3 = 0)$, $(x_1 - x_2 = x_4 = 0)$, le prime due delle quali concorrono sulla retta doppia.

Le Jacobiane sono $y_1 y_2 y_3 (y_1 - y_2) = 0$, $x_1^2 x_2^2 (x_1 - x_2)^3 x_3 = 0$.

4.° $$x_1 : x_2 : x_3 : x_4 = y_1 y_3 : y_2 y_3 : y_1^2 : y_2 y_4,$$
$$y_1 : y_2 : y_3 : y_4 = x_1 x_2 x_3 : x_2^2 x_3 : x_1^2 x_2 : x_1^2 x_4.$$

Le φ passano per la retta $(y_1 = y_2 = 0)$; oltre a ciò, nel punto $(y_1 = y_2 = y_3 = 0)$ sono toccate dal piano $y_2 = 0$ e nel punto $(y_1 = y_3 = y_4 = 0)$ dalla retta $(y_3 = y_4 = 0)$. Le ψ hanno la retta doppia $(x_1 = x_2 = 0)$, sono toccate dal piano $x_3 = 0$ lungo la retta $(x_1 = x_3 = 0)$ e si segano in un'altra generatrice $(x_2 = x_4 = 0)$.

Le Jacobiane sono $y_1^2 y_2 y_3 = 0$, $x_1^4 x_2^3 x_3 = 0$.

5.° $$x_1 : x_2 : x_3 : x_4 = y_2 y_3 : y_3 y_1 : y_1 y_2 : y_2^2 - y_1 y_4,$$
$$y_1 : y_2 : y_3 : y_4 = x_2^2 x_3 : x_1 x_2 x_3 : x_1 x_2^2 : x_1 (x_1 x_3 - x_2 x_4).$$

Le φ passano per la retta $(y_1 = y_2 = 0)$ e pel punto $(y_2 = y_3 = y_4 = 0)$, sono toccate nel punto $(y_1 = y_2 = y_3 = 0)$ dal piano $y_1 = 0$, e in questo stesso punto le loro sezioni fatte con piani passanti per la retta $(y_1 = y_3 = 0)$ si osculano. Le ψ hanno in comune la retta doppia $(x_1 = x_2 = 0)$ e le generatrici $(x_1 = x_3 = 0)$, $(x_2 = x_3 = 0)$, che concorrono sulla retta doppia; e lungo la seconda delle dette generatrici hanno tutt'i piani tangenti comuni.

Le Jacobiane sono $y_1^2 y_2 y_3 = 0$, $x_1^2 x_2^5 x_3 = 0$.

6.° $$x_1 : x_2 : x_3 : x_4 = y_1 y_3 : y_2 y_3 : y_1^2 : y_2^2 - y_1 y_4,$$
$$y_1 : y_2 : y_3 : y_4 = x_1^2 x_3 : x_1 x_2 x_3 : x_1^3 : x_2^2 x_3 - x_1^2 x_4.$$

Le φ passano per la retta $(y_1 = y_2 = 0)$ e sono segate dal piano $y_3 = 0$ secondo coniche aventi un contatto quadripunto in $(y_1 = y_2 = y_3 = 0)$, dove il piano tangente comune è $y_1 = 0$. Le ψ hanno in comune la retta doppia $(x_1 = x_2 = 0)$ e si osculano lungo la retta $(x_1 = x_3 = 0)$, in tutt'i punti della quale il piano tangente è costante $(x_3 = 0)$.

Le Jacobiane sono $y_1^3 y_3 = 0$, $x_1^7 x_3 = 0$.

Nel caso generale, come anche ne' primi due casi particolari, il luogo delle direttrici semplici delle ψ è l'iperboloide $x_1 x_4 - x_2 x_3 = 0$; negli ultimi quattro casi, il detto luogo si riduce al piano $x_3 = 0$. Ne' due casi che seguono, la direttrice semplice coincide colla retta doppia.

7.º $x_1 : x_2 : x_3 : x_4 = y_1(y_1 - y_2) : y_2(y_1 - y_2) : y_1 y_3 : y_2 y_4,$

$y_1 : y_2 : y_3 : y_4 = x_1^2 x_2 : x_1 x_2^2 : x_2 x_3(x_1 - x_2) : x_1 x_4(x_1 - x_2).$

Le φ hanno in comune la retta $(y_1 = y_2 = 0)$ ed il punto $(y_1 = y_2,\ y_3 = y_4 = 0)$, e nei punti $(y_1 = y_2 = y_3 = 0)$, $(y_1 = y_2 = y_4 = 0)$ sono toccate rispettivamente dai piani $y_2 = 0$, $y_1 = 0$. Le ψ hanno in comune la retta doppia $(x_1 = x_2 = 0)$, che ora fa anche le veci di una generatrice comune, e le due generatrici $(x_1 = x_3 = 0)$, $(x_2 = x_4 = 0)$.

Le Jacobiane sono $y_1 y_2 (y_1 - y_2)^2 = 0$, $x_1^3 x_2^3 (x_1 - x_2)^2 = 0$.

8.º $x_1 : x \ : x_3 : x_4 = y_1^2 : y_1 y_2 : y_2 y_4 : y_1 y_3 - y_2^2,$

$y_1 : y_2 : y_3 : y_4 = x_1^2 x_2 : x_1 x_2^2 : x_2(x_1 x_4 + x_2^2 - x_1 x_3) : x_1^2 x_3.$

Le φ hanno in comune la retta $(y_1 = y_2 = 0)$ e i piani $y_1 = 0$, $y_2 = 0$ tangenti rispettivamente nei punti $(y_1 = y_2 = y_4 = 0)$, $(y_1 = y_2 = y_3 = 0)$, e sono segate dai piani passanti per la retta $(y_1 = y_4 = 0)$ secondo coniche che si osculano nel punto $(y_1 = y_2 = y_4 = 0)$. Le ψ hanno la retta doppia $(x_1 = x_2 = 0)$, che qui fa anche l'ufficio di una generatrice di contatto (così che essa conta per 6 nell'ordine dell'intersezione di due ψ), e si segano inoltre nella generatrice $(x_2 = x_3 = 0)$.

Le Jacobiane sono $y_1^3 y_3 = 0$; $x_1^5 x_2^3 = 0$.

32. Questi casi particolari si deducono dal caso generale, supponendo:

1.º che due de' tre punti O_1, O_2, O_3 siano infinitamente vicini in una data retta $(y_3 = y_4 = 0)$;

2.º che i tre punti O_1, O_2, O_3 siano infinitamente vicini in un dato piano $y_4 = 0$;

3.º che il punto O_1 sia infinitamente vicino alla retta C, determinando con essa un piano $y_1 - y_2 = 0$ (mentre i punti O_2, O_3 siano qualsivogliano);

4.º che, oltre all'ipotesi 3.ª, i punti O_2, O_3 siano infinitamente vicini fra loro in una data retta $(y_3 = y_4 = 0)$;

5.º che i punti O_1, O_2 siano infinitamente vicini fra loro in una data retta $(y_1 = y_3 = 0)$, ed anche infinitamente vicini alla retta C, colla quale determinino il piano $y_1 = 0$;

6.º che, oltre all'ipotesi 5.ª, anche il punto O_3 sia infinitamente vicino agli altri due in un dato piano $y_3 = 0$;

7.º che i punti O_1, O_2, senza essere prossimi fra loro, siano infinitamente vicini alla retta C, determinando con essa rispettivamente i piani $y_1 = 0$, $y_2 = 0$;

8.º che, oltre all'ipotesi 7.ª, il punto O_3 si accosti infinitamente ad O_1 in una retta data $(y_1 = y_4 = 0)$.

33. Le K siano coniche per tre punti fissi $O_1\ O_2\ O_3$; il luogo L riducesi allora alla retta 12 contata due volte. Le φ sono superficie di 2.º grado circoscritte ad un tetraedro fisso

$O\,O_1 O_2 O_3$, in un vertice O del quale hanno un piano tangente fisso ω. La trasformazione inversa è di 4.° grado ($\mu = 4$), giacchè alle rette dello spazio (x) corrispondono le curve gobbe di 4.° ordine, per le quali $O_1\,O_2\,O_3$ sono punti semplici ed O è un punto doppio colle tangenti nel piano fisso ω.

Lo spazio (y) non contiene curve fondamentali; e la Jacobiana delle φ dee segare la φ_4 secondo un luogo di 8.° ordine. Ora la Jacobiana delle K è la terna delle rette O_2O_3, O_3O_1, O_1O_2 che rappresentano tre coniche; e i punti fondamentali 1, 2 rappresentano due rette, che insieme colle tre coniche costituiscono il predetto luogo di 8.° ordine. Dunque la Jacobiana delle φ comprende: 1.° il luogo delle coniche circoscritte al triangolo $O\,O_2O_3$ e tangenti in O al piano ω; 2.° il luogo delle coniche circoscritte al triangolo $O\,O_3O_1$ e tangenti in O al piano ω; 3.° il luogo delle coniche circoscritte al triangolo $O\,O_1O_2$ e tangenti in O al piano ω; 4.° il luogo delle rette passanti per O e contenute nel piano ω. Questi quattro luoghi sono ordinatamente i piani $O\,O_2O_3$, $O\,O_3O_1$, $O\,O_1O_2$ ed ω; l'insieme dei quali costituirà adunque la Jacobiana delle φ; e ai piani medesimi corrisponderanno nello spazio (x) tre rette fondamentali doppie D'_1, D'_2, D'_3 ed una conica C'.

La retta comune a due de' tre piani $O\,O_2O_3$, $O\,O_3O_1$, $O\,O_1O_2$ fa parte d'entrambi i fasci di coniche contenuti in essi piani; dunque le tre rette doppie dello spazio (x) a due a due hanno un punto comune. Ma le tre rette doppie non possono giacere in un solo e medesimo piano, perchè ad esso corrisponderebbe una superficie φ della quale farebbero parte i tre piani $O\,O_2O_3$, $O\,O_3O_1$, $O\,O_1O_2$ (il che è assurdo, essendo le φ di 2.° grado); dunque le tre rette concorrono in uno stesso punto Q'.

La retta comune al piano ω e ad uno dei piani $O\,O_2O_3$, $O\,O_3O_1$, $O\,O_1O_2$ fa parte sì del fascio di coniche contenute in questo piano, sì del fascio di rette contenute nel primo piano e incrociate in O; dunque la conica C' incontra ciascuna delle rette D'.

Da tutto ciò segue che le ψ sono superficie (di Steiner) di 4.° ordine, per le quali Q' è un punto triplo, le D' sono rette doppie e C' è una conica semplice.

Le curve secondo le quali si segano ulteriormente le ψ a due a due, ossia le curve dello spazio (x) che corrispondono alle rette dello spazio (y), sono coniche appoggiate in un punto a ciascuna delle linee D'_1, D'_2, D'_3, C'.

La Jacobiana delle ψ dev'essere una superficie del 12.° ordine, per la quale ciascuna D' sia multipla secondo 7, e la C' sia tripla. D'altra parte, a ciascuno de' punti O_1, O_2, O_3 dee corrispondere un piano da contarsi due volte, e al punto O una superficie quàdrica da contarsi tre volte nella Jacobiana delle ψ. Dunque ai punti $O_1\,O_2\,O_3\,O$ corrispondono ordinatamente i piani $D'_2\,D'_3$, $D'_3\,D'_1$, $D'_1\,D'_2$ e il cono quadrico $Q'\,C'$.

Si giunge alla medesima trasformazione, assumendo per le K le curve di 4.° ordine $1^2\,2^2\,0^2\,O_1\,O_2\,O_3$; nel qual caso il luogo L scompare affatto. Anche qui si ottengono parecchi casi particolari, supponendo che alcuni de' punti $O\,O_1O_2O_3$ siano infinitamente vicini.

34. Da questa trasformazione si ricava tosto la rappresentazione di una superficie ψ di STEINER sul corrispondente piano β *). Alle sezioni piane di ψ corrispondono le intersezioni di β colle φ, vale a dire un sistema di coniche che incontrano in punti conjugati involutoriamente ciascuna delle rette, secondo le quali β sega i piani OO_2O_3, OO_3O_1, OO_1O_2; i punti doppi delle tre involuzioni sono i vertici di un quadrilatero completo. Ciascuna φ che tocchi il piano β lo sega secondo due rette; dunque ciascun piano tangente a ψ sega questa superficie secondo due coniche. I lati del quadrilatero anzidetto sono le generatrici di contatto del piano β con quattro coni φ, ai quali corrispondono quattro piani, e ciascuno di questi tocca ψ lungo una conica.

Ad una superficie di 2.° grado situata comunque nello spazio (x) corrisponde in (y) una certa superficie di 4.° ordine, per la quale O_1 O_2 O_3 sono punti doppi conici, ed O è un punto doppio uniplanare, nel quale il piano tangente sega la superficie secondo quattro rette. Io ho già studiato questa superficie altrove **).

In generale, ad una superficie d'ordine n, situata comunque nello spazio (x), corrisponde in (y) una superficie d'ordine $2n$, per la quale O_1 O_2 O_3 sono punti n-pli conici, ed O è un punto n-plo uniplanare, dove il piano tangente ω sega la superficie secondo $2n$ rette (incrociate in O), così che la sezione fatta da un piano condotto arbitrariamente per O è una curva del genere $(n-1)^2$, per la quale O fa le veci di due punti n-pli infinitamente vicini. Se per la prima superficie il punto Q', le rette D'_1, D'_2, D'_3, e la conica C' sono multiple ordinatamente secondo i numeri q, q_1, q_2, q_3, c, la seconda superficie sarà dell'ordine $2n-(q_1+q_2+q_3+c)$, e per essa i punti O, O_1, O_2, O_3 saranno multipli secondo i numeri $n+q-(q_1+q_2+q_3+c)$, $n-(q_2+q_3)$, $n-(q_3+q_1)$, $n-(q_1+q_2)$; ecc. ecc.

35. Le formole (1) e (4) pel caso più generale della presente trasformazione sono ***):

$$x_1 : x_2 : x_3 : x_4 = y_2\, y_3 : y_3\, y_1 : y_1\, y_2 : y_4\,(y_1+y_2+y_3),$$

$$y_1 : y_2 : y_3 : y_4 = f(x)\, x_2\, x_3 : f(x)\, x_3\, x_1 : f(x)\, x_1\, x_2 : x_1\, x_2\, x_3\, x_4,$$

dove per brevità si è posto $f(x)=x_2 x_3+x_3 x_1+x_1 x_2$. Le superficie quadriche φ sono circoscritte al tetraedro formato dai piani $y_1=0$, $y_2=0$, $y_3=0$, $y_4=0$ e sono toccate nel vertice $(y_1=y_2=y_3=0)$ dal piano fisso $y_1+y_2+y_3=0$. Le ψ sono superficie di 4.° ordine, aventi in comune tre rette doppie (gli spigoli del triedro formato dai piani $x_1=0$ $x_2=0$, $x_3=0$), ed una conica $(x_4=0,\ f(x)=0)$.

Le Jacobiane dei due sistemi sono $y_1 y_2 y_3 (y_1+y_2+y_3)=0$, $x_1^2 x_2^2 x_3^2 f^3(x)=0$.

Notiamo poi i seguenti casi particolari:

---

*) Rendiconti del R. Istituto Lombardo, 24 gennajo 1867, p. 15. [Questo volume, pag. 389]. CLEBSCH nel G. CRELLE-BORCHARDT, t. 67, p. 1.

) Memorie dell'Accad. di Bologna, serie 3.ª, t. 1.° [Queste Opere, n. **94].

***) Ibid.

1.° $$x_1 : x_2 : x_3 : x_4 = y_2 y_3 : y_3 y_1 : y_1 y_2 : y_3^2 - (y_1 + y_2) y_4,$$
$$y_1 : y_2 : y_3 : y_4 = f(x) x_2 x_3 : f(x) x_3 x_1 : f(x) x_1 x_2 : x_1 x_2 (x_1 x_2 - x_3 x_4),$$

dove $f(x) = (x_1 + x_2) x_3$. Le φ passano pei punti

$$(y_1 = y_2 = y_3 = 0), \quad (y_1 = y_3 = y_4 = 0), \quad (y_2 = y_3 = y_4 = 0),$$

nel primo de' quali esse hanno il piano tangente fisso $y_1 + y_2 = 0$ e le loro sezioni fatte con piani passanti per la retta $(y_1 = y_2 = 0)$ si osculano. Le ψ sono ancora superficie di STEINER aventi in comune le tre rette doppie $(x_2 = x_3 = 0)$, $(x_3 = x_1 = 0)$, $(x_1 = x_2 = 0)$ ed una conica

$$(x_1 + x_2 = 0, \quad x_1 x_2 - x_3 x_4 = 0),$$

la quale però è ora situata in un piano passante per una delle tre rette doppie.

Le Jacobiane sono $y_1 y_2 y_3 (y_1 + y_2) = 0$, $x_1^2 x_2^2 x_3^5 (x_1 + x_2)^3 = 0$.

2.° $$x_1 : x_2 : x_3 : x_4 = y_2 y_3 : y_3 y_1 : y_1 y_2 : y_2^2 + y_3^2 + y_1 y_4,$$
$$y_1 : y_2 : y_3 : y_4 = f(x) x_2 x_3 : f(x) x_3 x_1 : f(x) x_1 x_2 : x_1 x_2 x_3 x_4 - x_1^2 (x_2^2 + x_3^2),$$

dove $f(x) = x_2 x_3$. Le φ hanno di comune i punti

$$(y_1 = y_2 = y_3 = 0), \quad (y_2 = y_3 = y_4 = 0),$$

nel primo dei quali esse sono toccate dal piano fisso $y_1 = 0$ e le loro sezioni fatte con qualunque piano passante per una delle rette $(y_1 = y_2 = 0)$, $(y_1 = y_3 = 0)$ si osculano. Le ψ sono ancora superficie di STEINER con tre rette doppie comuni $(x_2 = x_3 = 0)$, $(x_3 = x_1 = 0)$, $(x_1 = x_2 = 0)$; ma invece di passare per una stessa conica, hanno in comune tutt'i piani tangenti ne' punti di una retta doppia $(x_2 = x_3 = 0)$.

Le Jacobiane sono $y_1^2 y_2 y_3 = 0$, $x_1^2 x_2^5 x_3^5 = 0$.

3.° $$x_1 : x_2 : x_3 : x_4 = y_1^2 : y_1 y_2 : y_2 y_3 : y_4 (y_3 - y_2),$$
$$y_1 : y_2 : y_3 : y_4 = f(x) x_1 x_2 : f(x) x_2^2 : f(x) x_1 x_3 : x_1 x_2^2 x_4,$$

dove $f(x) = x_1 x_3 - x_2^2$. Le φ hanno di comune i tre punti $(y_1 = y_2 = y_3 = 0)$, $(y_1 = y_2 = y_4 = 0)$, $(y_1 = y_3 = y_4 = 0)$, nel primo de' quali sono toccate dal piano $y_3 - y_2 = 0$, e nel secondo dalla retta $y_2 = y_4 = 0$. Le ψ sono d'una forma degenere della superficie di STEINER *), esse hanno in comune la retta $(x_1 = x_2 = 0)$ equivalente a due rette doppie infinitamente vicine, un'altra retta doppia $(x_2 = x_3 = 0)$ ed una conica $(x_4 = 0, f(x) = 0)$.

Le Jacobiane sono $y_1^2 y_2 (y_3 - y_2) = 0$, $x_1^2 x_2^4 f(x) = 0$.

---

*) CLEBSCH nel G. CRELLE-BORCHARDT, t. 67, p. 15; — Rendiconti del R. Istituto Lombardo, 24 gennajo 1867, p. 19 [Queste Opere, t. 2.°, pag. 392].

4.° $x_1 : x_2 : x_3 : x_4 = y_1 y_3 : y_2 y_3 : y_2^2 : y_3^2 + y_1 y_4,$

$y_1 : y_2 : y_3 : y_4 = f(x) x_1 x_3 : f(x) x_2 x_3 : f(x) x_2^2 : x_2^2 (x_3 x_4 - x_2^2),$

dove $f(x) = x_1 x_3$. Le φ passano pei punti $(y_1 = y_2 = y_3 = 0)$, $(y_2 = y_3 = y_4 = 0)$, nel primo de' quali sono toccate dal piano $y_1 = 0$, e nel secondo dalla retta $(y_3 = y_4 = 0)$; inoltre sono segate da ogni piano passante per la retta $(y_1 = y_2 = 0)$ secondo coniche che si osculano in $(y_1 = y_2 = y_3 = 0)$. Le ψ sono della stessa forma degenere della superficie di STEINER come nel caso precedente; hanno in comune le rette doppie $(y_2 = y_3 = 0)$, $(y_1 = y_2 = 0)$, la prima delle quali rappresenta due rette doppie infinitamente vicine, ed inoltre una conica $(x_1 = 0,\ x_3 x_4 - x_2^2 = 0)$, il cui piano passa per la seconda retta doppia.

Le Jacobiane sono $y_1 y_2^2 y_3 = 0,\ x_1^3 x_2^4 x_3^5 = 0$.

5.° $x_1 : x_2 : x_3 : x_4 = y_1^2 : y_1 y_3 : y_3^2 - y_1 y_2 : y_2 y_4,$

$y_1 : y_2 : y_3 : y_4 = f(x) x_1^2 : f^2(x) : f(x) x_1 x_2 : x_1^3 x_4,$

dove $f(x) = x_2^2 - x_1 x_3$. Le φ hanno il punto comune $(y_1 = y_2 = y_3 = 0)$ col piano tangente fisso $y_2 = 0$, ed un altro punto comune $(y_1 = y_3 = y_4 = 0)$ dove le sezioni fatte col piano $y_4 = 0$ si osculano tutte fra loro. Le ψ appartengono ad un'altra forma degenere della superficie di STEINER *); hanno in comune la retta $x_1 = x_2 = 0$, che rappresenta tre rette doppie infinitamente vicine, ed inoltre la conica $(x_4 = 0,\ f(x) = 0)$.

Le Jacobiane sono $y_1^3 y_2 = 0,\ x_1^6 f^3(x) = 0$.

36. Questi casi particolari risultano dal caso generale supponendo:

1.° che il punto O_1 sia infinitamente vicino ad O nella retta $(y_1 = y_2 = 0)$;

2.° che anche il punto O_2 sia infinitamente vicino ad O nella retta $(y_1 = y_3 = 0)$;

3.° che de' tre punti O_1, O_2, O_3 (ora non più supposti prossimi ad O) due siano infinitamente vicini fra loro nella retta $(y_2 = y_4 = 0)$;

4.° che il punto O_1 sia infinitamente vicino ad O nella retta $(y_1 = y_2 = 0)$, e che i punti O_2, O_3 siano prossimi fra loro nella retta $(y_3 = y_4 = 0)$;

5.° che i tre punti O_1, O_2, O_3 siano infinitamente vicini fra loro nel piano $y_4 = 0$.

Trasformazioni di 3.° grado.

$(\nu = 3;\ \mu = 2, 3, 4, \ldots, 9)$. [96]

37. Sia φ_4 una superficie gobba di 3.° grado, la cui retta doppia indicherò con D. Abbiamo già veduto (n.° 26) che essa può essere rappresentata, punto per punto, in un piano

*) Rendiconti del R. Istituto Lombardo, 24 gennajo 1867, p. 20. [Queste Opere, t. 2°. p. 393].

Π in modo che le imagini delle sue sezioni piane siano coniche passanti per un punto fisso 1 e seganti armonicamente un dato segmento. Per conseguenza, il sistema Σ delle imagini delle intersezioni di φ_4 colle altre superficie gobbe di 3.° grado, dotate della medesima retta doppia, sarà formato dalle curve di 4.° ordine 1^3.

Assumendo per le K le rette del piano Π, epperò per L il gruppo di tre rette passanti per 1, si ottiene la trasformazione ($\nu = 3$, $\mu = 2$), che abbiamo già esaminata precedentemente (n.° 25).

Le K siano coniche $1\,0_1 0_2$, epperò L sia un pajo di rette uscenti da 1. Le φ saranno superficie gobbe di 3.° grado aventi in comune, oltre alla retta doppia D, due generatrici G_1, G_2 e due punti O_1, O_2; e la trasformazione inversa sarà di 3.° grado ($\mu = 3$). Alle rette dello spazio (x) corrispondono cubiche gobbe R, le quali passano per O_1, O_2, segano due volte D ed una volta ciascuna delle G_1, G_2; come si riconosce tosto dall'esame delle K, le quali sono le imagini di quelle curve R che giacciono in φ_4.

La Jacobiana delle φ dev'essere un luogo dell'8.° ordine, pel quale D, G_1, G_2 siano multiple secondo i numeri 7, 3, 3; esso avrà adunque con φ_4 un'altra linea comune dell'ordine $3.8 - 2.7 - 2.3 = 4$. Questa è l'insieme di una conica e di due rette, rappresentate su Π dalle rette $0_1 0_2$, 10_1, 10_2, che formano la Jacobiana delle K. Dunque la Jacobiana delle φ comprende: 1.° il luogo delle coniche passanti per O_1, O_2 ed appoggiate alle rette D, G_1, G_2, vale a dire l'iperboloide $DG_1G_2O_1O_2$; 2.° il luogo delle rette che passano per O_1 e segano D, vale a dire il piano O_1D: 3.° il luogo delle rette che passano per O_2 e segano D, vale a dire il piano O_2D. Questi tre luoghi sono da contarsi semplicemente nella Jacobiana delle φ, giacchè per questa i punti O_1, O_2 sono soltanto doppi (n.° 16); dunque la Jacobiana medesima comprenderà inoltre un luogo del 4.° ordine, il quale, dovendo avere D come retta quadrupla e G_1, G_2 come rette doppie, non può essere altro che il pajo di piani DG_1, DG_2, contati due volte.

Segue da ciò che gli enti fondamentali dello spazio (x) sono una retta doppia D' (corrispondente all'iperboloide $DG_1G_2O_1O_2$), due rette semplici G'_1, G'_2 (corrispondenti ai piani O_1D, O_2D) e due punti semplici O'_1, O'_2 (corrispondenti ai piani DG_1, DG_2).

Le rette D', G'_1 hanno un punto comune, perchè la retta [97] che passa per O_1 e incontra D e G_1 appartiene sì alle coniche corrispondenti ai punti di D', sì alle rette corrispondenti ai punti di G'_1. Analogamente D' sega anche G'_1. Da ciò segue senz'altro, che le ψ sono superficie gobbe di 3.° grado, aventi in comune la retta doppia D', le generatrici G'_1, G'_2, ed i punti O'_1 O'_2; vale a dire, il sistema delle ψ è affatto analogo a quello delle φ.

Se assumiamo $y_1 = 0$, $y_2 = 0$, $y_1 - a_1y_2 = 0$, $y_1 - a_2y_2 = 0$ come equazioni dei piani DO_1, DO_2, DG_1, DG_2; ($y_3 = y_4 = 0$) come equazioni della retta O_1O_2, ed $I(y) = 0$ come equazione dell'iperboloide $DG_1G_2O_1O_2$, le formole (1), (4) per l'attuale trasformazione saranno

$$x_1 : x_2 : x_3 : x_4 = y_1 \, \mathrm{I}(y) : y_2 \, \mathrm{I}(y) : (y_1 - a_1 y_2)(y_1 - a_2 y_2) y_3 : (y_1 - a_1 y_2)(y_1 - a_2 y_2) y_4,$$

$$y_1 : y_2 : y_3 : y_4 = x_1 \, \mathrm{J}(x) : x_2 \, \mathrm{J}(x) : (a_2 - a_1) x_1 x_2 x_3 : (a_2 - a_1) x_1 x_2 x_4,$$

dove $\mathrm{J}(x) = (x_1 - a_1 x_2)(x_1 - a_2 x_2) + (a_2 - a_1) x_1 x_2 - \mathrm{I}(x)$. Le Jacobiane dei due spazi sono

$$\mathrm{I}(y) \, y_1 y_2 (y_1 - a_1 y_2)^2 (y_1 - a_2 y_2)^2 = 0, \quad \mathrm{J}(x)(x_1 - a_1 x_2)(x_1 - a_2 x_2) x_1^2 x_2^2 = 0.$$

Si hanno casi particolari di questa trasformazione, quando facciansi ipotesi speciali sulla scambievole giacitura dei punti O_1, O_2 e delle rette D, G_1, G_2. D'ora innanzi tralasceremo di considerare tali casi, che per sè non presentano difficoltà: tanto più che noi non abbiamo qui l'intenzione d'esaurire tutt'i casi possibili, ma solamente di presentare alcuni degli esempi più notabili.

38. Ritenuta la supposizione del n.° 37 per φ_4, le K siano ora le cubiche $1^2 0_1 0_2 0_3 0_4$, ed L sia una retta per 1. Allora le φ saranno superficie gobbe di 3.° grado aventi in comune, oltre alla retta doppia D, una generatrice G e quattro punti O_1, O_2, O_3, O_4; e la trasformazione inversa sarà di 4.° grado ($\mu = 4$). Alle rette dello spazio (x) corrispondono curve gobbe R di 4.° ordine (e 2.ª specie), che incontrano D in tre punti, G in un punto, e passano per quattro punti O.

La Jacobiana delle φ dev'essere dell'8.° ordine e contenere D sette volte e G tre volte; essa segherà adunque φ_4 secondo un'altra linea dell'ordine $3 \,.\, 8 - 2 \,.\, 7 - 1 \,.\, 3 = 7$, la quale è costituita da una cubica gobba e da quattro rette, rappresentate su Π dalla conica $1 0_1 0_2 0_3 0_4$ e dalle rette $1 0_1$, $1 0_2$, $1 0_3$, $1 0_4$, che formano la Jacobiana delle K. Dunque la Jacobiana delle φ comprende: 1.° il luogo delle cubiche gobbe seganti D in due punti, G in un punto e passanti pei quattro punti O, vale a dire l'iperboloide $\mathrm{DGO_1O_2O_3O_4}$; 2.° i luoghi delle rette seganti D e passanti per un punto O, vale a dire i quattro piani $\mathrm{DO_1}$, $\mathrm{DO_2}$, $\mathrm{DO_3}$, $\mathrm{DO_4}$. Questi cinque luoghi sono da contarsi semplicemente nella Jacobiana delle φ, perchè in questa i punti O non sono che doppi; dunque la Jacobiana che si considera comprenderà anche un luogo di 2.° ordine, pel quale D e G siano doppie; il qual luogo sarà pertanto il piano DG contato due volte.

Di qui consegue che gli enti fondamentali dello spazio (x) sono una retta tripla D′ (corrispondente all'iperboloide $\mathrm{DGO_1O_2O_3O_4}$), quattro rette semplici G'_1, G'_2, G'_3, G'_4 (corrispondenti ai quattro piani DO), ed un punto O′ (corrispondente al piano DG).

La retta D′ incontra ciascuna retta G'_r, perchè la retta [98] che passa per O_r e si appoggia a D, G, appartiene sì alle cubiche corrispondenti ai punti di D′, sì alle rette corrispondenti ai punti di G'_r.

Le ψ sono adunque superficie gobbe di 4.° grado, che hanno in comune la retta tripla D′, le quattro generatrici G′ ed il punto O′.

La Jacobiana delle ϕ comprenderà: 1.° quattro piani, da contarsi due volte, corrispondenti ai quattro punti O, e seganti ciascuna ϕ esclusivamente nelle linee fondamentali: essi sono i quattro piani D' G'; 2.° un luogo di rette corrispondenti ai punti di G, il qual luogo dev'essere un piano, perchè G ha con ciascuna R un solo punto comune, e deve segare ciascuna ϕ secondo una retta, ond'esso sarà il piano D'O'; 3.° un luogo di coniche corrispondenti ai punti di D, il qual luogo sarà di 3.° ordine, perchè D ha con ciascuna R tre punti comuni. Siccome la Jacobiana completa è dell'ordine 12 e contiene D', G', O' risp. 11, 3, 2 volte, così il luogo di 3.° ordine conterrà D', G', O' risp. 2, 1, 1 volta, vale a dire, esso sarà la superficie gobba di 3.° grado, che è determinata dalla retta doppia D', dalle quattro generatrici G', e dal punto O'. Le coniche (corrispondenti ai punti di D) secondo le quali la detta superficie di 3.° grado interseca le ϕ, sono appoggiate alle cinque rette D', G' e passano pel punto O'.

Se si rappresentano i piani DG, DO_1, DO_2, DO_3, DO_4, $O_1O_2O_3$, $O_1O_2O_4$ e l'iperboloide $DGO_1O_2O_3O_4$ colle equazioni.

$$y_1 - y_2 = 0,\ y_1 - a_1 y_2 = 0,\ y_1 - a_2 y_2 = 0,\ y_1 = 0,\ y_2 = 0,\ y_3 = 0,\ y_4 = 0,\ \mathrm{I}(y) = 0,$$

dove

$$\mathrm{I}(y) = (y_1 - a_1 y_2)(y_1 - a_2 y_2) + a\, y_1 y_3 + b\, y_1 y_4 + c\, y_2 y_3 + d\, y_2 y_4,$$

le formole (1), (4) per l'attuale trasformazione saranno

$$x_1 : x_2 : x_3 : x_4 = y_1 \mathrm{I}(y) : y_2 \mathrm{I}(y) : y_2 y_3 (y_1 - y_2) : y_1 y_4 (y_1 - y_2),$$
$$y_1 : y_2 : y_3 : y_4 = x_1 \mathrm{J}(x) : x_2 \mathrm{J}(x) : f(x)\, x_1 x_3 : f(x)\, x_2 x_4,$$

dove $f(x) = (x_1 - a_1 x_2)(x_1 - a_2 x_2)$, e

$$\mathrm{J}(x) = -(a\, x_1^2 x_3 + b\, x_1 x_2 x_4 + c\, x_1 x_2 x_3 + d\, x_2^2 x_4) + (x_1 - x_2)\, x_1 x_2 .$$

Le Jacobiane dei due spazi sono ordinatamente

$$\mathrm{I}(y)(y_1 - a_1 y_2)(y_1 - a_2 y_2)\, y_1 y_2 (y_1 - y_2)^2 = 0,$$
$$\mathrm{J}(x)(x_1 - x_2)(x_1 - a_1 x_2)^2 (x_1 - a_2 x_2)^2 x_1^2 x_2^2 = 0.$$

39. La trasformazione qui trattata somministra la rappresentazione, punto per punto, di una superficie ϕ sul corrispondente piano β *). Come già si è notato, ϕ è gobba e di 4.° grado, ed è dotata di una retta tripla D'. Imagini delle sue sezioni piane saranno le tracce delle φ su β, epperò saranno curve H di 3.° ordine, aventi in comune un punto doppio d (traccia di D) ed un punto semplice g (traccia di G). Ai piani per O' corrispondono gli iper-

*) Cfr. NOETHER nei Mathem. Annalen, t. 3.

boloidi $DO_1O_2O_3O_4$, i quali segano ciascuno dei piani $O_2O_3O_4$, $O_1O_3O_4$, $O_1O_2O_4$, $O_1O_2O_3$ secondo fasci di coniche; dunque le tracce di questi iperboloidi su β costituiranno una rete di coniche k (passanti per d) seganti in un'involuzione di punti ciascuna delle quattro rette tracce de' piani anzidetti. Fra le coniche k ve ne sono infinite che si spezzano in due rette, l'una delle quali passa per d, mentre l'altra tocca una conica fissa P. Ecco adunque come si può costruire la rappresentazione di ψ.

Assumansi ad arbitrio i punti d, g, quattro rette δ_1, δ_2, δ_3, δ_4 (passanti per d), come tracce de' piani O_1D, O_2D, O_3D, O_4D, e tre altre rette ω_1, ω_2, ω_3 (non passanti per d), come tracce de' piani $O_2O_3O_4$, $O_1O_3O_4$, $O_1O_2O_4$. Le coppie di rette $\delta_1\omega_1$, $\delta_2\omega_2$, $\delta_3\omega_3$ determinano la rete delle coniche k. Congiungasi il punto $\delta_1\omega_2$ col punto $\delta_2\omega_1$; il punto $\delta_1\omega_3$ col punto $\delta_3\omega_1$; il punto $\delta_2\omega_3$ col punto $\delta_3\omega_2$; le tre congiungenti e le ω_1, ω_2, ω_3 toccano una conica stessa P. Stabiliscasi una corrispondenza anarmonica fra le tangenti di P e le rette per d, in modo che le ω_1, ω_2, ω_3 corrispondano alle δ_1, δ_2, δ_3; e sia ω_4 quella tangente di P che corrisponde a δ_4: sarà ω_4 la traccia del piano $O_1O_2O_3$; e ciascuna delle quattro rette ω sarà segata dalle coniche k in un'involuzione di punti.

Fra le coniche k che passano per g se ne scelga una, I, come traccia dell'iperboloide $DGO_1O_2O_3O_4$, cioè come imagine della retta tripla D'. Le coniche k determinano su I una involuzione cubica di punti, così che ogni gruppo o terna di punti è l'imagine di un punto unico di D'; vale a dire, qualunque cubica H, passante per un punto di I, passa anche per gli altri due punti della medesima terna. In ciò consistono le condizioni alle quali sono soggette le H, e che provengono dal fatto che le φ passano pei quattro punti O. I punti coniugati in uno stesso gruppo dell'involuzione cubica sono i vertici di un triangolo inscritto in I e circoscritto a P.

Le rette per D sono le imagini delle generatrici rettilinee di ψ; ma la retta dg, traccia del piano DG, non corrisponde che al punto O'; la generatrice che passa per O' ha per imagine il punto g. Il punto d rappresenta la conica secondo la quale ψ è intersecata dalla superficie gobba di 3.° grado $D'^2G'_1G'_2G'_3G'_4O'$. Le coniche per d, g e per due punti di uno stesso gruppo dell'involuzione sono le imagini delle cubiche di ψ, situate nei piani tangenti. Le rette per g rappresentano le coniche, secondo le quali ψ è segata dai suoi piani bitangenti; quella di queste coniche che passa per O' ha per imagine il punto d.

La rete delle coniche k rappresenta, come già si è veduto, le sezioni fatte in ψ dai piani passanti per O'; donde segue che le tangenti di P sono le imagini delle cubiche di ψ, situate nei piani tangenti che escono da O'. Questi piani inviluppano un cono circoscritto di 4.° ordine, che tocca ψ lungo una curva di 5.° ordine (la cui imagine è una cubica d^2, Hessiana della rete delle k) e sega la stessa ψ lungo una curva di 6.° ordine, la imagine della quale è la conica P, che insieme col punto d costituisce la curva Cayleyana della rete già nominata.

Sia m uno dei punti comuni alle coniche I, P; la retta tangente in m a P seghi di nuovo I in m'; la tangente in m' ad I toccherà allora anche P. I tre punti $m\ m'\ m'$ formano un gruppo dell'involuzione, vale a dire, i quattro punti m' sono i punti doppi dell'involuzione. La retta tripla D' contiene perciò quattro punti cuspidali, corrispondenti ai quattro gruppi analoghi ad $m\ m'\ m'$.

40. Conservata ancora la medesima superficie φ_4, suppongasi ora che le K siano le curve di 4.º ordine $1^3 0_1 0_2 0_3 0_4 0_5 0_6$; il luogo L scompare del tutto. Le φ sono superficie gobbe di 3.º grado, che, oltre alla retta doppia D, hanno in comune sei punti $O_1, O_2, \ldots, O_6$ fissi, e la trasformazione inversa è di 5.º grado ($\mu = 5$). Alle rette dello spazio (x) corrispondono curve gobbe R di 5.º ordine, che incontrano D in quattro punti e passano per i sei punti dati.

La Jacobiana delle φ e la φ_4 devono avere in comune, oltre a D, una linea dell'ordine $3.8 - 2.7 = 10$, la quale è composta di una curva gobba di 4.º ordine e di sei rette rappresentate su Π dalla cubica $1^2 0_1 0_2 \ldots O_6$, e dalle rette $10_1, \ldots, 10_6$, che costituiscono la Jacobiana delle K. Dunque la Jacobiana delle φ comprende: 1.º il luogo delle curve gobbe di 4.º ordine che segano D tre volte e passano per i sei punti dati, vale a dire l'iperboloide $DO_1 O_2 \ldots O_6$; 2.º i luoghi delle rette che segano D e passano per un punto O, vale a dire i sei piani $DO_1, DO_2, \ldots, DO_6$.

Di qui segue che le ψ sono superficie gobbe di 5.º grado, aventi in comune una retta quadrupla D' (corrispondente all'iperboloide $DO_1 \ldots$) e sei generatrici $G'_1, G'_2, \ldots, G'_6$ (corrispondenti ai sei piani DO). La Jacobiana delle ψ consta dei sei piani D'G', da contarsi due volte, e della superficie gobba di 4.º grado $D'^3 G'_1 G'_2 \ldots G'_6$, che è il luogo delle coniche appoggiate alle sette rette D', G'.

Rappresentiamo nello spazio (y) colle equazioni $I(y) = 0$, $H_1(y) = 0$, $H_2(y) = 0$, $y_1 - a_1 y_2 = 0$, $y_1 - a_2 y_2 = 0$, $y_1 - a_3 y_2 = 0$, $y_1 - a_4 y_2 = 0$, $y_1 = 0$, $y_2 = 0$, $y_3 = 0$, $y_4 = 0$ l'iperboloide $DO_1O_2O_3O_4O_5O_6$, uno degl'iperboloidi $DO_2O_3O_4O_5O_6$, un iperboloide $DO_1O_3O_4O_5O_6$, ed i piani $DO_1, DO_2, DO_3, DO_4, DO_5, DO_6, O_1O_2O_3, O_4O_5O_6$; e nello spazio ($x$) rappresentiamo colle equazioni $J(x) = 0$, $M(x) = 0$, $N(x) = 0$, $x_1 - a_1 x_2 = 0$, $x_1 - a_2 x_2 = 0$, $x_1 - a_3 x_2 = 0$, $x_1 - a_4 x_2 = 0$, $x_1 = 0$, $x_2 = 0$, $x_3 = 0$, $x_4 = 0$ la superficie di 4.º grado $D'^3 G'_1 G'_2 G'_3 G'_4 G'_5 G'_6$, l'iperboloide $D'G'_4 G'_5 G'_6$, l'iperboloide $D'G'_1 G'_2 G'_3$, i piani $D'G'_1$, $D'G'_2$, $D'G'_3$, $D'G'_4$, $D'G'_5$, $D'G'_6$, un piano per G'_1, ed un piano per G'_2; allora le formole (1), (4) per la trasformazione attuale saranno:

$$x_1 : x_2 : x_3 : x_4 = y_1\, I(y) : y_2\, I(y) : (y_1 - a_1 y_2)\, H_1(y) : (y_1 - a_2 y_2)\, H_2(y),$$

$$y_1 : y_2 : y_3 : y_4 = x_1\, J(x) : x_2\, J(x) : (x_1 - a_1 x_2)(x_1 - a_2 x_2)(x_1 - a_3 x_2)\, M(x) : (x_1 - a_4 x_2) x_1 x_2 N(x).$$

Le Jacobiane de' due spazi sono

$$I(y)\,(y_1 - a_1 y_2)(y_1 - a_2 y_2)(y_1 - a_3 y_2)(y_1 - a_4 y_2)\, y_1 y_2 = 0,$$

$$J(x)\,(x_1 - a_1 x_2)^2 (x_1 - a_2 x_2)^2 (x_1 - a_3 x_2)^2 (x_1 - a_4 x_2)^2 x_1^2 x_2^2 = 0.$$

41. Questa trasformazione dà la rappresentazione di una superficie ϕ (gobba, di 5.° grado, dotata di una retta quadrupla D') sul corrispondente piano β *). Assumansi in questo piano: un punto d, come traccia di D; tre coniche I, H_1, H_2, come tracce degli iperboloidi $I(y) = 0$, $H_1(y) = 0$, $H_2(y) = 0$; e quattro rette g_1, g_2, g_5, g_6 come tracce dei piani $y_1 - a_1 y_2 = 0$, $y_1 - a_2 y_2 = 0$, $y_1 = 0$, $y_2 = 0$. Queste rette saranno le imagini delle generatrici G'_1, G'_2, G'_5, G'_6; la conica I rappresenterà la retta quadrupla D'; e le coniche H_1, H_2 le sezioni fatte in ϕ dai piani $x_3 = 0$, $x_4 = 0$. Le imagini delle sezioni piane di ϕ saranno tutte le curve h di 3.° ordine del sistema lineare, triplamente infinito, determinato dai quattro luoghi $g_5 I$, $g_6 I$, $g_1 H_1$, $g_2 H_2$. Siano $i_1 i_2 i_3 i_4$, $i'_1 i'_2 i'_3 i'_4$ i punti nei quali la conica I è risp. segata dai due luoghi $g_1 H_1$, $g_2 H_2$; questi due gruppi di quattro punti individuano su I un'involuzione biquadratica; e qualunque curva h (imagine d'una sezione piana di ϕ) segherà I in quattro punti (oltre a d) appartenenti ad uno stesso gruppo dell'involuzione. Ciascun gruppo dell'involuzione costituisce l'imagine di un punto della retta quadrupla D'. Una involuzione biquadratica ha sei punti doppi, dunque D' ha sei punti cuspidali, vale a dire sei punti, in ciascuno dei quali due delle quattro generatrici ivi incrociate sono coincidenti.

Le rette per d sono le imagini delle generatrici rettilinee; ogni conica passante per d e per tre punti dello stesso gruppo dell'involuzione rappresenta la curva di 4.° ordine, che risulta dal segare ϕ con un piano tangente; ed ogni retta tirata fra due punti di uno stesso gruppo è tangente ad una curva fissa di 3.ª classe e rappresenta la curva di 3.° ordine, comune a ϕ e ad un piano bitangente. La superficie ϕ contiene una sola conica, rappresentata dal punto d e situata eziandio nella superficie $J(x) = 0$.

(Continua) [99]

*) Cfr. NOETHER, l. c.

97.

RAPPRESENTAZIONE PIANA DI ALCUNE SUPERFICIE ALGEBRICHE DOTATE DI CURVE CUSPIDALI. [100]

Memorie dell'Accademia delle Scienze dell'Istituto di Bologna, serie III, tomo II (1872), pp. 117-127.

Dai diversi geometri che si sono occupati sin qui di rappresentare superficie algebriche sopra un piano, già molti esempi sono stati trattati ne' quali la superficie proposta è dotata di una curva doppia o nodale. Quanto alle superficie che posseggono una curva di regresso o cuspidale, è bensì stata additata la via *) per la quale si potrebbero esse dedurre dalla teoria delle trasformazioni razionali dello spazio a tre dimensioni, ma in realtà, per quanto io sappia, nessuna di tali superficie è stata sinora studiata in modo da esibirne la effettiva rappresentazione. Perciò, non sarà forse inutile che qui si eseguisca tale studio per un pajo di casi, che sono a un tempo semplici ed istruttivi.

1.

Assumo una superficie di 2.º grado, la cui equazione scriverò nella forma seguente:

(1) $$F' \equiv y'w' - x'z' = 0.$$

Nel piano $y'=0$, che tocca F' nel punto $x'=y'=z'=0$, considero le tre rette

(2) $$y'=x'=0,\ y'=z'=0,\ y'=w'=0$$

le prime due delle quali appartengono anche alla superficie; e considero inoltre la cubica gobba C'_3 definita dalle equazioni:

(3) $$3x' : y' : z' : 3w' = 4\lambda^2 : -4 : 4\lambda : -\lambda^3$$

(λ parametro variabile), che è osculata dal piano $y'=0$ e toccata dalla retta $y'=z'=0$ nel punto $x'=y'=z'=0$, ed è osculata dal piano $w'=0$ e toccata dalla retta $x'=w'=0$ nel punto $x'=z'=w'=0$.

*) *Nachrichten* di Gottinga, 1871, n.º 3.

Per questa cubica gobba e per le tre rette (2) preaccennate si può far passare un sistema omaloidico di superficie di 3.º ordine, l'equazione generale delle quali sarà

$$\begin{aligned} (4) \qquad & Ay'(z'^2 + 3x'y') + By'(4y'w' - x'z') \\ & + Cy'(3x'^2 + 4z'w') + Dw'(4y'w' - x'z') = 0. \end{aligned}$$

Considero ora un secondo spazio, nel quale le coordinate correnti siano $x\,y\,z\,w$, e faccio corrispondere i piani di questo spazio alle superficie (4), mediante le formole:

$$(5) \qquad \begin{aligned} x &\equiv 27\,y'(z'^2 + 3x'y'), \\ y &\equiv 9\,y'(4y'w' - x'z'), \\ z &\equiv 9\,y'(3x'^2 + 4z'w'), \\ w &\equiv 16\,w'(4y'w' - x'z'), \end{aligned}$$

il che equivale ad operare sullo spazio $(x'\,y'\,z'\,w')$ una trasformazione di 3.º grado.

Rappresento sopra un piano Π una qualunque delle superficie φ, contenute nell'equazione (4). Fissati in Π i sei punti fondamentali 1, 2, 3, 4, 5, 6, si potranno assumere le rette 12, 34, 56 come imagini delle rette $y' = z' = 0$, $y' = x' = 0$, $y' = w' = 0$; e la conica passante per 4, 5, 6 e toccata dalla 12 nel punto di concorso delle 12, 34 come imagine della cubica gobba (3). Allora la cubica gobba intersezione ulteriore di φ con un'altra qualsivoglia delle superficie (4) sarà rappresentata da una curva di 4.º ordine $1^2\,2^2\,3^2\,4\,5\,6$; dunque alle rette dello spazio $(x\,y\,z\,w)$ corrispondono cubiche gobbe R', che segano in cinque punti la cubica fissa (3), in due la retta $y' = w' = 0$, in uno solo la $y' = x' = 0$, in nessuno la $y' = z' = 0$.

Da ciò segue che ai piani dello spazio $(x'\,y'\,z'\,w')$ corrisponderanno superficie ψ di 3.º ordine, la cui Jacobiana sarà composta di tre luoghi, ordinatamente dell'ordine 5, 2, 1 corrispondenti alla cubica gobba (3), alla retta $y' = w' = 0$ ed alla retta $y' = x' = 0$; e che alla $y' = z' = 0$ corrisponderà di nuovo una retta nello spazio $(x\,y\,z\,w)$.

Nel piano Π, le curve di 4.º ordine $1^2\,2^2\,3^2\,4\,5\,6$ formano una rete, la Jacobiana della quale è costituita dalle coniche 12356, 12364, 12345 e dalle rette 23, 31, 12: imagini delle sei rette che, insieme colle linee fondamentali (2) e (3) contate tre volte, compongono l'intersezione di φ colla Jacobiana delle superficie (4). La conica 12356 rappresenta una corda della cubica gobba (3), segata dalla retta $y' = x' = 0$; il luogo di tutte le corde analoghe è l'iperboloide

$$(6) \qquad 4\,y'w' - x'z' = 0,$$

la cui intersezione con una qualunque delle superficie (4) risulta dalla cubica gobba (3), dalle due rette $y' = x' = 0$, $y' = z' = 0$ e da una delle predette corde.

Le coniche 12364, 12345 e le rette 31, 23 rappresentano corde della cubica gobba (3) segate da $y' = w' = 0$; il luogo di tutte le corde così fatte è la superficie di 4.° grado

(7) $$J' \equiv 3\,(4\,y'\,w' - x'\,z')^2 - (z'^2 + 3\,x'\,y')\,(3\,x'^2 + 4\,z'\,w') = 0,$$

per la quale la curva (3) è doppia, e la quale sega ciascuna superficie (4) lungo essa curva (3), le due rette $y' = z' = 0$, $y' = w' = 0$ e quattro delle corde menzionate.

La Jacobiana delle (4) è l'insieme delle superficie (6), (7) e del piano $y' = 0$ contato due volte, e l'intersezione completa di essa Jacobiana con una qualsivoglia delle superficie (4) è costituita dalla cubica gobba (3) e dalle rette $y' = x' = 0$, $y' = w' = 0$ contate tre volte, dalla retta $y' = z' = 0$ contata quattro volte, e da altre cinque rette non fisse.

Dal modo di composizione di questa Jacobiana si cava tosto che gli enti fondamentali nello spazio $(x\,y\,z\,w)$ saranno: due rette situate in uno stesso piano e corrispondenti, l'una all'iperboloide (6), l'altra alla retta $y' = z' = 0$; una curva gobba razionale di 4.° ordine corrispondente alla superficie (7); ed un punto, corrispondente al piano $y' = 0$. Infatti le equazioni (5), risolute rispetto ad x', y', z', w', dànno

(8) $$\begin{aligned} x' &\equiv 12\,y\,(4\,z^2 - 3\,x\,w),\\ y' &\equiv 16\,y\,(x\,z - 9\,y^2),\\ z' &\equiv 12\,(x^2 w - 12\,y^2 z),\\ w' &\equiv 9\,w\,(x\,z - 9\,y^2), \end{aligned}$$

vale a dire, ai piani dello spazio $(x'\,y'\,z'\,w')$ corrispondono le superficie del sistema omaloidico

(9) $$\begin{aligned} &12\,\mathrm{A}y\,(4\,z^2 - 3\,x\,w) + 16\,\mathrm{B}y\,(x\,z - 9\,y^2)\\ &+ 12\,\mathrm{C}\,(x^2 w - 12\,y^2 z) + 9\,\mathrm{D}\,w\,(x\,z - 9\,y^2) = 0, \end{aligned}$$

le quali hanno in comune le rette

(10) $$y = x = 0, \qquad y = w = 0$$

e la curva gobba di 4.° ordine

(11) $$4\,z^2 - 3\,x\,w = 0, \qquad x\,z - 9\,y^2 = 0,$$

ossia

(11)' $$x : y : z : w = 3\,\lambda^4 : \lambda^3 : 3\,\lambda^2 : 4,$$

che ha una cuspide $x = y = z = 0$, colla tangente $x = y = 0$ e col piano osculatore $x = 0$; $w = 0$ è il piano stazionario ed $y = z = w = 0$ il punto di contatto.

Il punto $x = y = z = 0$ è doppio per tutte le superficie (9); esso è il punto fondamentale dello spazio $(x\,y\,z\,w)$ che corrisponde al piano $y' = 0$.

La retta $y = w = 0$ corrisponde all'iperboloide (6); infatti al punto $y = w = 0$, $z = \lambda x$ corrisponde la retta

$$x' - 3\lambda y' = 0, \qquad 4w' - 3\lambda z' = 0,$$

che è una generatrice della superficie (6).

Analogamente, al punto (11)' corrisponde la retta

$$\begin{aligned} 4\lambda^2 w' - 3\lambda x' - 3z' &= 0, \\ \lambda^2 x' + \lambda z' - 3y' &= 0, \end{aligned}$$

ossia, alla curva (11) corrisponde il luogo (7).

La retta $y = x = 0$ corrisponde alla $y' = z' = 0$.

Rappresento sopra un piano Π una delle superficie ψ del sistema (9); al quale uopo, assumo una conica come imagine del punto doppio $x = y = z = 0$, ed in essa i sei punti fondamentali $1, 2, 3, 4, 5, 6$, il primo de' quali rappresenti la retta $x = y = 0$, mentre la congiungente 12 corrisponda alla $y = w = 0$. Imagine della curva (11) sarà una conica osculante in 1 e segante in 3 la conica 123456. Allora le imagini delle ulteriori intersezioni della ψ colle altre superficie del sistema (9) saranno le coniche 456; vale a dire, alle rette dello spazio $(x' y' z' w')$ corrispondono cubiche gobbe che passano pel punto fisso $x = y = z = 0$, ed incontrano altrove in quattro punti la curva (11), in due la retta $y = w = 0$, in nessuno la $y = x = 0$.

La Jacobiana del sistema (9) sega ψ secondo la curva (11), la retta $y = w = 0$ da contarsi tre volte, la retta $y = x = 0$ da contarsi quattro volte, ed altre cinque rette, le cui imagini in Π sono i punti 2, 3 e le rette 45, 46, 56. Il punto 2 rappresenta una retta passante per $x = y = z = 0$ ed incontrata dalla $y = w = 0$; il luogo di tutte le rette analoghe è il piano

$$y = 0. \tag{12}$$

Il punto 3 è l'imagine di una retta che passa per $x = y = z = 0$ ed incontra la curva (11) in un altro punto; luogo di tutte le rette analoghe è il cono

$$xz - 9y^2 = 0 \tag{13}$$

che projetta la curva (11) dalla cuspide.

Finalmente, i tre lati del triangolo 456 rappresentano tre corde della curva (11) appoggiate alla retta $y = w = 0$; ed il luogo di tutte le corde così fatte è la superficie di 5.° grado

$$12w(xz - 9y^2)^2 - 4z(xz - 9y^2)(4z^2 - 3xw) + x(4z^2 - 3xw)^2 = 0 \tag{14}$$

per la quale le linee (10) ed (11) sono entrambe doppie.

Dunque i luoghi (12), (13) e (14) costituiscono, presi insieme, la Jacobiana delle superficie (9). Il luogo (12) corrisponde alla retta $y'=x'=0$; infatti si corrispondono fra loro il punto $y'=x'=0$, $z'-\lambda w'=0$ e la retta

$$y=0, \qquad 4x-9\lambda z=0.$$

Il luogo (13) corrisponde alla retta $y'=w'=0$; giacchè la retta

$$x+9\lambda y=0, \quad y+\lambda z=0$$

è la corrispondente del punto $y'=w'=0$, $z'=\lambda x'$.

Al punto rappresentato dalle (3) corrisponde la retta

$$4\lambda^3 y-w=0, \quad \lambda^2 x+3\lambda y+z=0, \text{*)}$$

cioè alla cubica gobba (3) corrisponde la superficie (14).

Alla data superficie F' corrisponderà nello spazio $(x\,y\,z\,w)$ un luogo F di 5.° ordine, perchè la cubica gobba che corrisponde ad una retta arbitraria di detto spazio incontra la retta $y'=x'=0$, epperò sega F' in altri cinque punti non situati nelle linee fondamentali (2) e (3).

La superficie F' è tangente a tutte le generatrici del luogo (7), come si riconosce dall'identità

$$y'\,J'=4\,F'\,(12\,y'^2 w'-z'^3+3\,x'\,y'\,z')-x'\,(2\,z'^2-3\,x'\,y')^2;$$

dunque la curva (11) è *cuspidale* per la superficie F.

Ad una retta r che incontri la $y=x=0$ corrisponde una cubica gobba spezzantesi nella retta $y'=z'=0$ ed in una conica che incontra $y'=z'=0$ in un punto ed F' in tre altri punti. Dunque r incontra F in tre punti fuori di $y=x=0$, ossia questa retta è doppia per F.

Invece la retta $y=w=0$ è semplice per F, perchè le generatrici dell'iperboloide (6), dopo aver incontrato la retta $y'=x'=0$, segano F' in un solo nuovo punto.

Del resto, per ottenere l'equazione di F, basta fare le sostituzioni (8) nella (1); si ha così:

$$(15) \qquad F\equiv x\,(4\,z^2-3\,x\,w)^2-4\,z\,(4\,z^2-3\,x\,w)\,(x\,z-9\,y^2)+3\,w\,(x\,z-9\,y^2)^2.$$

Di qui si scorge che la superficie F è della 3.ª classe, vale a dire, essa è la reciproca di una superficie di 3.° ordine, dotata di un punto uniplanare **).

*) Al cono di 2.° grado inviluppato dal piano $\lambda^2 x+3\lambda y+z=0$ corrisponde nello spazio $(x'\,y'\,z'\,w')$ la sviluppabile formata dalle tangenti della cubica gobba (3).

**) Vedi CAYLEY, *On cubic surfaces* (Phil. Trans., 1869), section XV, p. 311.

Ora, per rappresentare F su di un piano, basta effettuare la rappresentazione di F'. Questa si ottiene mediante le formole [101]

$$x' : y' : z' : w' = 12\,\alpha\gamma : 16\,\alpha\beta : 12\,\beta\gamma : 9\,\gamma^2 \tag{16}$$

che soddisfanno la (1). Le (5), in virtù delle (16), divengono

$$\begin{aligned} x &\equiv \beta\,(4\,\alpha^2 + \beta\gamma), \\ y &\equiv \alpha\beta\gamma, \\ z &\equiv \gamma\,(\alpha^2 + \beta\gamma), \\ w &\equiv \gamma^3, \end{aligned} \tag{17}$$

e per tal modo F è rappresentata sul piano $(\alpha\beta\gamma)$. Le imagini delle sezioni piane di F sono cubiche

$$A\beta\,(4\,\alpha^2 + \beta\gamma) + B\alpha\beta\gamma + C\gamma\,(\alpha^2 + \beta\gamma) + D\gamma^3 = 0, \tag{18}$$

che passano per due punti fissi $\beta = \gamma = 0$, $\alpha = \gamma = 0$, nel secondo de' quali si osculano. Alle cinque intersezioni di F con una retta arbitraria corrispondono cinque punti di una conica appartenente alla rete

$$B\alpha\beta + C\,(\alpha^2 + \beta\gamma) + D\gamma^2 = 0. \tag{19}$$

Queste coniche sono le imagini delle sezioni piane passanti pel punto $y = z = w = 0$; donde segue che questo punto è rappresentato dalla retta $\gamma = 0$.

Il sistema (18) è determinato dalla rete (19) e dalla conica

$$4\,\alpha^2 + \beta\gamma = 0,$$

che è l'imagine di una curva di 3.° ordine, dotata di cuspide, situata nel piano $x = 0$.

La Jacobiana della rete (19) è costituita dalla retta $\gamma = 0$ e dalla conica

$$2\,\alpha^2 - \beta\gamma = 0$$

che è l'imagine della curva cuspidale (11).

Ogniqualvolta una conica della rete (19) si spezza in due rette, una di queste (imagine di una conica) passa pel punto fisso $\alpha = \gamma = 0$; l'altra (imagine di una curva piana di 3.° ordine) tocca la conica fissa

$$\alpha^2 + 4\,\beta\gamma = 0,$$

imagine di una curva gobba di 4.° ordine, comune ad F ed al cono cubico

$$4\,z^3 - 27\,y^2\,w = 0,$$

che projetta la curva cuspidale dal punto $y = z = w = 0$. Questo cono è l'inviluppo dei piani $y + \lambda\,z - \lambda^3\,w = 0$ che segano F secondo linee spezzantisi in una conica ed una cubica.

La retta $\beta = 0$ rappresenta la retta doppia $y = x = 0$ ed è incontrata dalle cubiche (18) in coppie di punti conjugati di un'involuzione quadratica, i cui elementi doppi sono i punti $\beta = \alpha = 0$, $\beta = \gamma = 0$: due punti conjugati rappresentano uno stesso punto della retta doppia. Questa ha due punti cuspidali $x = y = z = 0$, $x = y = w = 0$, corrispondenti ai punti doppi dell'involuzione suddetta.

La superficie F possiede due rette semplici: l'una $w = y = 0$ è rappresentata dal punto $\beta = \gamma = 0$; l'altra $w = z = 0$ dal punto di $\gamma = 0$ che è infinitamente vicino ad $\alpha = \gamma = 0$.

2.

Se una superficie di 3.º ordine F'_3 ha due punti doppi (conici) p', q', vi è un piano che tocca la superficie lungo la retta $p'q'$. Ne segue che l'equazione di F'_3 può scriversi così

$$X\,S + Y^2 Z = 0,$$

ove X, Y, Z sono lineari ed S è quadratica nelle coordinate. All'equazione precedente può anche darsi la forma

$$X\,(S + \lambda\, Y^2) + Y^2\,(Z - \lambda\, X) = 0,$$

che ha la seguente interpretazione geometrica. Il piano $X = 0$, che tocca la superficie lungo $p'q'$, sega F'_3 lungo una seconda retta, asse di un fascio $Z - \lambda X = 0$ di piani di coniche che sono curve di intersezione [102] fra F'_3 e le superficie quadriche $S + \lambda Y^2 = 0$. Queste superficie si toccano lungo una conica, comune ad F'_3 ed al piano $Y = 0$, così che fra esse vi è un cono; cioè λ ammette un valore pel quale $S + \lambda\, Y^2 = 0$ rappresenta un cono.

Pel vertice o' di questo cono circoscritto ad F'_3 conduco i piani $x' = 0$, $y' = 0$, $z' = 0$; dove suppongo che $z' = 0$ sia il piano $o'p'q'$; ed $x' = 0$, $y' = 0$ tocchino il cono lungo le generatrici contenute nel piano $z' = 0$. Siano poi: $w' = 0$ il piano della conica di contatto fra F'_3 ed il cono predetto; $z' + w' = 0$ il piano tangente ad F'_3 lungo $p'q'$; ed

$$u' \equiv e\,x' + f\,y' + g\,z' + h\,w' = 0$$

il piano della conica di semplice intersezione fra F'_3 ed il cono. Allora l'equazione della superficie di 3.º ordine sarà

$$F'_3 \equiv (z' + w')\,(z'^2 - 2\,x'\,y') - u'\,w'^2 = 0.$$

Per rappresentare su di un piano questa superficie, basta projettarne i punti da uno de' punti doppi; allora le imagini delle sezioni piane sono cubiche che toccano in un punto fisso e segano in altri quattro punti fissi una conica determinata dal cono che oscula la superficie nel punto doppio, scelto come centro di projezione. I quattro punti di semplice intersezione sono dati da un'equazione (ad un'incognita) di 4.° grado; risoluta la quale si può, per due di essi punti e pel punto di contatto, far passare una rete di coniche. Facendo poi corrispondere queste coniche alle rette di un altro piano rappresentativo, si verrà ad eseguire una trasformazione di 2.° grado sul sistema delle cubiche che rappresentano le sezioni di F'_3. Le imagini di queste sezioni divengono per tal modo, nel nuovo piano rappresentativo, cubiche che s'intersecano in sei punti fissi distinti 0, 1, 2, 3, 4, 5, de' quali però 012, 034 sono distribuiti su due rette, imagini dei punti doppi p', q'. La retta $p'q'$ è rappresentata dal punto 0; le altre quattro rette di F'_3 che escono da p' hanno per imagini i punti 1, 2 e le rette 35, 45; le quattro rette analoghe, uscenti da q', sono rappresentate dai punti 3, 4 e dalle rette 15, 25; la retta 05 è l'imagine della retta $u' = z' + w' = 0$; e le altre sei rette della superficie corrispondono al punto 5, alla conica 12345 ed alle rette 13, 14, 23, 24.

Una retta R passante per 5 ed una conica C descritta per 1 2 3 4 sono le imagini rispettive delle coniche

$$w' = z'^2 - 2\,x'\,y' = 0, \qquad u' = z'^2 - 2\,x'\,y' = 0.$$

Imagino ora F'_3 segata dal sistema omaloidico delle superficie φ di 2.° grado, che passano pel punto o' e per la conica $u' = z'^2 - 2\,x'\,y' = 0$. Ciascuna di queste superficie determinerà su F'_3 una curva gobba di 4.° ordine (e 1.ª specie), la cui imagine sarà una curva di 4.° ordine, $0^2 12345^2$. Siccome il sistema delle φ comprende il cono $z'^2 - 2\,x'\,y' = 0$ ed inoltre una rete di quadriche, ciascuna composta del piano fisso $u' = 0$ e di un piano per o', così il sistema delle curve di 4.° ordine $0^2 12345^2$ sarà determinato dalla curva composta delle quattro rette 012. 034. R. R, e da una rete di cubiche 012345, da associarsi alla retta fissa 05.

Il sistema omaloidico delle φ può servire di base ad una trasformazione di 2.° grado le formole della quale sarebbero

$$x' : y' : z' : u' = x\,u : y\,u : z\,u : z^2 - 2\,x\,y,$$

ovvero viceversa

$$x : y : z : u = x'\,u' : y'\,u' : z'\,u' : z'^2 - 2\,x'\,y'.$$

In virtù di questa trasformazione, dalla superficie data si ottiene la seguente

$$F \equiv (z^2 - 2\,xy)^2 - u\,(z^2 - 2xy)\;(2\,t + hu) + u^2\Big(t^2 + hu\,(t - hz)\Big) = 0,$$

dove per brevità si è posto

$$t = e\,x + f\,y + g\,z.$$

La superficie F è di 4.° ordine, e per essa la conica

$$u = 0, \quad z^2 - 2\,x\,y = 0$$

è cuspidale: infatti a questa conica, che è fondamentale nello spazio $(x\,y\,z\,w)$, corrisponde il cono

$$z'^2 - 2\,x'\,y' = 0$$

circoscritto ad F'_3.

Siccome le superficie F_4, F'_3 si corrispondono punto per punto, così la rappresentazione piana ottenuta per F'_3 serve ad un tempo per F_4. Imagini delle sezioni piane di questa superficie sono le curve di 4.° ordine $0^2 1 2 3 4 5^2$ di quel sistema che sopra ho determinato.

La retta 05 rappresenta il punto $x = y = z = 0$ di F_4, corrispondente alla retta che F'_3 possiede nel piano $u' = 0$. Le rette 012, 034 rappresentano due punti particolari p, q della conica cuspidale, che corrispondono ai due punti doppi p', q' di F'_3. Alle otto rette di F'_3 che concorrono a quattro a quattro ne' punti doppi p', q' corrispondono altrettante rette di F_4, che concorrono del pari nei punti p, q. Le rette di F_4 hanno dunque per imagini i punti 1, 2, 3, 4 e le rette 51, 52, 53, 54.

Eccettuati i punti p, q, imagine della conica cuspidale di F_4 è la retta R.

Le coniche di F_4 corrispondono: 1.° alle rette di F'_3 che non incontrano la conica fondamentale $u' = z'^2 - 2\,x'\,y' = 0$; 2.° alle coniche di F'_3 che incontrano in due punti la conica fondamentale, cioè alle coniche che non incontrano la retta situata nel piano $u' = 0$. Di queste coniche vi sono sette serie, poste nei piani che passano per le sette rette incontrate dalla $u' = z' + w' = 0$, cioè per le sette rette le cui imagini sono

le rette 13,	24
» 14,	23
il punto 5,	la conica 12345
il punto 0.	

Le sette serie di coniche di F_4 hanno dunque per imagini

le coniche 0524,	le coniche 0513,
» 0523,	» 0514,
le cubiche $0 1 2 3 4 5^2$,	le rette 0,
le rette 5.	

Le prime sei serie sono conjugate a due a due: due serie conjugate corrispondendo a due fasci di piani i cui assi in F'_3 giacciono in uno stesso piano con $u' = z' + w' = 0$. Due coniche di F_4, appartenenti a due serie coniugate, giacciono in uno stesso piano, che tocca un cono quadrico fisso. Per tal modo le coniche delle prime sei serie giacciono nei piani tangenti di tre coni quadrici, i quali fanno parte del sistema di superficie quadriche

$$(1-2\lambda)(z^2-2xy-tu)+hu(z+\lambda^2 u)=0$$

avente per inviluppo la F_4.

Quanto alla settima serie, le coniche che ne fanno parte giacciono tutte, a due a due, in piani passanti per la retta pq. Due coniche poste in uno stesso piano hanno per imagini due rette per 5, conjugate armoniche con due rette fisse, una delle quali è R, mentre l'altra è imagine della conica di contatto fra F_4 ed il piano $u+4z=0$ *).

*) Per la teoria generale delle trasformazioni razionali nello spazio, veggasi la mia Memoria nel Tomo V degli Annali di Matematica (pag. 131) [Queste Opere, n.º **96**].

98.

LE FIGURE RECIPROCHE NELLA STATICA GRAFICA. [103]

Terza edizione, Milano, U. Hoepli, 1879. [104]

1.

È notissima la teoria delle figure reciproche nello spazio che emerge dalla considerazione di un sistema di forze applicate ad un corpo rigido e libero *). Per un punto qualunque M dello spazio passano infiniti assi, rispetto a ciascuno de' quali il momento del sistema è nullo; ed il luogo geometrico di tali assi è un piano μ, che Möbius chiama *Nullebene* del punto M. Viceversa, un piano qualsivoglia μ contiene infiniti assi di momento nullo, i quali tutti concorrono in uno stesso punto M, detto da Möbius il *Nullpunct* del piano μ. Invece di *Nullpunct* e di *Nullebene* io dirò *polo e piano polare*.

Per tal modo, ad ogni punto M dello spazio corrisponde un piano μ passante per M, e viceversa ad ogni piano μ corrisponde un punto M situato in μ. Se il polo M si muove in un dato piano α, il piano polare μ passa costantemente per un punto fisso A, che è

---

*) Ovvero dalle proprietà geometriche dello spostamento, infinitesimo o finito, di un corpo, o dalla teoria delle cubiche gobbe o da quella de' complessi di rette di 1.° grado, ecc. Veggansi:

Giorgini, *Sopra alcune proprietà dei piani dei momenti principali e delle coppie di forze equivalenti.* (Memorie della Società Italiana, tomo XX, Modena, 1828).

Möbius, *Ueber eine besondere Art dualer Verhältnisse zwischen Figuren im Raume* (Crelle's Journal für Mathematik, X Bd., Berlin, 1833 {ovvero, *Gesammelte Werke*, Leipzig, vol. I, p. 489, 1883}). — *Lehrbuch der Statik* (Leipzig, 1837), I Th. p. 144.

Chasles, *Aperçu historique sur l'origine et le développément des méthodes en géometrie, etc.* (Bruxelles, 1827), p. 227, 413, 674-679, 684-686. — *Propriétés géométriques relatives au mouvement infiniment petit d'un corps solide dans l'espace* (Comptes rendus des séances de l'Académie des sciences, t. XVI, Paris, 1843).

Staudt, *Geometrie der Lage* (Nürnberg, 1847), p. 191.

Jonquières, *Mélanges de géométrie pure* (Paris, 1856), p. 1-31.

Reye, *Die Geometrie der Lage* [Dritte Auflage (Leipzig, 1892), zweite Abth., p. 165].

il polo di α; e viceversa, il luogo dei poli di tutt'i piani passanti per un punto A è un piano α, polare di A.

Se il polo percorre una retta, il piano polare gira intorno ad un'altra retta. Due rette così fatte diconsi *conjugate o reciproche;* ciascuna di esse è ad un tempo il luogo dei poli de' piani passanti per l'altra e l'inviluppo de' piani polari de' punti dell'altra.

Si sa che il dato sistema può in infinite maniere essere ridotto a due forze; scelta ad arbitrio la linea d'azione di una di esse, la linea d'azione dell'altra riesce univocamente determinata, giacchè le due linee di azione devono essere rette conjugate.

2.

Ad un fascio di piani paralleli corrispondono come poli i punti di una retta di direzione determinata; vale a dire, ad una retta situata a distanza infinita è conjugata una retta il cui punto I all'infinito è il polo del piano all'infinito. A tutt'i fasci di piani paralleli corrispondono di tal guisa tutte le rette (fra loro parallele) passanti per I: fra queste ve n'è una, detta asse *centrale* del sistema, che è perpendicolare al corrispondente fascio di piani paralleli.

In altre parole: ogni retta parallela all'asse centrale ha la sua conjugata a distanza infinita; ogni piano parallelo all'asse centrale ha il suo polo all'infinito.

3.

A due rette conjugate qualisivogliano compete la seguente proprietà: la loro minima distanza è una retta che sega ortogonalmente l'asse centrale. Donde segue che, *se si projettano le due rette reciproche parallelamente all'asse centrale e sopra un piano perpendicolare al detto asse, le due projezioni saranno rette parallele.*

4.

Facilmente si riconosce che:

1.° a più rette r dello spazio, le cui projezioni coincidano in una sola retta, corrispondono rette r', le cui projezioni sono coincidenti o parallele, secondochè le r (necessariamente contenute in un piano parallelo all'asse centrale) siano o non siano parallele;

2.° a più rette r dello spazio, le cui projezioni siano parallele, corrispondono rette r', le cui projezioni sono coincidenti o parallele, secondochè le r (necessariamente parallele ad uno stesso piano per l'asse centrale) sono parallele o no.

5.

Suppongo orizzontale l'asse centrale, e denomino *ortografico* il piano di projezione, che incontrerà l'asse centrale nel proprio polo. Posta in questo punto l'origine degli assi delle coordinate rettangolari x, y, z, l'ultimo dei quali coincida coll'asse centrale, la suesposta legge di corrispondenza reciproca sarà espressa dalle seguenti formole. Il punto $x_1\, y_1\, z_1$ è il polo del piano

$$x y_1 - y x_1 + k(z - z_1) = 0,$$

dove k è una costante. Viceversa, al piano

$$a x + b y + c z + d = 0$$

corrisponde il polo

$$x = -\frac{k b}{c},\ y = \frac{k a}{c},\ z = -\frac{d}{c}.$$

E la retta

$$\begin{aligned} a x + b y + c \ &= 0 \\ p x + q y + r z &= 0 \end{aligned}$$

è conjugata all'altra retta

$$\begin{aligned} a x + b y + c' \ &= 0 \\ p x + q y + r' z &= 0, \end{aligned}$$

dove

$$r c' = r' c = k(a q - b p).$$

6.

Dirò *reciproci* due poliedri, se i vertici del primo sono i poli delle facce del secondo, così che anche le facce del primo saranno porzioni dei piani polari de' vertici del secondo, e gli spigoli dell'uno saranno ordinatamente conjugati agli spigoli dell'altro.

Siccome ogni polo giace nel rispettivo piano polare, così ciascuno de' due poliedri reciproci è simultaneamente inscritto e circoscritto all'altro. Per es. siano A B C D i vertici di un tetraedro, $\alpha\, \beta\, \gamma\, \delta$ le facce del tetraedro reciproco; i piani α, β, γ, δ passano pei rispettivi poli A, B, C, D: ed i vertici $\beta\gamma\delta$, $\gamma\alpha\delta$, $\alpha\beta\delta$, $\alpha\beta\gamma$ giacciono ne' rispettivi piani polari BCD, CAD, ABD, ABC *).

Projettinsi ora i due poliedri sul piano ortografico; le projezioni saranno due figure dotate di proprietà reciproche. Ad ogni lato della prima figura corrisponderà un lato parallelo della seconda, due lati corrispondenti essendo le projezioni di spigoli conjugati de' due poliedri. Se l'un poliedro ha un angolo solido, nel cui vertice concorrano m spigoli,

*) Möbius, *Kann von zwei dreiseitigen Pyramiden eine jede in Bezug auf die andere um- und eingeschrieben zugleich sein?* (Crelle's Journal, III Bd., 1828 {ovvero, *Gesammelte Werke* vol., I, p. 439}). — *Lehrbuch der Statik*, I Th., p. 156-158. — *Ueber eine besondere Art dualer Verhältnisse zwischen Figuren im Raume* (Crelle's Journal, X Bd., p. 324 e seg.).

l'altro avrà una faccia poligonale di m lati; epperò, considerando le due figure ortografiche, se nell'una vi sono m lati divergenti da un punto o *nodo*, gli m lati corrispondenti nell'altra saranno i lati di un poligono chiuso.

In un poliedro, ogni spigolo è comune a due facce e unisce due vertici; ogni faccia ha almeno tre spigoli, ed anche in ogni vertice concorrono almeno tre spigoli; dunque in ciascuna delle due figure ortografiche, ogni lato sarà comune a due poligoni e congiungerà due nodi, in ogni nodo concorreranno almeno tre lati, come ogni poligono avrà tre o più lati.

Supposto che l'un poliedro, epperò anche l'altro, sia *semplicemente connesso* *), la somma dei numeri de' vertici e delle facce supererà di 2 il numero degli spigoli, secondo il notissimo teorema di EULERO. Dunque, se la prima figura ortografica ha p nodi, p' poligoni ed s rette, sarà

$$p + p' = s + 2.$$

La seconda figura avrà p' nodi, p poligoni ed s rette.

7.

Se l'un poliedro ha un vertice all'infinito, all'altro spetta una faccia perpendicolare al piano ortografico, e viceversa; cioè, se una delle due figure ortografiche ha un vertice all'infinito, l'altra contiene un poligono, tutt'i lati del quale cadono in una stessa retta: e viceversa.

Se pel primo poliedro, il punto I all'infinito dell'asse centrale è il vertice comune ad n facce, l'altro poliedro avrà nel piano all'infinito una faccia poligonale di n lati. In questo caso, la prima figura ortografica ha $p-1$ nodi, $p'-n$ poligoni ed $s-n$ rette; e la seconda (prescindendo dalla retta all'infinito) ha $p-1$ poligoni, $p-n$ nodi ed $s-n$ rette: dove i numeri p, p', s s'intendono ancora legati dalla relazione $p + p' = s + 2$.

8.

Questi *diagrammi reciproci*, che si ottengono come projezioni ortografiche di due poliedri reciproci, s'incontrano per via diretta nella *statica grafica*. La proprietà meccanica dei diagrammi reciproci è espressa dal seguente teorema, dovuto all'illustre prof. CLERK MAXWELL **):

> « If forces represented in magnitude by the lines of a figure be made to act between the extremities of the corresponding lines of the reciprocal figure, then the points of the reciprocal figure will all be in equilibrium under the action of these forces ».

---

*) |TODHUNTER, *Spherical Trigonometry*, Chapter XIII, Polyhedra.|

**) *Philosophical Magazine*, aprile 1864, p. 258.

La verità del teorema si rende subito manifesta, osservando che le forze applicate ad un nodo qualunque del secondo diagramma sono parallele e proporzionali ai lati di un poligono chiuso nel primo diagramma. Il teorema è precipuamente utile, quando se ne fa applicazione alla determinazione grafica degli *sforzi interni nelle travature reticolari.*

9.

I primi germi di questa teoria si possono ricercare nelle proprietà del *poligono delle forze*, i cui lati rappresentino in grandezza e direzione un sistema di forze applicate ad un punto ed equilibrate; e nelle note costruzioni geometriche che dànno le tensioni dei lati di un poligono funicolare piano *). Ma chi ha iniziato l'applicazione alle travature reticolari è il prof. MACQUORN RANKINE, che all'art. 150 del suo eccellente *Manual of applied Mechanics* (1857) dimostrò il teorema;

« If lines radiating from a point be drawn parallel to the lines of resistance of the bars of a poligonal frame, then the sides of any polygon whose angles lie in those radiating lines will represent a system of forces, wich, being applied to the joints of the frame, will balance each other; each such force being applied to the joint between the bars whose lines of resistance are parallel to the pair of radiating lines that enclose the side of the polygon of forces, representing the force in question. Also, the lenghts of the radiating lines will represent the stresses along the bars to whose lines of resistance they are respectively parallel **) ».

Il medesimo sig. RANKINE pubblicò più tardi ***) un teorema analogo per le *polyhedral frames.*

10.

Però la teoria geometrica de' diagrammi reciproci si deve propriamente al prof. CLERK MAXWELL, il quale prima nel 1864 †) e poi di nuovo nel 1870 ††) ne diede la definizione generale e li dedusse dalla projezione di due poliedri reciproci. Se non che, i poliedri del ch. A. sono reciproci nel senso della *teoria delle figure polari reciproche di* PONCELET †*), *relative ad un certo paraboloide di rotazione* in modo che nelle projezioni (ortogonali e parallele all'asse) i lati corrispondenti non riescono paralleli, ma perpendicolari fra loro; ond'è

*) VARIGNON, *Nouvelle Mécanique ou Statique, dont le projet fut donné en* 1687, Paris, 1725.

**) Pag. 140 della sesta edizione (1872). Ben inteso che la travatura o *frame*, di cui parla qui l'A., è un semplice poligono.

***) *Philosophical Magazine*, febbraio 1864, p. 92.

†) *On reciprocal figures and diagrams of forces* (Phil. Magazine, aprile 1864, p. 250).

††) *On reciprocal figures, frames and diagrams of forces* (Transactions of the R. Society of Edimburgh, vol. XXVI, p. 1). Vedi anche una lettera di M. RANKINE nel giornale *the Engineer*, 16 febbraio 1872.

†*) O, se si vuole, di MONGE. Vedi CHASLES, *Aperçu historique*, p. 378.

che uno de' diagrammi dev'essere fatto rotare di 90.° nel proprio piano, affinchè assuma quella posizione che è richiesta dal problema statico. Invece, col metodo ch'io propongo qui, le projezioni ortografiche di due poliedri reciproci dànno senz'altro i diagrammi, quali si ottengono nella statica grafica.

11.

L'applicazione pratica del metodo delle figure reciproche è il soggetto di una Memoria che il prof. Fleeming Jenkin comunicò nel marzo 1869 alla Società reale di Edimburgo *); nella quale l'A., dopo aver citata la definizione delle figure reciproche, e la proprietà statica, come la enuncia Maxwell nel suo lavoro del 1864, aggiunge:

« Few engineers would, howerer, suspect that the two paragraphs quoted put at their disposal a remarkably simple and accurate method of calculating the stresses in framework; and the author's attention was drawn to the method chiefly by the circumstance that it was independently discovered by a practical draughtsmann, Mr. Taylor, working in the office of the well-known contractor, Mr. J. B. Cochrane ».

L'A. presenta un buon numero di esempi illustrati con figure, e finisce coll'osservare:

« When compared with algebraic methods, the simplicity and rapidity of execution of the graphic method is very striking; and algebraic methods applied to frames, such as the Warren girders, in wich there are numerous similar pieces, are found to result in frequent clerical errors, owing to the cumbrous notation wich is necessary, and especially owing to the necessary distinction between odd and even diagonals ».

12.

Ma quando si parla di risoluzioni geometriche de' problemi della scienza delle costruzioni, non si può certamente tacere del prof. Culmann, l'ingegnoso e benemerito creatore della statica grafica **), al quale è dovuto se i metodi spicci ed eleganti di questa

---

*) *On the practical application of reciprocal figures to the calculation of strains on framework* (Transactions of the R. Society of Edimburgh, vol. XXV, p. 441). Dello stesso A. veggasi anche *On braced arches and suspension bridges*, read before the R. Scottish Society of arts (Edimburgh 1870); e la Memoria *On the application of graphic methods to the determination of the efficiences of machinery* (Transactions of the R. Society of Edimburgh, vol. XXVIII, 1877, p. 1).

**) *Die graphische Statik*, Zurich, 1866. Nel 1875 è venuta in luce la 2.ª edizione del 1.° tomo con ricche aggiunte {cfr. la prefazione e i n. 81 82}. Siccome quest'opera insigne non è esente da difficoltà gravi, specialmente per chi non è famigliarizzato colla geometria projettiva, così si è saviamente pensato di aiutare la diffusione di queste preziose dottrine per mezzo di trattati più elementari. Veggasi: K. von Ott, *Die Grundzüge des graphischen Rechnens und der graphischen Statik*, Prag, 1871 (3.ª edizione, 1874); — J. Bauschinger, *Elemente der graphischen*

scienza, usciti dalla scuola di Zurigo, vengono ora insegnati in parecchi politecnici di Germania (e da ben cinque anni anche nell'Istituto tecnico superiore di Milano *)). Tutte le quistioni di statica teorica, come pur quelle che appartengono ai singoli rami delle pratiche applicazioni, sono risolute dal prof. CULMANN con uniforme e semplice procedimento, che in sostanza si riduce alla costruzione delle due figure ch'egli denomina *Kräftepolygon* e *Seilpolygon.* E benchè egli non le consideri come figure reciproche, nel senso della teoria di MAXWELL, tuttavia esse sono tali sostanzialmente; ed in particolare, le costruzioni geometriche che il CULMANN dà nel 5.° Abschnitt della sua Opera, consacrato ai sistemi reticolari (*das Fachwerk*), coincidono quasi sempre con quelle che si dedurrebbero dai metodi del MAXWELL medesimo. Anzi le costruzioni di CULMANN comprendono anche quei casi (non isfuggiti al geometra inglese), ne' quali i diagrammi reciproci non sono possibili.

13.

Prima di tutto voglio mettere in evidenza che il *Kräftepolygon* ed il *Seilpolygon* (poligono delle forze, poligono funicolare) di CULMANN si possono ridurre a diagrammi reciproci.

Date in un piano (che supporrò sempre essere il piano ortografico) n forze $P_1, P_2, \ldots, P_n$, che si facciano equilibrio, per *poligono delle forze* s'intende un poligono i cui lati $1, 2, \ldots, n$ siano *equipollenti* **) alle rette che rappresentano quelle forze ***). Preso un punto O (nello stesso piano), che dirò *polo* del poligono tracciato, si projettino da esso i vertici del poligono medesimo; e si denomini $(r\, s)$ il raggio che projetta il vertice comune ai lati r, s. Ora per *poligono funicolare*, corrispondente al polo O, s'intende un altro poligono i cui

---

Statik, München, 1871; — ed il 2.° Abschnitt dell'opera di F. REAULEAUX, *Der Constructeur* (3.ª edizione), Braunschweig, 1869; [— L. KLASEN, *Graphische Ermittelung der Spannungen in den Hochbau-und Brückenbau-Construction;* Leipzig, 1878; — G. HERMANN, *Zur graphischen Statik der Maschinengetriebe;* Braunschweig, 1879; — G. SIDENAM CLARKE, *The principles of graphic Statics;* London, 1880; — J. B. CHALMERS, *Graphical determination of forces in engineering structures;* London, 1881; — K. STELZEL, *Grundzuge der graphischen Statik und deren Anwendung auf den continuirlichen Träger; Graz,* 1882; M. MAURER, *Statique graphique appliquée aux constructions;* Paris, 1882]; oltre a parecchie Memorie meno estese e riguardanti argomenti speciali, dei signori MOHR, HARLACHER, W. RITTER, E. WINKLER, ecc. Che in Inghilterra, oltre agli autori già citati, altri matematici abbiano portata la loro attenzione sulla statica grafica risulta dai *Proceedings* of the London Mathematical Society, vol. III, pp. 233, 320-322. Veggasi inoltre: C. UNWIN, *Wrought iron bridges and roofs;* London, 1869. — Per le pubblicazioni posteriori veggasi la nota in fine.

*) Questo fu scritto nel 1872. Ora si può aggiungere « ed in tutte le scuole italiane per gli Ingegneri ».

**) Uguali in grandezza, direzione e senso; denominazione che prendo dal prof. BELLAVITIS.

***) Nel costruire questo poligono, la posizione del primo vertice è arbitraria.

vertici cadano nelle linee d'azione (che denominerò **1**, **2**,..., ***n***) delle forze P_1, P_2,..., P_n, ed i cui lati siano rispettivamente paralleli ai raggi per O *): in modo che il lato compreso fra le linee d'azione di P_r, P_s, sia parallelo al raggio (rs), epperò esso medesimo sia indicato col simbolo (***r s***).

Il poligono funicolare risulterà chiuso, al pari del poligono delle forze.

14.

Se le linee d'azione delle forze date, fossero concorrenti in uno stesso punto (fig. 1.ª), si avrebbero già così due diagrammi reciproci: che evidentemente sarebbero le projezioni ortografiche di due piramidi n-edre.

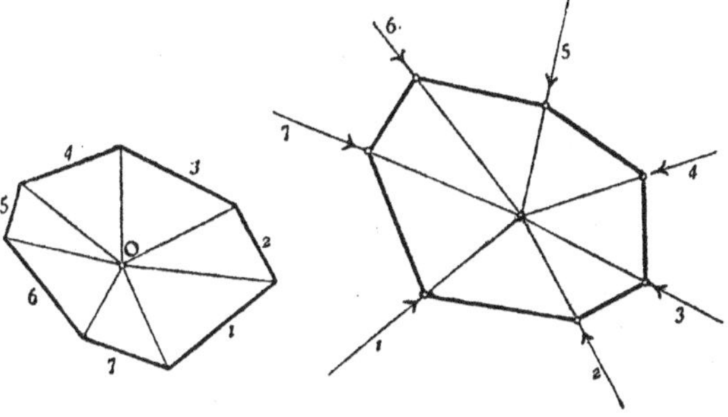

Fig. 1.ª

Se le forze sono parallele, il poligono delle forze si ridurrà ad una retta, ossia la base della prima piramide sarà perpendicolare al piano ortografico; ed il vertice della seconda cadrà all'infinito; vale a dire, il secondo poliedro sarà un prisma avente una sola base a distanza finita. Questo caso è illustrato dalla fig. 2.ª, dove i lati del poligono delle forze sono indicati, non già da un solo numero 1, 2, 3,..., ma da due numeri posti ai termini di ciascun segmento; così che i segmenti 01, 12, 23, 34,... corrispondono alle rette **1**, **2**, **3**, **4**,... del secondo diagramma.

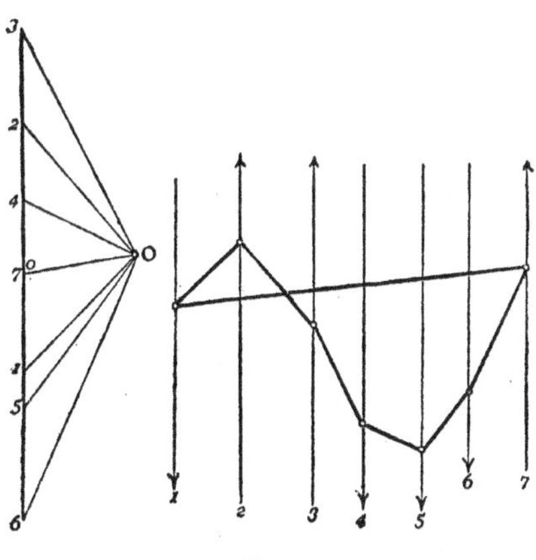

Fig. 2.ª

Qui, come in seguito, si adoperano *nel testo* due serie di numeri 1, 2, 3, ..., r, ..., s, ..., **1**, **2**, **3**,..., ***r***,..., ***s***,..., per distinguere le linee di un diagramma dalle corrispondenti dell'altro.

*) Nella costruzione di questo poligono, il primo lato è dato soltanto in direzione.

15.

Consideriamo ora il caso generale, che le forze non concorrano in uno stesso punto. Assumasi un secondo polo O′, si congiunga ai vertici del poligono delle forze mediante rette, e costruiscasi un secondo poligono funicolare, corrispondente al polo O′; cioè un poligono, i cui vertici cadano sulle linee d'azione delle forze, ed i cui lati siano risp. paralleli ai raggi uscenti da O′. Vedi le fig. 3.ª e 5.ª, nelle quali i raggi uscenti dal secondo polo, come pure il corrispondente poligono funicolare, sono segnati a tratti non continui.

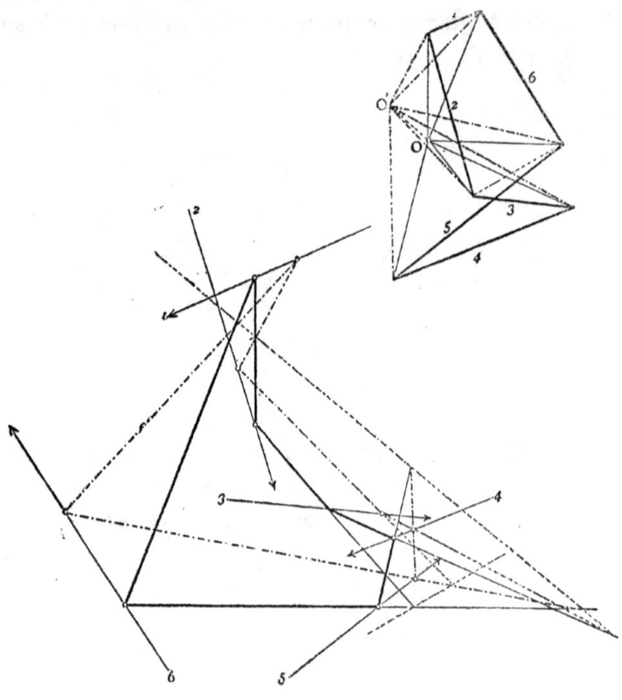

Fig. 3.ª

Per tal modo il diagramma costituito dal poligono delle forze e dei raggi projettanti per O e per O′, ed il diagramma costituito dai due poligoni funicolari e dalle linee d'azione delle forze sono manifestamente reciproci. Il primo è la projezione di un poliedro *) for-

*) Questo poliedro ha $3n$ spigoli, $2n$ facce triangolari, 2 angoli n-edri ed n angoli 4-edri. L'altro poliedro ha $3n$ spigoli, $2n$ angoli triedri, 2 basi che sono poligoni di n lati, ed n facce quadrilatere.

mato da due angoli solidi n-edri le cui facce corrispondenti si seghino lungo il contorno di un poligono gobbo *) di n lati; il secondo è la projezione di un poliedro compreso fra due poligoni piani di n lati, tali che i lati dell'uno incontrino ordinatamente i lati corrispondenti dell'altro.

La retta che nello spazio congiunge i vertici de' due angoli n-edri del primo poliedro è la conjugata di quella che è comune ai piani delle due basi del secondo poliedro. Donde segue, attesa la proprietà che due rette conjugate hanno di projettarsi ortograficamente in due rette parallele, che due lati corrispondenti qualunque $(r\,s)$, $(r\,s)'$ de' due poligoni funicolari si segano sopra una retta fissa, che è parallela alla congiungente de' due poli O, O'. Questo teorema è fondamentale pei metodi del CULMANN.

16.

Se i poli O, O' si fanno coincidere, i lati corrispondenti de' due poligoni funicolari saranno paralleli (fig. 4.ª). In tal caso, la retta che congiunge i vertici degli angoli n-edri

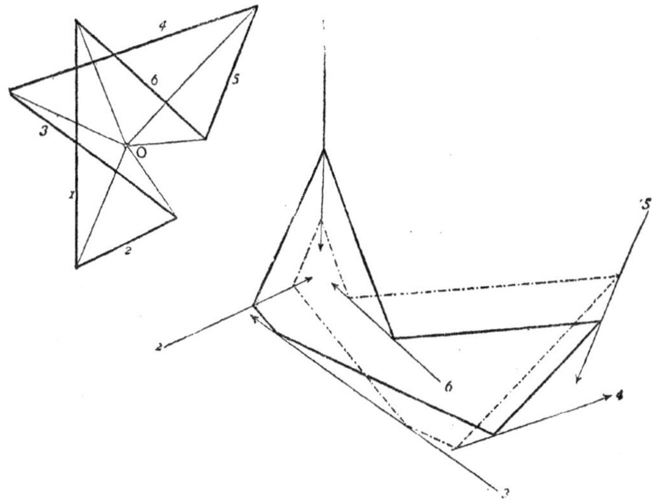

Fig. 4.ª

del primo poliedro è perpendicolare al piano ortografico; mentre le basi del secondo poliedro sono parallele.

*) {È evidente che, se questo poligono diviene una curva continua, il poligono delle forze e i poligoni funicolari diventano rispettivamente la curva delle forze, e le curve funicolari di un sistema continuo di forze in un piano.}

17.

La diagonale fra i vertici di due angoli tetraedri del primo poliedro (n.º 15), ossia la diagonale fra due vertici del poligono gobbo, è conjugata all'intersezione delle corrispondenti facce quadrilatere del secondo poliedro, la quale congiunge il punto comune a due lati di una base col punto comune ai lati corrispondenti dell'altra base. Nella projezione ortografica la prima retta dà una diagonale fra due vertici $(r \,.\, r+1)$, $(s \,.\, s+1)$ del poligono delle forze, ossia una retta equipollente alla risultante delle forze P_{r+1}, $P_{r+2}, \ldots, P_s$; la seconda retta darà la linea d'azione della risultante medesima. Dunque la linea d'azione della risultante di un numero qualunque di forze consecutive P_{r+1}, $P_{r+2}, \ldots, P_s$ passa pel punto comune ai lati $(r \,.\, r+1)$, $(s \,.\, s+1)$ del poligono funicolare: altro teorema fondamentale nella statica grafica. Veggasi per es. nella fig. 3.ª la risultante delle forze 6, 1, 2.

18.

Se l'accennata diagonale del primo poliedro è perpendicolare al piano ortografico, la

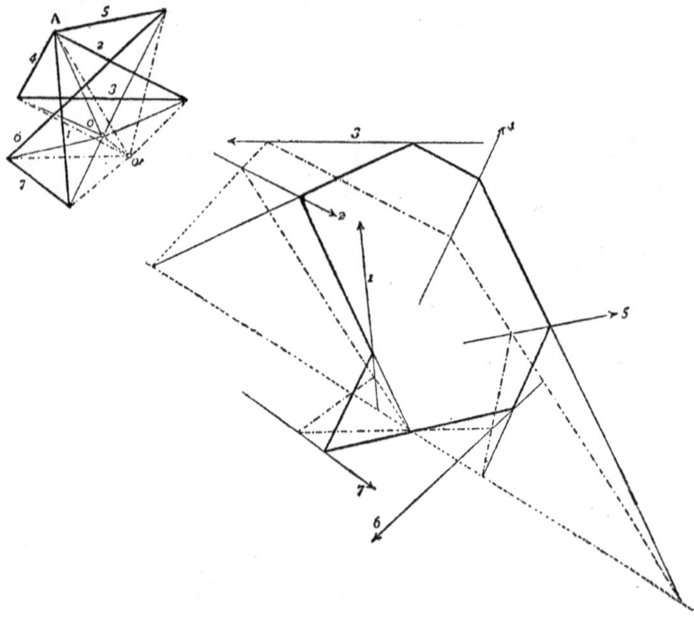

Fig. 5.ª

retta conjugata sarà all'infinito. Allora, nel poligono delle forze coincideranno i due vertici $(r \,.\, r+1)$, $(s \,.\, s+1)$ in un solo punto A (vedi fig. 5.ª, dove $r=1$, $s=4$), ed in ciascuno de' poligoni funicolari saranno paralleli i lati $(r.r+1)$, $(s.s+1)$. La risultante delle forze $P_{r+1}, P_{r+2}, \ldots, P_s$ avrà dunque una grandezza evanescente e la sua linea d'azione cadrà nella retta all'infinito del piano ortografico: essa risultante sarà una forza infinitamente piccola e lontana, equivalente ad una coppia di forze agenti secondo i predetti lati paralleli del poligono funicolare e rappresentate in grandezza dalla retta che congiunge il corrispondente polo O al punto A. Siccome queste due forze equivalgono al sistema delle $P_{r+1}, P_{r+2}, \ldots, P_s$, così il senso di quella che agisce secondo il lato $(r.r+1)$ è da A verso O; e il senso dell'altra, agente secondo il lato $(s.s+1)$, è da O verso A.

19.

Date le forze $P_1, P_2, P_3, \ldots, P_{n-1}$ (n.° 13), i due poligoni (delle forze e funicolare) servono a determinare la P_n, uguale ed opposta alla risultante delle date (vedi la fig. 3.ª, dove $n=5$). Infatti, costruita la linea spezzata $1.2.3\ldots n-1$, i cui lati siano equipollenti alle forze date, la retta n che ne congiunge gli estremi (diretta dal termine all'origine della spezzata) sarà equipollente a P_n. Indi, assunto un polo O, costruiscasi un poligono (funicolare), i cui primi $n-1$ vertici $1, 2, 3, \ldots, n-1$ cadano nelle linee d'azione delle forze date $P_1, P_2, P_3, \ldots, P_{n-1}$, ed i cui lati $(n.1), (1.2), (2.3), \ldots, (n-1.n)$ siano risp. paralleli ai raggi che da O projettano i vertici omonimi del primo poligono. Allora la retta che passa per l'ultimo vertice n del poligono funicolare, vale a dire pel punto di concorso del primo lato $(n.1)$ coll'ultimo $(n-1.n)$, ed è parallela all'ultimo lato n del poligono delle forze, sarà la linea d'azione di P_n.

Suppongo che il primo lato del poligono funicolare debba passare per un punto fisso, e si faccia muovere il polo O in linea retta; anche gli altri lati ruoteranno intorno ad altrettanti punti fissi, allineati col primo in una retta parallela al luogo del polo (n.° 15). Ciò rientra nel celebre porisma di Pappo:

> « Si quotcumque rectæ lineæ sese mutuo secent, non plures quam duæ per idem punctum, omnia autem in una ipsarum data sint, et reliquorum multitudinem habentium triangulum numerum, hujus latus singula habet puncta tangentia rectam lineam positione datam, quorum trium non ad angulum existens trianguli spacii unumquodque reliquum punctum rectam lineam positione datam tangent *) ».

20.

Se consideriamo il punto O come suscettibile di prendere una posizione qualsivoglia

*) *Mathematicæ Collectiones*, prefazione al libro VII, p. 162 dell'edizione di Commandino (Venetiis, 1589). Veggasi la traduzione o parafrasi del porisma, fatta da Poncelet al n.° 498 del suo *Traité des propriétés projectives* (Paris, 1822).

nel piano, le proprietà dei due poligoni (delle forze e funicolare) si possono compendiare nel seguente enunciato geometrico:

Sia dato un poligono piano di n lati 1, 2, 3,..., $n-1$, n; e nello stesso piano siano inoltre date $n-1$ rette **1**, **2**, **3**,..., $\boldsymbol{n}-\mathbf{1}$ risp. parallele ai primi $n-1$ lati del poligono. Da un punto o polo, mobile nel piano (senz'alcuna restrizione), s'intendano projettati i vertici del poligono dato. Ora si imagini un poligono variabile di n lati, i primi $n-1$ vertici del quale **1**, **2**, **3**,..., $\boldsymbol{n}-\mathbf{1}$ debbano trovarsi ordinatamente nelle rette date omonime, mentre gli n lati $(\boldsymbol{n}\,.\,\mathbf{1})$, $(\mathbf{1}\,.\,\mathbf{2})$, $(\mathbf{2}\,.\,\mathbf{3})$,..., $(\boldsymbol{n}-\mathbf{1}\,.\,\boldsymbol{n})$ debbano essere paralleli ai raggi che dal polo projettano i vertici omonimi del poligono dato. Il punto di concorso di due lati qualsivogliano $(\boldsymbol{r}\,.\,\boldsymbol{r}+\mathbf{1})$, $(\boldsymbol{s}\,.\,\boldsymbol{s}+\mathbf{1})$ del poligono variabile cadrà in una retta determinata, parallela alla diagonale fra i vertici $(r\,.\,r+1)$, $(s\,.\,s+1)$ del poligono dato.

Questo teorema la cui dimostrazione per mezzo della sola *geometria piana* non pare ovvia, risulta invece a dirittura evidente, se si considerano le figure piane come projezioni ortografiche di poliedri reciproci.

21.

Il poligono delle forze è la proiezione di un poligono piano o di un poligono storto, secondochè le forze P siano o non siano concorrenti in un punto. Come s'è veduto al n.° 14, nel primo caso i due diagrammi reciproci sono semplicemente costituiti l'uno dal poligono delle forze e dal polo O, l'altro dalle linee d'azione delle forze e dal poligono funicolare corrispondente ad O. Invece nel secondo caso (n. 15) è d'uopo aggiungere al primo diagramma un altro polo O', ed al secondo un altro poligono funicolare corrispondente ad O'. Si è pur veduto (n.° 16) che i due poli si possono assumere coincidenti, e allora il primo diagramma riesce il più semplice possibile. Ma se invece si volesse semplificare il secondo, gioverebbe portare il polo O' a distanza infinita, in una direzione arbitraria; il poliedro la cui projezione ortografica è il primo diagramma, avrebbe all'infinito il vertice di uno de' suoi angoli n-edri; e siccome il piano polare di un punto all'infinito è parallelo all'asse centrale', così il nuovo poligono funicolare, corrispondente ad O', avrebbe tutti i suoi lati distesi in una stessa linea retta (il cui punto all'infinito è O'). La posizione assoluta di questa retta nel piano ortografico è ancora arbitraria, epperò si potrebbe portarla a distanza infinita.

Si ha un risultato ancor più semplice nel modo seguente. Suppongasi che il primo poliedro abbia il vertice dell'anzidetto suo angolo n-edro nel punto all'infinito dell'asse centrale; nel primo diagramma scompare allora assolutamente il polo O, giacchè gli spigoli di quell'angolo n-edro si projettano ortograficamente nei vertici del poligono delle forze. Il piano polare del vertice è ora il piano all'infinito; dunque il secondo poligono funicolare cadrà tutto a distanza infinita (cfr. n.° 7).

22.

Concludo da ciò l'aspetto più semplice, sotto il quale si possono riguardare come diagrammi reciproci il poligono delle forze e il poligono funicolare di un sistema di n forze equilibrate, situate in un piano (il piano ortografico), ma non concorrenti in uno stesso punto. L'un diagramma sia costituito dal poligono delle forze e dai raggi che ne projettano i vertici da un polo O; l'altro dalle linee d'azione delle forze, dal poligono funicolare e dalla retta all'infinito. Il primo diagramma è la projezione d'un poliedro le cui facce si ottengono col projettare gli n lati d'un poligono gobbo sì perpendicolarmente al piano ortografico, sì da un punto dello spazio a distanza finita. Il poliedro reciproco, la cui projezione è il secondo diagramma, è la porzione (infinita) di spazio contenuta da un poligono piano e da n piani passanti ordinatamente pei lati del medesimo ed estesi sino al piano all' infinito.

23.

Passo ora a diagrammi più complicati, quali si presentano nella teoria delle travature reticolari *). Siano $\mathfrak{s}$, $\mathfrak{s}'$ due superficie poliedriche reciproche, {che posseggono un orlo o contorno, che sono semplicemente connesse, e i cui contorni sono due poligoni chiusi sghembi} **); $\mathfrak{p}$ il poliedro formato da $\mathfrak{s}$ e dalla superficie piramidale, il cui vertice sia un punto $\mathfrak{o}$ fissato ad arbitrio nello spazio, e la cui linea direttrice sia il contorno poligonale di $\mathfrak{s}$; e $\mathfrak{p}'$ il poliedro reciproco di $\mathfrak{p}$, ossia il poliedro contenuto dalle facce di $\mathfrak{s}'$, dai piani degli angoli dell'orlo di $\mathfrak{s}'$ e dal piano ω polare di $\mathfrak{o}$. Projettando ortografica-

*) {Dicesi *travatura reticolare* un sistema piano di aste rettilinee riunite agli estremi per nodi o articolazioni. Sia AB un'asta qualunque (il cui peso è trascurato) di una tale travatura; e supponiamo che nessuna forza agisca sopra di essa, fuorchè ai nodi A, B. Allora l'insieme delle forze che agiscono su di essa nel nodo A (alcune esterne, alcune consistenti in pressioni esercitate sull'asta medesima da quella o da quelle che l'incontrano nel nodo A) possono essere ridotte ad una sola risultante: lo stesso per quelle che agiscono al nodo B; e queste risultanti, essendo necessariamente eguali ad opposte, debbono agire secondo l'asta AB. Quindi l'asta è in un semplice stato di *tensione* quando queste risultanti agiscono all'infuori, o di *compressione* quando agiscono verso l'interno. Un'asta è chiamata *un tirante* quando è in tensione, *un puntone* quando è in compressione (Crofton, *Lectures on Applied Mechanics, at the Royal Military Academy*, London, 1877)}. [cfr. n. 31].

**) Se l'orlo di $\mathfrak{s}$ è un poligono piano di n lati, quello di $\mathfrak{s}'$ sarà un punto, vertice di un angolo n-edro.

mente i due poliedri, si avranno i due diagrammi reciproci, che qui si vogliono prendere in considerazione.

L'orlo di $\mathfrak{s}$ sia di n lati, e questa superficie abbia altri m spigoli *) e p facce. Il poliedro $\mathfrak{p}$ avrà $n+p$ facce e $2n+m$ spigoli, epperò $m+n-p+2$ vertici. Dunque $\mathfrak{s}$ ha, fuori dell'orlo, $m-p+1$ vertici **).

Reciprocamente $\mathfrak{p}'$ avrà $m+n-p+2$ facce, $n+p$ vertici e $2n+m$ spigoli.

24.

Suppongo ora che la projezione di $\mathfrak{s}'$ sia lo schema di una travatura reticolare dotata di p nodi e di m membri o pezzi rettilinei, per la quale le forze esterne abbiano a linee di azione le projezioni degli spigoli all'orlo di $\mathfrak{s}'$, e siano rappresentate in grandezza dagli n lati del poligono che è projezione dell'orlo di $\mathfrak{s}$ ***). Allora la projezione di quella faccia di $\mathfrak{s}'$ che è nel piano ω sarà il poligono funicolare delle forze esterne, corrispondente al polo O, projezione di $\mathfrak{o}$; e le projezioni degli m spigoli di $\mathfrak{s}$, non appartenenti all'orlo, daranno le misure degli sforzi interni, ai quali sono soggetti i membri corrispondenti della travatura, in conseguenza del dato sistema di forze esterne.

25.

Se il punto $\mathfrak{o}$ si allontana all'infinito nella direzione perpendicolare al piano ortografico, il piano ω coinciderà col piano all'infinito. Allora il primo diagramma si ridurrà alla projezione di $\mathfrak{s}$, cioè all'insieme delle rette che misurano le forze esterne e gli sforzi interni; ed il secondo diagramma, scomparendone affatto il poligono funicolare, conterrà soltanto lo schema della travatura (cioè le linee d'azione delle forze interne) e le linee d'azione delle forze esterne. Nelle figure che accompagnano questo scritto, il primo diagramma è indicato colla lettera $\mathfrak{b}$, il secondo colla lettera $\mathfrak{a}$.

26.

Se le forze esterne sono tutte parallele fra loro, come avviene assai di frequente nelle applicazioni pratiche, l'orlo di $\mathfrak{s}$ sarà un poligono tutto contenuto in un piano perpendicolare all'ortografico; epperò i lati del poligono delle forze esterne cadranno tutti in una sola e medesima retta.

---

*) Evidentemente è $m \gtreqless n$.

**) Laonde m non può essere minore di $p-1$.

***) Perciò $\mathfrak{s}$ non dovrà avere alcun vertice a distanza infinita; vale a dire $\mathfrak{s}'$ non avrà alcuna faccia perpendicolare al piano ortografico.

27.

Altre forme poligonali degeneri possono offrire i diagrammi, le quali provengono da degenerazioni analoghe delle figure nello spazio.

Suppongasi per es. che nello spazio si abbia un angolo solido tetraedro, al quale corrisponderà nella figura reciproca una faccia quadrilatera; e che due spigoli (non opposti) dell'angolo solido accostandosi indefinitamente nel loro piano vengano a sovrapporsi l'uno all'altro; sicchè da ultimo l'angolo solido sarà ridotto al sistema composto di un triedro e di un piano passante per uno degli spigoli. Perciò anche nella faccia quadrilatera della figura reciproca vi saranno due lati che, senza cessare d'avere un vertice comune, verranno a trovarsi nella stessa direzione o in direzioni opposte.

Passando ora alle projezioni ortografiche, si avrà nell'un diagramma un punto donde divergono quattro rette, due delle quali con direzioni sovrapposte; e nell'altro diagramma un quadrilatero con tre vertici in linea retta *).

28.

Dato lo schema di una travatura reticolare, e supposto conosciuto il sistema delle forze esterne, bisognerà anzi tutto costruire il poligono di queste forze, vale a dire un poligono i cui lati siano equipollenti alle forze esterne. Nelle figure qui unite, le forze esterne e i lati del poligono sono indicati coi numeri 1, 2, 3,... per modo che, percorrendo il contorno del poligono nell'ordine crescente de' numeri, ciascun lato sia percorso nel senso della forza, che esso rappresenta. Questo modo di percorrere il contorno del poligono si chiamerà *l'ordine ciclico del contorno* medesimo.

Quando si tratta di costruire il diagramma reciproco a quello che è costituito dallo schema della travatura e dal sistema delle forze esterne, non è arbitrario l'ordine col quale si fanno succedere queste forze l'una all'altra per costruire il relativo poligono. L'ordine di cui si tratta è determinato dalla considerazione che segue. Nel poligono delle forze esterne, che fa parte del diagramma **b**, devono essere successivi i lati equipollenti a due forze, se le linee d'azione di queste appartengono al contorno di uno stesso poligono nel diagramma **a**; giacchè questo poligono corrisponde al vertice che è comune a quei due lati.

Si darà dunque l'indice 1 ad una qualunque delle forze esterne; la linea d'azione della forza prescelta è lato comune a due poligoni del diagramma **a**; ciascuno di questi ha nel proprio contorno la linea d'azione d'un'altra forza esterna; si hanno così due forze esterne, che possono risguardarsi come *contigue* alla forza 1, e sarà indifferente di attribuire all'una o all'altra l'indice 2; naturalmente l'altra avrà allora l'indice n, se n è il nu-

*) Esempi di queste forme degenerate si possono vedere a pag. 444 e nelle prime due tavole della citata Memoria del prof. FLEEMING JENKIN (1869), ed anche nella 9.ª delle nostre figure.

mero delle forze esterne. Dopo di ciò, non rimane più alcun che d'arbitrario o d'incerto nell'ordine col quale si avranno a disporre i lati del poligono delle forze esterne.

Supposto che i nodi ai quali sono applicate le forze esterne si trovino tutti sul contorno dello schema della travatura *), queste forze si dovranno prendere nell'ordine col quale sono incontrate da chi percorra il contorno suddetto. Quando non si seguano queste regole e le altre esposte più innanzi, si può ancora risolvere il problema della determinazione grafica degli sforzi interni, ma non si hanno più *diagrammi reciproci*, bensì figure più complicate o sconnesse, dove uno stesso segmento, non trovandosi al suo posto *conveniente*, dev'essere ripetuto o riportato per dar luogo alle costruzioni ulteriori **), come accadeva nel vecchio metodo di costruire separatamente un poligono delle forze per ciascun nodo della travatura.

29.

Formato così il poligono delle forze esterne, si completerà il diagramma **b**, costruendo successivamente i poligoni che corrispondono ai nodi della travatura. Il problema di costruire un poligono, i cui lati devono avere direzioni date, è determinato ogni qualvolta siano incogniti due soli lati. Perciò si dovrà incominciare da un nodo nel quale concorrano tre sole rette; le linee di resistenza di due membri della travatura e la linea d'azione di una forza esterna. Il segmento equipollente a questa forza sarà un lato del triangolo corrispondente a quel nodo; perciò il triangolo può essere costruito. Nè in questa costruzione sussisterà alcuna ambiguità, se si ponga mente che ad un membro della travatura, il quale insieme colle linee d'azione di due forze esterne appartenga al contorno d'un poligono del diagramma **a**, corrisponde in **b** una retta passante pel vertice comune ai lati che sono equipollenti a quelle due forze.

Indi si passerà successivamente agli altri nodi, in modo che per ogni nuovo poligono da costruirsi rimangano due soli lati incogniti.

Nelle figure qui unite, si sono segnati con numeri tutte le linee di ciascun diagramma per indicare l'ordine delle operazioni.

> « The figure can be drawn in five minutes, whereas the algebraic computation of the stresses, though offering no mathematical difficulty, is singularly apt, from mere complexity of notation, to result in error ***) ».

---

*) Il contorno della travatura è costituito dalle due così dette *tavole* (*Gurten*, *Streckbäume*), la tavola superiore e l'inferiore. I pezzi che congiungono i nodi dell'una a quelli dell'altra diconsi *aste* e *saette*.

**) Per questa ragione, non sono diagrammi reciproci le fig. 1 e 3 della tavola 16 nell'atlante della *Graphische Statik* di CULMANN, nè le fig. 7 e 7_1, della tavola 19, ecc. Invece sono perfettamente reciproci i diagrammi 168 e 169 a pag. 422 del testo, ecc.

***) Così il prof. FLEEMING JENKIN a pag. 443 del citato volume delle *Transactions* di Edimburgo.

30.

Una considerazione superficiale potrebbe far credere possibile e determinata la soluzione del problema anche in casi ne' quali nessun nodo sia il punto di concorso di tre sole rette *). Suppongasi per es. lo schema della travatura costituito dai lati **5**, **6**, **7**, **8** di un quadrilatero e dalle rette **9**, **10**, **11**, **12** che ne congiungono i vertici ad un quinto punto; e le forze esterne siano le **1**, **2**, **3**, **4** applicate ai vertici (**8** . **5** . **9**), (**5** . **6** . **10**), (**6** . **7** . **11**), (**7** . **8** . **12**) del quadrilatero **). Formato il poligono 1 . 2 . 3 . 4 delle forze esterne, pei punti (1 . 2), (2 . 3), (3 . 4), (4 . 1) conducasi ordinatamente le 5, 6, 7, 8 indefinite; indi pongasi il problema di costruire un quadrilatero i cui lati 9, 10, 11, 12 siano risp. paralleli alle linee omonime del diagramma dato, e i cui vertici (9 . 10), (10 . 11), (11 . 12), (12 . 11) cadano risp. nelle 5, 6, 7, 8. Siccome il problema di costruire un quadrilatero i cui lati abbiano direzioni date (o passino per punti dati in una stessa retta) ed i cui vertici cadano in altrettante rette fisse, ammette in *generale* una ed una sola soluzione, così si potrebbe credere a primo aspetto che il diagramma delle forze riesca così perfettamente determinato.

Ma l'illusione svanisce, se si pon mente che il problema geometrico ha i suoi casi di impossibilità e di indeterminazione. Infatti, quando si ometta una delle condizioni proposte, vale a dire si assoggetti il quadrilatero soltanto ad avere i suoi lati nelle date direzioni, e i primi tre vertici sulle rette date 5, 6, 7, il quarto vertice descrive ***) una retta *r*; ed è il punto comune a questa ed alla retta data 8 che, preso come posizione del quarto vertice, dovrebbe dare la soluzione desiderata. Ora, se i dati della questione sono tali che *r* risulti parallela alla 8, ecco, ci troviamo in un caso d'impossibilità. Però, se, in un'ipotesi anche più speciale, la retta *r* coincidesse appunto colla 8, il problema riuscirebbe indeterminato, cioè, infiniti quadrilateri soddisferebbero alle condizioni proposte.

A persuaderci che, nella costruzione del diagramma reciproco al dato, si urta precisamente nell'impossibilità o nell'indeterminazione, basta riflettere che, ove si consideri il diagramma dato come un poligono di forze, le cui grandezze siano espresse dai segmenti **5**, **6**, **7**, **8** e il cui polo sia il punto (**9** . **10** . **11** . **12**), la figura cercata 9 . 10 . 11 . 12 sarebbe il corrispondente poligono funicolare. Ora, affinchè sia possibile la costruzione del poligono funicolare, è necessario che le forze siano in equilibrio: al quale scopo, se si suppongono date le loro grandezze **5**, **6**, **7**, **8**, e le linee d'azione di tre fra esse, 5, 6, 7, la linea d'azione della quarta risulta univocamente determinata, ed è appunto quella retta *r*

*) {Supposta la travatura reticolare composta di triangoli come dapertutto in questo opuscolo}.

**) Queste considerazioni sussistono inalterate, se la travatura sia invece costituita da un poligono qualunque e dalle rette che ne congiungano i vertici ad un punto fisso. Non do la figura relativa a questo paragrafo; ma il lettore potrà supplirvi senza difficoltà.

***) Poncelet, *Traité des propriétés projectives* (Paris 1822), n.° 500.

che sopra si è menzionata. Dunque, se r ed 8 non coincidono, le forze fittizie **5**, **6**, **7**, **8** non sono in equilibrio, ma equivalgono ad una forza infinitamente piccola e distante, e il problema è impossibile. Se poi r coincide con 8, cioè se le forze fittizie sono equilibrate il problema è indeterminato, giacchè per un dato sistema di forze e per un dato polo, si possono costruire infiniti poligoni funicolari (n.° 16).

Nel primo di questi due casi si otterrebbe l'equilibrio, aggiungendo alle forze **5**, **6**, **7**, **8** una forza uguale ed opposta alla loro risultante (infinitamente piccola e lontana), cioè considerando il poligono **5** . **6** . **7** . **8** come projezione, non già di un quadrangolo, ma di un pentagono, due vertici consecutivi del quale si projettino in uno stesso punto (**7** . **8** . **12**). Allora la retta **12** è la projezione di due rette distinte nello spazio, epperò, nel diagramma reciproco, al punto (**9** . **10** . **11** . **12**) corrisponderà un pentagono (aperto) 9 . 10 . 11 . 12 . 12′, avente i vertici (9 . 10), (10 . 11), (11 . 12), (12′ . 9) risp. situati nelle 5, 6, 7, 8, e il vertice (12 . 12′) all'infinito.

31.

Ogni membro o pezzo rettilineo della travatura è linea d'azione di due forze uguali ed opposte, applicate risp. ai due nodi che sono congiunti da quel pezzo. La grandezza comune di queste due forze, ossia la misura dello sforzo cui va soggetto il pezzo considerato, è data dalla retta corrispondente del diagramma 𝔟. Quelle due forze si possono considerare come *azioni* o come *reazioni:* per passare dall'un caso all'altro, basta rovesciarne i sensi. Considerandole come *azioni*, se esse agiscono dai rispettivi punti d'applicazione verso l'interno del pezzo, questo si dice *premuto* o *compresso*; se agiscono invece all'infuori, il pezzo dicesi *teso* o *stirato*. Spesse volte ai pezzi compressi si dà il nome di *puntoni*; ai pezzi tesi quello di *tiranti* *).

32.

Ciascun nodo della travatura è il punto d'applicazione di un sistema di forze equilibrate, almeno tre di numero; una di esse può essere una forza esterna; tutte le altre sono *reazioni* dei pezzi concorrenti in quel nodo. Basterà conoscere il senso di una delle forze del sistema, per dedurne il senso di tutte le altre; al quale uopo non si avrà che a percorrere il contorno del poligono corrispondente a quel nodo. Se al nodo è applicata una forza esterna, e si percorra nel senso della medesima il lato equipollente del poligono, ciascuno degli altri lati del contorno verrà percorso nel senso che spetta alla corrispondente forza interna riguardata come reazione applicata al nodo che si considera. Se invece le forze in-

*) Nelle figure in fondo a questo opuscolo i tiranti sono indicati con linee più sottili di quelle che rappresentano i puntoni. Nelle figure del Culmann e del Reuleaux i puntoni sono segnati con linee doppie, i tiranti con linee semplici.

terne s'intendono agire nel senso che loro compete come *azioni*, nel percorrere il contorno del poligono bisognerà rovesciare il senso della forza esterna.

Se ad un nodo non è applicata alcuna forza esterna, ma sole forze interne, basterà del pari conoscere il senso di una fra esse, per ottenere, col procedimento ora esposto, il senso di ciascuna delle rimanenti.

Si dirà *ordine ciclico del contorno* di un poligono del diagramma 𝔟, quello che corrisponde alle forze interne considerate come *azioni*.

Per tal modo, incominciando da un nodo al quale sia applicata una forza esterna, si verranno a determinare successivamente le grandezze e i sensi di tutte le forze interne. Considerando una forza interna come *azione* applicata ad uno dei due nodi fra i quali essa agisce, si riconoscerà tosto se il pezzo limitato dai nodi medesimi sia compresso o teso.

Ogni retta nel diagramma 𝔟 è lato comune a due poligoni; percorrendo i contorni de' quali, nel loro ordine ciclico rispettivo, quel lato verrà descritto una volta in un senso l'altra volta nel senso opposto *). Ciò corrisponde all'essere quella retta la misura di due forze uguali opposte, agenti lungo il corrispondente membro della travatura.

33.

È noto che la somma algebrica delle proiezioni delle facce di un poliedro è uguale a zero. Applicando questo teorema al poliedro 𝔭 (n.º 23) ed osservando che la projezione della superficie 𝔰 è costituita dai poligoni del diagramma 𝔟 corrispondenti ai nodi della travatura, mentre la projezione della restante superficie di 𝔭 non è altro che il poligono delle forze esterne, si ottiene il risultato seguente:

Riguardata come positiva o negativa l'area di un poligono, secondo che essa giaccia a sinistra o a destra di chi ne percorra il contorno nell'ordine ciclico del medesimo, la somma delle aree dei poligoni del diagramma 𝔟 *che corrispondono ai nodi della travatura è uguale ed opposta all'area del poligono delle forze esterne.*

Il signor Maxwell è giunto per altra via a questo teorema, dimostrandolo per una *frame* piana qualsivoglia, sia o non sia possibile di costruire un diagramma di forze **).

34.

Il *metodo delle sezioni*, generalmente adoperato nella trattazione de' sistemi variabili, offrirà al disegnatore un prezioso mezzo di verificazione.

---

*) Questa proprietà è in accordo colla così detta *legge degli spigoli* (*Kantengesetz*) nei poliedri dotati di una superficie interna e di una superficie esterna. Vedi Möbius, *Ueber die Bestimmung des Inhalts eines Polyeders* (nei *Berichte* della Società delle scienze di Lipsia, 1865, vol. 17, p. 33 e seg. {ovvero *Gesammelte Werke*, vol. II, p. 473} e Baltzer, *Stereometria* (p. 147 della traduzione italiana, 2.ª edizione, Genova, 1877).

**) Citata Memoria del 1870, p. 30.

Se si considera una delle parti nelle quali la travatura è divisa da una *sezione ideale*, le forze esterne applicate ad essa parte sono equilibrate dalle reazioni de' pezzi incontrati dalla sezione.

Se di queste reazioni tre sole sono incognite, esse potranno dedursi da quella condizione d'equilibrio, giacchè il problema di decomporre una forza P in tre componenti, le cui linee d'azione **1**, **2**, **3** siano date e formino con **0**, linea d'azione di P, un quadrilatero (piano) completo, è determinato ed ammette una sola soluzione. Infatti (fig. 6.ª) basta condurre una delle diagonali del quadrilatero, per es. la retta **4** che unisce i punti **01**, **23**, decomporre la forza data **0** in due componenti secondo le rette **1**, **4** (e ciò costruendo il triangolo delle forze 041, il lato 0 del quale è dato in grandezza e direzione) e da ultimo decomporre la forza **4** secondo le rette **2**, **3** (costruendo analogamente il triangolo delle forze 432).

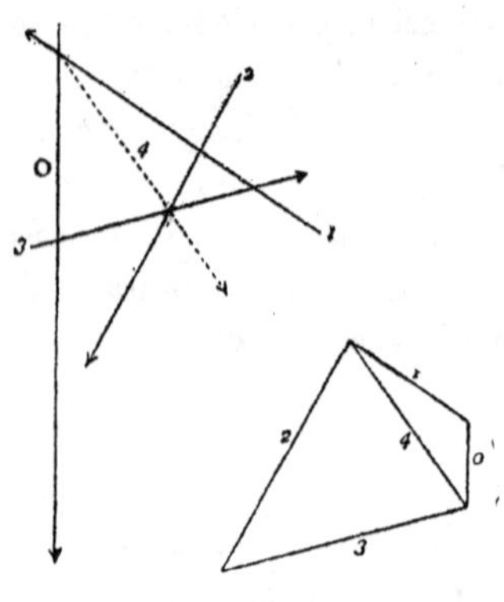

Fig. 6.ª

Questo metodo, che potrebbe dirsi *statico*, basta da sè solo alla determinazione grafica degli sforzi interni, al pari del metodo *geometrico*, esposto precedentemente, che si deduce dalla teoria delle figure reciproche e consiste nella costruzione successiva dei poligoni corrispondenti ai diversi nodi della travatura. Il metodo statico mi pare però meno semplice, e piuttosto può giovare in combinazione coll'altro, sopratutto per verificare l'esattezza delle operazioni grafiche, già eseguite. Le forze esterne applicate ad una porzione della travatura, staccata mediante una sezione qualsivoglia, e le reazioni dei pezzi segati devono aver la proprietà che le corrispondenti linee del diagramma **b** siano i lati di un poligono chiuso. Questo poligono dev'essere la projezione di un poligono gobbo, chiuso del pari, non già di una spezzata, i cui estremi siano in una retta perpendicolare al piano ortografico: la qual condizione equivale all'esser chiuso anche il poligono gobbo reciproco, ossia al potersi connettere le linee corrispondenti del diagramma **a** con un poligono funicolare chiuso.

Il metodo delle sezioni può anche essere presentato sotto un'altra forma. Indicando ancora con **0** la risultante di tutte quelle forze (applicate alla porzione di travatura) che sono conosciute, e con **1**, **2**, **3** le tre reazioni incognite, la somma dei momenti delle quattro forze sarà nulla. Donde segue che, posto il centro dei momenti nel punto d'incontro di due linee di resistenza, per es. nel punto **23**, il momento della terza reazione **1** sarà uguale ed opposto al momento della forza **0**. Si ha così una proporzione di quattro grandezze (le due forze e i loro bracci di leva), fra le quali la sola incognita è la grandezza della forza **1**. In ciò consiste il *metodo dei momenti statici*, che s'adopera quando si vogliano *calcolare numericamente* (non costruire graficamente) gli sforzi interni nelle travature reticolari *).

35.

Passo a dare alcuni esempi, atti a mettere in evidenza la semplicità e l'eleganza del metodo grafico. In questi esempi non mi curo sempre della regolarità o della simmetria di forma, sebbene in pratica non vi si rinunci quasi mai. *Ma le forme simmetriche della pratica non sono che un caso particolare delle forme irregolari della geometria astratta*: epperò la trattazione di queste include in sè tutti i casi pratici possibili. Qui adunque il vocabolo *travatura reticolare* è preso in quel senso generale e teorico che il signor Maxwell dà alla parola *frame* **):

> « A frame is a system of lines connecting a number af points. A stiff frame is one in which the distance between any two points cannot be altered without altering the lenght of one or more of the connecting lines of the frame.... A frame of s points in a plane requires in general $2s - 3$ connecting lines to render it stiff ».

Soltanto io intendo limitarmi alla considerazione di figure piane }e formate da triangoli{.

36.

Come primo esempio (teorico, generale) sia **1**, **2**, ..., **10** (fig. 7.ª **a**) un sistema di dieci forze (esterne) equilibrate, cosicchè, costruito il poligono di esse forze e projetta-

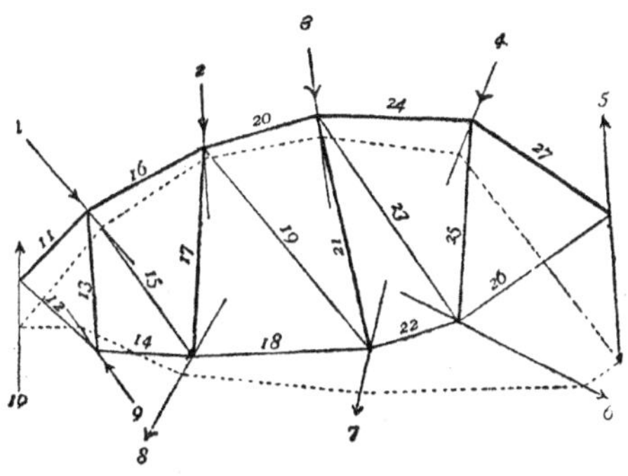

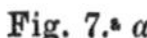

Fig. 7.ª *a*

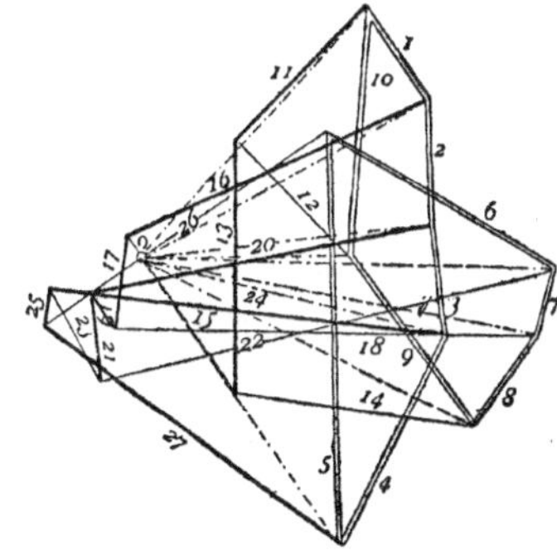

Fig. 7.ª *b*

tine i vertici da un polo O (fig. 7.ª **b**, dove il poligono delle forze è segnato con linee doppie), si potrà tracciare un poligono funicolare, i cui vertici siano nelle linee d'azione

*) Vedi A. Ritter, *Elementare Theorie und Berechnung eiserner Dach-und Brücken-Constructionen*, 2.ª ediz. (Hannover, 1870).

**) A pag. 294 del *Philosophical Magazine*, aprile 1864

1, 2, ..., ed i cui lati (segnati a tratti nella fig. **a**) siano ordinatamente paralleli ai raggi (pur segnati a tratti nella fig. **b**) che escono da O. Le dette forze siano applicate ai nodi di una travatura reticolare, i cui membri rettilinei indicherò con **11**, **12**, **13**, ..., **27** (fig. **a**).

Comincio dal costruire il triangolo corrispondente al nodo (**10** . **11** . **12**), conducendo dai termini di 10 due rette 11, 12 risp. parallele ad **11**, **12**; al quale uopo osservo che 11 deve passare pel punto (1 . 10), perchè nel diagramma **a** le linee **1**, **10**, **11** appartengono al contorno di uno stesso poligono *); e per la identica ragione, 12 dee passare pel punto (9 . 10). Percorrendo il contorno del triangolo così ottenuto, nel senso contrario a quello della forza **10**, si ottengono i sensi delle azioni esercitate sul nodo che si considera, lungo le linee **11**, **12**; e si vede così che il pezzo **11** è compresso, mentre **12** è teso.

Costruisco il quadrilatero corrispondente al nodo cui è applicata la forza **9**, conducendo la 13 pel punto (11 . 12) e la 14 pel punto (8 . 9). Il pezzo **13** è compresso; **14** è teso.

Costruisco il pentagono corrispondente al nodo cui è applicata la forza **1**, conducendo 15 pel punto (13 . 14), e 16 pel punto 1 . 2. Il pentagono così ottenuto è a contorno intrecciato. Il pezzo **15** è teso, e **16** è compresso.

Costruisco il pentagono corrispondente al nodo cui è applicata la forza esterna **8**; al quale uopo guido 17 pel punto (15 . 16) e 18 pel punto (7 . 8). Il pezzo **17** è compresso, mentre **18** è teso.

E continuando così trovo tutti gli altri sforzi interni. L'ultima costruzione dà il triangolo che corrisponde al punto d'applicazione della forza **5**.

Sono compressi, **20**, **21**, **24**, **25**, **27**; tesi **19**, **22**, **23**, **26**.

37.

La fig. 8.ª **a** rappresenta un ponte, ai cui nodi sono applicate le forze **1**, **2**, ..., **16** tutte verticali; la **1** e la **9** sono dirette dal basso in alto ed esprimono le reazioni degli appoggi; le forze **2**, **3**, ..., **8** sono pesi applicati ai nodi della tavola superiore; e **10**, **11**, ..., **16** sono pesi applicati ai nodi della tavola inferiore. Queste forze sono prese nell'ordine secondo il quale sono incontrate da chi percorra il contorno della travatura; e nello stesso ordine sono disposti i lati del poligono delle forze esterne nel diagramma **b**: il qual poligono ha tutt'i suoi lati distesi in una stessa retta verticale. In questa retta, la somma de' segmenti 1, 9 è uguale ed opposta alla somma de' segmenti 2, 3, ..., 8, 10, 11, ..., 16, giacchè il sistema delle forze esterne dev'essere equilibrato.

*) Che è un quadrangolo il cui quarto lato è il lato del poligono funicolare compreso fra le forze **1**, **10**. Come già s'è detto altrove (n.ⁱ 21, 25), il poligono funicolare potrebbe anche allontanarsi tutto all'infinito.

Il diagramma **b** si completa ora precisamente colle regole già esposte. Cominciando dal nodo (**1 . 17 . 18**), tiro la 17 pel punto (1 . 2), cioè pel punto dove termina il segmento

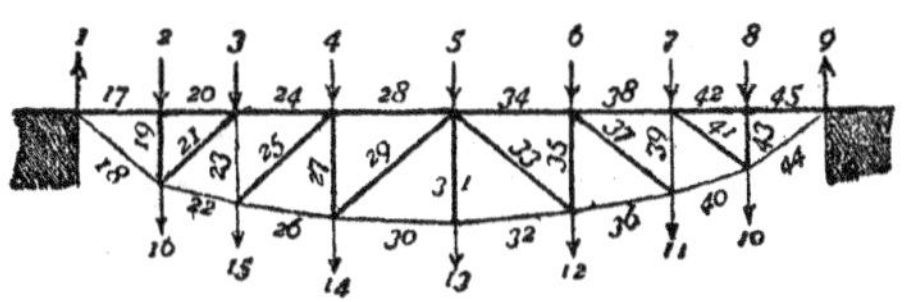

Fig. 8.ª *a*

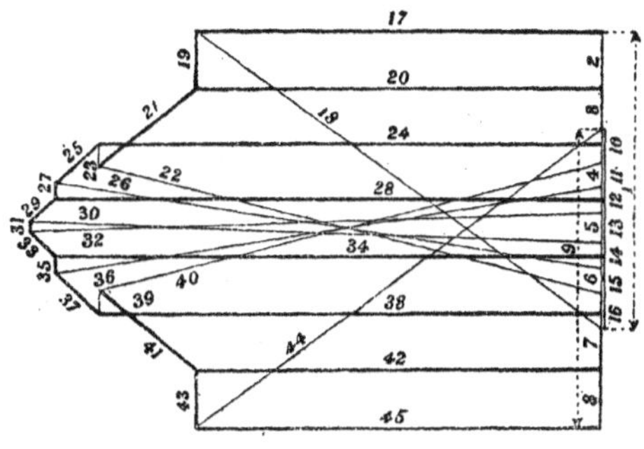

Fig. 8.ª *b*

1, che è diretto dal basso in alto e dove incomincia il segmento 2, che è diretto d'alto in basso, e la 18 pel punto (16 . 1), cioè pel punto dove termina il segmento 16 diretto d'alto in basso e dove comincia il segmento 1.

Passando al nodo (**2 . 17 . 19 . 20**), tiro la 19 pel punto (17 . 18) e la 20 pel punto (2 . 3), cioè pel punto dove termina 2 e dove incomincia 3, segmenti diretti ambedue di alto in basso; ed ottengo così il poligono 2. 17 . 19 . 20, che è un rettangolo.

Vengo ora al nodo (**16 . 18 . 19 . 21 . 22**), e tiro la 21 pel punto (19 . 20) e la 22 pel punto (15 . 16); ottengo così un pentagono a contorno intrecciato. E continuando nello stesso modo, opero successivamente rispetto ai nodi o punti d'applicazione delle forze **3**, **15**, **4**, **14**, **13**, **5**, **12**, **6**, **11**, **7**, **10**, **9**. Siccome nel diagramma **a**, lo schema della travatura ed il complesso delle forze esterne hanno un asse comune di simmetria (la verticale media), così anche il diagramma **b** è simmetrico (intorno all'orizzontale media). Così per es. il triangolo 9 . 45. 44 è simmetrico al triangolo 1 . 17 . 18; il rettangolo 8 . 45 . 43 . 42 al rettangolo 2. 17 . 19 . 20; ecc.

Tutt'i tronchi della tavola superiore sono compressi; tesi tutti quelli della tavola inferiore. Le saette oblique sono tutte compresse. Delle aste verticali, due sono tese, **23** **39**; le altre sono compresse.

38.

Nella fig. 9.ª **a** si contempla la metà di una rimessa di locomotive *). Le forze esterne sono i pesi **1**, **2**, **3**, **4**, **5** applicati ai nodi superiori della tettoja, e le reazioni **6**, **7** del muro e della colonna. Anche qui le forze esterne sono tutte parallele, epperò il loro poligono nel diagramma **b** si riduce ad una linea retta. La forza 6 è (presa in senso opposto) uguale ad una parte del peso 5; aggiungendo la differenza agli altri pesi, si ha la grandezza della forza 7.

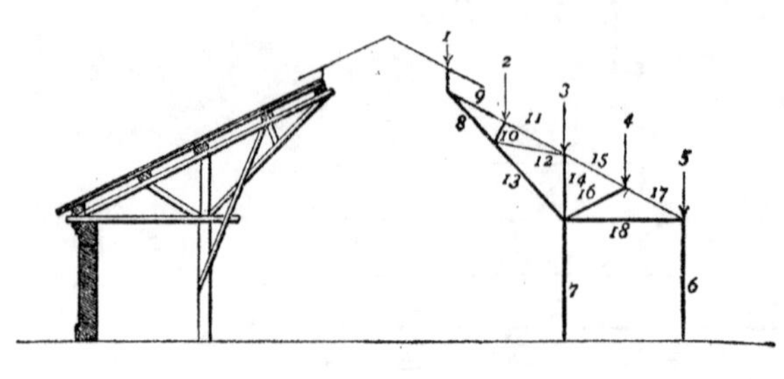

Fig. 9.ª *a*

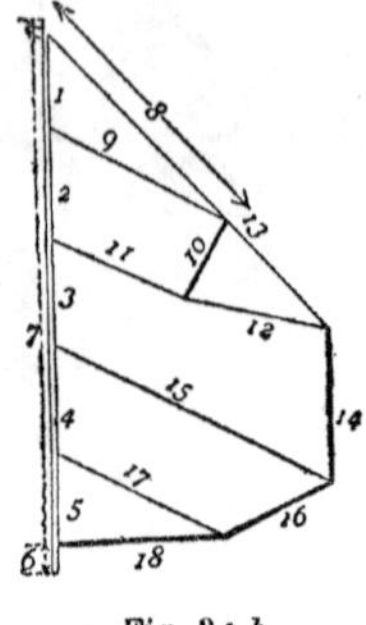

Fig. 9.ª *b*

Nel diagramma **b** coincidono in direzione le linee 8. 13; la prima è una parte della seconda. Qui si presenta adunque, come poligono corrispondente al nodo (**8** . **10** . **12** . **13**) una di quelle forme degeneri, delle quali si è discorso nel n.º 27; si ha cioè un quadrilatero 8 . 10 . 12 . 13, tre vertici (13 . 8), (8 . 10), (12 . 13) del quale sono per diritto fra loro.

Una forma degenere analoga è anche quella del quadrilatero 5 . 17 . 18 . 6 corrispondente al punto dove il tetto s'appoggia sul muro; infatti i vertici (6 . 5), punto più basso del segmento 6, (5 . 17), (18 . 6) sono in una stessa linea retta.

Sono compressi i pezzi inferiori **8**, **13**, **18**, le saette **10**, **14**, **16**, la colonna **7** ed il muro **6**; sono tese le parti superiori **9**, **11**, **15**, **17** e la saetta **12**.

39.

Il diagramma **a** della fig. 10.ª rappresenta una capriata ai cui nodi superiori sono applicate le forze oblique **1**, **2**, ... , **7**, che si possono considerare come risultanti dalle azioni combinate della gravità e del vento; le forze **8**, **9** rappresentano le reazioni degli appoggi.

*) Questo esempio è preso dalla tav. 19 dell'atlante della *Graphische Statik di* CULMANN (1.ª edizione). Ivi però, come ho già notato, i due diagrammi non sono rigorosamente reciproci.

Il poligono delle forze esterne è tracciato nel diagramma **b** con linee doppie. Si sono successivamente costruiti il triangolo 1 . 10 . 11, il quadrilatero 9 . 10 . 12 . 13, il pen-pentagono 2 . 11 . 12 . 14 . 15, il quadrilatero 13 . 14 . 16 . 17, il pentagono a contorno

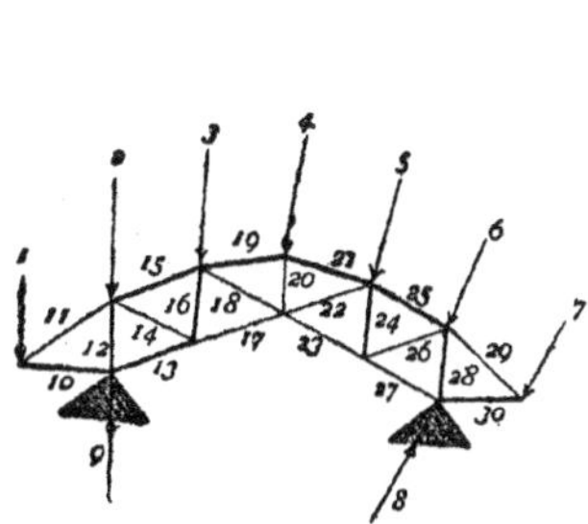

Fig. 10.ª *a*

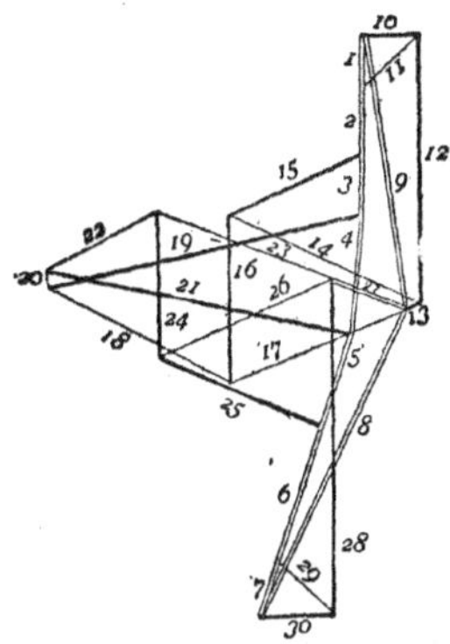

Fig. 10.ª *b*

intrecciato 3 . 15 . 16 . 18 . 19; il quadrilatero 4 . 19 . 20 . 21, pure intrecciato; il pentagono 17 . 18 . 20 . 22 . 23, ecc.

Risultano compressi i pezzi superiori **15**, **19**, **21**, **25**, i pezzi inferiori **10**, **13**, **30** e le saette **12**, **16**, **24**, **28**; tesi tutti gli altri membri.

40.

Il diagramma **a** della fig. 11.ª rappresenta un ponte sospeso, caricato nei nodi superiori dai pesi **1**, **2**, ... , **8**, ne' nodi inferiori dai pesi **10**, **11**, ... , **16**; i quali pesi sono equilibrati dalle due reazioni oblique **9**, **17** ai punti estremi della travatura *).

Il poligono delle forze esterne ha i primi otto lati distesi in una retta verticale, e i lati 10, 11, ... sino al 16 parimente distesi in un'altra retta verticale. I lati obliqui 9 e 17 s'intersecano, così che il contorno del poligono risulta intrecciato.

Costruisco successivamente i poligoni

1 . 17 . 19 . 18, 16 . 19 . 20 . 21, 2 . 18 . 20 . 22 . 23,
15 . 21 . 22 . 24 . 25, 3 . 23 . 24 . 26 . 27, ... ,

che per la maggior parte sono a contorno intrecciato.

Anche in questo esempio, i due diagrammi sono simmetrici.

Il diagramma **b** mostra che i membri della parte superiore sono tutti tesi, e che la

*) Questo esempio è analogo a quello che il sig. MAXWELL dà nella sua Memoria del 1870.

tensione decresce andando dalle estremità verso il mezzo; che sono tutti tesi anche i membri della tavola inferiore, ma qui la tensione diminuisce andando dal mezzo verso le estre-

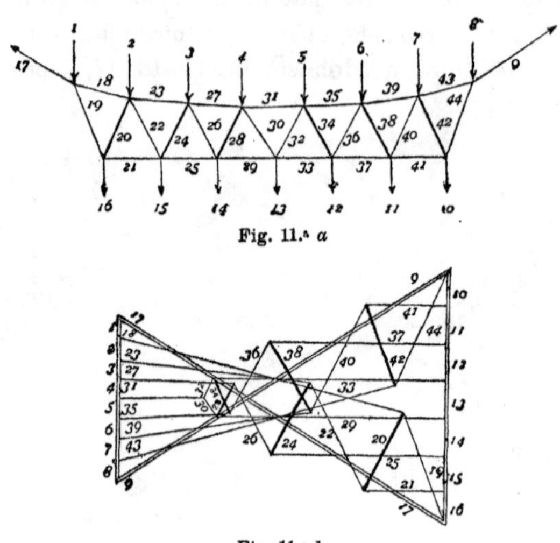

Fig. 11.ª *a*

Fig. 11.ª *b*

mità. Le saette sono alternativamente tese e compresse, fuorchè al centro, dove due saette consecutive sono tese l'una e l'altra. Considerando solamente le saette tese, o solamente le compresse, si vede che lo sforzo interno decresce dalle estremità verso il mezzo della travatura.

41.

Il diagramma **a** della fig. 12.ª rappresenta una gru reticolare; il peso proprio della gru è distribuito in varie forze **1**, **2**, **3**, **4**,..., **9** applicate ai nodi; **5** comprende anche il peso accidentale che la gru dee sostenere. Tutti questi pesi sono equilibrati dalle reazioni degli appoggi, le grandezze delle quali si ottengono decomponendo il peso risultante in tre forze dirette secondo le linee **10**, **11**, **12**. Le quali, prese in senso opposto, danno già le pressioni del puntone **10**, della colonna **11**, e la tensione del tirante **12**.

Nella figura è anche espressa siffatta determinazione delle forze esterne. Presi successivamente i segmenti d'una stessa verticale che rappresentino i pesi 1, 2,..., 9, si è fissato un polo; e projettati da esso i punti (0 . 1), (1 . 2), (2 . 3),..., (8 . 9), (9 . 0) *)

*) Qui (0 . 1) indica l'origine del segmento 1; e (9 . 0) il termine del segmento 9. Nella figura, i raggi uscenti dal polo del diagramma **b** ed il poligono funicolare del diagramma **a** sono indicati con linee a tratti discontinui.

si è costruito il corrispondente poligono funicolare. La verticale che passa pel punto comune ai lati esterni (**0** . **1**), (**9** . **0**) sarà la linea d'azione del peso risultante, la cui grandezza è del resto indicata dal segmento che ha l'origine comune col segmento 1 e il termine

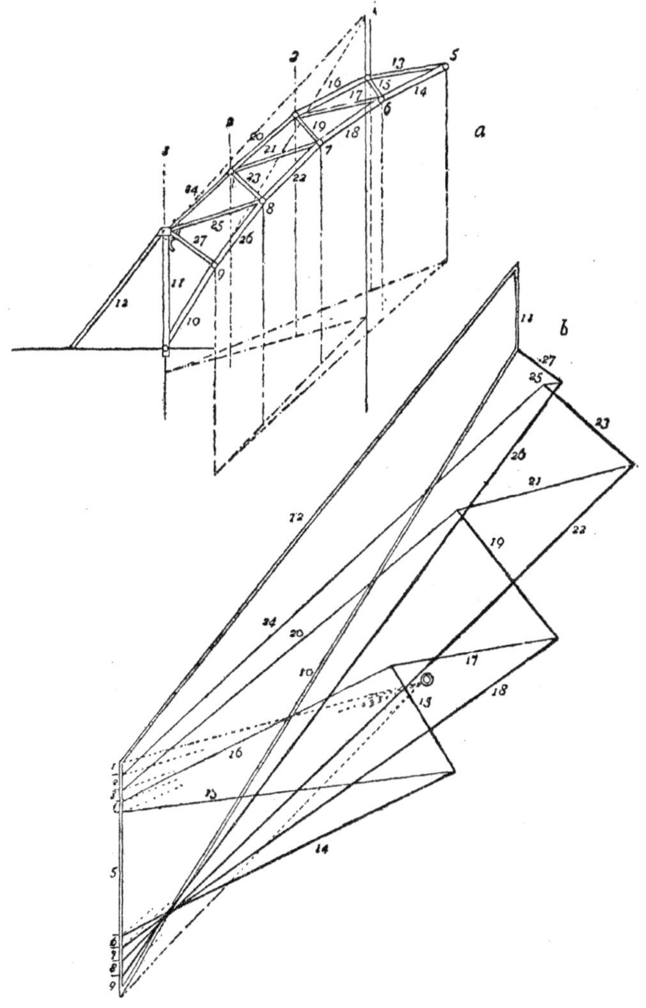

Fig. 12.ª

comune col segmento 9. Se ora si decompone questo peso risultante, che è una forza conosciuta in tutt'i suoi elementi, in tre componenti le cui linee d'azione siano **10**, **11**, **12**, e ciò impiegando la costruzione già dichiarata nel n.º 34 e nella fig. 6.ª, si ottengono le tre forze 10, 11, 12. Queste, prese in senso opposto, e i pesi dati costituiscono il sistema completo delle forze esterne.

Per ottenere il diagramma b, comincio dal costruire il poligono delle forze esterne, prendendo queste nell'ordine in cui sono incontrate da chi percorra il contorno della travatura. Indi costruisco successivamente i poligoni corrispondenti ai nodi

(5 . 13. 14), (4 . 13 . 15 . 16), (6 . 14 . 15 . 17 . 18), ... ,

col metodo già esplicato.

Il diagramma che ne risulta fa conoscere che sono tesi i pezzi della parte superiore, e compressi i membri inferiori; quanto alle saette, si alternano le pressioni colle tensioni *).

*) Debbo essere grato al signor ingegnere C. Saviotti, che mi ha usata la cortesia di eseguire disegni delle figure che accompagnano questo scritto.

NOTA AL § 12.

Dopo il 1872 molte Memorie ed Opere speciali furono pubblicate intorno alla Statica grafica o a qualche speciale argomento della medesima. Oltre alla seconda edizione di una prima parte dell'Opera capitale di Culmann, riportiamo qui i titoli di quegli scritti che al momento ci sono presenti alla mente, alcuni de' quali segnano un vero progresso della scienza. Facciamo però osservare che la nostra lista è del tutto incompleta:

R. H. Bow, *Economics of costructions in relation to framed structures.* London, 1873 *).
M. Levy, *La statique grafique et ses applications aux constructions.* Paris, 1874.
Mohr, *Beitrag zur Theorie des Fachwerks* (Zeitschrift des Architekten — und Ingenieur — Vereins zu Hannover, t. XX, 1874).
F. Weyrauch, *Ueber die graphische Statik: zur Orientirung; mit Literaturverzeichniss.* Leipzig, 1874.
Jay du Bois, *The elements of graphical statics and their application to framed structures, etc.* New York, 1875.
G. B. Favero, *Intorno alle figure reciproche della statica grafica* (Atti della R. Accademia dei Lincei, Roma, 1875).
F. Steiner, *Die graphische Zusammensetzung der Kräfte: ein Beitrag zur graphischen Mechanick.* Wien, 1876.
G. Jung, *On a new Construction for the Central Nucleus* (Report-1876 della British Association for the Advancement of Science).
C. Saviotti, *Sopra alcuni punti di statica grafica* (Atti della R. Accademia dei Lincei, Roma, 1877).
| M.-W. Crofton, *Lectures on the elements of applied mechanics.* London, 1877. |
H. G. Zeuthen, *Ovelser i grafisk Statik* (Tidsskrift for Mathematik, Kjöbenhavn, 1877).
G. Grugnola, *Dei tetti metallici; applicazione dei metodi grafici allo studio delle incavallature.* Torino, 1877.
H. T. Eddy, *New constructions in graphical statics* (Van Nostrand's Engineering Magazine. New Jork, 1877).
G. Jung, *Ueber die Bedeutung des Centralkerns in der Biegungsfestigkeitslehre* (Amtlicher Bericht d. 50. Versammlung deutscher Naturforscher. München, 1877).
H. T. Eddy, *Researches in graphical statics* (Van Nostrand's Engineering Magazine, New Jork, 1878).
H. G. Zeuthen, *Anvendelse af Saetning af Maxwell til at finde de biliigste Bygningskonstrucktioner* (Den tekniske Forenings Tidsskrift, 1877-78).
G. B. Favero, *La determinazione grafica delle forze interne nelle travi reticolari* (Atti della R. Accademia de' Lincei, Roma, 1878).

*) Cfr. un articolo di Clerk Maxwell nei *Proceedings of the Cambridge Philosophical Society,* febbraio 1876.

C. SAVIOTTI, *Le travature reticolari a membri caricati* (Atti della R. Accademia de' Lincei, Roma, 1878).

H. T. EDDY, *On the two general reciprocal methods in graphical statics* (American Journal of Mathematics pure and applied, volume 1.°, n.° 4, Baltimore, 1878).

|C. GUIDI, *Sugli archi elastici* (Memorie della R. Accademia di Torino, serie 2.ª, t. XXXVI, 1884)|.

Inoltre, molte Memorie e Note di:

G. JUNG e A. SAYNO, ne' *Rendiconti del Reale Istituto Lombardo* (Milano, 1874-75-76-79).

HIRSCH, MOHR e RITTER, nel *Civilingenieur*, t. XXI e XXII (Leipzig, 1875-76).

G. JUNG, A. SAYNO, C. SAVIOTTI ed E. CAVALLI, nel *Politecnico*, anni XXIV e XXV (Milano, 1876-77-78-79).

G. FOURET, nei *Comptes rendus de l'Académie des Sciences* (Paris, 1875).

G. JUNG, nel *Bullettin de la Société mathématique de France* (Paris, 1876-79).

E. CAVALLI, negli *Annali dell'Istituto tecnico di Livorno* (1877).

G. SACHERI e C. MODIGLIANO, nel periodico l'*Ingegneria civile* (Torino 1876-77).

C. SACHERI e F. ZUCCHETTI, negli *Atti della R. Accademia delle Scienze di Torino* (1875-76). Ecc. ecc.

|Infine, gli scritti più recenti che si riferiscono all'argomento delle travature reticolari sono i seguenti:

C. GUIDI, *Sulla determinazione grafica delle forze interne nelle travi omogenee e nelle travi reticolari appoggiate agli estremi e soggette ad un sopracarico mobile* (Atti della R. Accademia dei Lincei, Roma, 1880).

C. SAVIOTTI, *Nuovi tipi di travature reticolari strettamente indeformabili* (Annuario del R. Istituto tecnico di Roma, 1880).

C. GUIDI, *Sul calcolo delle travi armate* (Giornale del Genio Civile, Roma, 1880).

C. GUIDI, *Delle travi reticolari paraboliche e parallele* (Giornale del Genio Civile, Roma, 1881).

C. SAVIOTTI, *Il problema dei tre membri nella Statica grafica* (Giornale del Genio Civile, Roma, 1883).

C. SAVIOTTI, *Le funicolari coniche dedotte da forme reciproche nello spazio* (Giornale del Genio Civile, Roma, 1884).|

Del presente opuscolo *Le figure reciproche nella Statica grafica*, che qui viene ristampato in una terza edizione conforme alla seconda del 1872, fu fatta una traduzione libera in tedesco dall'ingegnere A. MIGOTTI ed inserita nella *Zeitschrift des österr. Ingenieur — und Arehitekten — Vereins*, Wien, 1873.

99.

COMMEMORAZIONE DI ALFREDO CLEBSCH.

Rendiconti del R. Istituto Lombardo, serie II, volume V (1872), pp. 1041-1042.

Ho una triste notizia da darvi, o Colleghi; il dì 7 del mese corrente morì in Gottinga il professore ALFREDO CLEBSCH *), uno fra i primissimi matematici de' nostri tempi. Ebbe cattedra dapprima nella scuola politecnica di Carlsruhe, poi nell'università di Giessen; da ultimo era stato chiamato a Gottinga ad occupare il posto già tenuto da GAUSS, da LEJEUNE-DIRICHLET, da RIEMANN. Si hanno pochi esempj di tanta operosità nel promuovere la scienza, quanta n'ebbe il prof. CLEBSCH: nel giro di quindici o sedici anni, egli arricchì di un gran numero d'importanti memorie il giornale matematico diretto in Berlino dal sig. BORCHARDT (tomi 52-70), i *Mathematische Annalen*, periodico fondato da lui, nel 1869, in compagnia del prof. CARLO NEUMANN, e gli atti (*Nachrichten* e *Abhandlungen*) della R. Società delle scienze di Gottinga; e pubblicò anche libri a parte, che sono preziosissimi trattati di alta scienza, come la *Theorie der Elasticität fester Körper* (1862) la *Theorie der Abelschen Functionen* (1866), che compose insieme col collega prof. GORDAN, e la *Theorie der binären algebraischen Formen* (1872). Lavori di CLEBSCH si trovano inseriti anche nei nostri *Annali di Matematica* **), nei *Rendiconti dell'Istituto Lombardo* (1868, p. 794), nei *Comptes Rendus* dell'Accademia delle scienze di Parigi. Non fu cultore esclusivo di pochi argomenti prediletti, ma col suo vasto ingegno e colla sua feconda attività abbracciò tutto il dominio delle matematiche discipline, pure ed applicate: basti il nominare la teoria delle funzioni abeliane e quella delle forme algebriche, colle loro applicazioni geometriche; la teoria delle curve e delle superficie algebriche, in connessione colle equazioni algebriche riducibili a gradi inferiori; l'integrazione delle equazioni differenziali; la nuova geometria dei complessi di PLÜCKER; il calcolo delle variazioni; la teoria dei de-

*) Nominato socio corrispondente del R. Istituto Lombardo nella tornata del 2 luglio 1868.

**) Tomo 4.° della 1.ª serie, Roma 1862, e tomo 1.° della 2.ª serie, Milano 1867.

terminanti; la dinamica de' fluidi e de' corpi immersi; la statica de' sistemi elastici; la teoria della luce; ecc. Lo strumento di cui si serviva era l'analisi, sempre portata alla più squisita eleganza: ma egli era non meno profondo geometra che analista, ed anzi a lui si debbono in massima parte gli straordinari progressi che in questi ultimi anni ha fatto lo studio delle curve e delle superficie, mercè l'applicazione de' teoremi di ABEL e di RIEMANN.

CLEBSCH era eziandio efficacissimo maestro: se la Germania conta ora nel suo seno una numerosa plejade di giovani geometri, che promettono di tenervi alta la bandiera della scienza, insieme ad altre scuole illustri, deve essa riconoscere come benemerita quella di CLEBSCH.

Tutti coloro che lo conobbero, o personalmente o per relazione epistolare, dovettero amarlo come uomo nel quale la modestia era pari all'ingegno. Aveva quindi moltissimi amici, non solo in Germania, ma anche in Italia. Un giovane professore di questa città il dott. JUNG, recatosi a Gottinga nel settembre p. p., aveva combinato con lui un convegno di matematici tedeschi e italiani pel settembre 1873, in Salzburg. Triste destino che ha rapito a noi e a lui una gioia già sperata da molti anni!

Forse una vita può essere giudicata abbastanza lunga, quando lascia dietro di sè un sì ricco tesoro di opere, che dureranno immortali; ma non è anche permesso di pensare, con profondo rammarico, a tutto ciò di cui siamo stati defraudati dalla morte che ha colpito CLEBSCH nell'età di soli quarant'anni?

100.

RELAZIONE

INTORNO AD UNA MEMORIA DEL SIG. COLONNELLO PIETRO CONTI, AVENTE PER TITOLO « SULLA RESISTENZA D' ATTRITO » DELLA COMMISSIONE COMPOSTA DEGLI ACCADEMICI LINCEI BETOCCHI, BLASERNA, BELTRAMI, CREMONA (RELATORE). LETTA NELLA SEDUTA DEL 6 DICEMBRE 1874.

Atti della R. Accademia dei Lincei, Memorie, serie 2.ª, volume II (1874-75), pp. 3-15.

La resistenza d'attrito da lungo tempo chiamò a sè l'attenzione dei fisici: grazie alle indagini del prof. GOVI, possiamo al giorno d'oggi far risalire ad un'età ben remota la data dei primi studii, e rivendicare al nome di LEONARDO DA VINCI *) quelle leggi che non dovevano esser ritrovate se non tre secoli più tardi da COULOMB. Ma sgraziatamente le scoperte di LEONARDO, ignorate sino a questi ultimi anni, non ebbero alcuna influenza sugli studii ulteriori, dimodochè quando l'AMONTONS, duecento anni più tardi, prese ad occuparsene, la cosa dovette parere del tutto nuova. — AMONTONS sperimentò sul ferro, sul rame, sul piombo, sul legno spalmati di grasso, tenendo compresso contro un piano orizzontale, con una molla, il corpo cimentato: la tensione che bisognava produrre in una seconda molla per ismuoverlo gli forniva la misura della resistenza opposta dall'attrito: così riconobbe che: 1.º l'attrito è indipendente dall'estensione della superficie di contatto: 2.º proporzionale alla pressione: 3.º che il coefficiente di attrito è quasi lo stesso per tutti i corpi (per quelli almeno, su cui egli potè sperimentare) ed uguale ad $1/3$. I risultati de'

*) Vedi — *Saggio delle opere di* LEONARDO DA VINCI — Milano — Tito di Giovanni Ricordi — Anno MDCCCLXXII — *Leonardo letterato e scienziato* — di GILBERTO GOVI — pag. 17, colonna sinistra.

Per far vedere sino a qual punto LEONARDO avesse condotto i suoi studii sull'attrito, estraggo dalla citata opera il passo seguente:

« . . . Meravigliose . . . e quasi incredibili sono le esperienze fatte da LEONARDO sull'attrito « e le leggi, che ne dedusse.

« Egli misurò il peso necessario a movere i corpi appoggiati su piani orizzontali, tirandoli

suoi studii sono consegnati in una Memoria *) presentata l'anno 1699 all'Accademia reale delle scienze di Parigi, Memoria la quale, pel tempo in cui fu scritta, è ancora notevole per alcune considerazioni sulla natura fisico-meccanica dell'attrito, riprodotte poi più volte, tra gli altri da Vallès **) nel 1870. Sebbene molto imperfette possano parere le esperienze di Amontons, nondimeno per un pezzo quanti dopo lui trattarono dell'attrito (Muschenbroeck, Bülffinger, Desaguliers, ecc.) non promossero gran fatto lo stato della questione.

L'anno 1781 segna un grande progresso: lo studio dell'attrito venne simultaneamente ripreso in Francia da Coulomb ***) ed in Italia dallo Ximenes †) con mezzi in so-

« mediante funicelle che si accavalcavano su carrucole mobilissime, esperimentò pure sotto « quale angolo bisognasse inclinare i piani, affinchè i corpi sostenuti da essi cominciassero a « sdrucciolare. Variando le prove, ne trasse le conseguenze che qui si trascrivono:

« *Le confregazioni dei corpi son di tante varie potenze, quante sono le varietà delle lubricità dei* « *corpi, che insieme si confregano.*

« *Quelli corpi, che son di più pulita superficie, hanno più facile confregazione.*

« *Ogni corpo resiste nella sua confregazione con potenza eguale al quarto della sua gravezza,* « *essendo il suolo piano e le superficie d'esso pulite.*

« *Quando l'obliquità pulita dispone il grave pulito a passare nella linea del moto per la quarta* « *parte della sua gravità, allora il grave è per sè stesso disposto al moto per discenso.*

« *La confregazione di qualunque corpo variamente laterato sempre fia di eguale resistenza e sia* « *fatta sopra qual lato si voglia, purchè non si ficchi sovra del piano, ove si confrega.*

« *La confregazione del grave sarà di tanta potenza a essere creata circonvolubilmente, quanto* « *per piano.*

« *Ecci una quarta confregazione . . . . ; la quale, è* (quella del)*la rota del carro, che si move* « *sopra della terra, che non frega, ma tocca e puossi dire di natura del camminare con passi di in-* « *finita minimità e parvità* ».

« Così due secoli avanti l'Amontons e tre prima del Coulomb riconobbe Leonardo che la « resistenza d'attrito dipende dalla natura propria dei corpi e dallo stato delle loro superficie: « s'avvide che più son lisce le superficie e minore è l'attrito, e che la resistenza cresce col crescere « del peso dei corpi. Se egli diede una sola misura per tutti i casi di siffatta resistenza, fu perchè « forse nelle condizioni da lui ammesse le differenze pei varii corpi sono piccolissime. L'Amontons « nel 1699, il Bülffinger nel 1727 e il Desaguliers nel 1732 non formularono infatti altrimenti « la relazione fra la pressione e l'attrito ».

*) Mémoires de l'Académie royale des sciences. — 1699 — pag. 206. « *De la résistance causée dans les machines tant par les frottements des parties, qui les composent, que par la roideur des cordes, qu'on y emploie et la manière de calculer l'une et l'autre* ».

**) V. Annales des Ponts et Chaussées — 1870 — 2.e sémestre — pag. 404. « *Recherches théoriques sur les causes du frottement soit à l'état statique soit à l'état dynamique.*

***) Mémoires presentées à l'Académie royale des sciences — Tome X — 1781 — *Thèorie des machines simples.*

†) *Teoria e pratica delle resistenze dei solidi nei loro attriti* — Pisa — 1782.

stanza identici e con risultati conformi, ma le sperienze del primo, perchè maggiormente variate, sono più concludenti e perciò più volgarmente conosciute. COULOMB, studiando il moto di un corpo collocato sopra un banco di due metri di lunghezza e tirato da un peso mediante una corda passante su di una girella posta a capo del banco, dedusse che l'attrito è: 1.° proporzionale alla pressione, 2.° indipendente dall'estensione del contatto, 3.° quasi indipendente dalla velocità. Ma qualche eccezione trovata a questa terza legge non gli permise di poterla affermare in modo assoluto.

Il bisogno di risolvere i dubbii, di riempire le lacune lasciate da COULOMB, di verificare se l'attrito, come s'era ammesso sino a quel tempo senza la conferma della esperienza, durante l'urto e lo scorrimento di due corpi conservi la stessa intensità relativa, che nel caso delle pressioni ordinarie, mossero A. MORIN ad intraprendere a Metz una lunga serie di sperienze dal 1831 al 1834, i cui risultati furono per ordine dell'Accademia delle scienze raccolti ed inseriti tra *les Mémoires des savants étrangers* *). Il MORIN seguì nelle sue sperienze un metodo analogo a quello di COULOMB, con questo divario, che il banco su cui operava aveva otto metri di lunghezza (di cui però quattro soli erano disponibili): rilevava la velocità da curve descritte da una punta mossa da movimenti di orologeria sopra dischi di carta annessi alla girella in cui passava la corda sostenente il peso motore, e per misurare la tensione della fune, che produceva il moto del carretto, interponeva tra essa ed il carretto un dinamometro. Riconfermò le leggi di COULOMB, togliendovi persino l'eccezione riguardo alla velocità, sì nel caso di pressioni ordinarie, che in quello di percosse.

Dopo quelle sperienze, per un certo tempo potè parere che le vere leggi dell'attrito fossero finalmente conosciute: esse vennero accolte in tutti i trattati di meccanica; in tutti i prontuarii furono registrati i numeri dati da MORIN. Tuttavia i pratici non tardarono ad avvedersi che quelle esperienze non meritavano tutta la confidenza, che loro generalmente si concedeva. Per esempio in Italia i nostri ingegneri avevano osservato **) che quegli stessi freni, che valevano a tener costante il movimento abituale dei convogli discendenti la china dei Giovi, non riuscivano più ad impedire l'accelerazione del moto, qualora la velocità avesse da principio ecceduto certi confini. La qual cosa manifestamente dimostrava che sulle ferrovie l'attrito di scorrimento diminuiva col crescere della velocità.

Di più, POIRÉE e BOCHET (1858) da esperienze fatte nelle ferrovie, attaccando alla locomotiva col mezzo di un dinamometro una carrozza, della quale si erano fermate le ruote, in guisa che scorressero sulle rotaje senza girare, o vi erano sostituiti dei pattini, riconob-

*) *Nouvelles expériences sur le frottement*, faites à Metz en 1831, 1832, 1833, imprimées par ordre de l'Académie des sciences, 3 volumes in-4, 1832, 1833 et 1835.

**) V. Accademia Reale delle scienze di Torino — Adunanza della classe di scienze fisiche e matematiche del giorno 7 aprile 1861 — Rendiconto di una memoria del Cav. QUINTINO SELLA sull'attrito.

bero l'attrito non dipendere dall'estensione del contatto, ma sì bene dalla pressione e dalla velocità: credettero che esso fosse massimo quando la velocità è nulla, e che diminuisse col crescere di questa: anzi, parve loro che in circostanze apparentemente identiche l'attrito non fosse sempre lo stesso, per modo che, assunte come ascisse le velocità e per ordinate gli attriti, questi non fossero rappresentabili con una curva sola, ma sì con una zona compresa tra due curve.

Però il processo di Poirée e Bochet era troppo grossolano, ed acconcio più ai bisogni della meccanica applicata che a quelli della fisica molecolare; e le loro esperienze potevano servire piuttosto a rimettere in questione le leggi sull'attrito e a promuovere delle ricerche accurate, che a stabilire queste medesime leggi. Risultati più probabili fornirono invece Hirn (1855) ed il sig. comm. Sella (1861).

Hirn (Gustavo Adolfo) nel 1855 *) pubblicò alcune sue sperienze condotte con cura grandissima, sull'attrito tra due corpi con interposizione di sostanze lubrificanti: attrito che egli dice *mediato*. Esse lo menarono a conchiudere, che se per l'attrito tra due corpi senza interposizione di sostanze lubrificanti (da lui detto *immediato*) possono essere vere le leggi di Coulomb, queste però non valgono più per l'attrito mediato. Per questo caso giunse ad alcune conseguenze degne di essere meditate: 1.° quando i due corpi sono abbondantemente lubrificati e la temperatura resta costante, l'attrito varia proporzionalmente alla velocità: 2.° esso è sensibilmente proporzionale alla radice quadrata delle superficie di contatto ed a quelle delle pressioni: 3.° osservò che il miglior lubrificante è quello più fluido, che non sia espulso nelle condizioni di pressione, di velocità e di temperatura dei due corpi: che l'acqua può servire da lubrificante in circostanze convenienti, e che allora essa è superiore a tutti gli olii: che l'aria stessa diventa il migliore dei lubrificanti, quando essa possa giacere tra i due corpi confricantisi: ma se, per una modificazione della velocità o della pressione, l'aria viene espulsa, le superficie dei due corpi vengono ad immediato contatto e l'attrito quasi nullo da principio assume tosto un valore grandissimo.

Sei anni più tardi venne letto alla Reale Accademia delle scienze di Torino il lavoro del sig. Sella **). Ei si valse di due strumenti da lui ideati (*tripsometri*) e fondati sui seguenti principii.

« Si ponga un corpo piano sopra un cilindro che gira: l'attrito tenderà a spostare il corpo, e se questo è tenuto da un elastico, la sua tensione darà la misura dell'attrito. Ovvero si posi il corpo sopra un disco girante attorno ad un asse verticale; la tensione dell'elastico, che vale ad impedire il trascinamento del corpo, misurerà pure l'attrito. »

Col sussidio di questi due apparecchi, dopo alcune prove fatte coll'ingegnere Montefiore, trovò che:

---

*) Bulletin de la Société industrielle de Mulhouse — n. 128 et 129; année 1855.

**) Vedi la pubblicazione citata alla nota **) della pag. precedente.

1.° fra gli stessi corpi l'attrito varia moltissimo a seconda della nettezza delle loro superficie: 2.° fra i limiti di velocità compresi tra zero e mezzo metro per 1", l'attrito cresce col crescere della velocità: 3.° l'attrito varia nei cristalli a seconda della direzione in cui si esercita.

Le leggi di COULOMB, confermate da MORIN, erano dunque revocate in dubbio, anzi poste in forse anche come leggi approssimate: ma per decidere la questione richiedevansi nuove esperienze variamente moltiplicate, e condotte con tal cura da evitare tutte quelle cause perturbatrici che a MORIN avevano tolto di ritrovare la vera ed intima natura dell'attrito. Questo fu lo scopo che si prefisse il sig. Colonnello CONTI, spintovi anche dall'osservazione di certi fenomeni d'attrito, che si erano manifestati nel varamento del *Leviathan* a Londra, contraddicenti alle idee fino allora accettate, e dagli studii che da ben dieci anni egli andava facendo sulla resistenza dei materiali. Ripigliò da capo le esperienze senza farsi, egli dice, una idea preconcetta del fenomeno, procurando solamente di eliminare tutte le cause, il cui apprezzamento potesse dar luogo a dubbii, o tali che non tutte potessero calcolarsi con eguale esattezza. Nel 1871 e 1872, ad Alessandria prima, a Firenze dopo, il sig. CONTI afferma d'aver eseguito intorno a due mila esperienze, di alcune delle quali dà il rendiconto nella Memoria che ora è sottoposta al giudizio dell'Accademia.

In questa Memoria, dopo d'aver accennato a chi l'ha preceduto in questi studii, e per quali motivi egli giudichi imperfetti i risultamenti ed i processi seguiti da MORIN, da POIRÉE e da BOCHET, passa ad esporre il suo modo di sperimentare. Non riferiremo gli appunti che esso fa a POIRÉE e BOCHET: è troppo evidente che dal loro metodo non si potevano aspettare risultati molto precisi: più istruttive sono le osservazioni sul modo tenuto da MORIN nelle sue esperienze. Il sig. CONTI dice: 1.° che MORIN, avendo cercato le resistenze di attrito e di rigidezza della puleggia e della fune per piccoli carichi, non poteva concludere quali sarebbero esse state per grandi carichi: 2.° che similmente nel calcolo della tensione della fune, avendo paragonato la determinazione ottenuta mediante formule con quella data dal dinamometro, e trovata coincidenza fino a 95 kg., non aveva il diritto di concludere che lo stesso fatto avrebbe avuto luogo per tensioni maggiori, quale quella di 600, che pur egli ebbe raggiunto nelle sue sperienze. 3.° Il MORIN, per mantenere la sua slitta sempre nella stessa direzione, la faceva guidare da rotelle: se la slitta deviava dal suo retto cammino, un considerevole strisciamento era inevitabile. 4.° Il CONTI critica pure il modo di determinare la velocità, perchè sinora, egli dice, non si ottiene mai con nessun congegno di orologeria un moto rotatorio perfettamente uniforme; e 5.° osserva che l'errore maggiore fu commesso nel rilevamento delle curve: imperocchè il MORIN, per verificare se le linee degli spazii erano parabole, vi menava a vista delle tangenti sino all'incontro della tangente nel vertice, cercando poi se le perpendicolari erettevi passavano tutte per lo stesso punto.

Il Conti crede di essere riuscito ad eliminare tutte queste cause di errore. Per le sue esperienze egli si servì di un piano inclinato, facendovi scorrere sopra il corpo da cimentarsi, per modo che esso stesso fosse causa del proprio movimento e che lo sforzo, il quale lo sollecitava alla discesa, fosse conosciuto colla stessa approssimazione che la inclinazione del piano.

L'apparecchio del Conti consiste in una robusta trave lunga quattro metri, su cui è fissata la superficie di scorrimento, composta di due piani ad angolo molto aperto (l'angolo acuto misura 10°) per evitare (senza far uso di guide, come Morin), che la slitta nella sua discesa devii dalla primitiva sua direzione. La slitta è poi munita di due zoccoli foggiati in modo da potersi esattamente sovrapporre alla superficie di scorrimento. Porta una sella su cui si collocano i pesi, e sul davanti una lastra di ferro, che presenta sempre uguale area resistente all'aria: alla medesima è legato un deflagratore ad arco, una specie di U rovescio colle guide terminate da due piccole punte che possono essere spostate. Mettendo in moto la slitta, ciascuna delle punte cammina rasentando quasi una striscia di carta affumicata, disposta su una sbarra di ferro perfettamente isolata, che mediante viti si può alzare od abbassare, per mantenere costantemente molto piccola la distanza tra la carta e le due punte del deflagratore. Una delle due sbarre è in comunicazione con uno e l'altra col secondo dei due capi di uno dei reofori di un rocchetto di Ruhmkorff: ad ogni interruzione di circuito scocca fra la carta ed il deflagratore una scintilla, che lascia sulla carta affumicata un segno di carbone esportato con un picciolissimo foro. Di tal disposizione si giovò per determinare i successivi spazii percorsi in uguali intervalli di tempo, e per questo dovette trovar modo di produrre ad uguali intervalli di tempo la interruzione della corrente; ed ecco come procedette. Si immagini una molla fissa ad un capo e libera all'altro, messa in vibrazione. L'estremo libero porta una punta di platino, che ad ogni vibrazione completa viene ad immergersi in un vaso pieno di mercurio. Se ora il vaso di mercurio sia in comunicazione con un polo di una pila, e la molla coll'altro, quando la punta di platino tocca il mercurio, il circuito è chiuso e la corrente passa: quando la punta si solleva, il circuito si apre e la corrente è interrotta. La molla è regolata in modo, che le sue vibrazioni durino un decimo di secondo. Così di decimo in decimo di secondo due scintille scoccano e lasciano sulla carta segni, mercè cui si possono rilevare gli spazii percorsi. Perciò, fissato prima il carbone, perchè nel maneggiare la carta non si stacchi, basta misurare le distanze tra due fori consecutivi, cosa che si può fare con esattezza fino al decimo di millimetro. Siccome però la carta non resta più di ugual lunghezza, così, dopo averla distesa sulla sbarra di ferro, si dispongono di decimetro in decimetro dei cilindretti di ferro muniti di una punta, e si girano tanto, che la distanza tra due punte consecutive risulti di un decimetro. I cilindretti servono a fissare la carta ed i segni lasciati dalle punte fanno ufficio di caposaldi.

Per regolare la molla vibrante, se ne paragonano le oscillazioni con un buon pendolo a mezzi secondi, facendo in modo che l'uno e l'altra mandino una scintilla contemporaneamente su una striscia di carta messa in moto da una macchina Morse: spostando un pesetto lungo la molla, poteva ottenere in breve una perfetta coincidenza nei due segni lasciati sulla carta dalle due scintille.

L'arresto della slitta si produce mediante due sbarre disposte ai lati e scavate a cuneo, le quali al termine della corsa sono imboccate da altre due sbarre corrispondenti, pure foggiate a cuneo, e che penetrando nella cavità delle prime vi generano un grande attrito, mentre lateralmente due sistemi di molle brevi e robuste abbracciano fermamente la slitta.

Finalmente ecco in che modo il Conti determina l'inclinazione della trave. Un cannocchiale è fissato alla trave e ad essa parallelo si mantiene il suo asse ottico. Si collima prima ad una stadia, essendo la trave orizzontale, e poi si varia così la inclinazione di questa, che la tangente letta sulla stadia corrisponda precisamente all'angolo di inclinazione che si vuol dare al piano di scorrimento.

Sebbene il Conti avesse procurato di costruire il suo piano inclinato con una robusta trave di 30 anni almeno, pure non potè fare che assolutamente non si producesse veruna inflessione; ma cercò rimediarvi intercalando delle zeppe di ferro tra due braghe consecutive, che servivano a legare il piano di scorrimento colla trave.

Volendo procedere alle esperienze, un gran numero di cure minuziose erano necessarie per mantenere costantemente nelle superficie uno stato determinato. I piani di scorrimento e gli zoccoli erano spianati colla massima diligenza, ed alcuni giorni prima dell'esperienza gli zoccoli s'attaccavano alla slitta. Per ottenere la massima purezza, quando volevasi sperimentare con superficie sgrassate, si lavavano con grande quantità di alcool e zoccoli e piani di scorrimento, lavavansi del pari con alcool gli stracci di bucato, che servivano a detergere tali superficie. Si usava poi sempre, nello avviluppare gli stracci, la precauzione di fare in modo che la parte usata a detergere non fosse tocca dalla mano. Tutte queste avvertenze potrebbero parere inutili, ma il fatto dimostra che questo non è vero. Il sig. Conti si provò a fare una esperienza con tutte le cautele ora indicate, ed essa procedette colla massima regolarità; poi, toccato uno straccio con mano lavata di fresco e pulitissima, e con esso fregato leggermente un tratto del piano di scorrimento, ripetè l'esperienza, e trovò in quel tratto nella curva delle velocità un salto, un incremento di velocità.

Quando sperimentava con superficie untuose, vi ottenne uno strato d'unto leggero ed uniforme facendo imbevere d'olio molti stracci, poi spremere fortemente, e con essi strofinare tutto il piano a lungo: ovvero spargere alcune poche gocce d'olio sul piano, stendere uniformemente, ed asciugare il piano con stracci asciutti.

Altra precauzione, che egli usò, e che da altri finora pare sia stata trascurata, è quella di determinare esattamente la vera e reale superficie di contatto degli zoccoli: egli trovò che per i metalli, mentre la superficie totale era di mq. 0,0420, appena, in media, 0,0040 a 0,0110 era quella di contatto, ossia da un decimo ad un quarto; talora si trovò solo $^1/_{20}$, ma più ordinariamente $^1/_6$. Essa riconoscevasi guardando le parti di mutato colore sopra lo zoccolo e sui piani di scorrimento. Così potè determinare la pressione specifica, tanto al principio degli esperimenti, quando l'estensione del contatto era minima, quanto alla fine, quando essa era massima.

Quando sperimentò con superficie oleose, fece in modo che l'olio fosse tanto da mantenere interamente sommersi gli zoccoli: in questo caso la superficie vi entrava tutta come superficie di contatto.

Eseguite con queste cautele le esperienze, resta a dedursi il valore della forza d'attrito dai segni lasciati sulle striscie. Come si rilevino gli spazii percorsi nei successivi intervalli di tempo è facile a capire, ed è agevole quindi a capire, come si possa costruire la linea degli spazii. Da questa bisogna poi dedurre la linea delle velocità e quella delle accelerazioni. Si deduce la linea delle velocità da quella degli spazii determinando i coefficienti angolari delle tangenti nei successivi punti della linea degli spazii, e quella delle accelerazioni in modo analogo da quella delle velocità.

Per evitare poi in queste costruzioni gli errori prodotti dal condurre tangenti a vista, il Conti osserva che nella linea degli spazii, per es., la differenza $y_1 - y$ delle ordinate corrispondenti ai tempi x ed $x + 1$ dà il valore del coefficiente angolare della tangente, nel punto di ascissa $x + \frac{1}{2}$, all'arco parabolico (coll'asse parallelo alle y) che, in luogo della vera curva, si può far passare per i punti di ascisse x ed $x + 1$. Dimodochè coi dati dell'esperienza, senza ricorrere a costruzioni grafiche, si possono successivamente calcolare collo stesso ordine di approssimazione le velocità e le accelerazioni, e ottenere così, per le velocità e per le accelerazioni, linee che presentano la medesima regolarità che quella degli spazii.

Costruite queste curve, è facile calcolare il coefficiente di attrito, ossia quel numero f che, moltiplicato per la pressione, dà il valore dell'intensità della forza d'attrito.

Difatti, se diciamo α l'inclinazione della trave all'orizzonte, 2φ l'angolo ottuso dei due piani di scorrimento, Σ la resistenza dell'aria, A l'accelerazione della slitta, si ha

$$f = \frac{\mathrm{P}\operatorname{sen}\alpha - \frac{\mathrm{P}}{g}\mathrm{A} - \Sigma}{\mathrm{P}\frac{\cos\alpha}{\operatorname{sen}\varphi}}.$$

Morin ritenne che Σ fosse trascurabile, almeno per le velocità delle sue sperienze. Conti trovò questo non essere vero, che anzi può raggiungere talora un decimo della resistenza totale d'attrito: ed a calcolare Σ assunse la formula di PONCELET *)

$$\Sigma = S\,(0^{kg}, 036 + 0, 084\, v^2 \pm 0, 16\, A)$$

essendo S l'area battuta, v la velocità ed A l'accelerazione.

Le sperienze di cui tratta la Memoria attuale, appena in numero di 135, sono state trascelte, secondo che riferisce l'A., dalla terza di cinque serie di sperienze analoghe **); in esse la superficie fissa era di ghisa, sulla quale si fece scorrere successivamente ghisa, acciajo, ferro inglese, ferro d'Aosta, bronzo, ottone, rame, macigno di Fiesole, quercia, olmo, pioppo, cuojo e gomma elastica. Molte esperienze dovette tralasciare perchè non fatte colle volute cautele; altre perchè, come coll'acciaio o col ferro d'Aosta, dopo alcune prove il piano di scorrimento era rigato, per la qual cosa il coefficiente di attrito subiva tosto degli accrescimenti strani. Riconobbe avere grande influenza la nettezza delle superficie: narra di aver fatto certi sperimenti in giorni di polvere o di intemperie, e che allora non si avevano più risultati regolari, ma saltuarie elevazioni nel valore del coefficiente d'attrito. Perciò nelle esperienze definitive procurò di mantenersi constantemente in stati ben definiti.

Succedendosi gli esperimenti, il piano di scorrimento si alterava: cita come esempi le tavole VIII e XV della presente Memoria, in cui, per date velocità, il coefficiente di attrito cresce succedendosi le esperienze. Ma quando queste si ripetano per un po' di tempo, le variazioni diminuiscono; così dopo otto esperienze nel cuojo e sette nell'ottone, le differenze si riducono quasi a zero ***).

---

*) V. PONCELET — *Introduction à la mécanique industrielle* — troisième édition — pag. 626. Veramente la formula è dovuta a DIDION.

**) Le cinque serie prese insieme (soggiunge il sig. CONTI) contengono più di 2000 esperienze fatte con materiali d'ogni sorta, adoperando per superficie fissa persino il ghiaccio. Egli fece alcune prove con lubrificanti, con detergenti diversi, con polveri corrodenti, ecc.

***) Cercò di rendere sensibile questo fatto costruendo per ogni corpo cimentato una serie di linee, le quali, per date pressioni e date velocità, rappresentassero i valori del coefficiente d'attrito ottenuti in esperienze successive. Perciò, assunte distanze uguali su una retta, vi eresse ordinate proporzionali ai successivi valori del coefficiente d'attrito. In questo modo trovò che: 1.° generalmente gli estremi delle ordinate stanno su una linea retta, tanto meno inclinata all'asse delle ascisse, quanto maggiore è la velocità, la pressione restando la stessa: 2.° per una medesima velocità le rette corrispondenti alle diverse pressioni sono sensibilmente parallele: 3.° la velocità restando sempre la stessa, le differenze delle ordinate di queste rette per una medesima ascissa sono proporzionali alle differenze delle pressioni. Ma su questo punto pare che possano sorgere molti dubbii. Prima di tutto la rappresentazione geometrica ideata dal sig. CONTI, se può farci vedere che al succedersi delle esperienze, non cambiando le condizioni di

Osserva che, variando i detergenti, varia del pari il coefficiente d'attrito; che anzi, secondo i diversi lavori di una macchina, certi liquidi lo diminuiscono meglio che altri, che per esempio una lima bagnata in trementina canforata lavora il vetro come se fosse un metallo; mentre a secco, e bagnata d'acqua, non dura due minuti. Soggiunge che, variando i liquidi, possono anche mutare le leggi fondamentali dell'attrito.

Riporta una osservazione curiosa. Facendo scorrere ghisa su ghisa o bronzo su ghisa con superficie untuosa, trovò per coefficiente di attrito circa 0,1: dopo d'aver spruzzato

---

velocità e di pressione, varia tuttavia il coefficiente di attrito, non ci illumina affatto sul come esso varii colla durata del contatto, nè verso qual valore limite esso tenda. E di quanta utilità sarebbe questo valor limite per la pratica industriale, tutti sel veggono: diremo di più che questo valor limite, é nessun altro, sembra doversi ritenere come vero e reale coefficiente d'attrito. Imperocchè dipendendo l'attrito in sostanza dall'elasticità dei corpi confricantisi, deve con molta probabilità succedere il fatto osservato nelle verghe elastiche, che, ove siano tese da una forza agente secondo il loro asse, e l'esperimento si rinnovi più volte di seguito, dopo alcune sperienze l'allungamento permanente non varia più, e gli allungamenti (sempre uguali fra loro) osservati nelle successive sperienze sono meramente elastici. E chi voglia determinare il coefficiente di elasticità di una verga terrà conto di questi ultimi allungamenti, non dei primi. Questa osservazione ci mette in grado di capire come nelle prime sperienze il coefficiente d'attrito debba andar variando fino ad un certo limite e poi rimanere costante (non cambiando ben inteso la pressione e la velocità): questo succederà quando la deformazione permanente dei due corpi abbia raggiunto il suo massimo. Pei corpi che non si trovino in uno stato ideale di levigatezza, dovrà certamente influire su questo limite anche il distacco di minute particelle per la scabrezza delle superficie di contatto: distacco, che tuttavia diminuisce sensibilmente colla durata del moto. — D'altra parte possiamo anche dire che la rappresentazione geometrica del sig. Conti ha molto dell'arbitrario, perchè, non avendo egli indicato quale intervallo di tempo trascorresse tra una sperienza e l'altra, i punti rappresentativi di queste sperienze con egual diritto si potrebbero anche segnare a distanze diseguali. Oltreacciò pare che essa non debba forse ispirare una grande fiducia, anche perchè moltissime di queste linee sono tracciate conoscendone appena due o tre punti; per l'ottone soltanto venne fatto uno studio più accurato. Tutto questo ci rileva un difetto del metodo del sig. Conti che può parere abbastanza grave: infatti la lunghezza del suo piano di scorrimento è troppo piccola, nè può dar agio a fare delle esperienze che durino un po' di tempo, d'altronde il moto accelerandosi continuamente è impossibile mantenere una velocità uniforme nel corpo scorrente. Ora per apprezzare convenientemente l'influenza della velocità sul valore del coefficiente d'attrito bisognerebbe proprio cercar di mantenere una velocità costante per un tempo tanto grande quanto si vuole: d'altra parte, per eliminare le variazioni prodotte nel coefficiente d'attrito dal venire a contatto sempre porzioni nuove del piano di scorrimento, sarebbe da procurare che periodicamente venissero ad affacciarsi le medesime parti delle superficie dei due corpi. In questo modo, trascorso un certo lasso di tempo dopo il principio del moto, sul variare del coefficiente d'attrito non influirebbe più che il variare della velocità (la pressione rimanendo la stessa). Ma col metodo del sig. Conti pare che nessuna di queste condizioni possa essere soddisfatta.

con acqua il piano, il coefficiente discese a 0,03 per la ghisa alla velocità di 1^m, e pel bronzo a 0,014, la velocità essendo di 4^m. Egli attribuisce questo risultato al fatto, che l'acqua sulla superficie untuosa si era disposta in una serie di sferette di circa 1^{mm} di diametro e che si mantenevano tali anche sotto la slitta, in guisa da cambiare l'attrito di scorrimento in attrito di rivolgimento.

In generale trovò essere il coefficiente di attrito maggiore se l'olio abbonda, minore se le superficie di scorrimento sono semplicemente untuose. Questo egli dice dipendere da che nel primo caso, tutta la superficie esercitando contatto, la pressione specifica è minore, mentre nel secondo, una parte solamente esercitando contatto, la pressione specifica è maggiore.

La Memoria è corredata di un atlante, in cui sono raccolte le curve delle sperienze ed i fascicoli di calcolo: per ogni corpo sperimentato hannovi due tavole, nell'una delle quali son contenute le linee delle velocità nelle diverse sperienze, nell'altra le linee che per ogni sperienza rappresentano la legge di variazione del coefficiente d'attrito calcolato colla formula più sopra riferita. Ma non sempre furono tracciate queste linee: per es., nel caso della ghisa e per le superficie sgrassate, non si vedono le linee che per tre delle sette sperienze eseguite.

Dall'ispezione delle tavole cade immediatamente sotto gli occhi che per certi corpi le linee delle velocità sono sensibilissimamente rettilinee: tali sono per es. nella tav. XVI quelle per la ghisa scorrente sulla ghisa, nella tav. XIX quelle pel ferro d'Aosta e per l'olmo (fibre trasversali), nella XX quelle pel bronzo e per l'ottone scorrenti su ghisa, e per la ghisa scorrente su bronzo. Ne seguirebbe che, nelle condizioni in cui vennero fatte quelle sperienze, l'attrito doveva con molta approssimazione essere indipendente dalla velocità: ed infatti si osserva in generale che le differenze sono abbastanza piccole. Ma in alcune sperienze non si possono più ritenere come tali, ad esempio nella ghisa (superficie untuosa, esperienza 1369),

$$\text{per } v = 0^m,20, \qquad \text{si ha } f = 0,067$$
$$v = 2^m,80, \qquad f = 0,016,$$

e nel caso dell'olmo (fibre trasversali, esperienza 1589) per

$$v = 1^m, \qquad f = 0,335$$
$$v = 1^m,72, \qquad f = 0,372.$$

Lasciamo di riportare altri esempii.

Le linee che per una data pressione rappresentano la legge con cui varia il coefficiente d'attrito offrono tutte generalmente il medesimo aspetto: prima la convessità rivolta verso l'asse delle velocità, poi un punto di inflessione, indi un punto di massimo, e poscia un nuovo punto d'inflessione, e rimanendo convesse tendono ad accostarsi all'asse delle velocità. Se non che le curve ora indicate non sono sempre le curve dedotte dall'esperienza: così, a cagion d'esempio, per la ghisa (superficie untuosa) l'A. sperimentò alle pressioni di 16009, 23490, 30971 kg., ma nella tavola IV son tracciate le linee corrispondenti alle pressioni di 15000, 25000, 30000 kg., dedotte da quelle delle sperienze ritenendo che alla medesima velocità le differenze tra i coefficienti di attrito sieno proporzionati alle differenze delle pressioni (vedi pag. 377, nota ***)): insieme con queste curve però furono segnati anche i punti ottenuti nelle sperienze.

Per alcune sostanze, cioè per la ghisa, acciajo, pioppo (fibre trasversali), quercia (fibre trasversali), cuojo, l'A., costruì anche alcuni diagrammi, i quali indicano come varii il coefficiente di attrito colla pressione, e trovò generalmente che le curve sono tutte convesse verso l'asse delle pressioni, che si alzano abbastanza rapidamente col diminuire della pressione, restando invariabile la velocità.

Dei resultati numerici dell'esperienze del Conti non daremo qui che qualcuno de' più interessanti. Per es. si trova che, tra i coefficienti dati dal Morin per superficie sgrassate e quelli trovati dal Conti per velocità intorno ad un metro, non passa grande divario: si dee fare eccezione pel cuojo. Ecco il paragone per il cuojo fra i coefficienti trovati da Morin e da Conti. Per le superficie sgrassate sotto la pressione specifica di 5000 kg. trovarono

Morin	Conti	
$f=0,56$	$v=0^m,40$	$f=0,615$
	$v=0^m,55$	$f=0,687$
	$v=1^m$	$f=0,80$ (*massimo*);

ad un metro di velocità, secondo il Conti, si avrebbe il massimo di f.

Morin, pel cuojo ancora ma per le superficie bagnate ed untuose, dà $f=0,23$. Conti invece, per superficie rese untuose nel modo più sopra indicato,

per $v=0^m,6$, trova $f=0,518$
$v=1^m$, $f=0,597$
$v=1^m,4$, $f=0,648$ (*mass.*).

Più sensibili ancora sono i divarii per i metalli (superficie untuose):

Morin	Conti	
	Ghisa su ghisa, pressione 15000 kg.	
$f=0,07$ a $0,08$	$v=0^m,6$	$f=0,05$
	$v=1^m$,	$f=0,079$
	$v=1^m,5$	$f=0,122$ (*mass.*)

Rame su ghisa

$v = 0^m,6$	$f = 0,038$
$v = 1^m$	$f = 0,0586$
$v = 2^m,2$	$f = 0,129$ (*mass.*)

Bronzo su ghisa

$v = 1^m$	$f = 0,0975$
$v = 2^m$	$f = 0,125$.

Queste cifre che si potrebbero ancora moltiplicare a volontà, fanno vedere come, a pari pressione, l'attrito varii moltissimo coi diversi corpi e colla velocità, e che il massimo di f non corrisponde per tutti i corpi alla stessa velocità.

Finalmente, le conclusioni generali del lavoro del sig. Conti sono che la resistenza d'attrito:

1.° Cresce collo scemare della pressione specifica, e che questo accrescimento è assai grande se le superficie di contatto sono untuose, piccolo se sgrassate.

2.° Cresce rapidamente col crescere della velocità e poi, passato un massimo, diminuisce con rapidità poco diversa, per continuare in seguito a diminuire di più in più lentamente. Così l'accrescimento come la diminuzione è molto grande nelle superficie untuose, piccolo nelle sgrassate.

3.° Quanto è maggiore la pressione, tanto minore è la differenza fra il massimo ed il minimo coefficiente, allorchè si passa per la stessa serie di velocità diverse, così nelle superficie untuose, come nelle sgrassate *).

Il col.° Conti, verso il termine della sua Memoria, espone alcune sue ipotesi intorno alla causa probabile del consumo considerevole di forza viva dovuto all'attrito nelle macchine: lo attribuisce a trasporto di particelle materiali con grandissima velocità, operato da correnti elettriche che si desterebbero nel mutuo sfregamento de' due corpi. Ma quale

*) Non possiamo però trattenerci dall'osservare che dalle 135 esperienze riferite nella Memoria si può ben trarre argomento per mettere in dubbio i risultati ottenuti da Coulomb e da Morin, ma che si può dubitare se esse bastino a convincere della verità delle leggi enunciate dal sig. Conti, tanto più che col suo processo non è evidente la possibilità di giungere a qualche risultato concludente (vedi nota ***) a pag. 377). Se nell'apprezzamento di alcune circostanze egli fu scrupoloso fino all'eccesso, non si può dire che abbia fatto altrettanto quando volle determinare l'inclinazione del piano di scorrimento usando la stadia, e l'estensione del contatto osservando sulle superficie di scorrimento le parti di mutato colore, metodo questo assai vago, per l'incertezza che rimane sempre nel passaggio tra le parti che hanno e quelle che non hanno cambiato colore. D'altra parte, nella sua Memoria egli non indica come siasi guidato nel misurare l'area di queste porzioni di superficie. Nè potè certamente colla disposizione da lui ideata evitare gli effetti dovuti alla tendenza della slitta al serpeggiamento: a ciò basta la menoma irregolarità

sia propriamente il suo modo di vedere, quale il valore delle sue opinioni, è difficile il poter giudicare, perchè le sue dichiarazioni non sono abbastanza esplicite *).

Il sig. CONTI afferma che delle numerosissime esperienze da lui intraprese s'è limitato a riportare in questo lavoro una piccola parte, per non dare al medesimo un'eccessiva estensione; ed aggiunge che, quando pure le avesse riferite per intero, la sostanza delle sue conclusioni non ne sarebbe stata alterata. Di siffatta ommissione è naturale che si abbia a lasciare a lui tutta la responsabilità.

E questa riserva è tanto più necessaria dal momento che il sig. CONTI riferisce i risultati di 135 esperienze soltanto, alcune delle quali (sull'acciajo e sul ferro d'Aosta) confessa egli stesso non essere riuscite con troppa regolarità.

Noi concediamo però che le esperienze del sig. CONTI appajono condotte con abilità

---

nello spianamento delle superficie di scorrimento (di questa irregolarità fornisce egli stesso una prova, là ove dice che la massima estensione del contatto variava da $\frac{1}{4}$ ad $\frac{1}{6}$ della superficie totale): impedendo il serpeggiamento, certi punti finiscono per essere premuti più degli altri, donde deve nascere un aumento dell'attrito. Non parrà dunque indiscrezione il pensare che, prima di poter accettare come definitive le leggi enunciate, sono ancor necessarie altre sperienze più variate, e fatte in condizioni tali che sia possibile l'apprezzare con maggiore accuratezza l'influenza esercitata dalla velocità, dall'estensione e dalla durata del contatto.

*) Tra le molte considerazioni che egli fa sulle cause dell'attrito una ve n'è che è ben dura ad ammettersi. Dice in sostanza: immaginate un corpo che si muova lungo un piano inclinato, nel senso, poniamo, della linea di massimo pendio; se a questo corpo imprimete un altro movimento in direzione diversa da quella del primo, per questo solo fatto, l'attrito deve diminuire. Quest'asserzione gratuita, appoggiata a nessun fatto, è così contraria alle idee che possiamo farci sull'attrito, che non sappiamo in verità da chi possa essere accettata. Per ispiegar meglio le sue idee soggiunge: osservate chi deve sturare una bottiglia: se tira il tappo nel senso dell'asse della bottiglia, è obbligato a fare uno sforzo grandissimo, mentre se imprime al tappo un moto elicoidale, gli basta uno sforzo molto minore; dunque, egli conclude, nel secondo caso l'attrito fra tappo e vetro è minore. Ma non è necessario ricorrere a siffatta ipotesi per vedere che lo sforzo da esercitarsi, nel secondo caso, deve essere minore. Imperocchè se diciamo Ω l'area laterale del tappo, p la pressione per unità di superficie fra tappo e vetro, f il coefficiente d'attrito, r il raggio del tappo, R il raggio del manico del cavatappi, h il passo comune alle eliche descritte da ciascun punto del tappo, lo sforzo da impiegarsi per ottenere lo sturamento si trova essere (finchè il tappo giace tutto entro la bottiglia),

$$F = fp\Omega \frac{\sqrt{(4\pi^2 r^2 + h^2)}}{\sqrt{(4\pi^2 R^2 + h^2)}}$$

che è massimo per $h = \infty$ ed uguale ad $fp\Omega$ e questo è il primo dei casi considerati dal sig. CONTI: ma qualunque sia h, purchè finito, si ha sempre $F < fp\Omega$. Che nel caso di corpi non isotropi l'intensità dell'attrito possa cambiare colla direzione del moto, è fuori di dubbio: ma questo fatto dipende allora dalle proprietà de' corpi rispetto alla loro elasticità, non già dalla circostanza che il corpo scorrente sia animato da più moti differenti in diverse direzioni.

non comune; e che, sebbene esse non forniscano leggi positive, ma piuttosto servano a infirmare le leggi ammesse finora, a ogni modo non possono mancare d'importanza per la ricerca delle vere leggi. Se non che un preciso apprezzamento del metodo seguito dall'Autore, e de' risultati ai quali è pervenuto, non può essere raggiunto per mezzo di una semplice lettura della Memoria presentata, quale s'è potuta fare da noi; ma solo deve attendersi da un profondo e accurato esame critico intrapreso da eminenti cultori delle scienze sperimentali. È quindi naturale che a noi paja desiderabile la pubblicazione della Memoria medesima, affinchè su di essa venga provocata una discussione feconda, e si pronunci la sentenza dai giudici più competenti.

101.

SULLA CORRISPONDENZA FRA LA TEORIA DEI SISTEMI DI RETTE E LA TEORIA DELLE SUPERFICIE.

Atti della R. Accademia dei Lincei, Memorie, serie II, volume III (1875-76), pp. 285-302

1.° Se un sistema di valori particolari attribuiti a *n parametri* o *coordinate* $x_1, x_2, \ldots x_n$, ovvero (quando si vogliano formole omogenee) agli n rapporti fra $n+1$ coordinate $x_1 : x_2 : \ldots : x_n : x_{n+1}$ individuano un *ente geometrico*, la totalità degli enti geometrici corrispondenti alla totalità de' valori attribuiti agli n parametri o agli n rapporti dicesi *spazio* di n dimensioni di cui quegli enti geometrici si riguardano come *elementi* *). Per esempio, i punti di una linea, le linee o le superficie di un fascio, le generatrici di una superficie rigata, i piani tangenti di una sviluppabile, ... costituiscono spazî di una dimensione. I punti o i piani tangenti di una superficie, le rette di un piano, le rette tangenti comuni a due superficie, le rette bitangenti o osculatrici o normali di una superficie, le corde di una data curva gobba ... costituiscono spazî di due dimensioni. I punti o i piani dello spazio ordinario, i circoli di un piano, le sezioni piane di una superficie, le rette tangenti di una superficie, le rette che incontrano una curva, ... sono elementi di spazî a tre dimensioni. Le rette dello spazio ordinario, tutte le sfere, le coniche appoggiate a quattro rette date, ... sono gli elementi di spazî a quattro dimensioni. Le coniche esistenti in un dato piano, le cubiche gobbe situate su di una data superficie di 2.° grado, ... formano spazî di cinque dimensioni ecc. ecc.

Uno spazio di n dimensioni contiene in sè infiniti spazî di $n-1$, $n-2, \ldots$ dimensioni, definiti da una o più equazioni fra le coordinate. Fra questi spazî *subordinati* sono rimarchevoli quelli determinati da equazioni lineari.

2.° Una *trasformazione geometrica* consiste nello stabilire relazioni fra le coordinate degli elementi variabili in due spazî d'uno stesso numero di dimensioni, tali che a ciascun

*) *Mannigfaltigkeit* dei matematici tedeschi.

elemento del primo o del secondo spazio corrisponda un elemento o un numero finito di elementi dell'altro spazio. La trasformazione è detta *razionale* quando a ciascun elemento del primo spazio corrisponde un solo elemento del secondo ed a ciascuno del secondo un solo del primo; eccezione fatta di alcuni elementi detti *fondamentali* (isolati o costituenti spazi subordinati), ai quali corrispondono, non un solo, bensì infiniti elementi.

Per mezzo di una trasformazione così fatta si può riferire un *complesso lineare* di rette allo spazio ordinario i cui elementi siano punti. *Complesso* di rette, secondo la denominazione di PLUECKER *) è uno spazio a tre dimensioni i cui elementi sono rette. Il complesso è di grado n se sono n le rette del complesso che passano per un punto dato ad arbitrio e giacciono in un piano condotto pure ad arbitrio per esso punto. Se $n = 1$, il complesso dicesi *lineare*.

3.° I signori NOETHER **) e LIE ***), partendo da diversi punti di vista, diedero una rappresentazione †) d' un complesso lineare C sullo spazio ordinario S′ costituito da punti, in virtù della quale ai piani di S′ corrispondono le *congruenze lineari* ††) contenenti una retta fissa (*fondamentale*) r appartenente al dato complesso e alle congruenze

---

*) *Neue Geometrie des Raumes gegründet auf die Betrachtung der geraden Linie als Raumelement* (Leipzig 1868-69).

**) *Zur Theorie der algebraischen Functionen mehrerer complexer Variabeln* (Nachrichten di Gottinga 1869).

***) *Over en Classe geometriske Transformationer* (Atti della Società di Christiania, 1871). — *Ueber Complexe, insbesondere Linien- und Kugel-Complexe, etc.* (Mathematische Annalen t. 5). — Il presente mio scritto non ha altro fine che di attirare l'attenzione su cotesti bellissimi lavori del signor LIE, ridondanti di concetti originali e fecondissimi.

†) Dico *una* e aggiungo la più semplice, quella cioè che corrisponde alla trasformazione omografica d'uno spazio ordinario in un altro spazio ordinario. Infatti, in quella rappresentazione gli spazî di due e di una dimensione contenuti nello spazio ordinario e definiti da equazioni lineari, vale a dire i piani e le rette, corrispondono a spazî analogamente subordinati al complesso lineare, definiti essi pure da equazioni lineari, ossia a congruenze lineari (contenenti la retta fondamentale) e ad iperboloidi rigati (contenenti la retta fondamentale). Si potrebbe, invece, fare la rappresentazione in modo che queste congruenze corrispondessero a superficie di qualunque ordine dato, purchè costituenti un così detto *sistema omaloidico*. Vero è che questa rappresentazione si può considerare come risultante dalla prima e da una delle trasformazioni da me studiate in una Memoria inserita negli Annali di Matematica (t. 5) [Queste Opere, n. 96].

††) Ritenuta la denominazione di PLUECKER, *congruenza* è uno spazio di due dimensioni (*sistema di raggi* secondo KUMMER), i cui elementi siano rette. Se delle rette d'una congruenza ve se sono n passanti per un punto arbitrario ed m situate in un piano arbitrario, la congruenza dicesi *d'ordine* n e di *classe* m. Quando $m = n$, la congruenza dicesi di *grado* n. *Lineari* appellansi le congruenze di 1.° grado.

lineari contenute in C (in generale non contenenti r) corrispondono le *quadriche* (superficie di 2.º grado) passanti per una conica fissa (*fondamentale*) K'. I punti del piano π' di K', non situati in questa conica, corrispondono alle rette di C infinitamente vicine ad r, ma non seganti r. Ad un punto M' di K' corrispondono tutte le rette di C che passano per un punto M di r, le quali sono in un piano passante per r. Ai punti di una retta g' qualunque in S' corrispondono rette di C che sono generatrici di un iperboloide, fra le quali è compresa anche r. Ma se g' incontra K' in un punto M', l' iperboloide si spezza in due fasci piani, l'uno delle rette di C passanti pel punto M di r, l'altro delle rette di C che passano per un punto G e conseguentemente giacciono in un piano γ (*piano polare* di G rispetto al complesso C). Donde risulta che ai punti dello spazio ordinario S nel quale è dato il complesso C, cioè ai centri de' fasci piani contenuti in C, e simultaneamente ai piani di questi fasci, corrispondono in S' le rette appoggiate alla conica fondamentale K', rette che formano un complesso C' di 2.º grado.

4.º Tre punti nello spazio S' individuano un piano; i tre raggi corrispondenti in C, insieme con r, determinano la congruenza lineare che corrisponde al piano.

5.º Due piani in S' hanno in comune una retta; così i raggi comuni alle congruenze che corrispondono a quelli, sono le generatrici dell'iperboloide corrispondente alla retta data: iperboloide che ha per generatrice anche la retta r. La generatrice infinitamente vicina ad r corrisponde al punto in cui la retta comune ai due piani dati incontra il piano π'. Le direttrici dell'iperboloide sono a due a due rette reciproche rispetto a C e formano un'involuzione: due qualsivogliano di queste rette reciproche sono le direttrici di una congruenza comprendente in sè l'iperboloide e corrispondente ad un piano del fascio individuato dai due dati. I punti in cui questo piano incontra K' corrispondono a quelli dove le due rette reciproche sono appoggiate ad r. I raggi doppi dell'involuzione appartengono al complesso C e corrispondono a quei piani del fascio che toccano la conica K'.

6.º Due punti in S' determinano una retta; i due raggi corrispondenti in C individuano, insieme con r, l'iperboloide le cui generatrici corrispondono ai punti della retta data. Se la retta incontra K', l'iperboloide si spezza in due fasci di raggi; l'uno corrisponde al solo punto di K' ed è formato da rette concorrenti in un punto di r; l'altro è costituito dalle rette corrispondenti alla serie de' punti della retta data. Se due rette in S' si segano, gl' iperboloidi corrispondenti in C hanno, oltre ad r, un' altra generatrice comune (corrispondente al punto d'incontro delle due rette date) e due direttrici comuni, che sono le direttrici della congruenza corrispondente al piano delle due rette date. Se le due rette in S' s'incontrano sul piano π', i corrispondenti iperboloidi si toccano lungo la generatrice comune r. A tutte le rette in S' passanti per uno stesso punto corrispondono in C gl'iperboloidi passanti (per r e) per uno stesso raggio, il corrispondente del punto dato. A tutte le rette contenute in uno stesso piano in S' corrispondono in C gl' iperboloidi passanti (per r e) per una stessa coppia di rette reciproche, le direttrici della congruenza corrispondente al piano dato. A tutte le rette di S' passanti per uno stesso punto e contenute in uno stesso piano corrispondono in C gl'iperboloidi passanti per un dato quadrilatero gobbo, formato da r, da un altro raggio x di C e da due rette reciproche t, t_1. Le coppie di piani (xt, rt_1), (xt_1, rt) comprese in questo fascio d'iperboloidi corrispondono alle due rette del dato fascio in S' che incontrano K'.

7.° Tre piani in S' individuano un punto, al quale corrisponde il raggio C comune alle tre congruenze (contenute in C e passanti per r) che corrispondono a que' tre piani. Lo stesso raggio, insieme con r, è segato da un numero doppiamente infinito di coppie di rette reciproche; ciascuna coppia dà le direttrici di una congruenza corrispondente ad un piano passante pel punto comune ai tre dati.

8.° Un piano qualunque μ' in S' sega K' in due punti M', M'_1: alle rette passanti per questi punti e contenute in quel piano corrispondono i punti di due rette reciproche g, g_1 rispetto a C, le quali sono le direttrici della congruenza corrispondente al piano dato μ'. Le rette g, g_1 incontrano r in due punti M, M_1 che, in un certo senso, corrispondono ad M', M'_1. Ai punti di una retta esistente nel piano μ' corrispondono le generatrici d'un iperboloide contenuto nella congruenza che corrisponde al piano dato. A ciascuno de' punti M', M'_1 corrispondono i raggi d'un fascio il cui centro è il punto M od M_1 ed il cui piano passa per r. Per conseguenza l'iperboloide corrispondente alla retta comune ai piani μ', π' si decompone ne' due fasci piani i cui centri sono M, M_1. Se il piano μ' varia restando fissi i punti M', M'_1 (o uno solo di questi), variano le rette g, g_1, ma non già i punti M, M_1 (o uno di questi). Se coincidono i punti M', M'_1, coincideranno anche i punti M, M', epperò le rette g, g'_1; vale a dire: ad un piano tangente a K' corrisponde una congruenza *speciale*, la cui direttrice (unica) è un raggio del complesso C appoggiato ad r.

9.° Ad una congruenza contenuta in C, ma non contenente r, corrisponde una superficie quàdrica in S', che passa per K': ai due sistemi di generatrici di questa quàdrica corrispondono i punti delle due rette (reciproche, non appoggiate ad r) direttrici della data congruenza; e propriamente alle generatrici di un sistema corrispondono i punti di una direttrice e i piani per l'altra; ed alle generatrici del secondo sistema corrispondono i punti della seconda direttrice ed i piani per la prima. Se la data congruenza è *speciale*, vale a dire, se ha per direttrice unica un raggio di C non appoggiato ad r, la corrispondente quàdrica in S' sarà un cono passante per K' ed avente il vertice nel punto che corrisponde all'anzidetto raggio di C.

10.° Una retta arbitraria in S, insieme colla sua reciproca rispetto a C, individua una congruenza lineare, di cui quelle due rette sono le direttrici, ed a cui corrisponde in S' una quàdrica passante per K'. Se la retta in S incontra r, la quàdrica si spezza in due piani, uno de' quali è il piano π', mentre l'altro è quello che corrisponde alla congruenza le cui direttrici sono la retta data e la sua reciproca. Se la retta in **S** appartiene al complesso **C**, la quàdrica è un cono.

In un certo senso adunque si può dire che ad una retta data in **S** (e alla sua reciproca rispetto a **C**) corrisponde in **S'** una quàdrica per **K'**. Se la retta in **S** passa per un punto dato (o giace in un piano dato), la quàdrica conterrà il raggio del complesso **C'** che corrisponde al punto (o al piano) dato. Se la retta data in **S** passa per un punto dato e giace in un piano dato (passante pel punto dato), la quàdrica avrà per generatrici (di sistemi differenti) il raggio corrispondente al punto ed il raggio corrispondente al piano.

11.° Due quàdriche in **S'**, passanti per **K'**, si segano lungo un'altra conica, alla quale corrisponderà l'iperboloide (non passante per r) formato dalle rette di **C** comuni alle due congruenze che corrispondono alle due quàdriche date. Le direttrici dell'iperboloide sono a due a due rette reciproche e quindi formano un'involuzione: due rette reciproche sono direttrici di una congruenza (contenente l'iperboloide) che corrisponde ad una quàdrica del fascio individuato dalle due quàdriche date; e i raggi doppi dell'involuzione sono quelle rette di **C** che corrispondono ai due coni del fascio. Quelle due rette reciproche (fra le direttrici dell'iperboloide) che sono incontrate da r sono le direttrici della congruenza corrispondente al piano della conica comune alle due quàdriche date.

12.° Alla serie dei punti di **K'** corrispondono le rette della congruenza speciale che ha per direttrice unica r, e che ha con un'altra congruenza qualsivoglia (contenuta in **C**, ma non passante per r) un iperboloide comune, del quale r è una direttrice. Questo iperboloide corrisponde alla conica **K'** considerata come sezione piana della quàdrica corrispondente alla congruenza qualsivoglia: vale a dire, tutte le congruenze che comprendono in sè uno stesso iperboloide, pel quale r sia una direttrice, corrispondono a quàdriche che si toccano lungo la conica **K'**. Fra queste quàdriche vi è un cono; esso corrisponde a quell'altra retta del complesso **C** che è pure una direttrice dell'iperboloide. L'iperboloide è individuato quando sia data un'altra direttrice g, oltre ad r: a quella direttrice corrisponderà una quàdrica per **K'**, e tutte le altre quàdriche tangenti a questa lungo **K'** corrisponderanno alle direttrici dell'iperboloide.

13.° Altrimenti: una congruenza (lineare) in **C** ha infinite rette appoggiate ad r, le quali formano un iperboloide, e questo ha fra le sue direttrici un altro raggio del complesso **C**. Questo raggio corrisponde al polo del piano π' relativo alla quàdrica per **K'** che corrisponde alla congruenza anzidetta.

14.° Viceversa: ad un iperboloide qualunque le cui generatrici siano raggi del complesso **C** corrisponde una conica segante **K'** in due punti corrispondenti a quelli in cui l'iperboloide è incontrato da r. Se l'iperboloide è formato da rette del complesso appoggiate ad r, la conica corrispondente coincide con **K'**. Se invece r è una generatrice dell' iperboloide, la conica corrispondente si spezza in una retta (che non incontra K') ed in un'altra retta posta nel piano π': le due rette hanno in comune quel punto che corrisponde alla generatrice infinitamente vicina ad r.

15.° Si è già detto che ad un punto G dello spazio S corrisponde in S' un raggio g' del complesso C', cioè un raggio appoggiato a K': ai raggi di C passanti per G corrispondono i punti di g' (ovvero, se si vuole, i coni che hanno questi punti per vertici e K' per base); alle rette passanti per G ma non appartenenti a C corrispondono le quàdriche che contengono g' e K'. A tutti i punti G di un piano ε, il cui polo rispetto a C sia E, corrispondono i raggi d'una congruenza in C', cioè le rette che incontrano K' e quella retta e' (appoggiata a K') che corrisponde ad E. Il punto comune al piano ε e alla retta r corrisponde a quello in cui e' incontra K'. Alle rette del piano ε corrispondono le quàdriche contenute nella predetta congruenza, cioè le quàdriche le cui generatrici sono appoggiate a K' e ad e'.

16.° A tutti i punti G di un iperboloide formato da raggi di C corrispondono rette di una congruenza o *sistema* di 2.° grado, avente per direttrici la conica K' e una retta non appoggiata a K', ovvero una conica segante K' in due punti, secondochè l' iperboloide contiene o non contiene la generatrice r. Se l' iperboloide è formato da raggi di C appoggiati ad r, esso avrà un'altra direttrice appartenente al complesso C, alla quale corrisponde un cono per K': e ai punti dell' iperboloide corrisponderanno le rette tangenti al cono nei punti di K'.

17.° In un piano ε' dello spazio S' sia tracciata una curva L' d'ordine n', per la quale i punti A', B' comuni al detto piano e a K' siano multipli rispettivamente secondo i numeri α, β. Alla curva L' corrisponderà in C una superficie gobba contenuta nella congruenza lineare che corrisponderà al piano ε'. Siccome L' ha, all' infuori di K', un numero $2n-\alpha-\beta$ di punti comuni con una quàdrica condotta ad arbitrio per K', così una retta arbitraria in S incontrerà la superficie gobba in $2n-\alpha-\beta$ punti; vale a dire, questo numero è il grado della superficie. Un piano qualunque in S' incontra L' in n punti; dunque una retta appoggiata ad r incontra n generatrici della superficie gobba: donde segue che, per questa, la r è una generatrice multipla secondo $n-\alpha-\beta$. Le $n-\alpha-\beta$ generatrici infinitamente vicine ad r corrisponderanno ai punti in cui L' è incontrata dal piano π' fuori di K'. Le direttrici a, b della congruenza saranno direttrici anche della superficie gobba. Una retta condotta ad arbitrio per A' nel piano ε' incontra L' in altri $n-\alpha$ punti, ai quali corrispondono altrettante generatrici della superficie gobba uscenti da un punto di a e contenute in un piano per b; ed analogamente ogni piano per a contiene $n-\beta$ generatrici concorrenti in un punto di b. Agli n punti in cui L' è segata da una retta del suo piano corrispondono le n generatrici comuni alla superficie gobba e ad un iperboloide passante per le rette r, a, b. Ai $2n-\alpha-\beta$ punti in cui L' è incontrata da una conica descritta in ε per A', B' corrispondono le $2n-\alpha-\beta$ generatrici che la superficie gobba ha in comune con un iperboloide passante per a, b. Viceversa una retta arbitraria in S incontra $2n-\alpha-\beta$ generatrici della superficie gobba, alle quali corrispondono altrettanti punti comuni alla curva L' e ad una conica per A', B'. Ossia possiamo dire che ad una retta incontrante la superficie gobba corrisponde una conica per A', B' nel piano ε' (e come caso particolare una retta). Ma reciprocamente ad una conica per A', B' nel piano ε' (o ad una retta) corrispondono infinite rette in S, tutte direttrici d'uno stesso iperboloide che ha per direttrici anche a e b.

Di qui segue che le proprietà concernenti le rette tangenti, osculatrici, bitangenti ecc. della superficie gobba corrispondono a quelle delle coniche per A', B' *) e delle rette tangenti, osculatrici, bitangenti, ecc. della curva L'.

18.° Ad una curva gobba d'ordine n situata in una quàdrica per **K**' corrisponde una superficie gobba, che è pure d'ordine n, perchè ogni altra quàdrica per **K**' incontrerà la curva in n punti fuori della conica fondamentale **K**'. La superficie gobba ha due direttrici rettilinee a, b, che sono le direttrici della congruenza corrispondente alla quàdrica su cui giace la data curva. Questa segherà rispettivamente in α, β $(\alpha+\beta=n)$ punti le rette de' due sistemi esistenti sulla quàdrica; perciò da ogni punto di a partiranno α generatrici della superficie gobba, contenute in un piano per b, e da ogni punto di b ne partiranno β contenute in un piano per a.

19.° Ad una curva gobba qualsivoglia C'_n, che con **K**' abbia k punti comuni, corrisponde una superficie rigata (gobba) d'ordine $2n-k$, per la quale r è una generatrice multipla secondo $n-k$. I punti di questa superficie corrispondono alle rette che incontrano la data curva gobba e la conica fondamentale **K**'. I punti della curva doppia della superficie corrispondono alle corde della curva data incontrate da **K**': quindi l'ordine della curva doppia, ossia il numero de' punti comuni a questa e ad un piano ε, sarà uguale al numero delle corde di C'_n che incontrano **K**' ed una retta e' appoggiata a **K**', il qual numero è $(n-k)(n-1)+h$, dove h sia il numero delle corde di C'_n che passano per un punto arbitrario dello spazio **). Un piano per r incontra la curva doppia in h punti fuori di r, corrispondenti alle h corde di C'_n che escono da un punto di **K**'; dunque la curva doppia è appoggiata ad r in $(n-k)(n-1)$ punti. Un'altra generatrice qualun-

---

*) Ossia de' circoli, se si suppone che **K**' sia il circolo imaginario all'infinito nello spazio **S**'.

) Infatti: da un punto qualunque di e' partono h corde di C'_n; un piano qualunque per e' sega C'_n in n punti, epperò contiene $\frac{1}{2}n(n-1)$ corde di C'_n; dunque il luogo delle corde di C'_n appoggiate ad e' è dell'ordine $\frac{1}{2}n(n-1)+h$, e per esso la C_n è multipla secondo $n-1$. Questo luogo ha su **K' un punto multiplo secondo h e k punti multipli secondo $n-1$; perciò incontrerà **K**' in altri $n(n-1)+2h-h-k(n-1)=(n-k)(n-1)+h$.

que incontra la curva doppia in $n-1$ punti, corrispondenti alle corde di C'_n appoggiate a **K**' e passanti per uno stesso punto di C'_n. Le intersezioni ed i contatti della superficie gobba con linee rette appoggiate o no ad r corrispondono alle intersezioni ed ai contatti della curva C'_n con piani o con quàdriche per **K**' *).

20.° Se tutte le tangenti di C'_n incontrano **K**', vale a dire, se C'_n è la curva cuspidale di una sviluppabile circoscritta a **K**', la superficie rigata corrispondente sarà una sviluppabile; infatti siccome due punti successivi di C'_n sono sempre in una retta del complesso **C**', così due generatrici successive della corrispondente superficie rigata avranno sempre un punto comune. I punti della curva cuspidale di questa superficie corrispondono alle tangenti di C'_n, e le tangenti di quella corrispondono ai punti di C'_n **).

21.° Sia ora data in **S**' una superficie F'. Essa ammette in un suo punto qualunque due tangenti appoggiate a **K**'; e tutte le rette analoghe saranno le tangenti di un sistema di curve Γ', delle quali due passano per un punto qualunque di F'. Ai punti ed alle tangenti di una curva Γ' corrispondono in **S** ordinatamente le tangenti e i punti di una curva Γ; e il luogo di tutte le curve Γ sarà una superficie F, i cui punti sono le imagini delle tangenti di F' appoggiate a **K**'. Siccome ogni punto di F' appartiene a due curve Γ', così la corrispondente retta del complesso **C** toccherà due curve Γ, cioè toccherà F in due punti; questa è dunque la *superficie focale* del sistema di rette che appartengono al complesso **C** e che corrispondono ai punti di F'. Per un punto qualunque di F passa (in generale) una sola curva Γ, la cui tangente è l'intersezione del piano tangente di F col piano che contiene le rette del complesso **C** incrociate in quel punto. Ne segue che una sola curva Γ' è toccata da una retta del complesso **C**' che sia tangente ad F'. Se in un punto particolare F è toccata da infinite rette del complesso **C**, la corrispondente retta di **C**' giacerà per intero su F' e farà parte del sistema Γ'.

Per tal modo ad ogni punto di F ne corrisponde uno di F', ma viceversa ad un punto di F' ne corrispondono due di F. Però a due punti infinitamente vicini dell'una superficie e situati in una retta del relativo complesso corrispondono due punti del pari infinitamente vicini dell' altra superficie e giacenti in una retta del relativo complesso, perchè ad un elemento di curva Γ o Γ' corrisponde un elemento della corrispondente curva Γ' o Γ. Ond' è che ad una curva qualunque tracciata sull'una superficie corrisponderà una curva tracciata sull'altra: propriamente, ai punti della prima curva corrispondono le generatrici di una superficie rigata circoscritta alla seconda superficie lungo la seconda curva. Se le tangenti della prima curva sono rette del rispettivo complesso **C** o **C**', anche

*) Ossia con sfere, nell'ipotesi suesposta.

) Della corrispondenza di codeste curve le cui tangenti appartengono ai complessi **C, **C**', il sig. Lie ha fatto importantissime applicazioni (Math. Annalen, t. 5).

le tangenti dell'altra curva hanno l'analoga proprietà, e la superficie rigata diviene sviluppabile.

Lo studio di una superficie qualunque F′ concepita come luogo di punti nello spazio S′ si traduce così immediatamente nello studio di un sistema Φ doppiamente infinito di rette contenuto nel complesso lineare **C**: sistema la cui superficie focale F è la corrispondente di F′. Se F′, a cagione d'esempio, è suscettibile d'essere rappresentata punto per punto sopra un piano, questo si potrà considerare come una rappresentazione del sistema Φ, per modo che ogni retta di Φ avrà per imagine un punto del piano. Se poi i punti e le rette di questo piano si trasformano per dualità nelle rette e nei punti del piano medesimo (o di un altro), le imagini delle rette di Φ saranno le rette di un piano.

22.° Per presentare un esempio, assumiamo una superficie di terz'ordine F′ che passi per la conica fondamentale **K**′. Siccome una retta appoggiata a **K**′ incontra F′ in altri due punti, così per un punto arbitrario di S passano due raggi del sistema Φ, ed un piano arbitrario in S ne contiene due del pari. Il sistema Φ è dunque di secondo grado e ad esso appartiene la retta *r*, a cagione della retta che F′ ha nel piano π′. Alle rette che toccano F′ e incontrano **K**′ corrispondono i *fuochi* e i *piani focali* *) del sistema Φ; di quale grado sarà il luogo di tali punti e di tali piani? Ossia, quanti fuochi si trovano su di una retta arbitraria *g* o quanti piani focali passano per essa? Ciò equivale a domandare quante rette sono ad un tempo tangenti di F′ e generatrici (di una stessa serie) di una quàdrica per **K**′. Siccome la quàdrica sega F′ lungo una curva di quart' ordine e questa tocca quattro generatrici (di una stessa serie) della quàdrica, così la retta *g* corrispondente alla quàdrica contiene quattro fuochi e giace in quattro piani focali, vale a dire, la superficie focale F del sistema Φ è di quart'ordine e quarta classe **).

La superficie F′ contiene ventisette rette, sedici delle quali incontrano **K**′ ***); a queste corrispondono perciò sedici punti e piani singolari: vale a dire sedici punti (e sedici piani) tali che tutte le rette del complesso **C** passanti per essi (situate in essi) appartengono al sistema Φ. In altre parole, il sistema Φ contiene sedici fasci piani di raggi. Conducendo una trasversale ad arbitrio per uno de' punti singolari, ad essa corrisponde una quàdrica (per **K**′) la quale conterrà la retta di F′ corrispondente a quel punto, epperò segherà F′ lungo una cubica gobba, che tocca due sole generatrici della quàdrica: dunque la trasversale incontrerà F in due soli punti, oltre al punto singolare. Per conseguenza

*) I piani focali sono i piani polari dei fuochi rispetto al complesso **C**.

**) Kummer nei Monatsberichte dell'Accademia di Berlino, 1864-65.

***) Cremona, *Mémoire de géométrie pure sur les surfaces du 3.*^e^ *ordre* (Berlin 1868) [Queste Opere. n. 79]. — *Sulla superficie di 4.*° *ordine dotata di una conica doppia* (Rend. Ist. Lomb, 1871) [Queste Opere, n. 88].

questo punto è *doppio* per F. La superficie F ha dunque sedici punti doppî e sedici piani tangenti doppî, che corrispondono alle sedici rette di F′ appoggiate a **K**′. Una qualunque di queste rette ne incontra altre cinque; dunque ciascuno de' sedici punti doppî di F è congiunto ad altri cinque mediante cinque rette del complesso **C**; e siccome tutte le rette di **C** che passano per uno stesso punto giacciono nel relativo piano polare, così ciascun piano doppio di F contiene sei punti doppî, uno dei quali (cioè il polo del piano) è congiunto agli altri cinque per mezzo di cinque raggi del sistema Φ. Correlativamente: per ciascun punto doppio passano sei piani doppî, uno dei quali (il piano polare del punto) è segato dagli altri cinque lungo cinque raggi del sistema Φ *).

Oltre alla retta a nel piano π' ed alle sedici rette appoggiate a **K**′, la superficie F′ ne contiene altre dieci (b_1, c_1), (b_2, c_2), (b_3, c_3), (b_4, c_4), (b_5, c_5) contenute in cinque piani passanti per la retta a. A ciascuna di queste dieci rette corrisponde un iperboloide le cui generatrici sono raggi del sistema Φ, ossia rette bitangenti di F. Dunque: ogni raggio, come r, del sistema Φ è comune a dieci iperboloidi formati da raggi del sistema medesimo; i dieci iperboloidi formano cinque coppie, e i due di una stessa coppia hanno in comune un altro raggio del sistema, epperò si segano inoltre secondo due rette direttrici: le cinque coppie di direttrici incontrano r negli stessi due punti **).

Delle rette b_r, c_r l'una incontra otto e l'altra le altre otto delle sedici rette di F′ appoggiate a **K**′; dunque dei due iperboloidi d'una coppia l'uno contiene otto e l'altro gli altri otto punti doppî di F; e così pure l'uno tocca otto e l'altro gli altri piani doppî. E siccome le otto rette segate da una stessa b o c si segano per coppie in quattro punti, ossia giacciono in quattro piani passanti per la b o c, così gli otto punti doppî pei quali passa uno stesso iperboloide giacciono in quattro rette del sistema Φ (che non sono rette dell'iperboloide). Per gli otto piani doppî ha luogo la proprietà correlativa.

I piani passanti per le rette b, c segano F′ secondo coniche appoggiate in due punti a **K**′: tali coniche formano dunque dieci fasci conjugati a due a due ***). Due coniche conjugate giacciono in una stessa quàdrica per **K**′ †), la quale tocca F′ ne' punti comuni alle due coniche, ed alla quale corrisponderà in **S** una retta (e la sua reciproca) tangente ad F in due punti. Di rette così fatte ne passano due per un punto qualunque (e ne giacciono due in un piano qualunque) dello spazio **S**; infatti il raggio corrispondente in **S**′, essendo appoggiato a **K**′, incontra F′ in due punti M′, N′; e si hanno così due quàdriche, l'una passante per **K**′ e per le coniche di F′ situate ne' piani b_rM′, c_rN′, l' altra per **K**′ e per

*) Kummer, *l. c.*

) Corrispondenti a quelli in cui a incontra **K′.

***) Diciamo *conjugate* due coniche poste in piani passanti risp. per b_r, c_r, dove b_r, c_r sono in uno stesso piano per a.

†) Cremona, *Mémoire de géométrie pure etc.* chap. 9.

le coniche poste ne' piani $b_r N'$, $c_r M'$. Al sistema delle quàdriche passanti per **K'** e tangenti ad F' in coppie di punti allineati col punto $b_r c_r$ corrisponde adunque un nuovo sistema di secondo grado (doppiamente infinito) di rette bitangenti ad F; e siccome queste rette sono a due a due (le due corrispondenti ad una stessa quàdrica) reciproche rispetto a C, così il predetto sistema appartiene ad un complesso lineare che è in involuzione col dato sistema C. Di tali sistemi se ne hanno cinque, quante sono le coppie delle rette b_r c_r. La superficie F è pertanto la superficie focale di sei distinti sistemi di rette, di secondo grado, *) appartenenti a sei complessi lineari, a due a due in involuzione: dei quali sei sistemi di rette l'uno corrisponde ai punti di F' e l'altro ai cinque sistemi di quàdriche per K' che toccano in due punti F'.

Si ottengono gli stessi risultati se invece di una superficie di terz'ordine passante per K' si assume nello spazio S' una superficie di quart' ordine per la quale **K'** sia una conica doppia.

Per tal modo dalle note proprietà delle superficie di terz'ordine e di quelle del quarto ordine, dotate di una conica doppia **), si conclude la teoria dei sistemi di rette di secondo grado ***).

In modo simigliante si ridurrebbe lo studio di altri sistemi di rette a quello di altre superficie.

23.° Le formole analitiche per la corrispondenza fra gli elementi de' due spazi C, S' sono facili a stabilirsi. Siano $x_1\,x_2\,x_3\,x_4\,x_5\,x_6$ le note coordinate tetraedriche di una retta soggette alla condizione

$$x_1 x_4 + x_2 x_5 + x_3 x_6 = 0.$$

Assumiamo $x_1 + x_4 = 0$ come equazione del complesso dato C, e come retta fondamentale scegliamo la $x_6 = 0$. Nello spazio S' siano P', Q', R', S' le coordinate di un punto qualunque e

$$S' = 0,\ P'^2 + Q'^2 + R'^2 = 0$$

---

*) Kummer *l. c.* e: *Ueber die algebraischen Strahlensysteme, in's besondere über die der ersten und zweiten Ordnung.* (Mem. dell'Accademia di Berlino, 1866).

**) Vegganzi in particolare la Memoria del sig. Casey: *On cyclides and spheroquartics* nelle Transazioni filosofiche della Società Reale di Londra, 1871; l'opera del sig. Darboux: *Sur une classe remarquable de courbes et de surfaces algébriques etc.* (Paris 1873), nella quale sono menzionati i lavori precedenti d'altri geometri; e la già ricordata Memoria del signor Lie (Mathem. Annalen, t. 5).

***) Klein, *Zur Theorie der Linien-complexe des ersten und zweiten Grades.* (Mathem. Annalen, t. 2). — Lie, *l. c.*

le equazioni della conica fondamentale **K**′, la quale, se si suppone che P′, Q′, R′ siano coordinate cartesiane ortogonali, sarà il *circolo imaginario all'infinito:* come appunto suppone il sig. LIE.

Ciascuna delle equazioni $x_1 = 0$, $x_2 = 0$, $x_5 = 0$ insieme colla $x_1 + x_4 = 0$ determina una congruenza lineare contenente la retta fondamentale, epperò corrispondente ad un piano in S′. Siano $R' = 0, P' + i\,Q' = 0, P' - i\,Q' = 0$ i tre piani che per tal modo corrispondono alle tre congruenze; allora potremo porre

$$\begin{aligned} x_1 &\equiv R' \\ x_2 &\equiv -(P' + i\,Q') \\ x_4 &\equiv -R' \\ x_5 &\equiv -P' - i\,Q' \\ x_6 &\equiv S' \end{aligned}$$

dove il segno $\equiv$ indica *proporzionalità*; e determinando x_3 mediante la

$$x_1 x_4 + x_2 x_5 + x_3 x_6 = 0,$$

ne verranno le formole

$$(1) \qquad \begin{aligned} x_1 &\equiv R' S', & x_4 &\equiv -R' S' \\ x_2 &\equiv -(P' + i\,Q')\,S', & x_5 &\equiv (P' - i\,Q')\,S' \\ x_3 &\equiv P'^2 + Q'^2 + R'^2, & x_6 &\equiv S'^2 \end{aligned}$$

che dànno la retta $x_1 x_2 \ldots x_6$ del complesso **C** corrispondente al punto P′Q′R′S′ dello spazio S′.

Siano ora P, Q, R, S le coordinate di un punto qualunque della retta x; avremo le note relazioni

$$\begin{aligned} Px_6 + Sx_2 - Rx_4 &= 0 \\ Qx_6 - Sx_1 - Rx_5 &= 0 \end{aligned}$$

e ponendo per le x i valori (1)

$$(2) \qquad \begin{aligned} P\,S' - S\,(P' + i\,Q') + R\,R' &= 0 \\ Q\,S' - S\,R' - R\,(P' - i\,Q') &= 0 \end{aligned}$$

e queste sono, meno la diversità dei simboli, le equazioni di LIE. Considerando P Q R S come coordinate di un punto dato in S, le (2) rappresentano la retta corrispondente in S′; perciò le coordinate $x'_1\, x'_2 \ldots x'_6$ di questa retta saranno espresse come segue:

$$(3) \qquad \begin{aligned} x'_1 &\equiv Q\,S - P\,R & x'_4 &\equiv i\,(R^2 - S^2) \\ x'_2 &\equiv i\,(Q\,S + P\,R) & x'_5 &\equiv R^2 + S^2 \\ x'_3 &\equiv -(P\,S + Q\,R) & x'_6 &\equiv 2\,i\,R\,S \end{aligned}$$

le quali equazioni dànno

$$x'^2_4 + x'^2_5 + x'^2_6 = 0$$

equazione del complesso di 2.° grado C′ che nello spazio S′ corrisponde ai punti dell'altro spazio. In questo la retta fondamentale è $R = S = 0$.

24.° Mediante questa trasformazione adunque, le congruenze lineari in C corrispondono alle quàdriche passanti per la conica fondamentale **K**′; ossia, diremo, alle sfere, ritenuto che **K**′ sia il circolo imaginario all' infinito. Le rette di una congruenza lineare sono, com'è noto, appoggiate a due rette direttrici, le quali sono rette *reciproche* rispetto ad ogni complesso lineare contenente la congruenza. Nel nostro caso adunque, una retta l assunta ad arbitrio (fuori di C) come direttrice individua una congruenza, la quale risulta formata da tutte le rette del complesso C che segano la retta l e quindi anche la seconda direttrice, cioè la retta reciproca di l. Alla retta l considerata come direttrice di una congruenza corrisponde una sfera, vale a dire, alle rette di C appoggiate ad l corrispondono i punti di una sfera; ma viceversa alla sfera corrispondono due rette (reciproche rispetto al complesso C), le direttrici della congruenza i cui raggi sono gli elementi corrispondenti ai punti della sfera.

25.° Se dunque ora chiamiamo S la totalità delle rette in uno spazio ordinario, ed S′ la totalità delle sfere in un altro spazio ordinario, S ed S′ saranno due spazî di quattro dimensioni i cui elementi si possono mettere in relazione tale che ad una retta qualunque in S corrisponde una sfera in S′, ma ad una sfera in S′ corrispondono in S due rette, le quali sono conjugate o reciproche rispetto ad un determinato complesso (fondamentale) C contenuto in S.

Siano $\xi_1\, \xi_2 \ldots \xi_6$ le ordinarie coordinate tetraedriche di una retta in S; per le rette x che segano la retta ξ si avrà

$$\xi_4\, x_1 + \xi_5\, x_2 + \xi_6\, x_3 + \xi_1\, x_4 + \xi_2\, x_5 + \xi_3\, x_6 = 0$$

e sostituendo alle x i valori (1) avremo

$$\xi_6\,(P'^2 + Q'^2 + R'^2) + (\xi_2 - \xi_5)\, P'\, S' - (\xi_2 + \xi_5)\, i\, Q'\, S' + (\xi_4 - \xi_1)\, R'\, S' + \xi_3\, S'^2 = 0$$

equazione della sfera corrispondente alla retta ξ.

Ponendo quest'equazione sotto la forma

$$(4) \qquad \begin{aligned} 2\,(X_1\, P' + X_2\, Q' + X_3\, R')\, S' + X_4\,(P'^2 + Q'^2 + R'^2 - S'^2) \\ + i\, X_5\,(P'^2 + Q'^2 + R'^2 + S'^2) = 0 \end{aligned}$$

e considerando le $X_1\, X_2 \ldots X_5$ come coordinate (omogenee) della sfera, le relazioni fra queste coordinate e le ξ delle rette corrispondenti divengono

$$(5) \qquad \begin{aligned} X_1 &\equiv \xi_2 - \xi_5 \\ X_2 &\equiv -i(\xi_2 + \xi_5) \\ X_3 &\equiv \xi_4 - \xi_1 \\ X_4 &\equiv \xi_6 - \xi_3 \\ X_5 &\equiv -i(\xi_6 + \xi_3) \end{aligned}$$

$$\Phi(X\,X) \equiv (\xi_1 + \xi_4)^2 \text{ a causa di } \xi_1\xi_4 + \xi_2\xi_5 + \xi_3\xi_6 = 0$$

ovvero

$$(6) \qquad \begin{aligned} \xi_1 &\equiv -X_3 \pm \sqrt{\Phi(XX)} \\ \xi_2 &\equiv X_1 + i X_2 \\ \xi_3 &\equiv -X_4 + i X_5 \\ \xi_4 &\equiv X_3 \pm \sqrt{\Phi(XX)} \\ \xi_5 &\equiv -X_1 + i X_2 \\ \xi_6 &\equiv X_4 + i X_5 \end{aligned}$$

dove per brevità si è posto

$$\Phi(X\,X) \equiv X_1^2 + X_2^2 + X_3^2 + X_4^2 + X_5^2.$$

Secondochè nelle (6) si prende il radicale col segno $+$ o col segno $-$, si ha l'una o l'altra delle due rette corrispondenti alla sfera X.

26.º Il raggio della sfera (4) è

$$\sqrt{\Phi(XX)} : (X_4 + i X_5),$$

dunque la sfera si riduce ad un punto (*cono - sfera*) se $\Phi(X\,X) = 0$, ad un piano se $X_4 + i X_5 = 0$. L'equazione $\Phi(X\,X) = 0$ dà $\xi_1 + \xi_4 = 0$, e la $X_4 + i X_5 = 0$ corrisponde alla $\xi_6 = 0$; dunque alle rette dello spazio S che appartengono al complesso C corrispondono le *sfere di raggio nullo*, vale a dire i punti dello spazio S′, mentre a quelle rette dello spazio S che incontrano la retta fondamentale $\xi_6 = 0$ corrispondono le *sfere di raggio infinito*, vale a dire i piani dello spazio S′.

Questa elegantissima trasformazione dello spazio S costituito da rette nello spazio S′ costituito da sfere è dovuta al fecondo ingegno del signor Sophus Lie di Christiania, il quale ne ha fatto numerose e importanti applicazioni specialmente per la riduzione del problema delle linee di curvatura d'una superficie a quella delle linee assintotiche di un'altra superficie, o viceversa *). Noi abbiamo creduto di dover qui richiamare quella trasformazione con una veste analitica un po' diversa, perchè di essa abbiamo bisogno per lo scopo di future ricerche, cioè per la deduzione della teoria dei sistemi di rette (congruenze, spazî a due dimensioni formati da rette) dalla teoria di superficie volgarmente conosciute.

27.° Due sfere X, Y determinano un fascio che contiene due punti o coni-sfere, corrispondenti alle radici λ_1, λ_2 dell'equazione quadratica

$$(X_1 + \lambda Y_1)^2 + (X_2 + \lambda Y_2)^2 + (X_3 + \lambda Y_3)^2 + (X_4 + \lambda Y_4)^2 + (X_5 + \lambda Y_5)^2 = 0$$

ossia

$$\Phi(X X) + 2 \lambda \Phi(X Y) + \lambda^2 \Phi(Y Y) = 0$$

essendosi posto:

$$\Phi(X Y) = X_1 Y_1 + X_2 Y_2 + X_3 Y_3 + X_4 Y_4 + X_5 Y_5.$$

Detto ω l'angolo delle due sfere X, Y, si ha facilmente

$$\cos\omega = -\frac{\Phi(XY)}{\sqrt{\Phi(XX).\Phi(YY)}},$$

$$\omega = \frac{1}{2i} \log \frac{\lambda_1}{\lambda_2},$$

vale a dire, ω è, secondo il linguaggio della *geometria projettiva* di CAYLEY, la *distanza* de' due elementi X, Y dello spazio di quattro dimensioni S', nel quale si assuma come *assoluto* lo spazio subordinato di tre dimensioni definito dall'equazione

$$\Phi(X X) = 0,$$

cioè la totalità dei punti dello spazio ordinario.

In tutte le sfere Y che segano una data sfera X sotto un angolo costante, il cui coseno sia K, si ha dunque

$$(7) \qquad X_1 Y_1 + X_2 Y_2 + X_3 Y_3 + X_4 Y_4 + X_5 Y_5 + K \sqrt{\Phi(XX)\,\Phi(YY)} = 0.$$

Ora, dette y le coordinate di una retta corrispondente alla sfera Y, l'equazione precedente, mediante la sostituzione (5), darà

*) Non bisogna però dimenticare i lavori già citati di DARBOUX e di CASEY, ne' quali è pure studiato a fondo lo spazio di quattro dimensioni i cui elementi sono sfere; e quelli, pure importantissimi, del signor KLEIN.

$$X_1(y_2-y_5)-i\,X_2(y_2+y_5)+X_3(y_4-y_1)+X_4(y_6-y_3)-i\,X_5(y_6+y_3)$$
$$\pm K(y_1+y_4)\sqrt{\Phi(XX)}=0$$

equazione di *due* complessi di rette (a seconda del doppio segno $\pm$) corrispondenti alle sfere Y contenute nell'equazione (7). L'equazione che precede può scriversi

(8) $$x_4 y_1 + x_5 y_2 + x_6 y_3 + x_1 y_4 + x_2 y_5 + x_3 y_6 = 0$$

purchè si ponga

(9)
$$\begin{aligned}
x_1 &\equiv -X_3 \mp K\sqrt{\Phi(XX)}\\
x_2 &\equiv X_1 + i\,X_2\\
x_3 &\equiv -X_4 + i\,X_5\\
x_4 &\equiv X_3 \mp K\sqrt{\Phi(XX)}\\
x_5 &\equiv -X_1 + i\,X_2\\
x_6 &\equiv X_4 + i\,X_5,
\end{aligned}$$

ovvero inversamente

(10)
$$\begin{aligned}
X_1 &\equiv x_2 - x_5\\
X_2 &\equiv -i(x_2 + x_5)\\
X_3 &\equiv x_4 - x_1\\
X_4 &\equiv x_6 - x_3\\
X_5 &\equiv -i(x_6 + x_3)\\
\mp K\sqrt{\Phi(XX)} &\equiv x_1 + x_4.
\end{aligned}$$

Qui le x, non più soggette alla condizione $x_1 x_4 + x_2 x_5 + x_3 x_6 = 0$ $\Big($infatti $x_1 x_4 + x_2 x_5 + x_3 x_6 \equiv \Phi(X\,X)(K^2-1)$, che non è zero se non è $K = \pm 1\Big)$ sono le coordinate di un complesso di rette, contenuto nello spazio S.

28.º Denominiamo *complesso di sfere* la totalità delle sfere Y (7) che segano sotto un angolo dato (definito dalla costante K) una sfera data X. A questa può darsi il nome di *nucleo* del complesso. Un complesso è dunque individuato dalla sfera-nucleo e dal parametro K, e può designarsi col simbolo (X, K), essendo K il coseno dell'angolo sotto il quale le sfere del complesso segano la sfera-nucleo, di coordinate $X_1\,X_2\ldots$ Alle sfere di un complesso corrispondono adunque, per le formole (8, 9, 10), le rette di un complesso in S e le loro conjugate o reciproche, rispetto a C, le quali formano un altro complesso, che possiamo dire *conjugato* o *reciproco* al primo, rispetto a C. Viceversa ad un complesso qualunque di rette in S corrisponde un complesso di sfere in S'. Due complessi conjugati determinano insieme col complesso fondamentale C una stessa congruenza, le cui direttrici sono appunto le rette corrispondenti a quella sfera X che è segata sotto angolo costante dalle sfere Y del complesso corrispondente a quei due.

29.° Se $K=0$, si ha $x_1+x_4=0$; allora i due complessi conjugati coincidono in un solo, formato da rette che a due a due sono conjugate rispetto a C. Vale a dire: ad un complesso di sfere ortogonali ad una data sfera X corrisponde un complesso di rette che è in involuzione col complesso fondamentale C. Le direttrici della congruenza comune ai due complessi corrispondono alla sfera X.

30.° Se $K=\pm 1$, si ha $x_1 x_4+x_2 x_5+x_3 x_6=0$, vale a dire, ciascuno de' due complessi conjugati è formato da rette che segano una retta data x. Dunque: ad un complesso di sfere tangenti ad una data sfera X corrispondono i due complessi *speciali* formati dalle rette che segano l'una e l'altra delle due rette x corrispondenti ad X. In altre parole: se due rette x, y in S si segano, le corrispondenti sfere X, Y, in S' si toccano. Il punto di contatto, come sfera di raggio nullo, corrisponde a quella retta del complesso C che passa pel punto xy e giace nel piano xy.

31.° Se $x_1 x_2 \dots x_6$, $y_1 y_2 \dots y_6$ sono le coordinate di due complessi (in generale non *speciali*), e se $X_1 X_2 \dots X_5$, H, ed $Y_1 Y_2 \dots Y_5$, K sono i parametri de' corrispondenti complessi di sfere, avremo per le (9), (10)

$$x_1 y_4+x_2 y_5+x_3 y_6+x_4 y_1+x_5 y_2+x_6 y_3 \equiv$$

$$\equiv 2\left(\pm \mathrm{H}\,\mathrm{K}\sqrt{\Phi(\mathrm{XX}).\Phi(\mathrm{YY})}-\Phi(\mathrm{XY})\right),$$

$$4(\mathrm{X}_1 \mathrm{Y}_1+\mathrm{X}_2 \mathrm{Y}_2+\mathrm{X}_3 \mathrm{Y}_3+\mathrm{X}_4 \mathrm{Y}_4+\mathrm{X}_5 \mathrm{Y}_5)=$$

$$=4\,\Phi(\mathrm{XY})=-2(x_1 y_4+x_2 y_5+x_3 y_6+x_4 y_1+x_5 y_2+x_6 y_3)$$

$$+(x_1+x_4)(y_1+y_4).$$

Dunque se H o K è nullo, vale a dire se è zero x_1+x_4 od y_1+y_4, si ha

$$x_1 y_4+\dots \equiv -2\,\Phi(\mathrm{X\,Y}).$$

Donde segue che a due complessi di sfere uno de' quali (almeno) sia formato dalle sfere ortogonali ad una sfera X e l'altro dalle sfere seganti sotto angolo costante una sfera Y ortogonale ad X, corrispondono due complessi che sono fra loro in involuzione. In generale a due complessi in involuzione corrispondono due complessi di sfere (X, H), (Y, K) tali che le sfere-nuclei X, Y, si segano sotto un angolo il cui coseno è $\pm$ HK, essendo H, K i parametri dei due complessi medesimi.

32.° È noto che in infinite maniere si possono determinare cinque sfere che a due a due si seghino ad angolo retto. Imaginiamo d'aver trovato un gruppo di cinque sfere

Σ_1, Σ_2, Σ_3, Σ_4, Σ_5 dotato di tale proprietà; dalle cose premesse segue che ai cinque complessi formati dalle sfere che ordinatamente sono ortogonali alle sfere Σ corrisponderanno nello spazio S cinque complessi lineari di rette, a due a due in involuzione fra loro ed inoltre tutti in involuzione col complesso fondamentale C. Vale a dire: ai sei spazî di tre dimensioni (Σ), (Σ_1), (Σ_2), (Σ_3), (Σ_4), (Σ_5) *) subordinati ad S', costituiti l'uno dai punti o coni-sfere di S', gli altri dalle sfere che segano ortogonalmente una delle sfere Σ, corrispondono sei complessi lineari di rette, C, C_1, C_2, C_3, C_4, C_5, a due a due in involuzione fra loro.

Ciò suggerisce naturalmente di riferire gli elementi dello spazio S' alle cinque sfere Σ_r o ai cinque complessi (Σ_r); il che avrà per effetto di riferire simultaneamente gli elementi dello spazio S ai sei complessi C: e saremo così condotti nel modo più spontaneo alle coordinate che il sig. KLEIN ha introdotto nella geometria dello spazio costituito da rette **). Già le coordinate X sono relative a cinque sfere a due a due ortogonali; infatti le equazioni

$$P' = 0, \ Q' = 0, \ R' = 0,$$

alle quali si riduce la (4) ponendo uguali a zero le X tranne X_1 o X_2 o X_3, rappresentano tre piani ortogonali; mentre l'equazione (4) medesima, postovi $X_1 = X_2 = X_3 = X_5 = 0$, ovvero $X_1 = X_2 = X_3 = X_4 = 0$ dà le

$$P'^2 + Q'^2 + R'^2 - 1 = 0$$
$$P'^2 + Q'^2 + R'^2 + 1 = 0$$

che rappresentano due sfere ortogonali, il cui centro comune è il punto $P' = Q' = R' = 0$. Perciò la ricerca di un altro gruppo (generale) di cinque sfere Σ_r a due a due ortogonali equivarrà alla trasformazione delle forma bilineare Φ (X Y) in sè medesima.

33.° Posto per brevità

$$\sigma_1 = 2 P' S',$$
$$\sigma_2 = 2 Q' S',$$
$$\sigma_3 = 2 R' S',$$
$$\sigma_4 = P'^2 + Q'^2 + R'^2 - S'^2,$$
$$\sigma_5 = i (P'^2 + Q'^2 + R'^2 + S'^2),$$

dove ha luogo l'identità $\sigma_1^2 + \sigma_2^2 + \sigma_3^2 + \sigma_4^2 + \sigma_5^2 = 0$, le cinque sfere Σ_r siano date dalle equazioni

*) Indichiamo con (Σ_r) il complesso delle sfere ortogonali alla sfera Σ_r.

**) *L. c.*

$$\Phi_{11}^{\frac{1}{2}}\Sigma_1 = X_{11}\sigma_1 + X_{12}\sigma_2 + X_{13}\sigma_3 + X_{14}\sigma_4 + X_{15}\sigma_5\,,$$

$$\Phi_{22}^{\frac{1}{2}}\Sigma_2 = X_{21}\sigma_1 + X_{22}\sigma_2 + X_{23}\sigma_3 + X_{24}\sigma_4 + X_{25}\sigma_5\,,$$

(11)
$$\Phi_{33}^{\frac{1}{2}}\Sigma_3 = X_{31}\sigma_1 + X_{32}\sigma_2 + X_{33}\sigma_3 + X_{34}\sigma_4 + X_{35}\sigma_5\,,$$

$$\Phi_{44}^{\frac{1}{2}}\Sigma_4 = X_{41}\sigma_1 + X_{42}\sigma_2 + X_{43}\sigma_3 + X_{44}\sigma_4 + X_{45}\sigma_5\,,$$

$$\Phi_{55}^{\frac{1}{2}}\Sigma_5 = X_{51}\sigma_1 + X_{52}\sigma_2 + X_{53}\sigma_3 + X_{54}\sigma_4 + X_{55}\sigma_5\,,$$

dove

(12)
$$\Phi_{rr} = X_{r1}^2 + X_{r2}^2 + X_{r3}^2 + X_{r4}^2 + X_{r5}^2.$$

L'ortogonalità delle due sfere Σ_r, Σ_s sarà espressa dalla condizione

$$\Phi_{rs} = 0$$

ossia

(13)
$$X_{r1}X_{s1} + X_{r2}X_{s2} + X_{r3}X_{s3} + X_{r4}X_{s4} + X_{r5}X_{s5} = 0.$$

Sia Δ il determinante de' coefficienti X e suppongasi ch'esso non sia nullo; escludasi cioè che le cinque sfere siano ortogonali ad una medesima sesta sfera.

Dalle (12), (13) si hanno le

$$X_{rs}\,\Delta = \Phi_{rr}\frac{\partial\Delta}{\partial X_{rs}}$$

epperò dalle (11):

(14)
$$\sigma_r = \frac{X_{1r}}{\Phi_{11}^{\frac{1}{2}}}\Sigma_1 + \frac{X_{2r}}{\Phi_{22}^{\frac{1}{2}}}\Sigma_2 + \frac{X_{3r}}{\Phi_{33}^{\frac{1}{2}}}\Sigma_3 + \frac{X_{4r}}{\Phi_{44}^{\frac{1}{2}}}\Sigma_4 + \frac{X_{5r}}{\Phi_{55}^{\frac{1}{2}}}\Sigma_5$$

e

(15)
$$\sigma_1^2 + \sigma_2^2 + \sigma_3^2 + \sigma_4^2 + \sigma_5^2 = \Sigma_1^2 + \Sigma_2^2 + \Sigma_3^2 + \Sigma_4^2 + \Sigma_5^2\,,$$

(16)
$$\left\{\begin{aligned} &\frac{X_{1r}^2}{\Phi_{11}} + \frac{X_{2r}^2}{\Phi_{22}} + \frac{X_{3r}^2}{\Phi_{33}} + \frac{X_{4r}^2}{\Phi_{44}} + \frac{X_{5r}^2}{\Phi_{55}} = 1\,,\\ &\frac{X_{1r}X_{1s}}{\Phi_{11}} + \frac{X_{2r}X_{2s}}{\Phi_{22}} + \frac{X_{3r}X_{3s}}{\Phi_{33}} + \frac{X_{4r}X_{4s}}{\Phi_{44}} + \frac{X_{5r}X_{5s}}{\Phi_{55}} = 0.\end{aligned}\right.$$

Siano ora

$$X_1\sigma_1 + X_2\sigma_2 + X_3\sigma_3 + X_4\sigma_4 + X_5\sigma_5 = 0\,,$$

$$x_1\Sigma_1 + x_2\Sigma_2 + x_3\Sigma_3 + x_4\Sigma_4 + x_5\Sigma_5 = 0$$

le equazioni d'una medesima sfera, riferita dapprima alle sfere σ_r, poi alle sfere Σ_r. Viste le (11) o le (14), le due equazioni coincideranno se si farà

$$(11)' \qquad \Phi_{rr}^{\frac{1}{2}} x_r = X_{r1} X_1 + X_{r2} X_2 + X_{r3} X_3 + X_{r4} X_4 + X_{r5} X_5$$

ovvero inversamente

$$(14)' \qquad X_r = \frac{X_{1r}}{\Phi_{11}^{\frac{1}{2}}} x_1 + \frac{X_{2r}}{\Phi_{22}^{\frac{1}{2}}} x_2 + \frac{X_{3r}}{\Phi_{33}^{\frac{1}{2}}} x_3 + \frac{X_{4r}}{\Phi_{44}^{\frac{1}{2}}} x_4 + \frac{X_{5r}}{\Phi_{55}^{\frac{1}{2}}} x_5.$$

Per un'altra sfera

$$Y_1 \sigma_1 + Y_2 \sigma_2 + Y_3 \sigma_3 + Y_4 \sigma_4 + Y_5 \sigma_5 = 0$$

od

$$y_1 \Sigma_1 + y_2 \Sigma_2 + y_3 \Sigma_3 + y_4 \Sigma_4 + y_5 \Sigma_5 = 0$$

sarà analogamente

$$\Phi_{1r}^{\frac{1}{2}} y_r = X_{r1} Y_1 + X_{r2} Y_2 + X_{r3} Y_3 + X_{r4} Y_4 + X_{r5} Y_5,$$

$$Y_r = \frac{X_{1r}}{\Phi_{11}^{\frac{1}{2}}} y_1 + \frac{X_{2r}}{\Phi_{22}^{\frac{1}{2}}} y_2 + \frac{X_{3r}}{\Phi_{33}^{\frac{1}{2}}} y_3 + \frac{X_{4r}}{\Phi_{44}^{\frac{1}{2}}} y_4 + \frac{X_{5r}}{\Phi_{55}^{\frac{1}{2}}} y_5,$$

dalle quali formole e dalle (11)', (14) si ha subito

$$X_1 Y_1 + X_2 Y_2 + X_3 Y_3 + X_4 Y_4 + X_5 Y_5 =$$
$$= x_1 y_1 + x_2 y_2 + x_3 y_3 + x_4 y_4 + x_5 y_5,$$

vale a dire, la forma bilineare Φ (X Y) è trasformata in sè stessa.

34.° Possiamo dunque ritenere una sfera qualunque dello spazio S' riferita mediante le coordinate $x_1 x_2 x_3 x_4 x_5$ alle cinque sfere fondamentali Σ; essa è definita dai rapporti fra le sue coordinate x. La condizione di ortogonalità di due sfere x, y è

$$\Phi(xy) = x_1 y_1 + x_2 y_2 + x_3 y_3 + x_4 y_4 + x_5 y_5 = 0$$

e come caso particolare la condizione che una sfera sia ortogonale a sè medesima, vale a dire ch'essa si riduca ad un punto è

$$\Phi(xx) = x_1^2 + x_2^2 + x_3^2 + x_4^2 + x_2^5 = 0.$$

La condizione che due sfere x, y si tocchino è

$$\Phi_2(xy) - \Phi(xx)\,\Phi(yy) = 0$$

e la condizione per l'intersecarsi sotto un angolo di dato coseno k

$$\Phi_2(xy) - k^2 \Phi(xx) \Phi(yy) = 0.$$

Le medesime coordinate $x_1 x_2 x_3 x_4 x_5$ determinano nello spazio **S** due rette, reciproche rispetto al complesso **C**, e distinte fra loro mediante il segno di $\sqrt{\Phi(xx)}$. Le rette dello spazio **S** sono così riferite ai cinque complessi rappresentati dalle equazioni $x_1 = 0$, $x_2 = 0$, $x_3 = 0$, $x_4 = 0$, $x_5 = 0$, i quali sono a due a due in involuzione, e tutti poi in involuzione col complesso **C**.

Ponendo $\sqrt{\Phi(xx)} = i\, x_6$, si hanno le coordinate di KLEIN.

102.

SUR LES SYSTÈMES DE SPHÈRES ET LES SYSTÈMES DE DROITES.

Report of the forty-sixth Meeting of the British Association for the Advancement of Science (Glasgow, 1876) — **Notices and Abstracts of Miscellaneous Communications to the Sections, pp. 12-13.**

Cette communication avait pour objet d'exposer une méthode pour transformer les *congruences* (systèmes doublement infinis) de droites, contenues dans un complexe linéaire donné, de manière qu'à chaque droite de la congruence corresponde un point d'une surface, et vice-versa. La méthode résulte de la combinaison des transformations de l'espace à trois dimensions, exposées par l'auteur dans les « Annali di matematica » (série 2.ª, tome 5.º) [Queste Opere, n. **96**], avec la trasformation, donnée par MM. NOETHER et LIE, d'un complexe linéaire en l'espace ordinaire (point-espace). Suivant cette transformation, les plans de l'espace correspondent aux congruences linéaires du complexe donné qui contiennent une droite fixe; et aux autres congruences linéaires du même complexe correspondent les sphères de l'espace ordinaire. La méthode exposée dans la communication donne toutes les transformations d'un complexe linéaire en l'espace ordinaire, telles qu' aux congruences linéaires contenant une droite fixe correspondent des surfaces d'un ordre donné. En particulier, on obtient toutes les congruences (non - linéaires, contenues dans le complexe donné) qui sont susceptibles d'être représentées sur un plan, de manière que chaque droite de la congruence ait pour image un point déterminé du plan et que, vice-versa, chaque point du plan corresponde à une droite unique de la congruence. Si l'on transforme le plan par les polaires réciproques de PONCELET, les images des droites de la congruence seront les droites du plan représentatif.

103.

TEOREMI STEREOMETRICI DAI QUALI SI DEDUCONO LE PROPRIETÀ DELL'ESAGRAMMO DI PASCAL. [105]

Atti della R. Accademia dei Lincei, Memorie della Classe di Scienze fisiche, matematiche e naturali, serie III, volume I (1876-77), pp. 854-874.

Un egregio giovane, sig. Giuseppe Veronese, già allievo del Politecnico di Zurigo ed ora studente all'Università romana, mi pregò, tempo fa, di leggere un manoscritto nel quale egli aveva raccolto e dimostrato, per mezzo di semplici considerazioni di triangoli omologici, tutte le proprietà conosciute dell'esagrammo di Pascal e molti altri teoremi di sua propria invenzione. La lettura di quella Memoria, che poi meritò d'essere inserita negli Atti della nostra Accademia, mi fu occasione a cercare una via per la quale si potesse ottenere ed abbracciare una così grande quantità di proposizioni. Credo averla trovata, poichè m'è riuscito di ridurre ogni cosa a poche proprietà intuitive del sistema di quindici rette nello spazio, situate tre a tre in quindici piani: dove si scopre un esaedro, che è quasi il nocciolo della figura. Nel presente lavoro, d'indole affatto elementare, sono contenuti i risultati delle mie ricerche su quest'argomento.

1. Sia $\mathfrak{F}$ una superficie di terz'ordine dotata di un punto doppio (conico) O. Oltre alle sei rette, che indicherò con 1, 2, 3, 4, 5, 6, concorrenti in O e situate in un cono quàdrico, la superficie $\mathfrak{F}$ ha altre quindici rette r, rispettivamente situate ne' quindici piani determinati dalle prime sei prese due a due. Chiaminsi 12, 13, 14, 15, 16, 23, 24, 25, 26, 34, 35, 36, 45, 46, 56 queste quindici rette r; in modo che le rette 1, 2, 12 sono in uno stesso piano, ecc. *). Le quindici rette r sono poi situate tre a tre in altri

*) Secondo questa notazione, che è la consueta, una delle rette 1, 2, ... ed una delle rette 12, 13, ... s'incontrano se i loro simboli hanno un indice comune; invece due delle rette

quindici piani τ, che sono i piani tritangenti (propriamente detti) della superficie: quelli cioè pei quali nessun punto di contatto cade in O. I quindici piani tritangenti sono:

(12. 34. 56), (12. 35. 46), (12. 36. 45),
(13. 24. 56), (13. 25. 46), (13. 26. 45),
(14. 23. 56), (14. 25. 36), (14. 26. 35),
(15. 23. 46), (15. 24. 36), (15. 26. 34),
(16. 23. 45), (16. 24. 35), (16. 25. 34).

Per ciascuna delle rette $r \equiv 12, 13, \ldots$ passano tre de' quindici piani τ.

In altre parole: la superficie contiene quindici *triangoli* τ, i cui vertici sono tutti diversi da O. e ciascuna delle rette r è lato comune a tre triangoli τ.

2. Dirò che due triangoli τ formano una *coppia* τ quando non abbiano un lato comune; un triangolo entra in otto coppie, epperò il *numero delle coppie* è $\frac{15.\,8}{2} = 60$. I piani de' due triangoli di una coppia si segano lungo una retta, che dirò *retta di Pascal* *), e che incontra la superficie in tre punti P, ne' quali i tre lati di un triangolo segano ordinatamente quelli dell'altro. Per es. la retta comune ai piani (12. 34. 56), (13. 25. 46), formanti una coppia, incontra la superficie ne' punti (12. 46), (34. 25), (56. 13).

Le sessanta coppie di triangoli τ dànno così sessanta rette di Pascal.

3. Siccome ogni piano tritangente entra in otto coppie, così esso contiene otto rette di Pascal; vale a dire, le sessanta rette di Pascal sono distribuite, otto ad otto, ne' quindici piani tritangenti. Per ogni retta di Pascal passano due piani tritangenti.

4. In un punto P concorrono due rette r, per es. 12 e 46; perciò, oltre al piano (12. 46. 35) determinato da queste due rette, concorrono in P due altri piani tritangenti passanti per 12 (e sono 12. 34. 56, 12. 36. 45) e altri due passanti per 46 (e sono 13. 25. 46, 15. 23. 46). I due piani per 12 combinati coi due piani per 46 dànno quattro coppie τ; epperò in *ogni punto* P *concorrono quattro rette di Pascal.*

Il numero de' punti P *è adunque* $\frac{60.\,3}{4} = 45$, com'è d'altronde evidente, perchè essi sono i vertici de' quindici triangoli ne' piani tritangenti. Una retta r, essendo situata in

---

12, 13, .. sono in uno stesso piano se i loro simboli non hanno alcun indice comune. Per questa notazione e per le proprietà qui richiamate del sistema delle rette e de' piani tritangenti d'una superficie di terz'ordine, veggasi per es. il mio *Mémoire de géométrie pure sur les surfaces du troisième ordre* (G. di BORCHARDT, t. 68) Berlin, 1868 [Queste Opere, n. **79**].

*) Per la ragione che si vedrà appresso.

tre piani tritangenti, incontra sei altre rette r; dunque *ciascuna delle quindici rette r contiene sei punti* P. È noto che questi sei punti sono accoppiati in involuzione.

5. Le tre coppie di rette r (per es. 12. 46, 34. 25, 13. 56) concorrenti nei tre punti P di una retta di Pascal (intersezione de' piani 12. 34. 56, 13. 25. 46 di una coppia) dànno due triangoli τ i cui terzi lati (35, 16, 24) sono in un piano, ossia formano un nuovo triangolo τ. Si ha così un triedro formato da tre triangoli τ (12. 34. 56, 13. 25. 46, 16. 24. 35) i cui nove lati si distribuiscono in altri tre triangoli τ (12. 35. 46, 16. 25. 34, 13. 24. 56) costituenti un secondo triedro. Questi sono *due triedri conjugati* ben noti nella teoria delle superficie di terz'ordine *). Due facce qualisivogliano di un triedro formano una coppia τ; perciò i sei spigoli de' due triedri sono altrettante rette di Pascal. I vertici de' due triedri conjugati — punti conjugati della Hessiana di $\mathfrak{F}$ **) — si diranno *punti di Steiner* (conjugati.)

Ogni coppia τ determina due triedri conjugati, ma ciascun triedro comprende tre coppie; perciò *il numero dei triedri è* $\frac{60}{3} = 20$, *conjugati due a due.* Gli spigoli de' venti triedri sono le sessanta rette di Pascal.

Ogni retta di Pascal è spigolo di un triedro, epperò contiene un punto di Steiner. Ogni triedro ha tre spigoli, dunque in un punto di Steiner concorrono tre rette di Pascal.

6. Assunti i tre piani τ che formano uno di questi triedri, gli altri dodici piani tritangenti sono distribuiti così: 1.º tre piani formanti il triedro conjugato; 2.º nove piani ciascuno de' quali contiene una delle nove rette r situate nel triedro proposto. Segue da ciò che le sei rette r non situate nel triedro proposto *non* costituiscono due triangoli τ.

Un piano che sia faccia di un triedro entra in due delle tre coppie τ appartenenti al triedro. Ora un piano è comune ad otto coppie; dunque ogni piano tritangente appartiene a quattro triedri differenti, epperò contiene quattro punti di Steiner. Due di questi quattro punti non possono mai esssere conjugati, perchè due triedri conjugati non hanno alcun piano comune.

7. Ci sono altri triedri, che dirò *di* 2.ª *specie.* Infatti, prendasi una coppia τ; i piani che la formano contengono sei rette r (per es. 12. 34. 56, 13. 25. 46); le altre nove rette r si possono combinare, *in una sola maniera*, in tre triangoli (14. 26. 35, 15. 24 36, 16. 23. 45) formanti un nuovo triedro, i cui spigoli sono ancora rette di Pascal (distinte però da quella della coppia anzidetta) e il cui vertice chiamerò *punto di Kirkman.*

8. Assunta una coppia di piani tritangenti (per es. 14. 26. 35, 15. 24. 36), gli altri tredici piani τ si possono classificare così:

---

*) Loco citato, n. 148.

**) L. c., n. 151.

1.º il piano (16. 25. 34) che colla coppia forma un triedro di 1.ª specie;

2.º i tre piani (14. 25. 36, 15. 26. 34, 16. 24. 35) che formano il triedro di 1.ª specie conjugato al precedente;

3.º i sei piani (14. 23. 56, 26. 13. 45, 35. 12. 46, 15. 23. 46, 24. 13. 56, 36. 12. 45) che contengono una delle sei rette r della coppia;

4.º i tre piani (12. 34. 56, 13. 25. 46, 16. 23. 45), ciascun de' quali forma con uno della coppia proposta una nuova coppia τ. Uno qualunque di questi tre piani costituisce adunque, insieme colla coppia data, un triedro di 2.ª specie. Ogni coppia entra pertanto in tre triedri di 2.ª specie; e siccome, viceversa, ogni triedro contiene tre coppie, così *il numero de' triedri di 2.ª specie è* $\frac{60.\ 3}{3} = 60$.

Appartenendo una coppia qualunque τ a tre diversi triedri di 2.ª specie, ne segue che *ogni retta di Pascal contiene tre punti di Kirkman;* come *in ogni punto di Kirkman,* perchè vertice di un triedro, *concorrono tre rette di Pascal.*

9. I sessanta triedri di 2.ª specie, e quindi anche i sessanta punti di Kirkman corrispondono univocamente *) alle sessanta coppie τ, ossia alle sessanta rette di Pascal: in quanto che le quindici rette r si separano (in sessanta maniere differenti) in due gruppi, l'uno di nove rette situate ne' tre piani di un triedro di 2.ª specie; l'altro di sei giacenti ne' due piani della coppia τ corrispondente.

In più maniere si possono così assegnare cinque piani τ che contengono le quindici rette r della superficie $\mathfrak{F}$. Le quindici rette r costituiscono adunque l'intersezione completa di una superficie del terz'ordine con una del quinto; epperò, se nove di esse giacciono in un triedro, le altre sei saranno situate in una superficie di secondo grado. Ora, o questa superficie è un iperboloide gobbo, o è il sistema di due piani: il primo caso si verifica quando il triedro contenente le prime nove rette è di 1.ª specie; l'altro quando il triedro è di 2.ª specie.

Di qui emerge, che oltre ai venti triedri (conjugati a due a due) di 1.ª specie ed ai sessanta triedri di 2.ª specie, non esistono altri triedri seganti la superficie $\mathfrak{F}$ lungo nove rette 12, 13, . . .

10. Ogni coppia di triedri conjugati di 1.ª specie dà un iperboloide che sega la superficie $\mathfrak{F}$ in sei rette (tre non segantisi appoggiate alle altre tre, pure non segantisi); il numero di questi iperboloidi è adunque *dieci.*

Questi dieci iperboloidi, indicati per mezzo delle rette che contengono, sono i seguenti:

---

*) *Eindeutig* ted.

(12. 13. 23) (45. 46. 56),
(12. 14. 24) (35. 36. 56),
(12. 15. 25) (34. 36. 46),
(12. 16. 26) (34. 35. 45),
(13, 14. 34) (25. 26. 56),
(13. 15. 35) (24. 26. 46),
(13. 16. 36) (24. 25. 45),
(14. 15. 45) (23. 26. 36),
(14. 16. 46) (23. 25. 35),
(15. 16. 56) (23. 24. 34).

11. I tre piani di un triedro di 2.ª specie e i due piani della coppia corrispondente costituiscono un *pentaedro*, nel quale tre facce qualunque formano un triedro di 2.ª specie, che corrisponde alla coppia composta delle altre due facce; infatti, queste contengono sei rette, e le altre facce contengono le nove rette rimanenti. Dunque i dieci vertici del pentaedro sono altrettanti punti di Kirkman, e le corrispondenti rette di Pascal sono gli spigoli ordinatamente opposti del pentaedro medesimo.

Ciascun punto di Kirkman individua così un pentaedro: ma ogni pentaedro ha dieci vertici; dunque *il numero dei pentaedri è* $\frac{60}{10} = 6$.

Per tal modo *i sessanta punti di Kirkman e le corrispondenti sessanta rette di Pascal si distribuiscono in sei gruppi, ciascuno formato da dieci punti e dalle corrispondenti dieci rette. I dieci punti e le corrispondenti dieci rette di un gruppo sono i vertici e gli spigoli* (*ordinatamente opposti*) *di un pentaedro, le cui facce sono piani tritangenti della superficie* $\mathfrak{F}$.

12. Ciascuna faccia d'un pentaedro, combinata colle altre, dà quattro coppie τ; ma ciascun piano tritangente entra in otto coppie: dunque queste otto coppie appartengono a due pentaedri. Ossia, *due pentaedri hanno sempre un piano comune; ogni piano tritangente appartiene a due pentaedri.*

13. Se ora si projettano tutt'i punti e le rette ottenute, dal punto O su di un piano arbitrario, le rette 1, 2 3, 4. 5, 6 dànno sei punti di una conica; le sessanta coppie di triangoli dànno i sessanta esagoni iscritti, che si possono formare con que' sei punti; e le sessanta rette di Pascal, i venti punti di Steiner, e i sessanta punti di Kirkman dànno le rette e i punti ugualmente denominati nella teoria dell'*hexagrammum mysticum*. Dai sei pentaedri si ottengono le sei figure π del sig. VERONESE *). Ed analogamente, le rette e i punti che in seguito si verranno determinando e denominando dànno in projezione le rette e i punti ugualmente denominati nella teoria planimetrica dell'*hexagrammum*. In ciò risiede l'unica ragione delle denominazioni da me qui adottate per gli enti geometrici ottenuti nello spazio a tre dimensioni.

*) Teorema XI della Memoria del sig. VERONESE.

14. Indicherò i sei pentaedri coi numeri romani, I, II, III, IV, V, VI. Il piano I. II sarà il piano tritangente comune ai primi due pentaedri;... ; la retta (di Pascal) I (II. III) quello spigolo del primo pentaedro che è intersezione dei piani I. II, I. III;...: il punto (di Kirkman) I (II. III. IV) quel vertice del primo pentaedro nel quale concorrono i piani I. II, I. III, I. IV;...

Due piani tritangenti formanti una coppia τ appartengono sempre ad uno stesso pentaedro; perciò i loro simboli hanno un indice comune. Così per es. i piani I. II ed I. III, i cui simboli hanno l'indice comune I, formano una coppia spettante al pentaedro I. Ma i piani I. II, III. IV non fanno coppia; essi si segheranno dunque lungo una delle rette 12, 13,... della superficie $\mathfrak{F}$. Per la medesima retta passa anche il piano V. VI, giacchè ciascuno de' sei pentaedri contiene tutte e quindici le rette della superficie. Di qui risulta che i sei pentaedri conducono ad una notazione per i quindici piani tritangenti e le quindici rette r analoga a quella che le sei rette 1, 2,... hanno dato risp. per le quindici rette r e pei quindici piani tritangenti.

15. Ogni retta di Pascal contiene un punto di Steiner, vertice di un triedro di 1.ª specie (5). Siccome le dieci rette di Pascal contenute in un pentaedro sono gli spigoli del medesimo, così esse s'incontrano esclusivamente ne' dieci vertici (punti di Kirkman); epperò le tre rette di Pascal concorrenti in un punto di Steiner appartengono a tre pentaedri diversi. Ossia: le tre coppie τ contenute in un triedro di 1.ª specie appartengono a tre differenti pentaedri. Due triedri conjugati di 1.ª specie contengono le stesse nove rette; quindi una coppia dell'uno ed una coppia dell'altro hanno necessariamente alcune rette comuni. Ne risulta che due rette di Pascal, spigoli di due triedri conjugati di 1.ª specie, non possono trovarsi in uno stesso pentaedro.

Per conseguenza, le sei rette di Pascal, spigoli di due triedri conjugati di 1.ª specie, appartengono a sei pentaedri diversi. Ossia: un punto di Steiner è comune a tre pentaedri; il suo conjugato è comune agli altri tre pentaedri.

I dieci spigoli di un pentaedro contengono adunque dieci punti di Steiner distinti, tra i quali non se ne possono mai trovare due fra loro conjugati.

16. Poichè i dieci spigoli di un pentaedro concorrono soltanto in (dieci) punti di Kirkman, due di quelli non possono avere un punto P comune (3); ossia, ciascun pentaedro contiene 10.3 punti P distinti. Le quattro rette di Pascal concorrenti in un punto P (4) appartengono dunque a quattro pentaedri diversi.

17. Ogni piano tritangente contiene quattro punti di Steiner ed è comune a due pentaedri; dunque due pentaedri hanno quattro punti di Steiner comuni. I quattro punti di Steiner conjugati ai predetti non possono trovarsi in alcuno de' due pentaedri (15); dunque i rimanenti sei punti di Steiner dell'un pentaedro sono conjugati ai rimanenti sei punti di Steiner dell'altro.

Secondo la notazione già stabilita pei pentaedri (14), il punto di Steiner comune per es. ai pentaedri I, II, III si potrà indicare col simbolo I. II. III; in esso concorrono i tre piani tritangenti II. III, III. I, I. II. E il simbolo del punto conjugato a quello sarà IV. V. VI. I due pentaedri I, II hanno in comune i punti di Steiner espressi dai simboli I. II. III, I. II. IV, I. II. V, I. II. VI, i cui conjugati sono IV. V. VI, III. V. VI, III. IV. VI, III. IV. V *).

Questa notazione pone in evidenza per es. che la coppia I. II, I. III dev'essere associata al piano II. III per dare un triedro di 1.ª specie; mentre unita a ciascuno de' piani I. IV, I. V, I. VI dà i tre triedri di 2.ª specie ne' quali entra la coppia proposta.

18. Considero i quattro punti di Steiner situati in uno de' quindici piani tritangenti, per es. nel piano I. II, dai quali punti si spiccano, fuori di esso piano, ordinatamente le quattro rette di Pascal: III (I. II), IV (I. II), V (I. II), VI (I II). Due qualunque di queste quattro rette si incontrano: infatti i piani I. III, II. IV si segano (14) lungo una retta di $\mathfrak{F}$ posta nel piano V. VI; così pure i piani II. III, I. IV hanno comune un'altra retta di $\mathfrak{F}$ giacente nello stesso piano V. VI; dunque i quattro piani I. III e II. III, I. IV e II. IV — de' quali i primi due si segano secondo la retta di Pascal III (I. II), e gli altri due secondo la retta di Pascal IV (I. II) — hanno un punto comune: il quale è un punto P (3), perchè comune a due rette della superfice $\mathfrak{F}$ situate nel piano tritangente V. VI.

Poichè le quattro rette di Pascal sopranominate s'incontrano due a due, esse giacciono in uno stesso piano, che dirò *piano di Plücker* e indicherò col simbolo I. II. I quattro punti di Steiner da cui si spiccano le medesime rette di Pascal si trovano così nel piano tritangente I. II come nel nuovo piano di Plücker I. II. Dunque i quattro punti di Steiner situati in uno stesso piano tritangente, ossia comuni a due pentaedri, sono situati in una linea retta. La chiamerò *retta di Steiner-Plücker* o più brevemente *retta di Steiner* e la indicherò collo stesso simbolo (formato di due cifre romane) che già esprime il piano tritangente e il piano di Plücker ne' quali essa giace.

19. Per tal modo ai quindici piani tritangenti corrispondono ordinatamente quindici nuovi piani (di Plücker), che contengono, ciascuno, quattro rette di Pascal; e corrispondono pure quindici rette (di Steiner) ciascuna delle quali contiene quattro punti di Steiner. La retta di Steiner I. II (ossia la retta comune al piano tritangente I. II ed al corrispondente piano I. II di Plücker) contiene i quattro punti di Steiner: I. II. III, I. II. IV, I. II. V, I. II. VI. Viceversa, nel punto di Steiner I. II. III concorrono

*) Se nel simbolo di due punti conjugati di Steiner si sostituiscono alle cifre romane le arabiche, si ha una espressione che può convenire al corrispondente iperboloide (10). Infatti colla scrittura (123) (456) è chiaramente designato l'iperboloide (12. 13. 23) (45. 46. 56), ecc.

e tre rette di Steiner II. III, III. I, I. II, vale a dire: per ogni punto di Steiner passano tre rette di Steiner.

20. Abbiamo veduto che un piano di Plücker contiene quattro rette di Pascal, che due a due si segano in sei punti P. Per ogni punto P passano due piani di Plücker; per es. il punto P intersezione della retta comune ai piani I. III, II. IV, V. VI colla retta comune ai piani I. IV, II. III, V. VI giace così nel piano di Plücker I. II come nel piano analogo III. IV. In un punto P concorrono quattro rette di Pascal (4); de' sei piani ch'esse determinano, quattro sono tritangenti e gli altri due sono piani di Plücker.

21. Due rette di Steiner s'incontrano in un punto di Steiner se i loro simboli hanno un indice comune; per es. le rette di Steiner I. II, I. III concorrono nel punto di Steiner I. II. III. Segue da ciò che le cinque rette di Steiner I. II, I. III, I. IV, I. V, I. VI si segano due a due, epperò giacciono in uno stesso piano, che dirò I, formando un cinquilatero completo i cui dieci vertici sono altrettanti punti di Steiner. Dunque i venti punti di Steiner giacciono dieci a dieci e le quindici rette di Steiner giacciono cinque a cinque in sei piani. Altrimenti: *i venti punti di Steiner sono i vertici (opposti o conjugati due a due) e le quindici rette di Steiner sono gli spigoli di un esaedro completo.* S'indichino le facce di quest'esaedro coi simboli I, II, III, IV, V, VI; esse corrispondono ai sei pentaedri, in quanto che per es. la faccia I contiene le rette di Steiner situate nelle facce del pentaedro I; ecc.

22. Considero nel pentaedro IV il vertice (punto di Kirkman) nel quale concorrono i tre piani I. IV, II. IV, III. IV, facce d'un triedro di 2.ª specie. Questo triedro è prospettivo a quello formato dai piani I. V, II. V, III. V, giacchè i loro spigoli s'incontrano in tre punti P: infatti, per es. le rette di Pascal IV (I. II) e V (I. II) giacciono insieme nel piano di Plücker I. II (18). I tre punti P così ottenuti sono dunque i vertici di un triangolo inscritto nel primo triedro e avente per lati le rette di Pascal I (IV. V), II (IV. V), III (IV. V), le quali giacciono tutte nel piano di Plücker IV. V. Analogamente, segando il primo triedro coi piani I. VI, II. VI, III, VI, si ottiene un secondo triangolo inscritto, avente per lati le rette di Pascal I (IV. VI), II (IV. VI), III (IV. VI), epperò situato nel piano di Plücker IV. VI. E poichè i due triangoli sono prospettivi, i loro lati corrispondenti concorreranno in tre punti di una linea retta, la quale è l'intersezione dei piani di Plücker IV. V, IV. VI (piani de' due triangoli) epperò passa pel punto di Steiner IV. V. VI, giacchè questo è situato in entrambi quei piani. Sono dunque in linea retta i punti ne' quali le rette di Pascal della prima terna incontrano quelle della seconda, vale a dire i punti dati dalle tre terne di piani I (IV. V. VI), II (IV. V. VI), III (IV. V. VI), i quali (14) sono tre punti di Kirkman, risp. appartenenti ai pentaedri I, II, III e corrispondenti alle rette di Pascal I (II. III), II (III. I), III (I. II) che concorrono nel punto di Steiner I. II. III. Ossia: *alle tre rette di Pascal che concorrono in un*

punto di Steiner corrispondono tre punti di Kirkman allineati in una retta, che passa pel punto di Steiner conjugato a quello. A questa si darà il nome di *retta di Cayley-Salmon* o più brevemente *retta di Cayley.* Una retta di Cayley ed un punto di Steiner si diranno *corrispondenti* e s'indicheranno collo stesso simbolo — per es. I. II. III — quando quella contenga i punti di Kirkman corrispondenti alle rette di Pascal che concorrono in questo. Una retta di Cayley passa dunque pel punto di Steiner conjugato a quello che corrisponde alla retta. Le rette di Cayley sono venti, conjugate due a due, come i punti di Steiner.

Una retta di Cayley si dirà appartenente a quei pentaedri a cui appartiene il corrispondente punto di Steiner.

23. Dal ragionamento che precede emerge inoltre che, se un punto di Steiner appartiene a tre pentaedri, la retta di Cayley che passa per esso contiene tre punti di Kirkman che appartengono risp. agli altri tre pentaedri.

24 Abbiamo veduto che la retta di Cayley I. II. III passa pel punto di Steiner IV. V. VI e giace nei piani di Plücker IV. V e IV. VI; scambiando fra loro i simboli IV e V nel ragionamento del n.° 22, si proverebbe ch'essa giace anche nel piano di Plücker V. VI. E come il piano di Plücker V. VI contiene la retta di Cayley I. II. III, così esso medesimo conterrà le rette analoghe I. II. IV, I. III. IV, II. III. IV. Dunque:

Le venti rette di Cayley giacciono quattro a quattro nei quindici piani di Plücker; e per ciascuna di quelle rette passano tre di questi piani.

25. Considerando due pentaedri I, II, i loro piani non comuni

I. III, I. IV, I. V, I. VI

II. III, II. IV, II. V, II. VI

formano due tetraedri prospettivi: infatti le loro facce corrispondenti si segano nelle rette di Pascal

III (I. II), IV (I. II), V (I. II), VI (I. II)

che sono situate nel piano di Plücker I. II. Dunque le coppie di vertici corrispondenti sono allineate con uno stesso punto. Ma la retta che unisce i due vertici (punti di Kirkman)

I (IV. V. VI), II (IV. V. VI)

passa anche pel punto di Kirkman III (IV. V. VI) (vertice del pentaedro III) e pel punto di Steiner IV. V. VI, ed è la retta di Cayley I. II. III (22); ed analogamente le altre tre congiungenti sono le rette di Cayley I. II. IV, I. II. V, I. II. VI; e queste quattro rette di Cayley passano pei quattro punti di Steiner IV. V. VI, III. V. VI, III. IV. VI, III. IV. V conjugati a quelli allineati nella retta di Steiner I. II. Dunque, come i quattro punti di Steiner comuni a due pentaedri sono in linea retta (retta di Steiner), così:

Le quattro rette di Cayley comuni a due pentaedri concorrono in uno stesso punto.

A questo darò il nome di *punto di Salmon* e lo indicherò col simbolo I. II, se le quattro rette in esso concorrenti sono comuni ai pentaedri I, II.

26. Il punto di Salmon I. II è adunque il centro di prospettiva comune a tre tetraedri: due formati dai piani tritangenti

I. III, I. IV, I. V, I. VI
II. III, II. IV, II. V, II. VI

non comuni ai pentaedri I, II; il terzo avente i vertici nei punti di Steiner conjugati ai quattro allineati nella retta di Steiner I. II, cioè formato dai piani III, IV, V, VI dell'esaedro (21) i cui vertici sono i venti punti di Steiner. Il primo tetraedro e il terzo hanno le loro facce corrispondenti che si segano nelle rette di Steiner I. III, I. IV, I. V, I. VI, epperò il loro piano d'omologia è la faccia I dell'esaedro. Similmente, la faccia II dell'esaedro è il piano d'omologia del secondo e del terzo tetraedro. Quanto ai tetraedri primo e secondo, abbiamo già veduto che il loro piano d'omologia è il piano I. II di Plücker.

27. Siccome la retta di Cayley I. II. III, che congiunge due vertici de' pentaedri I, II, va a passare anche per un vertice del pentaedro III, così essa conterrà tre centri di prospettiva, vale a dire i tre punti di Salmon I. II, I. III, II. III. *I punti di Salmon sono adunque quindici, allineati tre a tre nelle venti rette di Cayley.*

28. Come s'è già veduto, le venti rette di Cayley sono conjugate due a due; se quattro di esse

I. II. III, I. II. IV, I. II. V, I. II. VI

concorrono in un punto I. II di Salmon, passando risp. per quattro punti di Steiner

IV. V. VI, III. V. VI, III. IV. VI, III. IV. V

vertici di un tetraedro, le quattro conjugate sono nel piano I. II di Plücker (24) e passano risp. pei quattro punti di Steiner conjugati ai predetti ed allineati nella retta I. II di Steiner.

29. Il piano I. II di Plücker contiene adunque un quadrilatero i cui lati sono le quattro rette di Cayley IV. V. VI, III. V. VI, III. IV. VI, III. IV. V (le cui conjugate concorrono nel punto I. II di Salmon) ed i cui vertici sono i punti di Salmon III. IV, III. V, III. VI, IV. V, IV. VI, V. VI, pei quali passano ordinatamente altre coppie di rette di Cayley. Per es. pel punto di Salmon III. IV, comune alle rette di Cayley III. IV. V, III. IV. VI, passano anche le rette analoghe III. IV. I e III. IV. II; ecc. Queste nuove dodici rette di Cayley sono conjugate due a due; per es. sono conju-

gate III. IV. I e V. VI. II; III. IV. II e V. VI. I; ecc. Vale a dire, due rette conjugate passano per due vertici opposti del quadrilatero.

E come il piano I. II di Plücker contiene i sei punti di Salmon dianzi nominati, così pel punto I. II di Salmon passano i sei piani di Plücker III. IV, III. V, III. VI, IV. V, IV. VI, V. VI. Dunque:

I quindici piani di Plücker passano tre a tre per le venti rette di Cayley, a sei a sei per i quindici punti di Salmon.

30. I piani di Plücker sono coordinati ai punti di Salmon; un piano di Plücker per es. I. II, contiene i sei punti di Salmon che sono coordinati ai sei piani di Plücker passanti pel punto I. II di Salmon coordinato al primo piano. E la retta di Cayley che contiene tre punti di Salmon è conjugata a quella per la quale passano i tre corrispondenti piani di Plücker.

31. In un punto di Salmon, per es. I. II, convengono sei piani di Plücker, le cui rette di Steiner sono i sei spigoli del tetraedro formato dalle facce III, IV, V, VI dell'esaedro. I piani di Plücker (passanti pel punto I. II di Salmon) sono adunque i piani projettanti degli spigoli dei tetraedri prospettivi sopra nominati (26).

32. Siccome ai quattro punti di Steiner allineati in una retta (di Steiner), per es. I. II, corrispondono (25) quattro rette di Cayley concorrenti in un punto (di Salmon, I. II), così ai dieci punti di Steiner posti in un piano — per es. nella faccia I dell'esaedro (21) — corrispondono dieci rette di Cayley che congiungono due a due i cinque punti di Salmon — I. II, I. III, I. IV, I. V, I. VI — corrispondenti ai cinque piani di Plücker le cui rette di Steiner giacciono nel piano I dell'esaedro. Vale a dire: *ai dieci punti di Steiner posti in una faccia dell'esaedro corrispondono, come rette di Cayley, gli spigoli d'un pentagono (gobbo completo) i cui cinque vertici sono punti di Salmon e le cui dieci facce sono piani di Plücker.*

E si vede pur facilmente che *gli altri dieci punti di Salmon, le altre dieci rette di Cayley (conjugate alle precedenti) e gli altri cinque piani di Plücker sono i vertici, gli spigoli e le facce d'un pentaedro*; che in un certo senso è correlativo del pentagono. I vertici del pentaedro sono ordinatamente situati negli spigoli del pentagono, e le facce di questo passano per gli spigoli di quello.

Ciascuna faccia dell'esaedro dà origine ad un pentagono e ad un pentaedro come quelli ora considerati.

33. Il piano tritangente I. II contiene tre rette della superficie $\mathfrak{F}$, le quali sono ordinatamente date (14) dalle coppie di piani tritangenti

III. IV, V. VI
III. V, IV. VI
III. VI, IV. V.

Queste tre rette formano un triangolo, pei cui vertici P, P', P'' passano adunque, rispettivamente, i piani

P...... III. V, III. VI, IV. V, IV. VI

P'...... III. VI, III. IV, IV. V, V. VI

P''...... III. IV, III. V, IV. VI, V. VI

epperò le rette di Pascal

P...... III (V. VI), IV (V. VI), V (III. IV), VI (III. IV)

P'...... III (IV. VI), IV (III. V), V (IV. VI), VI (III. V)

P''...... III (IV. V), IV (III. VI), V (III. VI), VI (IV. V).

Queste dodici rette (che sono le corrispondenti de' dodici punti di Kirkman posti nel piano I. II di Plücker), prese tre a tre secondo le linee verticali, passano pei quattro punti di Steiner

IV. V. VI, III. V. VI, III. IV. VI, III. IV. V

e pei quattro punti di Kirkman

III (IV. V. VI), IV (III. V. VI), V (III. IV. VI), VI (III. IV. V)

appartenenti ordinatamente ai pentaedri III, IV, V, VI e corrispondenti alle quattro rette di Pascal che giacciono nel piano I. II di Plücker. I quattro punti di Steiner ed i quattro punti di Kirkman sono allineati ordinatamente sulle quattro rette di Cayley che concorrono nel punto I. II di Salmon. Dunque, queste quattro rette contengono i vertici di quattro tetraedri prospettivi, vale a dire: i due del n.º 25, formati dai piani non comuni de' pentaedri I, II; il terzo coi vertici ne' punti di Steiner conjugati ai quattro allineati nella retta I. II di Steiner; ed il quarto i cui vertici sono punti di Kirkman appartenenti ordinatamente ai quattro pentaedri III, IV, V, VI. Considerando il terzo tetraedro e il quarto, vediamo che, delle sedici rette congiungenti i vertici dell'uno con quelli dell'altro, quattro sono rette di Cayley concorrenti nel punto I. II di Salmon, mentre le altre dodici sono rette di Pascal concorrenti quattro a quattro nei vertici P P' P'' del triangolo I. II *). Dunque:

Il tetraedro che ha i vertici ne' punti di Steiner conjugati a quelli allineati nella retta I. II *di Steiner ed il tetraedro i cui vertici sono i punti di Kirkman corrispondenti alle quattro rette di Pascal contenute nel piano* I. II *di Plücker, sono prospettivi rispetto a quattro di-*

*) Chiamo triangolo I. II quello formato dalle tre rette comuni alla superficie $\mathfrak{F}$ ed al piano I. II.

versi centri di projezione: i quali sono il punto I. II. *di Salmon ed i vertici del triangolo* I. II.

34. I sei piani di Plücker passanti pel punto I. II di Salmon formano le tre coppie

III. IV e V. VI

III. V e IV. VI

III. VI e IV. V

di facce opposte del quadrispigolo completo costituito dalle quattro rette di Cayley concorrenti nel detto punto.

Prendiamo il primo di que' sei piani. Esso contiene la retta di Cayley I. II. V nella quale giacciono il punto di Steiner III. IV. VI e il punto di Kirkman VI (III. IV. V), e contiene ancora la retta di Cayley I. II. VI che passa pel punto III. IV. V di Steiner e pel punto V (III. IV. VI) di Kirkman. Unendo il primo punto di Steiner col secondo di Kirkman, ed il secondo di Steiner col primo di Kirkman, le congiungenti concorreranno (33) in un vertice del triangolo I. II. E per questo stesso punto passeranno le rette analogamente ottenute nel piano di Plücker V. VI, opposto a quello ora considerato. Dunque:

Le rette diagonali del quadrispigolo completo formato dalle rette di Cayley che concorrono nel punto I. II *di Salmon passano pei vertici del triangolo* I. II.

35. Si scorge così che l'intersezione di due piani di Plücker o contiene un punto di Salmon, o ne contiene tre. Nel primo caso (per es. i piani III. IV e V. VI) essa contiene anche un punto P; nel secondo (per es. i piani III. IV e III. V) essa è una retta di Cayley.

36. Un piano di Plücker, per es. I. II, contiene quattro rette di Cayley e sei punti di Salmon, conjugati due a due (vertici opposti del quadrilatero formato dalle rette di Cayley). Pel punto III. IV di Salmon passano — oltre le due giacenti nel piano che si considera — due rette di Cayley I. III. IV, II. III. IV, conjugate alle due II. V. VI, I. V. VI che passano pel punto di Salmon V. VI, a quello conjugato. Dunque le tracce dei piani di Plücker passanti pel punto I. II di Salmon, sul piano I. II di Plücker, passano ordinatamente pei punti di Salmon posti in questo piano (ed anche pei punti P vertici del quadrilatero formato dalle quattro rette di Pascal); ossia:

Le quattro rette di Cayley poste in un piano di Plücker e le quattro rette di Cayley concorrenti nel corrispondente punto di Salmon formano un quadrilatero ed un angolo quadrispigolo tali che le facce del secondo passano pei vertici del primo.

Questa proprietà è già contenuta nel n.º 32.

37. Il piano tritangente I. II è segato dalle altre quattro facce del pentaedro I in quattro rette di Pascal, per le quali passano risp. i piani di Plücker II. III, II. IV, II. V, II. VI formanti un tetraedro, i cui vertici sono i punti I. III, I. IV, I. V, I. VI di Salmon, situati nelle quattro rette di Cayley che concorrono nel punto I. II di Salmon. Così

pure lo stesso piano tritangente I. II è segato dalle altre quattro facce del pentaedro II in quattro rette di Pascal, per le quali passano i piani I. III, I. IV, I. V, I. VI di Plücker, costituenti un tetraedro, i vertici del quale sono i punti II. III, II. IV, II. V, II. VI di Salmon, allineati coi precedenti nelle quattro rette di Cayley che concorrono nel punto I. II di Salmon. Le facce omologhe dei due tetraedri nominati si segano nelle rette di Cayley IV. V. VI, III. V. VI, III. IV. VI, III. IV. V coniugate alle anzidette. Dunque il piano d'omologia de' due tetraedri è il piano I. II di Plücker.

38. In un piano di Plücker giacciono quattro rette di Pascal, quattro rette di Cayley, dodici punti di Kirkman e quattro punti di Steiner. Questi sedici punti sono le intersezioni delle prime quattro rette colle seconde; ma i quattro punti di Steiner sono in linea retta, dunque i *dodici punti di Kirkman situati in uno stesso piano di Plücker giacciono in una curva di terzo ordine.*

39. Considerando le tracce de' quindici piani tritangenti sul piano I. II di Plücker, otto di esse sono ridotte alle quattro rette di Pascal III (I. II), IV (I. II), V (I. II), VI (I. II) contenute in quel piano; una consiste nella retta I. II di Steiner; le altre sei congiungono due a due i dodici punti di Kirkman. Infatti i punti di Kirkman III (I. II. IV) e IV (I. II. III) giacciono entrambi nel piano III. IV; ecc.

Queste sei rette sono evidentemente le tracce de' sei piani tritangenti

III. IV e V. VI

III. V e IV. VI

III. VI e IV. V

che passano due a due per le rette comuni alla superficie $\mathfrak{F}$ ed al piano tritangente I. II. Le sei rette formano dunque tre coppie concorrenti ne' tre punti in cui la retta di Steiner I. II è tagliata dai lati del triangolo I. II.

40. Veniamo ora alle tracce dei piani di Plücker sopra un piano tritangente, per es. I. II. Uno di essi passa per la retta I. II di Steiner. Altri otto, vale a dire

I. III e II. III

I. IV e II. IV

I. V e II. V

I. VI e II. VI

formanti quattro coppie, dànno le otto rette di Pascal situate nel piano tritangente e si segano, per coppie, nelle rette di Cayley IV. V. VI, III. V. VI, III. IV. VI, III. IV. V poste nel piano I. II di Plücker. I sei rimanenti sono quelli che concorrono nel punto I. II di Salmon, epperò le loro tracce sono i lati di un quadrangolo completo avente i punti diagonali ne' vertici del triangolo I. II; giacchè questi vertici sono (34) le tracce delle rette diagonali del quadrispigolo formato dalle quattro rette di Cayley concorrenti nel punto I. II di Salmon.

Di questi sei piani uno qualunque, per es. III. IV, contiene quattro rette di Pascal — I (III. IV), II (III. IV), V (III. IV), VI (III. IV) — e dodici punti di Kirkman, due de' quali — I (II. III. IV), II (I. III. IV) — sono anche nel piano tritangente I. II. Dunque le sei rette congiungenti i vertici corrispondenti de' due quadrilateri formati dalle rette di Pascal nel piano tritangente I. II — vale a dire le rette che uniscono i punti di Kirkman

I (II. III. IV) e II (I. III. IV),
I (II. III. V) e II (I. III. V),
I (II. III. VI) e II (I. III. VI),
I (II. IV. V) e II (I. IV. V),
I (II. IV. VI) e II (I. IV. VI),
I (II. V. VI) e II (I. V. VI),

sono le tracce de' sei piani di Plücker che passano pel punto I. II di Salmon.

41. Nelle cose esposte sinora, l'ipotesi di una superficie $\mathfrak{F}$ di terz'ordine dotata di un punto conico O non è stata necessaria se non in quanto s'è voluto avere un centro di projezione per dedurre dalle proposizioni stereometriche i teoremi planimetrici dell'*hexagrammum mysticum.* Che se si prescinde da tale projezione, le proprietà dimostrate nella prima parte di questa Memoria presuppongono unicamente l'esistenza di un sistema di quindici rette situate tre a tre in quindici piani. I quindici piani si aggruppano in *sei pentaedri* i cui vertici e i cui spigoli ho chiamati *punti di Kirkman* e *rette di Pascal* *); e si aggruppano inoltre in *venti triedri conjugati* due a due, i cui vertici sono i *punti di Steiner:* punti situati quattro a quattro in quindici rette, dette *rette di Steiner.* Le rette ed i punti di Steiner sono spigoli e vertici di un *esaedro*, che costituisce in certo modo il nucleo dell'intera figura, ed alle cui sei facce sono coordinati i sei pentaedri Le sessanta rette di Pascal, oltre ad essere gli spigoli de' sei pentaedri e de' venti triedri sono anche distribuite quattro a quattro in quindici piani, detti *piani di Plücker*, i quali passano tre a tre per le *venti rette di Cayley*, sei a sei per i *quindici punti di Salmon* e uno ad uno per le quindici rette di Steiner.

*) Ripeto che queste denominazioni sono adottate unicamente in vista del riferimento all'*hexagrammum mysticum.*

42. Questa figura si presenterà adunque ogniqualvolta si abbiano quindici rette situate tre a tre in quindici piani. Ora, un tal sistema di rette e di piani, che è unico nella superficie di terz'ordine *con punto doppio*, esiste invece trentasei volte nella superficie *generale* di terz'ordine. Infatti è un noto teorema di Schläfli *) che le ventisette rette di questa superficie dànno *trentasei bissestuple* **): dove per *bissestupla* intendo il sistema di due gruppi di sei rette

$$a_1\, a_2\, a_3\, a_4\, a_5\, a_6$$

$$b_1\, b_2\, b_3\, b_4\, b_5\, b_6$$

tali che ciascuna di esse non incontra alcuna retta del suo gruppo e ne incontra cinque dell'altro gruppo. Togliendo dalle ventisette rette della superficie le dodici di una bissestupla, le quindici rimanenti costituiscono appunto un sistema della natura suindicata, cioè giacciono tre a tre in quindici piani. Gli altri trenta piani tritangenti sono quelli che contengono, ciascuno, due rette della bissestupla ed una delle quindici restanti.

A ciascuna delle trentasei bissestuple corrispondono adunque un esaedro ***), sei pentaedri e dieci coppie di triedri conjugati, col corredo delle proprietà surricordate (41). Siccome però il numero totale delle coppie di triedri conjugati è *centoventi* †), così può già inferirsi che i triedri non possono essere totalmente diversi da una bissestupla ad un'altra. Infatti, si dimostrerà ora che ogni coppia di triedri conjugati è comune a tre bissestuple.

43. Siccome le quindici rette escluse da una bissestupla giacciono tre a tre in quindici piani, così da esse non è possibile cavare un'altra bissestupla: giacchè le rette di una bissestupla sono invece situate, due a due, in trenta piani, ciascuno de' quali contiene inoltre una retta estranea alla bissestupla. Da ciò si conclude che due bissestuple hanno almeno una retta comune.

---

*) *An attempt to determine the twenty-seven lines upon a surface of the third order etc.* (Quarterly Journal of Math. vol. II, 1858).

**) *Doppelsechs* ted., *double-six* ingl.

***) Questi esaedri, in numero finito, sono compresi tra quelli, in numero illimitato, ottenuti dal prof. Reye nel suo bel lavoro inserito nel tomo 78 del Giornale di Borchardt ed avente per titolo: *Geometrischer Beweis des Sylvesterschen Satzes* « *Jede quaternäre cubische Form ist darstellbar als Summe von fünf Cuben linearer Formen* » n.° 15. Ne segue una costruzione, forse finora non conosciuta, per passare dalle ventisette rette di una superficie generale di terz'ordine al suo *pentaedro* (l. c. n.° 98) di Sylvester: le due sviluppabili di quart'ordine risp. inscritte negli esaedri corrispondenti a due bissestuple hanno cinque piani tangenti comuni, i quali sono appunto le facce del pentaedro domandato

†) L. c. n.° 148.

Sia a_1 *) una retta comune a due bissestuple, e b_1 la sua coniugata nella prima bissestupla. Allora sono imaginabili due casi: o la retta conjugata ad a_1 nella seconda bissestupla incontra b_1, o non la incontra; e sia essa a_2 nel primo caso, c_{23} nel secondo.

In entrambi i casi, la prima bissestupla è completata dalle cinque rette $(a_2\, a_3\, a_4\, a_5\, a_6)$ che incontrano b_1 senza tagliare a_1, e dalle cinque $(b_2\, b_3\, b_4\, b_5\, b_6)$ che sono appoggiate ad a_1 senza incontrare b_1.

Nel primo caso poi, la seconda bissestupla è completata dalle cinque rette $(b_1\, c_{23}\, c_{24}\, c_{25}\, c_{26})$ che incontrano a_2 ma non a_1, e dalle cinque $(b_2\, c_{13}\, c_{14}\, c_{15}\, c_{16})$ che incontrano a_1 ma non a_2. Fra le rette che segano b_1 ma non a_1 c'è anche a_2; e così fra le rette che incontrano a_2 senza appoggiarsi ad a_1 c'è b_1; e siccome fra le rette che incontrano a_1 senza incontrare b_1 c'è b_2, che incontra a_1 ma non a_2, così le due bissestuple hanno in comune quattro rette $(a_1\, b_1\, a_2\, b_2)$. Le rette che non appartengono nè all'una nè all'altra bissestupla sono in numero di $27 - (2.12 - 4) = 7$ soltanto; perciò due bissestuple che abbiano quattro rette comuni non hanno in comune alcuna coppia di triedri conjugati.

Nel secondo caso, le tre rette $(b_4\, b_5\, b_6)$ che incontrano a_1 senza appoggiarsi nè a c_{23} nè a b_1, e le due $(a_2\, a_3)$ che si appoggiano a c_{23} ed a b_1 senza incontrare a_1, appartengono alle due bissestuple, le quali hanno, per conseguenza, sei rette $(a_1\, a_2\, a_3\, b_4\, b_5\, b_6)$ in comune. Le due bissestuple risultano così formate

$$\begin{matrix} a_1 & a_2 & a_3 & a_4 & a_5 & a_6 \\ b_1 & b_2 & b_3 & b_4 & b_5 & b_6 \end{matrix} \quad \Bigg| \quad \begin{matrix} a_1 & a_2 & a_3 & c_{56} & c_{64} & c_{45} \\ c_{23} & c_{31} & c_{12} & b_4 & b_5 & b_6 \end{matrix}$$

e le nove rette da esse escluse giacciono appunto in due triedri conjugati

$$(c_{14}\, c_{25}\, c_{36})\ (c_{15}\, c_{26}\, c_{34})\ (c_{16}\, c_{24}\, c_{35})$$
$$(c_{14}\, c_{26}\, c_{35})\ (c_{15}\, c_{24}\, c_{36})\ (c_{16}\, c_{25}\, c_{34}).$$

Questa coppia di triedri è poi comune ad una terza bissestupla: infatti, le sei rette $\begin{pmatrix} . & . & . & a_4 & a_5 & a_6 \\ b_1 & b_2 & b_3 & . & . & . \end{pmatrix}$ della prima bissestupla non comuni alla seconda e le sei rette $\begin{pmatrix} . & . & . & c_{56} & c_{64} & c_{45} \\ c_{23} & c_{31} & c_{12} & . & . & . \end{pmatrix}$ della seconda non comuni alla prima costituiscono insieme una nuova bissestupla

$$\begin{matrix} a_4 & a_5 & a_6 & c_{23} & c_{31} & c_{12} \\ c_{56} & c_{64} & c_{45} & b_1 & b_2 & b_3, \end{matrix}$$

*) Qui è adottata per le ventisette rette della superficie di terz'ordine la notazione consueta: l. c. n.º 114.

la quale, ha, per conseguenza, in comune colle prime due la coppia anzidetta di triedri conjugati.

Tre bissestuple le quali abbiano così in comune una coppia di triedri conjugati si diranno costituire una *terna*. Vi sono *centoventi terne* analoghe, corrispondenti alle centoventi coppie di triedri conjugati. Scelta una bissestupla, fra le altre ve ne sono quindici ciascuna delle quali ha colla prima quattro rette comuni; e venti ciascuna delle quali ha invece colla prima in comune sei rette. Queste venti bissestuple formano dieci coppie per modo che ciascuna coppia costituisce colla bissestupla data una terna. Una bissestupla qualunque entra dunque in dieci terne.

44. In luogo di partire dalla superficie di terz'ordine o dal gruppo delle quindici rette poste tre a tre in quindici piani, si può supporre arbitrariamente dato *l'esaedro* e dedurre quindi da esso tutti gli altri elementi della figura fin qui considerata.

Rappresentando i sei piani I, II, III, IV, V, VI (21), facce dell'esaedro, colle equazioni

$$\mathrm{I} \ldots x = 0\,, \quad \mathrm{II} \ldots y = 0\,, \quad \mathrm{III} \ldots z = 0\,, \quad \mathrm{IV} \ldots w = 0,$$
$$\mathrm{V} \ldots -(x + y + z + w) \equiv t = 0\,, \quad \mathrm{VI} \ldots ax + by + cz + dw \equiv u = 0,$$

si trovano facilmente pei piani tritangenti le equazioni:

$$\begin{array}{ll}
\mathrm{I.\ II} \ldots & (\theta - a)\,x + (\theta - b)\,y = 0 \\
\mathrm{I.\ III} \ldots & (\theta - a)\,x + (\theta - c)\,z = 0 \\
\mathrm{I.\ IV} \ldots & (\theta - a)\,x + (\theta - d)w = 0 \\
\mathrm{I.\ V} \ldots & (\theta - a)\,x + \theta t = 0 \\
\mathrm{I.\ VI} \ldots & (\theta - a)\,x + u = 0 \\
\mathrm{II.\ III} \ldots & (\theta - b)\,y + (\theta - c)\,z = 0 \\
\mathrm{II.\ IV} \ldots & (\theta - b)\,y + (\theta - d)w = 0 \\
\mathrm{II.\ V} \ldots & (\theta - b)\,y + \theta t = 0 \\
\mathrm{II.\ VI} \ldots & (\theta - b)\,y + u = 0 \\
\mathrm{III.\ IV} \ldots & (\theta - c)\,z + (\theta - d)\,w = 0 \\
\mathrm{III.\ V} \ldots & (\theta - c)\,z + \theta t = 0 \\
\mathrm{III.\ VI} \ldots & (\theta - c)\,z + u = 0 \\
\mathrm{IV.\ V} \ldots & (\theta - d)w + \theta t = 0 \\
\mathrm{IV.\ VI} \ldots & (\theta - d)\,w + u = 0 \\
\mathrm{V.\ VI} \ldots\ldots\ldots\ldots & \theta t + u = 0
\end{array}$$

dove θ è un parametro indeterminato.

Cambiando il segno + in — al secondo termine di ciascuna di queste equazioni binomie, si hanno le equazioni dei piani di Plücker corrispondenti agli stessi simboli.

Ne segue che *due facce qualisivogliano dell'esaedro sono separate armonicamente mediante il piano tritangente e il piano di Plücker passanti per la retta di Steiner che è intersezione di quelle due facce.*

Combinando due a due le equazioni dei piani di Plücker, si hanno le rette di Cayley; combinandole tre a tre, si hanno i punti di Salmon.

L'equazione della superficie di terz'ordine (toccata da quei piani tritangenti e in generale non dotata di punto doppio) può mettersi sotto diverse forme, per es sotto la seguente

$$\Big((\theta-b)\,y+(\theta-c)\,z\Big)\Big((\theta-c)\,z+(\theta-a)\,x\Big)\Big((\theta-a)\,x+(\theta-b)\,y\Big)+$$
$$\Big((\theta-d)\,w+\theta t\Big)\Big((\theta-d)\,w+u\Big)\Big(\theta t+u\Big)=0.$$

Se, rispetto a questa superficie, si cerca la *prima polare* di uno de' vertici dell'esaedro, per es. del punto $x=y=z=0$, si trova l'equazione

$$(\theta-d)^3w^2-\theta^3t^2+du^2=0,$$

che è soddisfatta da ciascuno de' seguenti quattro sistemi

$$(\theta-d)\,w=\theta t=u,$$
$$-(\theta-d)\,w=\theta t=u,$$
$$(\theta-d)\,w=-\theta t=u,$$
$$(\theta-d)\,w=\theta t=-u.$$

Donde si trae che il cono polare del vertice $x=y=z=0$ è conjugato al triedro formato dalle tre facce dell'esaedro concorrenti nel vertice opposto $w=t=u=0$, e passa per la retta di Cayley e per le tre rette di Pascal che escono da questo punto. Le medesime quattro rette formano un quadrispigolo completo le cui facce sono tre piani tritangenti e tre piani di Plücker, e le cui diagonali sono tre rette di Steiner.

45. La presenza del parametro θ fa vedere che l'esaedro non basta a determinare l'intera figura; si può ancora, per uno degli spigoli dell'esaedro (rette di Steiner) condurre ad arbitrio il piano tritangente o il piano di Plücker: con ciò tutto resta determinato. Facendo variare quel piano intorno allo spigolo prescelto, tutt'i piani tritangenti e i piani di Plücker si muovono simultaneamente generando altrettanti fasci projettivi; e la superficie di terz'ordine genera una serie semplicemente infinita d'indice 3.

Si può invece assumere ad arbitrio una retta di $\mathfrak{F}$, conducendo una secante di tre spigoli dell'esaedro che due a due non s'incontrino, per es. degli spigoli I. II, III. IV, V. VI. Così restano individuati i piani tritangenti I. II, III. IV, V. VI. Il piano I. II sega ciascuno degli spigoli III. V, IV. VI, III. VI, IV. V in un punto; unendo il primo col secondo punto, ed il terzo col quarto si hanno due rette della superficie. Analogamente si costruiscono altre due rette nel piano III. IV ed altre due nel piano V. VI. Ed operando similmente su queste nuove rette come sulla prima, si ottengono tutte le quindici rette di $\mathfrak{F}$, ciascuna appoggiata su tre spigoli dell'esaedro. Una qualsivoglia delle quindici rette determina dunque tutte le altre, epperò l'intera figura.

Se poi si domandano le altre dodici rette della superficie, le quali costituiscono una bissestupla, indicate coi simboli $c_{12}, c_{13}, \ldots, c_{56}$ le quindici già ottenute, si costruiscano le due trasversali a_1, b_1 comuni alle rette $c_{12}, c_{13}, c_{14}, c_{15}, c_{16}$, *). Indi si troverà a_2 costruendo la retta che giace nel piano $b_1 c_{12}$ ed incontra c_{23}, c_{24}; si troverà b_2 costruendo la retta che giace nel piano $a_1 c_{12}$ ed incontra c_{23}, c_{24}; ecc.

46. Posto per brevità

$$(\theta - a)x = X, \quad (\theta - b)y = Y, \quad (\theta - c)z = Z,$$
$$(\theta - d)w = W, \quad \theta t = T, \quad u = U,$$

onde si ha identicamente (44)

$$X + Y + Z + W + T + U = 0,$$

le sei facce del dato esaedro saranno rappresentate dalle equazioni

$$X = 0, \quad Y = 0, \quad Z = 0, \quad W = 0, \quad T = 0, \quad U = 0.$$

Se ora si prendono a considerare i sei pentaedri

1.°) $X + kY = 0$, $X + kZ = 0$, $X + kW = 0$, $X + kT = 0$, $X + kU = 0$,
2.°) $Y + kX = 0$, $Y + kZ = 0$, $Y + kW = 0$, $Y + kT = 0$, $Y + kU = 0$,
3.°) $Z + kX = 0$, $Z + kY = 0$, $Z + kW = 0$, $Z + kT = 0$, $Z + kU = 0$,
4.°) $W + kX = 0$, $W + kY = 0$, $W + kZ = 0$, $W + kT = 0$, $W + kU = 0$,
5.°) $T + kX = 0$, $T + kY = 0$, $T + kZ = 0$, $T + kW = 0$, $T + kU = 0$,
6.°) $U + kX = 0$, $U + kY = 0$, $U + kZ = 0$, $U + kW = 0$, $U + kT = 0$,

formati da trenta piani che passano, due a due, per i quindici spigoli dell'esaedro (rette di Steiner), si riconosce facilmente che, qualunque sia il valore del parametro arbitrario k, essi hanno proprietà analoghe a quelle de' pentaedri del n.° 11, sebbene i nuovi pentaedri non abbiano in generale due a due una faccia comune. L'insieme de' loro spigoli e de' loro vertici è analogo al sistema delle sessanta rette di Pascal e de' sessanta punti di Kirkman.

47. Uno spigolo qualunque, come

*) Se le due trasversali coincidono, la superficie avrà un punto doppio.

$$X + kY = 0, \quad X + kZ = 0,$$

passa per un punto di Steiner (vertice dell'esaedro)

$$X = Y = Z = 0,$$

e viceversa, per uno qualunque

$$X = Y = Z = 0$$

de' punti di Steiner passano tre spigoli

$$\begin{gathered} X + kY = 0, \quad X + kZ = 0, \\ Y + kX = 0, \quad Y + kZ = 0, \\ Z + kX = 0, \quad Z + kY = 0, \end{gathered}$$

che appartengono a tre diversi pentaedri — 1°, 2°, 3° — e determinano un triedro le cui facce sono

$$\begin{gathered} (k-1)X + Y + Z = 0, \\ (k-1)Y + Z + X = 0, \\ (k-1)Z + X + Y = 0. \end{gathered}$$

Per i detti spigoli passano risp. i tre piani di Plücker

$$Y - Z = 0, \quad Z - X = 0, \quad X - Y = 0,$$

che si segano lungo la retta di Cayley

$$X = Y = Z.$$

Agli spigoli medesimi si oppongono, ne' rispettivi pentaedri, tre vertici

$$\begin{gathered} X + kW = 0, \quad X + kT = 0, \quad X + kU = 0, \\ Y + kW = 0, \quad Y + kT = 0, \quad Y + kU = 0, \\ Z + kW = 0, \quad Z + kT = 0, \quad Z + kU = 0, \end{gathered}$$

allineati nella retta di Cayley $W = T = U$ che corrisponde al punto di Steiner $X = Y = Z = 0$ donde escono i tre spigoli (cfr. 22).

48. Nei quattro punti di Steiner allineati in uno spigolo $X = Y = 0$ dell'esaedro concorrono dodici spigoli de' nuovi pentaedri, vale a dire: quattro del 1.° pentaedro, situati nella faccia $X + kY = 0$; quattro del 2.° situati nella faccia $Y + kX = 0$; e quattro che appartengono risp. agli altri pentaedri e giacciono insieme nel piano di Plücker $X - Y = 0$ (cfr. 18).

49. Se da due pentaedri, 1.° e 2.°, si tolgono le facce $X + kY = 0$, $Y + kX = 0$ che passano per una stessa retta di Steiner, le facce rimanenti formano due tetraedri prospettivi, aventi per piano d'omologia il piano $X - Y = 0$ di Plücker, ed i cui

vertici corrispondenti sono nelle rette di Cayley che concorrono nel punto di Salmon $Z = W = T = U$. Queste rette contengono inoltre, ciascuna, un vertice d'uno de' rimanenti pentaedri; per es. la retta $Z = W = T$ contiene i vertici

$$\begin{aligned} X + kZ = X + kW = X + kT = 0 &\quad \text{del 1.° pentaedro} \\ Y + kZ = Y + kW = Y + kT = 0 &\quad \text{del 2.°} \\ U + kZ = U + kW = U + kT = 0 &\quad \text{del 3.° (cfr. 25).} \end{aligned}$$

50. Pei quattro punti di Steiner conjugati ai quattro situati nella retta $X = Y = 0$ passano dodici spigoli de' quattro pentaedri 3.°, 4.°, 5.° e 6.°; i quali spigoli tre a tre passano pei quattro punti

$$\begin{aligned} Z + kW = Z + kT = Z + kU = 0 &\quad \text{vertice del 3.° pentaedro} \\ W + kZ = W + kT = W + kU = 0 &\quad \text{» del 4.°} \\ T + kZ = T + kW = T + kU = 0 &\quad \text{» del 5.°} \\ U + kZ = U + kW = U + kT = 0 &\quad \text{» del 6.°}, \end{aligned}$$

i quali sono uniti ai quattro di Steiner mediante i predetti dodici spigoli e le quattro rette di Cayley concorrenti nel punto $Z = W = T = U$ di Salmon (cfr. 33).

Le medesime dodici rette concorrono due a due in sei punti, che dirò V:

$$\begin{aligned} Z = W = -kT = -kU, &\quad T = U = -kZ = -kW, \\ W = T = -kZ = -kU, &\quad Z = U = -kW = -kT, \\ T = Z = -kW = -kU, &\quad W = U = -kT = -kZ, \end{aligned}$$

situati due a due nelle tre rette

$$\begin{aligned} Z = W, &\quad T = U, \\ W = T, &\quad Z = U, \\ T = Z, &\quad W = U, \end{aligned}$$

che sono gli spigoli diagonali del quadrispigolo formato dalle rette di Cayley concorrenti nel nominato punto di Salmon.

Il numero de' punti V *è novanta*, corrispondendone *sei* a ciascun punto di Salmon. *Essi giacciono tre a tre in sessanta rette, che sono gli spigoli di sei nuovi pentaedri*, le equazioni delle cui facce si deducono da quelle del n.° 46 cambiando k in $\frac{1}{k}$. Per es. i tre punti V

$$\begin{aligned} X = Y = -kZ = -kW, \\ X = Y = -kZ = -kT, \\ X = Y = -kZ = -kU \end{aligned}$$

sono situati nella retta $X = Y = -kZ$, spigolo del pentaedro che è 3.° nella nuova serie.

51. Tornando ai pentaedri del n.° 46, un piano di Plücker, per es. $X - Y = 0$, contiene dodici vertici de' pentaedri 3.°, 4.°, 5.° e 6.°, allineati tre a tre in quattro spigoli de' pentaedri stessi e in quattro rette di Cayley (cfr. 33).

Gli stessi dodici punti sono situati due a due nelle sei rette, che dirò v, e che sono rappresentate da $X - Y = 0$ insieme con

$$(k-1)(X+Y)+2(Z+W)=0,\ (k-1)(X+Y)+2(T+U)=0,$$
$$(k-1)(X+Y)+2(Z+T)=0,\ (k-1)(X+Y)+2(U+W)=0,$$
$$(k-1)(X+Y)+2(Z+U)=0,\ (k-1)(X+Y)+2(W+T)=0.$$

Queste sei rette v concorrono due a due ne' tre punti

$$\left.\begin{array}{lll} X+Y=0, & Z+W=0, & T+U=0 \\ X+Y=0, & Z+T=0, & U+W=0 \\ X+Y=0, & Z+U=0, & W+T=0 \end{array}\right\} X-Y=0$$

allineati nella retta di Steiner $X = Y = 0$. Questi punti e gli analoghi (in tutto *quarantacinque*) sono quelli in cui gli spigoli dell'esaedro sono incontrati da quindici rette della superficie $\mathfrak{F}$

$$(Y+Z)(Z+X)(X+Y)+(W+T)(T+U)(U+W)=0,$$

ossia dalle rette r in cui si segano tre a tre i quindici piani che insieme coi piani di Plücker dividono armonicamente gli angoli diedri dell'esaedro. Ogni spigolo dell'esaedro (come $X = Y = 0$) è incontrato da tre rette r situate in un piano ($X + Y = 0$); e viceversa ogni retta r (come $X+Y=0$, $Z+W=0$, $T+U=0$) incontra tre spigoli dell'esaedro ($X=Y=0$, $Z=W=0$, $T=U=0$) che due a due non si segano.

Le rette v sono *novanta*; situate sei a sei nei piani di Plücker, *concorrenti tre a tre in sessanta punti che sono i vertici di sei nuovi pentaedri.* Le equazioni delle facce di questi pentaedri si deducono da quelle del n.° 46 cambiando k in $4-k$. Per es. le tre rette v

$$(k-1)(Y+Z)+2(W+T)=0,\ Y-Z=0,$$
$$(k-1)(Z+X)+2(W+T)=0,\ Z-X=0,$$
$$(k-1)(X+Y)+2(W+T)=0,\ X-Y=0,$$

concorrono nel punto rappresentato dalle equazioni

$$W+T=(1-k)X=(1-k)Y=(1-k)Z,$$

ossia dalle

$$-U=(4-k)X=(4-k)Y=(4-k)Z,$$

avuto riguardo all'identità del n.° 46. Questo punto è un vertice del pentaedro che è 6.° nella nuova serie.

52. Ogni valore del parametro k individua un sistema dei sei pentaedri (46), aventi le proprietà suesposte, cioè aventi in comune l'esaedro e i piani di Plücker (e per conseguenza le rette di Steiner e di Cayley, i punti di Steiner e di Salmon). Mediante i punti V il sistema è coniugato ad un altro (50), formato cogli stessi piani presi in ordine differente. Due sistemi conjugati corrispondono a valori reciproci del parametro; epperò tutte le coppie analoghe formano un'involuzione i cui elementi doppî sono: 1.° il sistema dei piani di Plücker ($k = -1$); 2.° il sistema dei piani che con quelli di Plücker dividono armonicamente gli angoli diedri dell'esaedro ($k = 1$).

53. Così pure, mediante le rette v, un sistema qualunque di pentaedri (46) è conjugato ad un altro (51); e i due sistemi conjugati corrispondono a valori di k che dànno la somma costante 4. Dunque anche queste coppie costituiscono un'involuzione, i cui elementi doppî sono: 1.° il sistema de' sei pentaedri che si possono formare colle sei facce dell'esaedro, prese cinque a cinque ($k = \infty$); 2.° il sistema corrispondente a $k = 2$.

54. Ogni retta v contiene due vertici del sistema k e due del sistema $4 - k$: infatti, le due rette v

$$(k-1)(X+Y)+2(Z+W)=0,\ X-Y=0,$$
$$(k-1)(X+Y)+2(T+U)=0,\ X-Y=0,$$

avuto riguardo all'identità del n.° 46, si scambiano fra loro se a k si sostituisce $4 - k$.

Analogamente si scambiano fra loro i due punti V

$$Z = W = -kT = -kU,$$
$$T = U = -kZ = -kW,$$

mutando k in $\frac{1}{k}$; vale a dire, in ogni punto V concorrono due spigoli del sistema k e due del sistema $\frac{1}{k}$.

55. Le rette v e i punti V coincidono con quelli indicati dagli stessi simboli della Memoria del sig. VERONESE. I suoi punti Z e le sue rette z sono i vertici e gli spigoli de' successivi sistemi di pentaedri. Per ottenere precisamente le figure π', π''... considerate dal giovane geometra ne' suoi teoremi XXXIV, XLVIII, XLIX, basta partire dal sistema di pentaedri $k = 1$, dedurre da esso il conjugato nell'involuzione $k + k' = 4$, poi da questo il conjugato nell'involuzione $k' k'' = 1$, indi da quest'ultimo il conjugato nell'involuzione $k'' + k''' = 4$, e così via di seguito, alternando le due involuzioni indefinitamente.

104.

UEBER DIE POLAR-HEXAEDER BEI DEN FLÄCHEN DRITTER ORDNUNG.

Mathematische Annalen, Band XIII (1878), pp. 301-304.

(Am 19. September 1877 der Naturforscherversammlung in München vorgelegt).

Wenn

$$x_1 + x_2 + x_3 + x_4 + x_5 + x_6 = 0, \tag{1}$$

so folgt aus der Identität:

$$(x_1+x_2+x_3+x_4+x_5+x_6)\,[(x_1+x_2+x_3)^2+(x_4+x_5+x_6)^2-(x_1+x_2+x_3)\,(x_4+x_5+x_6)]$$

$$= (x_1 + x_2 + x_3)^3 + (x_4 + x_5 + x_6)^3$$

$$= x_1^3 + x_2^3 + x_3^3 + x_4^3 + x_5^3 + x_6^3$$

$$+ 3\,(x_2 + x_3)\,(x_3 + x_1)\,(x_1 + x_2) + 3\,(x_4 + x_5)\,(x_5 + x_6)\,(x_6 + x_4)\,,$$

dass man die Gleichung:

$$x_1^3 + x_2^3 + x_3^3 + x_4^3 + x_5^3 + x_6^3 = 0 \tag{2}$$

in jede der *zehn* Formen setzen kann:

$$(x_2 + x_3)\,(x_3 + x_1)\,(x_1 + x_2) + (x_4 + x_5)\,(x_5 + x_6)\,(x_6 + x_4) = 0\,, \tag{3}$$

. . . .

. . . . ,

welche den Combinationen (123) (456) etc. entsprechen.

Die Fläche dritter Ordnung also, welche durch die Gleichung (2) dargestellt ist, besitzt als dreifache Tangentenebenen folgende *fünfzehn:*

$$x_1 + x_2 = 0\,, \quad x_1 + x\;\; = 0\,, \; \ldots\ldots, \; x_5 + x_6 = 0\,.$$

Dieselben lassen sich zu *zehn* Paaren conjugirter Trieder gruppiren und schneiden sich in den *fünfzehn* Geraden:

$$x_1 + x_2 = 0, \quad x_3 + x_4 = 0, \quad x_5 + x_6 = 0,$$
$$x_1 + x_2 = 0, \quad x_3 + x_5 = 0, \quad x_4 + x_6 = 0,$$
$$\cdots\cdots\cdots\cdots\cdots\cdots\cdots$$
$$\cdots\cdots\cdots\cdots\cdots\cdots\cdots,$$

von denen jedesmal drei in einer der fünfzehn Ebenen liegen.

Die sechs Ebenen

$$x_1 = 0, \quad x_2 = 0, \quad x_3 = 0, \quad x_4 = 0, \quad x_5 = 0, \quad x_6 = 0$$

bilden ein vollständiges *Hexaeder*, dessen paarweis gegenüberstehende *zwanzig* Ecken die Scheitel der soeben genannten zwanzig Trieder sind. Diese zwanzig Scheitel sind also zu vier und vier auf *fünfzehn* Geraden gelegen (den Kanten des Hexaeders), und durch jede dieser Geraden geht eine der dreifachen Tangentialebenen. Durch die nämlichen Kanten verlaufen noch fünfzehn weitere Ebenen:

$$x_1 - x_2 = 0, \quad x_1 - x_3 = 0, \ldots\ldots, x_5 - x_6 = 0,$$

welche zusammen mit den dreifachen Tangentenebenen, die von den Flächen des Hexaeders eingeschlossenen Winkel harmonisch theilen. Diese fünfzehn neuen Ebenen verlaufen zu drei und drei durch *zwanzig*, paarweise conjugirte, gerade Linien und schneiden sich überdies zu sechs und sechs in *fünfzehn* Punkten; diese zwanzig Geraden und diese fünfzehn Punkte sind den Ecken und den Kanten des Hexaeders einzeln zugeordnet *).

Das Hexaeder ist *polar*, das heisst, es gehört zur Classe der *Polsechsflache*, die Hr. Reye entdeckt und in einer Abhandlung: *Geometrischer Beweis des* Sylvester'*schen Satzes etc.* **) (Nr. 15), beschrieben hat. In der That, man weiss, dass von den Scheiteln zweier conjugirter Trieder jeder der Pol ist für einen Polarkegel, dessen Mittelpunkt der andere Scheitel ist. Aber unser Hexaeder besitzt überdies die Eigenschaft, dass man es unmittelbar construiren kann, wenn man von den 27 Geraden der Fläche dritter Ordnung solche fünfzehn kennt, welche nach Ablösung einer *Doppelsechs* übrig bleiben.

Nun bilden die 27 Geraden *sechsunddreissig* Doppelsechse. Daher existiren für eine allgemeine Fläche dritter Ordnung 36 Hexaeder, die dem von den Ebenen $x_1 = 0$, $x_2 = 0$, ..., $x_6 = 0$ gebildeten analog sind, und jedes Hexaeder gehört zu einer Doppelsechs.

---

*) Vgl. meine Abhandlung: *Teoremi stereometrici dai quali si deducono le proprietà dell'esagrammo di* Pascal (R. Accademia dei Lincei, Roma, 8 April 1877) [Queste Opere, n. 103].

**) Journal für die r. u. a. Mathematik, Bd. 78.

Das heisst, die 36 Doppelsechse geben die Lösung des folgenden Problems: *man will die Gleichung der allgemeinen Fläche dritter Ordnung unter der Bedingung* (1) *auf die Form* (2) *transformiren.*

Sind $P=0$, $Q=0$, $R=0$, $S=0$, $T=0$, $U=0$ die Ebenen zweier conjugirter Trieder, so dass also:

$$PQR + kSTU = 0 \tag{4}$$

die Gleichung der Fläche ist, und will man das Polar-Hexaeder finden, dem die Scheitel der beiden Trieder angehören, so hat man einfach:

$$P' = pP, \quad Q' = qQ, \quad R' = rR,$$

$$S' = sS, \quad T' = tT, \quad U' = uU,$$

zu setzen und nun p, q, ... in der Art zu bestimmen, dass identisch

$$P' + Q' + R' + S' + T' + U' = 0 \tag{5}$$

ist, während die Gleichung der Fläche folgende wird:

$$P'Q'R' + S'T'U' = 0.$$

Es sei zu dem Zwecke:

$$T = aP + bQ + cR + dS,$$

$$U = a'P + b'Q + c'R + d'S;$$

dann bestimmen sich die Coefficienten $p, q, \ldots$ durch die Gleichungen:

$$\left\{\begin{aligned} & p + ta + ua' = 0, \\ & q + tb + ub' = 0, \\ & r + tc + uc' = 0, \\ & s + td + ud' = 0, \\ & kpqr + stu = 0. \end{aligned}\right. \tag{6}$$

Eliminirt man hier p, q, r, s, so erhält man eine cubische Gleichung in $\frac{t}{u}$, von deren Wurzeln jede eine Lösung des Problems liefert. Denn

$$\left\{\begin{aligned} & x_1 = Q' + R' - P', \quad x_2 = R' + P' - Q', \quad x_3 = P' + Q' - R', \\ & x_4 = T' + U' - S', \quad x_5 = U' + S' - T', \quad x_6 = S' + T' - U' \end{aligned}\right. \tag{7}$$

wird eins der gesuchten Hexaeder sein.

Ein Paar conjugirter Trieder gehört also zu *drei* verschiedenen Hexaedern. In der

That, zwei Doppelsechse haben entweder *sechs* oder *vier* gerade Linien gemein. Nennt man nun zwei Doppelsechse *associirt*, wenn sie *sechs* Gerade gemein haben, so ist jede Doppelsechs zu *zwanzig* Doppelsechsen associirt, die unter einander wieder paarweise associirt sind. Drei Doppelsechse, die paarweise associirt sind, enthalten zusammen 18 gerade Linien; die neun übrigen geraden Linien gehören einem Paar conjugirter Trieder an, und dieses findet sich also in drei Hexaedern, welche den drei associirten Doppelsechsen entsprechen. Man hat in dieser Weise 120 Tripel paarweise associirter Doppelsechse, welche zu den 120 Paaren conjugirter Trieder zugehören.

Die Formeln (7) zeigen, dass die Ebenen $x_1, x_2, x_3, x_4, x_5, x_6$ den andern P, Q, R, S, T, U einzeln entsprechen und dass die Trieder $x_1\, x_2\, x_3$ und P Q R mit Bezug auf die Ebene $x_1 + x_2 + x_3 = 0$ perspectivisch sind. Vermöge der Identität (5) oder (1) unterscheidet sich diese Ebene nicht von $x_4 + x_5 + x_6 = 0$; man hat also nur *zehn* solche Ebenen etc. Es folgt also, dass bei zwei associirten Hexaedern, vermöge der gemeinsamen conjugirten Trieder, die Seitenflächen paarweise zusammengeordnet sind. Und aus den Gleichungen (6) schliesst man, dass die drei Ebenen:

$$q_1\, \mathrm{Q} + r_1\, \mathrm{R} - p_1\, \mathrm{P} = 0,$$

$$q_2\, \mathrm{Q} + r_2\, \mathrm{R} - p_2\, \mathrm{P} = 0,$$

$$q_3\, \mathrm{Q} + r_3\, \mathrm{R} - p_3\, \mathrm{P} = 0,$$

welche den drei Wurzeln der cubischen Gleichung für $t : u$ entsprechen, ein Büschel bilden: eine Bemerkung, die selbstverständlich ebenso für die anderen Tripel zusammengehöriger Seitenflächen der drei associirten Hexaeder gilt.

Unsere Hexaeder führen jetzt für die allgemeine Fläche dritter Ordnung, auf der die 27 Geraden bekannt sein sollen, zu einer Construction des SYLVESTER'*schen Pentaeders*. In der That, betrachten wir zwei Hexaeder, die zwei beliebigen Doppelsechsen entsprechen. Die Developpable dritter Classe, welche die sechs Ebenen des ersten Hexaeders zu Tangentenebenen hat, und die analoge Developpable, welche die Ebenen des anderen Hexaeders berührt, haben nach einem Theorem des Hrn. REYE *fünf* gemeinsame Tangentenebenen, und diese eben sind die Seitenflächen des SYLVESTER'schen Pentaeders. Man führt die Construction dieser Ebenen auf diejenige der fünf isolirten Schnittpunkte zweier ebener Curven dritter Ordnung mit Doppelpunkt zurück, von denen jede durch den Doppelpunkt der anderen hindurchläuft.

105.

DOMENICO CHELINI.

Cenno necrologico.

Atti della R. Accademia dei Lincei, Transunti, serie III, volume III (1879), pp. 54-56.

Bulletin des sciences mathématiques et astronomiques, 2.me série, tome III (1879), pp. 228-232.

Domenico Chelini, nacque ai 18 ottobre 1802 in Gragnano su quel di Lucca da agiata famiglia campagnuola. Il padre suo, Francesco Maria, desiderando che intraprendesse la carriera ecclesiastica, allogatolo in Lucca presso una famiglia privata, lo faceva istruire nei primi rudimenti della lingua latina, nei quali ebbe poi a maestro certo P. Puccinelli dei Canonici Lateranensi. Mortogli il padre, mentr'egli era ancor giovanissimo, i fratelli del Chelini desideravano che tornasse in famiglia, sia a risparmio di spese, sia perchè li aiutasse ne' lavori campestri. Ma il P. Puccinelli, dolente che il giovanetto avesse a interrompere gli studî ne' quali aveva fatto e prometteva fare grandi progressi, tanto fece e s'adoperò che questi potè proseguire nell'intrapresa carriera. Mentr'era ancora in Lucca, pare ch'egli venisse iniziato a studî di mineralogia dallo scolopio P. Pietrini, prof. dell'Università di Roma. Cooperando il P. Puccinelli, il Chelini fu ben presto ammesso a indossar l'abito religioso in Roma, dove si rese scolopio il 18 novembre 1818 e fece gli studi del Collegio Nazareno dal 1819 al 1826. Ivi gli furono professori in filosofia il P. Barretti, in matematica il P. Gandolfi, ambedue dell'archiginnasio romano, ed in eloquenza il P. Bianchi, latinista di molta riputazione. Si distinse e negli studî scientifici, e ne' letterarî, così che, appena ebbe cessato d'essere scolaro, fu messo ad insegnare umanità nel Collegio medesimo. Nell'anno successivo andò professore di rettorica a Narni dove fu consacrato prete (aprile 1827). Colà, trovandosi in luogo tranquillo e seguendo la naturale inclinazione del suo ingegno, si diede con ardore a continuare da sè, coll'aiuto de' soli libri, i suoi studî matematici: impresa che poi fu sempre la principale e prediletta occupazione sua, e alla quale non venne mai meno sinchè ebbe vita. Passò un anno a Narni, poi un altro (1828-29) a città della Pieve come professore di filosofia;

e di qui fu trasferito collo stesso ufficio ad Alatri. Nel 1831 si ammalò gravemente e andò a curarsi a Napoli. Nello stesso anno fu richiamato al collegio Nazareno, ed ivi ebbe la cattedra di matematica, che tenne per ben venti anni, sebbene per alcuni anni dopo il 1836 professasse anche filosofia, in mancanza del titolare. Negli ultimi mesi del 1843 e nei primi del 1844 conobbe JACOBI, venuto in Roma per ragioni di salute insieme con LEJEUNE-DIRICHLET, STEINER, SCHLAEFLI e BORCHARDT, e meritò la benevolenza e la stima di quel sommo matematico e de' suoi illustri compagni.

Nell'ottobre 1851 andò professore di meccanica e idraulica all'Università di Bologna; il 24 maggio 1860 fu tolto dall'ufficio perchè s'era astenuto dall'intervenire alla funzione religiosa della festa dello Statuto; ed il 5 novembre dello stesso anno fu restituito alla cattedra di meccanica razionale con un provvedimento eccezionale sotto forma di decreto ministeriale che lo nominava professore straordinario, senza limite di tempo, senz'obbligo di giuramento e collo stesso stipendio di cui godeva prima come ordinario. Però nell'ottobre 1863 si cominciò a non voler più rispettare la posizione eccezionale del CHELINI; gli fu mandato un decreto che lo nominava professore straordinario per l'anno scolastico imminente, come è di pratica per gli straordinarî. La qual cosa gli recò non poca amarezza, perchè il CHELINI amava sinceramente la patria italiana ed era assolutamente alieno dall'associarsi a qualsiasi atto ostile al governo nazionale: dei quali suoi sentimenti gli amici intimi possono fare ampia testimonianza. E un anno dopo il Ministero chiese ch'egli prestasse il giuramento politico; e dietro la sua dichiarazione di non lo poter dare per la sua condizione di ecclesiastico, venne destituito con decreto del 18 dicembre 1864. In quell'occasione i professori e gli studenti dell'Università di Bologna in diversi modi dimostrarono quanta stima ed affetto nutrissero pel CHELINI e con quanto dolore si vedessero privati d'ogni speranza di conservarlo a quell'Ateneo. Il CHELINI sopportò la sua disgrazia con ammirabile serenità d'animo; si portò a Lucca dove aveva molti nipoti e dove ricevette con sua grande consolazione un album coi ritratti fotografici de' professori bolognesi e di amici scientifici d'altre Università.

Nel marzo 1865 andò a Roma dove gli si era fatto sperare una cattedra all'Università; ma non fu prima del settembre 1867 ch'egli ottenne l'insegnamento della meccanica razionale, al quale diede principio nel successivo dicembre. E quattro anni dopo, venne di nuovo dimesso, allorchè, divenuta Roma capitale d'Italia, gli fu ripresentato il dilemma o giurare o andarsene. D'allora in poi insegnò nella così detta Università Vaticana sinchè questa non venne chiusa; e quindi privatamente.

Sperò di ottenere una piccola pensione, che avrebbe destinata a soccorrere dei parenti bisognosi; ma gli fu negata. Nella primavera 1878 l'Ordine Civile di Savoja gli decretò un piccolo assegno annuo ch'egli accettò con viva gratitudine; ma non gli fu dato che di riscuoterne il primo trimestre, avendolo colto la morte nel dì 16 novembre dopo pochi giorni di malattia, nel Collegio Nazareno dove abitava sino dal 1865.

Era stato ascritto all'Accademia dei Lincei sino dal 1847, all'Accademia di Bologna sino dal 1854, ed alla Società Italiana dei XL sino dal 1863. Apparteneva inoltre a non poche altre Accademie e Società minori.

Tutta la sua vita fu spesa in pro' della scienza e dell'istruzione. Le sue pubblicazioni sono in numero di 53 e abbracciano un periodo di ben 44 anni. Suo primo lavoro è una Memoria *Sulla teoria delle quantità proporzionali* letta all'Accademia de' Lincei il 28 luglio 1834, e l'ultimo una Memoria *Sopra alcune quistioni dinamiche*, presentata all'Accademia di Bologna il 26 aprile 1877. Sino agli estremi giorni ebbe intatta la forza del pensiero come quella del corpo. Due settimane circa avanti che morisse egli era a casa mia e mi parlava d'una quistione che lo teneva occupato e dalla soluzione della quale sperava trarre una Memoria da servire come penso accademico per l'Istituto di Bologna.

Uscirei dai limiti concessimi in questo luogo se, per rappresentare al vivo l'ottimo amico perduto, tentassi dire di quale ingegno, di qual cuore, di qual carattere e di quanta modestia egli era dotato. Più facilmente mi asterrò dal farlo, sapendo che una vera e propria biografia sarà scritta da un amico comune, il prof. BELTRAMI. Io mi restringerò a chiudere il mio dire colle belle parole colle quali lo stesso BELTRAMI annunciò all'Accademia di Bologna la morte del CHELINI: «... Quelli che lo hanno conosciuto lo hanno «amato. I matematici che hanno studiato i suoi lavori lo hanno ammirato ed amato ad «un tempo. Giacchè il suo pensiero scientifico era limpido e sereno come il suo cuore, «e la cura costante di rendere intuitive le verità più riposte era in lui il riflesso d'una «splendida intelligenza, non meno che d'un sentimento squisitissimo di universale bene-«volenza. L'impresa di riassumere e di illustrare la numerosa serie dei suoi lavori sarà «facile e gradita a chi dovrà compierla: sarà una storia di idee belle, buone e vere, ri-«vestite di forme semplici e gentili; sarà una nuova prova della celebre sentenza che «lo stile è l'uomo. Ma, pur troppo, se lo stile ci resta, l'uomo non è più. Anche questo «veterano della scienza italiana, il cui nome correva con onore per le bocche degli stra-«nieri fin da quando gli studî nostri giacevano depressi come le sorti nazionali, è sceso «nella tomba. Egli aspettava il suo giorno con animo tranquillo: aveva la coscienza di «una vita nobilmente spesa. Benediciamo alla memoria di DOMENICO CHELINI: è la memo-«ria d'un'anima candida e d'una mente eletta».

È stata aperta una sottoscrizione [106] per erigere al CHELINI un modesto monumento nel portico dell'Università romana, dov'ebbe termine la sua attività come pubblico insegnante. [107]

106.

SULLE SUPERFICIE E LE CURVE CHE PASSANO PEI VERTICI D'INFINITI POLIEDRI FORMATI DA PIANI OSCULATORI DI UNA CUBICA GOBBA.

Rendiconti del R. Istituto Lombardo, serie II, volume XII (1879), pp. 347-352.

In una elegantissima Nota del Prof. EMILIO WEYR: *Ueber Involutionen höherer Grade* (Giornale di BORCHARDT, tomo 72) e a pag. 187 dell'importante lavoro del signor DARBOUX: *Sur une classe remarquable de courbes et de surfaces, etc.* (Paris, 1873) sono considerate certe curve piane d'ordine n, passanti per tutti i punti d'intersezione di $n+1$ tangenti d'una conica *).

Non so se sia stato osservato che tale considerazione è suscettibile d'essere estesa allo spazio e d'essere generalizzata anche ulteriormente.

1. Siano $t_1 = 0$, $t_2 = 0, \ldots t_{n+1} = 0$ le equazioni di $n+1$ rette tangenti di una conica data, allora l'equazione:

$$(1) \qquad \sum \frac{k_i}{t_i} = 0 \qquad (i = 1, 2, \ldots n+1)$$

rappresenta, qualunque siano i parametri k, una curva d'ordine n passante per le $\frac{1}{2} n(n+1)$ scambievoli intersezioni di quelle $n+1$ rette.

Supposto $t_i = x_1 + 2\tau_i x_2 + \tau_i^2 x_3$, dove x_1, x_2, x_3 sono coordinate trilineari e τ è il parametro che varia da una ad altra tangente della conica, siano α_1, α_2, α_3 i valori del parametro τ per altre tre tangenti:

$$a_1 = 0, \qquad a_2 = 0, \qquad a_3 = 0.$$

*) Cfr. BELTRAMI nel Giornale di BATTAGLINI, anno 1871, e nella Memoria di CHELINI *Sopra alcuni punti notabili nella teoria elementare de' tetraedri e delle coniche.* (Accad. di Bologna, serie 3.ª, tomo V delle Memorie, 1874).

La condizione perchè la curva (1) passi pel punto $a_1 a_2$ è:

$$\Sigma \frac{k_i}{(\tau_i - \alpha_1)(\tau_i - \alpha_2)} = 0, \tag{2}$$

ed analogamente:

$$\Sigma \frac{k_i}{(\tau_i - \alpha_1)(\tau_i - \alpha_3)} = 0 \tag{3}$$

è la condizione del passaggio pel punto $a_1 a_3$. Se ora si sommano le (2), (3), moltiplicate rispettivamente per $\alpha_1 - \alpha_2$, $\alpha_3 - \alpha_1$, si ottiene:

$$\Sigma \frac{k_i}{(\tau_i - \alpha_2)(\tau_i - \alpha_3)} = 0 \tag{4}$$

che è la condizione onde la stessa curva (1) passi pel punto $a_2 a_3$. Dunque:

Se la curva (1) *passa per due vertici di un triangolo circoscritto alla conica data, passa anche pel terzo vertice.*

Nella curva (1) si possono così inscrivere infiniti *moltilateri completi* (di 3, 4, ... $n+1$ lati) circoscritti alla conica data. Se la curva (1) vuolsi far passare per tutti gli $\frac{1}{2} r(r-1)$ vertici d'un cosifatto r-latero, i coefficienti k dovranno soddisfare a sole $r-1$ condizioni lineari.

Al teorema si potrebbero dare altri enunciati, supponendo che le x siano funzioni (omogenee intere) di un dato grado nelle coordinate.

2. Un teorema analogo ha luogo nello spazio.

Siano $t_1 = 0, t_2 = 0, \ldots t_{n+2} = 0$ le equazioni di $n+2$ piani osculatori di una data cubica gobba. L'equazione:

$$\Sigma \frac{k_{rs}}{t_r\, t_s} = 0 \tag{5}$$

(dove r, s sono eguali a due numeri differenti della serie $1, 2, \ldots, n+2$) rappresenta, qualunque siano le costanti k, una superficie di ordine n passante per gli $\frac{(n+2)(n+1)n}{2 \, . \, 3}$ vertici del *poliedro completo* formato da quei piani.

Supposto $t = x_1 + 3\tau x_2 + 3\tau^2 x_3 + \tau^3 x_4$, dove le x sono coordinate quadriplanari e τ è il parametro variabile da uno ad altro piano osculatore della cubica, siano $\alpha_1, \alpha_2, \alpha_3, \alpha_4$ i valori di τ per altri quattro piani osculatori della stessa curva gobba:

$$a_1 = 0, \quad a_2 = 0, \quad a_3 = 0, \quad a_4 = 0.$$

La condizione perchè la superficie (5) passi pel punto $a_1 a_2 a_3$ è:

$$\sum \frac{k_{rs}}{(\tau_r - \alpha_1)(\tau_r - \alpha_2)(\tau_r - \alpha_3)(\tau_s - \alpha_1)(\tau_s - \alpha_2)(\tau_s - \alpha_3)} = 0$$

e due altre analoghe equazioni di condizione si avrebbero pel passaggio della superficie (5) pei punti $a_1a_2a_4$, $a_1a_3a_4$. Se ora si sommano le tre equazioni di condizione, ordinatamente moltiplicate per:

$$(\alpha_2 - \alpha_3)(\alpha_1 - \alpha_2)(\alpha_1 - \alpha_3),$$

$$(\alpha_4 - \alpha_2)(\alpha_1 - \alpha_4)(\alpha_1 - \alpha_2),$$

$$(\alpha_3 - \alpha_4)(\alpha_1 - \alpha_3)(\alpha_1 - \alpha_4),$$

si ottiene la:

$$\sum \frac{k_{rs}}{(\tau_r - \alpha_2)(\tau_r - \alpha_3)(\tau_r - \alpha_4)(\tau_s - \alpha_2)(\tau_s - \alpha_3)(\tau_s - \alpha_4)} = 0,$$

che è la condizione onde la superficie (5) passi pel punto $a_2a_3a_4$. Dunque:

Se la superficie (5) *passa per tre vertici di un tetraedro circoscritto alla data cubica gobba essa passa ancora pel quarto vertice.*

Uno qualunque dei piani osculatori della cubica gobba taglia la sviluppabile osculatrice di questa secondo una conica e la superficie (5) secondo una curva d'ordine n; ogni r-latero completo inscritto in questa curva e circoscritto alla conica è la sezione di un poliedro completo inscritto nella superficie (5) e formato da $r+1$ piani osculatori della cubica gobba.

3. Il teorema sussiste per un numero qualunque m di variabili, e la dimostrazione analitica del medesimo si fonda sulle notissime proprietà del determinante che esprime il prodotto di tutte le differenze di quantità date. Si ha così l'enunciato:

Se in uno spazio di m dimensioni si ha un sistema semplicemente infinito di piani:

$$t \equiv x_0 + \tau x_1 + \tau^2 x_2 + \ldots + \tau^m x_m = 0$$

di genere zero e classe m, e se la superficie d'ordine n:

$$\sum \frac{k_{r_1 r_2 \ldots r_{m-1}}}{t_{r_1} t_{r_2} \ldots t_{r_{m-1}}} = 0$$

(dove $r_1, r_2, \ldots r_{m-1}$ sono $m-1$ numeri differenti della serie $1, 2, \ldots n+m-1$), la quale contiene tutti i vertici, in numero:

$$\frac{(n+m-1)(n+m-2)\ldots n}{1.2\ldots m},$$

del poliedro completo le cui facce sono gli $n+m-1$ piani:

$$t_1 = 0,\ t_2 = 0, \dots\ t_{n+m-1} = 0$$

del sistema, passa inoltre per m vertici del poliedro formato da altri $m + 1$ piani del medesimo sistema, essa passerà eziandio per l'$(m + 1)$-esimo vertice.

4. Come il signor Darboux ha mostrato potersi individuare un punto qualunque di un piano mediante due tangenti di una conica fissa, così nello spazio a tre dimensioni un punto è individuato da tre piani osculatori di una data cubica gobba K. Rappresentata questa colle equazioni:

$$x : y : z : w = \omega^3 : 3\,\omega^2 : 3\,\omega : 1$$

e detti $\omega_1\ \omega_2\ \omega_3$ i parametri de' piani osculatori concorrenti nel punto $x\,y\,z\,w$, il passaggio dalle coordinate ordinarie $x\,y\,z\,w$ alle nuove $\omega_1\,\omega_2\,\omega_3$ si effettuerà mediante le formole:

$$x : y : z : w = \omega_1\,\omega_2\,\omega_3 : \omega_2\,\omega_3 + \omega_3\,\omega_1 + \omega_1\,\omega_2 : \omega_1 + \omega_2 + \omega_3 : 1$$

ossia le $\omega_1\,\omega_2\,\omega_3$ saranno le radici dell'equazione di 3.º grado:

$$w\,\omega^3 - z\,\omega^2 + y\,\omega - x = 0 \qquad [108]$$

Sull'uso di queste coordinate $\omega_1\ \omega_2\ \omega_3$ si possono fondare considerazioni analoghe a quelle che il signor Darboux ha svolto per le curve piane.

Un'equazione $f(\omega_1\,\omega_2\,\omega_3) = 0$ rappresenta una superficie luogo del punto comune a tre piani osculatori di K, i cui parametri ω soddisfacciano l'equazione proposta. Detti n_1, n_2, n_3 i gradi dell'equazione separatamente in $\omega_1, \omega_2, \omega_3$, l'ordine della superficie è $n_1 + n_2 + n_3$ [109], oppure $n_1 + n_2$ [110], oppure n_1 secondochè l'equazione è dissimmetrica rispetto alle tre ω, oppure rispetto a due di esse, oppure simmetrica rispetto a tutte e tre.

5. Ritenuto per ω il significato precedente, siano $\lambda_1\ \lambda_2$ due altri parametri arbitrari. L'equazione $f\,(\lambda_1\,\lambda_2\,\omega) = 0$, che supporremo essere del grado n nel parametro ω, si può considerare come rappresentante la superficie luogo de' punti di concorso di tutte le terne di piani osculatori di K soddisfacienti all'equazione medesima. L'equazione in $\omega_1\,\omega_2\,\omega_3$ della superficie si otterrà eliminando $\lambda_1\,\lambda_2$ fra le:

$$f(\lambda_1\,\lambda_2\,\omega_1) = 0, \qquad f(\lambda_1\,\lambda_2\,\omega_2) = 0, \qquad f(\lambda_1\,\lambda_2\,\omega_3) = 0.$$

Ad ogni coppia di valori di $\lambda_1\,\lambda_2$ corrispondono n valori di ω epperò $n\,(n-1)\,(n-2):6$ punti della superficie. Per ottenere l'ordine di questa, si cerchi in quanti punti essa sia incontrata dalla retta comune a due piani $\omega = a$, $\omega = b$, osculatori di K. Se le equazioni:

$$f(\lambda_1\,\lambda_2\,a) = 0, \qquad f(\lambda_1\,\lambda_2\,b) = 0,$$

risolute rispetto a $\lambda_1\,\lambda_2$, dànno N soluzioni *dipendenti* da a, b, per ciascuna di esse l'equazione $f(\lambda_1\,\lambda_2\,\omega) = 0$ darà $n - 2$ valori di ω, oltre a, b. Dunque la coppia $a\,b$ fa parte di

$N(n-2)$ terne di piani, ossia la retta ab incontra la superficie in $N(n-2)$ punti.

6. Se $N=1$, la superficie è il luogo dei vertici di una serie (doppiamente infinita) di poliedri circoscritti a K, che corrispondono univocamente ai punti di un piano. Tre poliedri siffatti determinano la superficie. Ossia: *i vertici di tre poliedri completi, ciascuno dei quali sia formato da n piani osculatori d'una cubica gobba data, giacciono sempre in una superficie d'ordine n — 2, che contiene i vertici d'infiniti* (∞^2) *altri poliedri analoghi.*

Questa proprietà combinata col teorema del n. 2 mostra che il passaggio di una superficie d'ordine $n-2$ pei vertici di tre n — edri circoscritti a K corrisponde ordinatamente ad

$$\frac{n(n-1)(n-2)}{2.3}, \quad \frac{(n-1)(n-2)}{2}, \quad n-2$$

condizioni: i quali tre numeri danno appunto la somma

$$\frac{(n-1)n(n+1)}{2.3}-1$$

che è il numero delle condizioni semplici che determinano una superficie d'ordine $n-2$. In altri termini: per individuare la superficie, la si farà passare dapprima per tutti i vertici del primo poliedro, poi pei vertici contenuti in una faccia del secondo, da ultimo pei vertici situati in uno spigolo del terzo.

7. Se N è qualunque ed $n=3$, l'equazione $f(\lambda_1 \lambda_2 \omega)=0$ ha la forma

$$A-3B\omega+3C\omega^2-D\omega^3=0,$$

dove A, B, C, D sono funzioni di $\lambda_1 \lambda_2$. Ad ogni coppia di valori di $\lambda_1 \lambda_2$ corrisponde una terna di piani osculatori di K concorrenti nel punto:

$$x:y:z:w=A:B:C:D,$$

il luogo del quale è conseguentemente una superficie rappresentabile, punto per punto, sul piano.

8. Data un'equazione $f(\lambda\omega)=0$ tra due soli parametri, essa può considerarsi come rappresentante una curva, l'ordine della quale è $m(n-1)(n-2):2$, se f è di grado m in λ e di grado n in ω: il che risulta dal cercare le intersezioni con un piano $\omega=a$.

Se $m=1$, si ha una curva d'ordine $(n-1)(n-2):2$, luogo dei vertici d'infiniti poliedri di n facce, corrispondenti ai punti d'una retta. Due poliedri siffatti determinano la curva. Ossia: i vertici di due poliedri completi, ciascuno de' quali sia formato da n piani osculatori di una data cubica gobba, sono situati in una curva gobba d'ordine $(n-1)(n-2):2$ che passa pei vertici d'infiniti altri poliedri analoghi.

Per m qualunque ed $n=3$ si hanno tre piani osculatori di K concorrenti in un punto che ha per luogo una curva razionale.

107.

QUESTION 556. [111]

Nouvelle correspondance mathématique (Bruxelles), Tome sixième (1880), pp. 554-555.

Six points, $a_1, a_2, \ldots a_6$, sont donnés, arbitrairement, dans un plan. Démontrer qu' il existe un système linéaire, triplement infini, de courbes du sixième ordre, K, *douées des propriétés suivantes:*

1.º *Les points a sont des points doubles pour toutes les courbes* K;

2.º *Les tangentes aux courbes* K, *en un même point a, forment une involution;*

3.º *Chacune des quinze droites $a_1a_2, \ldots,$ et chacune des six coniques $a_1a_2a_3a_4a_5, \ldots,$ est rencontrée, par les courbes* K, *en couples de points en involution.*

En considérant les six points donnés comme étant les points fondamentaux de la représentation plane, point à point, d'une surface générale F_3, du troisième ordre, dont les vingt-sept droites r auront par conséquent leurs images dans les six points $a_1, a_2, \ldots,$ les quinze droites $a_1a_2, a_1a_3, \ldots$ et les six coniques $a_1a_2a_3a_4a_5, \ldots$; toute courbe du sixième ordre, ayant six points doubles aux points donnés, sera l'image de l'intersection de F_3 avec une surface du second ordre. Cela *prémis*, le théorème proposé se transforme dans le suivant:

Il y a un système linéaire, triplement infini, de surfaces du second ordre, qui est rencontré par chacune des 27 *droites r de* F_3, *dans des couples de points conjugués en involution.*

Or, le système des surfaces polaires des points de l'espace, par rapport à F_3, jouit précisément d'une telle propriété. En effet, si

$$(A) = 0, \quad (B) = 0, \quad (C) = 0, \quad (D) = 0$$

sont les équations des polaires de quatre points arbitraires A, B, C, D, non situés dans un même plan; l'équation

$$\alpha (A) + \beta (B) + \gamma (C) + \delta (D) = 0 \qquad (1)$$

représente la polaire d'un point quelconque de l'espace. Supposons que A et B soient deux points de la droite r de F_3, dont les équations soient $x = 0, y = 0$. Alors l'hypothèse $x = y = 0$ réduira l'équation (1) à la suivante:

$$(2) \qquad \gamma(C) + \delta(D) = 0.$$

Ainsi, les intersections de r, par toutes les surfaces du système triplement infini (1), coïncident avec les intersections par les surfaces du faisceau (2); par conséquent, elles sont en involution.

108.

SOPRA UNA CERTA SUPERFICIE DI QUART' ORDINE.

In Memoriam DOMINICI CHELINI, *Collectanea mathematica*, Milano, U. HOEPLI, MDCCCLXXXI, pp. 413-424.

1. Due fasci projettivi di superficie di 2.° grado

$$(1) \qquad \begin{aligned} S_1 + \lambda S_2 = 0 \\ S_3 + \lambda S_4 = 0 \end{aligned}$$

generano, com'è noto, la superficie di 4.° ordine

$$(2) \qquad S_1 S_4 - S_2 S_3 = 0$$

la quale può anche essere generata mediante i due fasci projettivi

$$(3) \qquad \begin{aligned} S_1 + \mu S_3 = 0 \\ S_2 + \mu S_4 = 0. \end{aligned}$$

Ne segue che sulla superficie (2) sono tracciate due serie (semplicemente infinite) di curve generatrici, le quali, in generale, sono di 4.° ordine e 1.ª specie. Una generatrice qualunque della prima serie è rappresentata dalle equazioni (1), una qualunque della seconda dalle (3).

2. Suppongasi ora che tutte le superficie di 2.° grado S abbiano un punto comune O ed in esso siano toccate da uno stesso piano $x = 0$. Ossia, indicate con x, y, z, w le coordinate omogenee di un punto nello spazio, e supposto che le prime tre siano nulle per O, si ponga

$$S_r = k_r\, w\, x + K_r$$

dove k è una costante e K è un polinomio omogeneo di 2.° grado in x, y, z.

Allora la (2) diviene

$$(k_1 k_4 - k_2 k_3)\, w^2 x^2 + (k_1 K_4 + k_4 K_1 - k_2 K_3 - k_3 K_2)\, w\, x \\ + K_1 K_4 - K_2 K_3 = 0$$

equazione che scriveremo brevemente così:

(4) $$F = 0$$

e che rappresenta una superficie di 4.° ordine, avente O per punto doppio uniplanare e tale che ivi la superficie tocca sè medesima: ossia, ogni piano condotto per O sega la superficie secondo una curva che in O ha due punti doppi infinitamente vicini. Il piano tangente singolare $x = 0$ taglia la superficie secondo quattro rette incrociate in O: onde O assorbe quattro intersezioni della superficie con qualunque linea passante semplicemente per O ed ivi toccante il suddetto piano $x = 0$.

3. In generale una superficie di 4.° ordine dotata di questa singolarità in O ha per equazione

(5) $$h w^2 x^2 + u w x + v = 0$$

dove h è una costante ed u, v sono polinomi omogenei in x, y, z, risp. del grado 2, 4.

L'equazione (5) può essere ridotta, e in infinite maniere, alla forma (4). Infatti: si considerino le equazioni

$$u = 0, \quad v = 0$$

come rappresentanti una conica ed una curva di 4.° ordine, poste in uno stesso piano. Presi ad arbitrio in $v = 0$ i punti **1 2 3 4 5 6 7**, descrivansi le coniche

$$K_1 = 0 \text{ per } \mathbf{1\,2\,3\,4\,5}$$

$$K_2 = 0 \text{ per } \mathbf{1\,2\,3\,4\,6}$$

le quali seghino inoltre $v = 0$ risp. in $\mathfrak{p}_1\,\mathfrak{q}_1\,\mathfrak{r}_1$, $\mathfrak{p}_2\,\mathfrak{q}_2\,\mathfrak{r}_2$. Poi descrivansi le coniche

$$K_3 = 0 \text{ per } \mathbf{5}\ \mathfrak{p}_1\,\mathfrak{q}_1\,\mathfrak{r}_1\ \mathbf{7}$$

$$K_4 = 0 \text{ per } \mathbf{6}\ \mathfrak{p}_2\,\mathfrak{q}_2\,\mathfrak{r}_2\ \mathbf{7}$$

le quali, com'è notissimo, si segheranno in altri tre punti $\mathfrak{p}\,\mathfrak{q}\,\mathfrak{r}$ della curva $v = 0$. Epperò questa curva sarà generabile mediante i fasci projettivi di coniche

$$K_1 + \lambda K_2 = 0, \quad K_3 + \lambda K_4 = 0,$$

ossia, v è riducibile alla forma $K_1 K_4 - K_2 K_3$, e ciò in 7^∞ maniere diverse.

Ora, le quattro coniche K determinano un sistema triplamente infinito di coniche, rappresentate, in generale, dall'equazione

$$k_4 K_1 - k_3 K_2 - k_2 K_3 + k_1 K_4 = 0$$

ove le k sono parametri arbitrari. Dunque, in $(7 + 3 - 5)^\infty = 5^\infty$ maniere diverse si possono ridurre simultaneamente una data quartica $v=0$ ed una data conica $u=0$ alle forme

$$K_1 K_4 - K_2 K_3 = 0$$

$$k_4 K_1 - k_3 K_2 - k_2 K_3 + k_1 K_4 = 0,$$

donde consegue ciò che si è asserito per l'equazione (5).

4. Indicando ora con F la superficie (5) di 4.º ordine, dotata del punto singolare O (e del resto priva d'altri punti multipli e di linee multiple), essa può essere generata mediante due fasci projettivi di superficie di 2.º grado, tutte toccantisi fra loro nel punto comune O. Da queste superficie nascono, per F, due serie di generatrici, che sono curve gobbe di 4.º ordine, tutte aventi un punto doppio in O (e le tangenti nel piano $x=0$). Due generatrici di serie diverse giacciono in una stessa superficie di 2.º grado e s'incontrano in quattro punti (diversi da O). Invece due generatrici della stessa serie non hanno punti comuni, oltre ad O.

Poichè la superficie F possiede una serie (semplicemente infinita) di curve razionali situate ad una ad una sulle superficie di un fascio, ne segue a dirittura, per un teorema di Noether, che F è rappresentabile, punto per punto, su di un piano.

5. Dati due fasci projettivi di superficie di 2.º grado

$$(k_1 + \lambda k_2)\, w\, x + K_1 + \lambda K_2 = 0$$

$$(k_3 + \lambda k_4)\, w\, x + K_3 + \lambda K_4 = 0$$

che tutte si toccano in un punto comune $x=y=z=0$, i coni (di 2.º grado) che da questo punto projettano le curve d'intersezione delle coppie di superficie corrispondenti formano una serie rappresentata dall'equazione

$$(k_1 + \lambda k_2)(K_3 + \lambda K_4) - (k_3 + \lambda k_4)(K_1 + \lambda K_2) = 0;$$

la quale mostra come la serie contenga, in generale, sei coni spezzantisi in due piani; ossia, ciascuna serie di curve razionali di 4.º ordine, col punto doppio O, esistenti sulla superficie F, comprende sei curve composte di due coniche situate in piani distinti. Queste due coniche, appartenendo ad una stessa superficie di 2.º grado, s'incontrano in O ed in un altro punto: punto di ulteriore contatto fra due superficie corrispondenti de' due fasci projettivi. Siccome poi due curve della serie non hanno (oltre ad O) alcun punto comune, così due coniche appartenenti a coppie diverse non s'incontrano (fuori di O).

Si hanno così dodici coniche di F, situate in piani differenti: i quali piani segheranno adunque la superficie secondo altre dodici coniche, formanti analogamente sei coppie situate in sei superficie di 2.º grado di un fascio. Infatti, se le superficie

$$S_1 + \lambda_r S_2 = 0$$

$$S_3 + \lambda_r S_4 = 0$$

si segano secondo due coniche, per $r = 1, 2, 3, 4, 5, 6$, indicate con

$$P_r = 0, \ Q_r = 0$$

le equazioni dei piani delle due coniche, si avrà l'identità

$$S_1 + \lambda_r S_2 + \mu_r (S_3 + \lambda_r S_4) = P_r Q_r .$$

E, scritta l'equazione (2) della superficie F così:

$$(S_1 + \lambda_r S_2) S_4 - (S_3 + \lambda_r S_4) S_2 = 0,$$

questa, in virtù di quell'identità, si muterà nella seguente:

$$(S_1 + \lambda_r S_2)(S_2 + \mu_r S_4) - S_2 P_r Q_r = 0,$$

la quale dice che i piani $P_r = 0$, $Q_r = 0$, oltre a dare le due coniche poste nelle superficie di 2.° grado $S_1 + \lambda_r S_2 = 0$, $S_3 + \lambda_r S_4 = 0$, segano F secondo altre due coniche situate nelle due superficie di 2.° grado

$$S_2 + \mu_r S_4 = 0, \ S_1 + \mu_r S_3 = 0,$$

ciascuna delle quali, variando r, dà sei superficie d'uno stesso fascio.

In altre parole, anche le dodici nuove coniche formano sei curve di 4.° ordine (con punto doppio in O) appartenenti ad una stessa serie. E siccome due curve di 4.° ordine, appartenenti a serie diverse, s'incontrano sempre in quattro punti (oltre ad O), così ciascuna delle prime dodici coniche incontra ciascuna delle altre dodici.

6. Dall'esistenza di una conica $\mathfrak{K}$ giacente su F e passante per O si può subito dedurre un'interessante trasformazione della superficie di 4.° ordine.

Le superficie S di 2.° grado che passano per $\mathfrak{K}$ e toccano in O il piano $x = 0$ formano un sistema omaloidico, epperò somministrano una trasformazione birazionale del dato spazio Σ in un altro Σ', i cui piani e le cui rette corrispondono ordinatamente alle superficie S ed alle coniche $\mathfrak{C}$ toccate in O dal piano $x = 0$ e seganti $\mathfrak{K}$ in un secondo punto. *)
In qual superficie F' viene allora a trasformarsi la data F?

Ai punti in cui F' è incontrata da una retta arbitraria dello spazio Σ' corrispondono i punti di ulteriore intersezione di F con una conica $\mathfrak{C}$; i quali punti sono in numero di

*) Io ho già adoperata questa trasformazione in altra occasione: *Rendiconti* dell'Istituto Lombardo 9 marzo 1871 [Queste Opere, n. 88]. Veggasi anche: *Annali di Matematica* (Milano 1872), tom. V della serie seconda, pag. 142 e 143 (Questo volume, pag. 307 e 308).

2.4 — 4 — 1 = 3, perchè O assorbe già 4 intersezioni e vi è poi un altro punto comune a 𝔊 ed a 𝔎. Dunque F' è una superficie di 3.° ordine.

Viceversa, se F' e 𝔎' sono una superficie di 3.° ordine ed una conica toccate in un punto comune O' da uno stesso piano $x' = 0$, e del resto quali si vogliano; trasformando punto per punto lo spazio Σ' nello spazio Σ per modo che ai piani di questo corrispondano le superficie di 2.° grado passanti per 𝔎' e toccanti in O' il piano $x' = 0$; la superficie F' si trasformerà in una superficie analoga ad F. Infatti la nuova superficie

1.° è del 4.° ordine, perchè qualunque conica dello spazio Σ' toccata in O' dal piano $x' = 0$ (e incontrata in un altro punto da 𝔎') avrà con F' altri quattro punti comuni;

2.° ha in O un punto doppio, perchè ogni retta per O' incontra F' in altri due punti;

3.° è tagliata dal piano $x = 0$ secondo quattro rette incrociate in O, perchè la superficie F' contiene quattro punti di 𝔎' (oltre ad O');

4.° è segata da un piano arbitrario per O secondo una curva (di 4.° ordine) di genere 1, epperò avente in O due punti doppî infinitamente vicini, perchè un piano condotto arbitrariamente per O' sega F' secondo una curva (di 3.° ordine) di genere 1.

7. Ciò stabilito, la nota geometria della superficie generale di 3.° ordine F' somministra immediatamente la geometria della nostra superficie F.

Alle 27 rette di F' corrispondono in F altrettante coniche passanti per O e seganti 𝔎 in un secondo punto; le quali tra loro si segano o no, secondochè ciò avviene delle rette di F'.

Il piano di una qualunque di queste 27 coniche sega F lungo una nuova conica: queste altre 27 coniche (passanti per O ma non incontranti altrove 𝔎) corrispondono alle coniche che si ottengono in F' mediante i piani condotti per O' e per le 27 rette.

Il piano di 𝔎 sega F secondo un'altra conica, la quale corrisponde al punto O', mentre 𝔎 ha per corrispondente la curva razionale di 3.° ordine, sezione di F' col piano tangente in O'.

Si hanno così, in F, 56 coniche tutte passanti per O e situate, due a due, in 28 piani. Esse corrispondono alle 27 rette di F', alle 27 coniche passanti per O', al punto O' ed alla sezione del piano tangente in O'.

8. *In generale*, la superficie F non contiene altre coniche. Infatti, sia 𝔊 una conica in F (distinta da 𝔎). Il piano di 𝔊 conterrà un'altra conica di F, e se questo piano passa per O, le due coniche si toccheranno in questo punto, con una tangente posta ne piano $x = 0$. Perciò 𝔊 incontra altrove al più in due punti una qualunque delle superficie S. Ne segue che a 𝔊 corrisponderà in Σ' una conica, una retta o un punto, secondochè 𝔊 ha con 𝔎 0, 1, 2 punti d'incontro, oltre ad O. Si hanno così le 27 + 27 + 1 coniche già ottenute.

Se $\mathfrak{C}$ non passa per O, può avere con $\mathfrak{K}$ 2, 1, 0 punti comuni, e quindi incontrerà una S qualunque in 2, 3, 4 punti fuori di $\mathfrak{K}$. Nel primo caso a $\mathfrak{C}$ corrisponderebbe una conica di F' passante per due de' quattro punti in cui F' è incontrata da $\mathfrak{K}'$; nel secondo caso una cubica passante per O' e ancora per due punti di $\mathfrak{K}'$; nel terzo una curva di 4.° ordine, avente un punto doppio in O' e passante per due punti di $\mathfrak{K}'$. Ora, queste curve non sono possibili *in generale*, ritenuto cioè che la superficie F' e la conica $\mathfrak{K}'$ siano soggette alla sola condizione di toccarsi in O'. Infatti, in una superficie di 3.° ordine, i sistemi di coniche, i sistemi di cubiche con un punto dato, e i sistemi di curve di 4.° ordine con un dato punto doppio sono semplicemente infiniti: epperò non vi è alcuna di queste curve che passi per due punti dati ad arbitrio.

9. Analogamente, F non ha, in generale, alcuna retta oltre le quattro già notate come esistenti nel piano $x = 0$. Infatti, in causa della posizione arbitraria di O' su F' e di $\mathfrak{K}'$ rispetto ad F', questa superficie non ha rette passanti per O' od appoggiate a $\mathfrak{K}'$, nè ha coniche passanti per O' ed appoggiate a $\mathfrak{K}'$.

10. Ora, dalla nota rappresentazione piana di una superficie generale di 3.° ordine si può subito dedurre quella della superficie di 4.° ordine dotata dell'unico punto singolare O. Sia F'' il piano rappresentativo di F' e siano **1**, **2**, **3**, **4**, **5**, **6** i sei punti fondamentali della rappresentazione, onde le imagini delle sezioni piane di F' saranno le curve di 3.° ordine passanti pei punti **1 2 3 4 5 6**. Supposto che in questa rappresentazione il punto **M**'' del piano F'' sia l'imagine del punto **M**' di F', e che nella trasformazione quadratica suesposta (§ 6) al punto **M**' di F' corrisponda il punto **M** di F, riguarderemo **M**'' come imagine di **M**, e così sarà rappresentata F punto per punto sul piano F''.

Poichè i punti **1 2 3 4 5 6** rappresentano sei rette di F' e poichè alle rette di F' corrispondono coniche di F, quei punti saranno ora imagini di altrettante coniche di F. Un'altra conica di questa superficie, e precisamente quella che è in un piano con $\mathfrak{K}$, avrà per imagine il punto O'' imagine di O'. Invece di O'' scriverò **0**. E la conica $\mathfrak{K}$ sarà rappresentata dalla cubica $\mathbf{0^2 123456}$, poichè questa è l'imagine della sezione fatta in F' dal piano tangente in O'.

Le rette che uniscono due a due i sei punti **1 2 3 4 5 6** e le coniche che li uniscono cinque a cinque sono pure imagini di rette di F', epperò rappresenteranno coniche di F.

Le coniche di F' che passano per O' sono rappresentate dalle sei rette **01**, **02**, ..., dalle quindici coniche **01234**, **01235**, ..., e dalle sei cubiche $\mathbf{01^2 23456}$, $\mathbf{012^2 3456}$, ...; queste saranno adunque le imagini di altre ventisette coniche di F. Le coniche di F sono perciò rappresentate dai sette punti **0 1 2 3 4 5 6**; dalle ventuna rette che li uniscono due a due; dalle ventuna coniche che li uniscono cinque a cinque; e dalle sette cubiche che passano per tutti e sette i punti, avendo un nodo in uno di essi.

11. Al punto O corrisponde la sezione fatta in F' dal piano di $\mathfrak{K}'$, la qual sezione

contiene il punto O' e quattro punti di $\mathfrak{K}'$. L'imagine di questa sezione sarà dunque una cubica **123456** contenente il punto **0** e quattro punti, che dirò **7, 8, 9, 10**, imagini de' quattro punti di $\mathfrak{K}'$. E siccome ai punti di $\mathfrak{K}'$ corrispondono rette dello spazio Σ, così ne consegue che le quattro rette di F sono rappresentate, nel piano F'', da quattro punti **7. 8. 9. 10**, e che gli undici punti **0. 1. 2. 3. 4. 5. 6. 7. 8. 9. 10** sono tutti in una stessa cubica (di genere 1), imagine del punto singolare O.

12. Cerchiamo ora le imagini delle sezioni piane di F, alle quali corrispondono le intersezioni di F' colle superficie S' di 2.° grado toccate in O' dal piano $x' = 0$ e passanti per la conica $\mathfrak{K}'$. Queste intersezioni avranno un punto doppio in O' e passeranno per gli altri quattro punti comuni ad F' e $\mathfrak{K}'$; perciò le loro imagini in F'', vale a dire le imagini delle sezioni piane di F, sono curve di 6.° ordine

$$\mathbf{0^2.\ 1^2.\ 2^2.\ 3^2.\ 4^2.\ 5^2.\ 6^2.\ 7.\ 8.\ 9.\ 10}$$

aventi in comune sette punti doppî **0. 1. 2 ...** e quattro punti semplici **7. 8. 9. 10** *).

13. Siccome ai piani per O corrispondono piani per O', così le imagini delle sezioni fatte in F con piani passanti pel punto singolare O sono le cubiche **0123456**. Ciascuna di queste cubiche è segata da tutte le altre in coppie di punti conjugati, che sono le imagini delle coppie di punti di F' allineati con O'. Se i due punti conjugati coincidono, si ha l'imagine di un punto in cui F è toccata da un piano passante per O. Il luogo de' punti analoghi è l'intersezione di F colla 1.ª polare di O, la quale si decompone nel piano $x = 0$ ed in una superficie di 2.° grado toccata in O da questo medesimo piano. A questa superficie corrisponde in Σ' una superficie, pure di 2.° grado, che tocca F' in O'; perciò l'imagine dell'intersezione è una curva di 6.° ordine $\mathbf{0^2 1^2 2^2 3^2 4^2 5^2 6^2}$, la quale, essendo il luogo de' punti doppî delle cubiche **0123456**, contiene eziandio le coppie di punti in cui le ventuna rette **01, 02, ..., 12, ..., 56** incontrano risp. le coniche **23456, 13456, ..., 03456, ..., 01234**.

14. In generale, una qualunque delle superficie S di 2.° grado tangenti in O al piano $x = 0$, avendo per corrispondente in Σ' una superficie dello stesso grado tangente ad F' in O', interseca F secondo una curva di 8.° ordine (e al più di genere 3) dotata di un punto quadruplo in O, che ha per imagine una curva di 6.° ordine $\mathbf{0^2 1^2 2^2 3^2 4^2 5^2 6^2}$. Viceversa, tutte le curve di 6.° ordine di questo sistema (sei volte infinito) sono imagini di intersezioni di F con superficie S. È facile vedere che tra quelle curve di 8.° ordine ve ne sono infinite che si spezzano in due curve di 4.° ordine con punto doppio in O, e tra

*) Cfr. Noether, nelle *Nachrichten* di Gottinga, 7 giugno 1871. Il signor Noether è il primo, per quanto io sappia, che abbia fatto conoscere questa superficie F in tutta la sua generalità. Io ne aveva dato prima un caso particolare: *Nachrichten*, 3 maggio 1871 [Queste Opere, n. **93**].

queste ve ne sono, in numero finito, che constano di quattro coniche (incrociantisi in O).

Indichiamo con **a** uno qualunque de' sette punti **0 1 2 3 4 5 6**. Le rette per un punto **a** rappresentano curve di 4.° ordine con punto doppio in O; e curve affatto analoghe sono rappresentate dalle curve di 5.° ordine che passano semplicemente per quel punto **a** e doppiamente per gli altri sei. E siccome una di quelle rette ed una qualunque di queste curve di 5.° ordine costituiscono insieme una curva di 6.° ordine $\mathbf{0^2 1^2 2^2 3^2 4^2 5^2 6^2}$, così le due curve gobbe di 4.° ordine, di cui quelle sono le imagini, giacciono in una stessa superficie S di 2.° grado; e quel fascio di rette e quel fascio di curve di 5.° ordine rappresentano due serie di curve generatrici della superficie F, già da noi considerate altrove (§ 1, 4).

Ciascuno de' punti **a** dà così due serie conjugate di curve gobbe di 4.° ordine con punto doppio in O. Anche le coniche per quattro punti **a** e le curve di 4.° ordine passanti semplicemente per questi e doppiamente per gli altri tre rappresentano due analoghe serie conjugate di curve gobbe di 4.° ordine. E lo stesso deve dirsi di due fasci formati l'uno dalle cubiche passanti per cinque punti **a** ed aventi un nodo nel sesto, l'altro dalle cubiche passanti per quei medesimi cinque punti ed aventi un nodo nel settimo.

Per tal modo si ottengono:

$$7 + \frac{7.6}{2} + \frac{7.6.5}{2.3} = 63$$

coppie di serie conjugate di curve gobbe di 4.° ordine con punto doppio in O. E poichè (§ 4) due serie conjugate corrispondono ad una generazione della superficie mediante due fasci projettivi di superficie di 2.° grado (tutte toccantisi fra loro in O), così possiamo dire che F ammette questa generazione in 63 maniere differenti *).

15. Come già si è veduto (§ 5), una serie di curve gobbe di 4.° ordine ne contiene sei spezzantisi ciascuna in due coniche (poste in piani diversi); ciò che del resto è immediatamente confermato dalla rappresentazione piana F″. E siccome due curve gobbe appartenenti a serie conjugate sono in una stessa superficie S di 2.° grado, così vi sono superficie S di secondo grado che segano F secondo quattro coniche. E queste superficie sono pur conjugate due a due. Infatti, se quattro piani segano F secondo quattro coniche situate insieme in una superficie di 2.° grado, anche la rimanente intersezione, formata dalle altre quattro coniche poste in que' quattro piani, giacerà in una superficie di 2.° grado. Quale è il numero di coteste superficie S seganti F secondo quattro coniche?

---

*) Cfr. STEINER, *Eigenschaften der Curven vierten Grades rücksichtlich ihrer Doppeltangenten* — e HESSE, *Ueber die Doppeltangenten der Curven vierter Ordnung*, nel Giornale di CRELLE, tom. **49**.

Le coniche incontrate in un punto, oltre ad O, da una data conica sono (§ 7) in numero di 27: ossia una data conica fa parte di 27 diverse curve gobbe di 4.° ordine.

Per due coniche aventi, oltre ad O, un punto comune, passano cinque superficie S ciascuna delle quali contiene altre due coniche. Infatti: quelle due coniche, come componenti una curva gobba di 4.° ordine, appartengono ad una delle 2.63 serie (§ 14), e questa serie (§ 4) contiene altre 5 paja di coniche, i piani delle quali segheranno F secondo altre 5 paja che appartengono alla serie conjugata. E siccome due curve gobbe di 4.° ordine appartenenti a due serie conjugate sono sempre situate in una stessa superficie S di 2.° grado, così, prendendo ad arbitrio un pajo dal primo gruppo di paja ed un pajo dal secondo gruppo, si avranno quattro coniche situate in una stessa superficie di 2.° grado.

Da ciò segue che per una data conica di F passano $\frac{27.5}{3} = 45$ superficie S di 2.° grado ciascuna delle quali sega F secondo tre altre coniche. Il che si può anche dedurre dal notissimo teorema che la superficie generale F' ha 45 piani tritangenti: ai quali piani corrispondono superficie di 2.° grado passanti per $\mathfrak{K}$ e seganti F in altre tre coniche. Ora $\mathfrak{K}$ è una qualunque delle 56 coniche di F; dunque, ecc.

Il numero totale delle superficie S contenenti quattro coniche di F è adunque

$$\frac{56.45}{4} = 630,$$

conjugate due a due, chiamando, come già s'è detto, *conjugate* due superficie S le cui otto coniche giacciano, due a due, in quattro piani. Perciò possiamo concludere che si hanno 315 coppie di superficie S conjugate.

16. La superficie F contiene infinite curve gobbe d'ordine 6 e genere 3, le quali formano due sistemi triplamente infiniti. Quelle di un sistema sono rappresentate sul piano F'' (§ 10) dalle curve di 4.° ordine **0. 1. 2. 3. 4. 5. 6. 7. 8. 9. 10**; quelle dell'altro dalle curve di 11.° ordine **1⁴. 2⁴. 3⁴. 4⁴. 5⁴. 6⁴. 7. 8. 9. 10.** Le une e le altre passano pel punto O. Due curve di diversi sistemi giacciono in una stessa superficie di 3.° ordine e si segano in altri dodici punti. Due curve di uno stesso sistema hanno invece soltanto cinque punti comuni, oltre ad O.

Ciascuno dei due sistemi contiene una rete di curve razionali, per le quali O è un punto triplo. Le imagini di esse deduconsi dalle imagini dianzi riferite, staccando da queste la cubica

0 . 1 . 2 . 3 . 4 . 5 . 6 . 7 . 8 . 9 . 10

che rappresenta il punto O: ossia supponendo che le superficie seganti di 3.° ordine, non solo passino per O, ma ivi tocchino il piano $x = 0$. Allora si hanno per imagini delle curve razionali di 6.° ordine, nell'un sistema le rette del piano F'', nell'altro le curve di 8.°

ordine $0^3 1^3 2^3 3^3 4^3 5^3 6^3$. Due curve razionali di uno stesso sistema si segano in un solo punto; due curve di sistemi differenti in otto punti, oltre ad O.

17. Mediante la trasformazione quadratica (§ 6) adoperata sinora si potrebbe continuare a dedurre proprietà della superficie F dalla nota teoria della superficie generale di 3.° ordine F'. Per ora io non addurrò che la costruzione geometrica della rappresentazione piana.

Per la superficie F', assunte in essa due rette $\mathfrak{a}_1, \mathfrak{a}_2$ che non si seghino, i punti di F' si possono projettare su di una superficie di 2.° grado S' che passi per $\mathfrak{a}_1$, mediante raggi appoggiati alle direttrici $\mathfrak{a}_1, \mathfrak{a}_2$. Con ciò i punti delle superficie F' ed S' sono messi in corrispondenza univoca.

Passiamo ora ad F; prendiamo in essa due coniche $\mathfrak{C}_1, \mathfrak{C}_2$ non segantisi all'infuori di O, e sia $\mathfrak{K}$ una conica che incontri tanto $\mathfrak{C}_1$ quanto $\mathfrak{C}_2$ in un secondo punto, dopo O *). Sia poi P il piano di $\mathfrak{C}_1$. Per un punto qualunque **M** di F si può condurre una (ed una sola) conica $\mathfrak{H}$ la quale passi per O, ivi tocchi $x = 0$ ed altrove incontri ancora le tre coniche $\mathfrak{K}, \mathfrak{C}_1, \mathfrak{C}_2$. Infatti: la conica $\mathfrak{H}$ sarà l'ulteriore intersezione di due superficie di 2.° grado passanti per $\mathfrak{K}$ e per **M**, toccanti in O il piano $x = 0$ e condotte l'una per $\mathfrak{C}_1$, l'altra per $\mathfrak{C}_2$. La conica $\mathfrak{H}$ incontra il piano P in un unico punto $\mathbf{M}_1$, poichè già lo attraversa in O. Viceversa, assunto ad arbitrio un punto $\mathbf{M}_1$ in P, costruendo la conica (unica) $\mathfrak{H}$ che tocca $x = 0$ in O, passa per $\mathbf{M}_1$ e incontra $\mathfrak{K}, \mathfrak{C}_1, \mathfrak{C}_2$, si otterrebbe univocamente il punto **M** nell'unica intersezione di $\mathfrak{H}$ con F (unica, perchè già quattro intersezioni sono riunite in O e altre tre cadono risp. in $\mathfrak{K}, \mathfrak{C}_1, \mathfrak{C}_2$).

Per tal modo sono riferite fra loro, punto per punto, mercè una projezione nella quale i raggi projettanti sono coniche, la superficie di 4.° ordine F e il piano P. Da questa rappresentazione piana di F si deduce poi, con note trasformazioni, la rappresentazione d'ordine minimo: quella cioè nella quale le imagini delle sezioni piane di F sono curve di 6.° ordine con 7 punti fondamentali doppî e 4 semplici.

Roma, giugno 1881.

---

*) Per esempio, siano $\mathfrak{C}_1, \mathfrak{C}_2$ le coniche rappresentate in F''' dai punti **1**, **2**, e sia $\mathfrak{K}$ la conica avente per imagine la retta **12**.

109.

COMMEMORAZIONE DI H. J. S. SMITH.

Atti della R. Accademia dei Lincei, Transunti, serie III, volume VII (1882-83), pp. 162-163.

Il socio Cremona fa una breve e affettuosa commemorazione dell'illustre matematico Henry John Stephen Smith, professore di geometria (dal 1861) all'Università di Oxford. Egli era nato a Dublino nel 1826 e morì a Oxford il 9 febbraio u. p. fra il compianto degli innumerevoli amici, ai quali era sommamente caro per le rare e bellissime doti dell'ingegno e dell'animo. Gli scritti di Smith sono inseriti nel Cambr. and Dub. Math. Journal, nei Reports della British Association, nelle Phil. Transactions e nei Proceedings della Royal Society, nei Proceedings della London Mathematical Society, nel Messenger of Mathematics, nel Giornale Matematico di Crelle, negli Annali di Matematica (di Milano), negli Atti della R. Accademia dei Lincei (1877), ecc. Devonsi a lui uno stupendo *Rapporto* sulla teoria dei numeri, presentato all'Associazione Britannica negli anni dal 1859 al 1865, ed una bella introduzione alla raccolta delle opere di Clifford. Le memorie di Smith si riferiscono ai più ardui problemi della teoria dei numeri, della teoria delle funzioni ellittiche e della geometria moderna; contengono risultati nuovi della più alta importanza e sono scritte con tale perfezione di forma che appena si riscontra nelle opere di Gauss. Per la sua somma modestia Smith non era forse così generalmente conosciuto fuori d'Inghilterra come meritava; ma senza dubbio la storia lo collocherà fra gli uomini più eminenti del suo tempo. La sua morte in età ancor fresca e nel pieno sviluppo della sua attività è una perdita irreparabile per la scienza.

L'oratore si onora d'aver conosciuto personalmente Smith in Oxford nel 1876 e d'averlo riveduto due anni dopo in Roma.

Interessantissime notizie della vita e degli scritti di Smith si possono leggere nel *Times* del 10 e del 12 febbraio, nel *Nature* del 22 e nell'*Academy* del 17 d. m. Queste due ultime commemorazioni sono dovute a W. Spottiswoode, l'illustre Presidente della

Royal Society ed a J. W. L. Glaisher, l'operosissimo matematico del Trinity College di Cambridge.

Noi ci associamo al voto di codesti egregi scrittori, che le opere di Smith edite ed inedite siano raccolte e pubblicate in collezione, come già fu fatto (per parlare della sola Granbretagna) delle opere di Green, Mac Cullagh, Gregory, Leslie Ellis, Macquorn Rankine e Clifford, con immenso vantaggio degli studiosi.

Il socio Cremona finisce deplorando che l'illustre matematico di Oxford sia morto prima che l'Accademia potesse annoverarlo tra i suoi membri.

110.

CENNO NECROLOGICO DI W. SPOTTISWOODE.

Atti della R. Accademia dei Lincei, Transunti, serie III, volume VII (1882-83), pp. 308-309.

Sono trascorsi poco più di due mesi dal giorno (5 maggio) che WILLIAM SPOTTISWOODE, venuto con la consorte in Italia per un breve viaggio di diporto, sedeva qui fra noi e ci leggeva una sua Memoria matematica che doveva essere l'ultima sua fatica scientifica. Ora egli già da una settimana dorme l'eterno sonno nelle tombe illustri di Westminster Abbey! Io non dimenticherò mai l'ospitalità trovata in seno alla sua degna famiglia, nel settembre 1876, nella sua magnifica villa di Combe-Bank presso Sevenoaks; e parecchi altri fra noi lo hanno pur conosciuto o a Londra, o a Parigi, o altrove, in alcuno de' suoi frequenti viaggi sul continente. Nessuno lo ha avvicinato senza amarlo; egli tant'alto locato per ricchezza di censo e per posizione sociale, aveva tanta semplicità e modestia di modi!

SPOTTISWOODE era nato a Londra, l'11 gennaio 1825, da antica famiglia scozzese che aveva dato uomini d'egregia fama non solo alla Scozia ma anche all'America. Studiò a Eton, a Harrow ed a Oxford nel Balliol College. Lasciato Oxford, ebbe ad occuparsi delle faccende del Queen's Printing Office, di cui era direttore suo padre; ma, malgrado gli affari, non cessò mai d'occuparsi di studî, prediligendo le matematiche, la fisica e le lingue orientali. Dotato d'eccezionali qualità organizzatrici, non solo riordinò e fece fiorire la sua azienda, ma rese eminenti servigî alla Royal Society, alla British Association, alla London Mathematical Society ed alla Royal Institution.

Le sue prime pubblicazioni scientifiche furono le *Meditationes analyticae* (London 1847) e gli *Elementary Theorems relating to Determinants* (London 1851); ma di lui si hanno poi circa 90 memorie, delle quali un terzo appartenenti alla fisica, e più di 50 a diverse parti delle matematiche, ch'egli trattava in modo da meritarsi che un carissimo amico, T. A. Hirst, lo chiamasse *l'incarnazione della simmetria:* le quali memorie si trovano inserite nel Philosophical Magazine, nel Cambridge and Dublin Mathematical Journal, nel Quarterly Journal of Mathematics, nel Journal für die reine und angewandte Mathematik (di CRELLE), negli Annali di scienze matematiche e fisiche (di TORTOLINI), nei Proceedings della Royal Society, della Royal Geographical Society, della Royal Institution, della Musical Society e della London Mathematical Society, nelle Philosophical Transactions, nel Royal Asiatic Society Journal, nelle Memorie della Royal Astronomical Society, nei Reports della British Association, nei Comptes Rendus dell'Accademia delle scienze di Parigi e da ultimo negli Atti della nostra Accademia.

A SPOTTISWOODE furono concessi i più grandi onori che un uomo di scienza in Inghilterra possa ottenere: la presidenza della Società Reale negli ultimi anni di sua vita, e, dopo morte, la tomba nell'abbazia di Westminster, dove già da circa tre secoli riposa un altro SPOTTISWOODE, arcivescovo di St. Andrews.

Nel *Nature* del 26 aprile 1883 si legge una biografia di SPOTTISWOODE colla lista delle sue pubblicazioni, meno l'ultima, di data posteriore, presentata ai Lincei. Il *Daily News* del 6 luglio dà la descrizione dello splendido funerale ch'ebbe luogo il 5: da essa si rileva in qual modo eccezionalmente solenne il Governo, il Parlamento, i rappresentanti delle Università e delle grandi Istituzioni scientifiche e gli uomini più insigni dell'Inghilterra abbiano reso gli ultimi onori all'eminente scienziato che lascia tanto desiderio di sè, nel Regno unito e nel Continente.

Possa questa comunanza di lutto essere di qualche conforto all'egregia vedova ed ai figli del caro e indimenticabile SPOTTISWOODE!

111.

AN EXAMPLE OF THE METHOD OF DEDUCING A SURFACE FROM A PLANE FIGURE. [112]

Transactions of the Royal Society of Edinburgh. Vol. XXXII, Part II, (1883-84), pag. 411-413.

Let there be given, in a plane π, six (fundamental) points **1**, **2**, **3**, **4**, **5**, **6**, of which neither any three lie in a right line, nor all in a conic; and consider the six conics $[1]\equiv\mathbf{23456}$, $[2]\equiv\mathbf{13456}$, $[3]\equiv\mathbf{12456}$, $[4]\equiv\mathbf{12356}$, $[5]\equiv\mathbf{12346}$, $[6]\equiv\mathbf{12345}$, and the fifteen right lines $\overline{\mathbf{12}}$, $\overline{\mathbf{13}}, \ldots$, $\overline{\mathbf{16}}$, $\overline{\mathbf{23}}, \ldots$ $\overline{\mathbf{56}}$.

There is a pencil of cubics $\mathbf{1}^2\mathbf{23456}$ (curves of the third order, having a node at **1** and passing through the other fundamental points); their tangents at the common node form an involution, viz., they are harmonically conjugate with regard to two fixed rays. Five pairs of conjugate rays of this involution are already known; for instance, the line $\overline{\mathbf{12}}$ and the conic [2] have conjugate directions at the point **1**, for, they make up a cubic $\mathbf{1}^2\mathbf{23456}$.

Each other fundamental point is the centre of a like involution. And also on each conic [1], [2], . . . , and each line $\overline{\mathbf{12}}$, $\overline{\mathbf{13}}$, . . . points are coupled harmonically with regard to two fixed points. The involution on the conic [1] is cut by the pencil of rays through **1**; for instance, the point **2** is conjugate to the second intersection of [1] with $\overline{\mathbf{12}}$, &c. The involution on the line $\overline{\mathbf{12}}$ is cut by the pencil of conics **3456**; for instance, the points $\overline{\mathbf{12}}\,.\,\overline{\mathbf{34}}$, $\overline{\mathbf{12}}\,.\,\overline{\mathbf{56}}$ are conjugate, as $\overline{\mathbf{34}}$ and $\overline{\mathbf{56}}$ make up a conic through **3456**; and the point **1** is conjugate to the second meeting of $\overline{\mathbf{12}}$ with the conic [2]; &c.

The Jacobian of a linear twofold system (réseau) of cubics **123456** is a sextic $\mathrm{K}\equiv(\mathbf{123456})^2$ having six nodes at the fundamental points. Since any réseau of cubics **123456** contains 1° a cubic $k\equiv\mathbf{1}^2\mathbf{23456}$; 2° a cubic breaking up into a ray r through **1** and the conic [**1**]; 3° a cubic made up by the line $\overline{\mathbf{12}}$ and a conic c trough **3456**, &c.; we see immediately that the (sextic K) Jacobian of the réseau 1° has the same tangents as the cubic k at the common node **1**; 2° and 3° passes through the intersections of r with [**1**], and the intersections of c with $\overline{\mathbf{12}}$ &c.

The Jacobians K form a linear threefold system of sextics $(\mathbf{123456})^2$

$$\lambda K + \lambda' K' + \lambda'' K'' + \lambda''' K''' = 0,$$

therefore we have the following theorem:

If six points **1**, **2**, **3**, **4**, **5**, **6**, are given in a plane π, as said above, we may construct a threefold linear system of sextics $K \equiv (\mathbf{123456})^2$, whose tangents at each of the six common nodes are coupled in involution, and which cut, also in involution, each of the six conics [**1**], [**2**],.. and of the fifteen right lines $\overline{\mathbf{12}}$, $\overline{\mathbf{13}}$, ... Any sextic of this system is the Jacobian of a réseau of cubics **123456**.

Among these ∞^3 cubics, there are ∞^1 curves possessing a cusp (stationary point), and the locus of the cusps is a curve $\Theta \equiv (\mathbf{123456})^4$ of the twelfth order, which touches each conic [**1**], [**2**],... and each line $\overline{\mathbf{12}}$, $\overline{\mathbf{13}}$, ... in two distinct points, and has (only) two distinct tangents at each quadruple point **1**, **2**,... : those points and these tangents being the double elements of the twenty-seven involutions mentioned above.

Let us start now from the foregoing plane diagram, without any further reference to its origin; and consider π as representative of a surface Φ whose plane sections shall have the sextics K as their images. *) We see at once that the order of Φ is 12, for, two sextics K meet in (6.6 — 6.4 =) 12 more points. Thus we get a (1, 1) correspondence between the points of π and those of Φ; any point M on π being common to ∞^2 sextics K, it is the image of a point M' on Φ, in which the ∞^2 corresponding planes meet. But if M lies on one of the six conics [**1**], [**2**], ... or of the fifteen lines $\overline{\mathbf{12}}$, $\overline{\mathbf{13}}$,... or infinitely near to one of the six points **1**, **2**, ..., then all the ∞^2 sextics K passing through M contain also another common point M_1, which is conjugate to M in one of the twenty-seven involutions. Therefore, in such case, M' is a double point on Φ: this surface has an infinite range of double points, whose locus, as easy to see, is constituted by twenty-seven right lines, having as their images on π the six fundamental points and the six conics and fifteen lines connecting them.

If M falls at the intersection of $\overline{\mathbf{12}}$, $\overline{\mathbf{34}}$, viz., if it belongs to two involutions, it will

*) See CAPORALI's paper in *Collectanea Math. in memoriam D. Chelini.*

have two conjugate points $M_1 \equiv (\overline{12})(\overline{56})$, $M_2 \equiv (\overline{34})(\overline{56})$; and the three points M M_1 M_2 will be common to ∞^2 sextics K correspondig to ∞^2 planes, whose point of intersection M′ (where the nodal lines of Φ meet, which answer to $\overline{\mathbf{12}}$, $\overline{\mathbf{34}}$, $\overline{\mathbf{56}}$) is consequently a treble point on Φ. Thus, our surface possesses forty-five treble points, in each of which three nodal lines meet.

Let a cubic **123456** have a cusp M; then, every sextic $(\mathbf{123456})^2$, which is the Jacobian of a réseau including that cubic, shall pass through M and touch there the tangent at the cusp. Hence the ∞^2 sextics K through M will have the same tangent at this point. Accordingly the corresponding point M′ will be a double point on Φ with coinciding tangent planes, viz., a cuspidal or stationary point. Thus we see that Φ has a cuspidal curve, whose image on π is the locus of cusps of cubics **123456**, viz., the curve $\Theta \equiv (\mathbf{123456})^4$ of the twelfth order. The order of the cuspidal curve on Φ is $(6.12 - 6.2.4 =) 24$.

The class of Φ, that is to say, the number of the tangent planes drawn through two arbitrary points in space, is equal to that of the intersections of the Jacobians of two linear twofold systems of sextics K. The Jacobian of such a system is of the order $3(6-1) = 15$, and passes $3.2 - 1 = 5$ times through each fundamental point; but the curve Θ is clearly included in the Jacobian, therefore, this latter will break up into a fixed curve, Θ, and a variable one, being of the order $15 - 12 = 3$, and possessing the multiplicity $5 - 4 = 1$ at the fundamental points. So the residual Jacobian is a cubic curve **123456**. Two such curves meet in $9 - 6 = 3$ more points; hence the class of Φ is 3.

The surface Φ, being of the twelfth order and third class, and having twenty-seven nodal right lines and a cuspidal curve of the twenty-fourth degree, is the reciprocal of the general cubic surface. It was very easy to foresee this conclusion, in accordance with the (1, 1) correspondence between any surface and its reciprocal. But I wished to give an instance of the method of deducing a (unicursal) surface from a plane figure assumed as its representative.

112.

ON A GEOMETRICAL TRANSFORMATION OF THE FOURTH ORDER IN SPACE OF THREE DIMENSIONS, THE INVERSE TRANSFORMATION BEING OF THE SIXTH ORDER.

The Transactions of the Royal Irish Academy, vol. XXVIII (1884), Science, pp. 279-284.

The subject of this short Memoir is that of Geometrical Rational Transformation in Space of Three Dimensions. When the points of a space S have a (1, 1) correspondence with those of another space *s*, in such a manner that the planes and the (right) lines of *s* correspond to surfaces F of mth order, and to curves C of the nth order in the former space S, I say that the transformation of *s* into S is of the mth degree, and that the inverse transformation (of S into *s*) is of the nth degree. In fact the planes and the (right) lines of S correspond to surfaces Φ of the nth order, and to curves *k* of the mth order, in the space *s*. The surfaces F (or Φ) are homaloid (unicursal after Cayley and Salmon), and form what I name a *homaloidic* system; that is to say, a single surface will pass through three *arbitrary* points, and three surfaces will have a single common point (if not an infinite number), wich is not common to the whole system. Two surfaces have, in common, a unicursal curve C (or *k*).

Generally there are (*fundamental*) points common to all the surfaces F (or Φ); if their number is an infinite one, they form (*fundamental*) curves, which can be single or multiple for the surfaces of the system. The points on fundamental curves of each system are *exceptional* ones, with respect to the transformation: they do not correspond to *single* points of the other space, but rather to curves, whose loci are surfaces forming the *Jacobiana* of the second system. Of the two homaloidic systems, if one is known, the other is determined too. And if the correspondence is given betwen the points of a single homaloid surface and those of a plane, my method finds out all the homaloidic systems to which the given surface can belong.

I will explain the method by an example, which may be considered as possessing some interest in itself. Let us start from a Nöther's surface F of the 4th order, whose only singularity is a double point O with a single tangent plane Ω, which meets the surface in four (right) lines passing through O. This surface may be representend on a plane f in such a manner that the images of its plane sections may be sextic curves a^2b, having seven double points $a_1, a_2, \ldots a_7$, and four single points b_1, b_2, b_3, b_4 common: all these eleven points being ranged in a single cubic curve ab, which is the image of the singular point O. *)

Any other surface F′, having the same singularity as F (the same double point O, and the same singular tangent plane Ω), will intersect F in a curve of the 16th order, whose image on the plane f is a curve a^4 of the 12th order, passing four times through each of the seven points a.

In several ways the curve of the 12th order can break up into others of lower degree: I assume a braking up into a right line and a curve a^4 of the 11th order. Supposing this latter as fixed or given, and the former as variable on the plane f, we shall have the images of ∞^2 unicursal curves C of the 6th order, in which F is cut by ∞^3 surfaces F′ passing (like F) through a common curve Γ of the 10th order, whose deficiency is 3. By consideration of images in f, we see that O is a treble point for the curves C, and a fivefold one on Γ; and that every C meets Γ in eleven points.

Thus we have got a homaloidic system of surfaces F, F′, ... to which the given Nöther's surface belongs. Consequently there exists a (1, 1) correspondence between the points, the planes f and the lines c of a space s, and the points, the quartic surfaces F, and the sextic curves C of the space S, from which we started. Then the planes Φ and the lines K of S will correspond to surfaces φ of the 6th order and to curves k of the 4th order; for, the intersections of a φ with a line, or of a k with a plane, in s, must correspond to the intersections of a plane Φ with a sextic curve C, or of a line K with a quartic surface F in S.

Besides the variable intersection k of the 4th order, the surfaces φ of the homaloidic system in s must have in common some fixed curves equivalent to one of the order $(6^2 - 4 =)32$. To find them out, let us remember that a point of a r-ple curve common to the φ's corresponds to a unicursal curve of the rth order lying on the Jacobiana of the F's, and that the intersections of the r-ple curve with a plane f correspond to an equal number of curves of the rth order common to an F and to the Jacobiana.

The curves of F corresponding to single points in f are seven conics and four lines whose images are the seven points a and the four points b; therefore the surfaces φ of the homaloidic system in s will have in common a double curve δ of the 7th order, and a simple curve ω of the 4th order. The Jacobiana of the F's is then composed of two parts:

*) See a Paper of mine in the *Collectanea mathematica in memoriam D. Chelini*. [Queste Opere, n. 108].

1.º the surface Δ of the 11th order, which is the locus of the conics touching in O the plane Ω and meeting the curve Γ four times; 2.º the plane Ω as being the locus of lines through O. The curve Γ is a treble one on Δ.

An arbitrary plane Φ in S corresponds to a sextic surface φ in s; but, if Φ is a plane Ψ passing through O, which is a treble point on any sextic curve C, the correspondent φ will break into two cubic surfaces; of which the one, ψ_0, is fixed and answers to the fundamental point O; whereas the other, ψ, is variable in a linear two-fold system (*réseau*) including ψ_0. The cubic ψ coincides with ψ_0 when the plane Ψ falls on Ω. As on every φ, δ is a double curve of the 7th order and ω a simple one of the 4th order, we see at once that all the cubic surfaces ψ pass through δ, but only ψ_0 passes through ω too.

Reciprocally all cubic surfaces (ψ) through the fundamental curve δ of the 7th order correspond to planes (Ψ) through O: because the partial Jacobiana Δ must then break off from the surface of the order $(3 \, . \, 4 =)$ 12 corresponding (in S) to any cubic surface (in s).

Let us consider the representation of the points of any ψ on those of its correspondent plane Ψ. This plane meets Γ in five points, besides O; therefore it will cut the F's in curves of the 4th order, of which $4^2 - 5 - 3 = 8$ common points are coinciding with O. Consequently, the images of plane sections of ψ on Ψ are quartic curves (with two consecutive double points on O and Ω) having eight common intersections gathered up in O and five other common (simple) points. This threefold system of quartics contains a twofold one of such curves having a treble point at O (with two coinciding tangent lines on Ω); whence it follows that the cubic surfaces ψ possess a common double point o.

Two cubic surfaces ψ meet, further, in a conic corresponding to a line through O. Therefore all the analogous conics are passing through o, and this point is a treble one on the curve δ, whose deficiency is 3. This can be proved by projection of one ψ from the double point o on a plane π; a representation which can also result from the foregoing one of ψ on Ψ, combined with quadric transformation. The images of plane sections are then cubic curves meeting in six fixed points p the conic which represents the double point o; and the image of the intersection of our surface with any other cubic surface [113] will be a quintic p. A conic passing through o is represented by a line drawn through one of the points p; then, if the conic is common to the two cubic surfaces, the image of their further intersection δ will be a quartic passing through the five remaining points p; whence we recognize at once the deficiency of δ and the number of its branches through o. Besides, we see that the conic meets δ in four points in addition to o.

Any plane Φ (in S) intersects the F's in a threefold system of quartic curves passing through ten common points G, which are the tracks of Γ; these curves are then the images of plane sections of a surface φ, when this is put in correspondence with the plane Φ.

Looking up to the intersection of this plane with the Jacobiana of the F's, we find that the fundamental curves δ, ω have, as their images on Φ, a curve $\nabla \equiv G^3$ of the 11th order and a right line, whence it follows that δ and ω meet in eleven points. Any one of the conics, whose locus is the partial Jacobiana Δ, pierces the plane Φ in two *conjugate* points of ∇ answering to one point of the double fundamental curve δ. Every quartic G meets with ∇ only in pairs of conjugate points.

From this representation on Φ, we infer that every sextic surface φ contains ten right lines, which are lines through three points of the double curve δ. The locus of such lines is a partial Jacobiana for the φ's corresponding to Γ: its degree is 11; for, in the space S, every curve C meets Γ in 11 points. The fundamental point O is a treble one for every C, and absorbs nine of the twenty-four linear conditions determining a unicursal twisted sextic curve; therefore, the Jacobiana of the φ's is completed by a surface of the third order three times counted: the cubic ψ_0. We see at once that δ is a 4-ple curve on the former partial Jacobiana.

Any two of the φ's have as intersection (besides δ and ω) a unicursal quartic curve k, corresponding to a right line in S; every k meets δ in eleven points, and ω in one point, because in S these numbers eleven and one are the orders of the surfaces making up the Jacobiana of the homaloidic system.

Applying to the projection of ψ_0 from o on a plane, it is easy to see that o is a treble point on every surface φ.

We saw above that lines K (in S) correspond to quartic curves k meeting ω in one and δ in eleven points; and that lines c (in s) correspond to sextic curves C cutting Γ eleven times and having O as treble point with tangent lines on the plane Ω. But curves k and C will degenerate into curves of lower order when the line K meets Γ or passes through O, or when the line c cuts δ or ω; for, to any point of Γ, ω, δ, corresponds a line or a conic, &c. Thus, for instance, lines cutting Γ three times correspond to chords of δ supported by ω; lines projecting Γ from O correspond to lines projecting δ from o; lines through three points of ω correspond to cubic (twisted) curves meeting Γ in eleven points; &c. The point o has, as its image in the space S, the three chords of Γ which spring from O.

Our transformation, by which we purposed to give an example of the general method, is now established and completely explained in its chief circumstances.

113.

SOPRA UNA TRASFORMAZIONE BIRAZIONALE, DEL SESTO GRADO, DELLO SPAZIO A TRE DIMENSIONI, LA CUI INVERSA È DEL QUINTO GRADO.

Proceedings of the London Mathematical Society, vol. XV (1884), pp. 242-246.

1. La breve comunicazione che ho l'onore di fare alla London Mathematical Society è sostanzialmente una illustrazione de' metodi di trasformazione geometrica dello spazio a tre dimensioni, che io cominciai a pubblicare già da molti anni, nel *Journal für die reine und angewandte Mathematik*, nei *Rendiconti dell'Istituto Lombardo*, nelle *Nachrichten della R. Società di Göttingen*, nelle *Memorie dell'Accademia di Bologna*, negli *Annali di Matematica, etc.:* i quali metodi sono fondati sulla teoria delle trasformazioni delle figure piane, da me data nel 1865 (*Memorie dell'Accademia di Bologna*) [Queste Opere, n. **62** (t. 2.°)].

2. Se Ψ è una superficie di 3.° ordine, dotata di un punto doppio (conico) O, e se per cinque delle sei rette di Ψ uscenti da O si fa passare un cono generale di 4.° ordine, la rimanente intersezione sarà una curva di 7.° ordine Γ_7, per la quale O è un punto triplo. Si sa che questa curva Γ_7 (per la quale passa una *rete*, ossia un sistema lineare ∞^2 di superficie analoghe a Ψ) può essere presa come curva doppia di infinite superficie di 6.° ordine, aventi anch'esse in O un punto triplo. È anche noto *) che una siffatta superficie può essere rappresentata in un piano φ per modo che le imagini delle sue sezioni piane siano curve di 4.° ordine aventi in comune dieci punti (fondamentali) semplici $m_1, m_2, \ldots m_{10}$. Indicherò tali curve col simbolo $c_4 \equiv m_1 m_2 \ldots m_{10} \equiv m$. L'imagine di Γ_7 è una curva $c_{11} \equiv m^3$, ossia d'ordine 11 e passante tre volte per ciascun punto m. Un'al-

*) Caporali nei *Collectanea Mathematica in memoriam D. Chelini*, p. 169. Cfr. una mia comunicazione alla R. Irish Academy, 28 aprile 1884 [Queste Opere, n. **112**].

tra superficie dello stesso ordine e dotata della stessa singolarità sega ulteriormente la prima in una curva di 8.º ordine, la cui imagine è una conica descritta arbitrariamente nel piano φ. Supponendo che la conica sia fatta passare pei tre punti m_8, m_9, m_{10}, la curva d'intersezione si spezza in tre rette R R' R'' trisecanti di Γ_7 ed in una quintica (razionale) C_5, che incontra le rette R ciascuna una volta e la Γ_7 tredici volte. Chiamerò Φ_6 o Φ la superficie rappresentata in φ e Φ', Φ'',... le altre superficie analoghe, seganti Φ nelle stesse tre rette R (oltre la curva doppia Γ_7); tutte le Φ formano un sistema *omaloidale* (ossia tale che tre punti arbitrari dello spazio individuano una Φ, e tre Φ si segano in un solo punto, all'infuori delle linee *fondamentali* Γ_7, R, R', R''). Tutte le quintiche analoghe C_5 sono in numero (4 . 5 — 3 — 13 =) 4 volte infinito, e due di esse, se poste in una stessa superficie Φ, si segano in un solo punto. Tutto ciò appare manifesto dalla rappresentazione φ.

3. Per lo scopo della presente memoria, conviene di trasformare il piano φ mediante una trasformazione quadratica i cui punti fondamentali siano m_8, m_9, m_{10}. Allora le imagini delle sezioni piane di Φ saranno curve di 5.º ordine aventi in comune tre punti doppi a_1, a_2, a_3 e sette punti semplici $b_1, b_2, \ldots b_7$; le rette a_2a_3, a_3a_1, a_1a_2 rappresenteranno le rette R, R', R''; e la curva Γ_7 sarà rappresentata da una curva di 13.º ordine, $c_{13} \equiv a^5b^3$, passante cinque volte per ciascun punto a e tre volte per ciascun punto b. Le imagini delle curve C_5 saranno ora le rette del piano φ.

4. Ora io posso far corrispondere univocamente i punti del dato spazio S a quelli di un altro spazio s, in modo che le superficie Φ e le curve C_5 corrispondano ai piani φ ed alle rette di s. Si tratta di trovare quali superficie e quali curve di s corrisponderanno ai piani e alle rette di S. Di queste superficie e curve sappiamo soltanto finora che le prime sono di 5.º ordine e le seconde del 6.º: come risulta dal segare in S un piano con una C_5 e una retta con una Φ.

5. La Jacobiana delle Φ è una superficie d'ordine $4(6-1) = 20$, e per essa Γ_7 è una curva (4 . 2 — 1 =) 7^{pla} e le R sono rette (4 . 1 — 1 =) 3^{ple}. Inoltre, la Jacobiana sega una qualunque delle Φ in un luogo d'ordine $6 . 20 - 2 . 7 . 7 - 1 . 3 . 3 = 13$, la cui imagine in φ è costituita dai punti fondamentali a b. I sette punti b rappresentano altrettante rette trisecanti di Γ_7; e i punti a rappresentano coniche seganti Γ_7 in cinque punti e appoggiate a due rette R. Perciò la Jacobiana delle Φ è composta: 1.º della superficie J_{11} d'ordine 11, luogo delle trisecanti di Γ_7; per essa, Γ_7 è curva quadrupla e le R sono tre generatrici semplici; 2.º di tre superficie di 3.º ordine Ψ_3, Ψ'_3, Ψ''_3 (della rete considerata al principio di questa memoria), passanti per Γ_7 e rispettivamente per R' R'', R'' R, R R'. Queste superficie Ψ_3 sono appunto i luoghi delle coniche appoggiate in 5 punti a Γ_7 e incontranti due rette R: come si può facilmente verificare *a posteriori*

ricorrendo ad una rappresentazione piana di una Ψ, p. e. ad una projezione dal punto doppio O *).

6. Le superficie costituenti la Jacobiana delle Φ corrispondono alle curve fondamentali dello spazio s: perciò, in questo spazio, avremo una curva c_7 i cui punti corrisponderanno alle generatrici di J_{11}, e il cui ordine sarà 7, perchè ciascuna Φ contiene *sette* generatrici di J_{11}; ed avremo inoltre tre rette r, r', r'', i cui punti corrisponderanno alle coniche di Ψ_3, Ψ'_3, Ψ''_3. Ciascuna r è una retta (linea d'ordine 1) perchè la corrispondente Ψ_3 ha *una* sola conica in una Φ qualunque. E il sistema omaloidale in s (ossia il sistema delle superficie corrispondenti ai piani di S) sarà per conseguenza costituito dalle superficie f_5 di 5.° ordine, aventi in comune c_7 come curva *semplice* (giacchè i suoi punti corrispondono a rette) e le r come rette *doppie* (giacchè i loro punti corrispondono a coniche). Due f_5 si segheranno ulteriormente in una curva k_6 (razionale) d'ordine $5 . 5 - 7 - 3 . 4 = 6$; tutte le curve analoghe corrispondono alle rette di S. Una k_6 incontra la c_7 in undici punti e ciascuna r in tre punti, perchè le Jacobiane parziali, corrispondenti a c_7, r, sono rispettivamente dell'ordine 11, 3.

7. La superficie Ψ_3 che contiene Γ_7 ed $R' R''$, insieme con una superficie Ψ, passante per Γ_7 ed R (vi è un fascio di tali superficie Ψ), forma una superficie Φ, cui corrisponderà un piano passante per r; ossia i piani per r corrispondono alle Ψ per Γ_7 ed R; analogamente i piani per r' alle Ψ per Γ_7 ed R'; ed i piani per r'' alle Ψ per Γ_7 ed R''. Questi tre fasci di Ψ, presi due a due, hanno una superficie comune (la Ψ_3 che passa per Γ_7 e per $R' R''$ o per $R'' R$ o per $R R'$); dunque anche i fasci di piani per r, r', r'', presi due a due, hanno un piano comune: ossia le tre rette r, r', r'' giacciono due a due in un medesimo piano. E siccome tutte e tre non possono trovarsi in uno stesso piano (essendo rette doppie per superficie di 5.° ordine), così esse concorrono in un punto o.

8. Un cono di 2.° ordine per $r r' r''$, corrisponderà ad una superficie di 12.° ordine $\equiv \Gamma_7^4 R^2 R'^2 R''^2$, dalla quale devono staccarsi le tre superficie $\Psi_3 \equiv \Gamma_7 R' R''$, $\Psi'_3 \equiv \Gamma_7 R'' R$, $\Psi''_3 = \Gamma_7 R R'$; rimane dunque una superficie di 3.° ordine per Γ_7. Alla rete delle superficie Ψ per Γ_7 corrisponde adunque la rete dei coni quadrici per $r r' r''$. Ne segue che alle rette per o corrispondono le coniche per O, appoggiate a Γ_7 in quattro punti. Una di queste coniche incontra un piano arbitrario in due punti; dunque o è un punto triplo per le superficie f_5.

9. Ciascuna delle tre rette r incontra c_7 in tre punti. Infatti la J_{11} e una delle Ψ_3,

*) La rappresentazione ha sei punti fondamentali 1, 2, 3, 4, 5, 6 situati in una conica che è l'imagine del punto doppio. Le imagini delle due rette R e della curva Γ_7 sono p. e. le rette 16, 26 e una curva generale di 4.° ordine 12345. La superficie è allora il luogo delle coniche aventi per imagini le coniche 3456.

avendo in comune Γ_7 e due R, si segheranno inoltre in un luogo di 3.° ordine: se M è un punto di esso, per M passerà una generatrice di J_{11}, ossia una trisecante di Γ_7. Questa trisecante, avendo così 4 punti comuni con Ψ_3, che è di 3.° ordine, giace per intero in questa superficie; dunque quel luogo di 3.° ordine, ulteriore intersezione di J_{11} e Ψ_3, è composto di tre rette, trisecanti di Γ_7. *) Da ciò segue che c_7 ha tre punti comuni con ciascuna r. Ai cinque punti in cui c_7 incontra ulteriormente un cono quadrico passante per le r corrispondono le cinque rette in cui J_{11} sega una Ψ.

10. Considerando la rappresentazione di una f_5 sul piano corrispondente F in S, le imagini delle sezioni piane di f_5 saranno le sezioni fatte in F dalle Φ, ossia curve di 6.° ordine con sette punti doppi $A_1 A_2 \ldots A_7$ (tracce di Γ_7) e tre punti semplici B (tracce delle rette R) **). L'imagine della curva fondamentale c_7 sarà una curva $C_{11} \equiv A^4B$, traccia della superficie J_{11}; e le rette r saranno rappresentate da tre cubiche AB′B″, AB″B, ABB′ (tracce delle superficie Ψ_3), passanti pei sette punti A e per due punti B. Ciascuna di queste cubiche è punteggiata in coppie di punti conjugati (mediante le coniche il cui luogo è la relativa Ψ_3), in modo che le curve sestiche A^2B la incontrano soltanto in coppie di punti conjugati.

Le tre cubiche medesime si segano ulteriormente, due a due, in tre punti C, C′, C″, uno per ciascun pajo. Ne segue che i punti C, C′, C″ costituiscono insieme l'imagine del punto o nel piano F; così che essi giaceranno in ∞^2 sestiche del sistema A^2B. È pure manifesto che C′ C″, C″ C, C C′ sono coppie di punti conjugati, rispettivamente per le cubiche AB′B″, AB″B, ABB′.

11. I punti C sono le intersezioni di F con tre rette, passanti per O e appoggiate a Γ_7, le quali costituiscono l'imagine di o nello spazio S. Tali rette sono quelle nelle quali s'intersecano, due a due, le tre superficie cubiche Γ_7R′R″, Γ_7R″R, Γ_7RR′. Esse corrispondono alle rette R, R′, R″ nella corrispondenza univoca che esiste fra le generatrici di J_{11} e le generatrici del cono che da O projetta Γ_7. Ecco come si riconosce tale corrispondenza. Due superficie di 3.° ordine passanti per Γ_7 si segano inoltre secondo una conica che passa per O e incontra Γ_7 quattro volte. Ma, se le due superficie passano insieme per una trisecante di Γ_7, esse individuano un fascio, tutte le superficie del quale hanno inoltre in comune una generatrice del cono $O\Gamma_7$: e viceversa, se le due superficie passano per questa generatrice, esse contengono eziandio quella trisecante.

12. I punti fondamentali A, B della rappresentazione di f_5 in F, sono le imagini di sette coniche e di tre rette: queste costituiscono adunque la parte variabile dell'in-

*) Ciò può anche dedursi dal fatto che J_{11} è segata da ogni Φ secondo 7 rette, e che p. e. la $\Psi \equiv \Gamma_7$R′R″ con una $\Psi \equiv \Gamma_7$R costituiscono una Φ.

**) Cfr. Caporali, l. c.

tersezione di una f_5 colla Jacobiana delle f, la quale dev'essere dell'ordine $4(5-1)=16$ e contenere tre volte la c_7 e sette volte ciascuna delle r. La Jacobiana è dunque composta: 1.° della superficie j_{13} d'ordine 13 (perchè le curve C_5 in S incontrano Γ_7 tredici volte), luogo delle coniche appoggiate alle r e seganti c_7 in quattro punti; 2.° di tre piani i, i', i'' determinati dalle r prese due a due. Siccome in S la Γ_7 è incontrata rispettivamente in 3, 5 punti dalle rette e dalle coniche corrispondenti ai punti di c_7, r, così in s per la superficie j_{13} la c_7 è tripla e ciascuna r è quintupla.

Il piano $r'r''$ fa parte della Jacobiana delle f in quanto è il luogo delle rette (formanti un fascio) che segano r', r'' e incontrano c_7 nel punto che questa curva ha nel piano all'infuori delle r', r''. Il detto piano sega j_{13} secondo tre rette uscenti dal punto ora nominato di c_7, le quali corrispondono ai punti in cui R è appoggiata a Γ_7.

13. Ai piani per una retta R dello spazio S corrispondono in s superficie di 4.° ordine per le quali r è una retta doppia e c_7, r', r'' sono linee semplici. Perciò la curva c_7 giace in tre fasci di superficie di 4.° ordine dotate di una retta doppia (una delle r). Un fascio ha per base la retta doppia, la c_7, le altre due rette r e altre tre rette corrispondenti ai punti in cui R è appoggiata a Γ_7.

14. Abbiamo veduto che ad una retta qualunque K in S corrisponde in s una sestica (razionale) k_6 che sega ciascuna r tre volte e la c_7 undici volte. Ma, poichè ai punti di Γ_7 e delle R corrispondono coniche e rette che hanno un determinato numero d'incontri colle linee fondamentali di s, così se K incontra Γ_7 o le R, la corrispondente curva in s si abbassa ad un ordine inferiore. Per es. alle corde di Γ_7 corrispondono le coniche appoggiate in un punto a ciascuna r e in tre punti alla c_7; alle rette seganti le tre R corrispondono le cubiche gobbe che incontrano ciascuna r una volta e la c_7 otto volte; alle rette che incontrano Γ_7 e le tre R corrispondono le rette che segano quattro volte c_7; etc.

Da quest'ultima osservazione si conclude che c_7 ha cinque rette che la segano in quattro punti; giacchè l'iperboloide formato dalle trasversali delle R incontra Γ_7 in $2.7-3.3=5$ punti situati fuori delle R medesime.

15. Analoghi risultati si ottengono considerando le rette c nello spazio s e le corrispondenti curve C_5 in S. Alle rette trisecanti di c_7 corrispondono le coniche appoggiate in un punto a ciascuna R e in quattro punti a Γ_7; alle corde di c_7 segate da una r corrispondono le corde di Γ_7 segate da una R; etc.

16. Se ora si suppone data, in uno degli spazi S o s, una superficie passante una o più volte per alcuna delle linee fondamentali, sarà ovvio di ottenere le proprietà della corrispondente superficie nell'altro spazio.

114.

COMMEMORAZIONE DEL SENATORE PROF. EUGENIO BELTRAMI.

Atti della R. Accademia dei Lincei, Rendiconti delle adunanze solenni, volume I (1892-1901), pp. 462-472.
Rendiconti del Circolo matematico di Palermo, tomo XIV (1900), pp. 275-289.
Giornale di Matematiche, volume XXXVIII (1900), pp. 355-367.
Opere matematiche di Eugenio Beltrami, tomo I (1902), pp. IX-XXII.

Sire, Graziosissima Regina,

Già tre volte nel breve corso di sedici anni la R. Accademia dei Lincei fu messa in lutto per la morte del proprio Presidente: Quintino Sella, Francesco Brioschi, Eugenio Beltrami. E tutte e tre le volte il caso funesto ci colpì all'improvviso quasi come fulmine.

Eugenio Beltrami, or sono appunto due anni, era stato da noi eletto Presidente con una votazione unanime, che a lui solo, per effetto di rara modestia, riuscì di sorpresa. Superato non senza sforzo lo sgomento dell'animo, schivo di tutto ciò che potesse distoglierlo dagli studî, egli si sobbarcò ai doveri del nuovo ufficio con quella religione, che aveva inspirato gli atti di tutta la sua vita. E così seppe, in tempo assai breve, ricondurre l'amministrazione di quest' Accademia al desiderato regolare e stabile assetto. Di tale opera sua, per lui veramente insolita, noi gli dobbiamo essere profondamente grati, non solo perchè è stata utile al decoro dell'Accademia, ma anche perchè per essa egli aveva silenziosamente, o forse soltanto con intimo cruccio, e per la prima volta in sette lustri consecutivi, sacrificato gli ozî della scienza. Compiuta l'impresa, vagheggiava il ritorno alla deliziosa quiete del suo studio, se non che lo rodeva già una malattia misteriosa per lui e forse anche per gli stessi medici: malattia che non gli consentiva il lavoro sereno e tranquillo. A un tratto corse la notizia di una grave, impreveduta operazione chirurgica, alla quale si era dovuto assoggettare; e il terzo giorno dopo di essa, il 18 febbraio

a. c., EUGENIO BELTRAMI, sempre calmo e cosciente, esalava l'anima purissima e nobilissima! Aveva di poco varcato il sessantaquattresimo anno; era nella pienezza del suo vigore intellettuale; e si sperava temporaria la diminuzione delle forze fisiche, poichè fino a pochi anni addietro, bello e fiorente d'aspetto, aveva conservato il fascino di una gioventù che pareva immune da decadenza.

Il caso fu così repentino, così insospettato che tutti rimasero percossi da doloroso stupore. In ogni parte d'Italia e fuori, il BELTRAMI aveva amici e ammiratori; da per tutto si levò un grido di sincero dolore. Lo commemorarono con nobili e schiette parole: nel Senato (al quale apparteneva da soli otto mesi!) il presidente GIUSEPPE SARACCO e l'amico fedele ULISSE DINI; alla Camera elettiva, GIUSEPPE COLOMBO, all'Istituto Lombardo, GIOVANNI CELORIA e CARLO SOMIGLIANA; all'Istituto Veneto, PIETRO CASSANI; all'Accademia delle scienze di Torino, ENRICO D'OVIDIO; a quella di Napoli, LUIGI PINTO; a quella di Bologna, SALVATORE PINCHERLE; ALBERTO TONELLI a Lucca; qui in Roma VALENTINO CERRUTI e GIOVANNI FRATTINI; MAURICE LÉVY all'Accademia delle scienze di Parigi. Dopo tali e tante voci, la mia tornerebbe affatto superflua, se la ricorrenza di questo giorno solenne nel quale i Lincei hanno l'altissimo onore di accogliere le Vostre Maestà, non c'imponesse il dovere di ricordare i meriti e le virtù del nostro benamato Presidente. Ma poichè le precedenti commemorazioni contengono già quanto era più importante a richiamarsi; e poichè, se per dir cose nuove mi indugiassi ad evocare le memorie di oltre quarant'anni di intima amicizia, o mi facessi ardito di entrare nell'esame minuto dei lavori scientifici del Nostro (anche solo di quelli in cui avrei minore incompetenza), io varcherei di troppo i limiti di tempo che mi sono concessi e offenderei le convenienze proprie di questa solenne tornata, così mi restringerò quasi esclusivamente a spigolare e condensare, da ciò che già è stato detto, quelle cose che mi sembrano le più opportune ad essere ricordate nella presente occasione.

EUGENIO BELTRAMI nacque a Cremona il 16 novembre 1835 da EUGENIO B. cremonese e da ELISA BAROZZI veneziana, tutt'ora vivente. Ebbe ad avo paterno GIOVANNI BELTRAMI (nato nel 1779 a Cremona e morto ivi nel 1854) insigne incisore in pietre dure, cui fu mecenate il BEAUHARNAIS, autore di bellissimi camei e di altri lavori divenuti celebri *).

Anche il padre, EUGENIO, fu valente artista, sopra tutto come miniatore, studiò prima a Bergamo sotto il DIOTTI, poi a Milano sotto HAYEZ, donde passò all'Accademia di Venezia, e colà conobbe e sposò ELISA BAROZZI. Partecipò ai moti patriottici del 1848, nel quale anno andò al campo di re CARLO ALBERTO, delegato dai suoi concittadini. Dopo

*) Vedi ANTONIO MENEGHELLI, *Giovanni Beltrami insigne incisore in gemme*. Padova 1839.

i disastri di quella guerra, si rifugiò in Piemonte e di là in Francia, donde più non fece ritorno in patria.

La madre ELISA, uscita da quella famiglia BAROZZI la cui nobiltà risale a tempi remoti, e che contò magistrati e guerrieri segnalati nella storia della Repubblica di Venezia, è donna d'ingegno non comune, assai colta nella musica, in cui è stata allieva della celebre Giuditta Pasta, e conosciuta per lodate composizioni poetiche e musicali.

Il nostro EUGENIO succhiò in famiglia l'amore alle arti belle ed alla patria; fanciullo e giovinetto fu educato dalla madre e dall'avo paterno. Frequentò le scuole elementari, ginnasiali e liceali di Cremona, salvo per un anno, 1848-49, durante il quale, in seguito alla catastrofe della guerra in Lombardia, avendolo la madre portato seco a Venezia ancora libera, fece la quarta grammatica in quel Ginnasio che ora ha nome da MARCO POLO.

Andò poi all'Università di Pavia e fu ascritto a quella Facoltà matematica negli anni scolastici 1853-54, 1854-55, 1855-56. Nel novembre 1853 era entrato nel Collegio GHISLIERI per avervi ottenuto un posto di fondazione CASTIGLIONI, ma nel febbraio 1855 ne fu espulso con altri, accusati di aver promosso disordini in odio al Rettore Ab. ANTONIO LEONARDI, sui quali investigò quella maligna polizia, che fiutava complotti e ribellioni anche fra i chiassi della scolaresca.

La perdita del posto nel Collegio GHISLIERI peggiorò le strettezze economiche già gravi per la morte del nonno BELTRAMI, il quale sinchè visse aveva provveduto alla nuora ed al nipote. Perciò a questi divenne impossibile indugiarsi all'Università e sostenervi i cosidetti *esami di rigore* che dovevano precedere la laurea dottorale; e fu costretto a troncare d'un tratto la lieta vita da studente ed a portarsi (nel novembre 1856) a Verona ad assumervi un impiego amministrativo, ottenuto per le aderenze di uno zio materno *): l'impiego cioè di segretario particolare dell'ingegnere DIDAY, direttore dell'esercizio delle strade ferrate del Lombardo-Veneto.

Quell'ufficio non desiderato da lui, ma accettato, come quello che gli dava i mezzi, venuti totalmente a mancare, di mantenere sè e la madre, gli tolse di attendere inoltre a studî e ad esami. E allora cominciò per il nostro BELTRAMI quell'esistenza di severo, inappuntabile adempimento de' proprî doveri che non si smentì mai, nemmeno per un giorno, sino alla morte.

Quelle strade ferrate erano esercitate da una Società privata, e l'ingegnere DIDAY eccellente persona, ebbe sempre pel Nostro cure benevole, quasi paterne; tuttavia la polizia austriaca, sospettosa di tutto e di tutti, sospettò anche di quel giovane silenzioso e

*) Il comm. NICOLÒ BAROZZI, ora direttore del Museo archeologico di Venezia.

riservato i cui parenti, del resto, erano inscritti sul così detto *libro nero*. Con lettera 10 gennaio 1859 del direttore generale BUSCHE, il BELTRAMI venne *per motivi politici* licenziato. Se non che, la fortuna sua si trovò d'accordo con quella d'Italia; pochi mesi dopo, il cannone di Magenta rese libera la Lombardia, e l'ingegnere DIDAY trasferì l'ufficio a Milano conducendo seco il suo segretario particolare.

A Milano divenne nel Nostro, irresistibile la vocazione, già presentita a Verona, verso gli studî matematici; ond'è che, vincendo l'innata modestia, egli si fece a domandare i consigli di FRANCESCO BRIOSCHI che aveva avuto a professore a Pavia nell'anno 1855-56, ed a cercare la compagnia di giovani già avviati negli studî e nell'insegnamento. Dotato di una coscienza limpidissima, ben rara a venticinque anni, vide in piena luce la via che poteva e doveva battere per secondare quella vocazione.

Ad un amico egli scriveva nel dicembre 1860 nei termini seguenti:

«..... Il corso universitario, io l'ho compiuto (parte per leggerezza, parte per quel- « l'indolenza che accompagna ordinariamente il malanimo cagionato dalle frequenti av- « versità casalinghe) seguendo il malvezzo di studiare quel tanto che basti per passare « gli esami. Perdetti poi due anni *) in occupazioni affatto aliene dalle mie tendenze. « Dopo questa dura prova, formai recisamente il proposito di rifarmi a studiare la matema- « tica, e (questa è la sola cosa di cui sinceramente mi lodo) tolsi a studiare con tutta dili- « genza una dopo l'altra l'aritmetica, l'algebra, la geometria, la trigonometria, l'algebra « superiore e il calcolo, come avrebbe fatto uno che avesse percorso tutt'altra Facoltà, « che la matematica ». — Aggiunge di avere studiato il calcolo sul trattato di BORDONI, i determinanti di BRIOSCHI e buona parte della geometria analitica di MONGE; e conchiude: « Ecco la mia suppellettile scientifica: sento che è molto scarsa. Sopratutto mi « sta assai sul cuore d'essere *tamquam tabula rasa* delle dottrine spettanti al calcolo delle « variazioni, ai lavori di JACOBI e di ABEL, alle ricerche di GAUSS sulle superficie, ecc ».

Sì, la suppellettile era scarsa rispetto all'alta meta alla quale egli tendeva; ma non già per un giovane forzatamente assorbito dai doveri d'un ufficio amministrativo, che ogni giorno più gli veniva a noia. Per liberarsene, cercò un'impiego nell'insegnamento secondario; ma gli fu d'ostacolo la mancanza della laurea. Questa fu anche cagione che venisse respinto (ben tre volte) dai concorsi ai posti di sottotenente nel Genio militare, ai quali s'era presentato, perchè « nell'attuale rimutazione della patria nostra (com'egli « si esprime in una lettera del 15 dicembre 1860), mi doleva al sommo di dovere per circo- « stanze imperiose, ma ignote agli altri, restarmi completamente estraneo al movimento « universale ».

---

*) I primi due anni di Verona.

A breve andare però, anzi quasi di slancio, il valore del giovane matematico si rivelò a chi lo poteva apprezzare, ed ebbe il suo premio. Due memorie di lui uscirono negli *Annali di Matematica* editi a Roma dal TORTOLINI; su di esse fu chiamata l'attenzione del BRIOSCHI, allora segretario generale al Ministero dell'istruzione; e il BELTRAMI, senz'altro, fu con decreto 18 ottobre 1862 nominato professore straordinario di algebra complementare e di geometria analitica nell'Università di Bologna.

Svincolato dall'ufficio nelle strade ferrate, che aveva tenuto per sei anni, e dove s'era guadagnata la stima e l'affetto dei capi e dei colleghi, il professore novello, seco conducendo la madre dalla quale non si era mai diviso, recavasi a Bologna, e saliva su quella cattedra che era la meta agognata, e che sentiva di poter tenere con onore.

Ma non passarono molti mesi e già il BELTRAMI era chiamato ad altra sede. Proclamato il Regno d'Italia, il Governo del Re si studiava di attrarre i migliori ingegni e i giovani più promettenti alle cattedre nuovamente istituite nelle università. Mancato ai vivi nel marzo 1863 il MOSSOTTI, a Pisa primeggiava nelle scienze esatte ENRICO BETTI, ed a proposta di lui fu offerta al BELTRAMI la cattedra di geodesia in quella Università, col grado di professore ordinario. L'impreveduta e, per tutt'altri, seducente proposta, per poco non fu, per modestia, ricusata dal Nostro.

Chiese il consiglio ad un'amico in questi termini: « Io sarei determinato di rifiutare « l'offerta fattami dal BETTI, per più ragioni. Prima di tutto per la necessità di mutare « l'indirizzo dei miei studî, il che porta sempre con sè degli inconvenienti e dei perdi- « tempi, tanto più che, parlandomi il BETTI di studî preparatorî da farsi in un osserva- « torio, pare che le materie da trattarsi nella nuova cattedra non debbano essere pura- « mente teoriche. In secondo luogo la cattedra di introduzione al calcolo mi piace di più « e per la natura dell'argomento che ne forma l'oggetto e per la maggior latitudine che « lascia nella scelta degli studî. Finalmente mi spiacerebbe occupare un posto che l'opi- « nione pubblica amerebbe meglio probabilmente affidare ad un distinto cultore di studî « affini, voglio dire al CODAZZI; e che, anche prescindendo da ciò, potrebbe essere ambito « da professori più provetti di me e già benemeriti dell'insegnamento. Quanto al van- « taggio pecuniario che potrei avere dalla nomina a professore ordinario, esso non è che « momentaneo, in quanto che io ho a sperare lo stesso risultato dopo un tirocinio più o « meno lungo anche nel posto che occupo adesso, e senza abbandonare l'università in cui « ti ho a collega. Comunque sia, non ho voluto rispondere al BETTI prima d'aver chiesto « il tuo consiglio, che ti prego volermi far conoscere liberissimamente ».

A questa lettera datata da Venezia 16 agosto 1863, l'amico consultato rispose esortando e persuadendo ad accettare. Ma nei passi ora citati, come risplende già l'anima onesta e pura del BELTRAMI! e come quei tempi e quegli uomini erano diversi da tempi e da uomini posteriori, quando fu veduta una folla di postulanti far ressa alle porte del Ministero e del Consiglio superiore dell'istruzione!

Il Beltrami cedette ed accettò la cattedra di Pisa, dove si recò ai primi di febbraio 1864. Aveva insegnato a Bologna per un solo anno scolastico; indi, ottenuta licenza per l'indugio, aveva dimorato in Milano per alcuni mesi (da ottobre a tutto gennaio) che consacrò a studî preparatorî per la nuova cattedra, lavorando con l'astronomo Schiaparelli, salito poi ad altissima fama, onore della scienza e dell'Italia. « Stiamo calcolando (scri-« veva egli il 26 novembre 1863) la compensazione della rete trigonometrica che venne « formata nel 1843 per servir di base alla pianta di Milano. Il problema si riduce a risol-« vere diciotto equazioni lineari a diciotto incognite, ed è precisamente ciò che da quattro « o cinque giorni ci occupa esclusivamente, colla speranza di finire oggi o domani. È un « buon esercizio di applicazione del metodo dei minimi quadrati ».

A Pisa strinse col Betti una amicizia fraterna, durata quanto la vita, ed ebbe frequente consuetudine col Riemann, che per ragioni di salute aveva fissato la sua dimora in quella città: i colloqui con questi due eminenti matematici e l'ulteriore corrispondenza epistolare col Betti esercitarono grande influenza sul Beltrami e sull'indirizzo delle sue ricerche scientifiche *).

Nell'Ateneo pisano non rimase che tre anni scolastici; quel clima si mostrò contrario alla salute della sua diletta madre, così che il Beltrami desiderò ed ottenne, nel settembre 1866, di essere restituito all'Università di Bologna, occupandovi la cattedra di meccanica razionale: disciplina codesta verso la quale egli si sentiva, meglio che verso la geodesia, inclinato. In quest'insegnamento e nel clima salubre di Bologna egli si trovò soddisfatto e tranquillo per buon numero di anni.

Nel febbraio 1868 condusse in moglie Amalia Pedrocchi veneziana, che gli è stata compagna amorosa e fida per tutta la seconda metà della vita, circondandolo delle assidue cure del più tenero affetto, e che ora sopravvive a piangerlo, inconsolabile e derelitta.

Nel settembre 1870 Roma era stata restituita all'Italia e poi vi si era insediato il governo del nuovo Regno. Divenuto ministro dell'istruzione Antonio Scialoja, si accinse con nobile ardore a rialzare le sorti dell'Università romana, chiamando valorosi scienziati ad occuparne le cattedre vacanti. Dei desiderati e ricercati fu uno il nostro Beltrami, il quale si lasciò persuadere nell'ottobre 1873 a muoversi da Bologna, conservata la cattedra di meccanica razionale, come professore ordinario, e aggiuntovi l'incarico di un corso d'analisi superiore.

A questo mutamento di sede il Nostro era stato alquanto riluttante: lo tratteneva il pensiero della madre, prevedendo di non poterla trasportare a tanto maggiore distanza dai suoi genitori che essa ancora aveva più che ottuagenarî a Venezia; il quale molesto

*) Cerruti, nei Rendiconti dei Lincei, 4 marzo 1900.

pensiero accresceva le dubbiezze proprie dell'indole sua d'uomo tranquillo, tutto dedito alla scienza ed alla scuola. Tuttavia lo vinsero per allora le istanze vivissime degli amici; ed il BELTRAMI accettò e colla moglie si trasferì a Roma.

Se non che, non andò molto ch'egli credette aver ragione di pentirsene. A Roma gli parve che il riordinamento universitario, promesso e sperato tale da compensare le agitazioni proprie di una grande città, fosse di dubbia e lontana attuazione; lo spaventarono o disgustarono le difficoltà del nuovo assetto, minaccianti le sue aspirazioni alla quiete per gli studî prediletti; e, peggio ancora, lo impensierirono timori per la salute della moglie, alla quale sembrava non confacente l'aria della città eterna, che per pregiudizî non ancora smentiti si accusava d'insalubrità. Perciò il Nostro aperse l'orecchio a seducenti proposte che gli venivano da altri Atenei; e siccome da qualche tempo egli aveva rivolto i suoi studî alle applicazioni dell'analisi alla fisica, così si determinò a chiedere e ottenne il passaggio all'Università di Pavia, dove infatti andò nell'ottobre 1876 ad occuparvi la cattedra di fisica matematica, coll'incarico di un corso di meccanica superiore. Non è a dire quanto dolesse ai colleghi di qui la partenza del BELTRAMI. Essi l'accompagnarono coll'augurio che nuovi casi lo restituissero a Roma in tempo non lontano: ma l'augurio non fu esaudito che quindici anni dopo, nel 1891 *).

A Pavia il BELTRAMI trovò, non clima migliore, ma quiete maggiore ed altri amici, fra i quali carissimo FELICE CASORATI, che gli tenne grata compagnia per quasi quattordici anni. Un po' più tardi, cioè nel 1880, si unì ad essi EUGENIO BERTINI. Morto immaturamente l'ottimo CASORATI nel settembre 1890, il BELTRAMI n'ebbe una tristezza invincibile e sentì l'amarezza dell'isolamento. E poichè e a lui e più all'amata consorte le nebbie del Ticino non erano riuscite così propizie come sul principio s'era lusingato, si arrese ai rinnovati inviti degli amici di Roma.

Per tal modo a cominciare dall'anno scolastico 1891-92 il BELTRAMI fu restituito all'Ateneo della Capitale, dove rientrò desiderato e acclamato da colleghi e da scolari. E con noi rimase sino a che una morte immatura non ce lo rapì per sempre, infliggendo una perdita gravissima e irreparabile alla scienza ed alla patria.

Dopo aver narrato la carriera scolastica del BELTRAMI, dirò brevissimamente della sua attività scientifica. Egli è stato quello che gli inglesi dicono un *self-made man:* non fu l'allievo di una determinata scuola, o di questo o quel maestro; dopo i corsi universitarî, superficialmente seguiti, come egli stesso confessava, e dopo alcuni anni di occupazioni e lavori burocratici, rifece da capo e da sè solo la sua educazione scientifica. Egli, sempre modesto, si professava grato a consigli ricevuti; ma del resto studiò ed apprese

---

*) Cerruti, l. c

tutto da sè. E studiò così bene, così poderosamente e così rapidamente che in pochissimi anni si trovò in possesso delle dottrine più alte e potè intraprendere e condurre a buon fine difficili ricerche originali.

Nei pochi anni di Pisa, l'indole della sua cattedra lo portò allo studio delle superficie nell'indirizzo dato da GAUSS; ed in particolare ad occuparsi della teoria matematica delle carte geografiche. Di tali studî diede mirabili saggi nelle *ricerche di analisi applicata alla geometria*, e nella memoria *delle variabili complesse sopra una superficie qualunque.*

Egli stesso racconta in una lettera del 25 dicembre 1872 ad ENRICO D'OVIDIO, come fosse condotto a cercare le superficie rappresentabili sopra un piano per guisa che le loro linee geodetiche siano figurate da linee rette; e come risolvesse il problema in una memoria del 1866, dimostrando che tali superficie devono essere di curvatura costante *). Di qui fu breve il passo a quella *interpretazione della geometria non-euclidea*, che proiettò una luce inaspettata nella controversia allora agitata intorno ai principî fondamentali della geometria ed ai concetti di GAUSS e LOBATSCHEWSKY. E subito dopo, svolgendo l'idea madre della predetta memoria del 1866 e coordinandola ai principî tracciati da RIEMANN in un celebre lavoro postumo, allora da poco venuto in luce, pubblicò le memorie *sulla teoria degli spazi di curvatura costante*, *sulle superficie di area minima* e *sui parametri differenziali.*

L'eleganza e la genialità di cotesti lavori diedero al BELTRAMI quasi di slancio quella riputazione che si andò sempre più diffondendo, sino a divenire ammirazione universale.

Le questioni sino allora trattate, altamente suggestive di meditazioni sulla natura dello spazio fisico, e d'altra parte i metodi analitici da lui usati nella geometria differenziale, applicabili anche nella meccanica e nella fisica matematica, lo attirarono quasi spontaneamente verso i problemi proprî di questi due rami della scienza. Ai quali studi di analisi applicata egli era del resto mirabilmente preparato, sia per gli insegnamenti di geodesia e di meccanica, tenuti a Pisa e a Bologna, sia per quell'influenza del BETTI che già ho accennata, sia per una tendenza del suo ingegno che le matematiche concepiva nella loro genesi storica, come mezzo per lo studio della natura, ed era meno inclinato alle astratte speculazioni dell'analisi pura: tanto che, anche nei pochi suoi lavori strettamente analitici, si intravedono quasi immediate le applicazioni a cui mira, anzi può dirsi che queste reggono e promuovono le ricerche di analisi **).

Lo strumento del quale, oltre all'intuizione geometrica, si servì costantemente e che giunse a perfezionare ed a maneggiare da maestro, era bensì l'analisi matematica; ma

*) E. D'OVIDIO, negli Atti dell'Accademia di Torino, 25 febbraio 1900.

**) SOMIGLIANA, nei Rendiconti dell'Istituto Lombardo, 1 marzo 1900.

questa non fu per lui, come talvolta per altri insigni, p. e. per BRIOSCHI, scopo a sè stessa. Nella elegante commemorazione del suo predecessore, che, due anni or sono, il BELTRAMI lesse in quest'aula, davanti alle Vostre Maestà, egli distinse nell'analisi matematica due tendenze o scuole: la classica rappresentata da EULERO e da JACOBI, ed un'altra germogliata dalle opere di LAGRANGE, secondata dai metodi di GAUSS e di DIRICHLET, e definitivamente maturata con CAUCHY e con RIEMANN. Delineata questa giusta distinzione, il Nostro dimostrò chiaramente che BRIOSCHI appartenne alla prima scuola; ed ora si può affermare con pari sicurezza che BELTRAMI è un esempio, altrettanto splendido, della seconda tendenza.

A cominciare dal 1871 BELTRAMI dedicò un'estesa serie di lavori alla cinematica dei fluidi, alla teoria del potenziale, ed a quelle dell'elasticità, della luce, dell'elettricità, del magnetismo e della propagazione del calore, abbracciando quasi tutto il vastissimo campo della fisica matematica.

Nello studio delle equazioni generali dell'elasticità si trovò ricondotto alle sue celebri ricerche di geometria, poichè ebbe a scoprire che le equazioni di LAMÈ sono vincolate al postulato euclideo sullo spazio. Potè quindi spontaneamente estenderle agli spazî di curvatura costante, aprendo nuovi orizzonti alla teoria dell'elasticità. E pensò subito, sebbene con prudenti riserve, a giovarsi di codesta generalizzazione, per tentare di chiarire le oscurità delle teorie del MAXWELL, dirette a sostituire, secondo le idee di FARADAY e di W. THOMSON *), alle azioni a distanza, quelle fra i punti contigui di un mezzo continuo diffuso in tutto lo spazio **). Dell'arduo problema il Nostro fece una discussione completa che lo condusse a risultato negativo, senza però che egli abbia voluto concluderne il rigetto della dottrina di MAXWELL.

La grande innovazione dello scienziato inglese risiede nelle equazioni differenziali colle quali egli rappresenta l'universalità dei fenomeni elettrostatici, elettrodinamici ed elettromagnetici, ed alle quali le meravigliose scoperte di HERTZ, illustrate ed ampliate dal nostro RIGHI, hanno dato credito ed appoggio. MAXWELL le deduce per divinazione, più che non le dimostri, dalle equazioni di HAMILTON della meccanica. BELTRAMI invece ha proposto di stabilirle partendo dal principio di D'ALEMBERT generalizzato ed esteso all'elettrodinamica: metodo che, senza nulla mutare alla sostanza delle idee di MAXWELL, conduce più rapidamente e più sicuramente allo scopo ***).

Per tutto l'ultimo periodo della sua attività scientifica BELTRAMI continuò a consa-

---

*) LORD KELVIN.

**) SOMIGLIANA, l. c.

***) MAURICE LÈVY, nei Comptes rendus, 12 marzo 1900.

crare lunghe meditazioni e importanti lavori ai concetti del sommo fisico di Cambridge, concetti la cui importanza dal punto di vista sperimentale è andata via via crescendo, fino ad acquistare un dominio quasi assoluto nel nostro modo di concepire i fenomeni elettrici e magnetici *).

Gli scritti scientifici del BELTRAMI superano il centinaio. In tutti, all'importanza ed elevatezza della materia va congiunta la forma eletta, insuperabile per lucidità ed eleganza di dettato. Felice connubio dell'intuizione geometrica colle finezze più riposte dell'analisi, e vasta comprensione di metodi generali con una rara abilità nel piegarli alle applicazioni particolari assicurano ai lavori del Nostro un posto durevole nella storia delle matematiche, pur prescindendo dalle idee nuove e dai nuovi risultati che l'universale consenso degli studiosi gli riconosce **).

E quale lo scrittore tale era il maestro. Coloro che ebbero la fortuna di assistere alle sue lezioni attestano che le dottrine più ardue e spinose acquistavano dal magistero della sua parola tale grado di evidenza e di semplicità da generare, in chi l'ascoltava, l'illusione che avrebbe saputo pervenire agevolmente da sè alla scoperta delle verità dichiarate dal professore ***).

Tali erano l'ingegno e la valentia scientifica e didattica del BELTRAMI; nè ai confini pur remoti delle matematiche si arrestava il sapere di lui; chè egli possedeva coltura non comune e varia, parola facile, arguta, adorna, come di chi ha domestichezza cogli studî letterarî. Aveva una rara conoscenza scientifica della musica, della quale era anche esecutore abile e ispirato †). Gli era stata maestra fin dai più teneri anni la madre; poi s'era esercitato con AMILCARE PONCHIELLI, suo coetaneo e concittadino. Questo talento musicale egli nascondeva con ritrosa modestia, come se temesse d'essere accusato d'infedeltà verso la gelosa dea, la matematica, alla quale si era tutto consacrato; ma i pochissimi intimi e intelligenti attestano ch'egli sapeva eseguire maestrevolmente al pianoforte i capolavori di BACH, BEETHOVEN, MENDELSSOHN, SCHUMANN ††).

---

*) SOMIGLIANA, l c.

**) CERRUTI, l. c.

***) CERRUTI, l. c. — FRATTINI, nel Periodico di *Matematica*, marzo-aprile 1900.

†) CELORIA, nei Rend. dell'Istituto Lombardo, 1 marzo 1900.

††) CASSANI, Atti dell'Istituto Veneto, 25 febbraio 1900.

Da un foglietto trovato tra le carte del Nostro, e che sembra essere la minuta di una lettera all'amico dott. GUSTAV WOLFF (nel 1886-87 professore al Conservatorio di Lipsia), togliamo il brano che segue:

« Il y a entre la musique et les mathématiques un rapprochement que l'on n'a peut-être pas « encore remarqué. Si l'on conçoit le domaine général des idées comme étant un système continu,

Rigido con sè stesso e indulgente verso gli altri, spirito calmo, sereno; affabile, cortese di modi per innata gentilezza dell'animo, esercitava, inconsciamente, in chi pur per poco l'avvicinasse, un fascino irresistibile; a Bologna, a Pisa, a Pavia, a Roma, ovunque egli professò, divenne ben presto il centro intorno al quale si adunavano gli studiosi delle più

« le champ des idées mathématiques n'en forme qu'une très-faible partie; ou, pour mieux dire, « elles n'y figurent, à mon avis, que comme les raies de FRAUNHOFER dans l'étendue du spe- « ctre solaire. Ainsi il y a une gamme mathématique comme il y a une gamme musicale. De « ce point de vue, un raisonnement mathématique est comme une suite d'accords tirés de « la lyre intellectuelle formée par les raies mathématiques de la pensée humaine, et la décou- « verte d'une branche nouvelle de mathématiques est comparable à celle d'une nouvelle modu- « lation harmonique. Mais tandis qu'on peut très-bien déplacer la gamme musicale sans altérer « les rapports armoniques, on ne peut pas déplacer la gamme mathématique; du moins l'on « n'a pas d'exemple, dans l'histoire de la science, que le même théorème se soit présenté, à « differents époques, ou chez differents peuples, dans des *tons* differents. Les accords ma- « thématiques ont donc une existence absolue, tandis que les accords musicaux n'en ont qu'une « relative.

« *P. S.* Si ces idées paraissent à M. WOLFF trop étranges ou trop compromettantes, je suis « prêt à les supprimer; pourvu qu'il laisse toujours subsister entre son esprit de musicien et « mon esprit de mathématicien ce seul accord veritablement parfait, qui représente l'amitié la « plus sincère.

E. B. »

A proposito del ravvicinamento fra la matematica e la musica, mi sia concesso di citare alcuni passi di altra lettera (più antica) del Nostro, provocata da una nota dell'illustre SYLVESTER che si legge a pag. 613 della Memoria *On the real and imaginary roots of algebrical equations* (Philosophical Transactions, parte III, 1864). La nota è la seguente:

« Herein I think one clearly discerns the internal grounds of the coincidence or parallelism, « which observation has long made familiar, between the mathematical and musical ἦθος. May « not Music be described as the Mathematic of sense, Mathematic as Music of the reason? the « soul of each the same! Thus the musician *feels* Mathematic, the mathematician *thinks* Music, « — Music the dream, Mathematic the working life — each to receive its consummation from « the other when the human intelligence, elevated to its perfect type, shall shine forth glorified « in some future MOZART-DIRICHLET or BEETHOVEN-GAUSS — a union already not indistinctly « foreshadowed in the genius and labours of a Helmholtz! ».

E. BELTRAMI nella sua lettera da Pisa, 7 aprile 1865:

« Credo che ci sia molto di vero nel pensiero del SYLVESTER che mi trascrivesti. Io non ho mai studiato profondamente la così detta *Armonia*, che è quella parte della scienza musicale che può in certo qual modo riguardarsi come dottrina razionale, avendo i suoi postulati ed i suoi assiomi, da cui tutto il resto è dedotto. Ma per quel poco che ne so, parmi infatti che il processo mentale ad essa applicabile sia identico o poco meno con quello delle matematiche. Mettendomi per un istante nell'ipotesi materialistica, direi quasi che nell'una e nell'altra scienza sono posti in azione gli stessi organi. Quanto poi alla composizione, nel senso più lato, parmi che subentrino altri elementi, assai differenti dai primi. Comunque sia, è notevole che uno dei

diverse discipline, l'anima di una conversazione geniale e dotta, non mai pedantesca *).

Della sua costante fedeltà al culto della scienza è prova indiscutibile il fatto che, nella sua carriera di oltre trentasette anni, non si lasciò mai adescare, nè per ambizione, nè per guadagno, ad accettare ufficî che lo svagassero dagli studî. Non volle mai far parte di Corpi amministrativi, nè essere Preside di Facoltà o Rettore di Università; accettò soltanto di entrare nel Consiglio superiore dell'istruzione, mandatovi dai suffragî dei colleghi. Non cercò alcuni degli onori soliti a conferirsi ai dotti, ma li ebbe tutti. L'Accademia di Bologna fino dal 1867, la Società Italiana (dei XL) dal 1870, questa R. Accademia dei Lincei dal 1873, l'Istituto lombardo, l'Accademia di Torino, la Società Reale di Napoli, le Accademie delle scienze di Parigi, di Berlino, di Monaco, la Società di Gottinga, la Società matematica di Londra ed altre lo aggregarono a sè come Socio o come Corrispondente. Dottore *honoris causa* delle Università di Kazan (1893) e di Halle (1894). Cavaliere del merito civile di Savoia (1879).

Della grande riputazione che il Nostro aveva acquistata nel mondo scientifico, anche presso gli stranieri, mi sia concesso addurre quest'altra prova. Nel 1889 scadeva il quinquennio di professorato straordinario di analisi matematica per la celebre Sofia Kowalewsky all'Università di Stoccolma. Per deciderne la conferma a vita, come professore ordinario, quell'Università chiese i pareri di tre scienziati che riteneva i più autorevoli in quell'indirizzo di studî: Hermite, Bjerknes e Beltrami. I pareri furono tutti e tre onorevoli ed in favore di quel *savant, dont le sexe était aussi exceptionnel que le mérite* (secondo una frase del Nostro, da una lettera del 18 maggio 1889 a Hermite). Ma non erano compiuti due anni e una morte crudele toglieva immaturamente l'illustre donna, all'Università ed alla scienza che da lei attendevano ulteriori frutti del suo miracoloso ingegno.

Ultimo onore la nomina a Senatore del Regno: onore che a lui giunse assai gradito, perchè la sua modestia non gli toglieva di sentirsene degno, e sopratutto perchè, per atto di alta e cavalleresca cortesia, la comunicazione gli venne dall'augusta bocca del nostro amato Sovrano, nell'adunanza solenne dei Lincei, il 4 giugno 1899.

Ed ora quello spirito eletto non è più fra noi. Se qualche cosa sopravvive oltre la tomba, di certo egli è salito ad un astro superiore, più perfetto del nostro pianeta, ed ivi si delizia nella beatitudine del vedere illuminati e risoluti quei problemi che trascendono

---

più grandi armonisti e compositori dei tempi moderni, Meyerbeer, abbia cominciato collo studiare matematiche, nelle quali si addottorò ».

*) Celoria, l. c.

l'acume della mente umana, ma spesso la tormentano affannosamente. Di lassù egli implora rassegnazione e pace alle anime desolate delle due infelicissime donne, la madre e la vedova che gli sopravvivono, anelanti di ricongiungersi a lui. Alle sue preghiere uniamo i nostri voti.

A me ed a quelli che con me hanno oltrepassata l'età del Beltrami, non rimane alcun conforto, se non sia il ricordo della sua cara e preziosa amicizia. Ma i giovani non dimentichino che hanno un tesoro da custodire: l'esempio di una vita immacolata, tutta spesa nel culto della scienza e nella scuola del dovere, e la gloriosa memoria di un altissimo ingegno, che ha onorato la patria e l'umanità. [114]

NOTE DEI REVISORI.

[1] Pag. 3. Veggasi quanto è detto su questa Memoria nella nota [81] del tomo 2.° di queste Opere, e precisamente a pag. 444.

La sostanza dei primi tre Capitoli si trova già, più ampiamente svolta, nei « *Preliminari* » (n. **70** di quel tomo 2.°). A partire dal Cap. 4.° la Memoria è tradotta in tedesco, in «*Oberflächen* » (v. nel tomo attuale il n. **85**), colla seguente corrispondenza tra i numeri dei paragrafi:

Mémoire	47-113, 113bis, 114-177
Oberflächen	158-224, 225 , 226-289

Anche per questo *Mémoire* useremo l'indicazione (A), per citare le correzioni od aggiunte fatte a mano dal Cremona in un suo esemplare. Ciò che, nel testo o nelle note a piè di pagina, verrà racchiuso fra | |, è tolto di là: fatta solo eccezione per le note ai n.i 118, 155, 165, 166, ove le citazioni che si troveranno fra | | son prese da « *Oberflächen* ».

[2] Pag. 5. Aggiunto, da « *Oberflächen* » e da (A).

[3] Pag. 6. Ciò non può generare equivoci, pel fatto che con parentesi quadre [ ] si distinguono in quest'edizione le lievi aggiunte fatte dagli editori: poichè queste si trovan di regola nel testo, e quando sono nelle note a piè di pagina sono richiami a queste Opere.

[4] Pag. 11. Aggiunto, dai « *Preliminari* » n. 88.

[5] Pag. 18. Il principio di corrispondenza nel piano, che qui s'invoca, è dimostrato nella nota a piè di pagina soltanto pel caso di una corrispondenza *intersezione completa* di due connessi algebrici (μ, μ'), (ν, ν'): mentre la corrispondenza, considerata nel testo, fra i punti del piano E non sarà in generale di quella specie. Ma il problema attuale si troverà risolto per altra via al n. 38.

[6] Pag. 24. Vedasi quanto è esposto su questa teoria nella nota [128] (relativa ai « *Preliminari* ») a p. 448 del tomo 2.° di queste Opere.

[7] Pag. 25. V. la nota [129] al tomo 2°, p. 449.

[8] Pag. 28. V. la nota [130] al tomo 2°, p. 449.

[9] Pag. 32. Questo ragionamento, come l'altra frase tra { } che lo precede, è tratto da (A), ove sostituisce una considerazione scorretta del testo originale.

[10] Pag. 32. In margine ad (A), preceduta dalle parole « meglio così: », sta quest'altra dimostrazione:

« Le prime polari toccate in o da uno stesso piano E formano un fascio, ed hanno i poli in una retta che passa per o' e giace nel piano polare di o. A causa del contatto in o, questo punto assorbe due dei $4(n-2)^3$ punti doppi del fascio; dunque la retta dei poli è tangente alla Steineriana in o'. »

[11] Pag. 33. Invero, se così non fosse, i piani polari di ω, rispetto alla rete delle prime polari dei punti del piano qualunque dato, formerebbero tutt'al più una stella (« *Preliminari* » n. 74), non darebbero tutti i piani dello spazio.

[12] Pag. 43. In (A) Cremona nota: « Questa è analoga alla Φ_4 che Reye considera a pag. 237 e seg.[i] della *Geometrie der Lage* » [vol. 2.° della 2.ª edizione, 1882; corrispondente alla pag. 146 e seg.[i] del vol. 3.° nella 4.ª edizione, 1910].

[13] Pag. 43. Qui seguiva nell'originale una deduzione errata, segnata in (A) con un punto interrogativo. Conviene sopprimerla, senz'altro.

[14] Pag. 47. La rete di quartiche considerata nel ragionamento precedente derivava dalle quadriche polari rispetto ad una superficie cubica; non era quindi così generale come in questo enunciato. L'estensione del risultato che s'era ottenuto al caso generale si basa sulla conservazione del numero. — Similmente nel succesivo n. 82.

[15] Pag. 47. Questa deduzione è incompleta. Il fascio di coni quadrici, oltre al caso che il vertice sia fisso, può presentare l'altro: che i vertici dei coni costituiscano una retta G', generatrice comune, di contatto, per tutti i coni. Si hanno allora sulla Hessiana le due rette G, G', fra loro *corrispondenti*. Per altro questo fatto non si presenta se la superficie cubica è *generale*, ma solo per superficie speciali.

In (A) Cremona ha scritto in margine: « vedi Ciani, Rendic. Lincei, 4 maggio 1890 », alludendo ad una Nota « *Sulle superficie algebriche simmetriche* » (ivi, serie 1.ª, vol. 6), ove appunto (alla pag. 406) il Ciani rileva quella lacuna.

[16] Pag. 51. In (A) si osserva: « I punti $abcd\,a'b'c'd'$ sono otto vertici di un esaedro completo polare (Reye) ».

[17] Pag. 56. Qui vi è un equivoco. Il cono taglia i tre piani secondo le tre rette π_1, π_2, π_3 che essi congiungono a due a due. Probabilmente si voleva dire invece delle intersezioni del cono coi piani congiungenti le quattro rette basi del fascio.

[18] Pag. 57. La deduzione non è così immediata. Un ragionamento completo si troverà poi a pag. 207, in un *Zusatz zu* n. 214 di « *Oberflächen* » (n.° corrispondente all'attuale n. 103).

[19] Pag. 59. In (A) si osserva:

Se $x=0, y=0, z=0, w=0, u=0$, (ove $x+y+z+w+u\equiv 0$) è il pentaedro, e $ax^3+by^3+cz^3+ +dw^3+eu^3=0$ la superficie cubica, quei piani $a_1b_1c_1, a_2b_2c_2, \ldots$ hanno per equazioni:

$$by+cz+dw+eu=0, \quad ax+cz+dw+eu=0, \quad \text{ecc.}$$

Poi, alla fine della proposizione attuale del testo, per il piano che ivi è nominato, è data l'equazione:

$$ax+by+cz+dw+eu=0$$

[20] Pag. 62. La nota a cui qui allude l'Autore sta a pag. 334 del tomo 2.° di queste Opere.

[21] Pag. 64. La locuzione *espaces projectifs* non va presa qui nel senso consueto, ma solo in quello di corrispondenza biunivoca.

[22] Pag. 67. Nelle ultime due linee si è fatto un lievissimo ritocco, secondo (A).

[23] Pag. 71. La considerazione dei tre *fasci* di piani duplo-projettivi a_1, a_2, a_3 come tre particolari *stelle* projettive di piani, che qui è accennata e poi adoperata, non viene abbastanza chiarita. In conseguenza non è sufficiente la deduzione che nel seguito di questo n.° l'Autore vuol fare della generazione di F_3 con tre stelle projettive generali da quella con tre fasci duplo-projettivi. Ciò è stato rilevato dal sig. R. Sturm a pag. 200 della sua commemorazione di Cremona, Archiv der Mathematik und Physik, (3) 8, 1904, pag. 11 e 195. — V. anche su quella trasformazione dei *fasci* in *stelle*: C. Segre, *Sur la génération projective des surfaces cubiques*, in quell'Archiv (3) 10, 1906, p. 209; e la Nota seguente (ivi, p. 216) di R. Sturm, *Ueber die Erzeugung der Fläche 3. Ordnung durch kollineare Bündel und trilineare Büschel* (nella quale si troverà anche, a p. 217, una semplicissima dimostrazione diretta della possibilità di generare una superficie cubica generale con tre stelle projettive di piani).

[24] Pag. 71. Questo non è vero, in generale. In fatti, nella dimostrazione che segue, le rette $l\lambda'''$, $m\mu'''$, $n\nu'''$ *non* si taglieranno in generale in uno stesso punto: a meno che i tre punti di concorso delle altre terne di rette, di cui si parla, siano allineati.

[25] Pag. 74. In « *Oberflächen* » è detto:

« ... von der Ordnung $3n$ und dem Geschlecht $\frac{1}{2}(3n^2-3n+2)-(\delta+\sigma)$, vorausgesetzt dass die beiden Flächen in δ Puncten eine einfache und in σ Puncten eine stationäre Berührung haben ».

[26] Pag. 76. L'ultima asserzione è esatta solo se le due rette non-secanti rispettivamente delle due curve sono sghembe fra loro. Se invece quelle due rette s'incontrano, le intersezioni delle due curve sono *sei*.

[27] Pag. 76. Nell'originale stava: *dix*. La correzione è in (A).

[28] Pag. 78. Nell'originale era: *neuf*.

[29] Pag. 79. Nell'originale stava: *vingt.*

[30] Pag. 80. Si aggiunga la curva del settimo ordine e genere tre, residua intersezione delle due superficie cubiche, quando queste si tocchino lungo una retta. Sua imagine nel piano rappresentativo di F_3 è, ad esempio, una quintica 1^3 **2 3 4 5 6.**

[31] Pag. 80. Quando l'intersezione di F_3 con una superficie del 6.° ordine si spezza in due curve del 9.° ordine, il genere di queste (lo stesso in generale per entrambe) non è necessariamente 1, ma può anche essere 2, 3, ... 10.

[32] Pag. 80. Per questa $C_{6.0}$, in (A) è scritto:

« Per esempio si ha questa curva segando F_3 con una superficie gobba di 4.° grado avente per curva doppia una cubica gobba situata in F_3 e della quale siano corde le sei rette a. »

[33] Pag. 85. Cioè biunivocamente. Cfr. [24]

[34] Pag. 90. Invece il punto che qui si ottiene è il vertice del cono primitivo. Tutto questo periodo si potrebbe sopprimere.

[35] Pag. 90. Dal fatto che il piano π tocca, per esempio, le due coniche $(\mathcal{B})$, $(\mathcal{C}')$ del cono $(\mathcal{K}'')$ non si può trarre, senz'altro, che π sarà tangente a questo cono. Il risultato, ciò nondimeno, è esatto. Indichiamo con $x_0=0$, $x_1 x_2 x_3=0$ il trilatero $a_1 b_2 c_{12}$, e sia

$$F_3 \equiv x_1 x_2 x_3 + x_0 \Sigma a_{ik} x_i x_k .$$

I vertici dei quattro coni $\mathcal{K}$, $\mathcal{K}'$, $\mathcal{K}''$ $\mathcal{K}'''$ staranno sulla retta del piano $x_0=0$, avente in questo piano le tre coordinate omogenee: $a_{01} - 2a_{11}a_{23} - 2a_{12}a_{13}$, ed analoghe.

[36] Pag. 92. In «*Oberflächen*» vi è a questo punto una nota a piè di pagina, così:

«R. STURM *(Synthetische Untersuchungen über Flächen dritter Ordnung,* Leipzig 1868) nennt zwei conjugierte Systeme von drei Geraden ein *Doppeldrei*, und die Hyperboloide H *Doppeldreihyperboloide.* »

[37] Pag. 95. La deduzione è insufficiente. Bisogna invocare l'inverso (che non fu dimostrato prima) del n. 121: una curva piana d'ordine $3n$ passante n volte per ogni punto fondamentale è imagine di una curva intersezione di F_3 con una superficie d'ordine n.

[38] Pag. 99. In (A) è aggiunto:

« Si ottiene questa superficie, anche partendo da due triedri totalmente imaginari, formati da piani rispettivamente coniugati:

$$\begin{matrix} a_1 & b_4 & c_{14} \\ a_2 & b_6 & c_{26} \\ c_{35} & c_{16} & c_{24} \end{matrix} \qquad\qquad \begin{matrix} a_1 & b_6 & c_{16} \\ a_2 & b_4 & c_{24} \\ c_{35} & c_{26} & c_{14} \end{matrix}$$

dove si suppongano reali a_1, a_2, c_{35}, e l'iperboloide da esse determinato dia tre altre rette reali (b_3, b_5, c_{12}). »

[39] Pag. 102. Aggiunta in (A), analoga alla precedente:

« Questa superficie si può anche ottenere mediante due triedri interamente imaginari, l'uno formato dai piani coniugati a quelli dell'altro; per esempio dai triedri

$$\begin{matrix} a_4 & b_5 & c_{45} \\ a_5 & b_6 & c_{56} \\ a_6 & b_4 & c_{64} \end{matrix} \qquad \begin{matrix} a_4 & b_6 & c_{64} \\ a_5 & b_4 & c_{45} \\ a_6 & b_5 & c_{56} \end{matrix}$$

supponendo reali le rette a_4, a_5, a_6, e che l' iperboloide da esse determinato dia una sola nuova retta reale (b_1). »

[40] Pag. 107. In (A):

« Infatti se si considera, per esempio, un piano che non seghi C_4 in punti reali, le due corde reali comuni alle coniche sezioni fatte da esso piano nei coni saranno totalmente esterne alle coniche stesse. » [Quelle corde stanno in una quadrica rigata del fascio.]

[41] Pag. 109. Pare che, a tutta prima, si possa dedurre solo l'esistenza di almeno *un* cono reale (ad infiniti punti reali). Ma dal seguito risulta poi che sono *due*.

[42] Pag. 115. Quest'indice è stato qui completato con aggiunte, tolte (tranne una) dall'indice di « *Oberflächen* », e distinte col racchiuderle fra { }.

[43] Pag. 125. Veramente ciò che qui si prova è soltanto che ad un punto della (4) risponde *un* punto della (1). Nell'affermare che, viceversa, ad un punto della (1) risponde un punto solo della (4), si suppone implicitamente che un punto generico della (1) provenga da un sol valore di λ; il che non si verifica sempre. Comunque, se un punto generico della curva (1) proviene da più valori di λ, si può in ogni caso, in virtù d'un noto teorema di LÜROTH (Mathematische Annalen, Bd. 9, 1876), prendere come nuovo parametro μ una funzione razionale conveniente di λ, per guisa che in relazione a μ la (1) sia suscettibile d'una rappresentazione del tipo considerato dall'A. e soddisfacente all'ipotesi sottintesa. Avvertasi che quest'ipotesi è necessaria anche per talune delle deduzioni successive.

[44] Pag. 133. Un estratto di questa lettera fu pubblicato dall'HOÜEL con alcune righe d'introduzione nei *Nouvelles Annales de Mathématiques* (2.e série, tome VIII (1869), pp. 278-283).

[45] Pag. 137. Questa Memoria fu presentata all'Accademia di Bologna nella sessione ordinaria dell' 8 Aprile 1869, colle seguenti parole (Rendiconto di quell'Accademia, Anno 1868-69, pp. 68-69):

La memoria è divisa in tre parti o capitoli. Nel primo capitolo *(Riduzione degli integrali abeliani alle tre specie)*, e nel terzo *(Teorema di Abel)*, l'Accademico ha avuto di mira le materie trattate nei primi due paragrafi dell'eccellente *Teoria delle funzioni abeliane* dei professori Clebsch e Gordan, esponendole però in una forma di gran lunga più vicina all'intuizione geometrica: ond'è che gli riescì in alcuni punti d'ottenere notabili semplificazioni. La seconda parte poi *(Formazione degli integrali di 3.ª e di 2.ª specie)* è nuova anche nella sostanza: imperocchè l'A. forma gli integrali normali di 3.ª specie in modo affatto diverso da quello tenuto dai signori Clebsch e Gordan e ne ricava come caso particolare gl'integrali di 2.ª specie, senza urtare nelle difficoltà algebriche alle quali si allude nella pag. 28 dell'opera menzionata.

Il grande interesse che i matematici odierni annettono allo studio de' trascendenti abeliani induce l'A. a sperare che questo suo lavoro non riuscirà del tutto inutile e sgradito.

[46] Pag 149. Questa deduzione non è legittima, perchè, se non si vuole che il polinomio N svanisca identicamente, i suoi coefficienti possono assoggettarsi soltanto ad $\frac{n(n+1)}{2}-1$ equazioni lineari (omogenee) *indipendenti.* Tuttavia resta vera la conclusione dell'A., che cioè N è determinata in modo unico (a meno di un fattore di proporzionalità) dalle (19), (21) e dalle condizioni che la curva $N=0$ passi pei punti singolari di $f=0$ e per altri p punti generici del piano. Ciò perchè le $2n$ equazioni (19), (21) si riducono non già a $2n-1$, ma a $2n-2$ linearmente indipendenti, come si vede subito osservando, ad esempio, che la serie lineare completa $g^{2n+p-2}_{2n+2p-2}$ staccata su $f=0$, fuori dei punti singolari, dalle « aggiunte » del tipo $N=0$, ammette per residuo, rispetto alle $2n-2$ intersezioni (diverse da ξ, η) di $f=0$ colle rette $\overline{\xi\zeta}$, $\overline{\eta\theta}$, una serie g^p_{2p} completa.

[47] Pag. 150. Qui e nel seguito s'indica indifferentemente col simbolo $f(cx^{n-1})=0$ od $f(x^{n-1}c)=0$, l'equazione della prima polare del punto c rispetto alla $f=0$ (cfr. colla pag. 138).

[48] Pag. 155. Qui è stata soppressa una formola portante la indicazione (34)′, perchè era semplicemente una ripetizione della (32).

[49] Pag. 169. Nella Memoria originale in luogo dell'ultima espressione tra sgraffe si legge: $\left\{\begin{matrix}1.^a\\2.^a\\3.^a\end{matrix}\right\}$.

[50] Pag. 174. Aggiungere: « o tutti i termini positivi delle tre matrici ».

[51] Pag. 183. Come s'era detto nella nota [81] del Tomo 2.º (p. 444) e nella [1] del presente Tomo (p. 483), e come anche è spiegato nella prefazione del Traduttore, che qui si riporta, quest'opera (di cui alla pag. 181 s'è riprodotto il frontispizio, e che in queste note usiamo citare brevemente con « *Oberflächen* ») contiene le traduzioni tedesche delle due Memorie che

in questa edizione portano i n.[i] **70** e **79**. Nella ristampa di quelle Memorie originali abbiamo già tenuto conto, con apposite note, od inserzioni fra { }, delle più piccole aggiunte introdotte nell' edizione tedesca. Qui riporteremo ora, staccatamente, le aggiunte più lunghe.

La prefazione è preceduta da una dedica dell' opera: « Herrn Geheimen-Regierungsrath und Professor — Dr. JOHANN AUGUST GRUNERT — in — Greifswald, — seinem verehrten Lehrer — gewidmet — vom — Uebersetzer. » È al GRUNERT che si rivolge il Traduttore nella prefazione.

[52] Pag. 184. Questi n.[i] 158-289 corrispondono a quelli del *Mémoire* (**79**), nel modo che è già stato indicato in [1].

[53] Pag. 185. La parte del Cap. VI, che qui si riporta e che si trova a pag. 47 e 48 del volume, è costituita dai n.[i] 45, 46, 47, i quali nell'indice del volume stesso sono indicati come riferentisi alle stelle ed ai piani reciproci, e alla generazione delle quadriche per mezzo di essi.

[54] Pag. 187. Di questo Cap. I si riproducono i n.[i] 77, ... fino a 82, che vanno dalla metà di pag. 70 a metà pag. 73 di « *Oberflächen* ». Un titolo che si prendesse dall' indice non ne farebbe capire il contenuto. Si può dire che essi tendono principalmente alla dimostrazione del risultato finale: che i punti di contatto di una superficie F_ν colle bitangenti passanti per un dato punto son le intersezioni di F_ν, della prima polare di quel punto e di una superficie ulteriore d'ordine $(\nu-2)(\nu-3)$.

[55] Pag. 190. Questo Capitolo, che non stava nei « *Preliminari* », va, nel volume di « *Oberflächen* », da metà pag. 81 fino al principio di pag. 95. Esso sarebbe da inserire dopo il n. 90 dei « *Preliminari* » (Tomo 2.° di queste Opere, p. 349).

[56] Pag. 190. Per i confronti colle formole dei « *Preliminari* », che qui e nel seguito si adoperano, si tenga presente che (com' è detto nella prefazione a queste « *Oberflächen* », che abbiam riprodotta) i caratteri numerici che là eran rappresentati da lettere latine, qui sono indicati con lettere greche. Si hanno cioè i seguenti cambiamenti:

« *Preliminari* »	m	n	r	g	h	x	y
« *Oberflächen* »	μ	ν	ρ	γ	ϑ	ξ	η

[57] Pag. 197. La deduzione non sembra abbastanza giustificata, ma il risultato è esatto. Si può in fatti dimostrare che *la curva* (ξ) *passa pel punto* $\mathfrak{m}$ (doppio per la curva (ν)) *con due rami completi* (*o cicli*) *di 2.° ordine aventi entrambi per tangente la retta* PP' (e per piani osculatori due piani coniugati armonici rispetto a P e P').

[58] Pag. 203. L'asserzione che vien dopo non risulta vera, in generale.

[59] Pag. 204. Si traggono da questo Cap. V due brani. Il primo comprende i n.[i] 118, 119, (pag. 101 e 102 di « *Oberflächen* »), i quali son diretti a determinare *direttamente* il numero dei punti doppi apparenti della curva intersezione di due superficie, che nel precedente n. 117

(corrispondente al n. 95 dei « *Preliminari* ») era derivato dall' applicazione delle formole di Cayley. Cfr. la nota [121] a p. 448 del Tomo 2°. Si tengano anche presenti le considerazioni dei n.^{i} 77-79 (precedentemente riportati), che qui occorrono.

Il secondo brano, levato dal n. 121 (p. 104 di « *Oberflächen* »), è un'aggiunta al corrispondente n. 97 dei « *Preliminari* », e si connette al precedente n. 120, ossia 96. Lì si erano considerate due superficie la cui intersezione si spezzi in due curve; e qui ora si aggiunge l'ipotesi che esista un punto multiplo comune alle superficie e curve. Le notazioni pei caratteri di queste si corrispondono così:

« *Preliminari* »	n	μ	r	d	s	h	i	k
« *Oberflächen* »	ν	φ	ρ	δ	σ	ϑ	ι	$\varkappa$

[60] Pag. 206. I n.^{i} 141 e 143 tolti da questo Cap. VII (p. 119 e p. 121 di « *Oberflächen* ») applicano alla determinazione della Jacobiana di cinque, o di sei superficie le proposizioni sulla generazione con cinque o sei sistemi lineari projettivi, che stanno nei n.^{i} 140 e 142, equivalenti ai n.^{i} 116 e 117 dei « *Preliminari* ».

[61] Pag. 207. Il n. 214 di « *Oberflächen* » a cui qui si allude è la traduzione del n. 103 del *Mémoire* **79**. V. la nota [18]. Questo *Zusatz* occupa l'ultima pagina (228) di « *Oberflächen* ». Per le citazioni che esso contiene si abbia presente la corrispondenza indicata in [1] fra i n.^{i} del *Mémoire* e quelli della traduzione in « *Oberflächen* ». Quanto alle lettere che rappresentano punti e rette, sono stati fatti questi cambiamenti:

« *Mémoire* »	c	d	p	π
« *Oberflächen* »	c	𝔡	𝔭	p

[62] Pag. 209. Questa Memoria, presentata all'Accademia di Bologna nella sessione ordinaria del 12 maggio 1870, fu accompagnata dalla seguente relazione (Rendiconto di detta Accademia, Anno 1869-70, pp. 86-88):

Questo lavoro consta di due parti, l'una riguardante la teoria delle linee di curvatura delle superficie in generale, l'altra contenente l'applicazione alle superficie di 2.° ordine.

Nella 1.^{a} parte si pongono in evidenza due linee di curvatura, possedute da una superficie qualsivoglia: cioè la sezione all'infinito, e la curva di contatto colla sviluppabile simultaneamente circoscritta alla superficie data ed al circolo imaginario all'infinito. Queste linee sono algebriche, purchè sia algebrica la superficie.

Il processo ordinario che consiste nel considerare le linee di curvatura come quelle che, in un punto qualunque della superficie, sono ortogonali e hanno le tangenti coniugate, stabilisce un legame intimo fra l'equazione differenziale di quelle linee e due altre equazioni differenziali; l'una relativa alle linee (linee cicliche) le cui tangenti incontrano il circolo imaginario all'infinito; l'altra relativa alle curve assintotiche. L'A. introduce un'altra equazione differenziale, che si può sostituire a quella delle linee cicliche, e cioè l'equazione differenziale delle curve di contatto fra la superficie data e i coni circoscritti i cui vertici sono all'infinito nel circolo imaginario. Questa nuova equazione è subito integrata, e l'integrale è algebrico, ogni qualvolta sia algebrica la superficie data. L'integrale completo di questa equazione dà appunto la seconda delle linee di curvatura sopra accennate.

L'A. trova sotto forma omogenea e simmetrica (sì rispetto alle variabili che ai differenziali) l'equazione differenziale delle linee di curvatura, e le altre equazioni differenziali ora accennate, supponendo però che la superficie sia algebrica e rappresentabile punto per punto sopra un piano.

Le formole che sono qui assegnate, mirano ad applicazioni che l'A. riserba ad altra occasione. Per ora egli si limita, nella 2.ª parte, a considerare l'esempio di una superficie di 2.º ordine, dotata di centro. Il metodo col quale vien determinata l'equazione finita delle linee di curvatura consiste in questo: che, rappresentata la superficie sopra un piano, e supposte algebriche le linee di curvatura, quando si conoscano le imagini di cinque fra queste (le quali debbono essere curve di una medesima rete) si trova l'integrale completo precisamente come se si trattasse di costruire per tangenti una conica della quale cinque tangenti siano date. È chiaro di per sè che questo procedimento potrà servire alla ricerca delle linee di curvatura, delle linee assintotiche, in generale di linee formanti una tal serie che ne passino due per un punto della superficie: ben inteso, nel caso che la superficie sia algebrica e rappresentabile sopra un piano, e che inoltre le curve cercate siano algebriche.

[63] Pag. 226. Questa Nota vien dopo alla Memoria di R. Sturm intitolata: *Sur la surface enveloppée par les plans qui coupent une courbe gauche du 4e ordre et de la 2e espèce en quatre points d'un cercle* (volume indicato, pp. 73-84).

Z_4 è la superficie, di 4.ª classe, cui si riferisce quel titolo. La curva C del 4.º ordine sega il piano all'infinito. E in quattro punti r, e l'iperboloide H contenente C incontra l'assoluto in quattro punti i. I due quadrangoli completi, che così si ottengono in E, hanno come lati 6 rette R e 6 rette I giacenti in Z_4. Inoltre E, piano triplo di questa superficie, la tocca lungo una curva di 3.ª classe Z_3 (tangente alle rette R ed I). Sono rette triple (come luoghi) di Z_4: le 4 generatrici di H, trisecanti di C, che passano pei punti i; e le 4 generatrici di H, unisecanti di C, che passano pei punti r.

[64] Pag. 236. La Nota di Brioschi, a cui qui si allude, e che precede immediatamente questa di Cremona, considera la quartica piana con un punto doppio ($x=y=o$) rappresentata in coordinate omogenee x, y, z, dall'equazione $6z^2v-u=o$, ove u, v sono forme binarie di x, y rispettivamente del 4.º e del 2.º ordine. Di queste due forme binarie Brioschi introduce alcune forme invariantive simultanee, fra cui un covariante quadratico w e alcuni invarianti indicati con k, i, I, A, B, Δ. Pone poi

$$D=\frac{1}{2}(I+\sqrt{\Delta}),\quad E=\frac{1}{2}(I-\sqrt{\Delta}):$$

ed introduce una forma quadratica θ (determinata solo a meno del segno) tale che

(3) $$4k^2u = -\theta^2 - Ev^2 + 4kvw.$$

Più oltre Brioschi, indicando con ρ una radice dell'equazione

(4) $$\rho^4 + 6E\rho^2 - 8N\rho - 3E^2 + 16k^2i = o, \text{ ove } N = \sqrt{AE + 4Bk},$$

(il segno del radicale essendo individuato dal valore assunto per θ), pone

(5) $$2kf = \theta - \rho v:$$

e nota che le (3), (4), (5) forniscono una seconda soluzione per le funzioni f, scambiando D con E, cioè mutando il segno di $\sqrt{\Delta}$.

Si può ancora avvertire che le tre forme biquadratiche considerate da Brioschi, alle quali si riferisce la fine della Nota di Cremona, sono la u, il primo membro della (4) e il primo membro dell'altra equazione che si deduce da essa per lo scambio di D con E.

[65] Pag. 243. Si sottintenda «proiettivamente».

[66] Pag. 243. Si intenda nel senso spiegato altrove (Queste Opere, tomo 2.°, pag. 328 e nota [104] ivi, e questo tomo 3.°, note [21], [33]).

[67] Pag. 243. Questa affermazione deve essere modificata e completata. Cioè l'intersezione di φ_4 colla Jacobiana delle superficie φ è costituita da quelle linee (le l_1 rette, l_2 coniche, l_3 cubiche (razionali), ..., di cui parla poco dopo l'A.), le quali hanno per imagini nel piano Π rappresentativo di φ_4 tanto le curve k costituenti la Jacobiana della rete K che non sono fondamentali per quella rappresentazione, quanto i punti fondamentali della rappresentazione stessa che non sono punti base della rete K. A questi punti Cremona allude alcune righe appresso colla frase fra parentesi «tenuto conto di quelle linee di φ_4 che corrispondono a punti di Π». Cfr. il n. **96**, ove, al n. 20, trovasi l'enunciato precedente, tranne le restrizioni qui espresse.

[68] Pag. 243. Si tenga presente nei varî punti a cui si riferisce questo richiamo la precedente nota [67]. Alla osservazione contenuta in questa nota si possono collegare alcune modificazioni che verranno suggerite nelle note seguenti.

[69] Pag. 244. Invece di «La Jacobiana delle K rappresenta» deve dire «I punti fondamentali 1, 2 della rappresentazione che non sono punti base della rete K rappresentano». La correzione è stata poi fatta dal Cremona nel n. **96** (n. 21).

[70] Pag. 244. Aggiungasi: «ed il punto 2». Così è nel n. **96** (n. 25).

[71] Pag. 244. Il collocare i punti o, o_1, o_2 in linea retta non dà una trasformazione spaziale particolare, il che deve poi essere stato osservato anche dal Cremona, il quale nel n. **96** (n. 25) tace di questo caso particolare.

[72] Pag. 244. Aggiungasi: «ed i punti 1, 2». Così è nel n. **96** (n. 33).

[73] Pag. 245, 246, 247. Aggiungasi: «e quelli dei punti 1,..., 6 che non sono su tutte le curve K».

[74] Pag. 246. Aggiungasi: «o questo luogo insieme al punto 1 negli ultimi tre casi».

[75] Pag. 247. Aggiungasi: «o questo luogo insieme al punto 1 contato una o due volte».

[76] Pag. 256. Nell'originale stava: «tre».

[77] Pag. 260. La Nota delle Nachrichten è a pp. 129-148 del volume indicato e porta lo stesso titolo della presente. Aggiunte di rilievo sono quelle di cui si dice nelle note seguenti [79], [80].

[78] Pag. 263. Nell'originale stava: «neunter».

[79] Pag. 268. Il passo seguente dell'*Achtes Beispiel* manca nelle Nachrichten.

[80] Pag. 272. Qui finisce la Nota delle Nachrichten: tutto ciò che segue è stato aggiunto.

[81] Pag. 272. Cfr. le note [67], [68] per le modificazioni occorrenti alle considerazioni generali qui esposte, che sono la riproduzione di quelle del n. **91**, alle quali si riferiscono le dette note.

[82] Pag. 277. Questa Memoria fu presentata, nella sessione del 4 Maggio 1871, all'Accademia di Bologna, con altro titolo. Ecco la parte della relazione di detta sessione che si riferisce alla Memoria stessa (Rendiconto della citata Accademia, Anno 1870-71, pp. 75-76):

La Memoria poi dell'Accademico Prof. L. Cremona è intitolata *Rappresentazione piana d'una certa superficie di 4.° ordine dotata di quattro punti doppj.* — La superficie considerata dall'A. è, fra quelle del 4.° ordine, la prima che abbia potuto essere rappresentata sopra un piano, senza che sia dotata nè di una linea multipla, nè di un punto triplo. Essa non ha che quattro punti doppj, tre dei quali sono conici, mentre il quarto è uniplanare ed il relativo piano tangente sega la superficie secondo quattro rette concorrenti nel punto stesso. La superficie non possiede altre rette, e su di essa esiste un numero limitato di coniche. L'A. ha ottenuto questa superficie, non ancora studiata dai geometri, applicando ad una superficie di 2.° grado una certa trasformazione razionale di 2.° grado, la cui inversa è del 4.° grado. Nella rappresentazione piana d'ordine minimo, le imagini delle sezioni piane della superficie in discorso sono curve del 6.° ordine.

[83] Pag. 281. Con ciò s'intende di dire che la retta indicata fa parte di una conica degenere di ciascuno dei due fasci.

[84] Pag. 295. Va rilevato che fra la Geometria proiettiva delle coniche di un piano e

quella dei complessi lineari di rette dello spazio ordinario esistono pure essenziali differenze (Cfr. ad es. SEGRE, *Considerazioni intorno alla Geometria delle coniche di un piano e alla sua rappresentazione sulla Geometria dei complessi lineari di rette*, Atti della R. Accademia di Torino, vol. XX (1885)).

[85] Pag. 296. Questa relazione non è esatta: deve scriversi così

$$bc+ca+ab+2af+2bg+2ch=0;$$

dalla quale nasce la $al+bm+cn=0$ per le sostituzioni (ad esempio)

$$l=c+2f,\ m=a+2g,\ n=b+2h.$$

In conseguenza, al posto della (1) del testo, si ha la seguente

$$ax(x-z)+by(y-x)+cz(z-y)+lyz+mzx+nxy=0.$$

[86] Pag. 296. Per l'osservazione fatta nella nota precedente i coefficienti esatti sono

$$\alpha+\mu,\ \beta+\nu,\ \gamma+\lambda,\ \lambda,\ \mu,\ \nu.$$

[87] Pag. 301. Qui sono state soppresse le formole $\frac{1}{2}\mu(\mu+3)-\sum_i \frac{1}{2}i(i+1)m_i=3$ (nella quale non si tien conto di ciò che dicesi presentemente incompletezza e sovrabbondanza di un sistema lineare) e l'altra che ne segue $3\mu+\nu=\sum_i im_i+6$, cancellate dal CREMONA in varî esemplari dati in dono a scolari e colleghi nel 1880 e dopo.

[88] Pag. 302. Nella dimostrazione precedente sono state introdotte alcune semplici modificazioni, consistenti sostanzialmente nel supporre il punto I senz'altro variabile (non dapprima fisso), le quali si trovano fatte per mano di CREMONA negli esemplari ricordati nella nota [87]. Da questi esemplari sono pure state tolte le aggiunte fra { } che si trovano nei n.[i] 7, 9, 18

[89] Pag. 303. Più generalmente si può dire che al punto comune corrisponderanno due curve C_i, C_j $(i\leq j)$ aventi comune una curva d'ordine $\leq i$, che eventualmente potrà coincidere colla prima (o con entrambe se $i=j$). Il caso che la curva comune sia d'ordine $<i$ si presenta, ad es., nel n. 33, per il punto comune alle tre rette doppie della superficie di STEINER ivi considerate, riguardandolo come comune a due di tali rette.

[90] Pag. 306. È bene rilevare che nel testo si sottintende l'effettiva esistenza degli enti ivi considerati (altre superficie φ, luogo L, rete K).

[91] Pag. 306. Si dica più esattamente: « o questa passa per un punto fondamentale della rappresentazione Π che non appartiene a tutte le curve K »; giacchè se il punto di cui parla il testo appartenesse a tutte le curve K, il crescerne la moltiplicità farebbe spezzare la curva, e questo è il caso precedente.

[92] Pag. 306. Qui devono farsi le restrizioni dette nella nota [67] al n. **91**.

[93] Pag. 309. Qui e in seguito, in casi simili, si ripeta una osservazione analoga a quella fatta nella nota [83] al n. **94**.

[94] Pag. 311. Alle parole: «la retta D', così» si sostituiscano queste altre: «la direttrice dell' iperboloide stesso passante per uno A' dei punti di sezione della generatrice D' colla F' (quello la cui proiezione piana è stata assunta come uno dei tre punti fondamentali della trasformazione quadratica detta sopra), così, se quella direttrice sega ulteriormente la F' nel punto B', ».

[95] Pag. 311. Alle parole: «e pei due punti doppi» si sostituiscano queste altre: «pel punto doppio imagine di A' e pel punto semplice imagine di B'».

[96] Pag. 319. Per le corrispondenze studiate in questo capitolo è soltanto $\mu=3, 4, 5$.

[97] Pag. 320. Invece di: «che passa per O_1 e incontra D e G_1» si legga: «diversa da D sezione dell'iperboloide $DG_1G_2O_1O_2$ col piano O_1D».

[98] Pag. 321. Invece di: «che passa per O_r e si appoggia a D, G» si legga: «diversa da D sezione dell'iperboloide $DGO_1O_2O_3O_4$ col piano DO_r».

[99] Pag. 325. La continuazione, che presumibilmente si doveva riferire agli altri tipi di trasformazioni ($\mu=3, 4, \ldots, 9$) non considerati nel capitolo e accennati nel titolo di esso, non è mai venuta.

[100] Pag. 326. Questa Memoria fu presentata all'Accademia di Bologna nella sessione ordinaria del 18 Aprile 1872 (V. il Rendiconto di detta Accademia, Anno 1871-72, p. 83) colle stesse parole messe qui per introduzione.

[101] Pag. 331. Dalle (16), nell'originale, mancavano i coefficienti numerici, che qui si son messi affinchè le formole di rappresentazione di F assumano veramente la forma (17), e sussista senza mutamenti ciò che vien dopo.

[102] Pag. 332. Abbiam sostituito «intersezione» alla parola «contatto» che era nell'originale. (È invece conica di *contatto* tra F'_3 e le quadriche quella di cui si dice nel rigo seguente del testo).

[103] Pag. 336. Di questa Memoria sono state fatte tre edizioni italiane edite dall' Hoepli.

La prima edizione uscì a Milano il 1.° giugno 1872, *per le nozze di* Camilla Brioschi *con* Costanzo Carcano, insieme alla Memoria di Casorati: *Le proprietà cardinali degli strumenti ottici anche non centrati.* La lettera scritta dai due autori alla Sposa in quella occasione termina così:

...... non Le dispiacerà, ne siamo sicuri, che due suoi vecchi amici abbiano voluto in questo giorno solenne attestare pubblicamente anche i sensi di gratitudine e di ammirazione per quell'Illustre di cui Ella ha la fortuna di essere degna ed amatissima Figlia, e del cui alto ingegno e della cui indefessa attività fanno splendida testimonianza non solo gli studi posti nelle più ardue questioni della scienza astratta, ma questo medesimo Istituto che abbiamo visto sorgere in Milano, mercè l'opera sua; che ha già dati tanti giovani cooperatori alle nostre crescenti industrie, ed acceso in parecchi l'amore per quelle applicazioni della scienza di cui l'ingegnere sente ogni dì più il desiderio e il bisogno. Tra questi ultimi ci mettiamo anche noi; e per ciò appunto abbiamo voluto che a siffatte applicazioni si riferissero i presenti nostri lavori.

La seconda edizione comparve poco tempo dopo, preceduta dalla seguente prefazione (avente la data: Milano, 12 agosto 1872):

Questo breve lavoro era già venuto alla luce una prima volta, accompagnato da una Memoria del mio amico Felice Casorati, in certa occasione solenne, che fu vera festa di famiglia per gli amici del Direttore dell'istituto politecnico milanese (1.° giugno p. p.). Ora lo ristampo senz'aggiunte, all'infuori di qualche lieve emenda, in edizione più modesta, a comodità de' giovani allievi dell'Istituto che debbono seguire il corso di statica grafica.

L'argomento di queste poche pagine, cioè l'uso de' metodi geometrici per determinare le tensioni e le pressioni nelle travature reticolari sottoposte a dati sistemi di forze esterne, avrebbe meritato uno svolgimento più ampio; ed infatti, era mia intenzione di far succedere una seconda parte a quell'unica che, a cagione del giorno fisso, potè allora essere stampata. Ma anche adesso l'attuazione del proposito è impedita da altri ostacoli, sicchè m'è forza rimandarla ad altra occasione.

In questa seconda edizione trovasi alla fine una nota relativa al n.° 1, che qui si riporta:

Noi italiani troppo spesso dimentichiamo i meriti de' nostri connazionali. Il mio dottissimo amico prof. Chelini, poichè ebbe veduta la 1.ª edizione di quest'opuscolo, mi fece ricordare che la teoria delle figure reciproche, offerta dalla statica nella riduzione delle forze, prima che da Möbius, fu data dal sig. Gaetano Giorgini (ora senatore del Regno) in una Memoria che ha per titolo *Sopra alcune proprietà dei piani de' momenti principali e delle coppie di forze equivalenti*, da lui presentata alla Società Italiana delle scienze nel 1827 e stampata nel t. 20 (Modena 1828) delle Memorie della Società. Ivi, a p. 247, si legge il teorema sulla corrispondenza fra punti e piani; a p. 249 quello sulle rette reciproche, ed assunto l'asse centrale per asse delle z, l'Autore ottiene formole, che in sostanza non differiscono da quelle del n.° 5.

Il medesimo prof. Chelini ebbe la bontà d'informarmi che «il Giorgini è autore

« di un'opera *Elementi di statica* (Firenze 1835), dove sono dimostrate parecchie pro-
« posizioni contenute nella Memoria del 1828 »; e che « nella *Correspondance mathé-
« matique et physique* di A. QUETELET, t. II (Bruxelles 1830), p. 112, il sig. CHASLES,
« parlando del GIORGINI già stato suo compagno di studi alla scuola politecnica di Francia,
« fa allusione alla sunnominata Memoria, e dice che anche in tale ricerca i due antichi
« condiscepoli si sono incontrati insieme nelle medesime vedute ».

L'illustre CHASLES espose la teoria delle figure reciproche, di cui qui è discorso, anche nella sua Memoria *Sur deux principes généraux de la science: la dualité et l'homographie,* presentata nel 1830 all'Accademia delle scienze nel Belgio e inserita nel t. II dei *Mémoires couronnés* (Bruxelles 1837): veggasi p. 679.

Nelle brevi righe che l'editore HOEPLI premise alla terza edizione (colla data: Milano, giugno 1879), è detto che CREMONA avrebbe desiderato di rifondere il suo lavoro per approfittare delle posteriori pubblicazioni sull'argomento, ma che, non avendone trovato il tempo, aveva infine consentito a quella terza edizione conforme alla seconda, astrazion fatta da alcuni ritocchi nelle indicazioni bibliografiche. Inoltre questa terza edizione fu fatta precedere da una breve *Introduzione*, appositamente scritta dal Prof. G. JUNG, dietro accordo col CREMONA, sulle proprietà del sistema nullo dedotte dalla composizione delle forze nello spazio.

Nel 1885 fu pubblicata una traduzione francese di LOUIS BOSSUT, Capitaine du Génie (Paris, GAUTHIER-VILLARS), alla quale CREMONA pose la seguente prefazione (colla data: Rome, mars 1884):

L'Opuscule *Le figure reciproche nella Statica grafica,* livré au public, pour la première fois, en 1872, eut l'honneur et le bonheur d'obtenir un accueil très amical, presque enthousiaste, d'un juge éminent, l'illustre CULMANN, le créateur de la Statique graphique *). Depuis lors, un grand nombre d'écrivains exercèrent leur sagacité sur les applications des figures réciproques à la science des constructions **).

M. le capitaine BOSSUT (par l'entremise de mon cher ami le lieutenant-colonel DEWULF) et M. GAUTHIER-VILLARS m'ayant exprimé le désir de faire une édition française de cet Ouvrage, j'acceptai leur honorable proposition, en leur suggérant de le faire suivre d'un Appendice comprenant les progrès les plus importants que la théorie des figures réciproques et son application aux travures réticulaires ont faits depuis 1872. M. SAVIOTTI aidant par ses excellents Mémoires et par d'autres contributions nouvelles, M. BOSSUT a pu réunir et coordonner les matériaux qui constituent les cinq Chapitres de l'Appendice. Le lecteur intelligent sera heureux d'y rencontrer un travail presque entièrement original. De plus, l'édition française a conservé l'Introduction que M. JUNG avait placée en tête de la troisième édition italienne (Milan, 1879).

*) *Voir* la Préface de la deuxième édition allemande (Zürich, 1875).

**) LÉVY, FAVERO, SAVIOTTI et plusieurs autres.

Je serai satisfait si, en encourageant cette publication, j'ai contribué à confirmer cette vérité proclamée bien haut par CULMANN, que la Géométrie moderne (Géométrie de position, Géométrie projective) est un élément essentiel et puissant pour le développement de l'art de l'ingénieur.

Du reste, l'application des figures réciproques aux travures réticulaires n'est que l'un des Chapitres de la Statique graphique, de cette Science dont le Traité le plus complet est encore celui de CULMANN. Quel malheur que le professeur de génie de Zurich ait été enlevé à son école et à la Science, en pleine activité et avant qu'il ait pu achever la seconde édition, si vivement désirée, de son Ouvrage classique!

Je termine en remerciant, pour M. SAVIOTTI et pour moi, MM. BOSSUT et GAUTHIER-VILLARS pour les soins intelligents que, chacun de son côté, ils ont mis à vaincre les difficultés qui s'opposaient à une bonne exécution de leur plan.

L'appendice, di cui CREMONA discorre in questa prefazione, ha per titolo: « *Nouvelles méthodes pour le calcul des travures réticulaires et l'étude des travures chargées d'une façon quelconque;* par M. CH. Saviotti, Professeur a l'École des Ingénieurs, a Rome ».

Nel 1890 apparve una traduzione inglese, pubblicata insieme alla traduzione inglese degli *Elementi di Calcolo grafico,* di THOMAS HUDSON BEARE *(Graphical statics, Two Treatises by* L. CREMONA, Oxford, At the CLARENDON Press), colla seguente prefazione di CREMONA (avente la data: Rome, October, 1888):

At a time when it was the general opinion that problems in engineering could be solved by mathematical analysis only, CULMANN's genius suddenly created Graphical Statics, and revealed how many applications graphical methods and the theories of modern (projective) geometry possessed.

No section of Graphical Statics is more brilliant or shows more effectually the services that geometry is able to render to mechanics, than the one dealing with reciprocal figures and framed structures with constant load.

It is to this circumstance that I owe the favourable reception my little work *(Le figure reciproche nella statica grafica,* Milano, 1872) met with everywhere; and not the least from CULMANN himself. It has already had the honour of being translated into German and French. Having been requested to allow an English version of it, to be published by the Delegates of the Clarendon Press, I consented with pleasure to Professor BEARE undertaking the translation.

I have profited by this occasion to introduce some improvements, which I hope will commend themselves to students of the subject.

Questa traduzione inglese contiene soltanto i due lavori di CREMONA, il quale aggiunse una breve trattazione geometrica del sistema nullo che si riporta nella nota [[104]].

Per il resto, tanto nella traduzione francese quanto nella inglese, sono state introdotte, prescindendo da lievi differenze di forma che non occorre rilevare, alcune piccole variazioni, in parte contenute manoscritte nella copia della terza edizione, appartenente al Cremona, che ha servito alla presente pubblicazione. Nella quale, conforme alle convenzioni stabilite, si sono messe fra sgraffe le aggiunte e varianti desunte dalla detta copia e dalle ricordate traduzioni, come pure le nuove indicazioni bibliografiche, inserite specialmente nella traduzione francese.

È stata pure fatta, nel 1873, una traduzione tedesca col titolo: *Die reciproken Figuren in der graphischen Statik, von* Luigi Cremona *prof. am Polytechnikum zu Mailand, in freier Uebersetzung aus dem Italienischen und mit Vorausschickung einer kurzen Ableitung der Theorie der reciproken Polyeder* von A. Migotti Ingenieur. Fu inserita nella Zeitschrift des Oesterreichischen Ingenieur-und Architeckten-Vereins, XXV Jahrgang, Wien 1873, pp. 230-240.

Di tale traduzione, la quale non presenta alcuna particolarità che meriti di essere osservata, Cremona dà notizia alla fine di questa terza edizione (pag. 366 del presente tomo).

[104] Pag. 336. Ai n. 1, 2, 3 Cremona sostituisce nella traduzione inglese la seguente trattazione:

1. That dual and reciprocal correspondence between figures in space, discovered by Möbius, in which, to any plane whatsoever, corresponds a pole situated in the same plane, and all planes passing through any one point have their poles on the polar plane of that point, is called a *Null-system* by German mathematicians.

Such a correspondence is obtained in the following manner. Let there be a plane δ, and four points in it A, B, C, D, no three of which are in one straight line; and let there be three other planes α, β, γ passing through AD, BD, CD, respectively. These will be the fixed elements in the construction.

Draw any plane whatever σ cutting the straight lines $\beta\gamma$, $\gamma\alpha$, $\alpha\beta$ in P, Q, R respectively, then the planes PBC, QCA, RAB will all intersect in the same point S of the plane σ.

Demonstration. Let X, Y, Z, X_1, Y_1, Z_1, be the points in which the straight line $\sigma\delta$ intersects the sides BC, CA, AB, AD, BD, CD of the complete quadrilateral ABCD; these points form three pairs of conjugate points of an involution, by Desargues's Theorem. Since the planes δ, σ, α, meet in X_1, the straight line QR common to the planes σ, α passes through that point; similarly RP passes through Y_1, and PQ through Z_1. Of the six points in involution, taken now in the plane σ, three, X_1, Y_1, Z_1, belong to the sides QR, RP, PQ of a triangle PQR; therefore the straight lines XP, YQ, ZR meet in one point S, which with PQR forms a complete quadrilateral.

Therefore the planes BCPX, CAQY, ABRZ meet in a point S of the plane PQR.

This theorem may be expressed as follows.

If the faces of a tetrahedron ABCS pass respectively through the vertices of another tetrahedron PQRD, and if three faces of the latter pass through three vertices of the former, then the fourth face of the second tetrahedron will pass through the fourth vertex of the first (Theorem of Möbius).

2. Starting from the fixed elements A, B, C, α, β, γ, let any plane σ whatever be given, and let it be required to determine by means of this theorem the point S lying in it.

The plane σ meets the straight lines $\beta\gamma, \gamma\alpha, \alpha\beta$ in three points P, Q, R, and the three planes PBC, QCA, RAB intersect in the required point S.

Conversely, given any point S whatever, to determine the corresponding plane σ, which passes through S.

The planes SBC, SCA, SAB intersect $\beta\gamma, \gamma\alpha, \alpha\beta$ in three points P, Q, R; the plane of these points is the required plane.

The point S is called the *pole* of the plane σ, and the latter is termed the *polar plane* of S.

3. If the plane σ change its position, the points Q, R in it remaining fixed, the planes QCA, RAB will remain fixed, and therefore the point S will move on the straight line (which passes through A) common to these two planes. When the point P falls on D, that is, when σ coincides with QRD (i. e. α), the plane PBC coincides with ABCD, and S falls on A. Then A is the pole of the plane α, and similarly B and C are the poles of β, γ.

If the arbitrary plane σ passes through BC, the traces of the planes QCA, RAB on it, will be the straight lines QC, RB which are the traces of the planes γ, β; therefore the pole falls in the straight line $\beta\gamma$, i. e. on P. The points P, Q, R are consequently the poles of the planes PBC, QCA, RAB.

If the arbitrary plane coincides with ABC, the point P falls on D, i. e. D is the pole of the plane ABC.

4. The pole S of the arbitrary plane σ (or conversely the polar plane σ of the arbitrary point S) has been determined starting from the system, supposed given, of three planes α, β, γ (having no straight line in common) and their poles A, B, C. But in the tetrahedron ABCS the relations between the vertices (or the faces) are perfectly reciprocal, that is, are interchangeable; so that just as S has been deduced from ABC$\alpha\beta\gamma$, so A may be determined from SBC$\sigma\beta\gamma$; and so on. From this it follows that if S_1, S_2, S_3 are the poles of any three arbitrary planes $\sigma_1, \sigma_2, \sigma_3$ (not passing through the same straight line), deduced in the manner above described from the system ABC$\alpha\beta\gamma$, the pole S of the plane σ, determined from this same system, coincides with that which would be determined by a similar construction starting from $S_1 S_2 S_3 \sigma_1 \sigma_2 \sigma_3$ as the given system.

5. From the theorem of Möbius it follows that if the plane σ be drawn through the pole P of a plane π=PBC, the pole S of the plane σ falls in π; therefore:—

If a plane passes through the pole of another plane, conversely the latter contains the pole of the former, that is to say:—

If a point lies in the polar plane of a second point, the latter lies in the polar plane of the former.

From this it follows that the poles of all the planes passing through a point S lie in a single plane σ, the polar plane of S; and the polars of all the points of a plane σ pass through one and the same point S, the pole of σ.

6. Let α, β be two planes, and A, B theirs poles. Any plane whatever through AB will have its pole in α and in β, that is, in the straight line $\alpha\beta$; conversely, the polar plane of any point whatever of $\alpha\beta$ will pass through A and B, i. e. through the straight line AB. And any plane whatever through the straight line $\alpha\beta$, which contains the poles of the planes through AB, will have its pole on the straight line AB; and conversely, any point whatever of AB, being on the polar plane of the points of $\alpha\beta$, will be the pole of a plane through $\alpha\beta$.

Two straight lines, such as $\alpha\beta$ and AB, each of which is the locus of the poles of planes passing through the other, are called *reciprocal straight lines.*

Hence it follows that if a straight line r passes through a point A, its reciprocal r' lies in α, the polar plane of A; and conversely.

7. A straight line r, which lies in a plane α and passes through A, the pole of α, coincides with its reciprocal, that is to say, it is reciprocal to itself. In fact, if M is any other point whatever of r, since M lies in α, the polar plane of A, then μ, the polar plane of M, passes through A. And since μ must also pass through M, the polar plane of it or of any point whatever of the given straight line r, passes through the straight line r.

From this it follows, that two reciprocal straight lines r and r', which are non-coincident, cannot lie in one plane. If a plane α passes through both r and r', the pole A of the plane will be on both r and r', and r would lie in a plane and contain its pole, therefore r would be reciprocal to itself.

All straight lines reciprocal to themselves and passing through a given point A lie in α, the polar-plane of A. All straight lines reciprocal to themselves and lying in a given plane α pass through A, the pole of α.

A system of straight lines reciprocal to themselves is called a *linear complex*, and the straight lines are called *rays* of the complex.

Each ray of the complex which meets a given straight line r (not itself a ray) meets also its reciprocal straight line r'. In fact, if A is the point common to the ray and to r, the plane α, the polar of A, must pass through the ray and the straight line r'.

Conversely, if a straight line t meets two reciprocals r and r', the straight line t is necessarily a ray. For, the point tr is the pole of a plane which passes through this point, and through r'; therefore the plane also passes through t. Hence t lies in a plane polar to one of its own points, or t is a ray.

From this it follows that all the straight lines (necessarily rays) cutting two reciprocal straight lines r and r', and another line s, also meet the straight line s' reciprocal to s. Two pairs rr', ss' of reciprocal straight lines are therefore situated on the same hyperboloid, the generators of which of another system are all rays of the complex.

8. All planes parallel to the same plane may be considered as having in common a line r' situated at infinity, therefore their poles all lie on a straight line r, the reciprocal of r'. Changing the bundle of parallel planes, the straight line r remains parallel to itself, because it passes through a fixed point I lying at infinity, that is, through the pole of the plane ι at infinity, in which the straight line r' is always situated.

Such lines r, whose reciprocals lie at infinity, are called *diameters* of the complex.

Planes perpendicular to the common direction of the diameters are parallel to each other, therefore their poles are on a diameter. This diameter a, which is distinguished from the other diameters by being perpendicular to the planes whose poles it contains, is called the *central axis* of the complex.

Straight lines parallel to the central axis are reciprocals to straight lines in the plane at infinity ι; and in particular the central axis is reciprocal to the line at infinity common to all planes perpendicular to the central axis itself. The point I, at infinity on the central axis, is the pole of the plane at infinity.

9. If r and r' are any two reciprocal straight lines whatever, the straight line which passes through their points at infinity will be a ray of the complex, and will therefore pass through the pole I of the plane at infinity; that is, the points at infinity of two reciprocal straight lines and of the central axis are all three in one straight line. Hence it appears that two reciprocal straight lines and the central axis are parallel to the same plane.

Therefore, planes parallel to the central axis and passing through two reciprocal straight lines are parallel to each other.

From this it follows that:

If two reciprocal straight lines are projected, parallel to the central axis, on a plane, not containing the direction of the central axis, their projections will be two parallel straight lines.

We shall suppose that the projection is made on a plane perpendicular to the central axis.

Moreover, it follows that the straight line meeting two reciprocal straight lines and perpendicular to them cuts the central axis orthogonally.

Dopo di che la traduzione inglese continua come nei n.[i] 4, 5, 6 . . . , solo variando l'ordine dei n.[i] 4, 5 (che sono rispettivamente i n.[i] 11, 10 di quella traduzione).

[105] Pag. 406. La Memoria di VERONESE (pp. 649-703 del citato volume), che ha dato ori-

gine a questa Memoria di Cremona, fu presentata all'Accademia dei Lincei, nella seduta della Classe di Scienze fisiche, matematiche e naturali dell' 8 aprile 1877 dal Socio Battaglini, il quale ne lesse un sunto, a nome dell'Autore, come è detto nel rendiconto della seduta stessa (Atti citati, Transunti, serie III, volume I (1876-77), pp. 142-143). Riportiamo qui la parte rimanente di quel rendiconto che si riferisce alla Memoria di Cremona:

« Il Socio Cremona prende allora la parola e, premesse alcune riflessioni per mettere in evidenza i pregi del lavoro testè presentato dal collega Battaglini, aggiunge quanto segue:

Avendomi il sig. Veronese pregato di leggere la sua Memoria, io feci pensiero di verificare i risultati in essa contenuti per una via diversa da quella che l'A. aveva seguita. Mentr'egli si è attenuto sempre alla geometria piana, io ebbi ricorso allo spazio a tre dimensioni e propriamente ad *una superficie di terzo ordine dotata di un punto doppio,* ed ottenni così delle figure che proiettate dal punto doppio somministrano immediatamente quelle del sig. Veronese.

Per brevità di discorso, applicherò ai punti ed alle rette dello spazio le denominazioni che competono alle loro proiezioni. Oltre alle 6 rette situate sul cono tangente che ha il vertice nel punto doppio, la superficie cubica ha 15 rette situate a tre a tre in 15 piani tritangenti. Due piani tritangenti non aventi in comune una retta della superficie si segano lungo una *retta di Pascal;* le coppie analoghe di piani tritangenti sono 60 (che in proiezione dànno i 60 esagoni formabili con 6 punti di una conica), epperò si hanno 60 rette di Pascal. Esse costituiscono a tre a tre gli spigoli di 10 coppie di *triedri conjugati* (Cremona, *Mémoire de géométrie pure sur les surfaces du 3.e ordre* (Berlin 1868) [Queste Opere, n. **79**], n.° 148.); dove i triedri di una coppia si intersecano fra loro lungo 9 rette della superficie. I vertici di questi triedri, conjugati a due a due, sono i 20 *punti di Steiner.*

C'è un'altra specie di triedri; se prendiamo una retta di Pascal, i due piani tritangenti che passano per essa contengono sei rette della superficie; le altre nove rette formano allora tre triangoli che sono le facce di un triedro della seconda specie. I triedri analoghi sono 60; i loro vertici sono i *punti di Kirkman*, coordinati per tal modo alle rette di Pascal. I due piani tritangenti la cui intersezione è una retta di Pascal e i tre piani tritangenti che concorrono nel corrispondente punto di Kirkman formano un *pentaedro,* i cui dieci vertici sono tutti punti di Kirkman e i cui dieci spigoli sono le corrispondenti rette di Pascal. I pentaedri analoghi sono *sei*, e dànno in proiezione le sei figure π del sig. Veronese. Due pentaedri hanno sempre un piano comune, ma i vertici e gli spigoli sono tutti differenti.

Ogni retta di Pascal contiene un punto di Steiner; le otto rette di Pascal che sono in uno stesso piano tritangente concorrono a due a due in quattro punti di Steiner che sono in una retta (*retta di Steiner-Plücker*). Il numero delle rette analoghe è 15, una in ciascun piano tritangente. Pei detti quattro punti di Steiner passano altre quattro rette di Pascal e queste giacciono in uno stesso piano, che dirò *piano di Plücker*. Come le rette di Steiner-Plücker così anche i piani di Plücker sono coordinati ai piani tritangenti, epperò in numero di 15.

I 20 punti di Steiner e le 15 rette di Steiner-Plücker sono i vertici e gli spigoli di un esaedro completo, che può riguardarsi come il nocciolo di tutta la figura.

Considerando due pentaedri e tralasciando il piano ad essi comune, le altre facce formano due tetraedri prospettivi. Il centro di prospettiva è un *punto di Salmon;* il numero dei punti consimili è 15. Le facce omologhe si segano in quattro rette di Pascal situate in un piano di Plücker; e le rette congiungenti i vertici omologhi sono *rette di Cayley*. Le rette di Cayley sono 20 in numero, coordinate ai punti di Steiner; ciascuna di esse contiene tre punti di Kirkman, tre punti di Salmon e un punto di Steiner, e giace in tre piani di Plücker. Ogni punto di Salmon è vertice d'un angolo quadrispigolo completo, i cui 4 spigoli sono rette di Cayley e le cui 6 facce sono piani di Plücker. Così pure, ogni piano di Plücker contiene un quadrilatero completo i cui 4 lati sono rette di Cayley ed i cui 6 vertici sono punti di Salmon. Ecc. ecc.

Del resto, queste proprietà non sono esclusive alle 15 rette di una superficie di 3.º ordine dotata di punto doppio; esse appartengono ad ogni sistema di 15 rette distribuite a tre a tre in 15 piani, come accade per le 15 rette che si hanno dalle 27 di una superficie cubica generale tralasciando le 12 di un *Doppelsechs*.

Si può anche partire da un esaedro dato ad arbitrio. Allora rimane ancora arbitrario uno dei 15 piani tritangenti, da condursi però per uno degli spigoli dell'esaedro. Fissato questo piano, i restanti 14 e tutti gli altri elementi della figura riescono individuati. Un piano tritangente e un piano di Plücker passanti per uno stesso spigolo dell'esaedro sono separati armonicamente mediante le due facce dell'esaedro. Variando insieme, i piani tritangenti e i piani di Plücker producono altrettanti *fasci proiettivi;* le 15 rette della superficie generano degli iperboloidi aventi per direttrici tre spigoli dell'esaedro: i punti di Salmon descrivono delle cubiche gobbe; ecc. La superficie cubica varia in una serie tale, che per un punto qualunque dello spazio passano tre superficie.

Partendo dall'esaedro e dai sei pentaedri si può ottenere una catena indefinita di nuovi sistemi ciascuno di sei pentaedri, corrispondenti ai sistemi di punti Z e di rette z del sig. Veronese. Nel secondo sistema e nel terzo, nel quarto e nel quinto, e così di seguito, i pentaedri sono formati cogli stessi piani, ma presi in ordine differente. Questi sistemi corrispondono semplicemente ai termini di una serie numerica i cui primi termini sono $1, 3, \frac{1}{3}$, nella quale ogni termine in posto pari dà col precedente la somma costante 4, e dà col susseguente il prodotto costante 1.»

[106] Pag. 436. Della sottoscrizione si fecero promotori Cremona e Beltrami con un breve

articolo pubblicato nel *Giornale di Matematiche* (Volume XVI (1878), p. 345), del quale articolo la parte relativa ai meriti del CHELINI è qui inserita quasi integralmente.

[107] Pag. 436. Segue la lista delle pubblicazioni scientifiche del CHELINI.

[108] Pag. 440. Nell'originale il 2.° e il 3.° termine avevano il coefficiente 3.

[109] Pag. 440. In luogo di $n_1+n_2+n_3$ si legga $2(n_1+n_2+n_3)$.

[110] Pag. 440. In luogo di n_1+n_2 si legga $2n_1+n_2$.

[111] Pag. 442. La questione 556 era stata proposta dallo stesso CREMONA (a pag. 240 del tomo citato), coll'enunciato che egli qui, nel darne la soluzione, ha riprodotto. —

Pure nel tomo 6.° (che fu l'ultimo) della *Nouvelle correspondance* (di E. CATALAN), s'incontrano a pag. 228 e 263 due estratti di lettere del CREMONA, diretti prima a chiedere schiarimenti, poi a completare questi, a proposito della questione 538 (quel tomo, pag. 142), relativa ad una particolare superficie unilatera: superficie che risulta essere dovuta a R. HOPPE (GRUNERT's Archiv 57, p. 328).

[112] Pag. 458. Nei Proceedings of the Royal Society of Edinburgh, vol. XII (November 1882 to Juli 1884), fra i lavori letti dai Soci nell'adunanza del 21 Aprile 1884, si trova a pp. 599-601 un sunto in italiano di questa Memoria. Porta il titolo: « Esempio del metodo di dedurre una superficie da una figura piana. By Professore CREMONA. » E comincia colle seguenti parole:

Scopo della presente piccola comunicazione è di mostrare con un esempio notevole, ed in connessione colla teoria conosciuta della rappresentazione piana di una certa classe di superficie, e con quella delle trasformazioni razionali dello spazio, come da un sistema piano di punti, rette e curve si possano dedurre la costruzione e le proprietà di superficie situate comunque nello spazio (di quelle che sono rappresentabili punto per punto sul piano).

[113] Pag. 463. È sottinteso che la nuova superficie cubica abbia anch'essa un punto doppio in o.

[114] Pag. 482. Segue l'elenco, in ordine di tempo, delle Opere scientifiche del BELTRAMI (1862-1898), elenco completato nella riproduzione fattane nel citato volume del Giornale di Matematiche.

ELENCO DEI REVISORI

PER LE MEMORIE DI QUESTO VOLUME.

U. Amaldi (Modena)	per le Memorie		n.[i]	101, 102.
E. Bertini (Pisa)	»	»	»	82, 95, 105, 114.
L. Bianchi (Pisa)	»	»	»	86.
E. Ciani (Genova)	»	»	»	90.
G. Fano (Torino)	»	»	»	106.
G. Loria (Genova)	»	»	»	99, 109, 110.
G. A. Maggi (Pisa)	»	»	»	100.
D. Montesano (Napoli)	»	»	»	91, 92, 93, 94, 96, 111, 112, 113.
G. Pittarelli (Roma)	»	»	»	88, 89, 108.
P. Pizzetti (Pisa)	»	»	»	98.
C. Rosati (Pisa)	»	»	»	87.
G. Scorza (Parma)	»	»	»	97.
C. Segre (Torino)	»	»	»	79, 85, 107.
F. Severi (Padova)	»	»	»	80, 81, 83.
A. Terracini (Torino)	»	»	»	84, 104.
G. Veronese (Padova)	»	»	»	103.

DISTRIBUZIONE IN ORDINE ALFABETICO DEI PRINCIPALI ARGOMENTI TRATTATI NEI TRE VOLUMI DI QUESTE OPERE.

Avvertenze. — Si richiamano soltanto i numeri d'ordine di quei lavori, nei quali si trovano trattazioni complete o parziali, o anche singole proprietà relative all'argomento indicato. Si noti che i lavori dal n. **1** al n. **31** sono nel tomo I, quelli dal n. **32** al n. **78** nel tomo II e quelli dal n. **79** al n. **114** nel tomo III. — Per i quattro lavori n. **29**, **70**, **79**, **85**, contenuti il primo e il secondo rispettivamente nei tomi I, II, e il terzo e quarto nel tomo III, si sono estesi i richiami ai varî capitoli in cui sono divisi, citando, fra parentesi, dopo il n. del lavoro, la pagina in cui comincia il capitolo richiamato.

* * *

ERRATA-CORRIGE.

Tomo I. Pag. 463, linea 14 dal basso. Invece di 344, leggasi 347.
» » » » 11 dal basso. Invece di 347, leggasi 348.
» » 464, » 15. Invece di 376, leggasi 379.
» » » » 13 dal basso. Invece di 404, leggasi 403.
Tomo II. » 12, » 15. Invece che « de quatre plan » leggasi « de quatre plans ».
» » 15, » 6. Invece di « qu'a » leggasi « qui a ».
» » 138, » ultima, in fine. Si aggiunga il richiamo [42 a] di una nota del revisore da collocarsi a principio della pag. 438 e così concepita:

« [42 a] Nella *Einleitung* è messo qui un richiamo *), colla seguente nota a piè di pagina (p. 262): — In Bezug auf den einfachsten Fall dieses und des folgenden Lehrsatzes sehe man CAYLEY: *Nouvelles recherches sur l'élimination et la théorie des courbes* (CRELLE's Journal, T. 63. Berlin, Reimer, 1863, S. 34) ».

» » 240, » 5 dal basso. Dopo la parola « passing » si deve leggere « through a and A, it will...... ».
» » 366, » 11. Invece di n, leggasi n_3.
» » » » 19. Invece di « Jaeobiana » leggasi « Jacobiana ».
» » 391, » 7 dal basso. Invece di « unde » leggasi « und ».
» » » » 6 dal basso. Invece di « bëruhren » leggasi « berühren ».
» » 398, » ultima. Invece che « ayants » leggasi « ayant ».
» » 435, » 2 dal basso. Invece di « precedut » leggasi « preceduti ».
» » 437, » 12. Alla fine va soppressa la virgola.
Tomo III. » 237, » 12 dal basso. Invece di « le » leggasi « les ».
» » 301, » 11. La $\sum_i im_i$ si corregga così: $\sum_i i^2 m_i$.

INDICE DEL TOMO III.

FINE DEL TOMO III ED ULTIMO.

www.ingramcontent.com/pod-product-compliance
Lightning Source LLC
LaVergne TN
LVHW011253110826
845149LV00001B/123

* 9 7 8 1 4 1 8 1 8 5 1 7 6 *